高职高专环境教材
编审委员会

教育部高职高专规划教材

水污染控制技术

第二版

王金梅　薛叙明　主编

化学工业出版社

·北京·

本书主要介绍了以下内容：污水的物理处理技术，污水的化学处理技术，污水的物理化学处理技术，污水的好氧生物处理技术，污泥、污水的厌氧生物处理技术，循环冷却水的处理技术，污水处理厂的设计与运行管理。本书对水污染控制技术的基本概念和机理阐述清晰，介绍了污水处理的新工艺、新技术、新材料、新设备，重视工程的实用性和可操作性，旨在培养学生的专业素质和专业综合应用能力。

本书为高职高专环境类专业学生的教材，也可供污水处理厂（站）操作及管理岗位等相关工程技术人员参考。

图书在版编目（CIP）数据

水污染控制技术/王金梅，薛叙明主编. —2版.
北京：化学工业出版社，2011.4（2019.7重印）
教育部高职高专规划教材
ISBN 978-7-122-10151-8

Ⅰ. 水… Ⅱ. ①王…②薛… Ⅲ. 水污染-污染控制-高等学校：技术学院-教材 Ⅳ. X52

中国版本图书馆CIP数据核字（2010）第247903号

责任编辑：王文峡　　文字编辑：刘莉珺
责任校对：宋　夏　　装帧设计：尹琳琳

出版发行：化学工业出版社（北京市东城区青年湖南街13号　邮政编码100011）
印　　刷：三河市延风印装有限公司
装　　订：三河市宇新装订厂
787mm×1092mm　1/16　印张21¼　字数536千字　2019年7月北京第2版第10次印刷

购书咨询：010-64518888　　售后服务：010-64518899
网　　址：http://www.cip.com.cn
凡购买本书，如有缺损质量问题，本社销售中心负责调换。

定　　价：48.00元

第二版前言

本书第一版于2004年2月印刷。出版后，在高职高专院校获得较广泛的应用，已实现多次重印。

第一版教材出版至今已6年。6年来，随着国家环境保护政策和环境保护法律法规的加强和完善，保护水资源，防止水污染，污水的处理与利用越来越受到人们的重视。污水处理技术的发展和应用都有新的进展，这些都应该在教材上有所体现；第一版教材中关于污水处理厂的设计程序、污水处理工程的方案比较等部分内容对多数读者是不必要的；关于筛滤和沉淀部分内容重点不够突出；有些内容过于繁复，不够精炼。因此，我们对原教材进行了修改和补充，以克服上述不足。

参加本书编写的有王金梅（编写第1章、第6章），陈宏（编写第2章），薛叙明（编写第3章、第4章），袁秋生（编写第5章），张慧俐（编写第7章、第8章）。全书由王金梅执笔修订。哈尔滨工业大学聂璋义教授担任本书主审。

由于编者水平的限制，本教材还可能存在疏漏，敬请读者批评指正。

编者

2011年1月

第一版前言

为适应环境保护事业的发展和社会对环境专业人才特别是具有从事环境保护工作的综合职业能力，在生产、服务、技术和管理第一线工作的高素质劳动者的需求，许多学校都开设了环境类专业，为了确保教学质量和教学目标的实现，国家教育部组织制定了《高职高专教育专门课程基本要求》和《高职高专教育专业人才培养目标及规格》。本教材正是依据《基本要求》和《目标及规格》编写的。编写时对水污染控制技术的基本概念和机理由浅入深，循序渐进，力求阐述清楚，避免过多的理论推导，注意吸收污水处理的新工艺、新技术、新材料和新设备，重视工程的实用性和可操作性，旨在培养学生的专业素质和专业综合应用能力。

本教材可以作为高等职业技术学院环境专业学生的教材，也可供污水处理厂（站）操作及管理岗位技术人员参考。

参加本书编写的有王金梅（编写第1、第6章），薛叙明（编写第3、第4章），张慧俐（编写第7、第8章），袁秋生（编写第5章），陈宏（编写第2章）。全书由王金梅统稿。哈尔滨建筑工程学院聂璋义教授担任本书主审。

本书在编写过程中得到了河北省科技大学环境工程系杨景亮教授，承德石油高等专科学校化工系孙乃有教授，武汉化工学院环境科学系的刘大银教授及化学工业出版社的大力支持和帮助。

此外，书稿在编写过程中参考借鉴了大量国内高校教材及专业科技文献资料（参考文献列于书后）。在此谨向上述各位专家及参考文献的原作者表示衷心的感谢。

限于编者水平，教材中遗漏和错误在所难免，敬请读者批评指正。

编者

2004年2月

目 录

1 绪 论

水是生命之源，是自然界最普遍存在的物质之一。水既是人体组成的基础物质，又是新陈代谢的主要介质。人类视水为生命的源泉，视水为经济的命脉，视水为宝贵的资源。水有极大的热容量，因此，水对调节地球上的气温起着巨大的作用。水是人类环境的重要组成部分。可见，保护水资源、防治水污染是全人类神圣和义不容辞的责任。

1.1 水循环及水资源

1.1.1 水循环

水是地球上最丰富的物质，大约是在30亿年前形成的，地球上水的储量是有限的，自然界中的水是不能新生的，只能通过水循环而再生。水的循环分为自然循环和社会循环两种。

1.1.1.1 自然循环

地球表面的水体如海洋、湖泊、河流等广大水体及土壤表面、植物茎叶等在太阳辐射作用下，其中大量水分被蒸发和蒸腾形成水汽，上升到空中形成云，又在大气环流的作用下飘移到各处，在适当的条件下又以雨、雪、雹等形式降落下来。这些降落下来的水分一部分渗入地下成为土壤水或地下水；一部分可顺着地表径流汇入江河、湖泊，并最终汇入海洋。与此同时，一部分经过地面和水面的蒸发以及植物吸收后茎叶的蒸腾又进入大气圈中。这种川流不息、循环往复的过程叫做水的自然循环（见图1-1)。其内因是水的物理特性，外因是太阳的辐射和地心的引力。

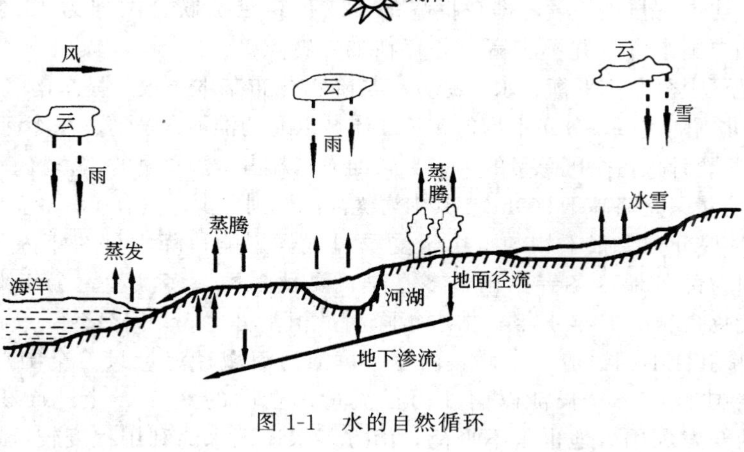

图1-1 水的自然循环

1.1.1.2 社会循环

人类社会为了满足生活和生产需求从各种天然水体中取用大量的水，这些生活和生产的用水，使用后成为生活污水和工业废水，它们被排放后最终又流入天然水体。这样，水在人类社会中也构成了一个循环体系，称为水的社会循环。社会循环中取用的水量虽然仅是径流和渗流水量的百分之二三，亦即地球总水量的数百万分之一，然而，就是取用这似乎微不足道的水，却表现出人与自然在水量和水质方面存在着巨大的矛盾。水体环境保护和治理的任务就是调查研究和解决这些矛盾，保证取水和排水的社会循环能够顺利进行。

1.1.2 水资源

1.1.2.1 水资源及其分布

水资源包括地表水和地下水。地球上的水总量为 $1.4\times10^{9}\ km^{3}$，似乎是取之不尽、用之不竭的，但其中绝大部分水存在于大洋、浅海及海洋沉积物中，淡水所占的比例不到2.7%，而且淡水的大部分以两极的冰盖、冰河和深度在750m以上地下水的形式存在。与人类生活和生产关系密切的淡水，仅是河流、湖泊等地表水和地下水的一部分，其储量约为 $8.5\times10^{6} km^{3}$，仅占地球总水量0.64%。可见，能供人类直接利用而且易于取得的淡水资源是十分有限的。地球上水资源的分布及分配比见表1-1。

表1-1 地球上水资源的分布及分配比

分布类型	体积/km^3	分配比/%	分布类型	体积/km^3	分配比/%
地表水			地下水(深层)	4170000	0.31
淡水湖	125000	0.009	其他水		
咸水湖	104000	0.008	冰盖及冰河	29200000	2.15
河流	1250	0.0001	大气	13000	0.001
地表以下的水			海洋	1320000000	97.2
土壤及渗透水	67000	0.005	生物体内	6000	0.0005
地下水(地面至地下750m)	4170000	0.31	总计	1357856250	100

1.1.2.2 中国水资源的特点

水资源并不是取之不尽、用之不竭的。水资源的地域分布极不均匀，有些地区水资源相当匮乏。按国际通行标准，淡水消耗量占本国淡水总量的20%～40%，即视为中高度缺水国家；淡水消耗量超过本国淡水总量的40%，即视为高度缺水国家。

中国河川年径流量约为 $2.7\times10^{8} m^{3}$，居世界第6位，但按人均占有量（约 $2200m^{3}$）计算，只有世界人均占有量的1/4，排在世界的121位，已被联合国列为13个水资源贫乏国家之一。因此，中国水资源并不丰富，并存在如下特点。

① 水量在地区上分布不平衡。水资源分布与降水分布基本一致，呈东南多、西北少，由东南沿海地区向西北内陆递减，分布不均匀。长江流域以北的淮河、黄河、海滦河、辽河、黑龙江五个流域水资源量合计仅占全国总量的14.4%，而人口却占全国总量的43.5%。所以这五个流域的人均水资源占有量只是略高于 $900m^{3}$。其中海滦河流域则更少，仅有400多立方米。

② 水量在时程分配上很不均匀。由于受季风气候影响，降水量在年内分配不均，年际变化很大。中国大部分地区冬春少雨，多春旱；夏秋多雨，多洪涝。全年降水多集中在夏季。此外年际变化也很大，丰水年、枯水年降水量相差可达5～6倍之多。

③ 水土资源组合不相适应。东北、西北、黄淮河流域径流量只占全国总量的17%，但土地面积却占全国的65%；长江以南江河径流量占全国的83%，土地面积仅占35%。此外，对水资源的开发利用各地也很不平衡，南方多水地区水的利用程度较低，北方少水地区

地表水、浅层地下水开发利用程度较高。

随着经济的迅速发展，用水量将日益增加，与此同时，水资源由于受到工业废水和生活污水的污染，水质日益恶化，据对 44 个城市水质调查结果表明，地下水有 93.2%被污染，地表水 100%遭污染。因此，正确认识中国水资源的特点，合理开发利用，防止水污染，保护水资源是刻不容缓的任务。

1.2 水体污染与自净

1.2.1 天然水的杂质及其水体污染

1.2.1.1 天然水中的杂质

由于水极易与各种物质混杂，溶解能力又较强。所以，在自然循环中，任何天然水体都不同程度地含有多种多样的杂质，其中包括地球上各种化学过程和生物过程的产物，人类在生产、生活活动中形成的各种废弃物等。天然水中这些物质的固有含量就构成了这一水体的水质本底。因而天然水不是化学上的纯水，而是含有许多溶解性和非溶解性物质所组成的极其复杂的综合体。因而在评价水体污染情况时，不能只根据水体中某些成分的存在与否和含量的多寡而下结论，还要摸清本底。天然水中所含各种物质按溶质粒径的大小分为三类：悬浮物、胶体和溶解物。

天然水中通常可能含有的杂质及其对工业使用和人类健康的主要影响如表 1-2 所列。

一般来说，地面水较浑浊，细菌较多，硬度较低，而地下水则较清，细菌较少，特别是深层井水，细菌更少，但硬度较高。

表 1-2 天然水中的杂质

<table>
<tr><td>悬浮物质及胶体物质</td><td colspan="3">细菌——有致病的和对人体无害的
藻类及原生动物——臭味、色度和浑浊度
泥砂、黏土——浑浊度
溶胶——如硅酸胶体等
高分子化合物——如腐殖质胶体等
其他不溶性物质</td></tr>
<tr><td rowspan="5">溶解物质</td><td rowspan="3">盐　类</td><td>钙　镁</td><td>重碳酸盐——碱度、硬度
碳酸盐——碱度、硬度
硫酸盐——硬度
氯化物——硬度、腐蚀锅炉</td></tr>
<tr><td>钠</td><td>重碳酸盐——碱度、有软水作用
碳酸盐——碱度、有软水作用
硫酸盐——锅炉内汽水共腾
氟化物——致病
氯化物——味</td></tr>
<tr><td colspan="2">铁盐、锰盐——味、色、硬度、腐蚀金属</td></tr>
<tr><td>气　体</td><td colspan="2">氧——腐蚀金属
二氧化碳——腐蚀金属、酸度
硫化氢——臭味、酸度、腐蚀金属
氮</td></tr>
<tr><td colspan="3">其他溶解性物质</td></tr>
</table>

1.2.1.2 水体污染

水体污染是指排入水体的污染物在数量上超过了该物质在水体中的本底含量和水体环境容量，从而导致了水体的物理、化学及微生物特性发生变化，破坏了水中固有的生态系统，破坏了水体的功能及其在经济发展和人民生活中的作用。

水污染的发生取决于污染物、污染源及承受水体三方面的特征及其相互作用和关系。水污染可分为自然污染和人为污染两大类。自然污染是指由自然因素所产生的污染，例如降水对各种矿石的溶解作用和对大气的淋洗以及地表径流挟带各种污染物质进入水体而形成的污染。如茂名北部矿区潜水水质呈酸性等。但是一般来说，自然污染只发生在局部地区，因此危害也往往具有地区性。

所谓人为污染是指人类在生产和生活中产生的“三废”对水体的污染。其中工业废水是造成水体污染的主要污染源。人类活动造成的水质（淡水）污染首先从住宅区开始，并因人口增长而急剧增加。化学物质从地方到地区、乃至全球，污染影响的范围不断扩大。起初，有机废弃物的污染和灌溉系统的盐碱化曾是主要问题。现在人们关心的还有悬浮的固体物、重金属、放射性废弃物、硝酸盐和难降解的有机污染物以及湖泊、沿海岸与海湾水体的富营养化等问题。

1.2.2 水体的自净作用

污染物随污水排入水体后，经物理、化学和生物等方面的作用，使污染物的浓度或总量减少，经过一段时间后，受污染的水体将恢复到受污染前的状态，这一现象就称为水体的自净作用。水体的自净能力是有限的，影响水体自净的因素主要有：河流、湖泊、海洋等水体的地形和水文条件；水中微生物的种类和数量；水温和复氧状况；污染物的性质和浓度等。

水体自净的机制可以分为以下几类。

(1) 物理过程　物理净化作用指污染物质由于稀释、混合、沉淀等作用而使水体污染物质浓度降低的过程。稀释、混合在概念上很简单，而在机理上却是复杂的。稀释除与分子扩散有关外，还受湍流扩散作用的影响。混合作用与温度、水团流量和搅动情况有关。通过沉降过程可降低水中不溶性悬浮物的浓度，由于同时发生的吸附作用，还能消除一部分可溶性污染物。

(2) 化学及物理化学过程　污染物质通过氧化、还原、吸附、凝聚、中和等反应使其浓度降低的过程。

(3) 生物化学过程　由于水中微生物的代谢活动，污染物中的有机物质被分解氧化并转化为无害、稳定的无机物，从而使其浓度降低的过程。

水体自净包含十分广泛的内容，任何水体的自净都是上述三项过程的综合，它们同时、同地产生，相互影响，相互交织在一起。其中以生物自净过程为主，生物体在水体自净作用中是最活跃、最积极的因素。

以河流的生化自净为例，当河流接纳有机废水后河水的溶解氧含量就会发生变化，其变化情况如下。

受污染前，河水中的溶解氧一般是饱和的或缺氧很少。在受到污染之后，开始时，河水中有机物大量增加，好氧分解剧烈，消耗大量溶解氧，同时河流又从水面上获得氧气（复氧），不过这时耗氧速度大于复氧速度，河水中的溶解氧迅速下降。随着有机物被分解而减少，耗氧速度减慢，在最缺氧点，耗氧速度等于复氧速度。接着耗氧速度小于复氧速度，河水的溶解氧逐渐回升。最后，河水溶解氧恢复或接近饱和状态。这条曲线被称为氧垂曲线，如图 1-2 所示。

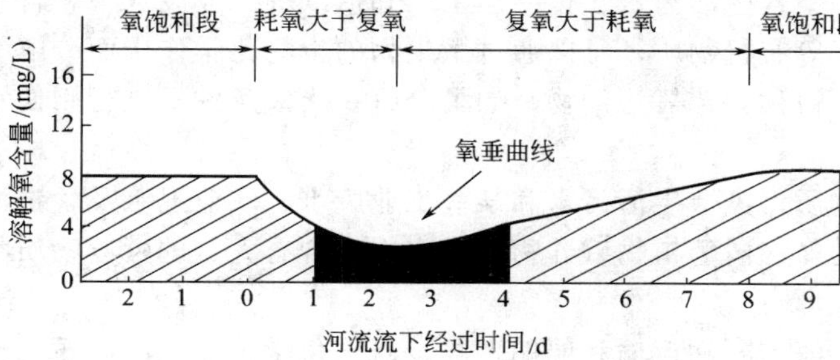

图 1-2　氧垂曲线示意

当有机物污染程度超过河流的自净能力时，河流将出现无氧河段。这时开始厌氧分解，产生硫化氢、甲烷等，使河水变黑，并有臭气产生。河流的氧垂曲线会发生中断现象。氧垂曲线反映了两点：①废水排入河流后溶解氧的变化情况，间接表示河流的自净过程；②最缺氧点距离受污点的位置及其溶解氧含量。

在微生物（细菌）分解有机物的同时，水体中水生生物群落结构也随水质的自净发生变化，所以亦可用生物群落判断水体自净状况和指标。

1.3　水体污染源与污染物

1.3.1　水体污染源与污染类型

1.3.1.1　水体污染源

造成水体污染的因素很多，具体归纳为以下几个方面。

(1) 工业污染源　造成地面水和地下水污染的主要来源属工业污染。在工业生产过程中要消耗大量新鲜水，排出大量废水，其中夹带许多原料、中间产品或成品，例如重金属、有毒化学品、酸碱、有机物、油类、悬浮物、放射性物质等。不同工业、不同产品、不同工艺过程及不同原材料等排出的废水水质、水量差异很大。因此，工业废水具有面广、量大、成分复杂、毒性大、不易净化、难处理的特点。

这些工业污染物如不加妥善处理就大量排入水体，必然对水体造成严重的污染。对人体造成的危害是十分巨大的。

(2) 生活污染源　人们在生活过程中排出大量的污水，如厨房污水、粪便污水、洗涤污水等。生活污水中含有大量的有机物（占 70%）、病原菌、寄生虫卵等，排入水体或渗入地下将造成严重污染，生活污水的水质成分呈较规律的变化，用水量则呈较规律的季节变化，随着城市人口的增长及饮食结构的改变，其用水量会不断增加，水质成分亦会有所变化。

(3) 其他污染源　雨、雪水淋洗大气中的有毒污染物、冲刷地面污染物后进入水体；农田施用的农药、化肥以及牲畜粪便等农村污水流失到水体中均造成水体的严重污染。此类污水具有面广、分散、难于收集和难于治理的特点。

1.3.1.2　污染类型

目前人们关注的环境问题主要有以下几种。

(1) 病原体污染　生活污水、畜禽饲养场污水及制革、洗毛、屠宰业和医院等排出的废水，常含有各种病原体，传播疾病。

(2) 耗氧物质污染　生活污水、食品加工厂和造纸等工业废水中，含有碳水化合物、蛋白质、油脂、木质素等有机物质，可以通过微生物的生物化学作用而分解，在其分解过程中需要消耗氧气，因而被称为耗氧污染物。如果分解在厌氧条件下进行则使水变黑，产生恶臭物质硫化氢等。

(3) 植物营养物质污染　生活污水和某些工业废水、农业退水及含洗涤剂的污水等，它们经常含有一定量的氮、磷等植物营养物质，水体中含有大量的营养物质将会引起水体富营养化。

(4) 石油污染　海上石油运输和船舶事故、石油化学工业、海底石油开采、大气中石油烃等的沉降都会使水体（主要是海洋）遭受石油的污染。石油一经排入水体，便浮在水体表面，形成光滑的油膜。油膜覆盖水体表面，阻止氧气进入水体，从而降低水体自净能力。

(5) 热污染　工矿企业（电厂等）向水体排放高温废水，使水体温度升高，从而影响了水生生物的生存和水资源的利用。氧气在水中的溶解度随水温的升高而减小。而且，水温升高加速耗氧反应，最终导致水体缺氧或水质恶化。

(6) 放射性污染　核动力工厂的冷却水、放射性废物的渗漏等都可能造成地下水或地面水的放射性污染。它们浓度很低，但可在生物体内积累，严重时可引起遗传变异或癌症。

(7) 有毒化学物质污染　主要是重金属和难分解的有机物质的污染。如矿山废水及冶炼排放的废水中含汞、镉、铬、铅、镍、钴、钡等重金属及人工合成的高分子有机化合物，如多元（环）有机化合物（苯并[a]芘)、有机氯化合物（多氯联苯)、有机重金属化合物（有机汞）等，它们不易消除，可在人体内富集或有致癌等多种危害。

(8) 酸、碱、盐污染　生活污水、工矿废水、废气、废渣及海水倒灌都可能产生酸、碱、盐的污染，造成酸雨、土壤酸化、水矿化度增高等多种危害。

1.3.2　水体中主要污染物的性质及危害

如前所述，污染水体的物质极其复杂，来源甚广，而且各类污染物质之间又相互牵连、相互影响，它们对水质的影响是多方面的。现介绍几种主要污染物及其影响。

1.3.2.1　固体物质

固体物质包括悬浮固体和溶解固体。

水体受悬浮固体污染后，浊度增加，大大地降低光的穿透能力，妨碍了水的自净作用。其危害主要表现在以下几个方面：①悬浮固体可能堵塞鱼鳃，导致鱼类窒息死亡；②由于水体中微生物对有机悬浮固体的代谢作用，会消耗水体中的溶解氧；③悬浮固体中的可沉固体沉积于河底，造成底泥积累与腐化，使水体水质恶化；④水中的悬浮固体是一些其他污染物的载体，随水漂流迁移。

水体受溶解固体污染后，使溶解性无机盐浓度增加，如作为给水水源，水味涩口，甚至引起腹泻，危害人体健康，故饮用水的溶解固体含量应不高于 500mg/L。工业锅炉用水要求更加严格。农田灌溉用水，要求不宜超过 1000mg/L，否则会引起土壤板结。

1.3.2.2　耗氧污染物

(1) 耗氧污染物的概念　水环境中有机污染物的种类繁多，按其对环境质量的影响和污染危害，可粗略分为两大类：一类为耗氧有机物；另一类为有毒有机物。耗氧有机物指动、植物残体和生活污水及某些工业废水中所含的碳水化合物、蛋白质、脂肪和木质素等易被微生物分解的有机化合物，它们在微生物的作用下最终分解为简单的无机物质、二氧化碳和水等。其分解过程中要消耗水中的溶解氧，使水质恶化，故又称之为耗氧有机物（污染物）。有毒有机污染物指酚、多环芳烃和各种人工合成的具有累积性生物毒性的有机化合物，如多氯联苯、农药等，石油污染物亦可属此类。

（2）耗氧污染物分解与溶解氧平衡　有机物是水体的重要污染物质。溶解氧（DO）含量是使水体中生态系统保持自然平衡的主要因素之一。溶解氧完全消失或其含量低于某一限值时，就会影响到这一生态系统的平衡，甚至能使其遭到完全破坏。水体中溶解氧含量是分析水体环境容量的主要指标。

有机污染物排入水体后即在水中微生物的作用下进行降解，同时消耗水中的溶解氧。所以，遭受到有机性污染的水体，水中溶解氧含量的变化过程由有机污染物的降解过程所控制。就这一问题进行分析、探讨，对水污染程度和水环境容量（水体的自净能力）的评价以及掌握有机物对渔业资源的危害等是有着重要意义的。

如图 1-3 所示是接纳大量生活污水的河流，水中 BOD（BOD 代表水体中可生物降解的有机污染物的浓度）和溶解氧（DO）变化的模式图。污水集中于 O 点排放，假定污水排放后立即与河水完全混合。在排放前，河水中的溶解氧含量接近于饱和（8mg/L），BOD 值则处于正常状态，即低于 4mg/L，水温为 25℃。

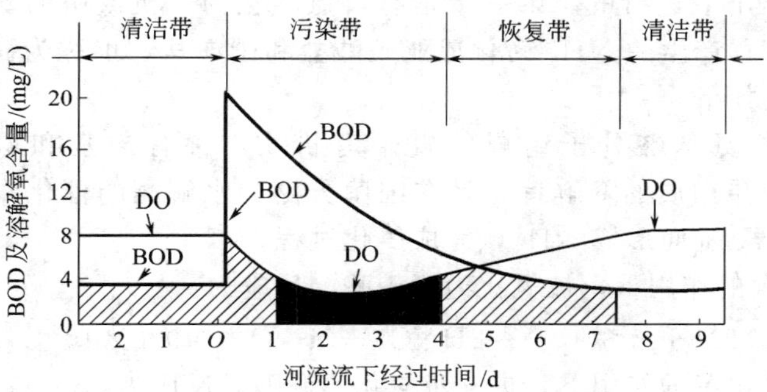

图 1-3　溶解氧与 BOD 变化曲线

① BOD 变化曲线　污水排放，在 O 点处 BOD 值急剧上升，高达 20mg/L，随着河水下流，有机污染物被分解，BOD 值逐渐降低，经过 7.5d 后，又恢复到原来状态。

② 溶解氧（DO）变化曲线　污水排放后，河水中的溶解氧耗于有机物的降解，开始下降，并从流入的第一天开始，含量即低于地表水最低允许含量的 4mg/L，在流下的 2.5d 处，降至最低点，以后虽逐渐回升，但在流下 4d 前，溶解氧含量都低于地面水的最低允许含量（涂黑部分），从此后逐渐回升，在流下的 7.5d 后，才恢复到原有状态。

按 BOD 及溶解氧变化曲线，可以将河流划分为 4 个相接连的河段（带）：未污染前的清洁带、污染后的污染带、恢复带和恢复后的清洁带。

在污染河段中，有两种作用影响着水中溶解氧的含量：一种作用使水中溶解氧含量降低，此即有机污染分解作用消耗水体中的溶解氧简称耗氧作用；另一种作用使水中溶解氧得到恢复，如空气中的氧溶于水，水生植物的光合作用放出氧等。空气中氧溶于水的作用称为水面复氧作用。耗氧作用与复氧作用的综合决定着水中氧的实际含量。

如果流入的污水量和浓度全年无大变化，河流的流量也大致不变，则溶解氧曲线的最低点位置主要决定于水温。水温高时溶入的氧量降低，所以夏季（水温大于 25℃时）溶解氧的最低点将出现在图上最低点的左方；水温低时，溶入的氧量增多，所以冬季溶解氧的最低点将出现在图上最低点的右方。

在溶解氧降低到最低点的区域，对溶解氧要求较多的生物便发生窒息，或者逃出本区转移到溶解氧较高的区域。

(3) 耗氧污染物对鱼类的危害　耗氧污染物对水体的危害主要在于对渔业水产资源的破坏方面。水中含有充足的溶解氧是保证鱼类生长、繁殖的必要条件之一，只有极少数的鱼类，如鳝鱼、泥鳅等，在必要时可利用空气中的氧，绝大部分鱼类只能用鳃以水中溶解氧呼吸，维持生命活动。一旦水中溶解氧下降，各种鱼类就要产生不同的反应。某些鱼类，如鳟鱼对溶解氧的要求特别严格，必须达 8～12mg/L，鲤鱼为 6～8mg/L，中国特有的鱼种，如草鱼、鲢鱼、鳙鱼等对溶解氧含量要求在 5mg/L 以上。当溶解氧不能满足这些鱼类的要求时，它们即将力图游离这个缺氧地区，而当溶解氧降至 1mg/L 时，大部分的鱼类就要窒息而死。

在被耗氧有机物严重污染的水体中，有经济价值的渔产资源遭到破坏，而另一方面，许多适应污水环境的某些生物却得到繁殖。

1.3.2.3 植物营养物质

氮和磷是重要的植物营养物质，随污水进入水体后，会发生一系列的转化过程。

(1) 含氮化合物在水体中的转化　含氮化合物在水体中的转化分两步进行，这两步转化反应都是在微生物作用下进行的。第一步是有机氮转化为无机氮中的氨氮，也称为氨化过程；第二步是氨化过程产生的 NH_3 转化成亚硝酸盐和硝酸盐，也称为硝化过程。例如蛋白质的转化过程可描述如下。

蛋白质是由多种氨基酸分子组成的复杂有机物，含有羧基和氨基，由肽键（R—CONH—R′）连接。蛋白质的降解首先是在细菌分泌的水解酶的催化作用下进行水解，断开肽键，脱除羧基和氨基而形成 NH_3，完成氨化过程。

NH_3 在亚硝化菌的作用下，被氧化为亚硝酸。反应为：

$$2NH_3+3O_2 \longrightarrow 2HNO_2+2H_2O+619.6\times10^3 J$$

接着亚硝酸在硝化菌的作用下，进一步氧化为硝酸。反应为：

$$2HNO_2+O_2 \longrightarrow 2HNO_3+200.97\times10^3 J$$

在缺氧的水体中，硝化反应不能进行，相反的却可能在反硝化细菌的作用下，产生反硝化作用。

$$2HNO_3 \xrightarrow[-2H_2O]{+4H} 2HNO_2 \xrightarrow[-2H_2O]{+4H} (NOH)_2 \xrightarrow[-H_2O]{} N_2O \xrightarrow[-H_2O]{+2H} N_2\uparrow$$

有机氮在水体中的转化过程一般要持续若干时日，因此，水体中各种形态的氮随时间的变化有如图 1-4 所示的相对关系。

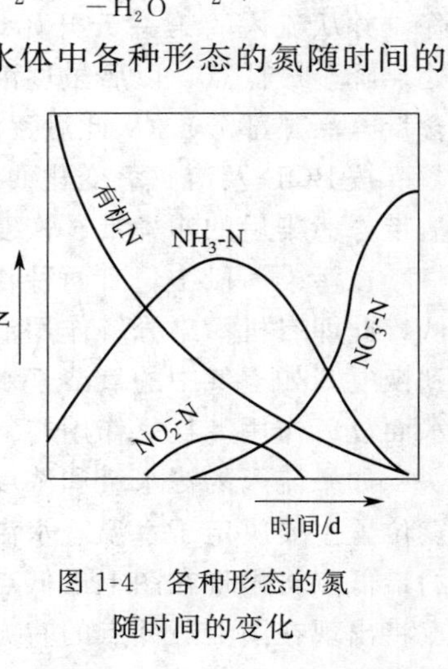

图 1-4　各种形态的氮随时间的变化

现在发现硝酸盐在缺氧、酸性的条件下，可还原成亚硝酸盐。亚硝酸盐与仲胺 R_2═NH 作用，会形成亚硝胺。亚硝胺是三致（致突变、致癌、致畸形）物质，这种反应也可在人胃内产生。

(2) 含磷化合物在水体中的转化　水体中，所有的无机磷几乎都是以磷酸盐形式存在的，包括以下几种。

正磷酸盐：PO_4^{3-}、HPO_4^{2-}、$H_2PO_4^-$。

聚合磷酸盐：$P_2O_7^{4-}$、$P_3O_{10}^{5-}$。

而有机磷则多以葡萄糖-6-磷酸、2-磷酸-甘油酸等形式存在。

水体中的可溶性磷很容易与Ca^{2+}、Fe^{3+}、Al^{3+}等离子生成难溶性沉淀物而沉积于水体底泥中。沉积物中的磷，通过湍流扩散作用再度释放到上层水体中去。或者当沉积物中的可溶性磷大大超过水中的磷的浓度时，则可能再次释放到水层中去。

(3) 水体富营养化过程及其危害　富营养化（eutrophication）这一术语是指营养物质富集的过程及其所引起的后果。它虽然是一个自然过程，但人类的活动大大加速了这一过程。富营养化是世界上普遍发生的一种水污染现象，特别是湖泊和海湾等缓流水体易发生富营养化。

富营养化作为一个自然过程，它是湖泊分类与演化方面的一个概念。所有湖泊都要经过一个衰老退化过程。富营养化就是水体衰老的一种表现。在自然界物质的王常循环过程中，即湖泊演化过程中，逐渐积累起来的淤泥、有机质使得湖泊演变成沼泽地，然后由沼泽地变为平地。

水体的富营养化现象，不仅发生湖泊水库中，也发生在河口、海湾等缓流水体中，在水流急速的河流中发生较少。

由于人类活动的影响大大加速了水体（缓流水体）富营养化过程。这种情况下的富营养化亦称为人为富营养化（cultural eutrophication）。它是由于生活污水、工业废水尤其是农业径流所携带的植物所需要的氮、磷等营养物质大量进入湖泊、河口、海湾等缓流水体，导致藻类及其他浮游生物急剧和过量地生长，藻类死亡后其分解作用大大降低了水体中溶解氧的含量而形成厌氧条件，使水质恶化，鱼类及其他生物大量死亡。而且，水中藻类的优势种属也往往由硅藻、绿藻转为蓝藻，这种藻类不适宜作饵料，其分解产物往往具有毒性，并给水体带来不良气味。

人为富营养化过程严重地降低了水质，使其很难达到娱乐用水、城市用水及工农业用水的标准，使水体的可用率大大下降。

(4) 水体富营养化程度与氮磷含量的关系　为了制止人为的富营养化，过去把注意力都集中在限制氮的来源上，但是靠限制氮的办法往往达不到控制目的。尤其是在藻类的繁殖已成为一个严重问题的情况下，富营养湖中占优势地位的藻类往往是蓝藻。这种藻类能够直接从空气中固定它所需要的氮，当它死亡之后，其分解过程中又释放出能为其他藻类所吸收的氮。

但从实际调查资料显示，对发生富营养化作用来说，磷的作用远大于氮的作用，磷的含量不很高时就可以引起富营养化作用。因此，有人建议必须把注意力转移到限制磷的来源上。在某些水域中，大约有一半的磷来自洗涤剂，这就应当严格限制某些种类洗涤剂的使用，特别是当磷已成为某一水域的限制性养分时，更要限制在这一水域周围地区使用含磷洗涤剂。为此，中国有一些城市（无锡等）已实现禁磷。

缓流水体的富营养化与水体中的氮、磷含量有密切关系，一般总磷和无机氮分别达到0.02mg/L和0.3mg/L，就可以认为水体已处于富营养化的状态了。

近年来又有人认为，富营养化问题的关键不是水中营养物的浓度，而是营养物的负荷量。并提出，贫营养湖与富营养湖之间的临界负荷量：总磷达到0.2～0.5mg/(L·a)，总氮达到5～10mg/(L·a)，即标志水体已处于富营养化状态。

1.3.2.4 重金属离子

(1) 重金属的概念　一般认为重金属是相对密度大于5或4的金属。按相对密度大于5计有45种左右，大于4的约可举出60种。目前在环境污染方面所说的重金属主要指汞、镉、铅、铬以及类金属砷等生物毒性显著的元素，也指具有一定毒性的一般重金属如锌、镍、钴、锡等。特别引人注意的是汞、镉、铅、铬、砷以及它们的化合物，被称为“五毒”。

(2) 重金属污染　重金属作为有色金属在人类的生产和生活方面有广泛的应用。因此在环境中存在着各种各样的重金属污染源。其中，采矿和冶炼是向环境释放重金属的最主要的污染源。

水体受重金属污染后，产生的毒性有如下特点：①水体中重金属离子浓度在0.01～10mg/L之间，即可产生毒性效应；②重金属不能被微生物降解，反而可在微生物的作用下，转化为金属有机化合物，使毒性猛增；③水生生物从水体中摄取重金属并在体内大量积累，经过食物链进入人体，甚至通过遗传或母乳传给婴儿；④重金属进入人体后，能与体内的蛋白质及酶等发生化学反应而使其失去活性，并可能在体内某些器官中积累，造成慢性中毒，这种积累的危害，有时需10～30年才显露出来。因此，《污水综合排放标准》(GB 8978—1996)、《地表水环境质量标准》(GB 3838—2002)、《农田灌溉水质标准》(GB 5084—2005)、《渔业水质标准》(GB 11607—89)等，都对重金属离子的浓度作严格的限制，以便控制水污染，保护水资源。就毒性较大的汞、镉、铬、铅论述如下。

① 汞(Hg)污染　汞对人体有较严重的毒害作用，可分为无机金属汞与有机汞两类。

无机金属汞有升华性能，可从液态、固态直接升华为汞蒸气，可被淀粉类果实、块根吸收并积累，经食物链、呼吸系统或皮肤摄入人体，在血液中循环，积累在肝、肾及脑中，酶蛋白的硫基与汞离子结合后，活性受抑制，细胞的正常代谢作用发生障碍。摄入体内的无机汞，可用药物治疗，使汞从泌尿系统排出。

有机汞主要来自有机汞农药及由无机汞转化。摄入人体的无机汞及水体底泥中的无机汞，在厌氧的条件下，由于微生物的作用，可转化为有机汞，如甲基汞(CH_3Hg)。水体中的有机汞，可被贝类摄入并富集，经食物链进入人体，在肝、肾、脑组织中积累，侵入中枢神经，其毒性大大超过无机汞，并极难用药物排出。积累到一定程度即引发“水俣病”。《地表水环境质量标准》规定，总汞不超过0.00005～0.001mg/L(决定于水域功能分类，下同),《渔业水质标准》规定不得超过0.0005mg/L，《农田灌溉水质标准》规定不得超过0.001mg/L。

② 镉(Cd)污染　镉是典型的富集型毒物。水体中的镉经食物链摄入人体，在肾、骨骼中富集，使肾功能失调，骨骼中的钙被镉取代而疏松，造成自然骨折，疼痛难忍，即“骨痛病”。这种病的潜伏期可达10～30年，发病后难以治疗。

《地表水环境质量标准》规定，总镉不超过0.001～0.01mg/L，《渔业水质标准》及《农田灌溉水质标准》都规定不得超过0.005mg/L。

③ 铬(Cr)污染　铬在水体中以六价铬和三价铬的形态存在，前者毒性大于后者。人体摄入后，会引起神经系统中毒。

《地表水环境质量标准》规定六价铬不超过0.01～0.1mg/L，《渔业水质标准》与《农田灌溉水质标准》都规定不得超过0.1mg/L。

④ 铅(Pb)污染　铅也是一种富集型毒物，成年人每日摄入量少于0.32mg时，可被排出体外不积累；摄入量为0.5～0.6mg时，会有少量积累，但不危及健康；摄入量超过1.0mg时，有明显积累。铅离子能与多种酶配位，干扰机体的生理功能，危及神经系统、肾与脑。儿童比成年人更容易受铅污染，造成永久性的脑受损。

《地表水环境质量标准》规定总铅不超过0.01～0.1mg/L，《渔业水质标准》与《农田灌溉水质标准》都规定不得超过0.1mg/L。

⑤ 其他重金属污染　锌、铜、钴、镍、锡等重金属离子，对人体也有一定的毒害作用。

(3) 重金属在水体中的迁移与转化　重金属在水体中不能被微生物降解，只能在各种形态之间相互转化以及分散和富集，重金属化合物的溶解度很小，往往沉积于水底。重金属离子由于带正电，在水中易于被带负电的胶体颗粒所吸附，吸附重金属离子的胶体，可以随水流向下游迁移，但大多会很快地沉降下来。因此，重金属一般都富集在排水口下游一定范围内的底泥中。

沉积在底泥中的重金属是一个长期的次生污染源，它们逐渐向下游推移，扩大污染面，每到汛期，河流径流量加大，对河床冲刷力增强，底泥中的重金属随底泥进入径流。一般的污染物，在汛期由于水量大被稀释，其浓度是降低的，而重金属却往往是增高的。

金属离子在水中的转移和转化与水体的酸、碱条件有关。如六价铬在碱性条件下的转化能力强于酸性条件，在酸性条件下，二价镉离子易于随水迁移并易为植物所吸收。

地表水体中的重金属可以通过食物链，成千上万倍地富集，而达到相当高的程度。表1-3列出水生生物对常见重金属的平均富集倍数（以水体中的含量为1单位计）。在水生生物中富集后，经食物链摄入人体。

表 1-3　水生生物对常见重金属的平均富集倍数

重金属	淡水生物			海水生物		
	淡水藻	无脊椎动物	鱼类	海水藻	无脊椎动物	鱼类
汞	1000	10^5	1000	1000	10^5	1700
镉	1000	4000	300	1000	250000	3000
铬	4000	2000	200	2000	2000	400
砷	330	330	330	330	330	230
钴	1000	1500	5000	1000	1000	500
铜	1000	1000	200	1000	1700	670
锌	4000	40000	1000	1000	105	2000
镍	1000	100	40	250	250	100

1.3.2.5　氰化物

(1) 水体中氰化物的来源　水体中的氰化物主要来源于工业企业排放的含氰废水，如电镀废水、煤气洗涤废水、化工厂的含氰废水及选矿废水等。在常见的电镀液配方中，镀锌液中含 NaCN 80～120g/L，镀铜液含 NaCN 12～18g/L，镀银液含 NaCN 40～60g/L。当电镀后漂洗镀件时，含氰物随漂洗水排出。焦炉和高炉的煤气洗涤废水中碳与氨或甲烷与氨化合生成氰化物。在生产氰化物的废水中及用氰化物作抑制剂的选矿废水中都含有高浓度的氰。

(2) 氰化物在水体中的自净作用　氰化物虽然有剧毒，但有较强的自净作用。在天然水体中氰化物的净化过程一般有以下两个途径。

① 氰化物的挥发作用　氰化物与溶于水中的 CO_2 作用产生 HCN，向空中逸出。

$$CN^- + CO_2 + H_2O \longrightarrow HCN\uparrow + HCO_3^-$$

据实验表明，在水体中缺少微生物净化作用和 pH 值低的条件下，这种净化机制的净化量可以占到总自净量的 90%左右。

② 氰化物的生物化学作用　氰化物在水中游离氧的氧化作用下可以形成 NH_4^+ 和 CO_3^{2-}。

$$2CN^- + O_2 \longrightarrow 2CNO^-$$

$$CNO^- + 2H_2O \longrightarrow NH_4^+ + CO_3^{2-}$$

上述过程在蒸馏水中不存在，而在天然水体中确实存在，说明水体中的微生物促进了氰化物的氧化作用。

上述氧化过程不是简单的化学氧化过程，而是生物化学氧化过程。在一般的天然水条件下，微生物的氧化过程所造成的氰的自净量只占水体中氰总自净量的10%左右，在夏季温度较高、光照良好的有利条件下，有利于微生物的生长，其氧化过程的自净量可达30%左右，而冬季由于光照不足和气温较低，氰化物的氧化明显减慢。

氰化物的自净速度与起始浓度、供氧状况、沟渠特点、生物因素、温度、日照及pH值等多种因素有关。

(3) 氰化物污染的危害　氰化物是剧毒物质，大多数氰的衍生物毒性更强，只要误服0.06～0.1g左右氰化钠或氰化钾就会致死。由于氰化物能在体内产生氰化氢，使细胞呼吸受到麻痹引起窒息死亡。

排入天然水中的含氰废水，对鱼类的生存威胁较大，当水中 CN^- 含量达0.3～0.5mg/L时便可使鱼致死。如鳟鱼在 CN^- 为0.5mg/L时，12h就会死亡。

氰对其他水生生物也具有毒性。在水温20℃，pH值在6.1～8.7的条件下，大型水蚤受氰化物浓度的影响见表1-4。

表1-4　氰化物浓度对水蚤的危害

氰化物浓度/(mg/L)	对水蚤的危害情况	氰化物浓度/(mg/L)	对水蚤的危害情况
2.0～2.5	24～28h中毒	0.2	经120h有1%死亡
1.5～2.0	72～120h中毒	0.5	无影响

配合氰化物对鱼的毒性一般比氰化物要低，但与水质状况有很大关系。如铁氰化物、亚铁氰化物毒性小，但由于阳光照射而分解出的HCN对鱼有毒。镍氰化物对鱼的毒性与pH值有关，pH值为6.5时比pH值为8时要高出1000倍。总之，氰化物是剧毒物质，亦有快速致死作用，所以在制定饮用水标准、渔业（对氰离子）标准时，以生态学上不产生有害作用为依据。许多国家规定饮用水标准是游离氰小于0.01mg/L，世界卫生组织订出鱼的中毒限量为游离氰0.03mg/L。

1.3.2.6　有机氯化合物

人们使用的有机氯化合物有上千种，其中污染广泛的是多氯联苯（PCB）和有机氯农药。

多氯联苯微溶于水，大部分以浑浊状态存在或吸附于微粒物质上，它具有脂溶性，能大量溶解于水面的油膜中。它的相对密度大于1，故除少量溶解于油膜中外，大部分会逐渐沉积水底。由于多氯联苯化学性质稳定，不易氧化、水解，并难于生化分解，所以多氯联苯可长期存在于水中，多氯联苯是一氯联苯、二氯联苯、三氯联苯等的通称。

多氯联苯的毒性与它的成分有关，含氯原子越多的组分，越易在人体脂肪组织和器官中蓄积。其毒性表现为：影响皮肤、神经、肝脏，破坏钙的代谢，导致骨骼、牙齿的损害，并有恶性、慢性致癌和遗传变异的可能性。

有机氯农药是疏水性亲油物质，能够为胶体颗粒和油粒所吸附并随其在水中扩散。水生生物对有机氯农药有很强的富集能力，通过食物链，有机氯农药进入人体，累积在脂肪含量高的组织中，达到一定浓度后，即显示出对人体的毒害作用。

有机氯农药的污染是世界性的，从水体中的浮游生物到鱼类，从家禽、家畜到野生动物体内，几乎都可以测出有机氯农药。

1.3.2.7　病原微生物污染及危害

污水会带给水体大量有机物，造成细菌存活的环境，同时带入大量病原菌、寄生虫卵和病毒等。

病原菌污染的特点是数量多，分布广，存活时间长，繁殖速度快，随水流传播疾病。由于卫生保健事业的发展，传染病虽已得到有效控制，但对人类的潜在威胁仍然存在，必须高度重视病原菌的污染，特别是在传染病流行的时期。

1.4 水污染指标与水质标准

1.4.1 废水的水质指标

污水和受纳水体的物理、化学和生物等方面的特征是用水污染指标来表示的，同时水污染指标也是水体评价、利用和制定污水治理方案的依据，是掌握污水处理设施运行状态的依据。国家对水质的分析和检测制定出许多标准。现就水污染的物理性指标、化学性指标和生物性指标分述如下。

(1) 物理性指标　废水的物理性指标包括水温、色度、臭味、固体物质等。

① 水温　废水的水温，对废水的物理性质、化学性质及生物性质有直接的影响。所以水温是废水水质的重要物理性指标之一。

生活废水水温较稳定，年变化在 10～20℃ 之间。工业废水的水温变化很大。城市污水的水温，与排入排水系统的工业废水性质、所占比例有关。废水的水温过低（如低于 5℃）或过高（如高于 40℃）都会影响废水的生物处理的效果。

② 色度　生活污水的颜色呈灰色。但当废水的溶解氧降低至零，废水所含有机物腐烂，则水色转呈黑褐色并有臭味。工业废水的色度视工矿企业的性质而异，差别极大，如印染、造纸、农药、焦化、冶金及化工等的生产污水，都有各自的特殊颜色。色度往往给人以感官不悦。

色度可由悬浮固体、胶体或溶解物质形成。悬浮固体形成的色度称为表色。胶体或溶解物质形成的色度称为真色。水的颜色用色度作为指标。

③ 臭味　生活废水的臭味主要由有机物腐败产生的气体造成。工业废水的臭味主要由挥发性化合物造成。

臭味给人以感官不悦，甚至会危及人体生理，造成呼吸困难、胸闷、恶心、呕吐等。故臭味也是物理性质的主要指标。

④ 固体物质　固体物质按存在的形态的不同可分为悬浮的、胶体的和溶解的三种。按性质的不同可分为有机物、无机物与生物体三种。固体含量用总固体量作为指标（英文缩写 TS）。

把一定量水样在 105～110℃烘箱中烘干至恒重，所得的质量即为总固体量（TS）。总固体包括溶解物质（DS）和悬浮固体物质或叫悬浮物（SS）。水样经过滤后，滤液蒸干所得的固体即为胶体和溶解性固体（DS），滤渣脱水烘干后即是悬浮固体（SS）。悬浮固体根据挥发性能可分为挥发性固体（VSS）和非挥发性固体或灰分（NVSS）两种。将悬浮固体在 600℃ 的温度下灼烧，挥发掉的量即是挥发性固体也称灼烧减量，灼烧残渣则是非挥发性固体。生活废水中，前者约占 70%，后者约占 30%。图 1-5 所示为生活污水及某些工业废水悬浮固体含量。

胶体（颗粒粒径为 0.001～0.1μm）和溶解固体或称为溶解物也是由有机物与无机物组

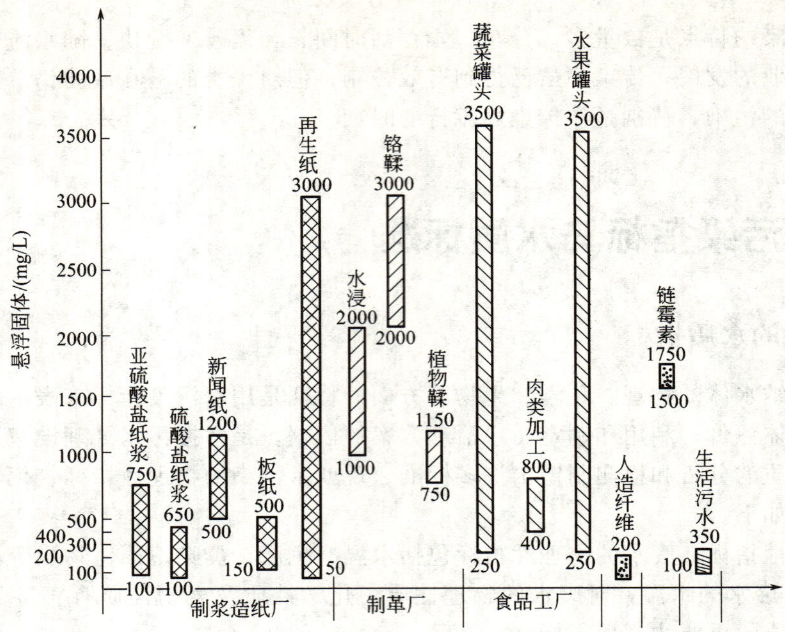

图 1-5　生活污水与某些工业废水悬浮固体含量

成。生活废水中的溶解性有机物包括尿素、淀粉、糖类、脂肪、蛋白质及洗涤剂等；溶解性无机物包括无机盐、氯化物等。工业废水的溶解性固体成分极为复杂，视工矿企业的性质而异，主要包括种类繁多的合成高分子有机物及重金属离子等。溶解固体的浓度与成分对污水处理方法的选择及处理效果产生直接的影响。

(2) 耗氧有机物　由于水体中的有机污染物的组成比较复杂，要想分别测定各种有机物的含量比较困难，所以在实际工作中一般采用一些综合指标来表示水中耗氧有机物的含量。如果水中有机物含有毒物，就分别测定这些有毒物质的数量。

表示有机物的综合指标可分为两大类：以氧表示的指标和以碳表示的指标。单位常以 mg/L 表示。

① 以氧（O_2）表示的指标

a. 理论需氧量（theoretical oxygen demand，简称 ThOD）　理论需氧量是根据化学方程式计算求得的有机物全部分解（氧化）所需要的氧量，例如含有 300mg/L 葡萄糖溶液的理论需氧量可以计算如下：

$$C_6H_{12}O_6 + 6O_2 \longrightarrow 6CO_2 + 6H_2O$$

$$180 \qquad\qquad 6\times 32$$

$$\frac{180}{300} = \frac{6\times 32}{ThOD}$$

$$ThOD(以氧表示) = 320mg/L$$

欲计算废水的理论需氧量，必须对废水进行全面的化学分析，故在实际上很少应用。

b. 生化需氧量（bio-chemical oxygen demand，简称 BOD）　在有氧条件下，由于微生物（主要是细菌）的生活活动降解有机物所需要的氧量。图 1-6 表示有机物氧化过程的需氧关系。

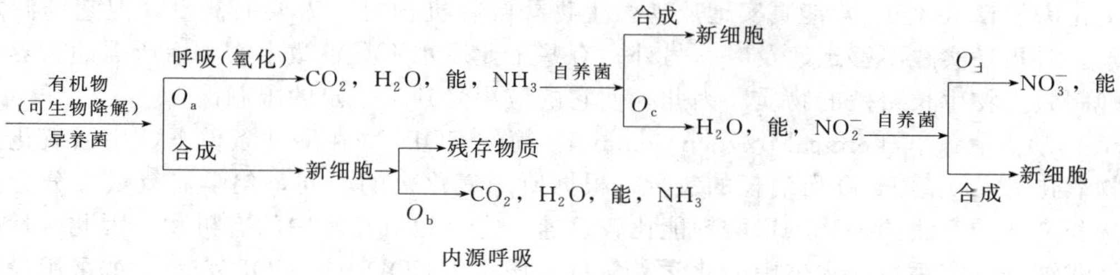

图 1-6　有机物氧化过程需氧关系

由图可知，在有氧条件下，污水中可生物降解的有机物降解过程可分为两个阶段：第一阶段是碳氧化阶段，即在异养菌的作用下，含碳有机物被氧化（或称碳化）为 CO_2 和 H_2O，含氮有机物被氧化（或称氨化）为 NH_3，所消耗的氧以 O_a 表示，与此同时合成新细胞（异养型）；第二阶段是硝化阶段，即在自养菌（亚硝化菌）的作用下，NH_3 被氧化为 NO_2^- 和 H_2O，所消耗的氧量用 O_c 表示，再在自养菌（硝化菌）的作用下，NO_2^- 被氧化为 NO_3^-，所消耗的氧量用 O_d 表示，与此同时合成新细胞（自养型）。上述两个阶段，都释放出供微生物生活活动所需要的能。合成的新细胞，在生活活动中，进行着新陈代谢，即自身氧化的过程，产生 CO_2、H_2O 与 NH_3，并放出能与氧化残渣（残存物质），这种过程叫做内源呼吸，所消耗的氧量用 O_b 表示。

耗氧量 O_a+O_b 称为第一阶段生化需氧量（或称为总碳氧化需氧量、总生化需氧量、完全生化需氧量）用 BOD_u 表示。耗氧量 O_c+O_d 称为第二阶段生化需氧量（或称为氮氧化需氧量、硝化需氧量）用硝化 BOD 或 NOD_u 表示。

上述两阶段氧化过程，也可用曲线图表示，在直角坐标纸上，以横坐标表示时间（d），纵坐标表示生化需氧量 BOD（mg/L），见图 1-7。曲线（a）表示在第一阶段生化需氧量曲线（即总碳氧化需氧量曲线），曲线（b）表示第二阶段生化需氧量曲线（即氮氧化氧量曲线）。

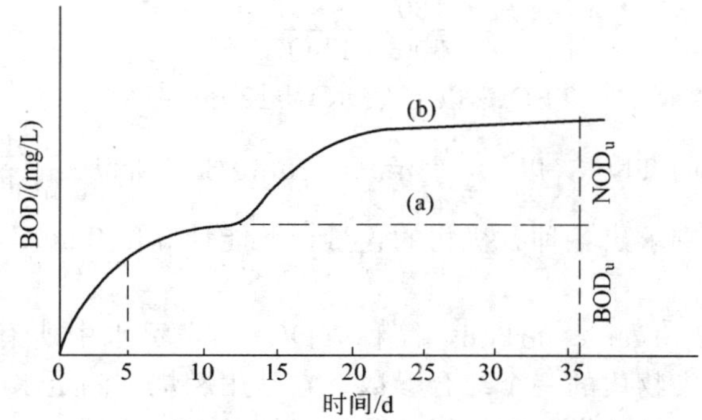

图 1-7　碳化和硝化需氧曲线

上述有机物生化耗氧过程与温度、时间有关。在一定温度范围内温度越高，微生物活力越强，消耗有机物越快，需氧越多；时间越长，微生物降解有机物的数量和深度越大，需氧越多。在实际测定生化需氧量时，温度规定为 20℃。此时一般有机物需 20d 左右才能基本完成第一阶段的氧化分解过程，其需氧量用 BOD_{20} 表示，它可视为完全生化需氧量 BOD_u。在实际测定时，一般采用 5d 作为测定时间，称为 BOD_5。因此把 20℃、5d 测定的 BOD_5 作为衡量污水的有机物浓度指标。

生化需氧量（BOD_5）能真实地反映微生物降解有机物时所需要的氧量，但它的测定时间较长，对指导实践不够迅速及时。另外，有些工业废水不具备微生物生活所需的营养或者含有抑制微生物生长繁殖的物质。因此，使它的应用受到了一定的限制。

c. 化学需氧量（chemical oxygen demand，简称 COD） 在酸性条件下，用强氧化剂将有机物氧化为 CO_2、H_2O 所消耗的氧量。根据所用氧化剂的不同，化学需氧量又分为重铬酸钾法和高锰酸钾法两种。重铬酸钾能比较迅速、完全地氧化水中的有机物，因此，目前常用重铬酸钾法测定污水和水体中的化学需氧量，该法用 COD_{Cr} 或 COD 表示。如采用高锰酸钾作为氧化剂，则写作 COD_{Mn}。

化学需氧量测定具有时间短、不受水质限制的特点，但由于氧化剂氧化有机物时，也能氧化部分还原性无机物质（但不包括硝化所需的氧量），因此，它不能像 BOD_5 那样表示出可被微生物氧化的有机物的数量。当水中存在有毒物质，或无法测出其 BOD_5 值时，则只能用 COD 来表示。某一水样 BOD_5 与 COD 的比值是衡量污水可生化性的一项主要指标，比值越高，可生化性越好，一般认为该值大于 0.3，即为可生化的。对于成分比较固定的污水，BOD_5 值与 COD 值保持着一定的相关关系。

d. 总需氧量（total oxygen demand，简称 TOD） 有机物中含 C、H、N、S 等元素，当有机物全都被氧化时，这些元素分别被氧化为 CO_2、H_2O、NO_2 和 SO_2，此时的需氧量称为总需氧量（TOD）。

此指标用仪器测定，与 BOD、COD 的测定相比，更为快速简便，其结果也比 COD 更接近于理论需氧量。

② 以碳（C）表示的指标

a. 理论有机碳（theoretical organic carbon，简称 ThOC） 理论有机碳，同理论需氧量一样，也是根据化学方程式计算而求出有机物含量的一个指标，其结果以碳表示。例如浓度为 300mg/L 的葡萄糖溶液的理论有机碳（ThOC）可计算如下：

$$
\begin{array}{cccc}
C_6H_{12}O_6 & +6O_2 \longrightarrow & 6CO_2 & +6H_2O \\
180 & 6\times32 & 6\times44 & 6\times18
\end{array}
$$

$$\frac{180}{300}=\frac{6\times12}{\text{ThOC}}$$

$$\text{ThOC(以 C 表示)}=120\text{mg/L}$$

由于此葡萄糖溶液的 ThOC(以 O_2 表示)＝320mg/L，所以$\frac{\text{ThOD}}{\text{ThOC}}=2.67$。

对于废水，必须分别求出各种有机物的含量，才能计算出 ThOC，所以此指标实用上应用也不广。

b. 总有机碳（total organic carbon，简称 TOC） 表示水中所有有机污染物的总含碳量，是评价水中有机污染物质的一个综合参数。它是用燃烧法测定水样中总有机碳元素量来反映水中有机物总量的一种综合测定指标。其测定结果以 C 含量表示，单位为 mg/L。

TOD 与 TOC 的测定原理相同，但有机物数量的表示方法不同，前者用消耗的氧量表示，后者用含碳量表示。

水质比较稳定的污水，BOD_5、COD、TOD 和 TOC 之间，有一定的相关关系，数值大小的排序为 $ThOD>TOD>COD_{Cr}>BOD_u>BOD_5>TOC$。

难生物降解有机物不能用 BOD 作指标，只能用 COD、TOC 或 TOD 等作指标。

（3）无机物

① pH 值 pH＝7 时，污水呈中性；pH＜7 时，数值越小，酸性越强；pH＞7 时，数

值越大，碱性越强。当pH值超出6～9的范围时，会对人、畜造成危害，并对污水的物理、化学及生物处理产生不利影响。尤其是当pH值低于6的酸性污水，对管渠、污水处理构筑及设备产生腐蚀作用。因此，pH值是污水化学性质的重要指标。

② 植物营养物质氮和磷　污水中含氮化合物有四种：有机氮、氨氮、亚硝酸盐氮与硝酸盐氮。四种含氮化合物总量称为总氮（TN，以N计）。有机氮很不稳定，容易在微生物的作用下，分解成其他三种。

凯氏氮（KN）是有机氮与氨氮之和。凯氏氮指标可以用来判断污水在进行生物法处理时，氮营养是否充足的依据。生活污水中凯氏氮含量约40mg/L（其中有机氮约15mg/L，氨氮约25mg/L）。

氨氮在污水中存在形式有游离氨（NH_3）与离子状态铵盐（NH_4^+）两种。故氨氮等于两者之和。污水进行生物处理时，氨氮不仅向微生物提供营养，而且对污水的pH值起缓冲作用。但氨氮过高时，如超过1600mg/L（以N计），对微生物的生活活动产生抑制作用。

总氮与凯氏氮之差值，约等于亚硝酸盐氮与硝酸盐氮。凯氏氮与氨氮之差值，约等于有机氮。

污水中含磷化合物可分为有机磷与无机磷两类。有机磷的存在形式主要有：葡萄糖-6-磷酸，2-磷酸-甘油酸及磷肌酸等；无机磷都以磷酸盐形式存在，包括正磷酸盐（PO_4^{3-}）、偏磷酸盐（PO_3^-）、磷酸氢盐（HPO_4^{2-}）、磷酸二氢盐（$H_2PO_4^-$）等。

生活污水中有机磷含量约为3mg/L，无机磷含量为7mg/L。中国几座城市污水中氮、磷含量，列于表1-5，供参考。

表1-5　中国几座城市污水中氮、磷含量　　单位：mg/L

城市	总氮	氨氮	磷	钾
北京市	26.7～55.4	22～48	11～39	5.2～11.7
上海市	78～93	18.9～79.7		10.1～19.5
天津市	50	29	3.2	10.0
南京市	33	—	11	15
武汉市	28.7～47.5	25.2～40.3	11.5～34.5	29.1
西安市	36	3.7～4.8	4～21	13.4
哈尔滨市	63～67	25～30		19.5

某些工业废水的氮、磷含量，列于表1-6中，供参考。

表1-6　某些工业废水的氮、磷含量　　单位：mg/L

工业废水	总氮	氨氮	磷	钾
洗毛废水	584～997	120～640	—	—
含酚废水	140～180	2～10	3～17	8～13
制革废水	30～37	16～20	6～8	70～75
化工废水	30～76	28～56	1～12	1～16
造纸废水	20～22	4～8	8～12	10～15

③ 重金属离子　污水中的重金属离子主要有镉（Cd）、铅（Pb）、汞（Hg）、铬（Cr）、锌（Zn）、铜（Cu）、镍（Ni）、锡（Sn）、铁（Fe）、锰（Mn）等。冶金、电镀、陶瓷、玻璃、氯碱、电池、制革、照相器材、造纸、塑料及颜料等工业废水，都含有不同的重金属离子。上述重金属离子，在微量浓度时，有益于微生物、动植物及人类；但当浓度超过一定值后，即会产生毒害作用。

污水中含有的重金属难以净化去除。在污水处理的过程中，重金属离子浓度的60%左右被转移到污泥中，往往使污泥中的重金属含量超过中国农业部规定的《农用污泥中污染物控制标准》(GB 4284—84)。中国《污水排入城市下水道水质标准》(CJ 3082—1999)，对工业废水排入城市排水系统的重金属离子最高允许浓度有明确规定，超过此标准者，必须在工矿企业内进行局部处理。

(4) 生物性指标

① 细菌总数　细菌总数是指单位体积水中所含有各种细菌的总数，单位为个/L，是反映水所受细菌污染程度的指标。在水质分析中，是把一定量水接种于琼脂培养基中，在37℃条件下培养24h后，数出生长的细菌菌落数，然后计算出每毫升水中所含的细菌数。

② 大肠菌群　大肠菌群数是指单位体积水中所含的大肠菌的数目，单位为个/L，它是常用的细菌学指标。

大肠菌本身虽非致病菌，但由于它的生存条件等与肠道病原菌比较接近，因此，可以间接表明水体有无受病原菌污染的可能，或判断污水有无病原菌的可能。

1.4.2 水质标准

为了保护水资源，控制水污染，有关部门制定了各种水质质量标准，具体可以归纳为水环境质量标准和水污染物排放标准两大类，而且随着经济的发展和技术的进步，在不断地进行补充和完善。下面仅对与水污染控制密切相关的最新《地表水环境质量标准》、《污水综合排放标准》、《城镇污水处理厂污染物排放标准》作一简单介绍。

1.4.2.1 《地表水环境质量标准》(GB 3838—2002)

主要内容是根据地表水水域环境功能和保护目标，按功能高低依次划分为五类：

Ⅰ类——主要适用于源水头、国家自然保护区；

Ⅱ类——主要适用于集中式生活饮用水地表水源地一级保护区、珍稀水生生物栖息地、鱼虾类产卵场、仔稚幼鱼的索饵场等；

Ⅲ类——主要适用于集中式生活饮用水水源地二级保护区、鱼虾类越冬场、洄游通道、水产养殖区等渔业水域及游泳区；

Ⅳ类——主要适用于一般工业用水区及人体非直接接触的娱乐用水区；

Ⅴ类——适用于农业用水区及一般景观要求水域。

表1-7所列为GB 3838—2002中部分指标的标准限值。

表1-7　GB 3838—2002中部分指标的标准限值

水质指标		Ⅰ类	Ⅱ类	Ⅲ类	Ⅳ类	Ⅴ类
DO	≥	饱和率90%(或7.5)	6	5	3	2
COD_{Cr}	≤	15	15	20	30	40
BOD_5	≤	3	3	4	6	10
NH_3-N	≤	0.15	0.5	1.0	1.5	2.0

1.4.2.2 《污水综合排放标准》(GB 8978—1996)

① 具有国家行业水污染物排放标准的行业，其排水执行各自的行业标准，其余的执行本标准。

②《污水综合排放标准GB 8978—1996》将排放的污染物按性质分为两类：

第一类污染物是指能在环境中或在动物体内蓄积，对人体健康产生长远不良影响的污染物质。含有此类有害污染物质的污水，不分行业和污水排放方式，也不分受纳水体的功能类别，一律在车间或车间处理设施排放口采样，其最高允许排放浓度必须达到该标准附表 1 的规定。

第二类污染物是指长远影响小于第一类污染物质。在排污单位排放口采样，其最高允许排放浓度必须符合该标准附表 2 的规定。

该标准按年限规定了第一类污染物和第二类污染物规定了所排放污染物的最高允许浓度，而且对部分行业的排水量也提出了要求。

③ 标准分级　一级、二级、三级，第一类污染物不分级。

④ 以上两个标准之间的关系如下：

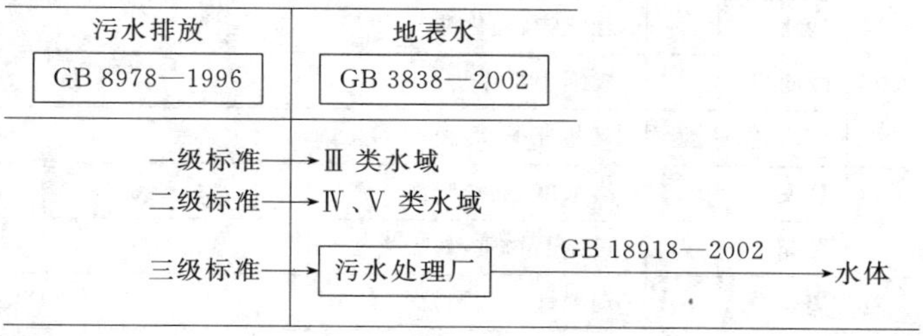

1.4.2.3 《城镇污水处理厂污染物排放标准》(GB 18918—2002)

标准分级：一级 A、一级 B、二级、三级，一类重金属污染物和选择控制项目不分级。

一级 A——回用水的基本要求；

一级 B——GB 3838 地表水Ⅲ类功能水域、GB 3097 海水二类功能水域、湖、库等封闭或半封闭水域；

二级——GB 3838 地表水Ⅳ、Ⅴ类功能水域、GB 3097 海水三、四类功能水域；

三级——非重点控制流域或非水源保护区的建制镇的污水厂，根据当地经济条件限制和水污染控制要求，采用一级强化工艺时，执行三级标准，但必须保留二级处理设施的位置，分期达到二级标准。

表 1-8 所列为 GB 18918—2002 中部分指标的标准限值。

表 1-8　GB 18918—2002 中部分指标的标准限值

水质指标	一级 A	一级 B	二级	三级
COD	50	60	100	120
BOD_5	10	20	30	60
SS	10	20	30	50

1.5 水污染控制的基本方法

1.5.1 污水处理方法的分类

现代的污水处理技术，按其所采用的原理，可分为物理处理法、化学处理法、物理化学处理法和生物处理法四类。各类方法的适用范围如表 1-9 所示。

表 1-9 污水处理与利用的基本方法

分类	处理与利用的工艺		去除对象	适用范围
物理法（一级处理）	均和调节		使水质、水量均衡	预处理
	重力分离法	沉淀	可沉物质	预处理
		隔油	颗粒较大的油珠	预处理
		气浮（浮选）	乳化油、纤维、纸浆、晶体等密度近于污水的悬浮物	中间处理
	离心分离法	水力旋流器	密度大的悬浮物，如砂石、铁屑	预处理
		离心机	乳化油、纤维、纸浆、晶体等	中间处理
	过滤	格栅	粗大的杂物	预处理
		砂滤	悬浮物、乳化油	中间或最终处理
		微滤机	极细小悬浮物	最终处理
		反渗透、超滤	某些分子、离子等	最终处理
	热处理	蒸发	高浓度酸、碱废液	最终处理
		结晶	可结晶物质，如盐类	最终处理
	磁分离		弱磁性极细颗粒	最终处理
化学法	投药法	混凝	胶体、乳化油	中间处理
		中和	酸、碱	中间或最终处理
		氧化还原	溶解性有害物质，如氰化物、硫化物、重金属离子	最终处理
		化学沉淀	重金属离子、还原性有机物等	最终处理
物理化学法	传质法	汽提	溶解性挥发性物质，如一元酚、氨等	中间处理
		吹脱	溶解性气体，如 H_2S、CO_2	中间处理
		萃取	溶解性物质	中间处理
		吸附	溶解性物质，如酚、汞	最终处理
		离子交换	可离解物质、盐类物质	最终处理
		电渗析		最终处理
生物法（二级处理）	自然生物处理	土地处理	胶状和溶解性有机物	最终处理
		稳定塘		最终处理
	人工生物法	生物膜		最终处理
		活性污泥法		最终处理
深度处理	化学处理	混凝沉淀	剩余的悬浮物	最终处理
	物理处理	过滤	胶状体和溶解性有机物	最终处理

1.5.2 污水处理流程

生活污水和工业废水中的污染物质是多种多样的，不能预期只用一种方法就能够把所有的污染物去除殆尽，一种污水往往需要通过由几种方法组成的处理系统，才能达到要求的处理程度。

图 1-8 所示的是城市污水处理工艺的典型流程。由于 BOD 物质是城市污水的主要去除

对象，因此，处理系统的核心是生物处理设备（包括二次沉淀池）。

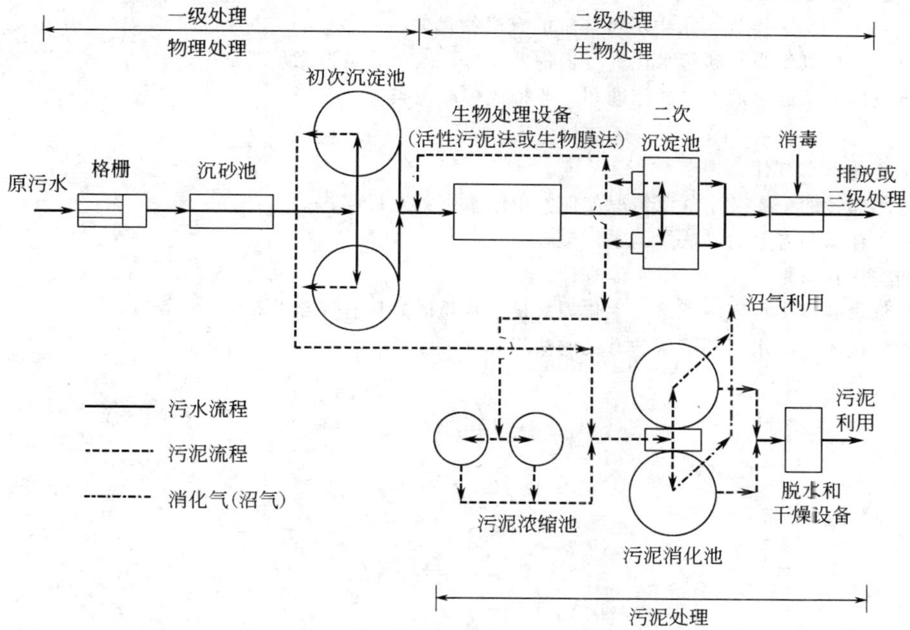

图 1-8　城市污水处理工艺的典型流程

一般城市污水（含悬浮物约 220mg/L，BOD_5 约 200mg/L）的处理效果如表 1-10 所示。

表 1-10　城市污水处理后的效果　　单位：mg/L

处理等级	处理方法	悬浮物		BOD_5		氮		磷	
		去除率/%	出水浓度	去除率/%	出水浓度	去除率/%	出水浓度	去除率/%	出水浓度
一级处理	沉淀	50～60	90～110	25～30	140～150				
二级处理	活性污泥法或生物膜法	85～90	20～30	85～90	20～30	50	15～20	30	3～5

工业废水的处理流程，随工业性质、原料、成品及生产工艺的不同而不同，具体处理方法与流程应根据水质与水量及处理的对象，经调查研究或试验后决定。

习题及思考题

1. 填空题

（1）水的循环方式有________和________两种。

（2）水体污染源有________、________、________，其主要污染物有________、________、________、________四类。

（3）水处理遵循的原则是________、________、________。水处理的基本方法有________、________、________、________四类。

（4）水体富营养化的主要原因是________、________大量进入水体造成。

2. 判断题

(1) BOD_5 包括硝化需氧量。( )

(2) COD_{Cr} 和 BOD_5 之差为污水中不可降解的有机物量。( )

(3) 凯氏氮指标可以作为判断污水在进行生物处理时，氮营养是否充足的依据。( )

(4) 污水排放标准可分为地方排放标准和一般排放标准两类。( )

3. 简答题

(1) 地表水和地下水有什么特点?

(2) 地球上水储量的分布及水资源情况如何? 中国水资源充足吗?

(3) 你认为用什么最有效的方法控制水污染?

(4) 水中的有机物质是指什么? 对水体有什么危害?

(5) 生化需氧量有多少种表示方法? 生化需氧量与水质的好坏有什么关系?

(6) 中国颁布过哪些与水体环境保护有关的法规和标准?

2 污水的物理处理

借助于物理作用分离和除去污水中不溶性悬浮物体或固体的方法叫物理处理法，又称之为机械治理法。这种方法的最大优点是简单易行，效果良好，费用也较低。

2.1 均和调节

2.1.1 均和调节作用

污水的水质、水量常常是不稳定的，具有很强的随机性。尤其是当操作不正常或设备产生泄漏时，污水的水质就会急剧恶化，水量也大大增加，往往会超出污水处理设备的处理能力，给处理操作带来很大的困难，使污水处理设施难以维持正常操作，特别是对生物处理设备净化功能影响极大，甚至使整个处理系统遭到破坏。

调节的作用就是减少污水特征上的波动，为后续的水处理系统提供一个稳定和优化的操作条件。在调节的过程中通常要进行混合，以保证水质的均匀和稳定，这就是均衡。

通过调节和均衡作用主要达到以下目的：

① 提供对污水处理负荷的缓冲能力，防止处理系统负荷的急剧变化；

② 减少进入处理系统污水流量的波动，使处理污水时所用化学品的加料速率稳定，适合加料设备的能力；

③ 控制污水的 pH 值，稳定水质，并可减少中和作用中化学品的消耗量；

④ 防止高浓度的有毒物质进入生物化学处理系统；

⑤ 当工厂或其他系统暂时停止排放污水时，仍能对处理系统继续输入污水，保证系统的正常运行。

调节和均衡作用可以通过设在污水处理系统之前的调节池来实现。

2.1.2 水量调节

污水处理中单纯的水量调节有两种方式：一种为线内调节（见图 2-1），进水一般采用重力流，出水用泵提升；另一种为线外调节（见图 2-2）。调节池设在旁路上，当污水流量过高时，多余污水用泵打入调节池，当流量低于设计流量时，再从调节池回流至集水井，并送去后续处理。

线外调节与线内调节相比，其调节池不受进水管高度限制，但被调节水量需要两次提升，消耗动力大。

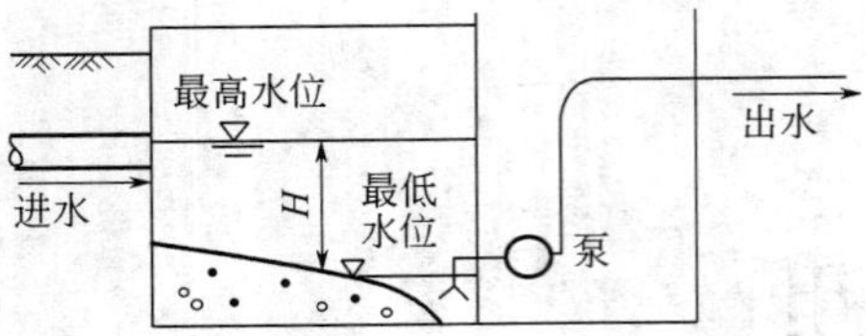

图 2-1　线内调节池

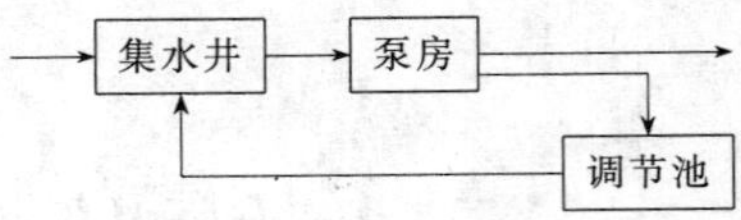

图 2-2　线外调节池

2.1.3　水质调节

水质调节的任务是对不同时间或不同来源的污水进行混合，使流出的水质比较均匀。水质调节的基本方法有两种。

2.1.3.1　外加动力调节

水质调节采用外加动力调节（见图 2-3）。外加动力就是采用外加叶轮搅拌、鼓风空气搅拌、水泵循环等设备对水质进行强制调节，它的设备比较简单，运行效果好，但运行费用高。

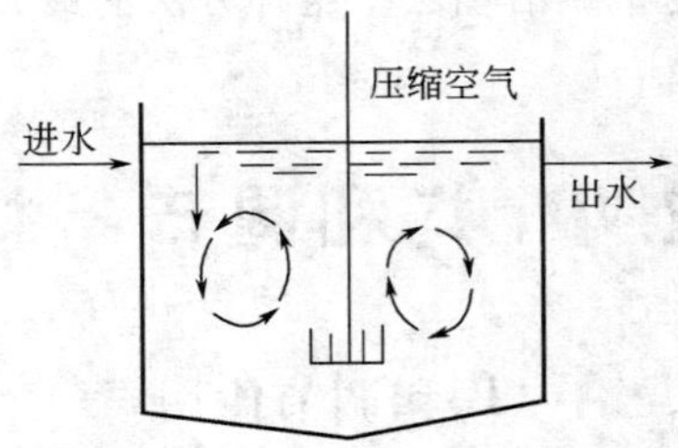

图 2-3　外加动力水质调节池

2.1.3.2　采用差流方式调节

水质调节采用差流方式进行强制调节，使不同时间和不同浓度的污水进行水质自身水力混合，这种方式基本上没有运行费用，但设备较复杂。

(1) 对角线调节池　差流方式的调节池类型很多，常用的是对角线调节池（见图 2-4）。对角线调节池的特点是出水槽沿对角线方向设置，污水由左右两侧进入池内后，经过一定时间的混合才流到出水槽，使出水槽中的混合污水在不同的时间内流出，即不同时间、不同浓度的污水进入调节池后，就能达到自动调节均和水质的目的。

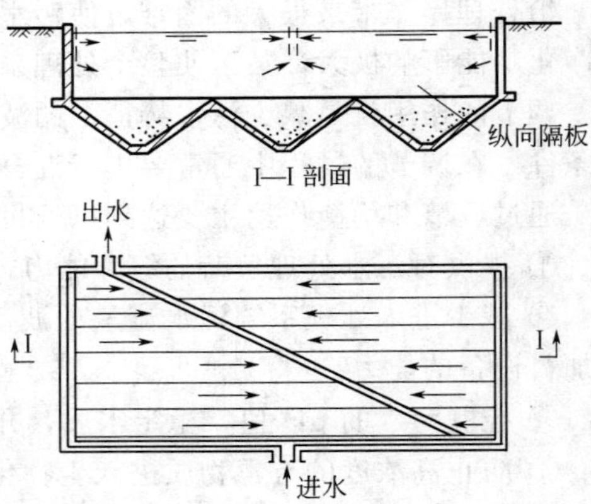

图 2-4　对角线调节池

为了防止污水在池内短路，可以在池内设置若干纵向隔板。污水中的悬浮物会在池内沉淀，这样可考虑设置沉渣斗，通过排渣管定期将污泥排出池外。如果调节池的容积很大，需要设置的沉渣斗过多，这样管理太麻烦，可考虑将调节池做成平底，用压缩空气搅拌，以防止沉淀。空气用量为 $1.5\sim3m^3/(m^2\cdot h)$ 调节池的有效水深采取 1.5～2m，纵向隔板间距为 1～1.5m。

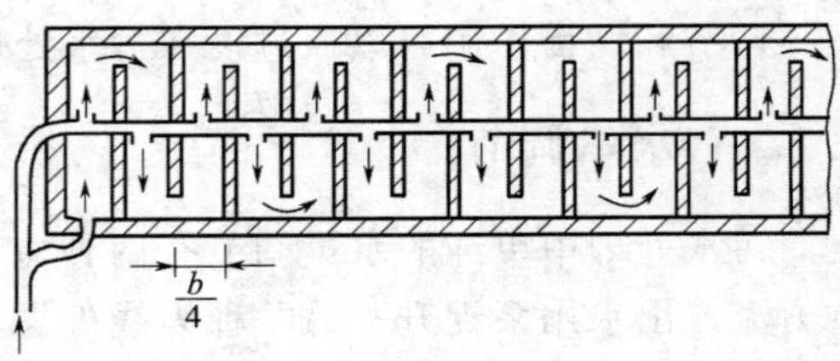

图 2-5　折流调节池

如果调节池采用堰顶溢流出水，则这种形式的调节池只能调节水质的变化，而不能调节水量和水量的波动。如果后续处理构筑物要求处理水量比较均匀和严格，以利投药的稳定或控制良好的微生物处理条件，则需要使调节池内的水位能够上下自由波动，以便贮存盈余水量，补充水量短缺。

(2) 折流调节池　折流调节池（见图 2-5）在池内设置许多折流隔墙，污水在池内来回折流，充分在池内得到混合、均衡。折流调节池配水槽设在调节池上，通过许多孔口流入，投配到调节池的前后各个位置内，调节池的起端流量一般控制在 1/3～1/4 流量，剩余的流量可通过其他各投配口等量地投入池内。

外加动力的水质调节池和折流调节池，一般只能调节水质而不能调节水量，调节水量的调节池需要另外设计。

2.1.4 调节池容积的计算

调节池的容积可按污水浓度和流量变化的规律和要求的调节均和程度来计算。在一般场合，用于工业废水的调节池，其容积可按 6～8h 的污水水量计算，若水质水量变化大时，可取 10～12h 的流量，甚至采取 24h 的流量计算。采用的调节时间越长，污水水质越均匀，应根据具体条件和处理要求来选定合适的调节时间。污水经过一定的调节时间后的平均浓度可按下式计算：

$$c=\frac{(c_1Q_1t_1+c_2Q_2t_2+\cdots+c_nQ_nt_n)}{qT} \tag{2-1}$$

式中　c ——时间 T 内的污水平均浓度，mg/L；

q ——时间 T 内的污水平均流量，m^3/h；

$c_1,c_2,\cdots,c_n$ ——污水在各时间段 $t_1,t_2,\cdots,t_n$ 内的平均浓度，mg/L；

$Q_1,Q_2,\cdots,Q_n$ ——相应于 $t_1,t_2,\cdots,t_n$ 时段内的污水平均流量，m^3/h；

T ——$t_1,t_2,\cdots,t_n$ 时间间段（时）总和。

调节池的容积可按下式计算：

$$V=qT \tag{2-2}$$

若采用对角线调节池，容积可按下式计算：

$$V=\frac{qT}{1.4} \tag{2-3}$$

式中　1.4 ——经验系数。

上述计算公式中的基本数据，是通过实测取得的逐时污水流量与其对应的污水浓度变化图表而来的。因此，污水流量和水质变化的观测周期越长，则调节池计算结果的准确性与可靠性也越高。

2.2 筛滤

筛滤是污水处理厂中的第一个处理单元，筛是一个有孔眼的过滤装置，主要用于除去污水中较大的漂浮物和悬浮物，目标是：①减轻后续处理构筑物的处理负荷；②防止堵塞水泵或管路；③回收有用物质。

用于污水处理的筛滤装置通常有两种类型，分别是格栅和筛网。格栅的间隙一般在 3～100mm，用于去除粗大的漂浮物和悬浮物，筛网的有效孔径一般小于 6mm。

筛滤元件可由平行的金属棒（条）、金属丝、尼龙格网、金属网或穿孔板组成，孔眼通常是圆形或长（正）方形缝隙。由平行的棒或条构成的筛称为格栅，用于去除较大的悬浮物，如毛发、碎屑、果皮、塑料制品等，其去除物叫栅渣；由楔形金属丝、穿孔板和金属丝织物等构成的叫筛网，用于去除不易沉淀的较小的悬浮物，如纤维、纸浆、藻类等，其去除物叫筛余物。

2.2.1 格栅

2.2.1.1 格栅的安装位置、作用及类型

在城市污水处理中，格栅通常由一组或多组平行金属棒（条）制成的框架组成，倾斜或直立地设立在进水渠道中，或在泵站的集水池入口处，拦截粗大的悬浮物，以保护水泵、阀门、管道和其他附件，使其不受破布或较大物体的堵塞和损伤。工业废水处理厂是否需要则取决于废水的特性。

按照的清除方法不同，可将格栅分为两大类：人工清理格栅和机械格栅。

(1) 人工清理格栅　适用于小型污水处理厂。此类格栅用直钢条制成，为方便清渣作业，避免清渣过程中栅渣掉回水中，安装角度取30°～45°为宜（安装角度为格栅平面与水平面的夹角）。

(2) 机械格栅　当栅渣量大于 0.2m^3/d 时，采用机械格栅。其安装角度为 60°～70°，有时也成 90°角安置。图 2-6 是几种常用的机械格栅。

按格栅栅条的净间隙，可分为粗格栅（50～100mm）、中格栅（10～40mm）、细格栅（3～10mm）3 种。在大型污水处理厂（站），一般应设置两道格栅，一道筛网。第一道粗格栅（间隙 40～100mm）或中格栅（间隙 4～40mm）；第二道中格栅或细格栅（4～10mm）；第三道为筛网（小于 4mm）。

处理筑物前置格栅和筛网，栅条间隙根据污水种类、流量、代表性杂物种类和大小来确定。一般应符合下列要求：最大间隙 50～100mm；机械清渣 5～25mm；人工清渣 5～50mm；筛网 0.1～2mm。

水泵前置格栅，栅条间隙应根据水泵要求来确定，一般可参照表 2-1。

表 2-1　污水泵型号、栅条间隙与栅渣量的关系

污水泵型号	栅条间隙/mm	栅渣量/[L/(人·d)]	污水泵型号	栅条间隙/mm	栅渣量/[L/(人·d)]
2.5PW、2.5PWL	≤20	4～6	32PWL	≤150	<0.5
4PW、4PWL	≤40	2.7	20ZLB-70	≤60	1.0
6PW	≤70	0.8	28ZLB-70	≤90	0.5
8PW	≤90	0.5	14Sh	≤20	5～6
10PWL	≤110	<0.5	20Sh	≤25	4.0
12PWL	≤110	<0.5	24Sh	≤30	3.2
14PWL	≤120	<0.5	32Sh	≤40	2.7
16PWL	≤130	<0.5			

2.2.1.2 格栅的运行和管理

(1) 过栅流速的控制　合理地控制过栅流速，能够使格栅高效地发挥拦截作用。一般认为，污水过栅越缓慢，拦污效果越好，但当缓慢至砂在栅前渠道及栅下沉积时，过水断面会缩小，反而使流速变大。污水在栅前渠道流速一般应控制在 0.4～0.8m/s，过栅流速应控制在 0.6～1.0m/s。具体控制在多少，应视处理厂来水中污物的组成、含砂量以及格栅间距等具体情况而定。运行人员应在运转实践中摸索出本厂的过栅流速控制范围。

栅前流速和过栅流速的计算公式如下所述。

栅前流速：

$$v_1=\frac{Q}{BH_1} \tag{2-4}$$

式中 v_1——栅前渠道内水流速度，m/s；

Q——入流污水流量，m^3/s；

B——栅前渠道宽度，m；

H_1——栅前渠道的水深，m。

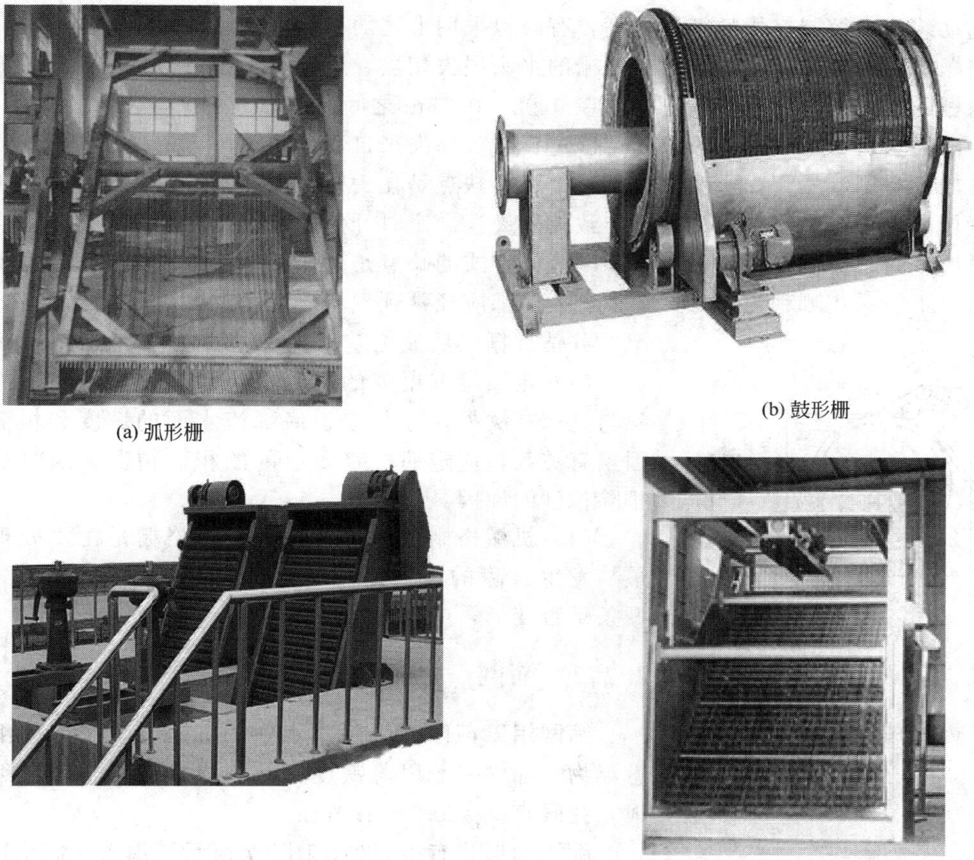

(a) 弧形栅 (b) 鼓形栅 (c) 回转耙式格栅 (d) 阶梯式格栅

图 2-6 典型的细格栅

过栅流速：

$$v=\frac{Q}{b(n+1)H_2} \tag{2-5}$$

式中 v——污水通过格栅时的水流速度，m/s；

b——栅条净间隙，m；

n——格栅栅条的数量；

H_2——格栅的工作水深，m。

污水流量可从厂内的流量测量设施得出，水深可由液位计测得，也可在渠道内设一竖直标尺读取。

过栅流速的控制可通过调整格栅的运行台数控制水流的过栅速度，使过栅流速在所要求的范围内。

过栅流速太高或太低，有时是由于进入各个渠道的流量分配不均匀引起的。流量大的渠道，对应的过栅流速必然高，反之，流量小的渠道，过栅流速则较低。应经常检查并调节栅前的流量调节阀门或闸门，保证过栅流量的均匀分配。

（2）栅渣的清除　为使水流通过格栅时，水流横断面积不减少，应及时清除格栅上截留的污物。间歇式操作的机械格栅，其运行方式可用定时控制操作，或按格栅前后渠道的液位差的随动装置来控制格栅的工作程度，有时也采用上述两种方式相结合的运行方式。

格栅前后的液位差与污水流过格栅的水头损失相当，过栅水头损失与过栅流速、栅条形状及格栅的拦污状况有关，一般控制在 0.08～0.15m 之间。

从清污来看，利用栅前液位差，即过栅水头损失来自动控制清污，是最好的方式。因为只要格栅上有栅渣累积，水头损失必然增大。缺点是在一些处理厂的冬季运行中，由于热蒸汽冷凝使液位计探头测量不准确，导致控制失误。定时开停的除污方式比较稳定，缺点是当栅渣量增多时，会使清污不及时。手动开停方式的缺点是操作工工作量较大，但能够保证及时清污。不管采用哪种清污方式，值班人员都应经常到现场巡检，观察格栅上栅渣的累积情况，并估计栅前后液位差是否超过最大值，做到及时清污。

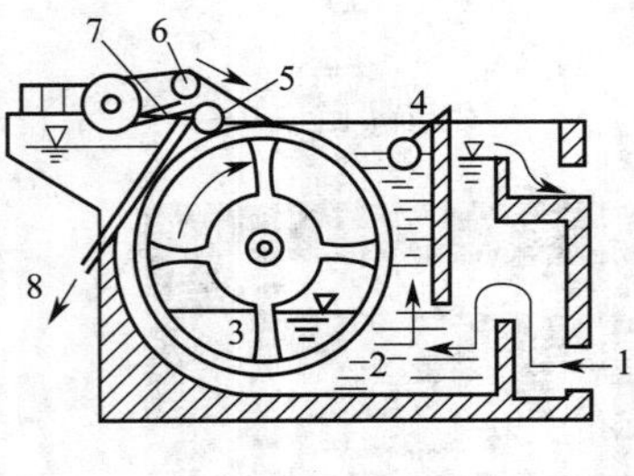

图 2-7　转鼓式筛网

1—进水；2—转鼓池；3—滤后水；4—水位浮球；5—滤渣挤压轮；6—调整轮；7—刮刀；8—滤渣回收

（3）定期检查渠道的沉砂情况　格栅前后渠道内积砂除与流速有关外，还与渠道底部流水面的坡度和粗糙度等因素有关系，应定期检查渠道内的积砂情况，及时清砂并排除积砂的原因。

（4）机械格栅的维护管理　机械格栅是污水处理厂内最易发生故障的设备之一，巡检时应注意有无异常声音，栅条是否变形，应定期加油保养。

2.2.2　筛网

筛网用以截阻、去除污水中的纤维、纸浆等较细小的悬浮物。筛网一般用薄铁皮钻孔制成，或用金属丝编制而成，孔眼直径为 0.5～1.0mm。

筛网的形式有很多种。图 2-7 所示是用于从制浆造纸工业废水中回收纸浆纤维的转鼓式筛网，转鼓绕水平轴旋转，圆周转速约为 0.5m/s，废水由鼓外进入，通过筛网的孔眼过滤，流入鼓内。纤维被截留在鼓面上，在其转出水面后经挤压轮挤压脱水，再用刮刀刮下回收。筛网孔眼的大小，按每 $1m^2$ 筛网截留 20～70g 纤维考虑确定。

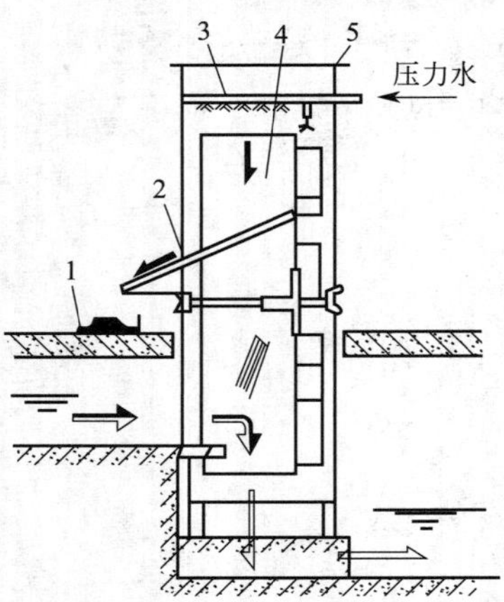

图 2-8　水力转鼓式滤网

1—集纤盘；2—滑纤盘；3—冲网水管；4—筛网；5—箱体

图 2-8 所示为一种新型水力驱动转鼓式筛网。该装置设在水渠出口或水池入口处，当含有纤维的污水流入转鼓筛网上，随着转鼓旋转，纤维被带至转鼓上部，经加压水冲洗后落在滑纤板上，滑落至集纤盘再由人工清理。转鼓的驱动是以水作动力，将冲网水分出一部分直接注入水斗，在水斗重力的作用下，使转鼓产生一个扭矩，致使转鼓旋转。这种形式的转鼓筛网优点是不需要电力，结构简单可靠，运行费用低。筛网及过水部分均为不锈钢制作。

微滤机是一种筛网过滤器，用以截留细小悬浮物，如去除二级出水和稳定塘中的悬浮固体，图 2-9 所示是微滤机的工作示意图。

滤前水由进水堰溢流到集水槽，并通过进口阀门流入转鼓中，转鼓的另一端是封闭的。滤网敷在转鼓周围，转鼓内水面较外侧为高，借助于转鼓滤网内外的水位差，使鼓内水能够滤流到转鼓外侧。滤后水经出水堰排出。转鼓在池内的浸水深度，一般为其直径的 3/5 左右。

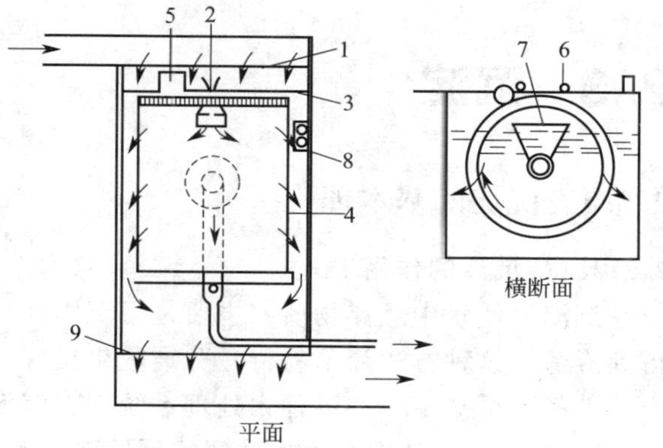

图 2-9　微滤机工作示意

1—进水堰；2—进口阀门；3—放空阀门；4—转鼓；5—驱动装置；6—冲洗水管；7—冲洗水集水管；8—水位差测定仪；9—出水堰

在转鼓的正上方，与转鼓平行设置有带喷嘴的冲洗水管。每当转鼓转到对应于冲洗水管的位置时，鼓内的截留物便受到反向冲洗。冲洗后的水经转鼓内的集水斗通过排水管排出。排水管是通过转鼓的中空转轴连通到池外的。驱动装置附有变速装置。

转鼓上的滤网可用铜丝、镍丝、不锈钢丝或尼龙丝等织成，网眼多为 20～40μm。

微滤机的主要运行参数包括转速、滤速和冲洗强度等。转鼓的转速一般介于 3～20r/min 之间，滤率介于 20～90m/h 之间，多采用 20～25m/h。冲洗水用量为滤过水量的 3%～5%，冲洗水压力为 0.05～0.2MPa。过网水头损失不超过 0.25m，整个滤机的水头损失则不超过 0.45m。

影响微滤机截留效果的因素很多，主要是悬浮杂质的物理化学性质和浓度。

2.2.3　栅渣或筛余物的处理和处置

收集到的栅渣或筛余物，经过压缩降低将含水率降至一定程度后，直接运到处置区填埋，或同城市垃圾一起处理；大型系统也有采用焚烧的方法彻底处理；或将栅渣破碎后返回污水中，随水流至后续污水处理构筑物进行处理。

破碎机可安装格栅后、污水泵前，作为格栅的补充，防止污水泵被阻塞并提高与改善后续处理构筑物的处理效能；也可安装在沉砂池之后，使破碎机的磨损减轻。图 2-10 是目前用的较多的栅渣脱水机，图 2-11 是目前用的较多的破碎机。

图 2-10　栅渣脱水机

图 2-11　破碎机

2.3 沉淀

2.3.1 沉淀的基本理论

2.3.1.1 沉淀的作用

沉淀是使水中悬浮物质（主要是可沉固体）在重力作用下下沉，从而与水分离，使水质得到澄清。这种方法简单易行，分离效果良好，是水处理的重要工艺，在每一种水处理过程中几乎都不可缺少。在各种水处理系统中，沉淀的作用有所不同，大致如下：

① 作为化学处理与生物处理的预处理；

② 用于化学处理或生物处理后，分离化学沉淀物、分离活性污泥或生物膜；

③ 污泥的浓缩脱水；

④ 灌溉农田前作灌前处理。

2.3.1.2 沉淀的类型

按照水中悬浮颗粒的浓度、性质及其絮凝性能的不同，沉淀现象可分为以下几种类型。

（1）自由沉淀　悬浮颗粒的浓度低，在沉淀过程中互不黏合，不改变颗粒的形状、尺寸及密度。如沉砂池中颗粒的沉淀。

（2）絮凝沉淀　在沉淀过程中能发生凝聚或絮凝作用、浓度低的悬浮颗粒的沉淀，由于絮凝作用颗粒质量增加，沉降速度加快，沉速随深度而增加。经过化学混凝的水中颗粒的沉淀即属絮凝沉淀。

（3）拥挤沉淀　水中悬浮颗粒的浓度比较高，在沉降过程中，产生颗粒互相干扰的现象，在清水与浑水之间形成明显的交界面，并逐渐向下移动，因此又称成层沉淀。活性污泥法后的二次沉淀池以及污泥浓缩池中的初期情况均属这种沉淀类型。

（4）压缩沉淀　一般发生在高浓度的悬浮颗粒的沉降过程中，颗粒相互接触并部分地受到压缩物支撑，下层颗粒间隙中的液体被挤出界面，固体颗粒群被浓缩。浓缩池中污泥的浓缩过程属此类型。

2.3.1.3 沉速公式

为了说明影响颗粒沉淀的主要因素，现以单体球形颗粒的自由沉淀为例加以说明。颗粒在重力、浮力以及水的阻力的作用下，当达到平衡时以匀速下沉，对于层流状态（通常把雷诺数 $Re<2$ 的颗粒沉降状态称为层流状态）直径为 d 的球形颗粒，其沉降速度可用斯托克斯公式表示。

$$u=\frac{g(\rho_s-\rho)d^2}{18\mu} \tag{2-6}$$

式中　u——颗粒沉降速度，m/s；

ρ_s，ρ——分别为颗粒、水的密度，g/cm^3；

g——重力加速度，m/s^2；

d——与颗粒等体积的圆球直径，cm；

μ——水的动力黏滞系数，与水温有关，g/(cm·s)。

由上式可见，颗粒与水的密度差是影响颗粒分离的一个主要因素。若 $\rho_s-\rho>0$，表示颗粒下沉，则 u 为下沉速度；若 $\rho_s-\rho=0$，表示颗粒既不下沉也不上浮，颗粒处于悬浮状态；若 $\rho_s-\rho<0$，u 为负值，表示颗粒比水轻，从而上浮，此时 u 为上浮速度。

此外，d 与 μ 对沉速也有重要影响，特别是 d，增大 d 或降低 μ，均有助于提高沉降速度。

2.3.1.4 沉降曲线

污水中的悬浮物实际上是大小、形状及密度都不相同的颗粒群，其沉淀特性也因污水性质不同而异。因此，通常要通过沉淀实验来判定其沉淀性能，并根据所要求的沉降效率来取得沉降时间和沉降速度这两个基本的设计参数。按照实验结果所绘制的各参数之间的相互关系的曲线，统称为沉降曲线。对于不同类型的沉淀，它们的沉降曲线的绘制方法是不同的。

图 2-12 为自由沉淀型的沉降曲线。其中，图(a) 为沉降效率 E 与沉降时间 t 之间的关系曲线；图(b) 为沉降效率与沉降速度 u 之间的关系曲线。

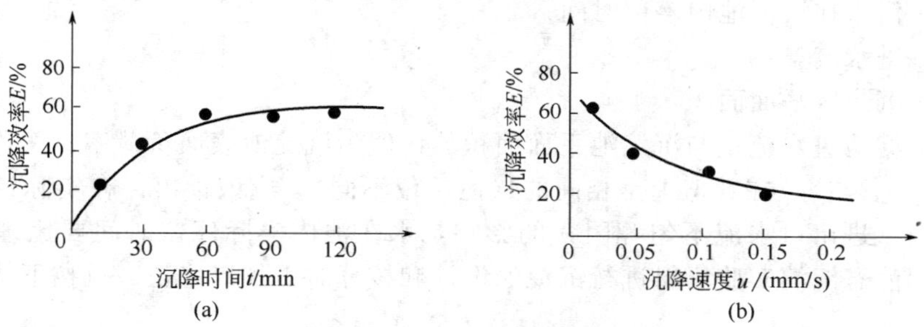

图 2-12 自由沉淀型的沉降曲线

若污水中的悬浮物浓度为 c_0，经 t 时间沉降后，水样中残留浓度为 c，则沉降效率为：

$$E=\frac{c_0-c}{c_0}\times 100\% \tag{2-7}$$

2.3.1.5 沉淀池分离效果分析

为了分析沉淀的普遍规律及其分离效果，提出一种理想沉淀池的模式，理想沉淀池由流入区、沉降区、流出区和污泥区四部分组成（见图 2-13）。对于理想的沉淀池，作如下假定：一是从入口到出口，池内污水按水平方向流动，颗粒水平分布均匀，水平流速为等速流动；二是悬浮颗粒沿整个水深均匀分布，处于自由沉淀状态，颗粒的水平分速等于水平流速，沉降速度固定不变；三是颗粒沉到池底即认为被除去。

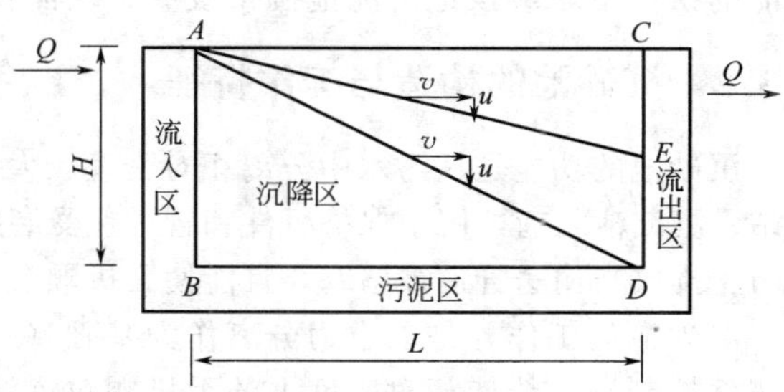

图 2-13 理想沉淀池示意

按照上述条件，悬浮颗粒在沉淀池内的运动轨迹是一系列倾斜的直线。

设 u_0 为某一指定颗粒的沉降速度，又称 u_0 为指定颗粒最小沉降速度，它的含义是：在给定的沉降时间 t 内，位于进水口水面上的这种颗粒正好沉到池底。当颗粒的沉降速度 $u\geqslant u_0$ 时，可沉于池底部（如 AD 线）；当沉速 $u<u_0$ 时，不能一概而论，其中一部分靠近水面，可被水带出（如 AE 线），而另一部分因接近池底，而能沉于池底。

在理想沉淀池中，可得到下列各项关系式：

$$L=\frac{VH}{u_0} \tag{2-8}$$

$$t=\frac{L}{v}=\frac{H}{u_0} \tag{2-9}$$

$$V=Qt=HBL \tag{2-10}$$

$$q_0=\frac{Q}{A}=u_0 \tag{2-11}$$

式中 L ——池长；

H ——沉降区有效水深；

B ——池宽；

v ——污水的水平流速，即颗粒的水平分速；

u_0 ——沉降速度；

V ——沉淀池容积；

t ——污水在沉淀池内停留时间；

Q ——进水流量；

A ——沉降区平面面积。

通常称沉淀池进水流量与沉淀池平面面积的比值为沉淀池表面负荷率，又称过滤率，用符号 q_0 表示，它与 u_0 在数值上是相同的（但单位不同）。应该指出，在实际沉淀池中，由于紊流、水温、进出口水流不匀等因素的影响，水在池内实际停留时间要比理想沉淀池的短，故在应用静态沉淀实验资料进行沉淀池设计和核算时需加以修正，可按下式考虑：

$$q_d=\left(\frac{1}{1.25}\sim\frac{1}{1.75}\right)q_0 \tag{2-12}$$

$$u_d=\left(\frac{1}{1.25}\sim\frac{1}{1.75}\right)u_0 \tag{2-13}$$

$$t_d=(1.5\sim2.0)t_0 \tag{2-14}$$

式中，q_0、u_0、t_0 分别为静态沉淀实验的表面负荷、最小沉速和沉降时间；q_d、u_d、t_d 分别为沉淀池的设计表面电荷、最小沉速和沉降时间。

沉淀池的沉降率仅与颗粒沉速或沉淀池的表面负荷有关，而与池深和沉降时间无关。在可能的条件下，应该把沉淀池搞得浅些，表面积大些，这就是颗粒沉淀的浅层理论。

2.3.2 沉砂池的构造与工作特征

沉砂池的功能是从污水中分离相对密度较大的无机颗粒，例如砂、炉灰渣等。它一般设在泵站、沉淀池之前，用于保护机件和管道免受磨损，还能使沉淀池中污泥具有良好的流动性，能防止排放与输送管道被堵塞，且能使无机颗粒和有机颗粒分别分离，便于分离处理和处置。

沉砂池的工作，是以重力分离作为基础（一般属自由沉淀类型），就是把沉砂池内的水流速度控制到只能使相对密度大的无机颗粒沉淀，而有机颗粒可随水流出的程度。

常用的沉砂池有平流沉砂池、曝气沉砂池和钟式沉砂池。

2.3.2.1 平流沉砂池

平流沉砂池结构简单，截留效果好，是沉砂池中常用的一种。这种池子的水流部分，实际上是一个加宽加深的明集，两端设有闸板，以控制水流，池底设 1～2 个贮砂斗，如图 2-14 所示。利用重力排砂，也可用射流泵或螺旋泵排砂。

设计和核算时，应考虑下列各项：

① 污水按自流方式流入池内时，应按最大设计流量计算；

② 当污水用泵抽送入池内时，应按工作水泵的最大组合流量计算；

③ 沉砂池座数或分格数不应少于 2 个，按并联设计，当污水量较少时，可考虑一格工作，一格备用。

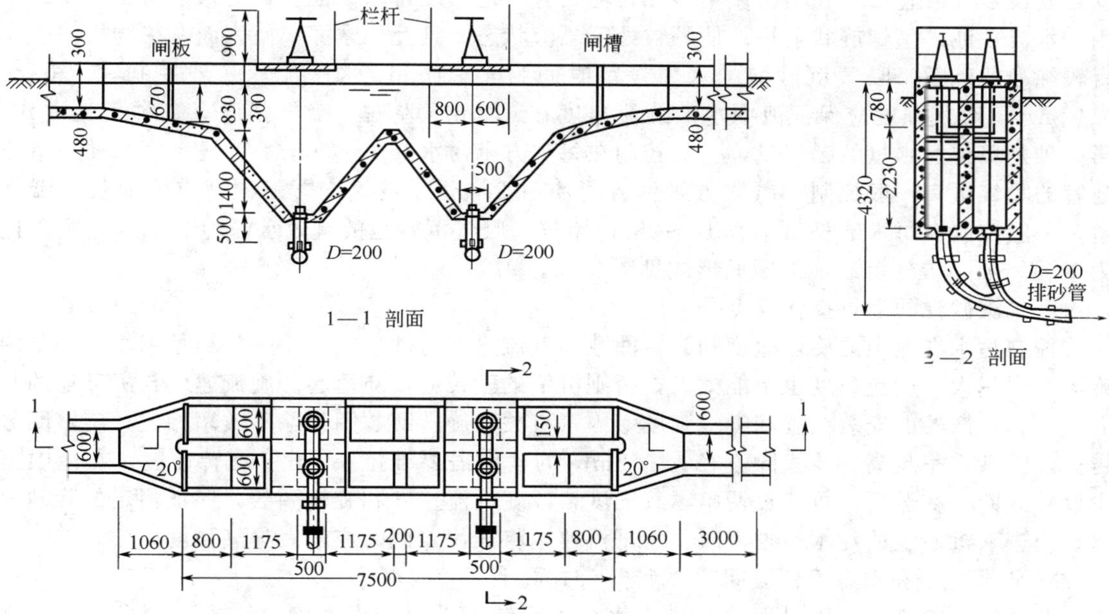

图 2-14 平流沉砂池工艺

设计和运行时，采用的主要技术数据如下：

① 池内最大流速为 0.3m/s，最小流速为 0.15m/s；

② 水在池内停留时间一般为 30～60s；

③ 有效水深不应大于 1.2m，每格宽度不小于 0.6m；

④ 贮砂斗容积一般按 2d 内沉砂量考虑。

平流式沉砂池的运行操作要点：

运行操作主要是控制污水在池中的水平流速 v 和水力停留时间 T 。水平流速一般控制在 0.15～0.30m/s，具体取决于污水中砂的粒径大小。污水中砂的粒径大，则可增加水平流速，反之则应减小 v 才能使砂粒充分沉淀下来。控制要点是，当流量变化时首先应调整溢流堰高度来改变有效水深；而后考虑改变运行池数。

水力停留时间一般应控制在 30～60s，水力停留时间影响沉砂效率，如停留时间太短，则在某一水平流速本应沉淀下来的砂粒也会随水流走，反之，有机物将沉淀下来。

水平流速 v 和水力停留时间 T 的计算公式分别为

$$v=\frac{Q}{BHn} \tag{2-15}$$

$$T=\frac{BLHn}{Q} \tag{2-16}$$

式中 n——投运池数；

Q——入厂流量，m^3/s；

B，L——池宽和池长，m；

H——有效水深，m。

2.3.2.2 曝气沉砂池

普通沉砂池截留的沉砂中夹杂一些有机物，影响截留效果。采用曝气沉砂池可在一定程度上克服此缺点。曝气沉砂池是一长形渠道，沿池壁一侧的整个长度距池底 60～90cm 的高度处安设曝气装置，而在下部设集砂斗，池底有一定坡度，以保证砂粒滑入。由于曝气的作用，水流在池内呈螺旋状前进。使颗粒处于悬流状态，且互相摩擦，使表面有机物擦掉，获得较纯净的砂粒。曝气沉砂池的水力停留时间为 1～3min，水平流速一般控制在 0.06～0.12m/s，曝气强度应保证池中水的旋流速度在 0.3m/s 左右。曝气强度有三种表达方式：第一种是单位污水量的曝气量，一般控制在每立方米污水 0.1～0.3m^3 空气；第二种是单位池容的曝气量，一般控制在每立方米池容每小时 2～5m^3 空气；第三种是单位池长的曝气量，一般控制在每米池长每小时 16～28m^3 空气。曝气沉砂池的有效水深为 2～3m，宽深比为 1～1.5m，曝气沉砂池的断面形式见图 2-15。

曝气沉砂池的运行操作要点是：

控制污水在池中的旋流速度和旋转圈数。旋流速度与砂粒粒径相关，粒径越小，需要的旋流速度越大，旋流速度也不能太大，否则沉下的砂粒会重新泛起。旋流速度与沉砂池的几何尺寸、扩散器的安装位置和曝气强度等因素有关。旋转圈数则与除砂效率相关，旋转圈数越多，除砂效率越高。要去除直径为 0.2mm 的砂粒需要维持 0.3m/s 旋转速度，在池中至少旋转 3 圈。在运行中可通过调整曝气强度，改变旋流速度和旋转圈数，保证稳定的除砂效率。当进入沉砂池的污水量增大时，水平流速也将加快，此时应增大曝气强度。

水平流速 v 和水力停留时间 T 的计算公式同上。

及时排砂除渣　沉砂量取决于进水水质，运转人员应认真摸索总结本厂砂量的变化规律，及时排砂。排砂间隙过长会堵塞排砂管、砂泵，堵卡刮砂机械；如排砂间隙太短又会使排砂量增大，含水率高，增加后续处置的难度。沉砂池上的浮渣也应定期清除。

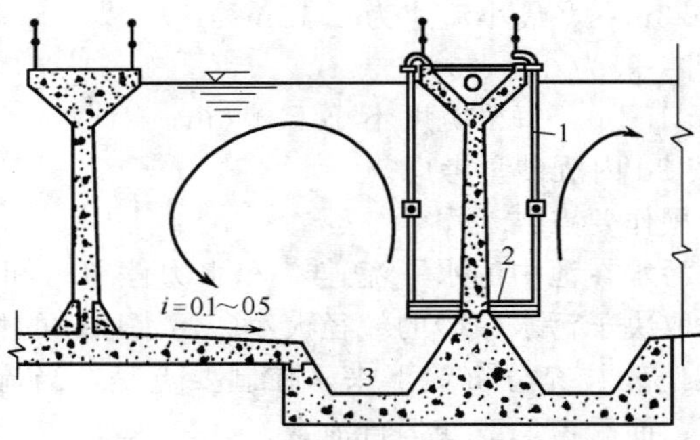

图 2-15　曝气沉砂池剖面图

1—压缩空气管；2—空气扩散板；3—集砂槽

曝气沉砂池与普通沉砂池相比具有下列优点：

① 沉砂池中有机物含量低，不易腐败；

② 有预曝气作用，可脱臭，改善水质，有利于后续处理。

2.3.2.3　钟式沉砂池

钟式沉砂池是利用机械力控制流态与流速，加速砂粒的沉淀，并使有机物随水流带走的沉砂装置，如图 2-16 所示。

沉淀池由流入口、流出口、沉砂区、砂斗、砂提升管、排砂管、电动机和变速箱组成。污水由流入口沿切线方向流入沉砂区，利用电动机及传动装置带动转盘和斜坡式叶片旋转，在离心力的作用下，污水中密度较大的砂粒被甩向池壁，掉入砂斗，有机物则被留在污水中。调整转速，以达到最佳沉砂效果。沉砂用压缩空气经砂提升管、排砂管清洗后排除，清洗水回流至沉砂区。

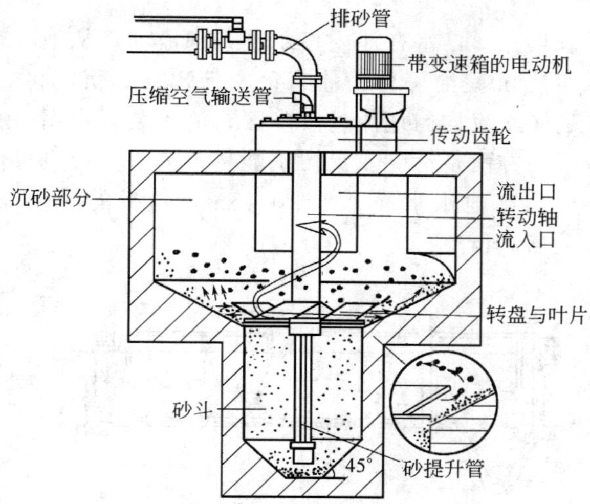

图 2-16　钟式沉砂池

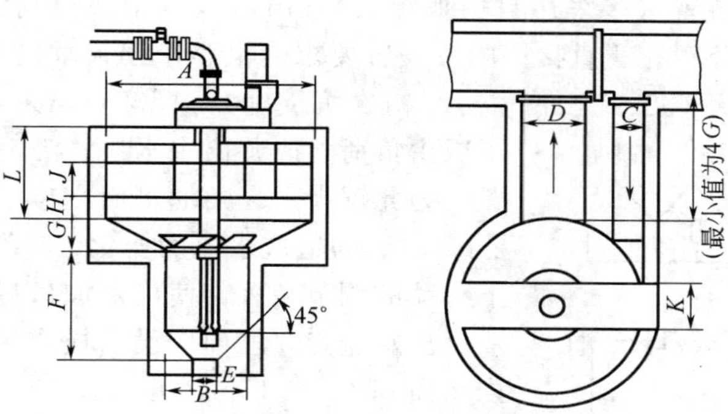

图 2-17　钟式沉砂池各部分尺寸

根据处理污水量的不同，钟式沉砂池可分为不同型号。各部分尺寸如图 2-17 及表 2-2 所示。

表 2-2　钟式沉砂池各部分尺寸

流量/(L/s)	A	B	C	D	E	F	G	H	J	K	L
50	1.83	1.0	0.305	0.61	0.30	1.40	0.30	0.30	0.20	0.80	1.10
110	2.13	1.0	0.308	0.76	0.30	1.40	0.30	0.30	0.30	0.80	1.10
180	2.43	1.0	0.405	0.90	0.30	1.55	0.40	0.30	0.40	0.80	1.15
310	3.05	1.0	0.610	1.20	0.30	1.55	0.45	0.30	0.45	0.80	1.35
530	3.06	1.5	0.750	1.50	0.40	1.70	0.60	0.51	0.58	0.80	1.45
880	4.87	1.5	1.00	2.00	0.40	2.20	1.00	0.51	0.60	0.80	1.85
1320	5.48	1.5	1.10	2.20	0.40	2.20	1.00	0.61	0.63	0.80	1.85
1750	5.80	1.5	1.20	2.40	0.40	2.50	1.30	0.75	0.70	0.80	1.95
2200	6.10	1.5	1.20	2.40	0.40	2.50	1.30	0.89	0.75	0.80	1.95

2.3.3　沉淀池的构造与工作特征

沉淀池是分离水中悬浮颗粒的一种主要处理构筑物，应用十分广泛。

按照沉淀池内水流方向的不同，沉淀池可分为平流式、竖流式、辐流式和斜流式四种。

2.3.3.1　平流式沉淀池

平流式沉淀池池形呈长方形，水在池内按水平方向流动，从池一端流入，从另一端流出（见图 2-18）。按功能区分，沉淀池可分为流入区、流出区、沉降区、污泥区以及缓冲层五个部分。流入区的任务是使水流均匀地流过沉降区，流入装置常用潜孔，在潜孔后（沿水流方向）设有挡板，其作用一方面是消除入流污水能量，另一方面也可使入流污水在池内均匀分布。入流处的挡板一般高出池水水面 0.1～0.15m，挡板的浸没深度在水面下应不小于 0.25m，并距进水口 0.5～1.0m。

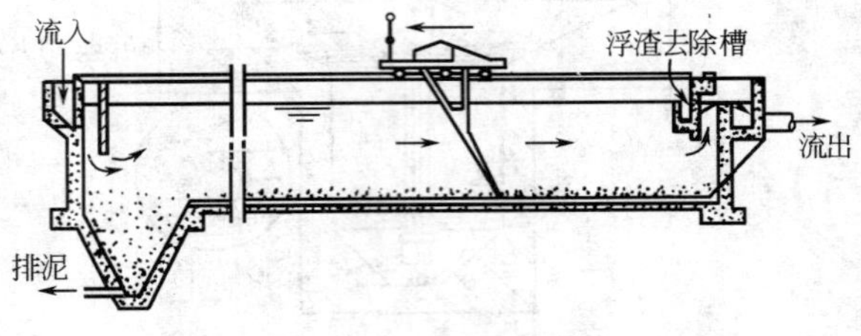

图 2-18　平流式沉淀池

流出区设有流出装置（多采用自由堰形式），出水堰可用来控制沉淀池内的水面高度，且对池内水流的均匀分布有着直接影响，安置要求是沿整个出流堰的单位长度溢流量相等。溢流堰最大负荷不宜大于 2.9L/(m·s)（初次沉淀池），1.7L/(m·s)（二次沉淀池）。为了减少负荷，改善出水水质，溢流堰可采用多槽沿程布置。为此锯齿形三角堰水面宜位于齿高的 1/2 处，见图 2-19(a)。为适应水流的变化，在堰口处设有能使堰板上下移动的调节装置，使出水堰口尽可能水平。为防止浮渣随出水流走，堰前应设挡板或浮渣槽，挡板应高出池内水面 0.1～0.15m，并浸没在水面下 0.3～0.4m，距溢流堰 0.25～0.5m。锯齿堰及沿程布置流出槽见图 2-19(b)。

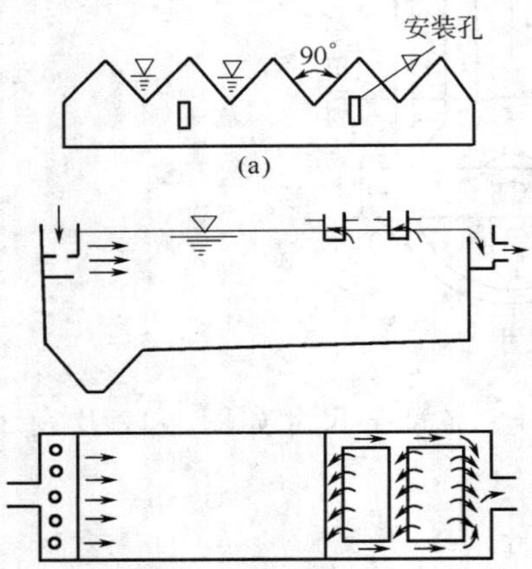

图 2-19　溢流堰及多槽流出装置

沉降区是可沉颗粒与水进行分离的区域。污泥区用于贮放与排出污泥，在沉淀前端设有污泥斗，其他池底设有 0.01～0.02 的底坡。收集在泥斗内的污泥通过排泥管排出池外，排泥方法分重力排泥与机械排泥，重力排泥的水静压力应大于或等于 1.5m，排泥管的直径通常不小于 200mm。为了保证已沉入池底与泥斗中的污泥不再浮起，有一层分隔沉降区与污泥区的水层，称为缓冲层，其厚度为 0.3～0.5m。

为了不设置机械刮泥设备，可采用多斗式沉淀池，在每个贮泥斗单独设置排泥管，各自独立排泥，互不干扰，以保证污泥的浓度。

平流式沉淀池的沉降区有效水深一般为 2～3m，污水在池中停留时间为 1～2h，表面负荷 1～3$m^3/(m^2 \cdot h)$，水平流速一般不大于 5mm/s。为了保证污水在池内分布均匀，池长与池宽比以 4～5 为宜。

平流式沉淀池的主要优点是有效沉降区大，沉淀效果好，造价较低，对污水流量适应性强。缺点是占地面积大，排泥较困难。

2.3.3.2　竖流式沉淀池

竖流式沉淀池在平面图形上一般呈圆形或正方形，原水通常由设在池中央的中心管流入，在沉降区的流动方向是由池的下面向上作竖向流动，从池的顶部周边流出（见图2-20）。池底锥体为贮泥斗，它与水平的倾角常不小于45°，排泥一般采用静水压力。

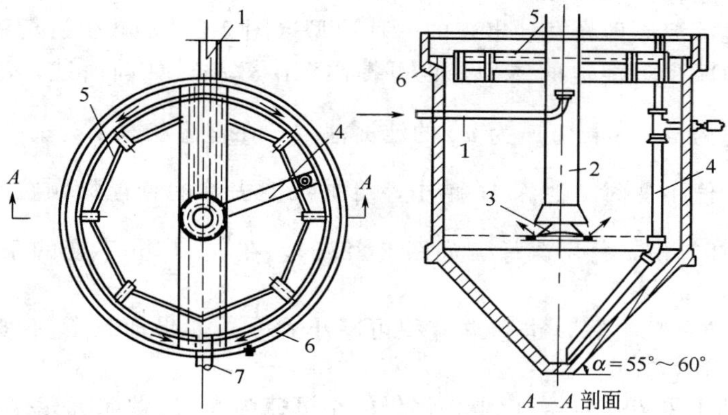

图 2-20　圆形竖流式沉淀池

1—进水管；2—中心管；3—反射板；4—排泥管；5—挡板；6—流出槽；7—出水管

竖流式沉淀池的直径或边长一般在8m以下，沉降区的水流上升速度一般采用0.5～1.0mm/s，沉降时间1～1.5h。为保证水流自下而上垂直流动，要求池子直径与沉降区深度之比不大于3∶1。中心管内水流速度应不大于0.03m/s，而当设置反射板时，可取0.1m/s。

污泥斗的容积视沉淀池的功能各异。对于初次沉淀池，池斗一般以贮存2d污泥量来计算，而对于活性污泥法后的二次沉淀池，其停留时间以取2h为宜。

竖流式沉淀池的优点是：排泥容易，不需设机械刮泥设备，占地面积较小。其缺点是造价较高，单池容量小，池深大，施工较困难。因此，竖流式沉淀池适用于处理水量不大的小型污水处理厂。

2.3.3.3　辐流式沉淀池

辐流式沉淀池也是一种圆形的、直径较大而有效水深则相应较浅的池子，池径一般在20～30m以上，池深在池中心处为2.5～5m，在池周处为1.5～3m。池径与池高之比一般为4～6。污水一般由池中心管进入，在穿孔挡板（称为整流板）的作用下使污水在池内沿辐射方向流向池的四周，水力特征是水流速度由大到小变化。由于池四周较长，出口处的出流堰口不容易控制在一致的水平，通常用锯齿形三角堰或淹没溢孔出流，尽量使出水均匀。

圆形大型辐流式沉淀池常采用机械刮泥，把污泥刮到池中央的泥斗，再靠重力或泥浆泵把污泥排走。当池径小于20m时，可考虑采用方形多斗排泥，污泥自行滑入斗内，并用静水压力排泥，每斗设独立的排泥管。其工艺构造见图2-21普通辐流式沉淀池工艺图。

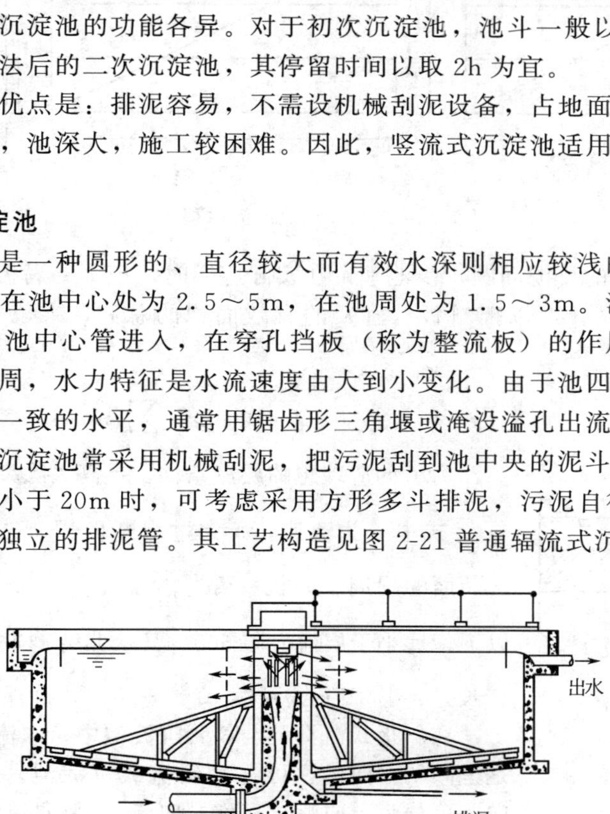

图 2-21　普通辐流式沉淀池工艺图

辐流式沉淀池的优点是：建筑容量大，采用机械排泥，运行较好，管理较简单。其缺点是：池中水流速度不稳定，机械排泥设备复杂，造价高。这种池子适用于处理水量大的场合。

2.3.3.4　斜板式（斜管）沉淀池

这是利用浅池沉淀原理而发展出来的一种池型（图 2-22），减少沉淀池的深度，可以缩短沉降时间，因而减少沉淀池的体积，也可提高沉降效率。如前所述，池长为 L，池深为 H，池中水平流速为 v，颗粒沉速为 u_0 的池淀池中，在理想状态下，$\frac{L}{H}=\frac{v}{u_0}$。

可见，L 与 v 值不变时，池深 H 越小，可被沉淀去除的悬浮物颗粒也越小。若用水平隔板，将 H 分为 3 等份，每层深$\frac{H}{3}$，如图 2-22(a)，在 u_0 与 v 不变的条件下，则只需$\frac{L}{3}$，就可将沉速为 u_0 的颗粒去除，也即总容积可减小到$\frac{1}{3}$。如果池长 L 不变，见图 2-22(b)，由于池深为$\frac{H}{3}$，则水平流速可增加到 $3v$，仍能将沉速为 u_0 的颗粒沉淀掉，也即处理能力可提高 3 倍。把沉淀池分成 n 层就可把处理能力提高 n 倍。这就是 20 世纪初，哈真（Hazen）提出的浅池沉淀理论。

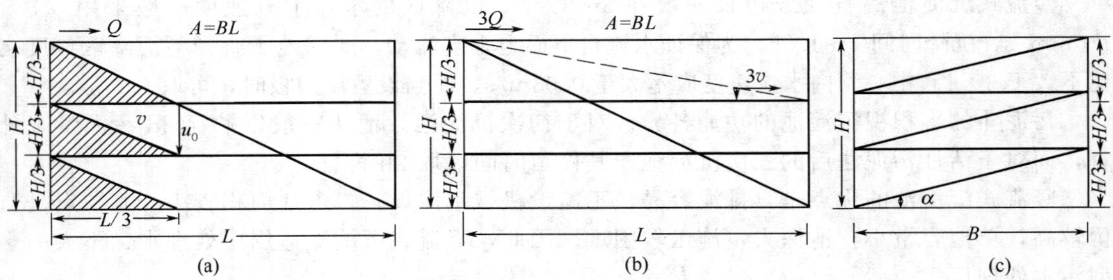

图 2-22　浅池沉淀原理

为了解决沉淀池的排泥问题，浅池理论在实际应用时，把水平隔板改为倾角为 α 的斜板（管），α 采用 50°～60°。所以把斜板（管）的有效面积的总和，乘以 $\cos\alpha$，即得水平沉淀面积。

$$A=\sum_{n=1}^{n}A_1\cos\alpha \qquad (2\text{-}17)$$

为了创造理想的层流条件，提高去除率，需控制雷诺数$Re=\frac{v\omega}{\nu P}$。式中 v 为流速，ω 为过水断面积，ν 为动力黏度，P 为过水断面的湿周。斜板（管）由于湿周 P 长，故 Re 可控制在 200 以下，远小于层流界限 500。又从弗劳德数 $Fr=\frac{v^2P}{\omega g}$可知，由于 P 长，ω 小，Fr 数可达 10^{-3}～10^{-4}，确保了水流的稳定性。

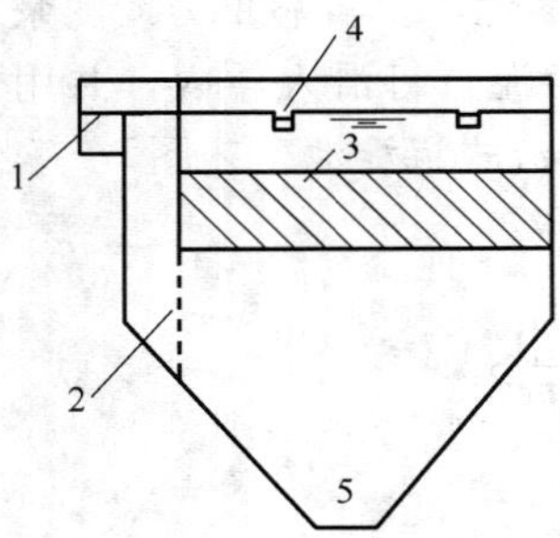

图 2-23　异向流斜板式沉淀池示意

1—进水槽；2—布水孔；3—斜板；4—出水槽；5—污泥斗

在斜板式沉淀池与斜管沉淀池中，水流方向相对于平面而言是呈倾斜方向的，可称为斜流式沉淀池。斜板沉淀池按水流方向，可分为上向流（又称异向流）、平向流（又称侧向流）、下向流（又称同向流）三种。斜管沉淀池只有上向流与下向流两种。

图 2-23 为异向流斜板式沉淀池示意图。异向流斜板（管）

长度通常采用1～1.2m，倾角60°，板间垂直间距不能太小，以8～12cm为宜。为防止沉淀污泥的上浮，缓冲层高度一般采用0.5～1.0m。

斜板（管）沉淀池的水流接近层流状态，对沉淀有利，且增大了沉淀面积以及缩短了颗粒沉淀距离，因而大大减少了污水在池中的停留时间，初沉池约30min，这种池的处理能力高于一般沉淀池，占地也小。但存在以下一些缺点：造价较高，斜板（管）上部在日光照射下会大量繁殖藻类，增加污泥量，易在板间积泥，不宜用于处理黏性较高的泥渣。

2.3.3.5 沉淀池池型及设计参数的选择

沉淀池各种池型的优缺点和适用条件见表2-3。

表2-3 各种沉淀池比较

池型	优点	缺点	适用条件
平流式	(1)沉淀效果好； (2)对冲击负荷和温度变化的适用能力较强； (3)施工简易，造价较低	(1)池子配水不易均匀； (2)采用多斗排泥时，每个泥斗需要单独设排泥管各自排泥，操作量大。采用链带式刮泥机排泥时，链带的支撑件和驱动件都浸于水中，易锈蚀	(1)适用于地下位高及地质较差地区； (2)适用于中小型污水处理厂
竖流式	(1)排泥方便，管理简单； (2)占地面积小	(1)池子深度大，施工困难； (2)对冲击负荷和温度变化的适用能力较差； (3)造价较高； (4)池径不宜过大，否则布水不匀	适用于处理水量不大的小型污水处理厂
辐流式	(1)多为机械排泥，运行较好，管理较简单； (2)排泥设备已趋定型	机械排泥设备复杂，对施工质量要求高	(1)适用于地下水位较高地区； (2)适用于大中型污水处理厂

城市污水沉淀池的设计数据可参照表2-4所示。

表2-4 城市污水沉淀池设计数据

类别	沉淀池位置	沉降时间/h	表面负荷/[m^3/(m^2·h)]	污泥量(干物质)/[g/(人·d)]	污泥含水率/%	固体负荷/[kg/(m^2·d)]	堰口负荷/[L/(s·m)]
初次沉淀池	单独沉淀池	1.5～2.0	1.5～2.5	15～17	95～97		≤2.9
	二级处理前	1.0～2.0	1.5～3.0	14～25	95～97		≤2.9
二次沉淀池	活性污泥法后	1.5～2.5	1.0～1.5	10～21	99.2～99.6	≤150	1.5～2.9
	生物膜法后	1.5～2.5	1.0～2.0	7～19	96～98	≤150	1.5～2.9

沉淀池有效水深（H）、沉降时间（t）与表面负荷（q'）的关系如表2-5所示。

表2-5 沉淀池有效水深（H）、沉降时间（t）与表面负荷（q'）的关系

q'/[m^3/(m^2·h)]	t/h				
	H=2.2m	H=2.5m	H=3.0m	H=3.5m	H=4.0m
3.0			1.0	1.17	1.33
3.5		1.0	1.2	1.4	1.6
2.0	1.0	1.25	1.50	1.75	2.0
1.5	1.33	1.67	2.0	2.33	2.67
1.0	2.0	2.5	3.0	3.5	4.0

2.3.3.6 沉淀池的操作管理

（1）工艺条件的控制　一般污水处理厂（站）进水的水质水量随时间大幅度变化，工艺条件的控制目标是将沉淀池的工艺参数控制在要求的范围之内。运行中主要控制污水在池中的水平流速、水力停留时间和出水堰板溢流负荷三个参数。水平流速不能大于冲刷流速，即 $v \leqslant 50\text{mm/s}$；水力停留时间 $T \geqslant 1.5\text{h}$；堰板溢流负荷 $q' \leqslant 10\text{m}^3/(\text{m}^2 \cdot \text{h})$。如发现上述参数超出要求范围，可按下式对运行池数和各参数进行调整。

$$n=\frac{Q}{qBL} \tag{2-18}$$

$$T=\frac{BLHn}{Q} \tag{2-19}$$

$$v=\frac{Q}{BHn} \tag{2-20}$$

$$q'=\frac{Q}{l'n} \tag{2-21}$$

式中　Q——原污水入厂（站）流量，m^3/h；

n——运行池数，个；

q——水力表面负荷，$\text{m}^3/(\text{m}^2 \cdot \text{h})$；

L，B，H——沉淀池长、宽和有效水深，m；

l'——每个池子的溢流堰板总厂，m。

(2) 刮泥和排泥操作　有两种方式，间歇刮（排）泥和连续刮（排）泥。

① 刮泥　通过刮泥机械把池底污泥刮至泥斗，有的刮泥机同时将池面浮渣刮入浮渣槽。平流式初沉池采用桁车刮泥机时，一般间歇刮泥；采用链条式刮泥机时，则既可间歇也可连续刮泥。刮泥周期长短取决于污泥的量和质，当污泥量大或已腐败时应缩短周期，但刮板行走速度不能超过其极限，即 1.2m/min，否则会搅起已沉淀污泥。连续刮泥易于控制，但链条和刮板磨损较严重。辐流式初沉池周边沉淀的污泥要长时间才能被刮板推移到中心泥斗，一般须采用连续刮泥。采用周边刮泥机时，周边线速度不可超过 3m/min，否则周边沉淀污泥会被搅起。

② 排泥　对排泥操作的要求是既要把污泥排净，又要使污泥浓度较高。平流式初沉池采用行车式刮泥机时，采用间歇式排泥，当污泥被刮至泥斗以后，开始排泥，刮泥周期与排泥周期一致，刮泥与排泥协同操作。每次排泥时间长短，取决于污泥量、排泥泵的容量和浓缩池要求的进泥浓度。初沉池排泥的含固量可达到 3%左右，当部分剩余污泥进入初沉池产生良好的絮凝作用时，排泥含固量可达 5%左右。

③ 排泥时间的确定　在排泥开始时，从排泥管定时连续取样测定含固量变化，直至含固量降至基本为零，所需时间即排泥时间。大型污水处理厂一般采用自动控制排泥。多用时间程序控制，即定时开停排泥泵或阀，这种方式不能适应泥量的变化。较先进的排泥控制方式是定时排泥，并在排泥管路上安装污泥浓度或密度计，当排泥浓度降至设定值时，泥泵自动停止。PLC 自控系统能根据积累的污泥量和设定的排泥浓度，自动调整排泥时间，既不降低污泥浓度，又能将污泥较彻底排除。

当平流沉淀池采用链条式刮泥机和辐流沉淀池采用回转桥式刮泥机时，可以采用连续排泥。连续排泥的特点是易于控制，但排泥浓度较低。当初沉池污泥直接进入消化池时，不宜采用连续排泥，否则会浪费消化池容积及热量。

(3) 排浮渣　平流式沉淀池桁车刮泥机和辐流式沉淀池回转式刮泥机都是刮板收集浮渣并将其推送至浮渣槽（斗）内，由于刮板和浮渣槽配合常出问题，浮渣难以进入浮渣槽，应及时进行调整。另外还需及时将浮渣槽内的浮渣及时用水冲入浮渣井。

（4）日常巡检及维护　除正确地进行工艺控制、定时排泥排浮渣外，运行人员还应定时巡检，内容包括：

① 出水三角堰板是否有堰口被浮渣堵死，如有，应及时清除。三角堰每个堰口出流是否均匀，如不均匀，应及时通过调节装置调整堰板的水平度，保证出流均匀。应注意观察各池上的溢流量是否相同，如有差别，可调节初沉池的进水闸门，使进入每池的流量分配均匀。

② 经常从排泥管上的取样口取样观察污泥的颜色。当颜色变暗或变黑　说明污泥已腐败，应加速排泥，当池内液面冒泡时，说明腐败已很严重。

③ 应勤听设备是否有异常声音，勤观察是否有部件松动，如有则及时处理。

④ 排泥管路应每月冲洗一次，防止油脂在管内或阀门处积累。冬季冲洗次数应增加。

⑤ 初沉池每年应排空一次，彻底检查清理。检查内容有：水下部件的锈蚀程度是否需重新做防腐；池底是否有积砂，池内是否有死区，刮板与池底是否密合；排泥斗及排泥管内是否有积砂；池壁或池底的混凝土抹面是否有脱落等。

（5）异常问题分析及排除

在运行中，对于产生的异常问题，首先应认真分析其产生的原因，对症下药，逐一排除。

① 导致SS去除率降低的原因如下：

a. 工艺控制不合理，体现在水力负荷太大或水力停留时间太短。

b. 沉淀池内出现短流，可能是堰板溢流负荷太大、堰板不平整、池内有死区、入流温度变化太大，形成密度流、进水整流栅板损坏或设置不合理，或受风力影响风力引起出水不均匀等。

c. 排泥不及时，池内积砂或浮渣太多，可能是由于刮泥机出现故障，造成池内积砂或浮渣太多；排泥泵出现故障或进泥管路堵塞，使排泥不畅；排泥周期太长或排泥时间太短等。导致浮渣从堰板溢流的原因可能是浮渣刮板与浮渣槽不密合；浮渣挡板淹没深度不够；入流中油脂类物质多或者清渣不及时。导致排泥下降的原因可能是排泥时间太长；各池排泥不均匀；泥斗严重积砂，有效容积较小；刮砂与排泥步调不一致；SS去除太低。

d. 由于入流工业废水中耗氧物质太多或污水在管路中停留时间太长使得入流污水严重腐败，不易沉淀造成。

② 浮渣从堰板溢流的原因有：浮渣刮板与浮渣槽不密合、浮渣刮板损坏、浮渣挡板淹没深度不够、入流油脂类工业废水太多、清渣不及时等原因造成浮渣从堰板溢流。

③ 排泥浓度下降的原因有：排泥时间太长、各池排泥不均匀、积泥斗严重积砂使泥斗有效容积减少、刮泥与排泥步调不一致、SS去除率太低。

2.3.3.7　提高沉淀池沉淀效果的办法

通过对污水进行曝气搅动以及回流部分活性污泥等，可以有效地提高沉淀池沉淀效果。

在初次沉淀池前设置预曝气池或生物絮凝池，通过曝气使污水中的悬浮颗粒相互作用，产生絮凝。采用这种预曝气的方法，可使沉淀池沉淀效率提高5%～8%，$1m^3$废水的曝气量约$0.5m^3$。

将剩余活性污泥投加到入流污水中去，利用污泥的活性，产生吸附与絮凝作用，采用这种方法，可以使沉淀效率比原来的沉淀池提高10%～15%，BOD_5的去除率也能增加15%以上，活性污泥的投加量一般在100～400mg/L之间。

在工业污水处理中，由于水质水量的不均匀性，一般均设置污水调节池，在调节中布置一些曝气设备，可以有效地提高污水处理程度，而且还可以免除在调节池中沉积污泥的清理工作。

2.4 除油

2.4.1 含油污水的特征

污水中的油品以四种状态存在。

（1）浮油　浮油一般指在 2h 静止状态下可浮于水面的油珠，直径在 100～150μm，在污水中呈悬浮状态，可以依靠它与水的密度差而从水中分离出来。浮油是含油污水的主要组分。

（2）分散油　悬浮于水中的微小油珠，粒径一般在 10～100μm，不稳定，静止一定时间后往往形成浮油。

（3）乳化油　油品是非常细小的油滴，油珠粒径小于 10μm，常以乳化状态存在，即使长期静置也难以从水中分离出来。这是由于油滴表面存在双电层或受乳化剂的保护阻碍了油滴的合并，使其保持稳定状态。乳化油必须先经过破乳处理转化为浮油，然后再加以分离。

（4）溶解油　在水中呈溶解状态的油微粒称溶解油，油珠粒径有的可小到几个纳米，其溶解度很小，如脂肪烃的溶解度一般仅为 5～15mg/L。

2.4.2 除油池的类型和构造

隔油主要用于对污水中浮油的处理，它是利用水中油品与水密度的差异与水分离并加以清除的过程。隔油过程在隔油池中进行，目前常用的隔油池有两大类：平流式隔油池与斜流式隔油池。

2.4.2.1 平流式隔油池

平流式隔油池的构造如图 2-24 所示，污水自进水管流入，经配水槽进入澄清区。密度小的油品上浮在水面，经池另一端的集油管收集并导出池外。密度大的固体杂质则沉到池底，然后经污泥斗排出。大型隔油池内还设有链带式刮油泥机，利用链带上刮板的作用，将水面的浮油和池底的污泥分别刮到集油管和污泥斗中。

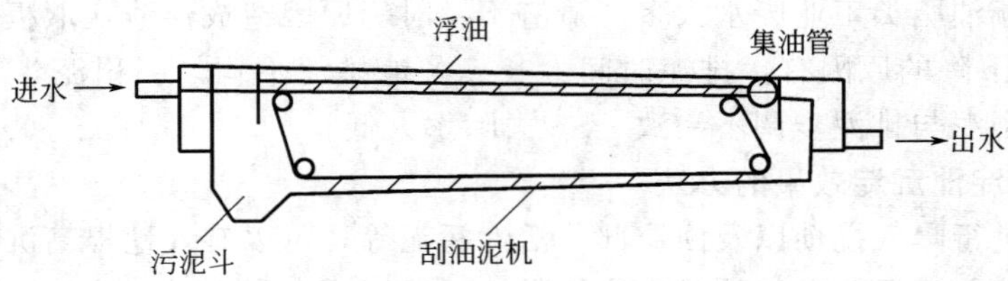

图 2-24　平流式隔油池

污水在池内停留时间一般为 1.5～2h，水平流速很低，一般为 2～5mm/s，最大不超过 10mm/s，以利于油品的上浮和泥渣的沉降。池长和池深之比不小于 4，池上应加盖板，以防止石油气味的散发，同时还起着防雨、防火和保温作用。

平流式隔油池除油率一般为 60%～80%，粒径 150μm 以上的油珠均可除去。它的优点是构造简单，运行管理方便，除油效果稳定。缺点是体积大，占地面积大，处理能力低，排泥难，出水中仍含有乳化油和吸附在悬浮物上的油分，一般很难达到排放要求。

2.4.2.2　斜板式隔油池

图 2-25 所示的是一种 CPI 型波纹板式隔油池。池中以 45°倾角安装许多由聚酯玻璃钢制成的波纹板，污水在板中通过，使所含的油和泥渣进行分离。斜板的板间距为 20～50mm，层数为 24～26 层。设计中采用的雷诺数为 $Re=360\sim400$，这样即使水处理量突然增大数倍，板间水流仍然处于层流状况。

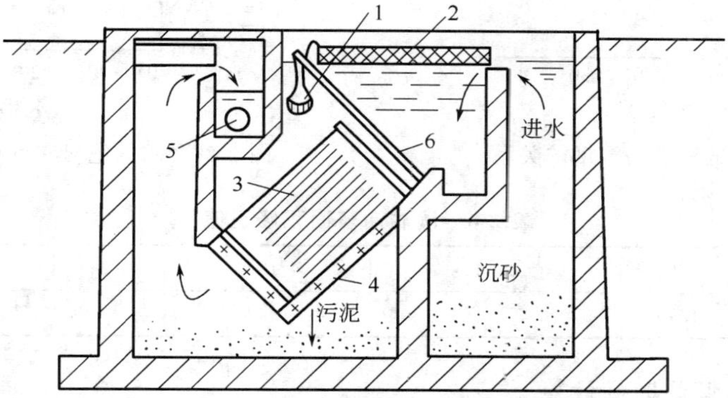

图 2-25　波纹板式隔油池

1—撇油管；2—泡沫塑料浮盖；3—波纹板；4—支撑；5—出水管；6—整流板

经预处理（除去大的颗粒杂质）后的污水，经溢流堰和整流板进入波纹板间，油珠上浮到上板的下表面，经波纹板的小沟上浮，然后通过水平的撇油管收集，回收的油流到集油池。污泥则沉到下板的上表面，通过小沟下降到池底，然后通过排泥管排出。经处理后的污水从隔油池上部的出水管排出。

波纹板隔油池可分离油滴的最小直径约为 60μm，污水在池中停留时间一般不大于 30min。

2.4.3　除油池的计算与设计

平流隔油池的设计可按油粒上升速度或污水停留时间计算。

2.4.3.1　按油粒上浮速度计算

油粒上浮速度 u(cm/s)可通过实验求出（同沉淀的方法相同）或直接应用修正的 Stokes 公式计算。

$$u=\frac{\beta g d^2(\rho_0-\rho_1)}{18\mu} \tag{2-22}$$

式中，水的密度 ρ_0 和绝对黏度 μ 分别由图 2-26 和图 2-27 查得；β 表示由于水中悬浮物影响，使油粒上浮速度降低的系数。

$$\beta=\frac{4\times10^4\times0.8s^2}{4\times10^4+s^2} \tag{2-23}$$

式中　s ——污水中悬浮物的浓度，mg/L。

隔油池的表面积 A（m^2）计算如下：

$$A=\alpha\frac{Q}{u} \tag{2-24}$$

式中　Q ——污水设计流量，m^3/h；

α ——考虑池容积利用系数及水流紊流状态对隔油池表面积的修正值，它与 v/u 的比值有关（v：水平流速），其值按表 2-6 选取。

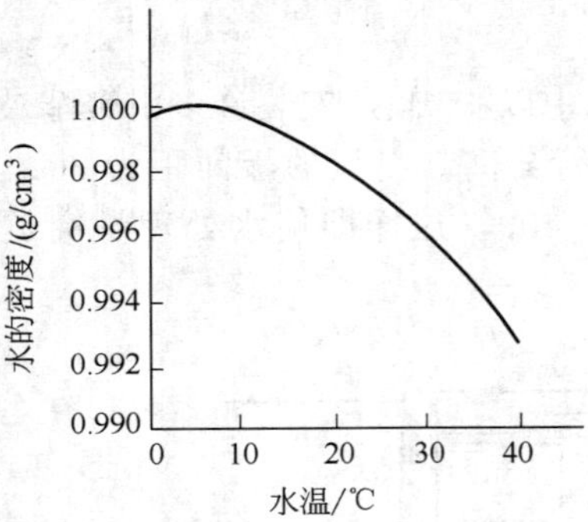

图 2-26　水的密度与温度的关系

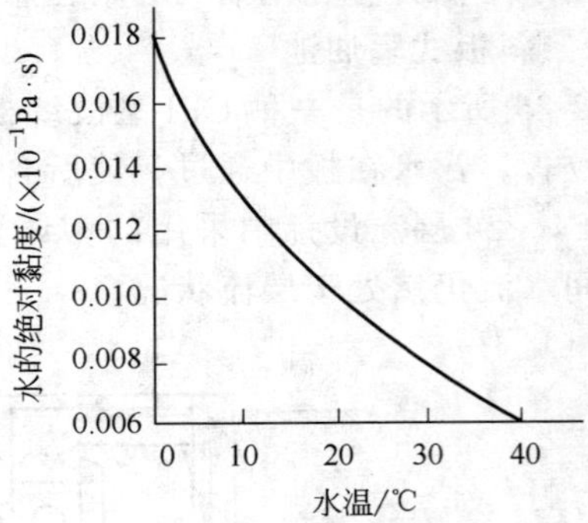

图 2-27　水的绝对黏度与温度的关系

表 2-6　隔油池表面积修正值

v/u	20	15	10	6	3
α	1.74	1.64	1.44	1.37	1.28

2.4.3.2　按污水的停留时间计算

污水在隔油池内的停留时间和水平流速是隔油池计算与设计的主要参数。停留时间一般为 1.5～2.0h，水平流速一般为 2～5mm/s。运行中的实际停留时间可按下式计算：

$$t=\frac{W}{Q}=\frac{Lbhn}{Q} \tag{2-25}$$

式中　t ——污水在隔油池内的停留时间，h；

Q ——污水流量，m^3/h；

W ——隔油池总有效容积，m^3；

L ——隔油池有效长度，m；

b ——隔油池每个格间的宽度，m；

h ——隔油池的工作水深，m；

n ——隔油池格间数。

运行中的污水实际水平流速可按下式计算：

$$v=\frac{Q}{3.6A_c}=\frac{Q}{3.6bhn} \tag{2-26}$$

式中　v ——污水在隔油池内的水平流速，mm/s；

A_c ——隔油池的过水断面面积，m^2。

2.4.4　隔油技术的进展

近年来，国内外对含油污水处理又取得不少新进展，出现了一些新型的除油技术和设备。

2.4.4.1　粗粒化装置

粗粒化装置是一种小型高效的油水分离装置，目前已广泛用于化工、交通、海洋、食品等行业含微量油或含乳化油污水的处理。

粗粒化的原理是让污水通过一种耐油、耐腐蚀的粗粒化材料组成的填充层，控制条件，使油水混合液中油粒子的物理吸附、黏附、凝聚等过程急速进行，使得微油油粒（粒径为1～2μm）粗粒化，并促使乳化油破乳进而聚集成大的油滴，使油水得以分离。

粗粒化装置分为固定床和流化床两种类型，图 2-28 便是固定床粗粒化装置的示意图。将粗粒化材料组成的填充层固定在筒体内，含油污水从下部进入，通过填充层，油分被吸附并粗粒化形成油滴，经收纳箱的小孔流出并上浮到装置上部，积聚后定期排出。

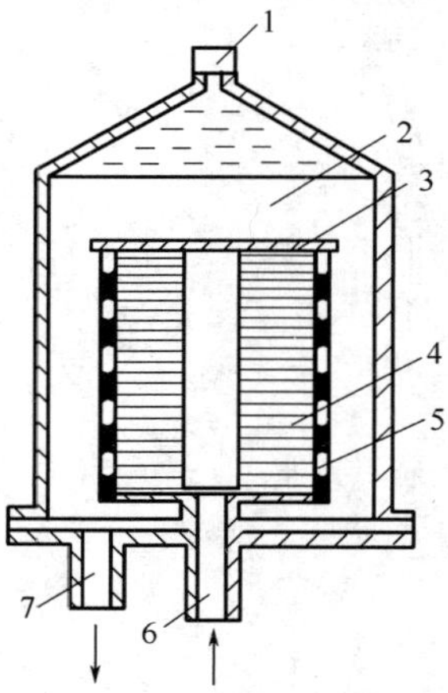

图 2-28 固定床粗粒化装置

1—净化水出口；2—油水分离空间；3—盖；4—亲油性纤维填料；5—小孔；6—污水入口；7—净化水出口

在流化床粗粒化装置中，粗粒化材料处于流化状态，被处理水与床层内的粗粒化材料充分接触，完成吸附和粗粒化过程。

固定床结构简单，较常使用。流化床设备复杂，但粗粒化床与被处理污水接触充分，粗粒化效率较高。

粗粒化材料可分为无机物和有机物两类。无机物有硅砂、分子筛、沸石、活性炭、硅藻土、活性白土、石棉、玻璃纤维等。有机物主要是合成高分子聚合物，如聚链烯烃、尼龙、维尼龙、聚酯、聚苯乙烯、聚氨酯等。

粗粒化装置除油率高，出水含油量可降至 20mg/L 以下，设备占地面积小，药剂、动力消耗小，不产生二次污染，是一种很有发展前途的除油装置。

长岭炼油厂和抚顺石油研究所研制的一种高效除油器如图 2-29 所示。它是用钢丝、蜡料及合成纤维等亲油疏水材料作粗粒化材料，先使分散在水中的微小油滴聚结为大油滴，然后通过多层波纹板组使其聚结为更大的油滴，最后利用波纹板组出口处的微孔曝气管喷出的小气泡，通过气浮使油滴上浮至水面而达到分离目的。使用该装置出水中油含量可降至 20mg/L，并使污水中的油品得到回收。

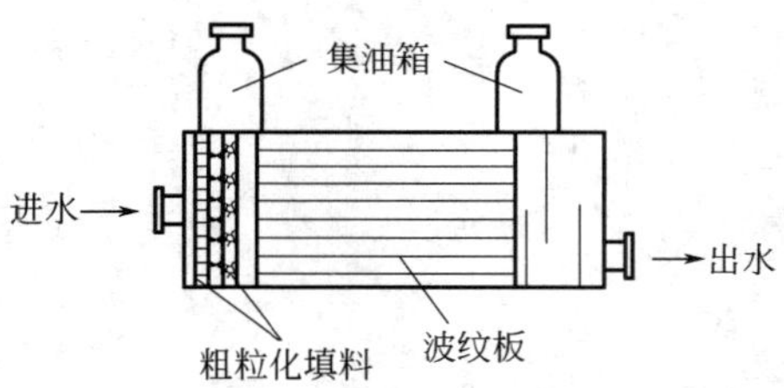

图 2-29 粗粒化除油设备

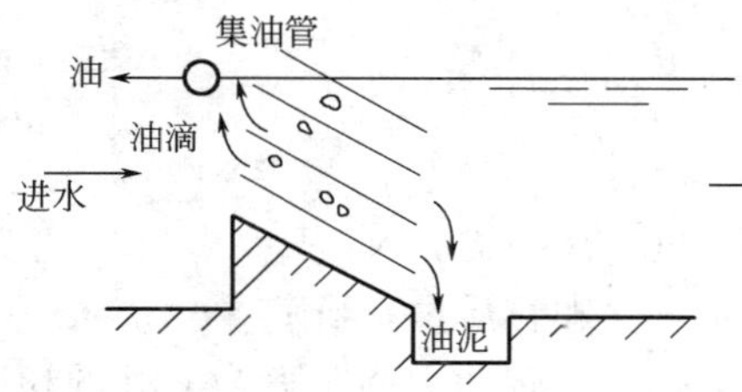

图 2-30 多层波纹板式（MWS 型）隔油池

2.4.4.2 多层波纹板式隔油池（MWS 型）

该装置设计原理与 CPI 型波纹板式隔油池相同，但它是用多层波纹板把水池分成许多相同的小水池，而不是分成带状空间，油滴上浮和油泥的沉降分别在池的两端进行，避免了返混，使出水保持干净。多层波纹板式隔油池结构如图 2-30 所示。多层波纹板式隔油池装置结构简单，占地面积小，易管理，能除去水中粒径为 15μm 以上的油粒。

2.4.4.3 聚结斜板除油罐

聚结斜板除油罐利用粗粒化材料和斜板除油的双除油作用对含油污水进行治理。见图 2-31，含油污水先经预沉室初步处理后进入聚结室，室内装有 d=7～12mm、δ=0.6m 的粗粒化材料，使小油滴粗粒化形成油滴再进入斜板沉降室进一步处理。污水在罐中总停留时间

1h，当进水含油 120～1400mg/L 时，出水含油量可降至 5～15mg/L。

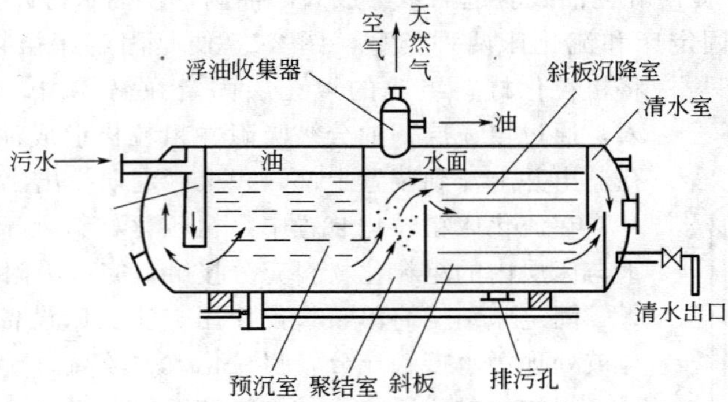

图 2-31　聚结斜板除油罐示意

2.5　离心分离

污水中的悬浮物借助离心设备的高速旋转，在离心力作用下与水分离的过程叫离心分离。由于在离心力场中悬浮物所受的离心力远大于它所受的重力，所以能获得很好的分离效果，远超过重力沉降法。

2.5.1　离心分离原理

含固体悬浮物的污水在离心设备中做快速旋转运动时，质量大的固体颗粒由于受到离心力作用而被抛到外圈，与壁面碰撞而沉降，达到与污水分离的目的。

固体颗粒在离心力场中所受离心力为：

$$F_c=\frac{mu_T^2}{r} \tag{2-27}$$

式中　F_c——离心力，N；

m——颗粒质量，kg；

u_T——距转动中心距离为 r 处的切向速度，m/s；

r——与转动中心的距离，m。

同样的颗粒在重力场中所受到的重力 F_g 为：

$$F_g=mg$$

对同一颗粒而言，它所受到的离心力和重力之比为：

$$K_c=\frac{F_c}{F_g}=\frac{u_T^2}{rg}=\frac{r\omega^2}{g} \tag{2-28}$$

式中　ω——颗粒作圆周运动的角速度，弧度/s；

K_c——称为离心分离因数，它是反映离心分离设备性能的重要指标。

若离心机的每分转速为 n，则 $\omega=\frac{2\pi n}{60}$，代入式(2-28) 可得：

$$K_c=\frac{\pi^2 n^2 r}{900g} \tag{2-29}$$

由式(2-29) 可见，分离因数的大小取决于离心机的转速和离心机转鼓半径的大小，n 和 r 越大，设备的分离性能越好。但 r 越大，表明悬浮颗粒在分离过程中所经历的路程越长，所需分离时间也越长。另外，当转速 n 增大时，K_c 提高更快。例如，当 $r=0.5$m，$n_1=1000$r/min 时，$K_{c1}=560$；当 $n_2=3000$r/min 时，$K_{c2}=5030$。因此，当离心设备的转速提高时，分离效率也会大大提高。

2.5.2 旋流分离器

用于水处理中的离心分离设备有：水力旋流器、旋流池和离心机等。水力旋流器又称旋流分离器，它的离心力是由污水在水泵的压力或进出水的压头差作用下以切线方向进入设备，造成快速旋转而产生的，根据产生水流旋转能量的来源，又分为压力式水力旋流器和重力式水力旋流器两种。

2.5.2.1 压力式水力旋流分离器

图 2-32 是一种压力式水力旋流分离器的示意图。待处理污水经水泵加压从上部以切线方向进入旋流器后发生高速旋转。首先沿器壁的切线方向自上而下旋转（一次涡流），然后再自下而上旋转（二次涡流）。污水中粗大的固体颗粒在旋转过程中由于离心力的作用而被甩向器壁，并在本身重力作用下沿器壁下滑，在底部的排泥口排出，而较清的液体则形成内层旋流自下而上螺旋上升，从中心溢流管流出后再经排水管排出。

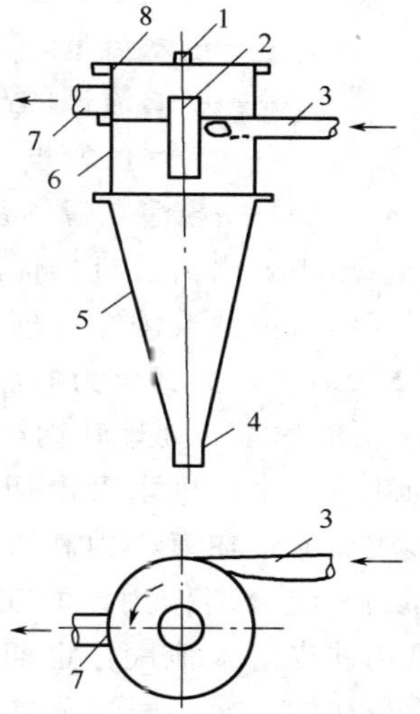

图 2-32 压力式水力旋流分离器

1—通风管；2—中心管；3—进水管；4—排泥管；5—圆锥体；6—圆筒；7—出水管；8—顶盖

水力旋流器中的角速度取决于入流的流速，不可能很高，因此它的分离因数不太高。用水力旋流器处理污水，较小的悬浮颗粒不可能被全部甩向器壁，而是残留水中，并随二次涡流出水管排出，故处理效果差。目前水力旋流器都用来去除液体中密度较大的沙粒等悬浮颗粒，而它的分离效率又与悬浮粒直径密切相关。图 2-33 所示为某一污水中悬浮颗粒直径与分离效率的关系曲线。

由图可见，当颗粒直径不小于 20μm 时，分离效率接近 100%，而颗粒直径为 8μm 时，分离效率只有 50%，即在这一颗粒直径的悬浮颗粒，只有 50%能被分离从排渣口排出，其余则由二次旋流从清液排出口排出。一般认为：分离效率是 50%的颗粒直径

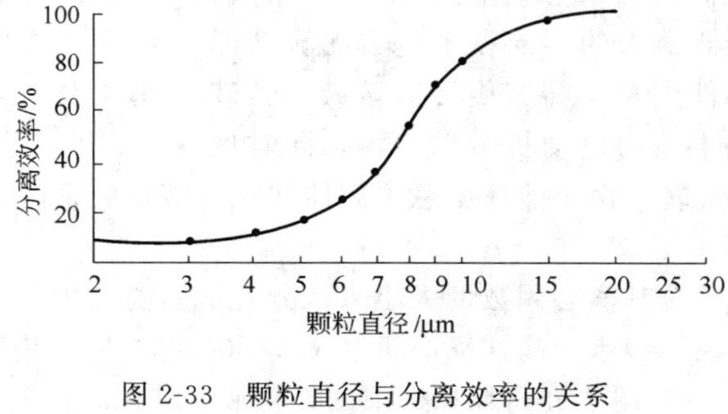

图 2-33 颗粒直径与分离效率的关系

称为极限直径，它是判别水力旋流器分离程度的主要标准之一。关于计算极限直径的经验公式很多，式(2-30）所介绍的公式便是常用的经验公式之一，可以作为设备估算时的参考。

$$\delta=0.75\frac{d^2}{\varphi}\sqrt{\frac{\pi\mu}{Qh(\rho-\rho_0)}} \tag{2-30}$$

式中 δ ——颗粒的极限直径，cm；

d ——进水管直径，cm；

φ ——环流速度变化系数，与分离器构造有关，可取 $\varphi d/D\approx1$，其中 D 为分离器上部圆筒直径，cm；

μ ——水的动力黏度，Pa · s；

Q ——进水流量，cm^3/s；

h ——中心流速的高度，大致等于旋流器的总高度减去圆锥部分高度的 1/3，cm；

ρ ——污水的密度，g/cm^3；

ρ_0 ——悬浮颗粒的密度，g/cm^3。

压力式水力旋流器优点是体积小，单位容积处理能力高，构造简单，易安装维修，广泛用于污水澄清及浓缩处理。缺点是设备易磨损，动力消耗大。

2.5.2.2 重力式水力旋流沉淀池

图 2-34 为处理轧钢污水的重力式水力旋流沉淀池构造示意图。含有氧化铁屑和润滑油的轧钢污水由进水管沿切线方向进入水力旋流池内，并形成旋流，在离心力和重力的双重作用下，在池的下半部起旋流分离作用，而在池的上半部起重力澄清作用。氧化铁皮落入池底，定期用抓斗清除，而污水中油品则浮在池的表面，用油泵收集。

水力旋流沉淀池表面负荷一般取$25\sim30m^3/(m^2\cdot h)$，污水在池内停留时间取 15～20min，池的有效深度 $H_0=1.2D$。

重力式水力旋流池设备容积大，由于它是靠进出水的水力差为动力，故能耗低，但表面负荷也低得多。

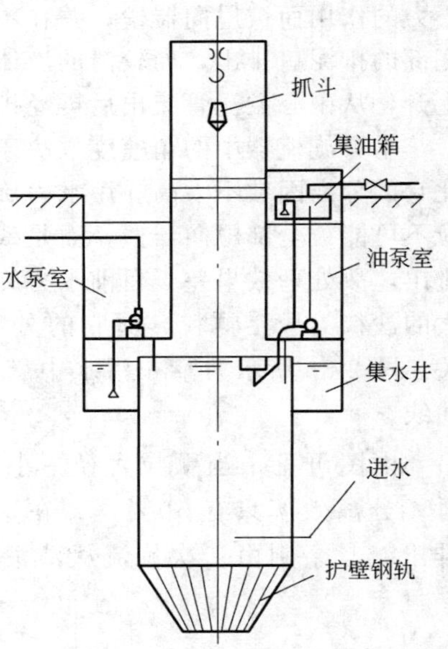

图 2-34 重力式水力旋流沉淀池

2.5.3 离心分离机

离心机是利用惯性离心力来分离液态非均相混合物的机械，它和旋流分离器最大的不同在于后者无转动部分，而离心机的主要部件则是一高速旋转的转鼓。转鼓安装在竖直或水平的轴上，由电动机带动旋转，同时也带动要处理的液体一起旋转。由于液体中悬浮固体颗粒和液体的密度不同而产生力的差异从而达到分离的目的。

离心机的种类很多，按其离心因数的大小来区分有常速离心机（$K_c<3000$），主要用于一般悬浮液的分离和污泥的脱水；高速离心机（$K_c>3000$），主要用于细粒状悬浮液；超速离心机（$K_c>12000$），主要用于分离颗粒极细的乳化液、油类。

2.6 过滤

2.6.1 过滤机理

在水处理技术中，过滤是通过具有孔隙的粒状滤料层（如石英砂等）截留水中悬浮物和胶体而使水获得澄清的工艺过程。滤池的形式有多种多样，以石英砂为滤料的普通快滤池使用历史最久，并在此基础上出现了双层滤料、多层滤料和向上流过滤等。若按作用水头分，有重力式滤池和压力式滤池两类。为了减少滤池的闸阀并便于操作管理，又发展了虹吸滤池、无网滤池等自动冲洗滤池。所有上述各种滤池，其工作原理、工作过程都基本相似。这里对污水处理中应用较多的快滤池作一介绍。

过滤的作用，不仅可截留水中悬浮物，而且通过过滤层还可把水中的有机物、细菌乃至病毒随着悬浮物的降低而被大量去除。滤池的净水原理介绍如下。

2.6.1.1 阻力截留

当污水自上而下流过颗粒滤料层时，粒径较大的悬浮颗粒首先被截留在表层滤料的空隙中，随着此层滤料间的空隙越来越小，截污能力也变得越来越大，逐渐形成一层主要由被截留的固体颗粒构成的滤膜，并由它起重要的过滤作用。这种作用属阻力截留或筛滤作用。悬浮物粒径越大，表层滤料和滤速越小，就越容易形成表层筛滤膜，滤膜的截污能力也越高。

2.6.1.2 重力沉降

污水通过滤料层时，众多的滤料表面提供了巨大的沉降面积。重力沉降强度主要与滤料直径及过滤速度有关。滤料越小，沉降面积越大；滤速越小，则水流越平稳，这些都有利于悬浮物的沉降。

2.6.1.3 接触絮凝

由于滤料具有巨大的比表面积，它与悬浮物之间有明显的物理吸附作用。此外，砂粒在水中常带表面负电荷，能吸附带电胶体，从而在滤料表面形成带正电荷的薄膜，并进而吸附带负电荷的黏土和多种有机物等胶体，在沙粒上发生接触絮凝。

在实际过滤过程中，上述三种机理往往同时起作用，只是随条件不同而有主次之分。对粒径较大的悬浮颗粒，以阻力截留为主，因这一过程主要发生在滤料表层，通常称为表面过滤。对于细微悬浮物，以发生在滤料深层的重力沉降和接触絮凝为主，称为深层过滤。

2.6.2 颗粒材料滤池——快滤池

2.6.2.1 快滤池的构造与工艺过程

快滤池一般为矩形钢筋混凝土的池子，本身由洗砂排水槽、滤料层、承托层、配水系统组成。图 2-35 为快滤池的构造示意图。池内填充石英砂滤料，滤料下铺有砾石承托层（即垫层），最下面是集水系统（或配水系统），在滤料层的上部设有洗砂排水槽。

过滤工艺包括过滤和反洗两个基本阶段。过滤时，污水由水管经闸门进入池内，并通过滤层和垫层流到池底，水中的悬浮物和胶体被截留于滤料表面和内层空隙中，过滤水由集水系统经闸门排出。随着过滤过程的进行，污物在滤料层中不断积累，滤料层内的孔隙由上至

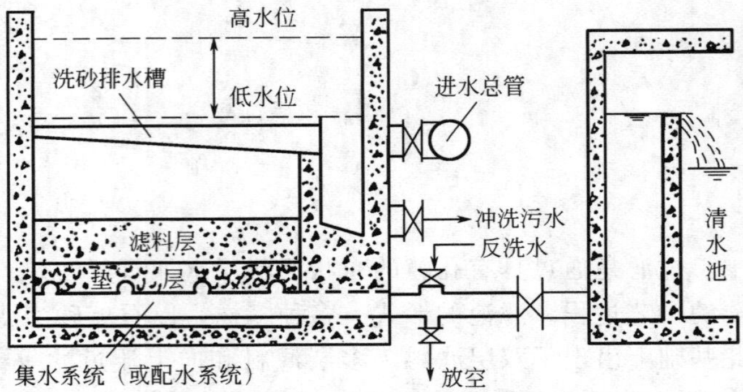

图 2-35　重力式滤池构造及工作过程示意

下逐渐被堵塞，水流通过滤料层的阻力和水头损失随之逐步增大，当水头损失达到允许的最大值时或出水水质达某一规定值时，这时滤池就要停止过滤，进行反冲洗工作。

冲洗时，冲洗水的流向与过滤完全相反，是从滤池的底部向滤池上部流动，故叫反冲洗。冲洗水的流向是：首先进入配水系统向上流过承托层和滤料层，冲走沉积于滤层中的污物，并夹带着污物进入洗砂排水槽，由此经闸门排出池外。冲洗完毕后，即可进行下一循环的过滤。

从过滤开始到过滤停止之间的过滤时间，叫滤池的工作周期，它同滤料组成、进出水水质等因素有关，一般在 8～48h 范围。

2.6.2.2　滤料

作为快滤池的滤料有石英砂、无烟煤、大理石粒、磁铁矿粒以及人造轻质滤料等，其中以石英砂应用最广泛。对滤料的要求是：①有足够的机械强度；②化学性质稳定；③价廉易得；④具有一定的颗粒级配和适当的孔隙率。

滤料颗粒的大小用“粒径”表示，粒径是指能把滤料颗粒包围在内的一个假想球面的直径。具有一定的滤料级配，包括要求滤料粒径有一定大小范围以及不同尺寸颗粒所占的比例。例如快滤池采用石英砂单层滤料时，要求最小粒径为 0.5mm，最大粒径为 1.2mm，并且要求滤料具有一定的不均匀系数。

滤池分单层滤料池、双层滤料池和三层滤料池。后两种滤池是为了提高滤层的截污能力。单层滤料滤池的构造简单，操作也简便，因而应用广泛。双层滤料滤池是在石英砂滤层上加一层无烟煤滤层，三层滤料是由石英砂、无烟煤、磁铁矿的颗粒组成。关于单层滤料滤池、双层滤料滤池的滤料组成及滤速示于表 2-7 中。

表 2-7　滤池的滤料组成及滤速

类　别	滤　料　组　成			滤速/(m/h)
	粒径/mm	不均匀系数 K_{80}	厚度/mm	
石英砂单层滤料滤池	$d_{min}=0.5$ $d_{max}=1.2$	2.0	700	8～12
双层滤料池	无烟煤 $d_{min}=0.8$ $d_{max}=1.8$ 石英砂 $d_{min}=0.5$ $d_{max}=1.2$		400～500 400～500	12～16

2.6.2.3 承托层

承托层的作用是过滤时防止滤料进入配水系统，冲洗时起均匀布水作用。在表 2-8 中列出了承托层的规格。承托层一般采用卵石或碎石。

表 2-8 承托层规格

层次(由上而下)	粒径/mm	厚度/mm	层次(由上而下)	粒径/mm	厚度/mm
1	2～4	100	3	8～16	100
2	4～8	100	4	16～32	100～150

2.6.2.4 配水系统

配水系统的作用是保证反冲洗水均匀地分布在整个滤池断面上，而在过滤时也能均匀地收集过滤水，前者是滤池正常操作的关键。为了尽量使整个滤池面积上反冲洗水分布均匀，工程中采用了以下两种配水系统。

(1) 大阻力配水系统　大阻力配水系统是由穿孔的主干管及其两侧一系列支管以及卵石承托层组成，每根支管上钻有若干个布水孔眼。这种配水系统在快滤池中被广泛应用，此系统的优点是配水均匀，工作可靠，基建费用低，但反冲洗水水头大，动力消耗大。

(2) 小阻力配水系统　小阻力配水系统是在滤池底部设较大的配水室，在其上面铺设阻力较小的多孔滤板、滤头等进行配水。小阻力配水系统的优点是反冲洗水头小，但配水不够均匀。这种系统适用于反冲洗水头有限的虹吸滤池和压力式无阀滤池等。

2.6.2.5 滤池的冲洗

值得注意的是滤池冲洗质量的好坏，对滤池的工作有很大影响，滤池反冲洗的目的是恢复滤料层（砂层）的工作能力，要求在滤池冲洗时，应满足下列条件：

① 冲洗水在整个底部平面上应均匀分布，这是借助配水系统完成的；

② 冲洗水要求有足够的冲洗强度和水头，使砂层达到一定的膨胀高度；

③ 要有一定的冲洗时间；

④ 冲洗的排水要迅速排除。

根据石英砂滤料层快滤池的经验表明，冲洗时滤料层的膨胀率为 40%～50%，冲洗时间为 5～6min，冲洗强度以 12～14L/(s·m^2)较为合适。所谓的冲洗强度，是指滤池冲洗时每平方米滤池面积上所通过的流量，单位为 L/(s·m^2)。滤层膨胀率是指滤料层在冲洗时滤层膨胀后所增加的厚度与膨胀前厚度之比，以%表示。

2.6.3 快滤池的异常问题及解决办法

为了用好、管好滤池，现把快滤池常见的故障或异常问题以及解决对策阐述如下。

2.6.3.1 冲洗时大量气泡上升

(1) 主要危害

① 滤池水头损失增加很快，工作周期缩短。

② 滤层产生裂缝，影响水质或大量漏砂、跑砂。

(2) 主要原因

① 滤池发生滤干后，未经反冲排气又再过滤使空气进入滤层。

② 工作周期过长，水头损失过大，使砂面上的作用水头小于滤料水头损失，从而产生负水头，使水中逸出空气存于滤料中。

③ 当用水塔供给冲洗水时，因冲洗水塔存水用完，空气随水夹带进入滤池。

④ 藻类滋生而产生的气体。

⑤ 水中溶气量过多。

(3) 解决对策

① 加强操作管理，一旦出现上述情况，可用清水倒滤。

② 调整工作周期，提高滤池内水位。

③ 水塔中贮存的水量要比一次反冲洗量多一些。采用预加氯杀藻。

④ 检查产生水中溶气量大的原因，消除溶气的来源。

2.6.3.2　滤料中结泥球

(1) 主要危害　砂层阻塞，砂面易发生裂缝，泥球往往腐蚀发酵，直接影响滤砂的正常运转和净水效果。

(2) 主要原因

① 冲洗强度不够，长时间冲洗不干净。

② 进入滤池的水浊度过高，使滤池负担过重。

③ 配水系统不均匀，部分滤池冲洗不干净。

(3) 解决对策

① 改善冲洗条件，调整冲洗强度和冲洗历时。

② 降低沉淀水出口浊度。

③ 检查承托层有无移动，配水系统是否堵塞。

④ 用液氯或漂白粉溶液等浸泡滤料，情况严重时要大修翻砂。

2.6.3.3　滤料表面不平，出现喷口现象

(1) 主要危害　过滤不均匀，影响出水水质。

(2) 主要原因

① 滤料凸起，可能是滤层下面承托层及配水系统有堵塞。

② 滤料凹下，可能配水系统局部有碎裂或排水槽口不平。

(3) 解决对策　针对凸起和凹下查找原因，翻整滤料层和承托层，检修配水系统和排水槽。

2.6.3.4　漏砂跑砂

(1) 主要危害　影响滤池正常工作，使清水池和出水中带砂影响水质。

(2) 主要原因

① 冲洗时大量气泡上升。

② 配水系统发生局部堵塞。

③ 冲洗不均匀，使承托层移动。

④ 反冲洗时阀门开放太快或冲洗强度过高，使滤料跑出。

⑤ 滤水管破裂。

(3) 解决对策

① 解决冲洗时产生大量气泡上升。

② 检查配水系统，排除堵塞。

③ 改善冲洗条件。

④ 注意操作。

⑤ 检修滤水管。

2.6.3.5 滤速逐渐降低，周期减短

(1) 主要危害　影响滤池正常生产。

(2) 主要原因

① 冲洗不良，滤层积泥或藻类滋生。

② 滤料强度差，颗粒破碎。

(3) 解决对策

① 改善冲洗条件。

② 用预加氯杀藻。

③ 刮除表层滤砂，换上符合要求的滤砂。

2.7 高梯度磁分离

2.7.1 高梯度磁分离装置

对水中弱磁性或反磁性物质，可以通过提高磁场梯度的办法来增大磁力使之分离，称为高梯度磁分离。

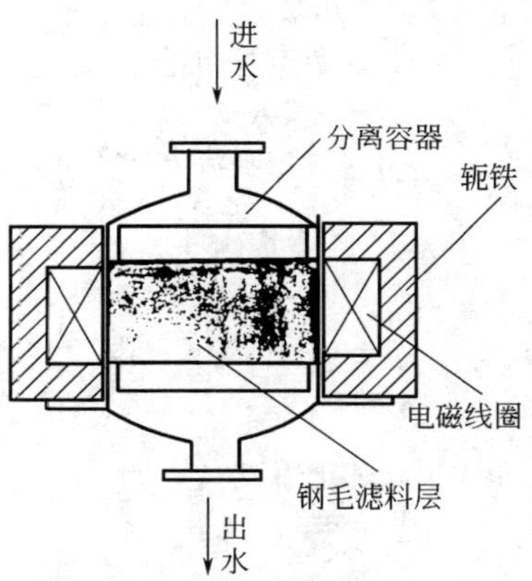

图 2-36　高梯度磁分离设备示意

高梯度磁分离法常用的设备为磁过滤器，其结构如图 2-36 所示。

直流电通过电磁线圈使过滤筒体产生强磁场，钢毛被磁化并在磁场中使磁力线紊乱，造成磁通疏密不均，形成高磁场梯度。水中磁性粒子则受到较强磁力作用而吸附在钢毛表面从水中分离。当钢毛滤料层被吸附粒子堵塞后，切断电源，磁场磁力消失，被捕集的杂质便可以从钢毛中冲洗出来。

高梯度磁分离工艺简单、占地少，但基建及运行费用高、能耗大。

2.7.2 高梯度磁分离的应用

高梯度磁分离技术工艺简单、设备紧凑、占地少，易于实现自动化，所以很有发展前途，但其基建及运动费用高、能耗大。

高梯度磁分离技术首先在钢铁废水处理上得到应用。图 2-37 是氧气顶吹炼钢炉洗涤器用水的处理流程，废水经高梯度磁分离器处理后排放，该分离器吸引一定固体物质后，用该废水进行反冲洗，冲洗水进浓缩器沉淀，上清液返分离器进行处理，沉淀物进真空过滤器，得到的滤饼送去炼钢，而其上清液仍返回分离器进行处理。用该流程处理含悬浮固体为 2500mg/L 的炼钢废水，在流速为 2m/min 和磁场为 0.2T 条件下，处理后的出水悬浮固体浓度约为 5～15mg/L。

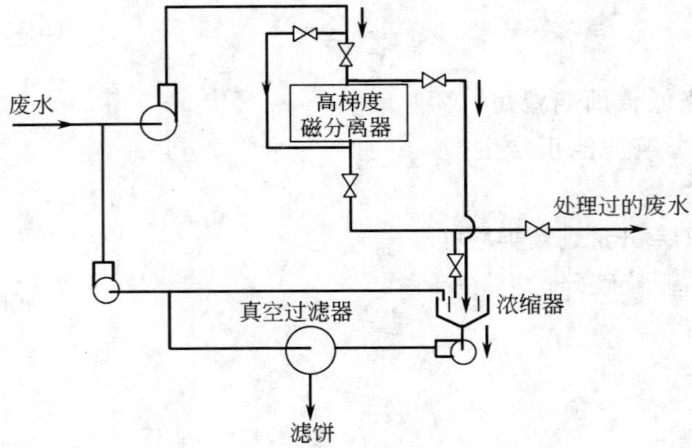

图 2-37　高梯度磁分离技术分离处理炼钢废水流程

高梯度磁分离技术也可用于处理饮用水。

习题及思考题

1. 填空题

(1) 常用的格栅形式有____________、____________两类。其主要作用是________。

(2) 调节池的主要作用是________、________、________等，水量调节可分________和________。

(3) 沉淀基本类型有________、________、________、________，按水流方向不同，沉淀池可分为________、________、________、________。

2. 判断题

(1) 格栅与筛网的工作原理是一致的，处理对象也相同。(　　)

(2) 沉淀是使水中可沉固体在重力作用下下沉，从而与水分离的方法。(　　)

(3) 过滤是通过具有孔隙的粉状滤料层截留水中悬浮物和胶体的过程。(　　)

(4) 沉淀、隔油及沉砂的工作原理都是不同的，隔油不仅能去除浮油，也能去除乳化油。(　　)

3. 简答题

(1) 水力筛与转筒筛的工作特点有什么不同?

(2) 试设想一个既能调节水量又能调节水质的调节池。

(3) 自由沉淀、絮凝沉淀、拥挤沉淀与压缩沉淀各有何特点? 说明它们的内在联系与区别。

(4) 水中颗粒的密度 $\rho=2.6\text{g/cm}^3$，粒径 $d=0.1\text{mm}$，求它在水温 10℃情况下的单颗粒沉降速度。

(5) 如何从理想沉淀池的理论分析得出斜板（管）沉淀的设计原理?

(6) 沉淀池刮泥排泥的方法有哪些? 在什么条件下采用?

(7) 已知平流式沉淀池的长度 $L=20\text{m}$，池宽 $B=4\text{m}$，池深 $H=2\text{m}$。今欲改装成斜板沉淀池，斜板水平间距 10cm，斜板长度 $l=1\text{m}$，倾角 60°。如不考虑斜板厚度，当废水中悬浮颗粒的截留速度 $u_0=1\text{m/h}$，求改装后沉淀池的处理能力与原有池子比较提高多少改装后沉淀池中水流的雷诺数 Re 为多少? 与原有池子的 Re 相差多少倍?

(8) 平流沉砂池有何优缺点? 对其不足有何办法解决?

(9) 曝气沉砂池在运行操作时主要控制什么参数?

(10) 沉淀池主要由什么部分构成？各部分功能如何？
(11) 沉淀池的入口布置关键要注意布水均匀，如果不均匀会产生什么后果？
(12) 试归纳辐流式沉淀池的构造特点及工作过程。
(13) 试比较斜板、斜管沉淀池与平流沉淀池的优缺点。
(14) 导致沉淀池 SS 去除率降低的原因是什么？如何解决？
(15) 过滤的类型有几种？每种过滤形式适于什么场合？
(16) 试比较过滤与沉淀的异同。
(17) 水中颗粒被过滤设备（包括滤池及其他过滤设备）截留主要靠什么作用？
(18) 快滤池所用滤料有什么要求？常见的滤料有哪些？
(19) 下表为过滤用砂的筛分分析结果，试求该砂的 d_{10}、d_{80} 和 k_{80}。如以此砂为原砂，试制备 d_{10} = 0.55mm，k_{80} = 2.0 的过滤用砂，需筛除多少原砂？

筛目/mm	0.105	0.149	0.210	0.297	0.42	0.59	0.84	1.19	1.68	2.38	3.0
通过率/%	1.2	2.0	3.0	4.6	8.0	17.5	56.0	71.5	84.5	95.0	100

(20) 大阻力配水系统是如何构成的？大阻力是什么含义？
(21) 快滤池的过滤是如何进行的？如何判断过滤终点？
(22) 快滤池的冲洗的目的是什么？简述冲洗操作的过程。
(23) 过滤时出水水质下降的原因是什么？发现跑砂、漏砂应如何解决？

技能训练　静置沉淀实验

一、实验目的

观察沉淀过程，求出沉淀曲线。

沉淀曲线应包括：①沉降时间 t 与沉降效率 E 的关系曲线；②颗粒沉降速度 u 与沉降效率 E 的关系曲线。

二、实验原理

在含有离散颗粒的污水静置沉淀过程中，若试验柱内有效水深为 H，通过不同的沉降时间 t，可求得不同的颗粒沉降速度 u，$u=H/t$。对于指定的沉降时间 t_0 可求得颗粒沉降速度 u_0。那些沉速等于或大于 u_0 的颗粒在 t_0 时间内可全部除去，而对沉速小于 u_0 的颗粒则只能除去一部分，其去除的比例为 u/u_0。

设 x_0 为沉速 $u<u_0$ 的颗粒所占百分数，于是在悬浮颗粒总数中，沉速 $u \geqslant u_0$ 的颗粒所占的百分数应为 $(1-x_0)$，它们在 t_0 时间内均可除去。因此，去除率可用 $1-x_0$ 来表示。沉速 $u<u_0$ 的每种粒径的颗粒去除率为 $\int_0^{x_0}\frac{u}{u_0}\mathrm{d}x$。所以，总去除率计算如下。

$$E=(1-x_0)+\frac{1}{u_0}\int_0^{x_0}\frac{u}{u_0}\mathrm{d}x$$

对于絮凝性悬浮颗粒的静置沉淀去除率，不仅与沉速有关，还与深度有关。因此实验柱应在不同深度处设取样口。在不同的选定时段，从不同深度取出水样，测定这部分水样中的颗粒浓度，并用以计算沉淀物的百分数。在横坐标为沉降时间、纵坐标为深度的图上绘出等浓度曲线，据此可求出悬浮颗粒的总去除率。

沉淀开始时，可以认为悬浮颗粒在水中的分布是均匀的。随着沉淀历时的增加，试验柱内悬浮颗粒的分布变为不均匀。严格地说经过沉降时间 t 后，应将柱内有效水深 H 的全部水样取出，测其悬浮物含量，来计算 t 时间内的沉降效率。这样，每个实验柱只能求一个沉降时间的沉降效率，致使实验工作量较大。为了简化实验及测定工作量，考虑到实验柱内悬浮物浓度沿水深逐渐加大，近似地认为在 $H/2$ 处水样的悬浮物浓度可以代表整个有效水深内悬浮物的平均浓度。于是如果将进样口装在 $H/2$ 处，在一个实验柱内可按不同沉降时间多次取样。这样做虽有一定的误差，但一般情况下，在工程上还是允许的。

三、实验设备

1. 沉淀实验柱：直径 ϕ100mm，工作有效水深（由溢出口下缘到柱底的距离）$H=$ 1500mm 或 2000mm。
2. 真空抽滤装置或过滤装置。
3. 悬浮固体测定所需的设备，包括分析天平、带盖称量瓶或古氏坩埚、干燥器、烘箱等。
4. 搅拌桶和泵。

四、实验水样

生活污水，造纸废水，高炉煤气洗涤废水，其他工业废水或黏土配水。

五、实验步骤

1. 将水样倒入搅拌桶内，用泵循环搅拌约 5min，使水样中悬浮颗粒分布均匀。
2. 用泵将水样输入沉淀实验柱。在输入过程中，从柱中取样 3 次，每次约 50mL（取样后要准确记录水样体积）。此水样的悬浮物浓度即为实验水样的原始浓度 c_0。
3. 当水样升到溢流口沿溢流管流出水后，关紧沉淀实验柱底部的阀门，停泵并记下沉淀开始时间。
4. 观察静置沉淀现象。
5. 隔 5min、10min、20min、30min、60min、120min，从实验柱中部取样口取样 2 次，每次约 50mL（准确记录水样体积）。取水样前要先排出取样管中的积水约 10mL，取水样后要测量工作水深的变化。
6. 将每一种沉降时间的两个水样做平行实验，用滤纸过滤（滤纸应当是已在烘箱内烘干后称量过的），并把过滤后的滤纸放入已准确称量的带盖称量瓶内。在 105～110℃烘箱内烘干，称量滤纸及带盖称量瓶的增重，即为水样中的悬浮物质量。
7. 计算不同沉降时间 t 的水样中的悬浮物浓度 c，沉降效率 E，以及相应的颗粒沉速 u_0 画出 E-t 和 E-u 的关系曲线。

六、对实验报告的要求和讨论

1. 提出实验记录及沉淀曲线。实验记录参考格式见表 2-9。
2. 分析实验所得结果。
3. 实验结果讨论

(1) 实验测得的沉降效率与数学计算相比，误差为多少？误差原因何在？

(2) 分析不同工作水深的沉淀曲线，如应用到设计沉淀池，需要注意些什么问题？

表 2-9　静置沉淀实验记录

水样名称：　　　　　　　　　　取样日期：　　　　　　　　　　实验日期：

沉淀柱直径：　　　　　　　　　截面积：　　　　　　　　　　　水温：

静置沉淀时间/min	水样体积/mL	排出积水体积/mL	称量瓶号	称量瓶及滤纸总质量/g	称量瓶滤纸和悬浮物总质量/g	水样中悬浮物质量/g	悬浮物浓度/(mg/L)	悬浮物平均浓度/(mg/L)	沉降效率 $\frac{c_0-c}{c_0}\times 100\%$ /%	沉淀柱内工作水深/mm	颗粒沉速/(mm/s)

3 污水的化学处理

3.1 中和

3.1.1 概述

中和法是利用化学酸碱中和的原理消除污水中过量的酸和碱，使其pH值达到中性或接近中性的过程。

酸碱废液是两种重要的工业废液，通常酸性污水中有的含无机酸（如硫酸、硝酸、盐酸、磷酸、氢氟酸、氢氰酸等），有的含有机酸（如乙酸、甲酸、柠檬酸等），主要来源于化工厂、化纤厂、电镀厂、金属酸洗车间等。碱性污水中含有碱性物质，如苛性钠、碳酸钠、硫化钠及氨类等，主要来源于印染厂、炼油厂、造纸厂等。

在处理酸碱废液时，对于浓度较高的酸碱废液（如酸含量大于3%～5%的废酸液或碱含量大于1%～3%的废碱液）时，应首先考虑综合利用，这样既可回收酸碱，又可大大减轻或消除酸碱污水的处理。如利用钢铁酸洗废液制造混凝剂 $FeSO_4$ 或聚合硫酸铁，也可用扩散渗析法回收钢铁酸洗废液中的硫酸；用蒸发浓缩法回收苛性钠等。

对于酸含量小于3%～5%或碱含量小于1%～3%的低浓度酸性污水与碱性污水，由于其中酸碱含量低，综合利用及回收价值不大，常采用中和处理，使污水的pH值恢复到中性附近的一定范围（pH=6～9），消除其危害。

中和处理适用于污水处理中的下列情况：①污水排入受纳水体前，其pH值指标超过排放标准，这时应采用中和处理，以减少对水生生物的影响；②工业废水排入城市下水道系统前，采用中和处理以免对管道系统造成腐蚀，在排入前对工业废水进行中和，比之对工业废水与其他污水混合后的大量污水进行中和要经济得多；③化学处理或生物处理之前，对生物处理而言，需将处理系统的pH值维持在6.5～8.5范围内，以确保最佳的生物活力。

中和处理方法因污水的酸碱性不同而不同。针对酸性污水，主要有酸性污水与碱性污水相互中和、投药中和及过滤中和三种方法。而对于碱性污水，主要有碱性污水与废酸性物质相互中和、投药中和两种方法。由于酸性污水的数量和危害都比碱性污水大得多，因此本节主要介绍酸性污水的中和处理。

中和处理时，发生的主要是酸和碱生成盐和水的中和反应。反应如下：

$$酸+碱 = 盐+水 \qquad 或 \qquad H^{+}+OH^{-} = H_2O$$

当进行中和反应的酸碱物质的量相等时，两者恰好完全中和，叫做达到等量点。由于酸碱相对强弱的不同，并考虑到生成盐的水解作用，中和达到等量点时污水可能呈中性（强酸强碱中和），也可能呈酸性（强酸与弱碱中和）或碱性（强碱与弱酸中和）。中和过程中，污水 pH 值随中和药剂投加量而变化，这种变化规律可由中和曲线（以 pH 值为纵坐标，酸或碱的投加量为横坐标作图，所得曲线）来表示，如图 3-1 所示。

实际污水的成分比较复杂，干扰酸碱平衡的因素较多，中和时 pH 值的变化情况也比较复杂。这时，应通过实验绘制出中和曲线，以便确定中和剂投加量。

应该指出，除中和处理之外，还有一种与此相类似的处理操作，就是为了某种特殊要求，将污水的 pH 值调整到某一特定值（范围），这种处理操作叫 pH 值调节。如将 pH 值由中性或酸性调至碱性，称为碱化；如将 pH 值由中性或碱性调至酸性，称为酸化。

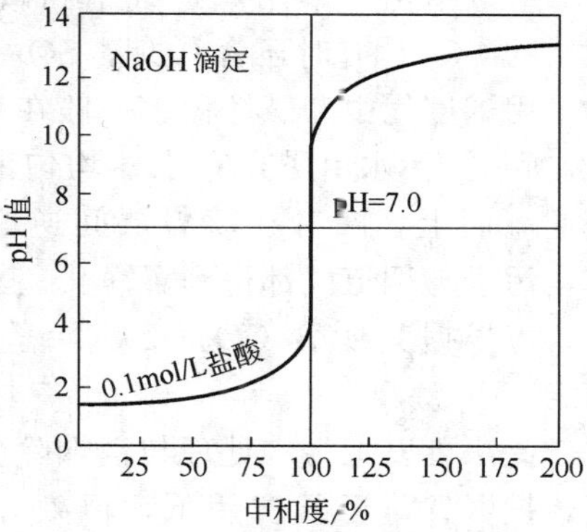

图 3-1　强酸和强碱的中和曲线

3.1.2　酸碱污水相互中和

酸碱污水相互中和是一种既简单又经济的以废治废的处理方法，适用于各种浓度的酸碱污水。因此，当工厂有条件时，应优先考虑。当酸性或碱性污水(渣)不足时，还应补充中和剂。

当酸碱污水排出的水量水质比较均匀、稳定，并且酸碱含量又能相互平衡时，可直接利用水泵吸水池或管道进行混合中和，而不必设置中和池，但这种情况并不多见。如果水量水质变化较大，则一般应设置调节池加以调节，然后在中和池中和；若污水水量和水质变化较大，且污水本身的酸、碱含量很难平衡，往往需要补加碱（或酸）性中和剂。当出水水质要求很高，或污水中还含有其他杂质或重金属离子时，连续流无法保证出水水质，较稳妥可靠的方法是采用间歇式中和池，一般设两个，交替使用。此时间歇式中和池优越性较明显，可在同一个池内完成混合、反应、沉淀、排水反排泥等工序，且出水水质较有保证。但间歇式中和池不宜用于污水量大的情况。

在碱性污水充足的情况下，用碱性污水中和酸性污水应避免出现二次返回用酸中和，因此应控制中和过程中碱性污水的投加量。酸、碱污水互相中和的结果，应该使混合后的污水达到中性或弱碱性。根据化学反应基本定律——等物质的量规则，二者完全中和的条件应为：

$$\sum c_z Q_z \geqslant \sum c_s Q_s \alpha k \tag{3-1}$$

式中　c_s——酸性污水的浓度，g/L；

Q_s——酸性污水的流量，m^3/h；

c_z——碱性污水的浓度，g/L；

Q_z——碱性污水的流量，m^3/h；

α——碱性中和剂对酸的比耗量，kg/kg（见表 3-1）；

k——反应不均匀系数，一般取 k 为 1.5～2.0。

表 3-1　碱性中和剂对酸的比耗量

酸	中和 1kg 酸所需碱的量/kg				
	CaO	$Ca(OH)_2$	$CaCO_3$	$MgCO_3$	$CaCO_3 \cdot MgCO_3$
H_2SO_4	0.571	0.755	1.020	0.860	0.940
HNO_3	0.446	0.590	0.795	0.668	0.732
HCl	0.770	1.010	1.370	1.150	1.290
CH_3COOH	0.466	0.616	0.830	0.695	—

应该指出，采用烟道气中和碱性污水也是以废治废的有效方法。烟道气中含有高达24%的CO_2，有时还含有少量SO_2及H_2S，故可以用来中和碱性污水。

用烟道气中和碱性污水一般在喷淋塔中进行，如图3-2所示。污水由塔顶布水器均匀淋下，烟道气则由塔底逆流而上，两者在填料层间逆流接触，完成中和反应，污水与烟道气都得到了净化。对于烟道气用量的计算，应根据其所含CO_2及SO_2等酸性气体的数量来确定。

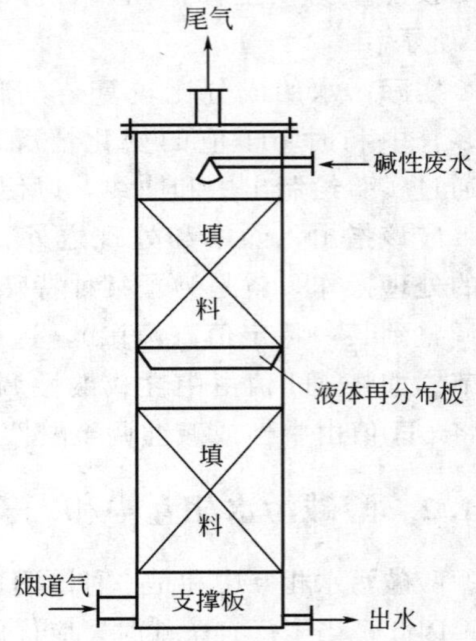

图 3-2 喷淋塔

此法可以把污水处理与消烟除尘结合起来，以废治废，投资省，运行费用低，但处理后的污水中，硫化物、色度和耗氧量均有显著增加，还需进一步处理。

3.1.3 投药中和法

投药中和是应用广泛的一种中和方法。此法可处理任何浓度、任何性质的酸碱污水，也可以进行污水的pH值调节。

3.1.3.1 酸性污水的投药中和

中和酸性污水时，常用的药剂有：石灰（CaO）、石灰石（$CaCO_3$）或白云石等，有时也采用苛性钠、碳酸钠等。此外，为综合利用，还采用碱性废渣、废液，如电石渣、废碱液等。其中以石灰为最常用，因为其不仅价格便宜，可中和任何浓度的酸，而且在污水中形成的石灰乳［主要成分是$Ca(OH)_2$］对污水中的杂质具有凝聚作用，能降低污水中的有机物含量和色度。

石灰乳与酸性污水中主要酸的反应如下：

$$H_2SO_4+Ca(OH)_2 = CaSO_4+2H_2O$$

$$2HNO_3+Ca(OH)_2 = Ca(NO_3)_2+2H_2O$$

$$2HCl+Ca(OH)_2 = CaCl_2+2H_2O$$

当采用石灰石中和硫酸时，会产生石膏。反应如下：

$$H_2SO_4+CaCO_3 = CaSO_4+H_2O+CO_2\uparrow$$

由于生成的石膏溶解度很低，20℃时只有1.6g/L，因此，为了避免石灰石表面被石膏及CO_2所覆盖，硫酸浓度理论上应低于1.15g/L。实际上允许低于2～2.3g/L，使中和产物硫酸钙不致饱和析出。如硫酸浓度较大，为了使中和效果好，应将石灰石预先粉碎成0.5mm以下的颗粒后使用。

中和药剂投加量G_z(kg/h)可按下面公式计算：

$$G_z=\frac{Q_s(c_{s1}\alpha_1+c_{s2}\alpha_2)k}{a\cdot 1000} \tag{3-2}$$

式中 Q_s——酸性污水流量，m^3/h；

c_{s1}——污水中酸的浓度，g/L（g/m^3）；

c_{s2}——污水中酸性盐的浓度，g/L（g/m^3）；

α_1——碱性中和剂对酸的比耗量，kg/kg（见表3-1）；

α_2——碱性中和剂对酸性盐的比耗量，kg/kg；

a——药品纯度，%；

k——反应不均匀系数，以石灰中和 H_2SO_4 时，干投采用 1.4～1.5，湿投采用 1.05～1.10。

当酸性污水中含有重金属盐类，如铅、锌、铜等，计算时，应增加和重金属化合产生沉淀的药剂量。或直接通过实验，根据中和曲线确定。

投药中和法的工艺过程主要包括：中和药剂的制备与投配、混合与反应、中和产物的分离、泥渣的处理与利用。酸性污水投药中和流程如图 3-3 所示。

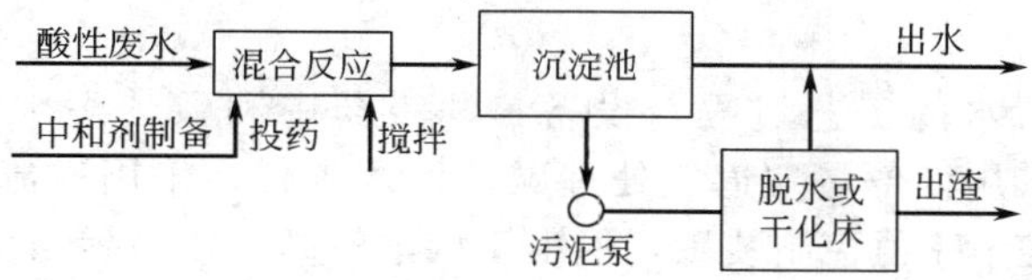

图 3-3　酸性污水投药中和流程

酸性污水投药中和之前，有时需要进行预处理。预处理包括悬浮杂质的澄清、水质及水量的均和。前者可以减少投药量，后者可以创造稳定的处理条件。

投加石灰有干投法和湿投法两种方式。

干投法如图 3-4 所示。首先将生石灰或石灰石粉碎，使其达到技术上要求的粒径（0.5mm）。投加时，为了保证石灰能均匀地加到污水中去，可用具有电磁振荡装置的石灰投配器。石灰投入污水渠，经混合槽折流混合 0.5～1min，然后进入沉淀池将沉渣进行分离。干投法的优点是设备简单。缺点是反应不彻底，反应速度慢，投药量大，为理论值的 1.4～1.5 倍，要求石灰洁净、干燥、成粒状，石灰破碎、筛分等劳动强度大。

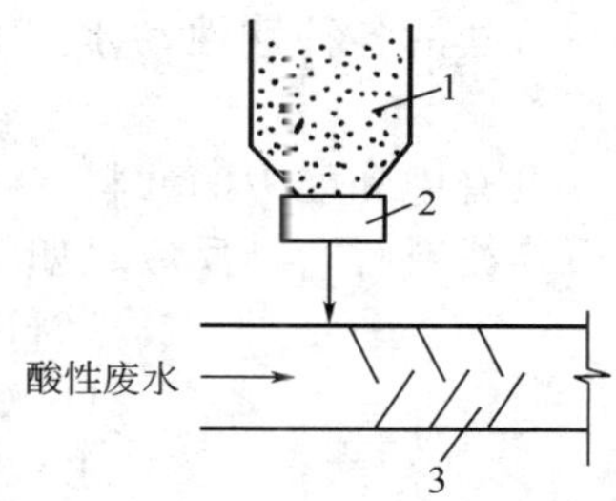

图 3-4　石灰干投法示意

1—石灰粉贮斗；
2—电磁振荡设备；
3—隔板混合槽

湿投法如图 3-5 所示，它是目前使用较多的方法。首先将石灰投入消解槽，消解成 40%～50% 的浓度后投放到石灰乳贮槽，经搅拌配制成 5%～10% 的石灰乳，再用泵送到投配器，经投配器投入到混合反应池。送到投配器的石灰乳量大于投加量时，多余部分回流，以保持投配器液面不变，投加量由投配器孔口的开启度来控制。当短时间停止投加石灰时，石灰乳可在系统内循环，不易堵塞。石灰消解槽不宜采用压缩空气搅拌，因为石灰乳与空气中的 CO_2 会生成 $CaCO_3$ 沉淀，既浪费中和剂，又易引起堵塞。一般采用机械搅拌。

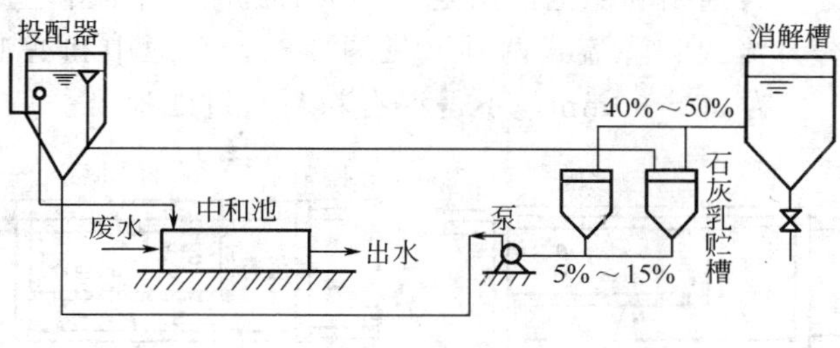

图 3-5　石灰湿投法示意

投到混合反应池的石灰乳与加到池内的酸性污水在搅拌下（必须搅拌，否则石灰渣在池内沉淀）进行混合反应，污水在反应池的停留时间一般为 5～20min。与干投法相比，湿投法反应迅速、彻底，投药量较少，仅为理论量的1.05～1.10倍，但所用的设备多。

碱性药剂中和法的缺点是劳动卫生条件差，操作管理复杂，制备溶液、投配药剂需要较多的机械设备。采用石灰质药剂时，其明显的缺点是质量难于保证，灰渣较多，沉渣体积大，占处理水量的2%，且不易脱水。

3.1.3.2 碱性污水的投药中和

中和碱性污水常用的药剂是：硫酸、盐酸及压缩CO_2。因工业硫酸价格较低，应用最广。使用盐酸的最大优点是反应产物的溶解度大，泥渣量少，但价格高，出水中溶解固体浓度也高。

无机酸中和碱性污水的工艺过程与设备，和投药中和酸性污水时基本相同。用压缩CO_2中和碱性污水，采用设备与烟道气处理碱性污水类似，采用逆流接触反应塔。用压缩CO_2作中和剂可以不需pH值控制装置，但由于成本较高，在实际工程中使用不多。

3.1.4 过滤中和法

过滤中和法是指以具有中和能力的碱性固体颗粒物为滤料，采用过滤的形式使酸性污水通过上述滤料而得到中和的一种方法。这种方法适用于处理含酸浓度不大于2～3g/L并生成易溶盐的各种酸性污水。当污水中含大量悬浮物、油脂、重金属盐和其他毒物时，不宜采用。

具有中和能力的滤料有：石灰石、白云石、大理石等，一般最常用的是石灰石。采用石灰石作滤料时，其反应式如下：

$$2HCl + CaCO_3 \longrightarrow CaCl_2 + H_2O + CO_2\uparrow$$

$$2HNO_3 + CaCO_3 \longrightarrow Ca(NO_3)_2 + H_2O + CO_2\uparrow$$

$$H_2SO_4 + CaCO_3 \longrightarrow CaSO_4 + H_2O + CO_2\uparrow$$

以石灰石为滤料处理含硫酸污水时，硫酸浓度一般不应超过1～2g/L。否则，中和产物硫酸钙结晶极易在滤料表面上结垢，很难冲掉，阻碍反应的进行。采用白云石作滤料处理含硫酸污水时，其反应式如下：

$$2H_2SO_4 + CaCO_3 \cdot MgCO_3 \longrightarrow CaSO_4 + MgSO_4 + 2H_2O + 2CO_2\uparrow$$

由于$MgSO_4$的溶解度较大，所以$CaSO_4$生成量仅为石灰石反应的一半，从而可以提高进水的硫酸浓度，但白云石的反应速度较石灰石慢，需较长的水力停留时间。

过滤中和均产生CO_2，CO_2溶于水即为碳酸，使出水pH值在5左右，通常采用空气曝气和出水跌落自然曝气等方法脱掉CO_2，以提高pH值。

过滤中和所使用的设备为中和滤池，有普通中和滤池及升流式膨胀中和滤池两种类型。

(1) 普通中和滤池　普通中和滤池为固定床，水的流向有平流和竖流两种。目前大多采用竖流式。竖流式又分升流式和降流式两种（见图3-6）。普通中和滤池的滤床厚度一般为1～1.5m，滤料粒径一般为30～50mm，不得混有粉料。过滤速度一般不大于5m/h，接触

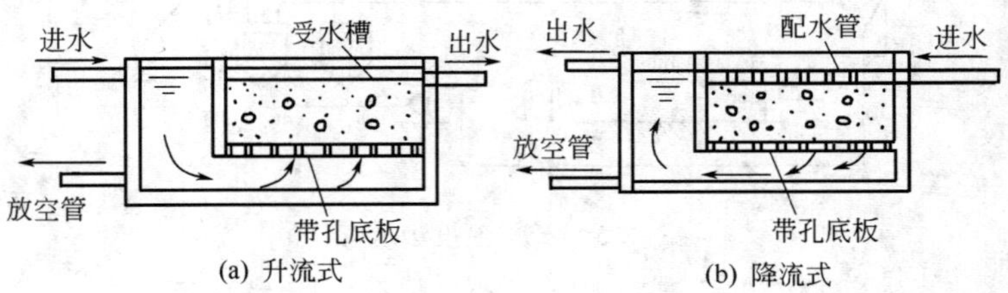

图3-6　普通中和滤池

时间不小于10min，当污水中含有可能堵塞滤料的物质时，应进行预处理。

（2）升流式膨胀中和滤池　根据污水通过滤料层时滤速发生变化与否，可将升流式膨胀中和滤池分为恒速升流式和变速升流式两种。

恒速升流式膨胀中和滤池如图3-7所示。这种滤池的构造可分四部分：底部为进水设备，一般采用大阻力穿孔管布水，孔径9～12mm；进水设备上面是卵石垫层，其厚度为0.15～0.2m，卵石粒径为20～40mm；垫层上面为石灰石滤料，粒径为0.5～3mm，平均1.5mm，滤料层厚度在运转初期为1～1.2m，最终换料时为2m，滤料膨胀率为50%，滤料的分布状态是由下往上粒径逐渐减小；滤料上面是缓冲层，高度0.5m，使水和滤料分离，在此区内水流速逐渐减慢，出水由出水槽均匀汇集出流。

这种中和滤池水流由下向上流动，流速高达30～70m/h，再加上生成CO_2气体作用，使滤料互相碰撞摩擦，表面不断更新，因此中和效果较好。滤池的出水中由于含有大量溶解CO_2，使出水pH值为4.2～5.0。

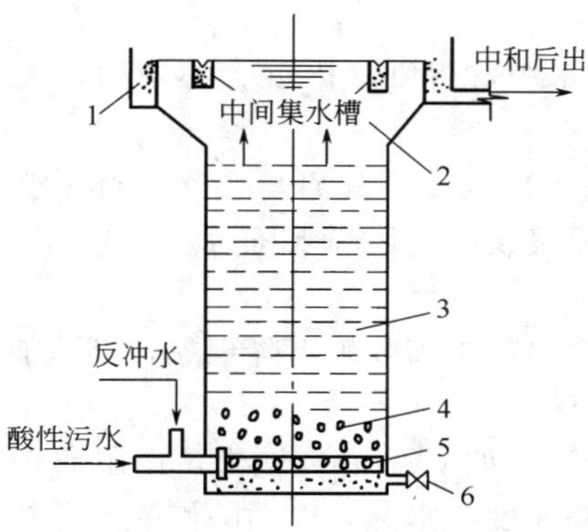

图3-7　恒速升流式膨胀中和滤池

1—环形集水槽；2—清水区；3—石灰石滤料；4—卵石垫层；5—大阻力配水系统；6—放空管

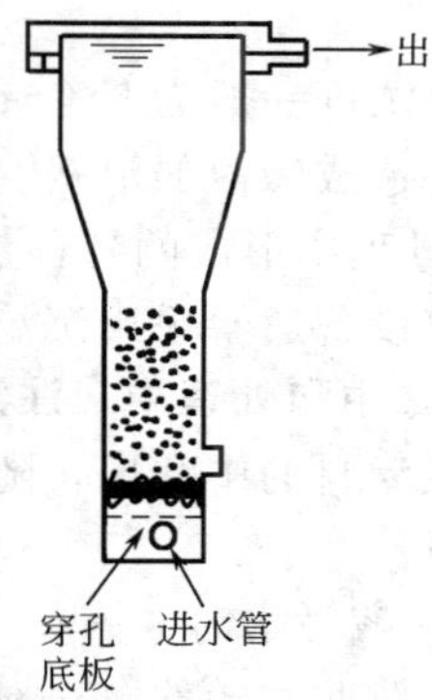

图3-8　变速升流式膨胀中和滤池

变速升流式膨胀中和滤池如图3-8所示。其特点是中和滤池筒体是倒圆锥状，其中滤料层截面面积是变化的。底部滤速较大，可达130～150m/h，可使大颗粒滤料处于悬浮状态；上部滤速较小，为40～60m/h，可保持上部微小滤料不致流失，从而可防止池内滤料表面形成$CaSO_4$覆盖层，又可以提高滤料的利用率，还可以提高进水的含酸浓度，同时不发生堵塞。该滤池目前得到了广泛的应用，并有定型产品可供选用。

图3-9所示为采用变速升流式膨胀中和滤池（塔）处理酸性污水的实用装置流程。

过滤中和法的优点是操作管理简单，出水pH值较稳定，沉渣量少，仅为污水体积的0.1%，不影响环境卫生。缺点是需要控制进水的硫酸浓度。

3.1.5　中和处理中应注意的问题

3.1.5.1　投药中和处理中应注意的问题

投药中和处理中应注意的问题主要有三点，介绍如下。

① 当某些工厂或车间污水的pH值波动较大，即中和处理前的原污水pH值的变化较大时，为取得良好中和处理，应通过pH值检测仪或人工用pH试纸测试及时调整碱液（或碱性中和剂）的投加量。

② 采用工业液碱（其含碱浓度一般在30%左右）作中和剂时，应在溶液槽中把液碱稀

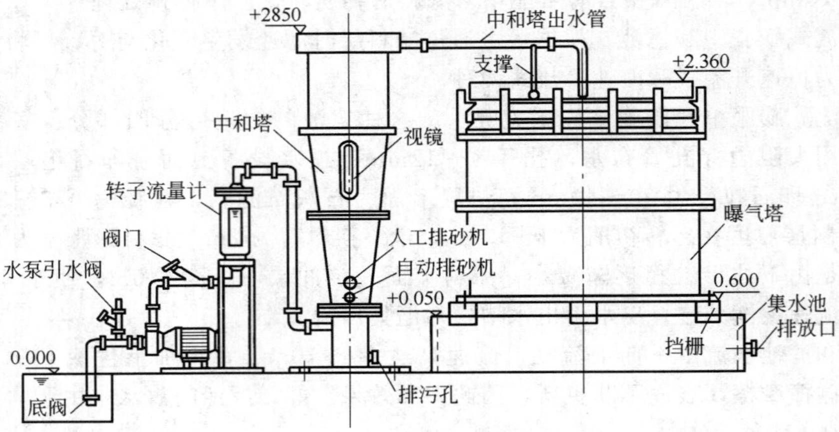

图 3-9　变速升流式膨胀中和滤池（塔）酸性污水处理装置流程

释成工作液（浓度一般为 5%～15%），再投加到污水中，否则会因混合不匀而未充分发挥中和效果，并造成碱液的浪费。

③ 中和过程中形成的各种沉渣（如石膏和铁矾等）应及时分离与去除，否则会引起管道堵塞。分离设备通常采用沉淀池，清除沉渣可用泥浆泵或利用静水压力。

3.1.5.2　过滤中和处理中应注意的问题

采用碱性滤料的中和塔，随着运行时间增加，会出现中和效果下降现象，其可能原因及解决措施如下。

① 处理硫酸污水时，因在滤料表面形成不溶性物（如 $CaSO_4$）硬壳，而阻碍中和反应的继续进行。对此问题的解决对策是：适当增加过滤速度与水温，以消除硬壳，并控制进水的硫酸浓度，以实现能正常操作运行。

② 污水处理过程中，并未发现在滤料表面形成硬壳，但发现处理后水 pH 值低于正常控制值。出现此问题的原因是：由于滤料不断与污水中酸性物质进行化学反应，导致滤料不足；此外，滤料中的惰性杂质，随着中和过滤时间的延长，其相对含量越来越多，必然引起滤料层的不断塌陷。解决措施为：应定期补加滤料。若经多次补加滤料后，滤料层的高度已达到滤池的允许装料高度，且出水仍不符合要求时，就必须进行倒床换料。

③ 当采用碳酸盐作中和滤料时，往往因反应生成的 CO_2 气体吸附在滤料表面形成气体薄膜，从而阻碍中和反应的进行，影响出水水质。出现此类问题的原因是：其一，污水中酸的浓度过大，反应产生的 CO_2 气体过多，从而造成在滤料表面聚集；其二，过滤速度过小，不能把反应生成的气体及时随水流带出。解决办法是：控制酸的浓度；加大过滤速度；采用升流过滤方式。

3.2　混凝

混凝就是通过向水中投加一些药剂（常称混凝剂），使水中难以沉淀的细小颗粒（粒径大致在 1～100μm）及胶体颗粒脱稳并互相聚集成粗大的颗粒而沉淀，从而实现与水分离，达到水质的净化。混凝可以用来降低污水的浊度和色度，去除多种高分子有机物、某些重金属物和放射性物质。此外，混凝法还能改善污泥的脱水性能。因此，混凝法是工业废水处理中常采用的方法。它既可以作为独立的处理法，也可以和其他处理法配合，作为预处理、中间处理或最终处理。在三级处理中，近年来也被常常采用。

混凝法与污水的其他处理法比较，其优点是设备简单，维护操作易于掌握，处理效果好，间歇或连续运行均可以。缺点是由于不断向污水中投药，经常性运行费用较高，沉渣量大，且脱水较困难。

3.2.1 混凝原理

3.2.1.1 胶体的特征

(1) 胶体结构　胶体结构很复杂，它是由胶核、吸附层及扩散层三部分组成。胶核是胶体粒子的核心，它由数百乃至数千个分散固体物质分子组成。在胶核表面拥有一层离子，称为电位形成离子或电位离子，胶核因电位离子而带有电荷，为维持胶体离子的电中性，胶核表面的电位离子层通过静电作用，从溶液中吸引了电量与电位离子层总电量相等而电性相反的离子，这些离子称为反离子，并形成反离子层。这样，胶核固相的电位离子层与液相中的反离子层就构成了胶体粒子的双电层结构，如图 3-10 所示。被吸引的反离子中有一部分被胶核牢固吸引并随胶核一起运动，这部分反离子称为束缚反离子，组成吸附层；另一部分反离子距胶核稍远，胶核对其吸引力较小，不随胶核一起运动，称为自由反离子，组成扩散层；而吸附层与扩散层之间的交界面称为滑动面。胶核、电位离子层和吸附层共同组成运动单元，称胶体颗粒，简称胶粒。胶粒再与扩散层合起来组成电中性胶团。胶团的结构如下：

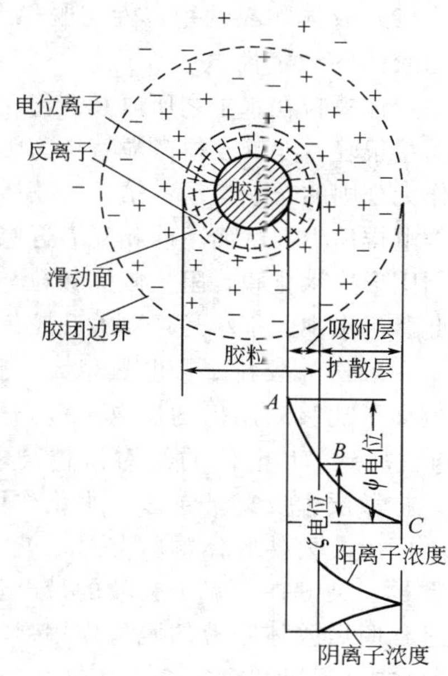

图 3-10　胶体粒子的结构及其电位分布

{【胶核】电位形成离子，束缚反离子} 自由反离子

吸附层（电位形成离子，束缚反离子）　扩散层（自由反离子）

胶粒（【胶核】电位形成离子，束缚反离子）

胶团（全部）

由于胶粒内反离子电荷数少于表面电荷数，故胶粒总是带电的，其电量等于表面电荷数与吸附层反离子电荷数之差，其电性与电位离子电性相同。

胶粒表面的电位离子与溶液主体之间所产生的电位称为总电位（或称 ψ 电位），而胶粒与扩散层之间由于胶粒剩余电荷的存在所产生的电位称为界面动电位（或称 ζ 电位），如图 3-10 所示。ψ 电位对于某类胶体而言，是固定不变的，也不具备实用意义，而 ζ 电位可以用电泳或电渗的速度计算出来，它随着温度、pH 值及溶液中反离子浓度等外部条件而变化，在水处理中具有重要的意义。其值可通过下式计算：

$$\zeta=\frac{0.4\pi\eta u}{DE} \tag{3-3}$$

式中　η ——液体的黏滞系数（绝对黏度），Pa·s；

u ——液体的移动速度，cm/s；

D ——液体的介电常数；

E ——两电极间单位距离的外加电位差，绝对静电单位/cm，其中 1 绝对静电单位＝300V。

ζ 电位的正负与胶体所带电荷有关，若胶体带负电，则 ζ 电位为负值，若胶体带正电，ζ 电位为正值。通常，ζ 电位的绝对值范围为 10～200mV。

（2）胶体颗粒的稳定性与脱稳　胶体颗粒在水中能中长期保持分散状态而不下沉的特性称为胶体的稳定性。

胶体颗粒在水中之所以具有稳定性，其原因有三：第一，污水中的细小悬浮颗粒和胶体微粒质量很轻，尤其胶体微粒直径为 10^{-3}～10^{-8}mm，这些颗粒在污水中受水分子热运动的碰撞而作无规则的布朗运动；第二，胶体颗粒本身带电，同类胶体颗粒带有同性电荷，彼此之间存在静电排斥力，从而不能相互靠近以结成较大颗粒而下沉；第三，许多水分子被吸引在胶体颗粒周围形成水化膜，阻止胶体颗粒与带相反电荷的离子中和，妨碍颗粒之间接触并凝聚下沉。因此，污水中的细小悬浮颗粒和胶体微粒不易沉降，总保持着分散和稳定状态。

一般认为胶粒所带电量越大，胶粒的稳定性越好。而胶粒带电是由于胶核表面所吸附的电位离子比吸附层里的反离子多，当胶粒与液体作相对运动时，吸附层和扩散层之间便产生 ζ 电位所致。ζ 电位的绝对值越高，胶粒带电量越大，胶粒间产生的静电斥力也越大；同时，扩散层中反离子越多，水化作用也越大，水化壳也越厚，胶粒也就越稳定。

因此，要使胶体颗粒沉降，就需破坏胶体的稳定性。促使胶体颗粒相互接触，成为较大的颗粒，关键在于减少胶粒的带电量，这可以通过压缩扩散层厚度、降低 ζ 电位来达到。这个过程叫做胶体颗粒的脱稳作用。

3.2.1.2　混凝机理简介

污水中投入某些混凝剂后，胶体因 ζ 电位降低或消除而脱稳。脱稳的颗粒便相互聚集为较大颗粒而下沉，此过程称为凝聚，此类混凝剂称为凝聚剂。但有些混凝剂可使未经脱稳的胶体也形成大的絮状物而下沉，这种现象称为絮凝，此类混凝剂称为絮凝剂。不同的混凝剂能使胶体以不同的方式脱稳、凝聚或絮凝。按机理不同，混凝可分为压缩双电层、吸附电中和、吸附架桥、沉淀物网捕四种。

（1）压缩双电层机理　当向溶液中投加电解质后，溶液中与胶体反离子相同电荷的离子浓度增高，这些离子与扩散层原有反离子之间的静电斥力把原有部分反离子挤压到吸附层中，从而使扩散层厚度减小，胶粒所带电荷数减少，ζ 电位相应降低。因此，胶粒间的相互排斥力也减少。当排斥力降至一定值，分子间以吸引力为主时，胶粒就相互聚合与凝聚。

（2）吸附电中和机理　当向溶液中投加电解质作混凝剂，混凝剂水解后在水中形成胶体微粒，其所带电荷与水中原有胶粒所带电荷相反。由于异性电荷之间有强烈的吸附作用，这种吸附作用中和了电位离子所带电荷，减少了静电斥力，降低了 ζ 电位，使胶体脱稳并发生凝聚。但若混凝剂投加过多，混凝效果反而下降。因为胶粒吸附了过多的反离子，使原来的电荷变性，排斥力变大，从而发生了再稳现象。

（3）吸附架桥机理　吸附架桥作用主要是指高分子聚合物与胶粒和细微悬浮物等发生吸附、桥联的过程。高分子絮凝剂具有线性结构，含有某些化学活性基团，能与胶粒表面产生特殊反应而互相吸附，在相距较远的两胶粒间进行吸附架桥，使颗粒逐渐变大，从而形成较大的絮凝体。

（4）沉淀物网捕机理　若采用硫酸铝、石灰或氯化铁等高价金属盐类作混凝剂，当投加量大得足以迅速沉淀金属氢氧化物[如 $Al(OH)_3$，$Fe(OH)_3$]或金属碳酸盐（如 $CaCO_3$）时，水中的胶粒和细微悬浮物可被这些沉淀物在形成时作为晶核或吸附质所网捕。

以上介绍的混凝的四种机理，在污水处理中往往是同时或交叉发挥作用的，只是在一定情况下以某种作用机理为主而已。低分子电解质混凝剂，以双电层作用产生凝聚为主；高分子聚合物则以架桥联结产生絮凝为主。所以，通常将低分子电解质称为凝聚剂，而把高分子聚合物称为絮凝剂。向污水中投加药剂，进行水和药剂的混合，从而使水中的胶体物质产生凝聚和絮凝，这一综合过程称为混凝过程。

3.2.1.3　影响混凝效果的因素

在污水的混凝沉淀处理过程中，影响混凝效果的因素比较多，其中重要的有以下几方面。

(1) pH 值　水的 pH 值大小直接关系到选用药剂的种类、加药量和混凝沉淀效果。水中的 H^+ 和 OH^- 参与混凝剂的水解反应，因此，pH 值强烈影响混凝剂的水解速度、产物的存在形态与性能。如硫酸铝作为混凝剂时，最佳 pH 值范围是 5.7～7.8，不能高于 8.2。如果 pH 值过高，硫酸铝水解后生成的 $Al(OH)_3$ 胶体就会溶解，即：

$$Al(OH)_3+OH^- \rightleftharpoons AlO_2^- +2H_2O$$

生成的 AlO_2^- 对含有负电荷胶体微粒的污水就没有作用。再如三价铁盐的最佳 pH 值范围是 6.0～8.4，而亚铁盐则要求 pH 值大于 9.5。使用铝盐与铁盐混凝剂时，还要求水中含有一定的碱性物质，用以中和混凝剂在水解过程中产生的 H^+。若碱度不足，水的 pH 值下降，则对混凝不利。此时，应投加石灰或碳酸钠等，以调节 pH 值。

高分子混凝剂尤其是有机高分子混凝剂，混凝效果受 pH 值的影响较小。

(2) 温度　水温对混凝效果影响很大。对于无机盐类混凝剂，其水解时呈吸热反应，水温低时水解困难，如硫酸铝，当水温低于 5℃时，水解速度变慢，不易生成 $Al(OH)_3$ 胶体。同时，水温低时，水黏度大，分子热运动减慢，脱稳胶粒彼此接触碰撞的机会减少，不利于相互凝聚，也使絮凝体生长受阻。因此，水温低时混凝效果差。但水温也不宜太高，否则易使高分子絮凝剂发生老化或分解生成不溶性物质，反而降低混凝效果。如硫酸铝，其最佳混凝温度是 35～40℃。

(3) 共存杂质　水中黏土杂质，粒径细小而均匀者，对混凝不利，粒径参差者对混凝有利。颗粒浓度过低往往对混凝不利，回流沉淀物或投加混凝剂可提高混凝效果。水中存在大量有机物时，能被黏土吸附，使微粒具备有机物的高度稳定性，此时，向水中投氯以氧化有机物，破坏其保护作用，常能提高混凝效果。水中的盐类也影响混凝效果，如水中 Ca^{2+}、Mg^{2+}、硫及磷化物一般对混凝有利，而某些阴离子、表面活性剂对混凝不利。

(4) 混凝剂的种类、投加量及投加次序　由于工业废水的水质比较复杂，因此在选择混凝剂的种类及确定其投加量时，需充分考虑水中杂质的成分、性质和浓度对混凝效果的影响。混凝剂投加量有其最佳值，混凝剂投加量不足，则水中杂质未能充分脱稳去除，加入太多则会再稳定。在实际生产中，混凝剂品种的选择和最佳投加量、最佳操作条件主要通过混凝试验来确定。一般的投量范围是：普通的铁盐、铝盐是 10～100mg/L；聚合盐为普通盐的 1/2～1/3；有机高分子絮凝剂 1～5mg/L。

当使用多种混凝剂时，其最佳投加次序应通过试验确定。一般而言，当无机混凝剂与有机混凝剂并用时，先投加无机混凝剂，再投加有机混凝剂。但当处理的胶粒在 50μm 以上时，常先投加有机混凝剂吸附架桥，再加无机混凝剂压缩双电层而使胶体脱稳。

(5) 水力条件(搅拌)　搅拌的目的是帮助混合反应、凝聚和絮凝，过于激烈地搅拌会打碎已经凝聚和絮凝的絮状沉淀物，反而不利于混凝沉淀，因此搅拌一定要适当，即要控制搅拌强度和搅拌时间。搅拌强度常用速度梯度 G 来表示。在混合阶段，要求混凝剂与污水迅速均匀的混合，为此要求较强的搅拌强度，控制 G 在 500～1000s^{-1}，搅拌时间应控制在

10～30s。而到了反应阶段，既要创造足够的碰撞机会和良好的吸附条件让絮体有足够的成长机会，又要防止生成的小絮体被打碎，因此搅拌强度要小，控制 G 在 20～$70s^{-1}$，而反应时间需加长，一般为 15～30min。

为确定最佳的工艺条件，一般情况下，可以用烧杯搅拌法进行混凝的模拟试验。

3.2.2 混凝剂与助凝剂

3.2.2.1 混凝剂

混凝剂具有破坏胶体的稳定性和促进胶体絮凝的功能。其品种很多，按其化学成分可分为无机混凝剂和有机混凝剂两大类，列于表 3-2。

表 3-2 混凝剂分类表

分类			混凝剂
无机类	低分子	无机盐类	硫酸铝、硫酸铁、硫酸亚铁、铝酸钠、氯化铁、氯化铝
		碱类	碳酸钠、氢氧化钠、氧化钙
		金属电解产物	氢氧化铝、氢氧化铁
	高分子	阳离子型	聚合氯化铝、聚合硫酸铝
		阴离子型	活性硅酸
有机类	表面活性剂	阴离子型	月桂酸钠、硬脂酸钠、油酸钠、松香酸钠、十二烷基苯、磺酸钠
		阳离子型	十二烷胺乙酸、十八烷胺乙酸、松香胺乙酸、烷基三甲基氯化铵
	低聚合度高分子	阴离子型	藻蛋白酸钠、羧甲基纤维素钠盐
		阳离子型	水溶性苯胺树脂盐酸盐、聚乙烯亚铵
		非离子型	淀粉、水溶性脲醛树脂
		两性型	动物胶、蛋白质
	高聚合度高分子	阴离子型	聚丙烯酸钠、水解聚丙烯酰胺、磺化聚丙烯酰胺
		阳离子型	聚乙烯吡啶盐、乙烯吡啶共聚物
		非离子型	聚丙烯酰胺、氯化聚乙烯

(1) 无机混凝剂　目前广泛使用的无机混凝剂是铝盐混凝剂和铁盐混凝剂。

铝盐主要有硫酸铝[$Al_3(SO_4)_3 \cdot 18H_2O$]、明矾[$Al_2(SO_4)_3 \cdot K_2SO_4 \cdot 24H_2O$]、铝酸钠（$Na_3AlO_3$）、三氯化铝（$AlCl_3$）及碱式氯化铝[$Al_n(OH)_mCl_{3n-m}$]。

硫酸铝无毒，价格便宜，使用方便，混凝效果较好，用它处理后的水不带色，用于脱除浊度、色度和悬浮物，但絮凝体较轻，适用于水温 20～40℃，pH 值范围 5.7～7.8。

聚合氯化铝（PAC，即碱式氯化铝）是一种多价电解质，能显著降低水中黏土类杂质（多带负电荷）的胶体电荷。由于相对分子质量大，吸附能力强，具有优良的凝聚能力，形成的矾花（即絮凝体）较大，凝聚沉淀性能优于其他混凝剂。PAC 聚合度较高，投加后快速搅拌，可以大大缩短絮凝体形成的时间。PAC 受水温影响较小，低水温时凝聚效果也很好。PAC 对水的 pH 值降低较少，适宜的 pH 值范围为 5～9。结晶析出温度在－20℃以下。是目前国内外使用较广泛的无机高分子混凝剂。

铁盐主要有硫酸亚铁（$FeSO_4 \cdot 7H_2O$）、硫酸铁[$Fe_2(SO_4)_3$]、三氯化铁（$FeCl_3 \cdot 6H_2O$）及聚合硫酸铁[$Fe_2(OH)_n(SO_4)_{3-n/2}$]$_m$。

硫酸亚铁作混凝剂形成的絮凝体较重，形成较快而且稳定，沉降时间短，能去除臭味和一定的色度。适用于碱度高、浊度大的污水。污水中若有硫化物，可生成难溶于水的硫化亚铁，便于去除。缺点是：腐蚀性比较强；污水色度高时，色度不易除净。

三氯化铁是一种常用的混凝剂。它形成的絮凝体易沉淀，处理低温水或低浊度水效果比铝盐好，适宜的 pH 值范围为 6～8.4。缺点是：腐蚀性强，易吸水潮解，处理后的水的色度比用铝盐高。

聚合硫酸铁也是具有一定碱度的无机高分子物质，其混凝作用机理与聚合氯化铝颇为相似。适宜水温 10～20℃，pH 值范围 5.0～8.5，但在 pH＝4.0～11 范围内仍可使用。与普通铁铝盐相比，它具有投加剂量少、絮体生成快、对水质的适应范围广及水解时消耗水中碱度少等一系列优点，因而在污水处理中应用越来越广泛。

(2) 有机混凝剂　目前应用较为广泛的有机混凝剂主要是人工合成的有机高分子絮凝剂。其分子结构一般为链状，相对分子质量都很高（相对分子质量为 10^3～10^6 数量级），絮凝能力很强。常用的有聚丙烯酸钠（阴离子型）、聚乙烯吡啶盐（阳离子型）和聚丙烯酰胺（非离子型）等。

聚丙烯酰胺（PAM）是目前使用最多的一种高分子混凝剂。在处理污水时，具有凝聚速度快、用量少、絮凝体粗大强韧等优点。常与铁、铝盐合用，从而得到满意的处理效果。

随着有机合成工业的发展，合成高分子混凝剂的种类将日益增多，尤其是离子型高分子混凝剂由于其优异的性能将成为今后的发展重点。

3.2.2.2　助凝剂

在污水混凝处理中，有时使用单一的混凝剂不能取得良好的效果，往往需要投加辅助药剂以提高混凝效果，这种辅助药剂称为助凝剂。

助凝剂的作用是提高絮凝体的强度，增加其重量，促进沉降，且使污泥有较好的脱水性能，或者用于调整 pH 值，破坏对混凝作用有干扰的物质。

按其功能，助凝剂可分三类。

(1) pH 调整剂　如 CaO、$Ca(OH)_2$、Na_2CO_3、$NaHCO_3$ 等碱性物质。用来调整 pH 值，以达到混凝剂使用的最佳 pH 值。

(2) 絮体结构改良剂　如聚丙烯酰胺、活性硅酸、活性炭、各种黏土等。用以改善絮体的结构，增加其粒径、密度和强度。

(3) 氧化剂　如 Cl_2、$NaClO$、O_3 等。用来去除有机物对混凝剂的干扰，以提高混凝效果。

值得注意的是：有些高分子物质，如淀粉、活性硅酸、PAM 等本身就具有混凝及助凝作用。混凝剂和助凝剂的选择和用量要根据不同污水的试验数据加以确定。选择的原则是价格低，来源广，用量少，效率高，生成的絮凝体密实，沉淀快，容易与水分离等。

3.2.3　混凝工艺过程及设备

整个混凝沉淀处理工艺流程包括混凝剂的配制与投加、混合、反应及沉淀分离几个部分。其流程如图 3-11 所示。

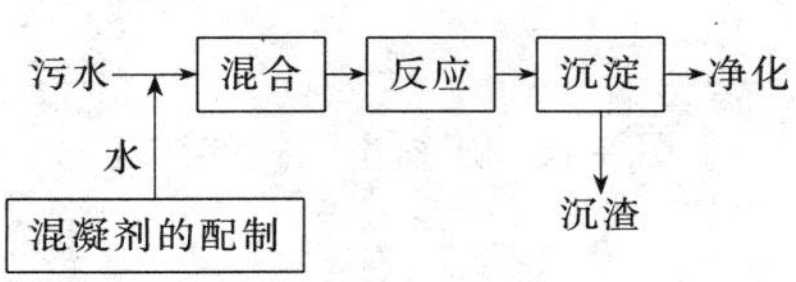

图 3-11　混凝沉淀处理工艺流程

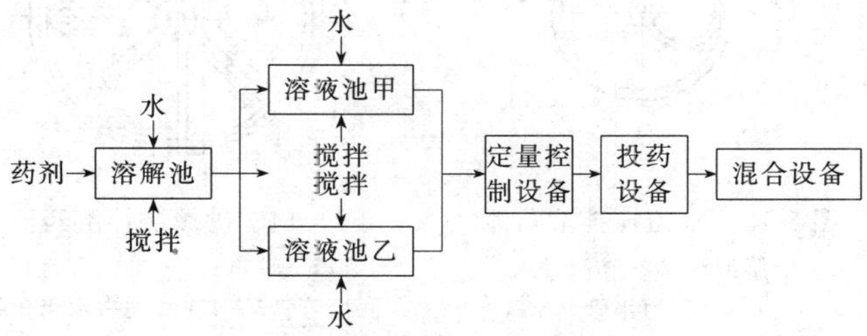

图 3-12　药剂的溶解和投加过程

化学混凝设备包括混凝剂的配制和投加设备、混合设备、反应设备及沉淀设备。

3.2.3.1 混凝剂的配制与投加

混凝剂的投配方法有干投法和湿投法。干投法就是将固体混凝剂（如硫酸铝）破碎成粉末后定量地投入待处理水中。此法对混凝剂的粒度要求较严，投量控制较难，对机械设备的要求较高，劳动条件也较差，目前国内使用较少。湿投法是将混凝剂和助凝剂先溶解配成一定浓度的溶液，然后按处理水量大小定量投加。此法应用较多，其过程见图 3-12。

(1) 混凝剂溶液的配制　混凝剂溶液的配制过程包括溶解与调制两步。溶解一般在溶解池（溶药池）中进行，其作用是把块状或粒状的药剂溶解成浓溶液。调制则在溶液池中进行，其作用是把浓溶液配成一定浓度的溶液。

溶液池的容积可按下式计算：

$$W=\frac{24\times 100aQ}{1000\times 1000cn}=\frac{aQ}{417cn} \tag{3-4}$$

式中　W——溶液池的容积，m^3；

a——混凝剂最大用量，mg/L；

Q——处理的水量，m^3/h；

c——溶液浓度，按药剂固体质量分数计算，一般用 10%～20%；

n——每昼夜配制溶液的次数，一般为 2～6 次。

溶药池的容积 W_1 可按下式估算：

$$W_1=(0.2\sim 0.3)W \tag{3-5}$$

配制时需要搅拌，通常采有水力搅拌、机械搅拌或压缩空气搅拌等。药剂量小时采用水力搅拌，如图 3-13 所示。也可以在溶药桶或溶药池内直接进行人工配制。药剂量大时采用机械搅拌，如图 3-14 所示；或采用压缩空气搅拌，如图 3-15 所示。从药剂的溶解性看，对易溶解药剂可采用水力搅拌和人工直接配制，而机械搅拌和压缩空气搅拌适用于各种药剂的配制。但压缩空气搅拌不宜作长时间的石灰乳液连续搅拌。

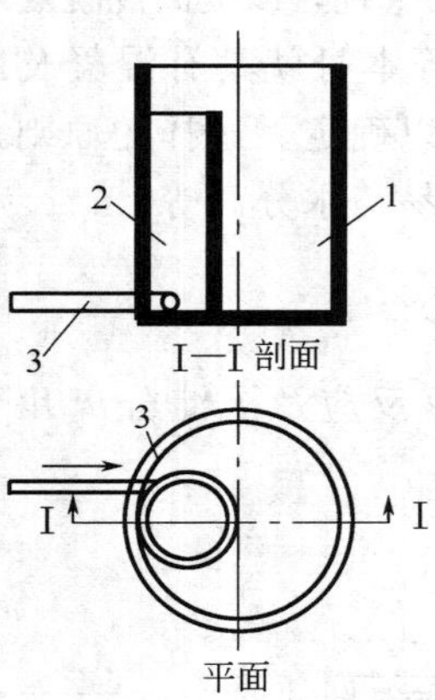

图 3-13　水力搅拌溶药池

1—溶液池；2—溶药池；3—压力水管

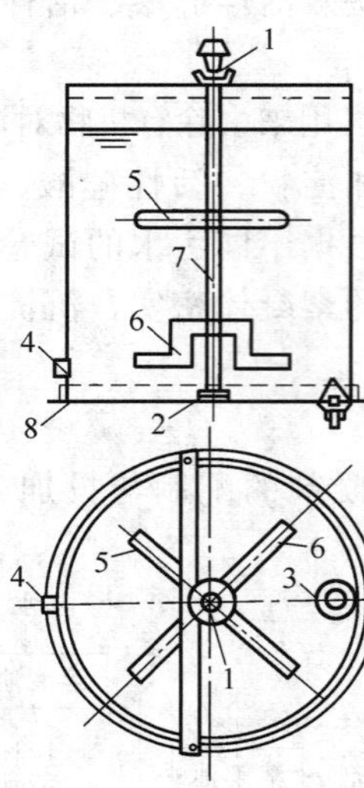

图 3-14　机械搅拌溶药池

1,2—轴承；3—异径管箍；4—出管；5—桨叶；6—锯齿角钢桨叶；7—立轴；8—底板

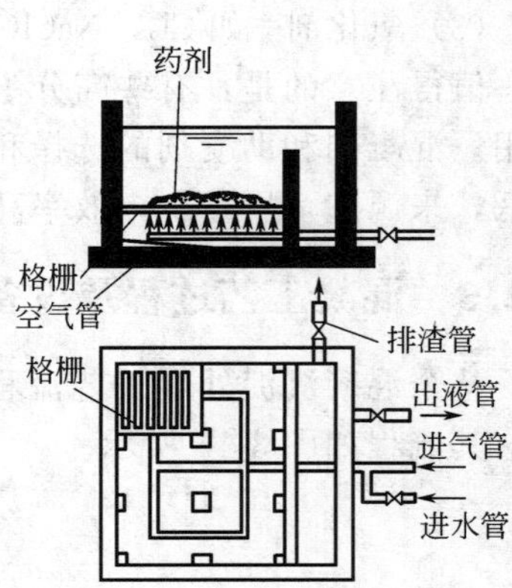

图 3-15　压缩空气搅拌溶药池

无机盐类混凝剂的溶解池、溶液池、搅拌装置和管配件等都应考虑防腐措施或用防腐材料，尤其在使用 $FeCl_3$ 时必须采用。

（2）混凝剂的投加　混凝剂的投加有两种方式，即重力投加和压力投加。

① 重力投加　采用水泵进行混合时，药剂加在泵前吸水井或吸水管处，一般采用重力投加，即所谓的泵前重力投加，如图 3-16 所示。为了防止空气进入水泵吸水管内，需设一个装有浮球阀的水封箱。当采用混合设备或管道混合时，若允许提高溶液池位置，也可采用重力投加，如图 3-17 所示。

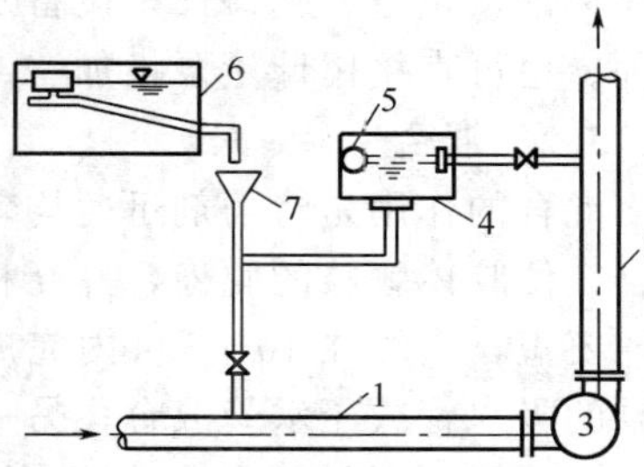

图 3-16　泵前重力投加

1—吸水管；2—出水管；3—水泵；4—水封箱；5—浮球阀；6—溶液池；7—漏斗

② 压力投加　压力投加又分为两种形式：一是泵投加，采用耐酸泵配以转子或电磁流量计，这是广泛采用的方法，或者直接用计量泵，将药液送到投药点；二是水射器投加，水射器利用高压水通过喷嘴和喉管之间的真空抽吸作用将药液吸入，同时随水的余压注入原水管中，如图 3-18 所示。

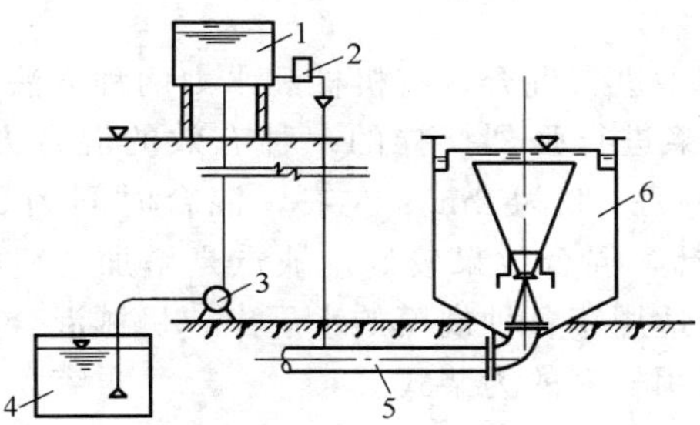

图 3-17　高架溶液池重力投加

1—溶液箱；2—投药箱；3—提升泵；4—溶液池；5—原水进水管；6—澄清池

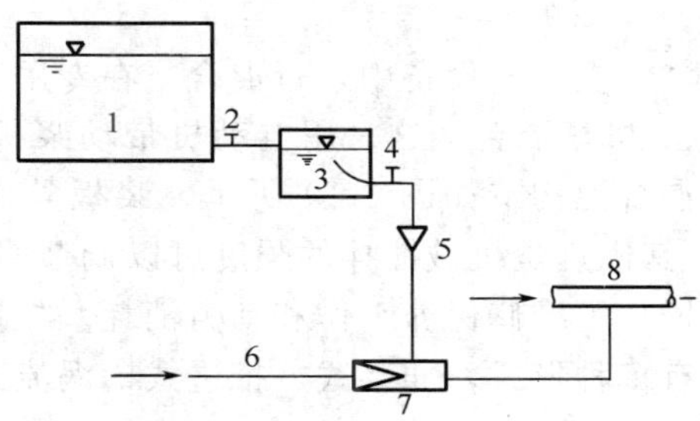

图 3-18　水射器投加

1—溶液池；2,4—阀门；3—投药箱；5—漏斗；6—高压水管；7—水射器；8—原水管

各种投加方式的比较如表 3-3 所示。

表 3-3　各种投加方式的比较

投加方式		设备	适用范围	特点
重力投加	重力投加	溶液槽，提升泵，高位溶液槽，投药箱，计量设备	①投入水池、水井或水泵出水管路 ②适用于中小型水厂	操作简单 投加安全可靠
	泵前重力投加	投配设备同上，浮球阀水封箱	①投入污水泵前管路中 ②适用于中小型水厂	操作简单 借助水泵叶轮，使药剂与水均匀混合
压力投加	泵投加	计量加药泵，溶液槽	①药液投入压力管路中 ②适用于大中型水厂	不用计量设备
		耐酸水泵，溶液槽，转子流量计	①药液投入压力管路中 ②适用于大中型水厂	设备易得，使用方便，工作可靠
	水射器投加	溶液槽，投药箱，水射器，高压水管	①药液投入压力管中 ②各种水厂规模均可适用	设备简单，使用方便，工作可靠，效率低

混凝剂投加时，要求计量准确，而且能随时调节。计量方法多种多样，常用的计量设备有浮杯计量设备、孔口计量设备及转子计量设备，其中转子流量计是计量设备中应用最多的一种。也可直接用计量泵投加。

3.2.3.2 混合

混合的作用是将药剂迅速均匀地扩散到污水中，达到充分混合，以确保混凝剂的水解与聚合，使胶体颗粒的脱稳，并互相聚集成细小的矾花。混合阶段需要剧烈短促的搅拌，混合时间要短，大约在10～30s内完成，一般不得超过2min。混合有两种基本形式：一种是借水泵的吸水管或压水管混合；另一种是在混合槽内进行混合。

（1）借水泵的吸水管或压力管混合　当泵站与絮凝反应设备距离很近时，将药液加于泵吸水管或吸水井中，通过水泵叶轮高速转动达到快速而剧烈的混合目的。其优点是混凝效果好，设备简单，节省投资，不另消耗动力；缺点是当吸水管多时，投资设备要增多，安装管理麻烦，对水泵叶轮有轻微腐蚀，同时应避免空气进入水泵。

当泵站与反应池较远时，可将药液投入离反应池前一定距离（应不小于50倍管道直径）的进水管中，使药剂与水在管道内混合，也有较好的凝聚效果。管道混合的优点是设备简单，不占地，节省投资，压头损失小；缺点是当流量减小时，可能在管中反应沉淀，堵塞管道。

（2）在混合设备中进行混合　在专用混合设备中进行混合，有机械和水力两种方法。

① 机械混合　这是用电动机带动桨板或螺旋桨进行强烈搅拌的一种有效的混合方法。机械混合池构造如图3-19所示。桨板外缘的线速度一般为2m/s左右，混合时间为10～30s。其优点是机械搅拌的强度可以调节，比较机动，混合效果较好。缺点是增加了机械设备，增加了维修保养工作和动力消耗。机械混合池适用于各种规模的水厂中。机械混合池的桨板有多种形式，如桨式、推进式、涡流式等，采用较多的为桨式。

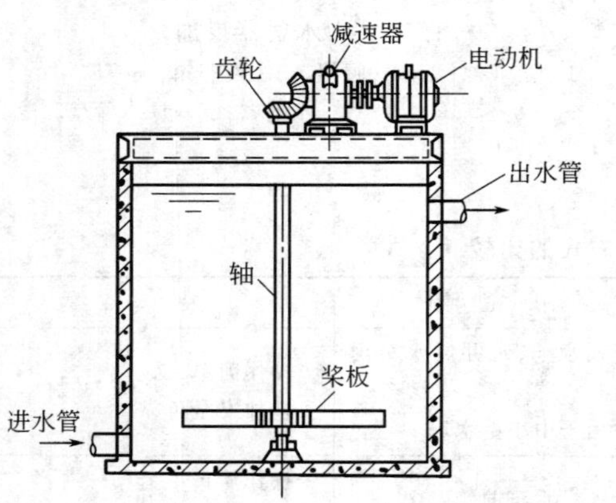

图3-19　机械混合池

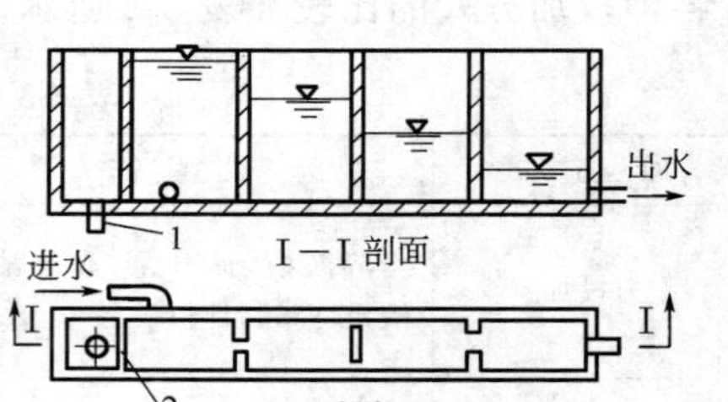

图3-20　隔板混合池

1—溢流管；2—溢流堰

② 水力混合　是通过水的流动以达到药剂与水的混合。水力混合槽有多种形式，常见的有隔板混合池、穿孔板式混合池、涡流式混合池等。图3-20所示为隔板混合池。池为钢筋混凝土或钢制，池内设隔板，药剂于隔板前投入，水在隔板通道间流动过程中与药剂达到充分的混合。混合时间一般为10～30s。

水力混合池主要优点是混合效果较好，某些池型能调节水头高低，适应流量变化，操作简单，广泛用于大中型水处理厂中；缺点是占地面积较大，某些进水方式要裹进大量气体，对后续处理带来一些不利影响。

3.2.3.3 反应

水与药剂混合后即进入反应池进行反应。反应阶段的作用是促使混合阶段所形成的细小矾花在一定时间内继续形成大的、具有良好沉淀性能的絮凝体（可见的矾花），以使其在后续的沉淀池内下沉。所以反应阶段需要有适当的紊流程度及较长的时间，通常反应时间需20～30min左右。

反应池的形式也有机械搅拌和水力搅拌两类。水力搅拌反应池在中国应用广泛，类型也较多，主要有隔板反应池、涡流式反应池等。其中比较常用的是隔板反应池。

（1）隔板反应池 隔板反应池有平流式、竖流式和回转式三种。

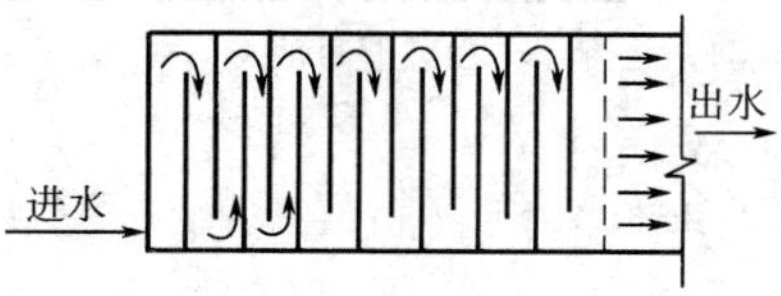

图 3-21 平流式隔板反应池

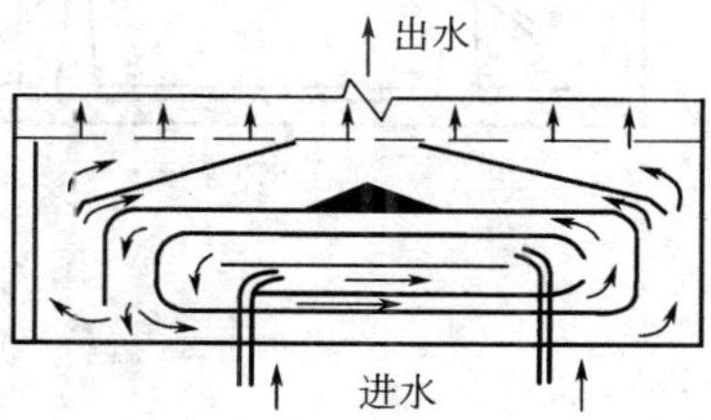

图 3-22 回转式隔板反应池

① 平流式隔板反应池 其结构见图 3-21。多为矩形钢筋混凝土池子，池内设木质或水泥隔板，水流沿廊道回转流动，可形成很好的絮凝体。一般进口流速 0.5～0.6m/s，出口流速 0.15～0.2m/s，反应时间一般为 20～30min。其优点是反应效果好，构造简单，施工方便。但池容大，水头损失大。

② 竖流式隔板反应池 此类反应池的原理与平流式隔板反应池相同。

③ 回转式隔板反应池 其结构见图 3-22，它是平流式隔板反应池的一种改进形式，常与平流式沉淀池合建，如图 3-23 所示。其优点是反应效果好，压头损失小。

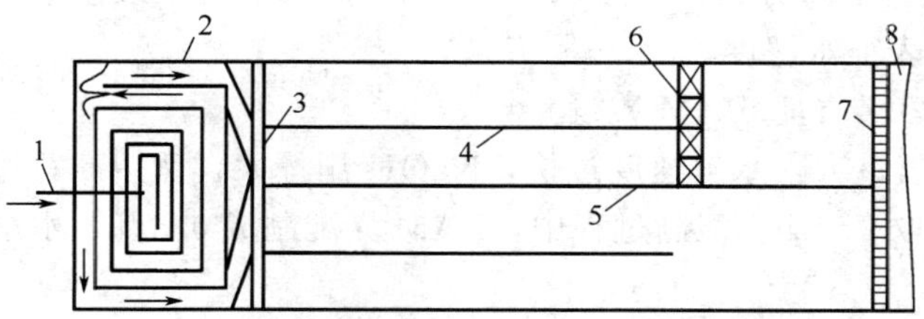

图 3-23 带回转式隔板反应池的平流式沉淀池

1—进水管；2—回转式隔板反应池；3—穿孔配水墙；4—导流墙；5—隔墙；6—吸泥机桁架；7—上部穿孔出水墙；8—出水井

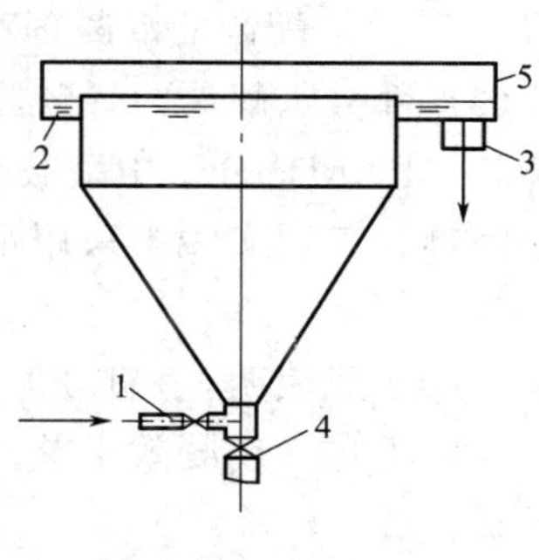

图 3-24 涡流式反应池

1—进水管；2—圆周集水槽；3—出水管；4—放水阀；5—格栅

隔板反应池适用于处理水量大且水量变化小的情况。

（2）涡流式反应池 涡流式反应池的结构如图 3-24 所示。涡流式反应池的结构，下半部为圆锥形，水从锥底部流入，形成涡流扩散后缓慢上升，随锥体面积变大，反应液流速由大变小，流速变化的结果有利于絮凝体形成。涡流式反应池的优点是反应时间短，容积小，好布置。

(3) 机械搅拌式反应池　机械搅拌式反应池的结构如图 3-25 所示。反应池用隔板分为 2～4 格，每格装一搅拌叶轮，叶轮有水平和垂直两种。水力停留时间一般采用 15～30min，叶轮半径中点线速度由进水格的 0.5～0.6m/s 依次减到出水格的 0.1～0.2m/s。

3.2.3.4　沉淀

进行混凝沉淀处理的污水经过投药混合反应生成絮凝体后，要进入沉淀池使生成的絮凝体沉淀与水分离，最终达到净化的目的。

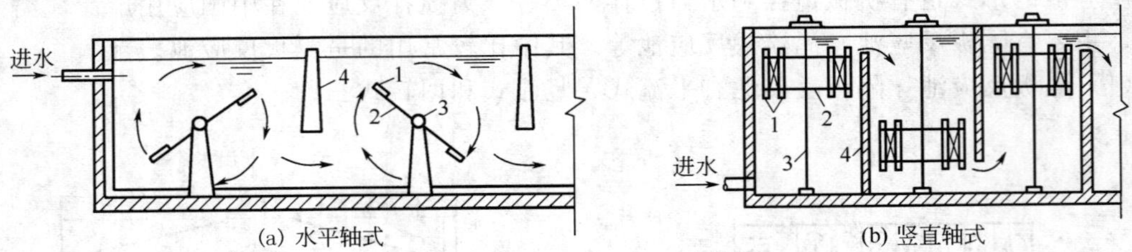

(a) 水平轴式　　(b) 竖直轴式

图 3-25　机械搅拌式反应池

1—桨板；2—叶轮；3—转轴；4—隔板

3.2.4　操作管理

3.2.4.1　混凝剂的配制

混凝剂的配制先在溶解池充分分散溶解，再送入溶液池内稀释成规定浓度。

(1) 无机及其聚合物类混凝剂的配制　配制的混凝剂稀溶液数量一般宜在一个班内用完。配制混凝剂原药的数量可按下式计算：

$$M=cV\times 1000 \tag{3-6}$$

式中　M ——混凝剂原药的质量，kg；

c ——要配制的混凝剂的投加浓度，mg/L；

V ——配制的混凝剂稀溶液的体积，m^3。

(2) 部分水解聚丙烯酰胺（PHP）混凝剂的配制　其水解度 β（%）是指水解时，聚丙烯酸胺（PAM）分子中酰胺基转换成羧基的百分比，一般取 $\beta=20\%\sim30\%$。由于羧基数量测定困难，工程实践中采用水解比 γ 来表征水解度。

$$\gamma=\text{NaOH 质量}/\text{PAM 质量}$$

生产实践表明，γ 取 20%为宜。γ 值过大，水解速度过快，NaOH 用量大，费用高；过小，反应不足，助凝效果差。水解时间取 2～4h。配制过程中，PAM 先配制成 0.5%，水解后再稀释成 0.1%。

3.2.4.2　日常管理

具体操作时应注意以下几方面的问题：①每班应观察并记录矾花生成情况，并将之与历史资料比较，发现异常应及时判明原因，采取相应对策；②定期清洗加药设备；③定期核算混合反应池的速度梯度值，检查系统的腐蚀情况；④防止药剂变质失效（如 $FeSO_4$）；⑤定期进行沉降试验和烧杯搅拌试验，检查是否为最佳投药量；⑥连续或定期检测水温、pH 值、浊度、SS、COD 等水质指标。

3.2.4.3　异常现象及其处理

混凝操作中常见的异常现象及其产生原因和处理对策见表 3-4。

表 3-4　混凝工艺异常现象分析与对策

异常现象	原因与对策
反应池末端絮体正常，沉淀池出水携带絮体	①沉淀池超负荷。增加运行池数，降低表面水力负荷 ②水流短路。查明短路原因(死角、密度流)，采取整流措施
反应池末端絮体细小，沉淀池出水浑浊	①进水碱度偏低。补充碱度 ②混凝剂投量不足。增加用量 ③水温降低。改用无机高分子混凝剂等受水温影响小的混凝剂 ④混凝条件改变。采用水力混合时，流量减小，混凝剂混合强度减小，提高混合强度；反应池内大量集泥，絮凝时间缩短，排除集泥
反应池末端絮体松散，沉淀池出水清澈(浑浊)，出水携带絮体(浑浊)	混凝剂投加过量。降低混凝剂投加量

3.2.5　澄清池

3.2.5.1　澄清池的作用及类型

澄清池是用于混凝处理的一种设备。它主要用于给水处理，也可用于污水处理，去除原水中的胶体（特别是无机性胶体）颗粒。在澄清池内能同时实现混凝剂与原水的混合、反应和絮体沉淀分离等过程。它利用接触凝聚原理，在池中让已经生成的絮凝体悬浮起来形成悬浮泥渣层（接触凝聚区），其中悬浮物浓度约在 3～10g/L，当投加混凝剂的原水通过它时，水中新生成的微絮粒被迅速吸附在悬浮泥渣上，从而能够达到良好的去除效果。澄清池的效率取决于泥渣悬浮层的活性与稳定，因此，保持泥渣处于悬浮、浓度均匀、活性稳定的工作状态是所有澄清池的共同要求。

澄清池具有处理效果好、生产效率高、药剂用量省、占地面积小等优点，且设计已标准化，缺点是对进水水质要求严格，设备结构复杂。

根据泥渣与污水接触方式的不同，澄清池可分为泥渣悬浮型和泥渣循环型两类。前者利用进水的位能连续地或周期地冲起泥渣，使其悬浮，并截留原水中的小絮体，多余的泥渣经沉淀浓缩后排出，主要形式有悬浮澄清池和脉冲澄清池。后者利用搅拌机或射流器让泥渣在竖直方向上不断循环，在循环过程中捕集水中的微小絮粒，并在分离区加以分离，典型设备有机械搅拌澄清池和水力循环澄清池。几种常用澄清池的特点和适用条件见表 3-5。目前最常用的是机械加速澄清池。

表 3-5　常用澄清池的特点和适用条件

类　型	特　点	适用条件
机械搅拌澄清池	处理效率高，单位面积产水量大；处理效果稳定，适应性较强。但需要机械搅拌设备；维修较麻烦	进水悬浮物含量小于 5000mg/L，短时间内允许在 5000～10000mg/L；适用于中大型水处理厂
水力循环澄清池	无机械搅拌设备；构筑物简单 投药量较大；对水质、水温变化适应性差；水头损失较大	进水悬浮物含量小于 2000mg/L，短时间内允许在 5000mg/L；适用于中小型水处理厂
脉冲澄清池	混合充分，布水均匀；池深较浅 需要一套抽真空设备。虹吸式水头损失较大，脉冲周期较难控制；对水质、水量变化适应性较差；操作管理要求较高	进水悬浮物含量小于 3000mg/L，短时间允许在 5000～10000mg/L，适用于各种规模水处理厂
悬浮澄清池	无穿孔底板式构造较简单。双层式加悬浮层，底部开孔，能处理高浊度原水，但需设气水分离器。双层式池深较大；对水质、水量变化适应性较差；处理效果不够稳定	单层池：适用于进水悬浮物含量小于 3000mg/L 双层池：适用于进水悬浮物含量 3000～10000mg/L 流量变化一般每小时不大于 10% 水温变化每小时不大于 1℃

(1) 机械加速澄清池　机械加速澄清池简称加速澄清池，多为圆形钢筋混凝土结构，小型的也有钢板结构。主要构造包括第一反应室、第二反应室、导流室和泥渣浓缩室，如图3-26所示。此外还有进水系统、加药系统、排泥系统、机械搅拌提升系统等。

其工作过程为：污水从进水管通过环形配水三角槽，从底边的调节缝流入第一反应室，混凝剂可以加在配水三角槽中，也可以加到反应室中。第一反应室周围被伞形板包围着，其上部设有提升搅拌设备，叶轮的转动在第一反应室形成涡流，使污水、混凝剂以及回流过来的泥渣充分接触混合，由于叶轮的提升作用，水由第一反应室提升到第二反应室，继续进行混凝反应。第二反应室为圆筒形，水从筒口四周流出到导流室。导流室内有导流板，使污水平稳地流入分离室，分离室的面积较大，使水流速度突然减小，泥渣便靠重力下沉与水分离。分离室上层清水经集水槽与出水管流出池外。下沉的泥渣小部分进入泥渣浓缩室，经浓缩后由排泥管定期排放，大部分泥渣在提升设备作用下通过回流缝又回到第一反应室，再以上述流程进行循环。

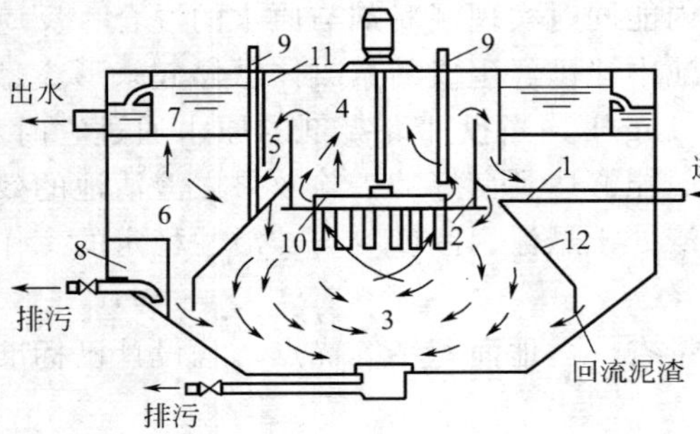

图 3-26　机械加速澄清池示意

1—进水管；2—进水槽；3—第一反应室（混合室）；4—第二反应室；5—导流室；6—分离室；7—集水槽；8—泥渣浓缩室；9—加药管；10—机械搅拌器；11—导流板；12—伞形板

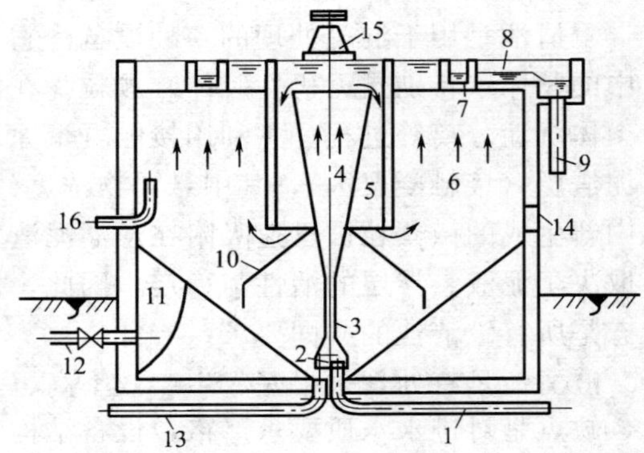

图 3-27　水力循环澄清池构造示意

1—进水管；2—喷嘴；3—喉管；4—第一反应室；5—第二反应室；6—分离室；7—环形集水槽；8—出水槽；9—出水管；10—伞形板（用于大池）；11—沉渣浓缩室；12—排泥管；13—放空管；14—观察窗；15—喷嘴与喉管距离调节装置；16—取样管

(2) 水力循环澄清池　水力循环澄清池是利用水的动能，在水射器的作用下，将池中的活性泥渣吸入和原水充分混合，从而加强了水中固体颗粒间的接触和吸附作用，形成良好的絮凝，加速了沉降速度，使水得到澄清。水力循环澄清池的构造如图3-27所示。

其工作过程为：加了混凝剂的原水从进水管道进入喷嘴，以高速喷火喉管，在喉管的喇叭四周围形成真空，吸入大约3倍于原水的泥渣量，经过泥渣与原水的迅速混合，进入渐扩管形的第一反应室以及第二反应室中进行混凝处理。喉管可以上、下移动以调节喷嘴和喉管的间距，使其等于喷嘴直径的1～2倍，并借此控制回流的泥渣量。水流从第二反应室进入分离室，由于断面积的突然扩大，流速降低泥渣就沉下来，其中一部分泥渣进入泥渣浓缩斗定期排出，而大部分泥渣被吸入喉管进行回流，清水上升从集水槽流出。

3.2.5.2　澄清池在污水处理中的应用举例

自从澄清池问世以来，大多用于给水处理。但随着对于污水处理要求的提高，澄清池在污水处理中，特别是污水深度处理中的应用也日益增多。

如某造纸厂对于碱性草浆污水的治理，先使制浆污水经过碱回收装置，提取黑液，随后对由洗、选、漂水组成的中段污水，采用图 3-28 所示的处理流程进行净化处理，每天处理污水量为 $2400m^3$。

图 3-28　某造纸厂中段污水的处理流程

该厂造纸污水的色度、悬浮物、有机物含量均较高，经加速曝气池生物处理后，污染物浓度仍较高，因此用凝集澄清作进一步处理，污水在进入澄清池前投加混凝剂硫酸铝，投量为 766mg/L。考虑到机械加速澄清池对水质水量的变动具有较大的适应性，故被选用。操作时，借助于机械叶轮把原污水和混凝剂以及回流的泥浆混合；由于叶轮的提升作用，把第一反应室的水和泥渣混合体提升到第二反应室，继续进行凝聚反应，在分离室中进行渣水分离，大部分泥浆回流，回流量为进水量的 3～4 倍。为保持池内悬浮层浓度稳定，需不断排走多余的泥渣。

该厂加速澄清池的池径 12m，池深 4.3m，第一反应室容积 $50m^3$，第二反应室容积 $25m^3$，分离室容积 $375m^3$，总容积 $500m^3$。

应该着重指出，污水的水质复杂，污染物浓度高，而且水质、水量变化范围大，因此用于污水处理中的澄清池，其容积通常比给水处理中澄清池（对相同处理水量而言）大得多，而且不同工业废水也有差异。此外，澄清池内第一反应室、第二反应室、分离室之间的容积比也不同于给水处理。因此在进行澄清池的设计、运行以及控制管理过程中，不能简单地采用给水处理中的技术数据，而应该针对具体的污水先通过小型实验，以获得澄清池的适宜结构形式、水力停留时间等科学依据，在此基础上再进行工业化生产处理设备的设计或选用适宜的定型产品。

此外，澄清池在焦化废水深度处理中也得到了应用，与反硝化-硝化工艺联合用于去除 COD。

3.3　化学沉淀

化学沉淀法是向水中投加某些化学药剂，使之与水中溶解性物质发生化学反应，生成难溶化合物，然后进行固液分离，从而除去污水中污染物的方法。利用此法可在给水处理中去除钙、镁硬度，污水处理中去除重金属（如 Hg、Zn、Cd、Cr、Pb、Cu 等）和某些非金属（如 As、F 等）离子态污染物。

化学沉淀法的工艺流程和设备与混凝法相类似，主要步骤包括：①化学沉淀剂的配制与投加；②沉淀剂与原水混合、反应；③固液分离；④泥渣处理与利用。

根据采用的沉淀剂及反应中所生成的生成物不同，可将化学沉淀法分为氢氧化物沉淀法、硫化物沉淀法、钡盐沉淀法、碳酸盐沉淀法和铁氧体沉淀法等。

3.3.1　化学沉淀的基本原理

物质在水中的溶解能力可用溶解度表示。溶解度的大小主要取决于物质和溶剂的本性，也与温度、盐效应、晶体结构和大小等有关。习惯上把溶解度大于 $1g/100gH_2O$ 的物质列为可溶物，小于 $0.1g/100gH_2O$ 的物质列为难溶物，介于两者之间的，列于微溶物。利用化学沉淀法处理水所形成的化合物都是难溶物。

在一定温度下，难溶化合物的饱和溶液中，各离子浓度的乘积称为溶度积常数（简称溶度积)，以 K_{sp} 表示。难溶物的溶解-沉淀平衡可用下列通式表达：

$$A_mB_n(\text{固}) \underset{\text{结晶}}{\overset{\text{溶解}}{\rightleftharpoons}} mA^{n+} + nB^{m-} \qquad (3\text{-}7)$$

溶度积 K_{sp} 值为：

$$K_{sp} = [A^{n+}]^m \cdot [B^{m-}]^n$$

令　A_mB_n 的溶解度为 S(mol/L)，则$[A^{n+}]=mS$，$[B^{m-}]=nS$

故　$K_{sp}=(mS)^m \cdot (nS)^n$

根据溶度积可以判断沉淀的生成与溶解，判断水中离子是否能用化学沉淀法处理以及分离的程度。

①若 $[A^{n+}]^m\ [B^{m-}]^n < K_{sp}$，则溶液不饱和，难溶物将继续溶解而无沉淀析出；②$[A^{n+}]^m[B^{m-}]^n = K_{sp}$，则溶液达到饱和，但无沉淀产生，溶解与沉淀之间建立了多相离子动态平衡；③$[A^{n+}]^m[B^{m-}]^n > K_{sp}$，将产生沉淀，当沉淀完后，溶液中所余的离子浓度仍保持$[A^{n+}]^m[B^{m-}]^n = K_{sp}$ 关系。

若欲降低水中某种有害离子 A 浓度，可采取下列方法：①可向水中投加沉淀剂离子 C，以形成溶度积很小的化合物 AC，而从水中分离出来；②利用同离子效应向水中投加同离子 B，使 A 与 B 的离子积大于其溶度积，此时式 (3-7) 的平衡向左移动；③若溶液中有数种离子共存，加入沉淀剂时，必定是离子积先达到溶度积的优先沉淀，这种现象称为分步沉淀。显然，各种离子分步沉淀的次序取决于溶度积和有关离子的浓度。

难溶化合物的溶度积可从化学手册中查到，表 3-6 仅摘录一部分。由表可见，金属硫化物、氢氧化物或碳酸盐的溶度积均很小，因此，可向水中投加硫化物（一般常用 Na_2S)、氢氧化物（一般常用石灰乳）或碳酸钠等药剂来产生化学沉淀，以降低水中金属离子的含量。

表 3-6　溶度积简表（18～25℃）

化合物	溶度积	化合物	溶度积
$Al(OH)_3$	1.1×10^{-15}(18℃)	$Fe(OH)_2$	1.64×10^{-14}(18℃)
AgBr	4.1×10^{-13}(18℃)	$Fe(OH)_3$	1.1×10^{-36}(18℃)
AgCl	1.56×10^{-10}(25℃)	FeS	3.7×10^{-19}(18℃)
Ag_2CO_3	6.15×10^{-12}(25℃)	Hg_2Br_2	1.3×10^{-21}(25℃)
Ag_2CrO_4	1.2×10^{-12}(14.8℃)	Hg_2Cl_2	2×10^{-18}(25℃)
AgI	1.5×10^{-16}(25℃)	Hg_2I_2	1.2×10^{-28}(25℃)
Ag_2S	1.6×10^{-49}(18℃)	HgS	$4\times10^{-53}\sim2\times10^{-49}$(18℃)
$BaCO_3$	7×10^{-9}(16℃)	$MgCO_3$	2.6×10^{-5}(12℃)
$BaCrO_4$	1.6×10^{-10}(18℃)	MgF_2	7.1×10^{-9}(18℃)
BaF_2	1.7×10^{-6}(18℃)	$Mg(OH)_2$	1.2×10^{-11}(18℃)
$BaSO_4$	0.87×10^{-10}(18℃)	$Mn(OH)_2$	4×10^{-14}(18℃)
$CaCO_3$	0.99×10^{-8}(15℃)	MnS	1.4×10^{-15}(18℃)
CaF_2	3.4×10^{-11}(18℃)	NiS	1.4×10^{-24}(18℃)
$CaSO_4$	2.45×10^{-5}(25℃)	$PbCO_3$	3.3×10^{-14}(18℃)
CdS	3.6×10^{-29}(18℃)	$PbCrO_4$	1.77×10^{-14}(18℃)
CoS	3×10^{-26}(18℃)	PbF_2	3.2×10^{-8}(18℃)
CuBr	4.15×10^{-8}(18～20℃)	PbI_2	7.47×10^{-9}(15℃)
CuCl	1.02×10^{-6}(18～20℃)	PbS	3.4×10^{-28}(18℃)
CuI	5.06×10^{-12}(18～20℃)	$PbSO_4$	1.06×10^{-8}(18℃)
$Cu(OH)_2$	8.5×10^{-45}(18℃)	$Zn(OH)_2$	1.8×10^{-14}(18～20℃)
CuS	2×10^{-47}(16～18℃)	ZnS	1.2×10^{-23}(18℃)

3.3.2 氢氧化物沉淀法

水中金属离子很容易生成各种氢氧化物，其中包括氢氧化物沉淀及各种羟基配合物，显然，它们的生成条件和存在状态与溶液 pH 值有直接关系。如果金属离子以 M^{n+} 表示，则其氢氧化物的溶解平衡为：

$$M(OH)_n \rightleftharpoons M^{n+} + nOH^-$$

因为

$$K_{sp} = [M^{n+}][OH]^n$$

故有

$$[M^{n+}] = K_{sp}/[OH^-]^n$$

这是与氢氧化物沉淀共存的饱和溶液中的金属离子浓度，也就是溶液在任一 pH 值条件下，可以存在的最大金属离子浓度。

因为 25℃时水的离子积为：

$$K_w = [H^+][OH^-] = 1\times10^{-14}$$

所以：

$$[M^{n+}] = \frac{K_{sp}}{\left(\dfrac{K_w}{[H^+]}\right)^n}$$

将上式取对数可以得到：

$$\lg[M^{n+}] = \lg K_{sp} - n\lg K_w - n\text{pH} = 14n - n\text{pH} - \text{p}K_{sp} \tag{3-8}$$

由式（3-8）可见：①金属离子浓度相同时，溶度积 K_{sp} 愈小，则开始析出氢氧化物沉淀的 pH 值愈低；②同一金属离子，浓度愈大，开始析出沉淀的 pH 值愈低。

根据各种金属氢氧化物的 K_{sp} 值，由式（3-7）可计算出某一 pH 值时溶液中金属离子的饱和浓度。但由于污水水质复杂，干扰因素很多，上述理论计算结果可能与实际有出入，因此，实际操作时应通过试验来控制 pH 值，使其保持在最优沉降区域内。表 3-7 列出了某些金属氢氧化物沉淀析出的最佳 pH 值范围。

表 3-7　金属氢氧化物沉淀析出最佳 pH 值范围

金属离子	Fe^{3+}	Al^{3+}	Cr^{3+}	Cu^{2+}	Zn^{2+}	Ni^{2+}	Pb^{2+}	Cd^{2+}	Fe^{2+}	Mn^{2+}
最佳 pH 值	5～12	5.5～8	8～9	>8	9～10	>9.5	9～9.5	>10.5	5～12	10～14
加碱溶解的 pH 值		>8.5	>9		10.5		>9.5		>12.5	

当污水中存在 CN^-、NH_3、S^{2-} 及 Cl^- 等配位体时，能与金属离子结合生成可溶性配合物，增大金属氢氧化物的溶解度，对沉淀法不利，应通过预处理除去。

此外，值得特别注意的是，有些金属如 Zn、Pb、Cr、Al 等的氢氧化物为两性化合物，它们既可在酸性溶液中溶解，又可在碱性溶液中溶解，因此，只有在一定 pH 值范围才呈不溶性沉淀物。例如 $Zn(OH)_2$ 应控制 pH 值在 9～10 范围操作，当 pH<9，以 Zn^{2+} 状态存在，pH>10.5，以 $[Zn(OH)_4]^{2-}$ 状态存在，pH 值为 9～10 时，才以不溶性的 $Zn(OH)_2$ 沉淀存在，pH 值不足或过高，均不能得到好的处理效果。

此法常用的沉淀剂有石灰、碳酸钠、苛性钠等，以石灰为最经济。一般适用于不准备回收的低浓度金属污水（例 Cd^{2+}、Zn^{2+}）的处理。

3.3.3 硫化物沉淀法

金属硫化物是比氢氧化物更为难溶的沉淀物，对除去水中重金属离子（如 Hg^{2+}、

Ag^+、Cu^{2+}等）有更好的效果。此法常用的沉淀剂有：H_2S、NaHS、Na_2S、$(NH_4)_2S$、FeS 等。

在金属硫化物沉淀的饱和溶液中，有如下金属硫化物的溶解-沉淀平衡：

$$MS(固) \rightleftharpoons M^{2+} + S^{2-}$$

$$[M^{2+}] = K_{sp}/[S^{2-}] \tag{3-9}$$

式中，K_{sp}为金属硫化物的溶度积，表 3-8 列出了一些金属硫化物的溶度积。

以硫化氢为沉淀剂时，硫化氢在水中分两步离解：

$$H_2S \rightleftharpoons H^+ + HS^-$$

$$HS^- \rightleftharpoons H^+ + S^{2-}$$

离解常数分别为：

表 3-8　一些金属硫化物的溶度积

化学式	K_{sp}	化学式	K_{sp}	化学式	K_{sp}
Ag_2S	1.6×10^{-49}	Cu_2S	2.0×10^{-47}	MnS	1.4×10^{-15}
Al_2S_3	2.0×10^{-7}	CuS	8.5×10^{-45}	NiS	1.4×10^{-24}
Bi_2S_3	1.0×10^{-97}	FeS	3.7×10^{-19}	PbS	3.4×10^{-28}
CdS	3.6×10^{-29}	Hg_2S	1.0×10^{-45}	SnS	1.0×10^{-25}
CoS	4.0×10^{-21}	HgS	4.0×10^{-53}	ZnS	1.6×10^{-24}

$$K_1 = \frac{[H^+][HS^-]}{[H_2S]} = 9.1\times10^{-8}$$

$$K_2 = \frac{[H^+][S^{2-}]}{[HS^-]} = 1.2\times10^{-5}$$

将以上两式相乘，得到：

$$\frac{[H^+]^2[S^{2-}]}{[H_2S]} = 1.1\times10^{-22}$$

所以：

$$[S^{2-}] = \frac{1.1\times10^{-22}[H_2S]}{[H^+]^2}$$

将上式代入式（3-9），得到：

$$[M^{2+}] = \frac{K_{sp}[H^+]^2}{1.1\times10^{-22}[H_2S]} \tag{3-10}$$

在 101.3kPa、25℃条件下，硫化氢在水中的饱和浓度为 0.1mol/L（$pH\leqslant6$），把此值代入式（3-10），得到：

$$[M^{2+}] = \frac{K_{sp}[H^+]^2}{1.1\times10^{-23}} \tag{3-11}$$

从式（3-11）可以看出，重金属离子的浓度与 pH 值有关，并随着 pH 值的增加而降低。

虽然硫化物法比氢氧化物法可更完全地去除重金属离子，但由于沉淀反应生成的硫化物颗粒细，沉淀困难，一般需投加凝聚剂以加强去除效果，其处理费用较高，因此，应用并不广泛，有时仅作为氢氧化物法的补充。此外，在使用过程中还应注意避免造成硫化物的二次污染问题。

3.3.4　钡盐沉淀法

这种方法主要用于处理含六价铬的污水。采用的沉淀剂为 $BaCO_3$、$BaCl_2$、$Ba(NO_3)_2$、

$Ba(OH)_2$ 等。以 $BaCO_3$ 作沉淀剂，其除铬的反应原理为：

$$BaCO_3 + CrO_4^{2-} + 2H^+ \longrightarrow BaCrO_4 \downarrow + CO_2 \uparrow + H_2O$$

$$2BaCO_3 + Cr_2O_7^{2-} \longrightarrow 2BaCrO_4 \downarrow + CO_3^{2-} + CO_2 \uparrow$$

碳酸钡也是一种难溶盐，它的溶度积（$K_{sp}=8.0\times10^{-9}$）比铬酸钡的溶度积（$K_{sp}=2.3\times10^{-10}$）要大。在碳酸钡饱和溶液中，钡离子的浓度比铬酸钡饱和溶液中的钡离子的浓度约大6倍。因此，对于 $BaCO_3$ 为饱和溶液的钡离子浓度，相对于 $BaCrO_4$ 溶液已成为过饱和了，所以向含有 CrO_4^{2-} 的污水中投加 $BaCO_3$，Ba^{2+} 就会和 CrO_4^{2-} 生成 $BaCrO_4$ 沉淀，从而使［Ba^{2+}］和［CrO_4^{2-}］下降。$BaCO_3$ 溶液未被饱和，$BaCO_3$ 就会逐渐溶解，直到 CrO_4^{2-} 完全沉淀。这种由一种沉淀转化为另一种沉淀的过程称为沉淀的转化。

采用钡盐法处理含铬污水，应注意下列几点。

① 为了提高除铬效果，应投加过量的碳酸钡，反应时间应保持在20～30min。投加过量的碳酸钡后，污水中钡的残存浓度在50mg/L以上时，钡也有害，通常采用石膏过滤法去除残钡。

② 要准确掌握污水pH值，应控制pH值在4.5～5之间为好，因pH值太低，铬酸钡溶解度大，对除铬不利；而pH值过高，CO_2 气体难以析出，不利于除铬反应的进行。

③ 调整污水的pH值时，宜采用硫酸或乙酸，而不采用盐酸，原因是残氯对镀件质量有影响。

钡盐法的优点是处理后水清澈透明，可用于生产。缺点是碳酸钡来源少，且引进二次污染物 Ba^{2+}，此外，处理过程控制要求严格。

3.3.5 碳酸盐沉淀法

此法是通过向水中投加某种沉淀剂，使其与金属离子生成碳酸盐沉淀物。对于不同的处理对象，碳酸盐法有三种不同的应用方式：①投加可溶性碳酸盐（如碳酸钠），使水中金属离子生成难溶碳酸盐而沉淀析出，这种方式可除去水中重金属离子和非碳酸盐硬度；②投加难溶碳酸盐（如碳酸钙），利用沉淀转化原理，使水中重金属离子（如 Pb^{2+}、Cd^{2+}、Zn^{2+}、Ni^{2+} 等离子）生成溶解度更小的碳酸盐而沉淀析出；③投加石灰，使之与水中碳酸盐硬度，如 $Ca(HCO_3)_2$、$Mg(HCO_3)_2$，生成难溶的碳酸钙和氢氧化镁而沉淀析出，此方式可去除水中的碳酸盐硬度。下面仅对处理重金属污水的某些实例作简要介绍。

（1）除锌　对于含锌污水，可采用碳酸钠作沉淀剂，将它投加入污水中，经混合反应，可生成碳酸锌沉淀物而从水中析出。沉渣经清水漂洗，真空抽滤，可回收利用。

（2）除铅　对于铅蓄电池污水，可采用碳酸钠作沉淀剂，使与污水中的铅反应生成碳酸铅沉淀物，再经砂滤，在pH值为6.4～8.7时，出水的总铅含量为0.2～3.8mg/L，可溶性铅为0.1mg/L。采用白云石过滤含铅污水，可以使溶解的铅变成碳酸铅沉淀，而后从污水中去除。

（3）除铜　用化学沉淀法处理含铜污水时，可用碳酸钠作沉淀剂，当污水pH值在碱性条件下，采用如下的化学反应，使铜离子生成不溶于水的碱式碳酸铜而从水中分离出来。

$$2Cu^{2+} + CO_3^{2-} + 2OH^- \longrightarrow Cu_2(OH)_2CO_3 \downarrow$$

3.3.6 铁氧体沉淀法

铁氧体是一类具有一定晶体结构的复合金属氧化物，是一种重要的磁性介质。其化学组成主要是由二价金属氧化物与三价金属氧化物构成，最常见的是磁性氧化铁 Fe_3O_4（FeO

和 Fe_2O_3 的混合物)。所谓铁氧体沉淀法，就是采用适宜的处理工艺，使污水中各种金属离子形成不溶性的铁氧体晶粒而沉淀析出，从而使污水中金属离子得以去除。

铁氧体法的处理工艺过程包括投加亚铁盐、调整 pH 值、充氧加热、固液分离、沉渣处理五个环节。

(1) 投加亚铁盐　为了形成铁氧体，需要有足量的 Fe^{2+} 及 Fe^{3+}。投加亚铁盐的作用有三：①补充 Fe^{2+}；②通过氧化，补充 Fe^{3+}；③若污水中有六价铬，则 Fe^{2+} 能使其还原为 Cr^{3+}，作为铁氧体的原料之一。

(2) 调整 pH 值　一般调整污水的 pH 值为 8～9，以使大多数金属氢氧化物能沉淀析出。

(3) 充氧加热　通常向污水中通入空气，使二价铁转化为三价铁，通过加热，促使反应的进行，加速形成铁氧体。

(4) 固液分离　可采用沉淀法或离心分离法使之与污水分离。因铁氧体带有磁性，也可采用磁力分离法使之分离。

(5) 沉渣处理　按沉渣的组成、性能及用途的不同，处理方式各异。若污水的成分单纯，浓度稳定，则沉渣可作铁淦氧磁体的原料。若污水成分复杂，则沉渣可供制耐蚀瓷器或暂时堆置贮存。

采用铁氧体法去除污水中铬、汞及其他金属，效果均很显著。此法在电镀含铬废水处理、钝化和电镀污水混合处理、含汞废水处理中已获得应用，尤其对处理电镀混合废水比较适宜。试验研究表明，此法也可在常温下进行，但反应时间比加热条件下所需时间要长得多。图 3-29 为铁氧体沉淀法处理含铬废水的工艺流程。

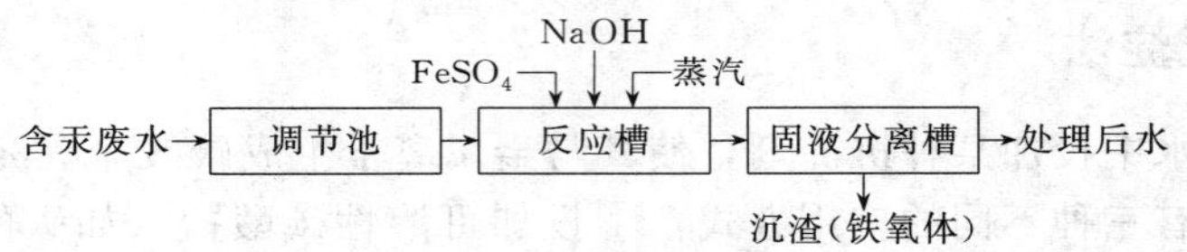

图 3-29　铁氧体沉淀法处理含铬废水的工艺流程

铁氧体法的优点是：可同时去除废水中存在的多种金属离子；出水水质好；沉渣易分离；设备较简单。缺点是：不能单独回收有用金属；需耗亚铁、碱与热能，处理成本较高；出水中硫酸铁含量高。

3.4　化学氧化还原

污水中的溶解性无机或有机污染物，可以通过化学反应过程将其氧化或还原，转化成无毒或微毒的新物质，从而达到处理的目的。这类处理污水的方法，称为氧化还原法。

污水的氧化还原法可根据有毒、有害物质在氧化还原反应中是被氧化还是被还原的不同，分为氧化法和还原法两大类。

与生物氧化法相比，化学氧化还原法需较高的运行费用。因此，目前化学氧化还原法仅用于饮用水处理、特种工业用水处理、有毒工业废水处理和以回用为目的的污水深度处理等有限场合。

3.4.1　基本原理

在氧化还原反应中，反应的实质是参加化学反应的原子或离子失去或得到电子，引起化合价的升高或降低。失去电子的过程称为氧化，得到电子的过程称为还原。反应中得到电子的物质称为氧化剂，失去电子的物质称为还原剂。氧化剂使还原剂失去电子而受到氧化，本身则被还原。相反，还原剂使氧化剂得到电子而受到还原，其本身则被氧化。如：

$$Fe+Hg^{2+} = Fe^{2+}+Hg\downarrow$$

在反应中，铁失去电子，成为 Fe^{2+}，铁被氧化，为还原剂；而 Hg^{2+} 得到电子成为金属汞，从水中沉淀分离，Hg^{2+} 被还原，Hg^{2+} 为氧化剂。

氧化剂的氧化能力和还原剂的还原能力是相对的，其强度可以用相应的氧化还原电位的数值来比较。在标准状态下，可通过物质的标准电极电位 $E^{\ominus}$ 值来判断（许多种物质的标准电极电位 $E^{\ominus}$ 值可以在化学书中查到)。通常，$E^{\ominus}$ 值愈大，物质的得电子能力愈强，其氧化性亦愈强，$E^{\ominus}$ 愈小，物质的失电子能力愈强，其还原性亦愈强。例如，$E^{\ominus}/(Cl_2/2Cl^-)=1.36V$，其氧化态 Cl_2 转化为 Cl^- 时，可以作为较强的氧化剂。相反，$E^{\ominus}/(S/S^{2-})=0.48V$，其还原态 S^{2-} 转化为氧化态 S 时，可以作为较强的还原剂。氧化剂与还原剂的电位差愈大，氧化还原反应进行得愈完全。

在实际应用中，反应条件往往与标准状况不同，在实际的物质浓度、温度和 pH 值条件下，物质的氧化还原电位 E(V) 可用能斯特方程来计算。

$$E=E^{\ominus}+\frac{0.0591}{n}\lg\frac{[\text{氧化态}]}{[\text{还原态}]} \tag{3-12}$$

式中　n——反应中电子转移的数目。

对于有机物的氧化还原过程，由于涉及共价键，电子的移动情形很复杂，难以用电子的得失来分析，常根据加氧或加氢反应来判断。把加氧或去氢的反应称为氧化反应，把加氢或去氧的反应称为还原反应，例如：

$$CH_4+2O_2 = CO_2+2H_2O$$

$$CH_4+Cl_2 = CH_3Cl+HCl$$

在上述反应中，CH_4 被氧化，是还原剂，O_2、Cl_2 被还原，是氧化剂。

各类有机物的可氧化性是不同的。经验表明，酚类、醛类、芳胺类和某些有机硫化物（如硫酸、硫醚）等易于氧化；醇类、酸类、酯类、烷基取代的芳烃化合物（如甲苯）、硝基取代的芳烃化合物（如硝基苯）、不饱和烃类、碳水化合物等在一定条件（如强酸、强碱或催化剂）下可以氧化；而饱和烃类、卤代烃类、合成高聚物等难以氧化。

在进行污水处理时，对氧化剂或还原剂的选择应当考虑下列因素：①对水中特定的杂质有良好的氧化还原作用；②反应后生成物应当无害，不需二次处理；③价格合理，易得；④常温下反应迅速，不需加热；⑤反应时所需 pH 值不宜太高或太低；⑥操作简便。

事实上，很难找到都满足上述所有要求的氧化剂或还原剂，因此实际操作时应因地制宜并进行技术经济比较后选定。

3.4.2　化学氧化

化学氧化法就是向污水中投加氧化剂，将污水中的有毒、有害物质氧化成无毒或毒性小的新物质的方法。污水中的有机物（如色、臭、味、COD）及还原性无机离子（如 CN^-、S^{2-}、Fe^{2+}、Mn^{2+} 等）都可通过氧化法消除其危害。

氧化处理法的实质是在强氧化剂的作用下，水中的有机物被降解成简单的无机物；溶解的污染物被氧化为不溶于水，且易于从水中分离的物质。此法特别适用于污水中含有难以生物降解的有机物以及能引起色度、臭味的物质的处理，如农药、酚、氰化物、单宁、木质素等。

常用的氧化剂有氯类和氧类两种：前者包括气态氯、液氯、次氯酸钠、次氯酸钙（漂白粉）、二氧化氯等；后者中有氧、臭氧、过氧化氢、高锰酸钾等。

3.4.2.1　氯氧化

氯氧化法广泛用于污水处理中，如医院污水处理，工业废水处理，含氰、含酚、含硫化物的废水和染料废水的处理，污水的脱色、除臭、杀菌等。氯氧化时，常用的药剂有液氯、漂白粉、次氯酸钠等。它们在水溶液中可电离生成次氯酸离子。

$$Ca(ClO)Cl \longrightarrow Ca^{2+} + Cl^- + ClO^-$$

$$NaClO \longrightarrow Na^+ + ClO^-$$

$$Cl_2 + H_2O \rightleftharpoons H^+ + Cl^- + HClO$$

$$HClO \rightleftharpoons H^+ + ClO^-$$

HClO 和 ClO^- 的标准电极电位如下：

在酸性溶液中　$HClO + H^+ + 2e^- \rightleftharpoons Cl^- + H_2O$　　$E^{\ominus} = 1.49V$

在碱性溶液中　$ClO^- + H_2O + 2e^- \rightleftharpoons Cl^- + 2OH^-$　　$E^{\ominus} = 0.9V$

在中性溶液中　　$E^{\ominus} = 1.2V$

由此可见，HClO 和 ClO^- 都具有强的氧化能力，但 HClO 的氧化能力比 ClO^- 要强。因此，氯氧化法通常在酸性溶液中较为有利。

(1) 含氰污水的氯氧化　氯氧化氰化物是分阶段进行的。在一定的反应条件下，第一阶段将 CN^- 氧化成氰酸盐。要求 pH＝10～11（因中间产物 CNCl 毒性与 HCN 相等且在酸性介质中稳定），反应 10～15min。反应过程如下：

$$CN^- + ClO^- + H_2O \longrightarrow CNCl + 2OH^-$$

$$CNCl + 2OH^- \longrightarrow CNO^- + Cl^- + H_2O$$

虽然氰酸盐 CNO^- 的毒性只有 HCN 的千分之一，但以保证水体安全出发，应进行第二阶段处理，以完全破坏碳氮键。即增加漂白粉或氯的投量，进行完全氧化。此阶段控制 pH＝8～8.5，反应时间 1h 以内。反应过程如下：

$$2CNO^- + 3ClO^- \longrightarrow CO_2\uparrow + N_2\uparrow + 3Cl^- + CO_3^{2-}$$

采用液氯氧化时，完成两段反应所需的总药剂理论量为 $CN : Cl_2 = 1 : 6.83$。实际上，为使 CN^- 完全氧化，常加入 8 倍的氯。处理设备主要是反应池及沉淀池。反应过程中要连续搅拌，可采用压缩空气搅拌或水泵循环搅拌。小水量时，可采用间歇操作。设二池，交替反应与沉淀。

(2) 硫化物的氯氧化　氯氧化硫化物的反应如下：

$$H_2S + Cl_2 \longrightarrow S + 2HCl$$

$$H_2S + 3Cl_2 + 2H_2O \longrightarrow SO_2 + 6HCl$$

硫化氢部分氧化成 S 时，1mg/L H_2S 需 2.1mg/L Cl_2；完全氧化为 SO_2 时，1mg/L H_2S 需 6.3mg/L Cl_2。

(3) 含酚废水的氯氧化　采用氯氧化除酚，理论投氯量与酚量之比为 6∶1 时，即可将酚完全破坏，但由于污水中存在其他化合物也与氯作用，实际投氯量必须过量数倍，一般要超出 10 倍左右。如果投氯量不够，则酚氧化不充分，而且生成具有强烈臭味的氯酚。当氯化过程在碱性条件下进行时，也会产生氯酚。

(4) 污水脱色　氯有较好的脱色效果，可用于印染废水脱色。脱色效果与 pH 值以及投氯方式有关。在碱性条件下效果更好。若辅加紫外线照射，可大大提高氯氧化效果，从而降低氯用量。

3.4.2.2 空气氧化

空气氧化法是利用空气中的氧气氧化污水中污染物的一种处理方法。从热力学上分析，空气氧化法具有以下特点。

① 电对 O_2/O^{2-} 的半反应式中有 H^+ 或 OH^- 参加，因而氧化还原电位与 pH 值有关。在强碱性溶液（pH=14）中，半反应式为 $O_2+2H_2O+4e^- \longrightarrow 4OH^-$，$E^\ominus=0.401V$；在中性（pH=7）和强酸性（pH=0）溶液中，半反应式为 $O_2+4H^++4e^- \longrightarrow 2H_2O$，$E^\ominus=0.815V$ 和 1.229V。由此可见，降低 pH 值，有利于空气氧化。

② 在常温常压和中性条件下，分子氧 O_2 为弱氧化剂，反应性很低，故常用来处理易氧化的污染物，如 S^{2-}、Fe^{2+}、Mn^{2+} 等。

③ 提高温度和氧分压，可以增大电极电位；添加催化剂，可以降低反应活化能，都利于氧化反应的进行。

本节主要介绍空气氧化法处理含硫污水工艺。

硫（Ⅱ）在污水中以 S^{2-}、HS^-、H_2S 的形式存在。在碱性溶液中，硫（Ⅱ）的还原性较强，且不会形成挥发性的硫化氢，空气的氧化效果较好。氧气与硫化物反应如下：

$$2HS^- + 2O_2 = S_2O_3 + H_2O + 2e^-$$

$$2S^{2-} + 2O_2 + H_2O = S_2O_3^{2-} + 2OH^-$$

$$S_2O_3^{2-} + 2O_2 + 2OH^- = 2SO_4^{2-} + H_2O$$

由上述反应式可计算出，氧化 1kg 硫化物为硫代硫酸盐，理论上需氧量为 1kg，约相当于 3.7m^3 空气。由于部分硫代硫酸盐（约 10%）会进一步氧化为硫酸盐，使需氧量约增加到 4.0m^3 空气。实际操作中供气量为理论量的 2～3 倍。

空气氧化脱硫的过程在密闭的塔内进行。图 3-30 为某炼油厂空气氧化脱硫塔示意图。含硫污水、蒸汽（用于加热）、空气通过射流混合器并升温至 80～90℃，进入氧化脱硫塔，经喷嘴雾化，分四段（每段高 3m，进口处装设喷嘴）进行氧化反应。氧化过程中气水比应大于 15，污水在塔内反应停留时间为 1.5～2.5h。为加大气液接触面积，提高反应效果，国外还采用筛板塔、填料塔等形式的反应塔。

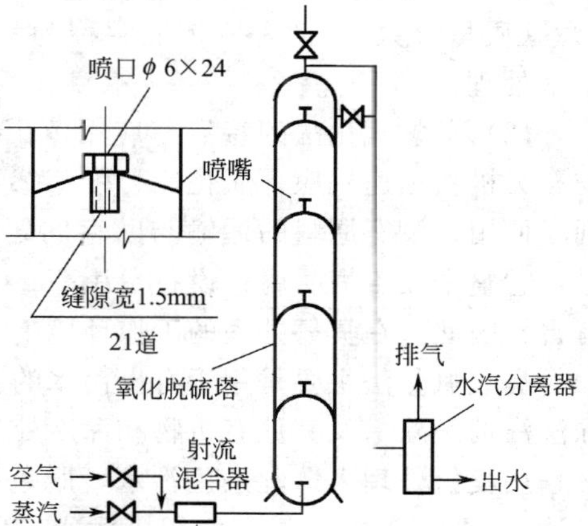

图 3-30 空气氧化脱硫塔

此外，空气氧化法还可用于处理溶有 Fe^{2+} 的原水。地下水中往往会有溶解性的 Fe^{2+}，可通过曝气，利用空气中的 O_2 将 Fe^{2+} 氧化成 Fe^{3+}，再与水中的碱相作用，形成 $Fe(OH)_3$ 沉淀而得到去除。总反应式为：

$$4Fe^{2+} + 8HCO^- + 9O_2 + 2H_2O = 4Fe(OH)_3 \downarrow + 8CO_2 \uparrow$$

曝气方式一般采用空气压缩机充气，曝气后的水进入滤池，截留 $Fe(OH)_3$ 沉淀物。

3.4.2.3 臭氧氧化

(1) 臭氧的性质与制备　臭氧是氧的同素异构体，在常温常压下是一种有特殊气味的淡紫色气体。它的密度是氧气的 1.5 倍，在水中的溶解度比氧大十几倍。O_3 在常温下不稳定，易于自行分解成为氧气并放出热量，O_3 在水溶液中的分解速度比在气相中的分解速度快得多，而且强烈地受 OH^- 的催化，pH 值越高，分解速度越快。臭氧的氧化性很强，其氧化还原电位与 pH 值有关，在酸性溶液中，$E^{\ominus}=2.07V$，氧化性仅次于氟；在碱性溶液中，$E^{\ominus}=1.24V$，氧化性略低于氯。在理想条件下，臭氧可把水溶液中大多数单质和化合物氧化到它们的最高氧化态；对水中有机物有强烈的氧化降解作用，还有强烈的消毒杀菌作用。高浓度臭氧是有毒气体，对眼及呼吸器官有强烈的刺激作用。臭氧具有强腐蚀性，因此与之接触的容器、管路等均应采用耐腐蚀材料。

由于臭氧的不稳定性，因此一般多在现场制备臭氧。制备臭氧的方法很多，有电解法、化学法、高能射线辐射法和无声放电法等。目前，工业上几乎都用干燥空气或氧气经无声放电来制取臭氧，中国已有多种臭氧发生器的定型产品出售，可供使用单位选购。反应式如下：

$$3O_2 \xrightarrow{\text{无声放电}} 2O_3 - 288kJ$$

图 3-31 为卧管式臭氧发生器，其外形与热交换器相似，是一个圆筒形的封闭容器。器内装有几十组至上百组的放电管，每根放电管均由两根同心管组成，外管为金属管（常用不锈钢或铝管），内管为玻璃管（此管内壁涂有银或石墨作导电层）。也可将玻璃管套在金属管外面，而不涂任何导电材料，玻璃管外壁为冷却水。冷却水即为地极（低压级），作为内管的金属管为高压极；内外管之间留有 1～3mm 的环内放电间隙。一部分氧分子在电子轰击下分解成氧原子，再与氧分子合成为 O_3，这种方法生产出来的臭氧浓度约为 1%～3%（质量分数）。此种气体通常称为臭氧化空气或臭氧化氧气，由管路引出后，即可用于水处理。

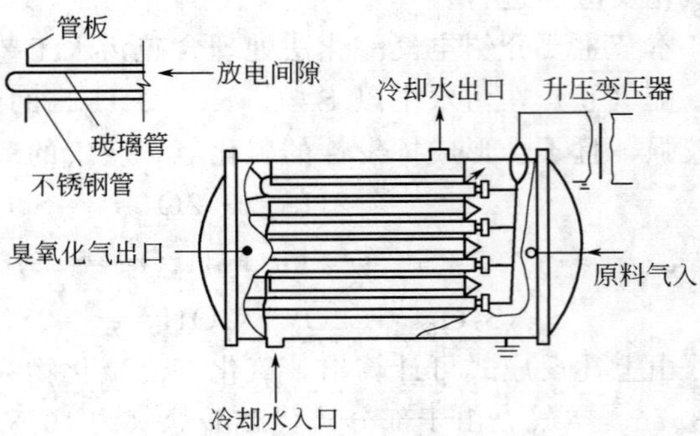

图 3-31　卧管式臭氧发生器

（2）臭氧氧化法的特点与应用范围　臭氧氧化法的优点是：①为强氧化剂，能与有机物、无机物迅速反应，氧化能力强；②不产生污泥；③不产生氯酚臭味；④ O_3 现场制取，现场使用，没有原料的运输与贮存问题；⑤受水温与 pH 值的影响不如氯那样大。其缺点是：①整个设备需防腐；设备费用高；②发生 O_3 的设备效率低和耗电量高；③臭氧对人体有害，因此，在臭氧处理的工作环境中需要有通风与安全措施。

臭氧氧化法主要是用于有机污水的消毒杀菌，还用于污水的脱色、除臭、除氰、除铁、除洗涤剂、除酚及其他有机物和深度处理中。例如，印染污水色度较高，用臭氧处理效果较好；用臭氧处理人造丝染色污水，脱色率可达 90%，如臭氧与絮凝过滤混合使用，脱色率可达 99%～100%。对一般印染污水，O_3 投量 40mg/L，脱色率达 90%以上；对混凝法难以去除的水溶性染料用臭氧接触 3～10min，水就变得无色。

（3）臭氧处理工艺系统　污水的臭氧处理工艺主要有两类。

① 以空气或富氧空气为原料气的开路系统　把污水与臭氧气送入接触反应器进行氧化，在处理过程中产生的废气直接予以释放，这种系统的流程简单。

② 以纯氧或富氧空气为原料气的闭路系统　在闭路系统中，把接触反应器产生的废气又返回到臭氧制取设备，这样可提高原料气的含氧率，降低生产成本。但是废气在循环回用过程中，其氮含量将越来越高。为此可采取压力转换氮分离器来降低含氮量。

污水的臭氧处理在接触反应器内进行，为了使臭氧与水中杂质充分反应，应尽可能使臭氧化空气在水中形成微细气泡，并采用两相逆流操作，以强化传质过程。图 3-32 为臭氧处理的开路系统。

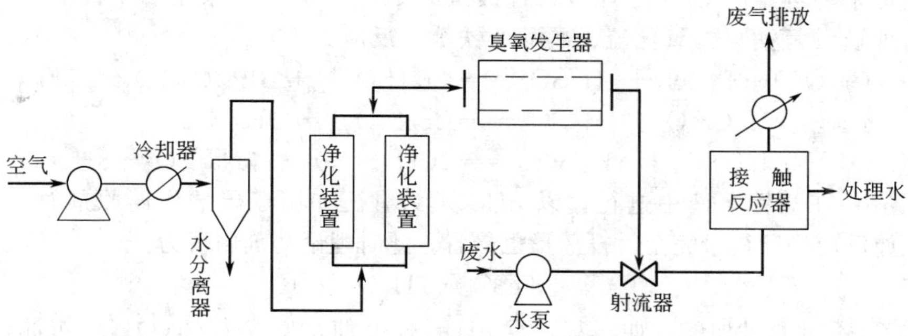

图 3-32　臭氧处理开路系统

臭氧处理系统中最主要的是接触反应器。接触反应器的作用是：促进气、水扩散混合，使气、水充分接触，迅速反应。

一般常用的反应器有微孔扩散板式鼓泡塔和喷射器。微孔扩散板式鼓泡塔中臭氧化气从塔底的微孔扩散板喷出，以微小气泡上升，与污水逆流接触，如图 3-33 所示。这一设备的特点是接触时间长，水力阻力小，水无需提升，气量容易调节。适用于处理含有烷基苯磺酸钠、焦油、COD、BOD_5、污泥、氨氮等污染物的废水。

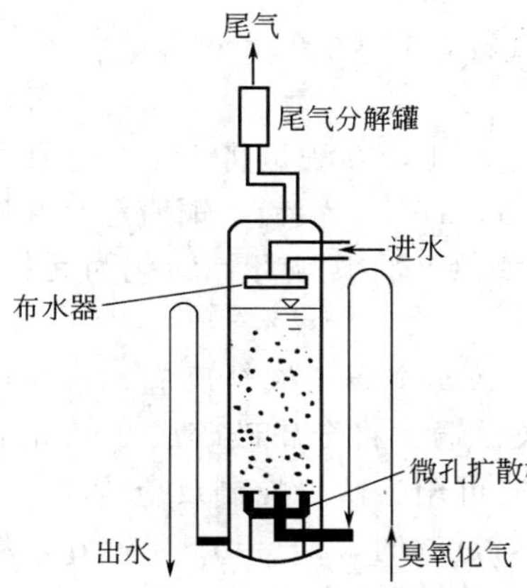

图 3-33　微孔扩散板式鼓泡塔

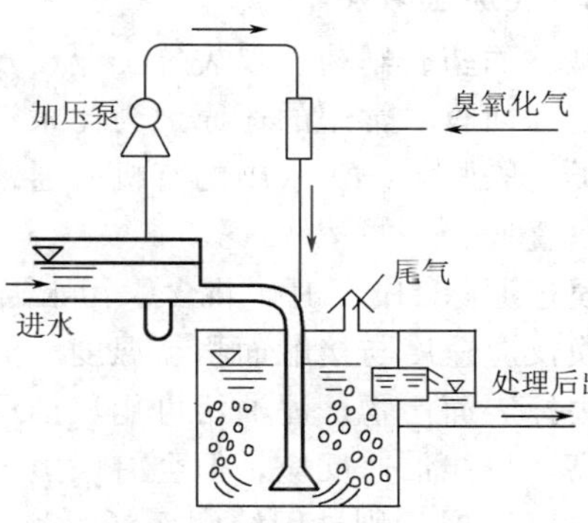

图 3-34　部分流量喷射接触池

喷射器式接触反应器中高压污水通过水射器将臭氧吸入水中，如图 3-34 所示。这种设备的特点是混合充分，但接触时间较短。适用于处理含有铁（Ⅱ）、锰（Ⅱ）、氰、酚、亲水性染料、细菌等污染物的废水。

3.4.3　化学还原

还原法就是向污水中投加还原剂，将污水中的有毒、有害物质还原成无毒或毒性小的新物质的方法。污水中的 Cr^{6+}、Hg^{2+} 等重金属离子均可通过还原法进行处理。常用的还原剂有硫酸亚铁、氯化亚铁、铁屑、锌粉、二氧化硫、硼氢化钠等。

3.4.3.1　还原法去除六价铬

电镀、冶炼、制革、化工等工业废水中常含有剧毒的 Cr^{6+}。它常以两种形式存在：铬

酸根 CrO_4^{2-} 和重铬酸根 $Cr_2O_7^{2-}$ 。在酸性溶液中，主要以 $Cr_2O_7^{2-}$ 存在；在中性或碱性溶液中，主要以 CrO_4^{2-} 存在。

利用还原剂将剧毒的 Cr^{6+} 还原成毒性极微的 Cr^{3+}，是最早采用的一种治理方法。常用的还原剂有亚硫酸氢钠、二氧化硫、硫酸亚铁等。反应如下：

$$H_2Cr_2O_7 + 6FeSO_4 + 6H_2SO_4 = Cr_2(SO_4)_3 + 3Fe_2(SO_4)_3 + 7H_2O$$

$$H_2Cr_2O_7 + 3H_2SO_3 = Cr_2(SO_4)_3 + 4H_2O$$

$$2H_2Cr_2O_7 + 6NaHSO_3 + 3H_2SO_4 = 2Cr_2(SO_4)_3 + 3Na_2SO_4 + 8H_2O$$

还原反应要在酸性溶液中进行，以 $pH<4$ 为宜。如用亚硫酸作还原剂时，$pH=3\sim4$ 时，氧化还原反应进行得最完全，投药量也最省。此时理论药剂用量为：

$$Cr^{6+} : FeSO_4 \cdot 7H_2O = 1:16$$

还原物 Cr^{3+} 可通过加碱（如石灰）至 $pH=8\sim9$ 使之生成为 $Cr(OH)_3$ 沉淀，而从溶液中分离出来。

$$Cr_2(SO_4)_3 + 3Ca(OH)_2 = 2Cr(OH)_3\downarrow + 3CaSO_4\downarrow$$

采用药剂还原法去除 Cr^{6+} 时，还原剂和碱性药剂的选择要因地制宜，全面考虑。一般多采用硫酸亚铁和石灰（称硫酸亚铁-石灰法），因其价廉易得，但产生的泥渣量较多。也有采用亚硫酸氢钠和氢氧化钠的，虽药剂价贵，但沉渣量少且利于回收利用，因而应用较广。如厂区有二氧化硫及硫化氢污水时，也可采用尾气还原法来以废治废。

近年来试验研究了用活性炭吸附处理含 Cr^{6+} 污水的方法。当 pH 值很低时，本质上仍是一种还原法。

$$2H_2Cr_2O_7 + 3C + 6H_2SO_4 = 2Cr_2(SO_4)_3 + 3CO_2\uparrow + 8H_2O$$

3.4.3.2 还原法除汞

氯碱、炸药、制药、仪表等工业废水中剧毒的 Hg^{2+}，处理方法是将 Hg^{2+} 还原为 Hg，加以分离和回收。常用的还原剂为比汞活泼的金属（铁屑、锌粒、铝粉、铜屑等）和硼氢化钠、醛类、联胺等。污水中的有机汞通常先用氧化剂（如氯）将其破坏，转化为无机汞后，再用金属置换。

金属还原除 Hg^{2+} 时，将含汞污水通过金属屑滤床，或与金属粉混合反应，置换出金属汞。置换反应速度与接触面积、温度、pH 值等因素有关。通常将金属破碎成 2～4mm 的碎屑，并去掉表面污物，泥油污可用汽油浸泡除去，锈蚀层可用酸洗。控制反应为 20～80℃，温度太高，虽能加速反应，但会有汞蒸气逸出。采用铁屑过滤时，$pH=6\sim9$ 较好，耗铁量最少；$pH<6$ 时，则铁因溶解而耗量增大；$pH<5$ 时，有氢析出，吸附于铁屑表面，阻碍反应的进行。据某厂试验，用工业铁粉去除酸性污水中的 Hg^{2+}，在 50～60℃，混合反应 1～1.5h，经过滤分离，污水中含汞量降低 90%以上。某水银电解法氯碱车间的含汞淡盐水，用铁屑填充的过滤床处理，温度在 20～80℃，$pH=6\sim9$，接触时间 2min，汞去除率达 90%。

铜屑还原时，pH 值在 1～10 之间均可。此法常用于处理含酸浓度较大的含汞污水。如某化工厂污水中酸浓度达 30%，含汞量为 600～700mg/L，采用铜屑过滤去除汞，接触时间不低于 40min，含汞量可降至 10mg/L 以下，除汞率达 98%以上。

硼氢化钠在碱性条件下（$pH=9\sim11$）可将汞离子还原成金属汞，其反应为：

$$Hg^{2+} + BH_4^- + 2OH^- = Hg\downarrow + 3H_2\uparrow + BO_2^-$$

还原剂一般配成 $NaBH_4$ 含量为 12%的碱性溶液，与污水一起加入混合反应器进行反应。将产生的气体（氢气和汞蒸气）通入洗气器，用稀硝酸洗气以除去汞蒸气，硝酸洗液返回原污水池再进行除汞处理。而脱气泥浆中的汞粒（粒径约 10μm）可用水力旋流器分离，能回收 80%～90%的汞。残留于溢流水中的汞，用孔径为 5μm 的微孔过滤器截留去除，出水中残汞量低于 0.01mg/L。回收的汞可用真空蒸馏法净化。据试验 1kg 硼氢化钠可回收 2kg 汞。

3.5 电解

电解法就是利用电解的基本原理，将含电解质的污水通过电解过程，在阳、阴两极上分别发生氧化反应和还原反应，从而使某些污染物转化为无害物质以实现污水净化的方法。电解是把电能转化为化学能的过程，因此也称电化学法。

电解法广泛用于处理含氰、含铬、含镉的电镀废水。在国外还用于处理一些化工废水，如染料生产过程中排出的废水用电解法处理，能取得良好的脱色效果。

用电解法处理污水，按照去除对象以及产生的电化学作用来区分，可分为电解氧化、电解还原、电解气浮、电解凝聚等方法。

电解法的特点是：电解装置紧凑，占地面积小，一次投资较少，易于实现自动化。药剂用量及产生的废液量少。通过调节槽电压和电流，可以适应较大幅度的水量与水质变化冲击。但电耗和可溶性材料消耗较多，副反应多，电极易钝化。

3.5.1 电解基本原理

3.5.1.1 电极反应

当接通电源时，在电解槽的阳极上发生氧化反应，这是由于污水中的 OH^- 在阳极上放电后，产生氧气；当污水中含 Cl^-（通常在电解时需投加电解质 NaCl）时，它也移向阳极并在阳极板上放电，产生 Cl_2。

$$4OH^- - 4e^- \longrightarrow 2H_2O + O_2\uparrow$$

$$2Cl^- - 2e^- \longrightarrow Cl_2\uparrow$$

当采用可溶性物质作阳极（如铁、铝等）时，还可发生如下阳极反应：

$$Fe - 2e^- \longrightarrow Fe^{2+}$$

$$Al - 3e^- \longrightarrow Al^{3+}$$

在电解槽的阴极板上，则发生还原反应，水中 H^+ 移向阴极取得电子还原为氢，在其作用下，某些有机物，可以发生还原作用；水中若存在金属阳离子（如 Cu^{2+}），则会移向阴极取得电子后得到还原，在阴极表面析出。

$$2H^+ + 2e^- \longrightarrow H_2\uparrow$$

$$Cu^{2+} + 2e^- \longrightarrow Cu\downarrow$$

可见电解时，阳极能接纳电子，起了氧化剂的作用；而阴极能放出电子，起了还原剂的作用。电解法处理污水的实质，就是直接或间接地利用电解作用，把水中污染物去除，或把有毒物质变成无毒、低毒物质。

应该指出，电解槽的阳极可分为可溶性阳极与不溶性阳极两类，不溶性阳极是用铂、石墨制成的，在电解过程中本身不参与反应，只起传导电子的作用。而可溶性阳极是采用铁、铝等可溶性金属制成的，在电解过程中本身溶解，金属原子放出电子而氧化成正离子进入溶液，这些正离子或沉积于阴极，或形成金属氢氧化物，可作为混凝剂，起凝聚作用。利用这种凝聚作用处理污水中的有机物或无机胶体的过程即为电解凝聚。此外，当电解槽的电压超过水的分解电压时，电解时在阳极、阴极表面上产生的 O_2、H_2，并以微小气泡逸出，在上升过程中可以黏附水中杂质微粒及油类浮至水面，产生气浮作用。这种过程即为电解气浮。在采用可溶性阳极的电槽中，凝聚和气浮作用是同时存在的。利用电解凝聚和气浮，可以处理多种含有机物、重金属污水，如制革污水等。

3.5.1.2 电解过程的影响因素

(1) 电极材料　电极材料的选用甚为重要，选择不当能使电解效率降低，电能消耗增加。常用的电极材料有铁、铝、石墨等。作为电解选用的阳极，可采用氧化钛、氧化铝等。电解凝聚用溶解性阳极，常选用铁。

(2) 槽电压　电能消耗与电压有关，槽电压取决于污水的电阻率和极板间距。一般污水电阻率控制在 1200Ω · cm 以下，对于导电性能差的污水要投加食盐，以改善其导电性能。投加食盐后，电压降低，使电能消耗减少。

极板间距影响电能耗量和电解时间。间距过大，可使电解时间、槽电压和电耗增加，影响处理效果。电极间距缩小，能使电能耗量降低，电解时间缩短。但间距太小时，电极的组数过多，安装、管理和维修都比较困难。

(3) 电流密度　电流密度即单位极板面积上通过的电流强度，以 $A/0.1m^2$ 表示。通常，所需的阳极电流密度随污水浓度而异。污水中污染物浓度大时，可适当提高电流密度；反之，则需降低电流密度。若污水浓度恒定，电流密度越大，电压亦越高，处理速度加快，电能耗量增加；但电流密度过大，电压过高，将影响电极使用寿命；电流密度小时，电压降低，电耗量减少，但处理速度缓慢，所需电解槽容积增大。适宜的电流密度由试验确定，可选择 COD 去除率高而耗电量低的点作为运转控制的指标。

(4) pH 值　污水的 pH 值对于电解过程操作很重要。如电解处理含铬污水时，pH 值低，则处理速度快，电耗少。这是因为污水被强烈酸化，可促使阴极保持经常活化状态，而且由于强酸的作用，电极发生较剧烈的化学溶解，缩短了 Cr^{6+} 还原为 Cr^{3+} 所需的时间。但 pH 值低，不利于 Cr^{3+} 的沉淀。因此，需要控制合适的 pH 值范围（通常 pH＝4～6.5)。含氰污水电解处理则要求在碱性条件下进行，以防止有毒气体氰化氢的挥发。氰离子浓度越高，要求 pH 值越大。

在采用电凝聚过程时，要使金属阳极溶解，产生活性凝聚体，需控制进水 pH 值在 5～6。进水 pH 值过高，易使阳极发生钝化，放电不均匀，并停止金属溶解过程。

(5) 搅拌作用　搅拌的作用是促进离子对流与扩散，减少电极附近浓差极化现象，并能起清洁电极表面的作用，防止沉淀物在电解槽中沉降。搅拌对于电解历时和电能消耗影响较大，通常采用压缩空气搅拌。

3.5.2 电解装置及特点

3.5.2.1 电解槽结构特点

用于工业废水连续处理的电解槽多为矩形。按槽内水流情况，可分为翻腾式、回流式两种；按电极与电源母线连接方式可分为单极式与双极式两种。

图 3-35 为翻腾式电解槽。整个电解槽用极板分成数段，槽内水流方向与极板面平行，水流沿着极板作上下翻腾流动。其特点是电极利用率高，施工、检修、更换极板都很方便，极板分组悬挂于槽中，在电解消耗过程中不会引起变形，可避免极板与极板、极板与槽壁互相接触，从而减少了漏电现象。但水流路线短，不利于离子的充分扩散，槽的容积利用率较

低。实际生产中多采用这种槽型。

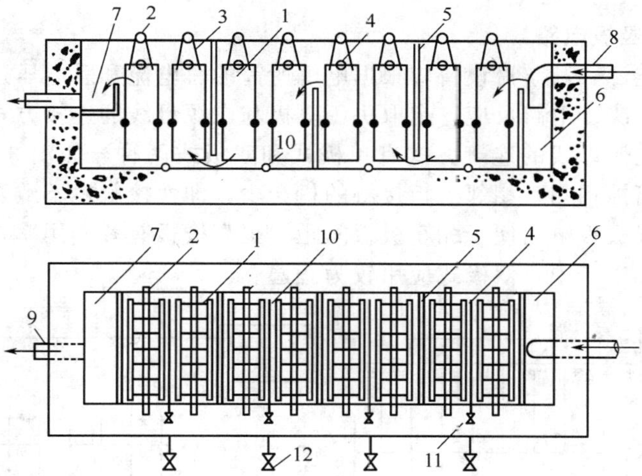

图 3-35　翻腾式电解槽

1—电极板；2—吊管；3—吊钩；4—固定卡；5—导流板；6—布水槽；7—集水槽；8—进水管；9—出水管；10—空气管；11—空气阀；12—排空阀

图 3-36 所示为回流式电解槽。槽中多组阴、阳电极交替排列，构成许多折流式水流通道。电极板与进水方向垂直，水流沿着极板往返流动。其特点是水流路线长，接触时间长，死角少，离子扩散与对流能力好，电解槽的利用率高，阳极钝化现象也较为缓慢，但更换极板比较困难。

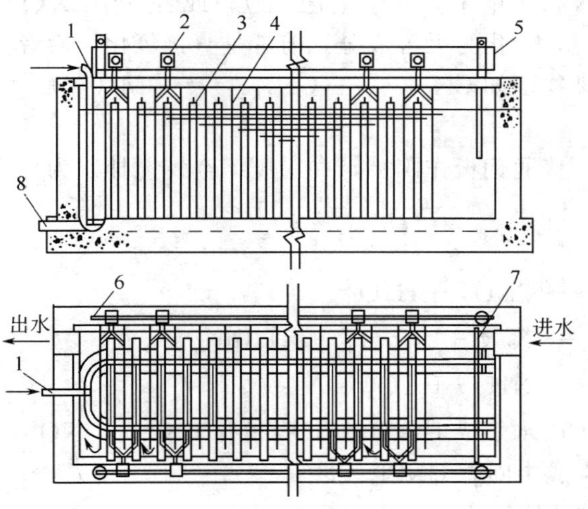

图 3-36　回流式电解槽

1—压缩空气管；2—螺钉；3—阳极板；4—阴极板；5—母线；6—母线支座；7—水封板；8—排空阀

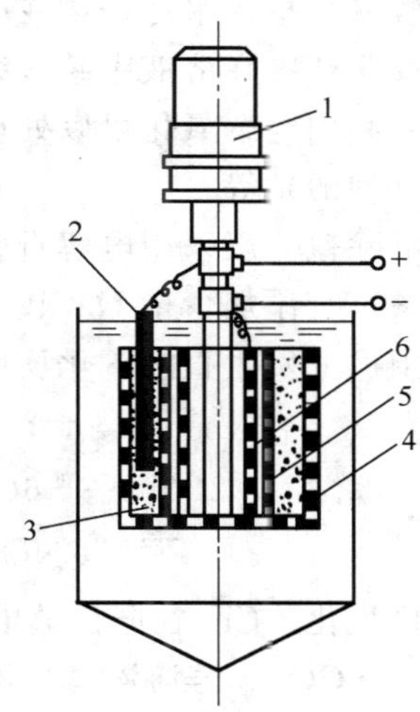

图 3-37　回转式电解槽示意

1—搅拌马达；2—石墨棒；3—铁屑；4—聚氯乙烯外框；5—聚氯乙烯内框；6—铁阴极筒

当作为电解凝聚处理或具有凝聚作用时，采用图 3-37 所示的回转式电解槽，将废铁屑或铝屑加入聚氯乙烯槽框中，并插入石墨棒作阳极，中心的铁管作阴极。在两极上施加直流电压，进行电解。送电后，阳极旋转，污水流动状态好，易于排出浮渣。另外由于搅拌作用，促进了凝聚体的凝聚。这种电解槽特点是利用废铁屑处理污水，以废治废；缺点是电极结构复杂，耗电量大。

3.5.2.2 电解槽的极板电路

电解需要直流电源，其整流设备应根据电解所需的总电流和总电压进行选择。电解所需的电压和电流，既取决于电解反应，也取决于电极与电源母线的连接方式。

电解槽电极与电源母线的连接方式有单极式和双极式两种，如图 3-38 所示。其中双极式极板电路中极板腐蚀均匀，相邻极板接触的机会少，即使接触也不致发生电路短路而引起事故，因此，双极式极板电路便于缩小极板间距，提高极板有效利用率，减小投资和节省运行费用等。故在实际生产中，双极式应用较为普遍。

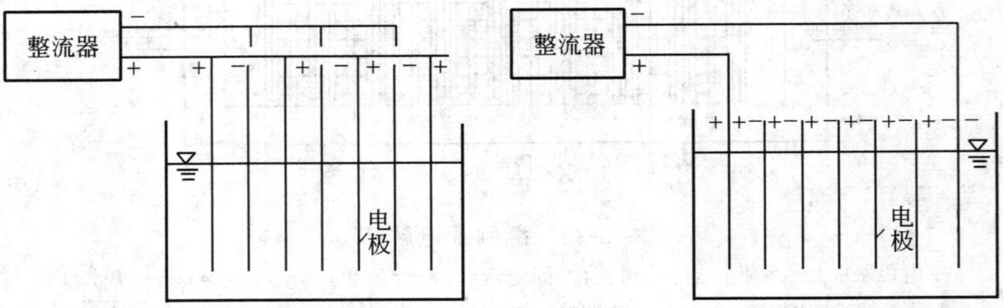

(a) 单极式电解槽　　(b) 双极式电解槽

图 3-38 电解槽的极板电路

3.5.3 电解法处理电镀废水实例

3.5.3.1 电解氧化处理含氰电镀废水

电解氧化指污水污染物在电解槽的阳极失去电子，发生氧化反应，或者发生二次反应，即电解反应产物在溶液中某些组分发生反应，转化为无害成分。前者是直接氧化，后者为间接氧化。利用电解氧化可以处理阴离子污染物，如 CN^-、$[Fe(CN)_6]^{3-}$、$[Cd(CN)_4]^{2-}$ 和有机物（如酚）等。

电解除氰一般采用电解石墨板作阳极，普通钢板作阴极，并用压缩空气搅拌。为提高污水电导率，宜添加少量 NaCl。

在阳极上发生直接氧化反应。

$$CN^- + 2OH^- - 2e^- \longrightarrow CNO^- + H_2O$$

$$2CNO^- + 6OH^- - 6e^- \longrightarrow N_2\uparrow + 2HCO_3^- + 2H_2O$$

$$CNO^- + 2H_2O \longrightarrow NH_3 + HCO_3^-$$

间接氧化：Cl^- 在阳极放电产生 Cl_2，Cl_2 水解成 HClO，ClO^- 氧化 CN^- 为 CNO^-，最终为 N_2 和 CO_2。若溶液碱性不强，将会生成中间态 CNCl。

在阴极发生析出 H_2 和部分金属离子的还原反应。

$$2H^+ + 2e^- \longrightarrow H_2\uparrow$$

$$Cu^{2+} + 2e^- \longrightarrow Cu$$

……

电解条件由含氰浓度、氧化速度、电极材料等因素确定。

电解除氰有间歇式和连续式流程，前者适用于污水量小，含氰浓度大于 100mg/L，且水质水量变化较大的情况，反之，则采用连续式处理。调节池和沉淀池停留时间各为 1.5～

2.0h，在间歇流程中，调节和沉淀也在电解槽中完成。

3.5.3.2 电解还原处理含铬电镀污水

电解还原主要用于处理阳离子污染物，如 Cr^{6+}、Hg^{2+} 等。目前在生产应用中，都是以铁板作为阳极，电解过程靠铁板溶解产生的亚铁离子去还原相应的金属离子。同时，由于电解时阴极析出了氢气，污水的 pH 值升高，使溶液中重金属离子以氢氧化物形式沉淀，达到净化的目的。

电解还原处理含铬污水时，其阳极与阴极发生的反应分析如下。

(1) 阳极反应　电解法处理含铬污水起始的 pH 值一般呈酸性，且在电解过程中加入氯化钠作为导电盐及阳极去极化剂，因此，阳极处于活化状态，发生铁的溶解反应。

$$Fe - 2e^- \longrightarrow Fe^{2+}$$

因 Fe^{2+} 有很强的还原性，Cr^{6+} 很快还原为 Cr^{3+}。

$$Cr_2O_7^{2-} + 6Fe^{2+} + 14H^+ \longrightarrow 2Cr^{3+} + 6Fe^{3+} + 7H_2O$$

$$CrO_4^{2-} + 3Fe^{2+} + 8H^+ \longrightarrow Cr^{3+} + 3Fe^{3+} + 4H_2O$$

当阳极局部钝化时，阳极区也会发生 OH^- 放电析出氧的反应。

$$4OH^- - 4e^- \longrightarrow O_2 + 2H_2O$$

(2) 阴极反应　阴极主要发生析出氢气的反应。

$$2H^+ + 2e^- \longrightarrow H_2$$

阴极也有极少量的 Cr^{6+} 直接还原。

$$Cr_2O_7^{2-} + 14H^+ + 6e^- \longrightarrow 2Cr^{3+} + 7H_2O$$

$$CrO_4^{2-} + 8H^+ + 3e^- \longrightarrow Cr^{3+} + 4H_2O$$

显然，电解处理含铬污水实际上是间接氧化还原反应过程。

随电解反应的进行，污水中的 H^+ 越来越少，溶液逐渐变为碱性（pH=7.5～9），并生成稳定的氢氧化物沉淀。

$$Cr^{3+} + 3OH^- \longrightarrow Cr(OH)_3\downarrow$$

$$Fe^{3+} + 3OH^- \longrightarrow Fe(OH)_3\downarrow$$

最后，将水和沉淀物分离，清水可循环使用或排放，达到除去污水中六价铬的目的。

电解含铬废水的工艺流程如图 3-39 所示。与含氰废水处理所不同的是，该工艺可间歇运行也可连续运行。图中调节池的功能是调节含铬废水的水量和均化水质，以保证电解效果的稳定。电解时加入适量氯化钠并用压缩空气搅拌。经电解后含有氢氧化铁和氢氧化铬等沉淀物的污水流到沉淀池使沉淀物与水分离，清水可以排放或经过滤后循环使用。沉淀池内含有大量水分的污泥排入污泥干化场脱水干化。

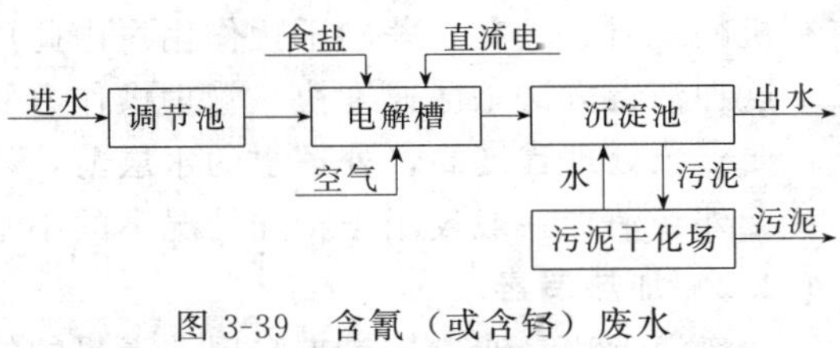

图 3-39　含氰（或含铬）废水电解法处理工艺流程

理论上还原 1g 六价铬需消耗电量 3.09A·h，实际上消耗 3.5～4.0A·h。一般投加食盐 1～1.5g/L，极板距 20～30mm，极水比 3～2dm^2/L，将含铬 50mg/L 及 100mg/L 的污水处理到 0.5mg/L 以下，电耗分别为 0.5～1.0(kW·h)/m^3 水及 1～2(kW·h)/m^3 水。

利用电解法氧化还原含铬废水，效果稳定可靠，操作管理简单，但需消耗大量电能及钢材，运转费用较高。

3.6 消毒

3.6.1 消毒的目的和方法

生活污水、医院污水及某些工业废水中，除含大量细菌外，还受到病原微生物的污染。这些借水传播的病原微生物，主要有细菌类、病毒类、原生动物类以及寄生虫类。因此，对这些污水进行处理过程中，必须严格消毒。另外，在城市给水厂中，水经过混凝沉淀和过滤后能除去不少细菌和其他微生物，但不能保证把所有的病原微生物全部根除，也必须进行水的消毒。消毒的目的就是要杀灭水中的病原微生物，防止疾病扩散，保护公用水体。

应该指出，不应把消毒与灭菌混淆，消毒是对有害微生物的杀灭过程，而灭菌是杀灭或去除一切活的细菌或其他微生物以及它们的芽孢。

消毒的方法很多，可归纳为化学法消毒与物理法消毒两大类。

化学法消毒是通过向水中投加化学消毒剂来实现消毒，在污水消毒处理中采用的主要化学消毒方法有氯化法、臭氧消毒法、二氧化氯消毒法等。

物理法消毒是应用热、光波、电子流等来实现消毒作用的方法。在水的消毒处理中，采用或研究的物理消毒方法有加热消毒、紫外线消毒、辐射消毒、高压静电消毒以及微电解消毒等方法。

3.6.2 物理法消毒

由于种种原因（如费用高、水质干扰因素多、技术不成熟等），目前物理消毒法尚难在污水消毒处理的生产实践中应用。因此，这里仅对一些方法进行简介。

3.6.2.1 紫外线消毒与加热消毒

紫外线消毒是一种利用紫外线照射污水进行杀菌消毒的方法。紫外线可杀灭微生物的生长和胚胎细胞，对病毒也有致死作用。紫外线消毒与其波长有关。当紫外线波长为200～295nm，有明显的杀菌作用，波长为260～265nm的紫外线杀菌力最强。

利用紫外线消毒的水，要求色度低，含悬浮物低，且水层较浅，否则，光线的透过力与消毒效果会受影响。当浊度不小于5度，色度不小于10^{-5}时，要先进行预处理。当水中存在有机物质时，具有显著的干扰作用。由此可见，紫外线消毒的应用范围有限。

这种消毒方法杀菌速度快，管理操作方便，不会生成有机氯化合物与氯酚味。主要缺点是：要求预处理程度高，处理水的水层薄，耗电量大，成本高，没有持续的消毒作用。

紫外线消毒一般仅用于特殊情况下的小水量处理厂。

3.6.2.2 加热消毒

加热消毒法是通过加热来实现消毒目的的一种方法。人们把自来水煮沸消毒后饮用，早已成为常识，是一种有效而实用的饮用水消毒方法。但是若把此法应用于污水消毒处理，则费用高。对于污水而言，加热消毒虽然有效，但很不经济，因此，这种消毒方法仅适用于特殊场合很少量水的消毒处理。

3.6.2.3 辐射消毒

辐射是利用高能射线（电子射线、γ射线、X射线、β射线等）来实现对微生物的灭菌消毒，对某结核病医院的污水经高压灭菌后，分别接种大肠菌、草分支杆菌（PHLI）、卡介苗（BCG），然后采用 Co^{60}，γ 射线（平均能量为 1.25MeV）进行辐射试验。结果表明，当照射总剂量为 25.8C/kg 时，可全部杀死大肠菌、PHLI、BCG。由于射线有较强的穿透能力，可瞬时完成灭菌作用，一般情况下不受温度、压力和 pH 值等因素的影响。可以认为，采用辐射法对污水灭菌消毒是有效的，控制照射剂量，可以任意程度地杀死微生物，而且效果稳定。但是一次投资大，还必须获得辐照源以及安全防护设施。

除上述物理消毒方法外，关于高压静电消毒、微电解消毒等新方法，在污水消毒处理中还处于探索阶段或初期研究阶段。

3.6.3 化学法消毒

3.6.3.1 氯化法消毒

氯化法消毒起源于 1850 年。1904 年英国正式将它用于公共给水的消毒。常用的化学药剂有液氯、漂白粉、漂粉精和氯片等。这些消毒剂的杀菌机理基本上相同，主要靠水解产物次氯酸的作用，故统称为氯系消毒剂。

（1）氯的性质及消毒作用　氯是工业上主要的消毒剂，通常在一定压力下以液氯形式装瓶供应。在气态时呈黄绿色，约为空气重的 2.48 倍。液氯为琥珀色，约为水重的 1.44 倍。氯有刺激臭，有毒，当空气中氯气浓度达 40～60mg/L 时，呼吸 0.5～1h 即有危险。其标准氧化还原电极电位 $E^{\ominus}/(Cl_2/2Cl^-)=1.36V$，故 Cl_2 有很强的氧化能力。

① 氯与水的作用　氯微溶于水，10℃时的最大溶解度约为 1%。当水中加入氯后即能发生水解反应。

$$Cl_2 + H_2O \longrightarrow HClO + H^+ + Cl^-$$

这个反应基本上在几分钟内完成。次氯酸（HClO）是一种弱酸。又进而在瞬间离解为 H^+ 和 ClO^-，并达到平衡。

$$HClO \rightleftharpoons H^+ + ClO^-$$

电离常数为

$$K=\frac{[H^+][ClO^-]}{[HClO]}$$

由此可推得

$$\lg\frac{[ClO^-]}{[HClO]}=\lg K+pH$$

可见，水中 HClO、ClO^- 所占的比例随水温及溶液中 pH 值而变化。其关系如图 3-40 所示。

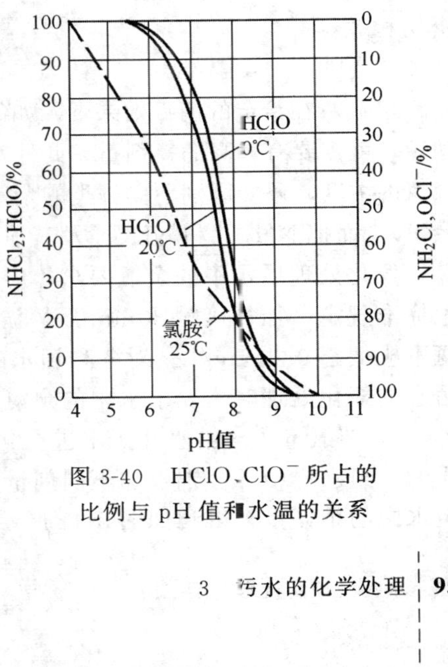

图 3-40　HClO、ClO^- 所占的比例与 pH 值和水温的关系

一般认为：Cl_2、HClO 和 ClO^- 均具有氧化能力，但 HClO 的杀菌能力比 ClO^- 强得多，大约要高出 70～80 倍以上。这是因为 HClO 系中性分子，可以扩散到带负电的细菌表面，并穿过细胞膜渗入细菌体内。由于氯原子的氧化作用破坏了细菌体内的酶而使细菌死亡。ClO^- 则带负电，难于靠近带负电的细菌，所以虽有氧化作用，也难起到消毒作用。

通常把以 HClO 与 ClO^- 的形式存在于水中的氯称为游离有效氯。从图 3-40 可知，当 pH＞8.5 时，80%以上的游离氯以 ClO^- 存在；而 pH＜7 时，80%以上呈 HClO 形式存在。前已述及，HClO 消毒能力

比 ClO^- 要强多得，由此可见，控制低的 pH 值有利于消毒操作。

② 氯与氨的作用　氯和次氯酸不仅能与细菌作用，杀死细菌，也能与存在于水中的多种物质作用。当水中有氨存在时，氯和次氯酸极易与氨化合成各种氯胺。

$$NH_3 + HClO = H_2O + NH_2Cl$$

$$NH_3 + 2HClO = 2H_2O + NHCl_2$$

$$NH_3 + 3HClO = 3H_2O + NCl_3$$

NH_2Cl、$NHCl_2$ 和 NCl_3 分别称为一氯胺、二氯胺和三氯胺（三氯化氮）。各种氯胺生成的比例与水的 pH 值及起始氯氨比密切有关。各种氯胺比例与 pH 值的关系见图 3-40。从图可知，当水的 pH 值在 5～8.5 之间时，NH_2Cl 与 $NHCl_2$ 同时存在，但 pH 值低时，$NHCl_2$ 较多。NCl_3 要在 pH 值低于 4.4 时才产生，在一般自来水中不大可能形成。各种氯胺也具有杀菌能力。通常 $NHCl_2$ 的杀菌能力比 NH_2Cl 强，因此，从氯胺角度看，pH 值低些也是有利于消毒的。

其实，各种氯胺的消毒作用还是缘于次氯酸（即氯胺的缓慢水解生成次氯酸）。但它们的杀菌能力不及 HClO 强，而且杀菌作用进行得比较缓慢。因此，通常将氯与氨或其他有机氮呈化学结合存在于水中的氯（各种氯胺）称为化合有效氯。

氯胺杀菌作用虽比较慢，但氯胺在水中较为稳定，杀菌的持续时间长。利用这个特性，有些水厂（如北京、天津和大连等地）在消毒加氯的同时，还外加一些氨（如液氨、氯化铵或硫酸铵等），使形成一定量的氯胺。这种消毒方法就叫做氯胺消毒法。

③ 氯与其他杂质的作用　氯还可以与水中的其他杂质，特别是还原性物质起化学作用。Fe^{2+}、Mn^{2+}、NO^{2-}、S^{2-} 等都是水中可能存在的一些无机性还原物质。水中也可能含有有机性的还原物质，尤其是在污水的消毒过程中。这些还原性物质都可能受到氯的氧化，并影响氯的消毒作用，因此也要消耗一部分投加的氯气。

(2) 加氯量的确定　氯化法消毒所需的加氯量，应满足两个方面的要求：一是在规定的反应终了时，应达到指定的消毒指标；二是出水要保持一定的剩余氯，使那些在反应过程中受到抑制而未杀死的致病菌不能复活。通常把满足上述两方面要求而投加的氯量分别称为需氯量和余氯量。因此，用于污水或原水消毒的加氯量应是需氮量与余氯量之和。污水或给水消毒的加氯量应经试验确定。

① 余氯种类和余氯量　氯消毒时，消毒效果（K）与氯的剂量（C）和接触时间（t）密切相关。

$$K \propto C^n t \quad (n>0) \tag{3-13}$$

可见，在给定的消毒效果下，如氯和水有较长的接触时间，低的氯剂量就够了，若接触时间短，就需要有较高的氯剂量。此外，消毒效果还与有效氯的种类有关。因此，不仅要测知总余氯的浓度，还要区别不同种类的余氯。通常把 Cl_2、HClO 和 ClO^- 称为游离性余氯（自由性余氯），而把 NH_2Cl 和 $NHCl_2$ 及其他氯胺化合物称为化合性余氯。两者之和是总余氯。

氯化处理后水中的余氯要求，应根据水处理的目的和性质而定。如中国的生活饮用水卫生标准规定，加氯接触 30min 后，游离性余氯不应低于 0.3mg/L，管网末梢水的游离性余氯不应低于 0.05mg/L；对各种污水的氯化处理，也有相应的余氯量指标控制要求，如含氰污水的氯化处理时，要求水中的余氯量为 2～5mg/L。

② 加氯量　对给水和污水进行氯化处理时，所需的加氯量通常由实验确定：在相同水质的一组水样中，分别投加不同剂量的氯或漂白粉，经一定接触时间（15～30min）后，测定水中的余氯量，得到如图 3-41 所示的余氯量与加氯量的关系曲线（称需氯量曲线）。依据

此曲线，并根据余氯量指标，即可确定所需的加氯量。

图中虚线（该线与坐标轴的夹角为45°）表示水中无杂质时，加氯量与余氯量相等。同一加氯量下，虚线与实线的纵坐标差（b）代表水中微生物和杂质的耗氯量。通常可把实线分成四个区：在1区内，氯先与水中所含的还原性物质（如 NO_2^-、Fe^{2+}、S^{2-} 等）反应，余氯量为0，在此过程中虽然也会杀死一些细菌，但消毒效果不可靠。在2区内，投加的氯基本上都与氨化合成氯胺，以化合性余氯存在，有一定的消毒效果。在3区内仍然是化合性余氯，但由于加氯量较大，部分氯胺被氧化为 N_2O、N_2 或 HCl，化合性余氯量反而逐渐减少，直至降到最小值 B 点。称 B 点为折点，表示余氯存在形式的转折点。折点 B 以前的余氯全都是化合性余氯，没有游离性余氯。折点 B 以后即进入4区，此时实线与虚线平行。说明所增加余氯量完全以游离性余氯存在。这一区内既有化合性余氯，又有游离性余氯，消毒效果最好。当按大于需氯量曲线上所出现折点 B 的量来加氯时，常称为折点氯化法。

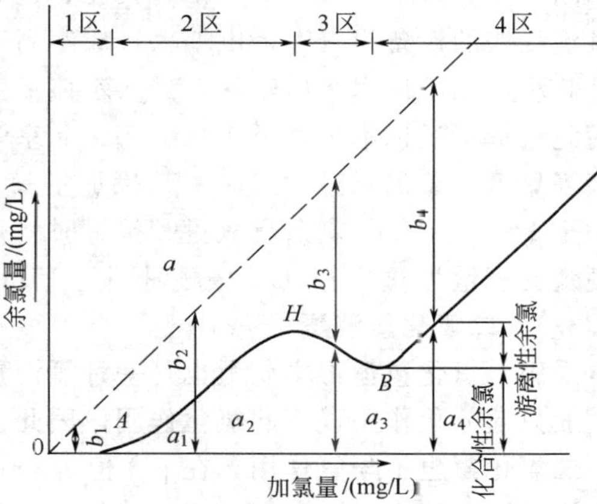

图3-41 需氯量曲线

当无实测资料时，对生活污水，其加氯量可参照如下数值：一级处理后的污水采用20～30mg/L，二级处理后的污水采用8～15mg/L；对一般的地面水经混凝沉淀过滤后或清洁的地下水，加氯量可采用1.0～1.5mg/L，一般的地面水经混凝沉淀而未经过滤时，可采用1.5～2.5mg/L。

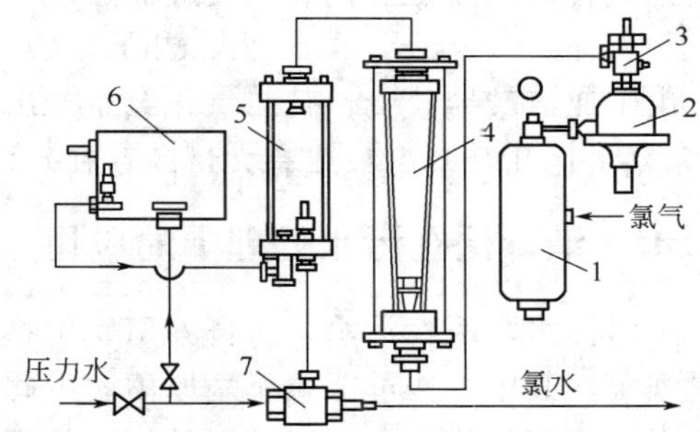

图3-42 ZJ型转子加氯机

1—旋风分离器；2—弹簧膜阀 3—控制阀；4—转子流量计；5—中转玻璃罩；6—平衡水箱；7—水封器

(3) 加氯设备 加氯设备通常都采用加氯机。国内最常用的加氯机有转子加氯机和真空加氯两种。图3-42为常用的ZJ型转子加氯机。其工作原理是：来自氯瓶的氯气首先进入旋风分离器1，再通过弹簧膜阀2和控制阀3进入转子流量计4和中转玻璃罩5，经水射器7与压力水混合，溶解于水中被送至加氯点。各部分作用如下：旋风分离器用于分离氯气中可能存在的悬浮杂质，如铁锈、油污等，其底部有旋塞可定期打开以清除杂质；弹簧膜阀系减压阀门，能保证氯瓶内安全压力大于0.1MPa，如小于此压力，该阀即自动关闭，并起到稳压作用；控制阀和转子流量计用来控制和测定加氯量；中转玻璃罩用以观察加氯机的工作情况，同时起稳定加氯量，防止压力水倒流和当水源中断时破坏罩内真空的作用；平衡水箱可以补充和稳定中转玻璃罩内水量，当水流中断时自动暴露单向阀口，吸入空气使中转玻璃罩真空破坏；水射器的作用是从中转玻璃罩内抽吸所需的氯，使其与水混合并溶解，同时使玻璃罩内保持负压状态。

具体操作时应按产品使用说明书的规定进行操作。因氯有毒，故氯的运输、贮存及使用应特别谨慎小心，确保安全。加氯设备的安装位置应尽量靠近加氯点。加氯设备应结构坚固，防冻保温，通风良好，并备有检修及抢救设备。

3.6.3.2 臭氧法消毒

臭氧具有很强的氧化能力，仅次于氟，约是氯的两倍。因此，臭氧的消毒能力比氯更强。臭氧消毒法的特点是：消毒效率高，速度快，几乎对所有的细菌、病毒、芽孢都是有效的；同时能有效地降解水中残留有机物、色、味等；pH 值、温度对消毒效果影响很小。但臭氧消毒法的设备投资大，电耗大，成本高，设备管理较复杂。

此法适用于出水水质较好，排入水体卫生条件要求高的污水处理场合。一些国家的水厂采用此法消毒的也不少，近年来上海、北京等地的水厂也有使用。

当臭氧用于消毒过滤水时，其投加量一般不大于 1mg/L，如用于去色和除臭味，则可增加至 4～5 mg/L。剩余臭氧量和接触时间是决定臭氧处理效果的主要因素。一般说，如维持剩余臭氧量为 0.4mg/L，接触时间为 15min，可得到良好的消毒效果，包括杀灭病毒。

3.6.3.3 二氧化氯消毒

采用二氧化氯消毒本质上也是一种氯消毒法，但它具有与通常氯消毒不同之处：二氧化氯一般只起氧化作用，不起氯化作用，因此它与水中杂质形成的三氯甲烷等比氯消毒要少得多。二氧化氯也不与氨作用，在 pH 值为 6～10 范围内的杀菌效率几乎不受 pH 值影响。二氧化氯的消毒能力次于臭氧，但高于氯。与臭氧比较，其优越之处在于它有剩余消毒效果，但无氯臭味。二氧化氯有很强的除酚能力。

二氧化氯由亚氯酸钠和氯反应而成。

$$2NaClO_2 + Cl_2 \longrightarrow 2ClO_2 + 2NaCl$$

由于亚氯酸钠较贵，且二氧化氯生产出来即须应用，不能贮存，所以只有水源严重污染（如含氨量达几个 mg/L 或有大量酚存在）而一般氯消毒有困难时，才采用二氧化氯消毒。

3.6.4 消毒法在污水处理中的应用

生活污水，医院污水，禽畜养殖、生物制品和食品、制药等部门产生的污水通常都含有大量细菌，其中一些可能属于病原菌。因此，这些部门的污水在排放前必须进行消毒处理，以免引起疾病的传播。现以某医院污水处理为例，简要介绍其污水消毒工艺。

图 3-43 为该医院采用的污水处理流程。从中可看出，污水经二级（生化）处理后［生化处理采用接触氧化池，池内设有波形填料，其填料间距为 3cm，上升流速为 8.1m/h，填料表面水力负荷为 $0.05m^3/(m^2 \cdot h)$，接触氧化时间为 20min］，进行消毒处理。其消毒方法采用氯化法，消毒设备为接触消毒池。接触消毒池的投氯量为 20mg/L，接触消毒时间为 1h。消毒后污水的余氯量为 2～3mg/L。该医院污水处理的水质净化效果如表 3-9 所示。

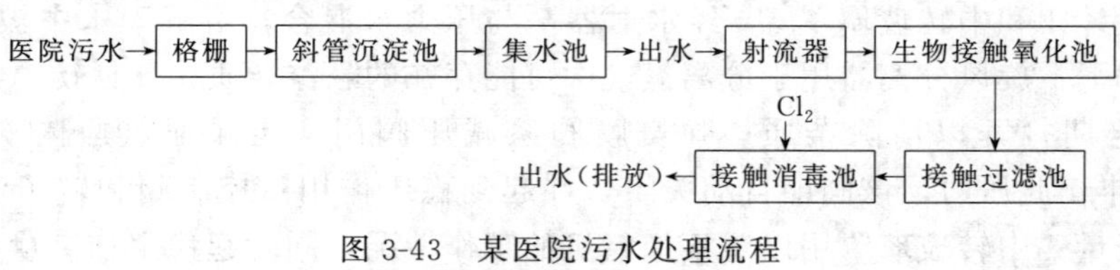

图 3-43 某医院污水处理流程

表 3-9 某医院污水处理的水质净化效果

项目	原污水	生物接触池出水	过滤池出水	消毒池出水
BOD_5/(mg/L)	75.70	15.23	9.91	7.70
COD_{Cr}/(mg/L)	134.26	48.99	35.82	35.36
悬浮物/(mg/L)	127.00	32.20	33.45	24.10
细菌总数/(个/mL)	1.5×10^8	1.4×10^5		60
大肠菌数/(个/L)	9.4×10^{10}	9.4×10^9		<9

习题及思考题

1. 填空题

(1) 中和处理的目的是________________________，常见的中和法有____________、____________、____________。

(2) 过滤中和处理硫酸污水时，进水硫酸浓度应控制在________，原因是______________。

(3) 中和投药的方式有________和________两种。

(4) 混凝机理包括__________、________、________、________四种作用；铝盐混凝剂主要起______________的作用，而高分子混凝剂则为____________。

(5) 电解处理含铬污水时，由于________________________的缘故，其 pH 值应控制在合适的范围，一般取 pH=________；而处理含氰污水则要求在__________下进行。这是因为____________________的缘故。

2. 判断题

(1) 中和处理与 pH 值调节是同一概念。( )

(2) 酸性污水中和处理中常用的中和剂是石灰。( )

(3) 投加助凝剂的作用是减弱混凝效果，生成粗大、结实易于沉降的絮凝体。( )

(4) 混凝工艺中的反应阶段要求快速和剧烈搅拌，在几秒钟或一分钟内完成。( )

(5) 化学氧化法常用的氧化剂有臭氧、液氯、次氯酸钠、空气等。( )

(6) 电解法处理污水时，所需的阳极电流密度随污水浓度变而变。( )

(7) 氯消毒与氯胺消毒的原理是一致，且消毒效果也一样。( )

3. 简答题

(1) 含盐酸污水量 $100m^3/d$，其中盐酸浓度为 5g/L，用石灰石进行中和处理，石灰石的有效成分占 50%，试求石灰石的用量。

(2) 什么是胶体的双电层与 ζ 电位？对胶体的脱稳有何影响？

(3) 化学混凝法适用条件是什么？城市污水的处理可否用化学混凝法，为什么？

(4) 化学混凝剂在投加时为什么必须立即与处理水充分混合剧烈搅拌？

(5) 常见澄清池有哪几种？机械加速澄清池的工作原理如何？

(6) 化学沉淀法处理含金属离子的水有何优缺点？

(7) 有 Na_2CO_3 溶液 1L，浓度为 1.2×10^{-3} mol/L，另有 $CaCl_2$ 溶液 1L，浓度为 1×10^{-3} mol/L，若把二者混合，判断是否会发生 $CaCO_3$ 沉淀。

(8) 投石灰以除去污水中的 Zn^{2+}，生成 $Zn(OH)_2$ 沉淀。当 pH=7 和 9 时，问溶液中 Zn^{2+} 的浓度各有多少 (mg/L)？

(9) 用氢氧化物沉淀法处理含镉污水，若欲将 Cd^{2+} 浓度降到 0.1mg/L，问需将溶液的 pH 值提高到多少？

(10) 氧化还原法有何特点？是否污水中的杂质必须是氧化剂或还原剂才能用此方法？

(11) 如何运用氧化还原电位数值判断氧化还原反应的可能性？

(12) 用氯处理含氰污水时，为何要严格控制溶液的 pH 值？

(13) 臭氧氧化的主要设备是什么？有什么类型？各适用于什么情况？

(14) 电解可以产生哪些反应过程？对水处理可以起什么作用？

(15) 电解氧化除氰、电解还原除铬与化学氧化除氰、化学还原除铬有什么相同与不同之处？

(16) 为什么在水消毒中广泛采用氯作为消毒剂？近年来发现了什么问题？并简述水中加氯消毒的原理。

(17) 某污水在 20℃时的需氯量试验结果如下。

加氯量/(mg/L)	余氯量(接触时间 15min)/(mg/L)	加氯量/(mg/L)	余氯量(接触时间 15min)/(mg/L)
0.20	0.19	1.00	0.20
0.40	0.37	1.20	0.40
0.60	0.51	1.40	0.60
0.80	0.50	1.60	0.80

① 绘制需氯量曲线。

② 指出达到折点时的加氯量。

③ 指出在加氯量为 1.20mg/L 时的需氯量。

技能训练　混凝实验

一、实验目的

1. 了解混凝的现象及过程，净水作用及影响混凝的主要因素。

2. 确定混凝剂的最佳投加量及其相应的 pH 值。

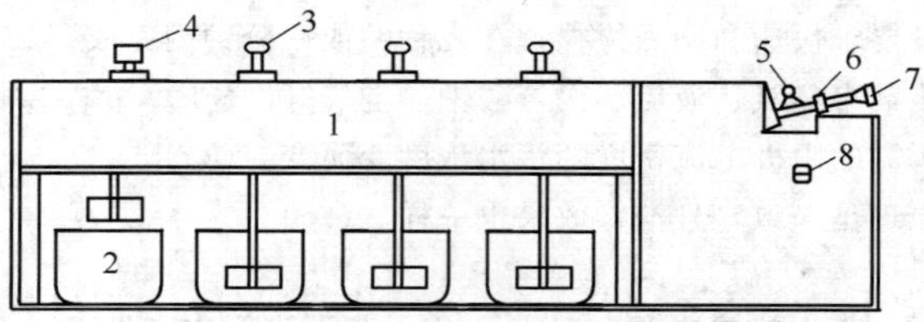

图 3-44　混凝试验台

1—试验台；2—烧杯；3—搅拌器；4—离合器；5—调速拉钮；6—计数器；7—调速杆；8—开关

二、实验设备

混凝试验台（可变速，25～150r/min，见图 3-44）；1000mL 烧杯、25mL 量筒；转速表、温度计、pH 计；有关水质测定的药品和仪器。

三、实验水样

1. 河水或自配水样。

2. 某种工业废水。

四、实验步骤

1. 熟悉混凝试验台的操作，选择适当的混合搅拌转速（120～150r/min）、混合时间（1～3min，可取 1min）、反应搅拌转速（20～40r/min，太快会打碎矾花，太慢会使矾花沉淀）、反应时间（10～30min，可取 10min）。

2. 测定水样的水温及水质（pH 值、浑浊度或悬浮固体，必要时还要测 COD）。

3. 在烧杯中，各注入混合均匀的水样 1000mL（也可用 800mL 烧杯，注入水样 500mL），将烧杯装入搅拌机，注意叶片在水中的相对位置应相同。

4. 根据水样的性质选择各个烧杯的加药量，并置入量筒中准备投加。

5. 按混合搅拌速度开动搅拌机，并同时在各烧杯中倒入混凝剂溶液。当预定的混合时间到达后，立即按预定的反应搅拌速度搅拌。在预定的反应时间到达后，即停止搅拌。

6. 在反应搅拌开始后，就注意观察各个烧杯中有无矾花产生，矾花大小及松散密实程度。反应搅拌结束后，轻轻提起搅拌叶片（注意不要搅拌水样），并静置沉淀 20min。注意观察矾花的沉淀情况。

7. 沉降时间到达后，同时取出各烧杯中的澄清水样，测定有关水质指标，从而确定最佳投药量及相应的 pH 值；或者推荐的投药量（水质虽非最佳，但从经济考虑已可满足生产的需要）及相应的 pH 值。估算最佳或推荐投药量时的污泥沉降比。

8. 如果所得结果不甚理想而有必要调整 pH 值时，可在第 7 步所选定的投药量的基础上进行不同 pH 值的实验（pH 值可用 NaOH 或 H_2SO_4 溶液调整）从而求得较佳的 pH 值。进行综合考虑，得出最佳投药量和 pH 值。

9. 如果由一组实验的结果得不出混凝剂用量的结论，或者需要更准确地求出混凝剂用量或 pH 值时，则应根据对实验结果的分析，对混凝剂用量或 pH 值的变化方向作出判断，变化或缩小投药范围，进行另一组混凝实验。

10. 如有必要，可做多种混凝剂的实验，以确定最优的混凝剂及其用量和相应的 pH 值。

五、注意事项

1. 取水样时，必须使水样混合均匀，以保证各个烧杯中的水样性质相同。
2. 注意避免某些烧杯中的水样受到热或冷的影响，各烧杯中水样温度差应小于 0.5℃。
3. 注意保证搅拌轴放在烧杯中心处，叶片在杯内的高低位置应一样。
4. 从烧杯中吸出澄清水时，应避免搅动已经沉淀的矾花。
5. 测定水质时应选用同一套仪器进行，避免不同仪器带入的误差。

六、对实验结果整理与讨论

1. 实验数据记录

水样名称：　　　　　　　　取样地点：　　　　　　　　取样日期：

实验日期：　　　　　　　　实验人：　　　　　　　　　同组人：

混合时间：______ min；　搅拌速度：______ r/min；反应时间：______ min；搅拌速度：______ r/min；沉降时间：______ min。

实验水样体积（注入各个烧坏的水样量）：______ mL。

A. 改变混凝剂用量

混凝剂种类：__________；溶液浓度：__________。

每 1000mL（或 500mL）水样投入 1mL 混凝剂溶液后折合浓度为______ mg/L。

助凝剂种类：____________；溶液浓度：____________。

每 1000mL（或 500mL）水样投入 1mL 助凝剂溶液后折合浓度为______ mg/L。

项目		原水	1号	2号	3号	4号
投药量	混凝剂/(mg/L)					
	助凝剂/(mg/L)					
水温/℃						
pH 值						
出现矾花时间/min						
矾花沉淀情况						
浑浊度						
污泥沉降比/%						

注：实验中泥量往往很少不易测定，可取近似值。

B. 改变 pH 值

混凝剂种类：________；投药量：________ mg/L。

NaOH 溶液浓度：__________；H_2SO_4 溶液浓度：__________。

每 1000mL（或 500mL）水样投入 1mL NaOH（或 H_2SO_4）溶液后折合浓度为__________ mg/L。（实验数据记录表格式同上）

2. 实验结果分析与讨论

（1）以澄清水浑浊度（或其他水质指标）为纵坐标，以混凝剂投加量为横坐标，绘出浑浊度与投药量的关系曲线，并从图上求出最佳混凝剂投加量。

（2）绘出浑浊度与 pH 值关系曲线，从图上求所加混凝剂的混凝最佳 pH 值及适用范围。

（3）本实验与水处理实际情况有哪些差别？应如何改进？

4 污水的物理化学处理

4.1 气浮

气浮法亦称浮选，它是从液体中除去低密度固体物质或液体颗粒的一种方法。是通过空气鼓入水中产生的微小气泡与水中的悬浮物黏附在一起，靠气泡的浮力一起上浮到水面而实现固液或液液分离的操作。其处理对象是：靠自然沉降或上浮难以去除的乳化油或相对密度近于 1 的微小悬浮颗粒。

在污水处理领域，浮选广泛应用于：分离地面水中的细小悬浮物、藻类及微絮体；代替二次沉淀池，分离和浓缩剩余活性污泥；浓缩化学混凝处理产生的絮状化学污泥；回收含油污水中的悬浮油及乳化油；回收工业废水中的有用物质，如造纸厂污水中的纸浆纤维等。

4.1.1 气浮原理

4.1.1.1 水中悬浮物向气泡黏附的条件

浮选过程包括微小气泡的产生、微小气泡与固体或液体颗粒的黏附以及上浮分离等步骤。实现浮选分离必须满足两个条件：一是必须向水中提供足够数量的微小气泡；二是必须使分离的悬浮物黏附于气泡而上浮达到分离。后者则是气浮的最基本条件。

水中通入气泡后，并非任何悬浮物都能与之黏附。这取决于该物质的润湿性，即被水润湿的程度。通常把容易被水润湿的物质称为亲水性物质，反之，难以被水润湿的物质称为疏水性物质。水对各种物质润湿性的大小，可用它们与水的接触角 θ（以对着水的角为准）来衡量。接触角是气、液、固三相界面处于平衡状态时由界面张力所形成的。设有同一种液体，分别和具有不同表面特征的固体物接触时，可出现两大类型的气、液、固三相界面上的平衡状态，如图 4-1 所示，$\theta>90°$和 $\theta<90°$两大类。

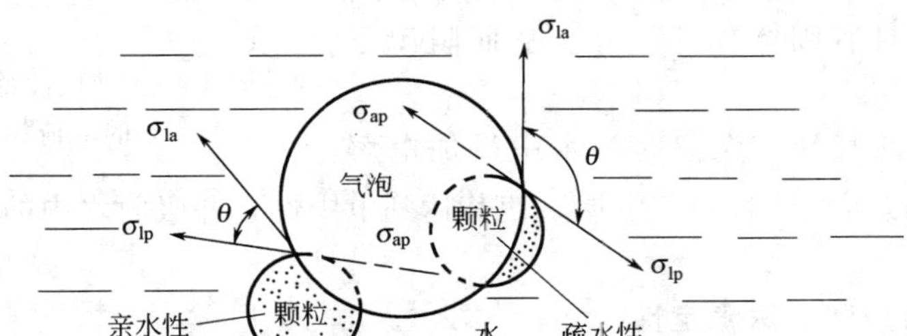

图 4-1 亲水性和疏水性颗粒的接触角

图 4-1 中，σ_{la} 为液体-气体界面张力；σ_{lp} 为液体-固体界面张力；σ_{ap} 为气体-固体界面张力。接触角越小，表示固体物被水润湿性能强，即亲水性强。反之，接触角越大，表示固

体物被水润湿性弱，即亲水性弱。当 $\theta \to 180°$时，这种物质最易被气浮。若 $\theta > 90°$，则颗粒为疏水性，容易与气泡黏附，可直接用气浮法去除；若 $\theta < 90°$，则颗粒为亲水性，不易与气泡黏附。当 $\theta \to 0°$时，这种物质不能气浮。对于细小的亲水性颗粒，若用气浮法进行分离，需要投加浮选剂，使其表面特性变成疏水性，才可与气泡黏附。浮选剂是一种能改变水中悬浮颗粒表面润湿性的表面活性物质，通常由极性基团及非极性基团所组成，为双亲分子，即对亲水、疏水性物质都亲密的意思。浮选剂的极性基团能选择性地被亲水物质所吸附，非极性基则指向水相，这样，亲水性物质的表面则具有疏水性而黏附在气泡上，并随气泡一起上浮至水面形成浮渣而被除去。

浮选剂种类很多，按其作用不同，可分为捕收剂、起泡剂、调整剂等。捕收剂能改善颗粒-水溶液界面、颗粒-空气界面自由能，提高可浮性。常见品种有硬脂酸、脂肪酸及其盐类、胺类等。起泡剂的作用是确保产生大量微细且均匀的气泡，并保持泡沫的稳定。通常为表面活性剂，但其用量不能超过限度，否则泡沫在水面上聚集过多，由于严重乳化，将显著降低气浮效果。调整剂的作用是提高气浮过程的选择性、加强捕收剂的作用并改善气浮条件。调整剂包括抑制剂、活化剂和介质调整剂三类。

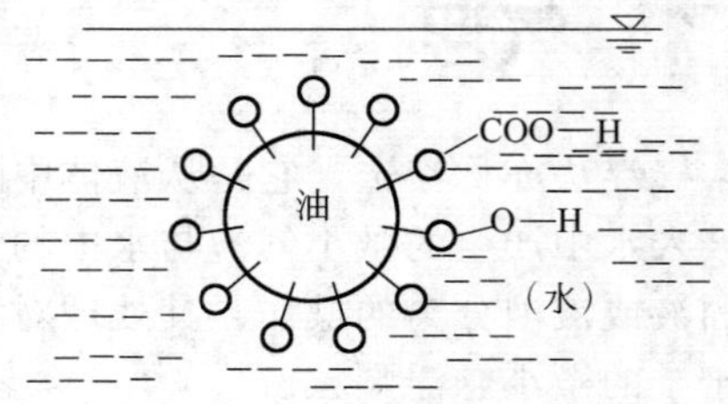

图 4-2　表面活性物质在水中与油粒的黏附状态

4.1.1.2　界面电现象及混凝剂脱稳

气浮法处理乳化油时，应投加混凝剂使其破乳脱稳。水中的乳化油在自然静置中能长期稳定而不上浮的原因是：污水中包含有某些表面活性物质，这种物质分子中的非极性端吸附在油粒内，而极性端则伸向水内，如图 4-2 所示。例如，皂性极性端在水中电离后，油粒界面形成核基团 COO^-，导致油粒界面包围了一层负电荷，由此产生双电层现象，其 ζ 电势阻碍着油粒的互相黏聚，使乳化油形成稳定的体系。另外是固体粉末的影响。在污水中，亲水性的固体粉末，如黏土等，$0° < \theta < 90°$，也能使乳化油稳定，故称其为固体乳化剂。因固体粉末的一小部分被油润湿，大部分面积被水润湿，如图 4-3 所示，这就好像油粒具有固体外壳一样，从而阻碍了油粒的互相黏聚。

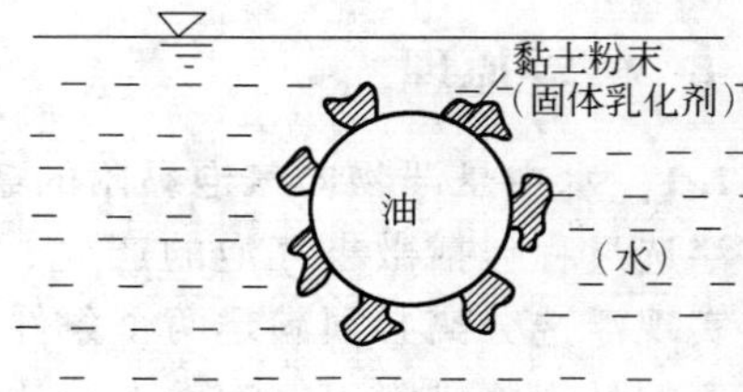

图 4-3　固体粉末在水中与油粒的黏附状态

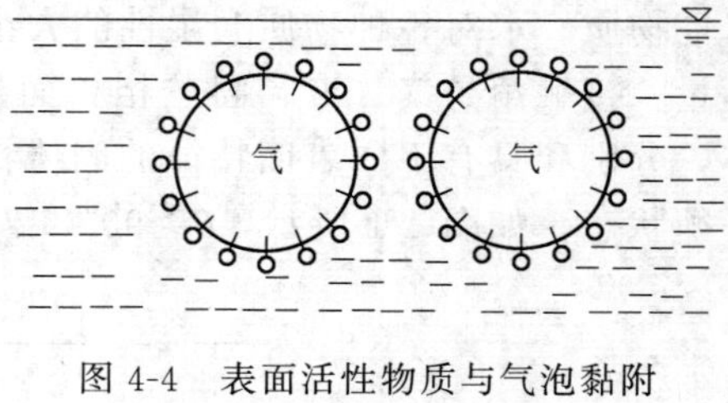

图 4-4　表面活性物质与气泡黏附的电荷相斥作用

因此，乳化油的气浮，先应向污水中投加电解质，如硫酸铝等，以压缩油粒的双电层，使其达到电中性，并吸附水中的固体粉末，再随气泡浮上。

4.1.1.3　气泡分散度和泡沫稳定性

在气浮过程中，需要形成大量的微细而均匀的气泡作为载体，与被浮选物质吸附。气浮效果的好坏很大程度上取决于水中空气的溶解量、饱和度、气泡的分散程度及稳定性。

（1）微气泡数量及分散度　气泡量愈多，分散度愈高，则气泡与悬浮颗粒接触、黏附的机会愈多，气浮效果就愈好。实践证明，气泡直径在 100μm 以下才能很好地附着在悬浮物上面。如果形成大气泡，在上升过程中将产生剧烈的水力搅动，产生的惯性撞击力不仅不能使气泡很好地附着在颗粒表面，反而撞碎矾花颗粒，甚至把已附着的小气泡也撞开。其次，鼓入水中一定量的空气，如果形成大气泡，则表面积将显著减少。例如，一个直径 1mm 的气泡所含的空气相当于 8000 个 50μm 直径的气泡所含有的空气，后者的总表面积为前者的 400 倍。这样为数众多和表面积巨大的微细气泡与悬浮物的撞击黏附的机会必然就多，气浮效率也就增大了。

（2）泡沫稳定性　水面上的泡沫应保持一定程度的稳定性，但又不能过于稳定，过分稳定的泡沫难以运送和脱水。泡沫最适宜的稳定时间是数分钟。为此，在污水中应含有一定浓度的表面活性物质。表面活性物质虽然具有能使油珠乳化稳定的不利一面，但又具有促进气泡在水中弥散的有利一面。表面活性物质的非极性端伸入气相，极性端伸向水中，由于电荷的相斥作用，防止气泡兼并（见图 4-4），起到起泡剂的作用。

对污染物质含量不太多的污水，气泡的分散性可能成为控制气浮效果的主要因素。在这种情况下，污水中存在着适量的表面活性物质是适宜的。但是当其数量超过一定的限度后，表面活性物质使油类严重乳化的现象又转化为控制浮选效果的主要因素，这时尽管起泡现象强烈，泡沫形成良好，但浮选效果却很差。

4.1.2　气浮设备形式及计算

气浮法按气泡产生方法的不同，可分为充气气浮、溶气气浮及电解气浮三类。

4.1.2.1　充气气浮

充气气浮是利用机械剪切力，将混合于水中的空气粉碎成细小的气泡，以进行浮选的方法。充气气浮所形成的气泡直径大约为 1000μm。充气气浮按粉碎气泡方法的不同，分为水泵吸水管吸气气浮、射流气浮、扩散板曝气气浮以及叶轮气浮等四种。而广泛使用的是叶轮气浮。

（1）叶轮气浮　叶轮气浮设备如图 4-5 所示。在气浮池底部设有旋转叶轮，在叶轮的上部装着带有导向叶片的固定盖板，盖板上有孔洞。当电动机带动叶轮旋转时，在盖板下形成负压，从空气管吸入空气，污水由盖板上的小孔进入，在叶轮的搅动下，空气被粉碎成细小的气泡，并与水充分混合成为水气混合体，甩出导向叶片之外，导向叶片使水流阻力减小，又经整流板稳流后，在池体内平稳地垂直上升，进行浮选。形成的泡沫不断地被刮板刮出池外。

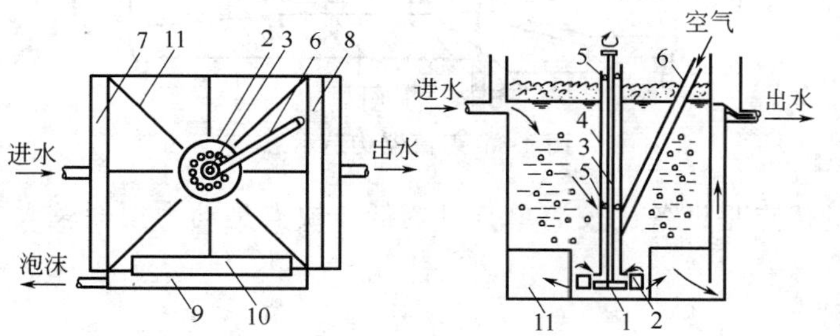

图 4-5　叶轮气浮设备构造示意

1—叶轮；2—盖板；3—转轴；4—轮套；5—轴承；6—进气管；7—进水槽；8—出水槽；9—泡沫槽；10—刮沫板；11—整流板

这种气浮池采用正方形，边长不超过叶轮直径的 6 倍。叶轮直径一般为 200～400mm，最大不超过 600～700mm，叶轮转速为 900～1500r/min。池有效水深一般为 1.5～2.0m，最大不超过 3.0m。气浮时间为 15～20min。

叶轮所需轴功率 N 为：

$$N=\frac{qH\rho}{102\eta} \tag{4-1}$$

$$q=\frac{Q}{m(1-\alpha)} \tag{4-2}$$

$$H=a\frac{v^2}{2g} \tag{4-3}$$

式中 N ——轴功率，kW；

ρ ——气水混合物的容重，一般为 670kg/m^3；

η ——叶轮效率，可取 0.2～0.3；

q ——一个叶轮能吸入的气水混合物量，m^3/s；

Q ——处理水量，m^3/s；

m ——平行工作的叶轮个数；

α ——曝气系数，取实验值 0.35；

H ——气浮池的静水压力，亦即叶轮旋转产生的扬程，m；

a ——压力系数，等于 0.2～0.3；

v ——叶轮圆周线速度，m/s。

叶轮气浮法的优点是设备不易堵塞，适用于处理水量不大、污染物浓度较高的污水，除油效果可达 80%左右。缺点是其产生的气泡较大，气浮效果较低。

(2) 射流气浮　这是采用以水带气射流器向污水中混入空气进行浮选的方法。射流器的构造如图 4-6 所示。由喷嘴射出的高速污水使吸入室形成负压，并从吸气管吸入空气，在水气混合体进入喉管段后进行剧烈的能量交换，空气被粉碎成微小气泡，然后进入扩压段（扩散段），动能转化为势能，进一步压缩气泡，增大了空气在水中的溶解度，接着进入气浮池中进行泥水分离，亦即气浮过程。

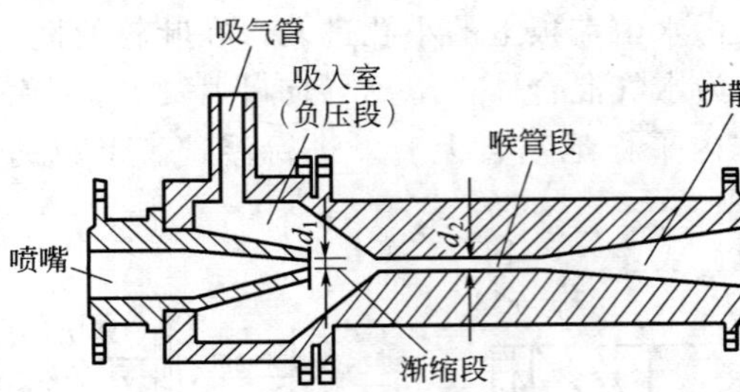

图 4-6　射流器构造示意

射流气浮法的优点是设备比较简单，投资低；缺点是动力损耗较大，喷嘴及喉管处较易被油污堵塞。

4.1.2.2　溶气气浮

溶气气浮是依靠水中过饱和空气，在减压时以微细的气泡形式释放出来，从而使水中的杂质颗粒被黏附而上浮。溶气气浮方法形成的气泡直径只有 80μm 左右，并且可人为控制气泡与污水的接触时间，净化效果比充气气浮好，应用也更为广泛。

根据气泡在水中析出时的所处压力的不同，可将溶气气浮分为加压溶气气浮和溶气真空气浮两类。由于溶气真空气浮法的气浮池需在负压（真空）状态下运行，其构造复杂，运行与维护都有很大困难，实际应用不多。而加压溶气气浮法在国内外应用非常广泛。炼油厂几乎都采用这种方法来处理污水中的乳化油，并获得较好的处理效果，出水含油量可在 10～25mg /L 以下。因此，本节仅介绍加压溶气气浮。

（1）加压溶气气浮的操作原理　在加压情况下，将空气溶解在污水中达饱和状态，然后突然减至常压，这时溶解在水中的空气就成了过饱和状态，以极微小的气泡释放出来。乳化油和悬浮颗粒就黏附于气泡周围而随其上浮，在水面上形成泡沫然后由刮泡器清除，使污水得到净化。

（2）加压溶气气浮的基本流程　根据污水中所含悬浮物的种类、性质、处理水净化程度和加压方式的不同，基本流程有以下三种。

① 全流程溶气气浮法　全流程溶气气浮法是将全部污水用水泵加压，在泵前或泵后注入空气。如图 4-7、图 4-8 所示。全部污水加压至 3～4atm[1]，并在溶气罐内，空气溶解于污水中，然后通过减压阀将污水送入气浮池。污水中形成许多小气泡黏附污水中的乳化油或悬浮物而逸出水面，在水面上形成浮渣。用刮板将浮渣连续排入浮渣槽，经浮渣管排出池外，处理后的污水通过溢流堰和出水管排出。

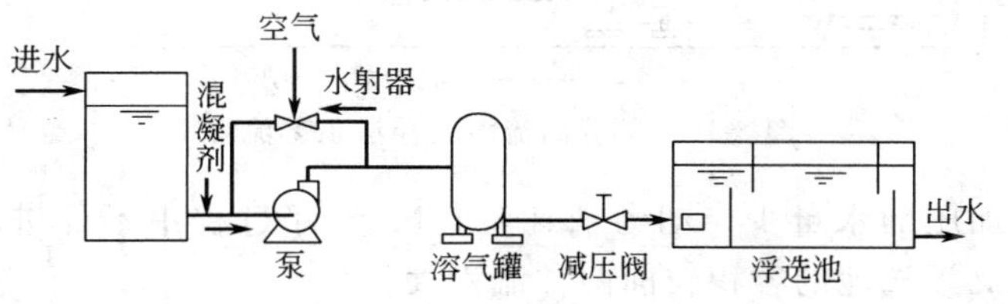

图 4-7　全部污水加压溶气气浮（泵前加气）

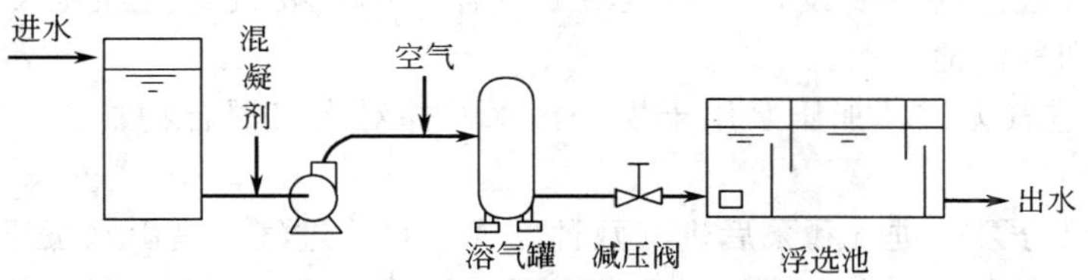

图 4-8　全部污水加压溶气气浮（泵后加气）

全流程溶气气浮法的特点：a. 溶气量大，增加了油粒或悬浮颗粒与气泡的接触机会；b. 在处理水量相同的条件下，它较部分回流溶气浮选法所需的气浮池小，从而减少了基建投资；c. 因全部污水加压，增加了含油污水的乳化程度，而且所需的压力泵和溶气罐的容量均较大，因此投资和运转动力消耗较大；d. 气浮前混凝处理所形成的絮凝体，在加压与减压过程中破碎，影响混凝效果。

② 部分溶气气浮法　部分溶气气浮法是取部分污水（通常占总水量的 15%～40%）加压和溶气，其余污水直接进入气浮池并在气浮池中与溶气水混合，如图 4-9 所示。

其特点为：a. 较全部进水加压溶气气浮法所需的压力泵小，故动力消耗低；b. 压力泵所造成的乳化油量较全部进水加压溶气气浮法低；c. 气浮池的大小与全部进水加压溶气气浮法相同，但较部分回流溶气气浮法小。

③ 部分回流溶气气浮法　部分回流溶气气浮法是取一部分除油后出水回流进行加压和

[1] 1atm=101325Pa。

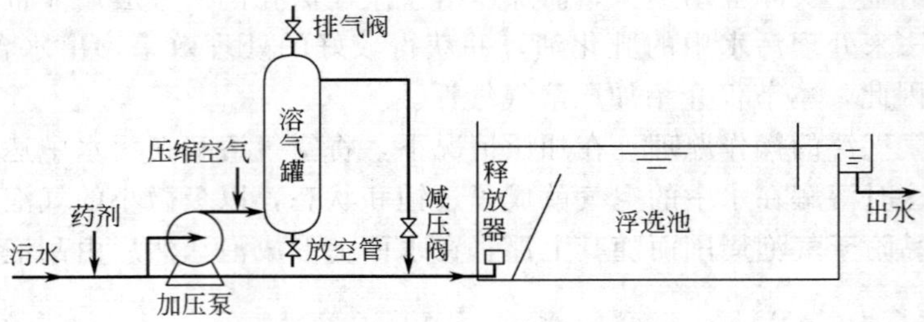

图 4-9　部分进水加压溶气浮法工艺流程

溶气，减压后直接进入气浮池，与来自絮凝池的含油污水混合和浮选，如图 4-10 所示。回流量一般为含油污水的 25%～50%。

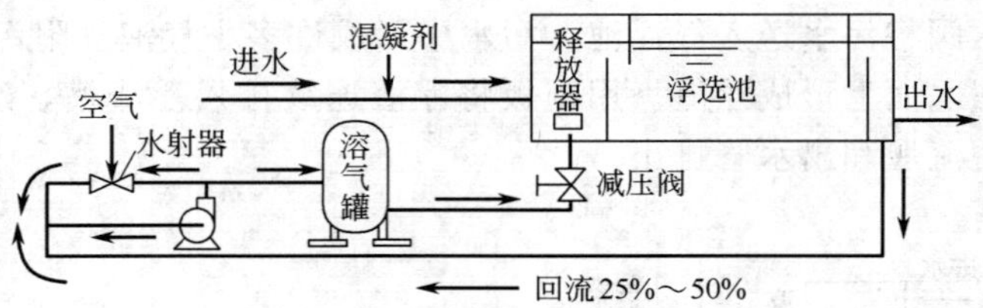

图 4-10　部分回流溶气浮法工艺流程

其特点为：a. 加压的水量少，动力消耗省；b. 气浮过程中不促进乳化；c. 矾花形成好，后絮凝也少；d. 浮选池的容积较前两种流程大。

为了提高气浮的处理效果，往往向污水中加入混凝剂或浮选剂，投加量因水质不同而异，一般由试验确定。

(3) 加压溶气气浮的主要设备　加压溶气气浮法的主要设备有加压泵、溶气罐、减压阀、溶气释放器和气浮池。

① 加压泵及进气方式　加压泵用于提升污水，并对水气混合物加压，使受压空气溶于水中。

加压溶气时可分泵前进气和泵后进气两种方式。泵前进气，是由水泵压水管引出一支管返回吸水管，在支管上安装水力喷射器，省去了空压机。污水经过水力喷射器时造成负压，将空气吸入与污水混合后，经吸水管、水泵送入溶气罐。此法比较简便，水气混合均匀，但水泵必须采用自吸式进水，而且要保持 1m 以上的水头。此外，其最大吸气量不能大于水泵吸水量的 10%，否则，水泵工作不稳定，会产生气蚀现象。

泵后进气，一般是在压水管上通入压缩空气。这种方法使水泵工作稳定，而且不必要求在正压下工作，但需要由空气压缩机供给空气。为了保证良好的溶气效果，溶气罐的容积也比较大，一般需采用较复杂的填充式溶气罐。

② 溶气罐　溶气罐是一个密封的耐压钢罐，罐上有进气管、排气管、进水管、出水管、放空管、液位计与压力表。空气与水在罐内混合、溶解。为了提高溶气量和速度，罐内常设若干隔板或填料。溶气罐的压力为 0.2～0.4MPa，混合时间一般为 2～5min。混合时间与进气方式有关，即泵前进气混合时间可短些，泵后进气混合时间要长些。操作时需定期开启罐顶放空阀，将积存在罐顶部未溶解的空气排掉，以免减少罐容，影响气浮效果。

溶气罐的形式可分为静态型和动态型两大类。静态型包括花板式、纵隔板式、横隔板式等，多用于泵前进气。动态型分为填充式、涡轮式等，多用于泵后进气。图 4-11 所示为各种溶气罐形式。国内多采用花板式和填充式。操作供气方式，可采用在水泵吸水管上吸入空气、在水泵压水管上设置射流器或采用空气压缩机供气。

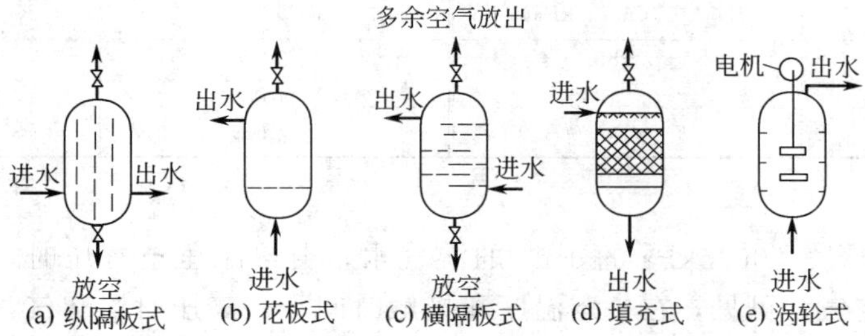

图 4-11　溶气罐形式

③ 减压阀　减压阀的作用，在于保持溶气罐出口处的压力恒定，从而可以控制出罐后气泡的粒径和数量。也可用低压溶气释放器来代替减压阀，溶气水流经释放器时，由于形成强烈的搅动和涡流，使产生微细气泡。

④ 气浮池　目前常用的加压溶气气浮池有平流式和竖流式两种，均为敞口式水池。其作用主要是从减压阀流出的溶气污水在池中将空气以微小气泡形式逸出。气泡在上升过程中吸附乳化油和细小悬浮颗粒，上浮至水面形成浮渣，由刮渣机除去，如图 4-12、图 4-13 所示。

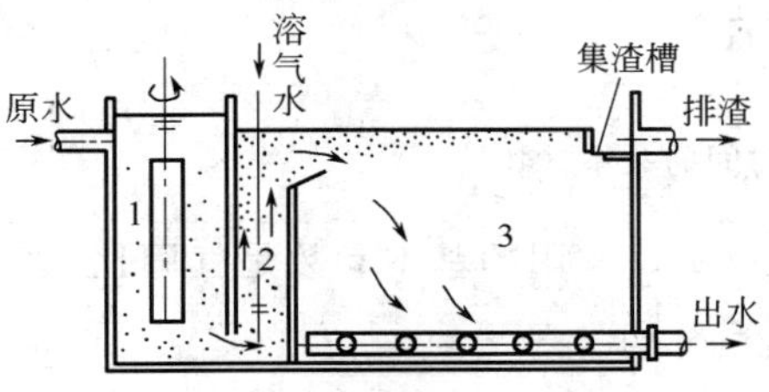

图 4-12　平流式气浮池

1—反应池；2—接触室；3—气浮池

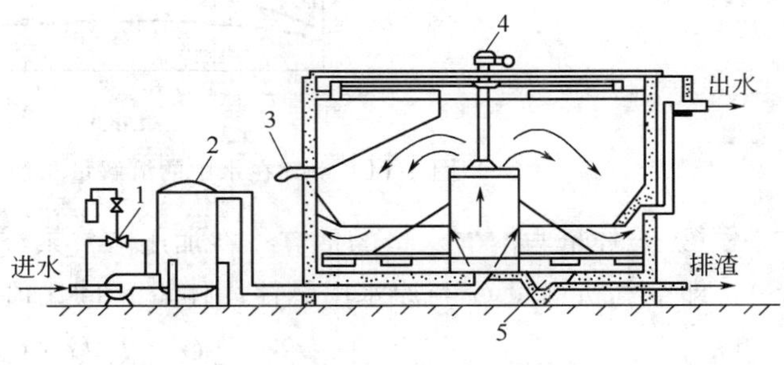

图 4-13　竖流式气浮池

1—射流器；2—溶气罐；3—泡沫排出管；4—变速装置；5—沉渣斗

平流式气浮池的工作水深一般为 1.5～2.0m，不超过 2.5m，池深与池宽之比大于 0.3。刮渣机的水平移动速度为 5m/min，采用逆水流方向刮渣。收集的浮渣如泡沫很多，可经加热处理消泡。

竖式气浮池的池高度为 4～5m，长、宽或直径一般在 9～10 m 以内。中央进水室、刮渣板和刮泥耙都安装在中心转轴上，依靠电机驱动以同样速度旋转。

气浮池的表面负荷通常为 5～10$m^3/(m^2 \cdot h)$。总停留时间为 30～40 min。

(4) 加压气浮计算

① 空气在水中的溶解度及溶气释放量的计算　加压气浮可释放多少空气，可根据亨利定律计算。在一定温度下，空气在水中的溶解度与其所受压力成正比，空气在水中的溶解量为：

$$V=K_T \cdot p \tag{4-4}$$

式中　V——空气在水中的溶解度，L/m^3 水；

K_T——溶解常数，$L/(m^3 \cdot kPa)$，随温度而变，不同温度下的 K_T 值 见表 4-1；

p ——溶解空气的绝对压力，kPa。

表 4-1　不同温度下的 K_T 值

温度/℃	K_T/[L/(m^3·kPa)]	温度/℃	K_T/[L/(m^3·kPa)]
0	0.285	30	0.158
10	0.218	40	0.135
20	0.180	50	0.120

如把温度为 20℃、506.5kPa 的 1m^3 的溶气水，突然减压至常压时，它能释放出 73L（73=91-18）的空气。可见，在一定温度和接触时间下，高压时溶解气量比低压时大，如将气体高压溶入，在低压时析出，就会产生气浮所需的大量气泡。

空气在水中的溶解速度与空气和水混合接触时间、水中空气溶解的不饱和程度等因素有关。图 4-14 展示空气在水中的溶解量与加压时间的关系，此外空气在静止或缓慢流动的水流中，其溶解扩散速度也很慢。通常加压气浮操作时，水中空气含量约为饱和含量的 50%～60%。

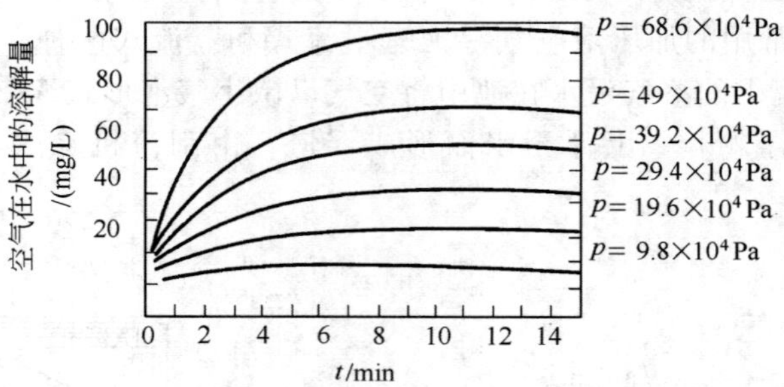

图 4-14　空气在水中的溶解量与加压时间的关系（40℃）

② 溶气量与溶气水量的估算　在加压溶气系统设计中，常用的基本参数是气固比（G/S），即空气析出量 G 与原水中悬浮固体量 S 的比值，定义为：

$$\frac{G}{S}=\frac{q(a_1-a_2)}{Qc_0} \tag{4-5}$$

式中　Q，q ——污水流量和加压溶气水量，m^3/h，如全部进水加压，则 $q=Q$；

a_1，a_2 ——溶气罐内和气浮池出水中的空气溶解量，mg /L，其值可由式(4-4) 和空气密度计算；

c_0 ——污水中悬浮污染物浓度，mg/L。

根据亨利定律，上式可写为：

$$\frac{G}{S}=\frac{qa_0(fp-1)}{Qc_0} \tag{4-6}$$

式中　a_0 ——101.3kPa 下空气在水中的饱和溶解度，mg /L，其值与温度有关（见表 4-2）；

f ——溶气水中空气的饱和系数，其值与溶气罐结构、溶气压力和时间有关，一般为 0.5～0.8；

p ——溶气罐中的绝对压力，kPa。

$$p=\frac{p_{表}+101.32}{101.32}$$

式中　$p_{表}$ ——表压，kPa。

表 4-2　空气在水中的饱和溶解度（101.3kPa）

温度/℃	0	10	20	30	40
溶解度 a_0/(mg/L)	36.06	27.26	21.77	18.14	15.51

试验表明，参数 G/S 对气浮效果影响很大，如图 4-15 所示。由图可见，在一定范围内，G/S 值增大，出水悬浮物浓度降低，浮渣固体含量提高，即气浮效果是随气固比的增大而增大的；但对于不同的污水，其影响程度不同。因此，合适的 G/S 值应由试验确定，当无实测数据时，一般可选用 0.005～0.060，原水的悬浮物含量高时，取下限，低时则取上限。

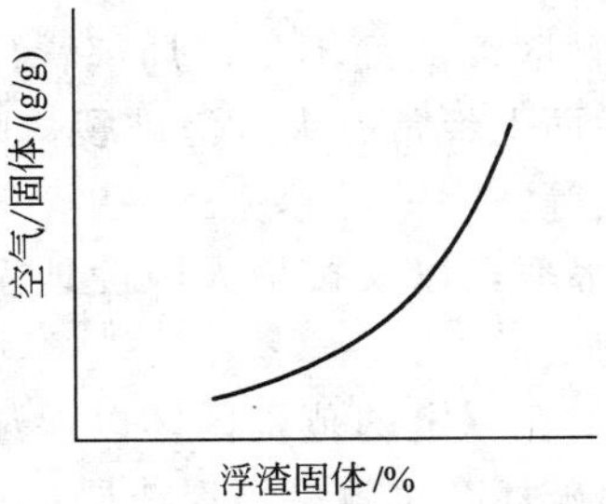

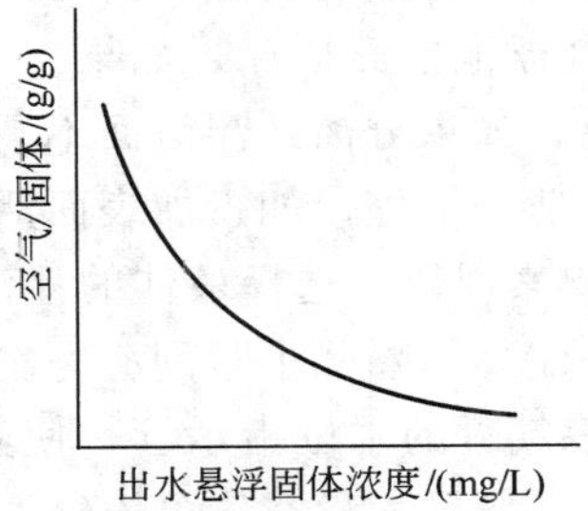

图 4-15　气固比对浮渣固体浓度和出水悬浮固体浓度的影响

根据试验或公式计算确定 G/S 值后，可用下式计算所需要的空气量 V_ε（mg/LH_2O）：

$$V_a=\frac{(G/S)c_0+a_1}{f} \tag{4-7}$$

当确定了气固比 G/S 和溶气压力 p 后，可由式(4-6) 计算溶气水量 q。

4.1.2.3　电解气浮

电解气浮是对污水进行电解，这时在阴极产生大量的氢气泡，污水中回悬浮颗粒黏附在氢气泡上，随其上浮，从而达到了净化污水的目的。与此同时，在阳极上电离形成的氢氧化物起着混凝剂的作用，能使气浮过程和混凝过程结合进行，有助于污水中的污泥物上浮或下沉。电解气浮法所产生的氢气泡直径很小，仅有 20～100μm，特别适用于脆弱絮状悬浮物的分离。此法装置构造简单，是一种新的污水净化方法。

4.1.3　气浮法的优缺点

气浮法最早应用于洗煤水、石油污水处理。20 世纪 70 年代后，在造纸、食品等污水以及给水净化处理等方面也已有应用。它与沉淀法相比较，具有如下特点。

4.1.3.1　气浮法的优点

① 气浮池的表面负荷可达到 $12m^3/(m^2 \cdot h)$，水在气浮池中停留时间只需 10～20 min，而且池深仅 2m 左右，因而占地少，节省基建投资，而且效率较高。

② 气浮池具有预曝气作用，出水和浮渣中都含有一定量的氧，对去除水中的表面活性剂及臭味等具有明显效果，有利于后续处理或再用，泥渣不易腐化。

③ 对低温低浊的含藻水，气浮法处理效率较高，出水水质好。

④ 对活性污泥法系统的固液分离，采用气浮法可以消除污泥膨胀问题，对曝气池的正常工作十分有利。

⑤ 浮渣含水率一般在 96%以下，这对污泥的后续处理有利。

⑥ 可以回收利用有用物质。

4.1.3.2 气浮法的缺点

① 浮选法电耗较高，每吨水约耗电量 0.02～0.04kW·h。

② 设备维修管理工作量增加，减压阀、释放器或射流器易被堵塞。

③ 浮渣怕较大的风雨袭击。

4.1.4 气浮运行操作中应注意的事项

① 当与混凝处理配合使用时，应根据混凝反应池的絮凝情况及气浮池出水水质，注意调节混凝剂的投加量，特别要防止加药管的堵塞。

② 经常观察气浮池池面情况，如果发现接触区浮渣面不平，局部冒出大气泡，则多半是释放器受到堵塞；如果分离区浮渣面不平，地面上经常有大气泡破裂，则表明气泡与絮粒黏附不好，应采取适当措施，如投加表面活性剂等。

③ 掌握浮渣积累规律，选择最佳的浮渣含水率，以及按最大限度地不影响出水水质的要求进行刮渣，并建立每隔几小时刮渣一次的制度。

④ 经常观察溶气罐的水位指示管，使其控制在一定的范围内，以保证溶气效果。避免因溶气罐水位脱空，导致大量空气窜入气浮池而破坏净水效果与浮渣层。对已装有溶气罐液位自动控制装置的，则需注意设备的维护保养。

⑤ 做好日常的运行记录，包括处理水量、投药量、溶气水量、溶气罐压力、水温、耗电量、进出水水质、刮渣周期、泥渣含水率等。

4.2 吸附

吸附是一种物质在另一种物质表面上进行自动累积或浓集的现象。如把含有某种颜色的水与活性炭接触，带色的物质就会从水中转移到活性炭表面上去，水的颜色便逐渐消失，这种现象就是吸附。吸附可以发生在气-液、气-固、气-液两相之间。在污水处理中，吸附则是利用多孔性固体物质的表面吸附污水中的一种或多种污染物，从而达到净化水质的目的。通常把能起吸附作用的多孔性固体物质称吸附剂，被吸附物质称为吸附质。

在水处理领域，吸附法主要用以脱除水中的微量污染物，应用范围包括脱色、除臭、脱除重金属、各种溶解性有机物、放射性元素等。在处理流程中，吸附法可作为离子交换、膜分离等方法的预处理，以去除有机物、胶体物及余氯等；也可以作为二级处理后的深度处理手段，以保证回用水的质量。

利用吸附法进行水处理，具有适应范围广、处理效果好、可回收有用物料、吸附剂可重复使用等优点，但对进水预处理要求较高，运转费用较贵，系统庞大，操作较麻烦。

4.2.1 吸附的基本原理及分类

溶质从水中移向固体颗粒表面发生吸附，是水、溶质和固体颗粒三者相互作用的结果。引起吸附的主要原因在于溶质对水的疏水特性和溶质对固体颗粒的高度亲和力。溶质的溶解程度是确定第一种原因的重要因素。溶质的溶解度越大，则向吸附界面运动的可能性越小。相反，溶质的疏水性越大，向吸附界面移动的可能性越大。吸附作用的第二种原因主要由溶质与吸附剂之间的静电引力、范德华引力或化学键力所引起。与此相对应，可将吸附分为三种基本类型。

4.2.1.1 交换吸附

交换吸附就是通常所指的离子交换（见4.3）。其吸附过程是：溶质的离子由于静电引力作用聚集在吸附剂表面的带电点上，并置换出原先固定在这些带电点上的其他离子。

4.2.1.2 物理吸附

物理吸附是溶质与吸附剂之间由于分子间力（范德华力）而产生的吸附。它是一种常见的吸附现象。其特点是：吸附过程无化学反应，可在低温下进行；过程为放热，但放热量较小，约42kJ/mol或更少；吸附选择性不强，且牢固程度不如化学吸附，容易发生解吸（脱附）。因此，物理吸附后再生容易，且能回收吸附质。

4.2.1.3 化学吸附

化学吸附是溶质与吸附剂发生化学反应，形成牢固的吸附化学键和表面配合物的过程。其特点是吸附过程一般在较高温度下进行，吸附时放热量较大，与化学反应的反应热相近，约84～420kJ/mol。化学吸附有选择性，即一种吸附剂只对某种或特定几种物质有吸附作用。化学吸附比较稳定，化学键力大时，吸附不可逆。因此，化学吸附再生较困难，必须在高温下才能脱附，脱附下来的可能还是原吸附质，也可能是新的物质。利用化学吸附处理毒性很强的污染物更安全。

在实际的吸附过程中，上述几类吸附往往同时存在，难以明确区分。在水处理中大多数的吸附现象是上述三种吸附作用的综合结果。在具体的吸附处理中，由于吸附剂、吸附质等因素的影响，可能其中某种作用是主要的。

4.2.2 吸附平衡与吸附等温线

4.2.2.1 吸附平衡与吸附速率

（1）吸附平衡与吸附容量　当污水与吸附剂充分接触后，一方面吸附质被吸附剂吸附；另一方面，一部分已被吸附的吸附质因热运动而脱离吸附剂表面，又回到液相中去。前者为吸附过程，后者为解吸过程。当吸附速度和解吸速度相等时，即达到吸附平衡。这时，吸附剂对吸附质的吸附能力的大小可用吸附容量q表示。所谓吸附容量，是指在一定温度和压力下达到吸附平衡时，单位质量吸附剂所吸附吸附质的质量。吸附容量q用下式计算：

$$q=\frac{V(c_0-c)}{W} \tag{4-8}$$

式中　q——吸附容量，g/g；

V——污水容积，L；

W——吸附剂投加量，g；

c_0——污水中吸附质的初始浓度，g/L；

c——吸附平衡时水中剩余的吸附质浓度，g/L。

显然，吸附容量越大，单位吸附剂处理的水量越大，吸附周期越长，运转管理费用越小。

（2）吸附速率　吸附速率是指单位质量的吸附剂在单位时间内所吸附的物质的量。它可用于衡量吸附剂对吸附质的吸附效果，并决定污水和吸附剂的接触时间。吸附速率取决于吸附剂对吸附质的吸附过程，通常由试验来确定。

4.2.2.2 吸附等温线

在温度一定时，吸附容量随吸附质平衡浓度的提高而增加。通常把吸附容量q与相应的

吸附质的平衡浓度 c 作图所得曲线称为吸附等温线。

描述吸附等温线的数学表达式称为吸附等温式。常用的有弗兰德利希（Freundlich）等温式、朗格缪尔（Langmuir）等温式和 B. E. T. 等温式。本书仅介绍弗兰德利希等温式。此式为指数函数形式的经验公式，表示如下：

$$q=Kc^{\frac{1}{n}} \tag{4-9}$$

式中 K ——弗兰德利希吸附系数；

n ——常数，通常大于 1。

式(4-9) 虽为经验式，但与实验数据相当吻合，通常将该式绘制在双对数坐标纸上，以便确定 K 和 n 值，将式(4-9) 两边取对数，得：

$$\lg q=\lg K+\frac{1}{n}\lg c \tag{4-10}$$

由实验数据按式(4-10) 作图得一直线，如图 4-16 所示，其斜率等于 $1/n$，截距等于 $\lg K$。一般认为，$1/n=0.1\sim0.5$ 时，则易于吸附；$1/n>2$ 时，则难以吸附。表 4-3 列举了活性炭吸附污水中酚、醋酸等时的 K 和 n 值，可供参考。

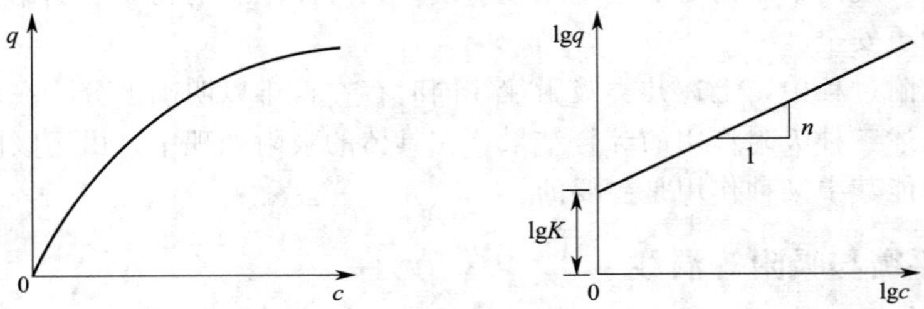

图 4-16 弗兰德利希吸附等温线

表 4-3 活性炭在某些物质水溶液中的吸附

吸附质	温度 /℃	K	n	吸附质	温度 /℃	K	n
酚	20	17.18	0.23	乙酸	50	0.08	0.66
酚	70	2.19	0.47	乙酸	70	0.04	0.75
甲酚	20	2.00	0.48	乙酸戊酯	20	4.80	0.49
乙酸	20	0.97	0.4				

【例 4-1】 用活性炭吸附水中色素的试验方程式为：$q=3.9c^{0.5}$。今有 100L 溶液，色素浓度为 0.05g/L，欲将色素除去 90%，加多少活性炭？

解 平衡时的 $c=0.05\times(1-90\%)=0.005(\text{g/L})$

$$q=3.9\times0.005^{0.5}=0.276(\text{g/g})$$

$$W=\frac{V(c_0-c)}{q}=\frac{100\times(0.05-0.005)}{0.276}=16.3(\text{g})$$

应该指出，上述吸附等温式仅适用于单组分吸附体系。

4.2.3 吸附的影响因素

了解影响吸附因素的目的是为了选择合适的吸附剂和控制合适的操作条件。影响吸附的因素很多，其中主要有吸附剂的种类和性质、吸附质的性质和吸附过程的条件。

4.2.3.1 吸附剂的种类及性质

(1) 吸附剂种类　吸附剂的种类不同，吸附效果不同。一般说来，极性吸附剂易吸附极性吸附质，非极性吸附剂易吸附非极性吸附质。如硅胶和活性氧化铝为极性吸附剂，可以从污水中选择性吸附极性分子。

(2) 比表面积　单位质量吸附剂的表面积称为比表面积。由于吸附现象是发生在吸附剂的表面上，所以吸附剂的比表面积越大，吸附能力越强，吸附容量也越大。在能够满足吸附质分子扩散的条件下，吸附剂的比表面积越大越好。如粉状活性炭比粒状活性炭性能好的主要原因就在于其比表面积比粒状活性炭的大。

(3) 孔结构　孔隙结构是吸附剂的最重要的性质之一，其吸附功能主要存在于孔隙中。吸附剂内孔的大小和分布对吸附性能影响很大。孔径太大，比表面积小，吸附能力差。孔径太小，则不利于吸附质扩散，并对直径较大的分子起屏蔽作用。吸附剂的内孔一般是不规则的，且孔径大小不一，通常将孔半径大于 0.1μm 的称为大孔，介于 2×10^{-3}～0.1μm 之间的称过渡孔，而小于 $2\times10^{-3}\mu$m 的称微孔。大孔的表面对吸附贡献不大，仅提供吸附质和溶剂的扩散通道。在气相吸附中，吸附容量在很大程度上决定于微孔；而在液相吸附时，由于吸附质分子直径较大（如着色成分的分子直径多在 3×10^{-9}m 以上)，这时微孔几乎不起作用，吸附容量主要取决于过渡孔。

此外，吸附剂的颗粒大小、表面化学性质对吸附剂也有很大影响。吸附剂的颗粒大小主要影响它的吸附速度，小粒径的吸附剂具有较高的吸附速度。

4.2.3.2　吸附质的性质

(1) 吸附质在污水中的溶解度　吸附质在污水中的溶解度对吸附有较大的影响。一般吸附质的溶解度越低，越容易被吸附，而不易被解吸。通常同系有机物在水中的溶解度随着其链长的增长而减小，而活性炭在污水中对同系有机物的吸附容量随着其链长的增加而增大。如活性炭对有机酸的吸附容量的次序是：甲酸＜乙酸＜丙酸＜丁酸。

(2) 吸附质的结构　吸附质的结构对吸附效果也有很大影响。如活性炭处理污水时，对芳香化合物的吸附效果较脂肪族化合物好，不饱和链有机物较饱和有机物好，非极性或极性小的吸附质较极性强的吸附质好。

应当指出，实际处理的污水中往往含有多种有机物，其性质和浓度各不相同，而且受生产工艺的影响，它们的变化也大，相互之间可以互相促进、互相干扰或互不相干。

4.2.3.3　操作条件

在污水处理中，进水水质和选用的吸附剂确定后，吸附效果主要取决于吸附过程的操作条件。如温度、污水的 pH 值及吸附接触时间等。

(1) 温度　污水处理的吸附过程主要是物理吸附，是放热过程，低温有利于吸附，升温有利于脱附。因此往往采用常温吸附，高温解吸。

(2) pH 值　污水处理中，溶液的 pH 值对吸附质在污水中的存在形式(分子、离子、配合物）有影响，也影响到吸附剂的表面特性，进而影响吸附效果。pH 值控制着某些化合物的离解度和溶解度，不同污染物吸附的最佳 pH 值应通过试验确定。

(3) 接触时间　在吸附过程中，应保证吸附剂与吸附质有适当的接触时间，使吸附接近平衡，以充分发挥吸附剂的吸附能力。接触时间的长短取决于吸附速度的大小，吸附速度大，则接触时间可相应缩短；反之，则需延长接触时间。接触时间 t 可按下式计算：

$$t=\frac{V}{Q}=\frac{h}{v} \tag{4-11}$$

式中　V ——吸附层容积，m^3；

Q ——污水的流量，m^3/h；

h ——吸附层高度，m；

v ——空塔过滤速度，m/h。

由此可见，实际操作时可通过控制污水的流速来实现。但流速过大，接触时间过短，吸附未达到平衡，吸附量小；流速过小，虽能提高一些吸附效果，但接触时间过长，影响设备的生产能力。因此，固定床操作时，一般需控制污水流动的空塔速度在4～15m/h之间，接触时间为0.5～1.0h。

4.2.3.4 生物协同作用

在水处理，特别是在污水处理中，使用活性炭一段时间之后，在炭表面上会繁殖微生物，参与对有机物的去除，使活性炭的去除负荷及使用周期甚至会成倍地增长；同时也带来不利的影响，如：水头损失增加，需要经常反冲洗，容易造成厌氧状态，产生硫化氢臭气等。目前试验研究表明，采用向炭层曝气和加强反冲等措施可以基本上解决这些不利影响，这样就使得污水处理中使用活性炭的可能性大大增加，因而逐步发展了生物活性炭处理的新工艺，并且在近年来越来越多地被应用于出水指标要求较高的污水处理工程中。

4.2.4 吸附剂及其再生

4.2.4.1 吸附剂的选择要求及种类

广义而言，一切固体物质的表面都有吸附作用。但实际上，只有多孔性物质或磨得极细的物质，由于具有很大的比表面积，才有明显的吸附能力，也才能作为吸附剂。工业应用的吸附剂必须满足下列要求：吸附能力强；吸附选择性好；吸附平衡浓度低；容易再生与再利用；化学稳定性好；机械强度好；来源广及价格低廉等。一般工业吸附剂很难同时满足以上要求，应根据不同场合选用合适的吸附剂。

在污水处理过程中，常用的吸附剂有活性炭、磺化煤、沸石、焦炭、硅藻土、木炭、木屑、活性白土、腐殖酸以及大孔径吸附树脂等。

活性炭是目前应用最为广泛的吸附剂。它是一种非极性吸附剂，是以含碳为主的物质作原料，经高温炭化和活化制得的疏水性吸附剂。外观为暗黑色，有粒状和粉状两种，目前工业上大量采用粒状活性炭。活性炭主要成分为碳，此外还含有少量的氧、氢、硫等元素，以及水分、灰分。它具有良好的吸附性能和稳定的化学性质，可以耐强酸、强碱，能经受水浸、高温、高压作用，不易破碎。

活性炭最重要的物理性质是其特有的孔隙结构（具有特别发达的微孔结构）和巨大的比表面积（600～1500m^2/g），这是活性炭吸附能力强、吸附容量大的主要原因。一般活性炭的微孔容积约为0.15～0.9mL/g，其表面积却占总表面积的95%；过渡孔容积约为0.02～0.1mL/g，除特殊活化方法外，其表面积不超过总表面积的5%，大孔容积约为0.2～0.5mL/g，其表面积仅为0.2～0.5m^2/g。

活性炭的吸附以物理吸附为主，但由于表面氧化物存在，也进行一些化学选择性吸附。如果在活性炭中渗入一些具有催化作用的金属离子（如渗银）可以改善处理效果。

纤维活性炭是一种新型高效吸附材料。它是有机碳纤维经活化处理后形成的。具有发达的微孔结构，巨大的比表面积，以及众多的官能团，因此，吸附性能大大超过目前普通的活性炭。

目前，活性炭主要用于炼油、含酚印染、氯丁橡胶、腈纶、三硝基甲苯等污水的处理以及城市污水的深度处理。

4.2.4.2 吸附剂的再生

吸附剂在达到吸附饱和后，必须进行脱附再生才能重复使用。所谓再生，就是在吸附剂本身结构不发生或很少发生变化的情况下，用某种方法把吸附质从吸附剂孔隙中除去，恢复它的吸附能力，以达到重复使用的目的。活性炭的再生主要有以下几种方法。

（1）加热再生法　这是目前粒状活性炭的最常用最有效的再生方法。在高温下，吸附质分子易于从吸附剂活性中心点脱离；同时，吸附的有机物在高温下能氧化分解，或以气态分子，或断裂成短链，降低了吸附剂对它的吸附能力。加热再生过程由下列几个步骤进行：①脱水，使活性炭和输送液分离；②干燥，加温到100～150℃，把细孔中的水分蒸发出来，同时使一部分低沸点的有机物也挥发出来；③炭化，加热到300～700℃，使高沸点有机物热分解，一部分低沸点物质挥发，另一部分被炭化留在活性炭细孔中；④活化，加热到700～1000℃，使留在细孔中的残留物与活化气体（如水蒸气、CO_2 和 O_2）反应，反应产物以气态形式逸出，达到重新造孔的目的；⑤冷却，把活化后的活性炭用水急剧冷却，防止氧化。

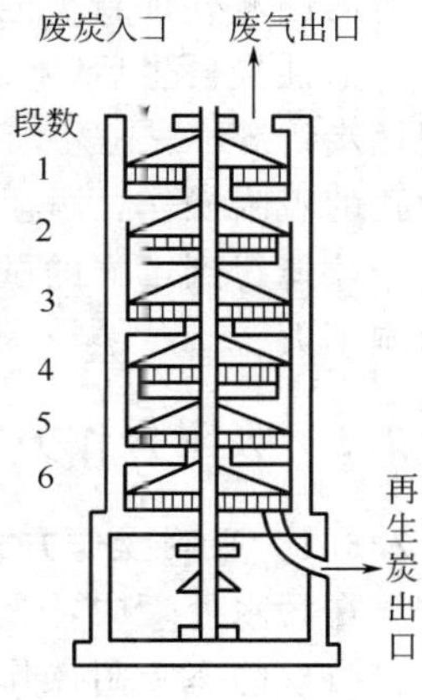

图 4-17　立式多段再生炉

上述干燥、炭化、活化三步在一个直接燃烧立式多段再生炉中进行（见图4-17）。再生炉体为钢壳内衬耐火材料，内部分隔成4～9段炉床。中心轴转动时带动把柄使活性炭自上段向下段移动。该再生炉为六段，第一、二段用于干燥，第三、四段用于炭化，第五、六段为活化。

从再生炉排出的废气中含有甲烷、乙烷、乙烯、焦油蒸气、SO_2、CO_2、CO、H_2、过剩 O_2 等。为防止废气污染大气，可将排出的废气先送入燃烧器燃烧后，再送入水洗塔除去粉尘和有臭味物质。

（2）化学氧化法　活性炭的化学氧化法再生可分为下列几种方法。

① 湿式氧化法　在某些处理工程中，为了提高曝气池的处理能力，向曝气池内投加粉状炭，吸附饱和后的粉状炭可采用湿式氧化法进行再生。其工艺流程如图4-18所示。饱和炭用高压泵经换热器和水蒸气加热后送入氧化反应塔。在塔内被活性炭吸附的有机物与空气中的氧反应，进行氧化分解，使活性炭得到再生。再生后的炭经热交换器冷却后，送入再生炭储槽。在反应器底积集的无机物（灰分）定期排出。

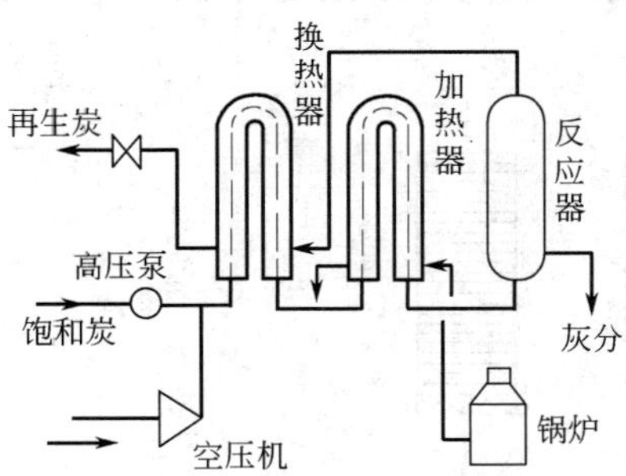

图 4-18　湿式氧化再生工艺流程

② 电解氧化法　将炭作为阳极进行水的电解，在活性炭表面产生的氧气把吸附质氧化分解。

③ 臭氧氧化法　利用强氧化剂臭氧，将吸附在活性炭上的有机物加以分解。由于经济指标等方面原因，此法实际应用不多。

（3）溶剂再生法　用溶剂将被活性炭吸附的物质解吸下来。常用的溶剂有酸、碱、苯、丙酮、甲醇等。此方法在制药等行业常有应用，有时还可以进一步由再生液中回收有用物质。

（4）生物法　利用微生物的作用，将被活性炭吸附的有机物加以氧化分解。在再生周期较长、处理水量不大的情况下，可以将炭床内的活性炭一次性卸出，然后放置在固定的容器内进行生物再生，待一段时间后活性炭内吸附的有机物基本上被氧化分解，炭的吸附性能基本恢复时即可重新使用。另外也可以在活性炭吸附处理过程中，同时向炭床内鼓入空气，以供炭粒上生长的微生物生长繁殖和分解有机物的需要。这样整个炭床就处在不断地由水中吸附有机物，同时又在不断氧化分解这些有机物的动平衡中。因此，炭的饱和周期将成倍地延长，甚至在有的工程实例中一批炭可以连续使用五年以上。这也就是近年来使用越来越多的生物活性炭处理新工艺。

活性炭再生后，炭本身及炭的吸附量都不可避免地会有损失。对加热再生法，再生一次损耗炭约5%～10%，微孔减少，过渡孔增加，比表面积和碘值均有所降低。对于主要利用微孔的吸附操作，再生次数对吸附有较重要的影响，因而做吸附试验时应采用再生后的活性炭，才能得到可靠的试验结果。对于主要利用过渡孔的吸附操作，则再生次数对吸附性能的影响不大。

4.2.5 吸附操作方式及设计

4.2.5.1 吸附操作方式

在污水处理中，吸附操作也可分为静态吸附和动态吸附两种。

(1) 静态吸附操作　这是一种间歇式操作方式。其过程是把一定量的吸附剂投入欲处理的污水中，不断地进行搅拌达到吸附平衡后，再用沉淀或过滤的方法使污水与吸附剂分开。静态吸附常用设备有水池和水桶等。静态吸附工艺适合于小规模、间歇排放的污水处理。当处理规模大时，需建较大的混合池和固液分离装置。粉状炭的再生工艺也较复杂，故目前在生产上已很少采用。

(2) 动态吸附操作　动态吸附操作是污水在流动条件下进行的吸附操作。

动态吸附柱的工作过程可用如图4-19的穿透曲线来表示。纵坐标为吸附质浓度c，横坐标为出流时间t（或出水量V）。溶质浓度为c_0的水流过吸附柱时，溶质就逐渐地被吸附。随着时间的推移，上层吸附剂达到饱和，床层中发挥吸附作用的区域（称吸附带或吸附区）向下移动。吸附区前面的床层尚未起作用。出水中溶质浓度仍然很低。当吸附带前沿下移至吸附剂层底端时，出水浓度开始超过容许出水浓度c_a，此时称床层穿透，对应的点a即为穿透点；以后出水浓度迅速增加，当吸附区后端下移到床层底端时，整个床层接近饱和，出水浓度接近进水浓度，此时称床层耗竭。通常当出水溶质浓度到达进水浓度的90%～95%，

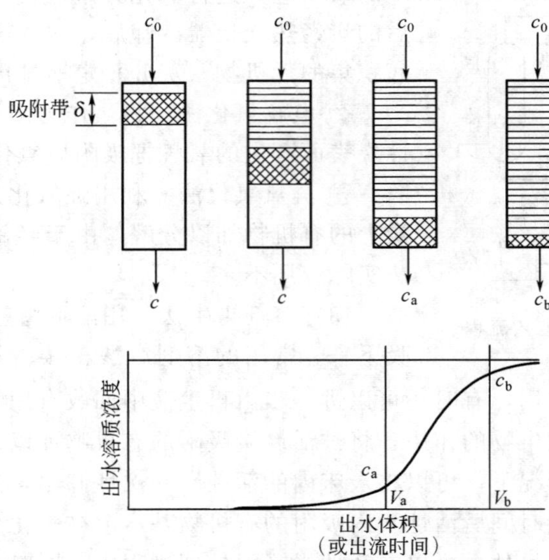

图4-19　穿透曲线

即 c_b 时，可认为吸附柱的吸附能力已经耗竭，此点即为吸附终点 b。在从 a 到 b 这段时间 Δt 内，吸附带所移动的距离即为吸附带的长度 δ。很明显，若吸附柱的总深度小于吸附带的长度，则出水中的溶质浓度一开始就不合格。

吸附床的设计及运行方式的选择，在很大程度上取决于穿透曲线。由穿透曲线可以了解床层吸附负荷的分布，穿透点及耗竭点。穿透曲线愈陡，表明吸附速度愈快，吸附带愈短。

动态吸附操作常用的设备有固定床、移动床和流化床三种。固定床操作为半连续操作。移动床和流动床操作为连续操作。

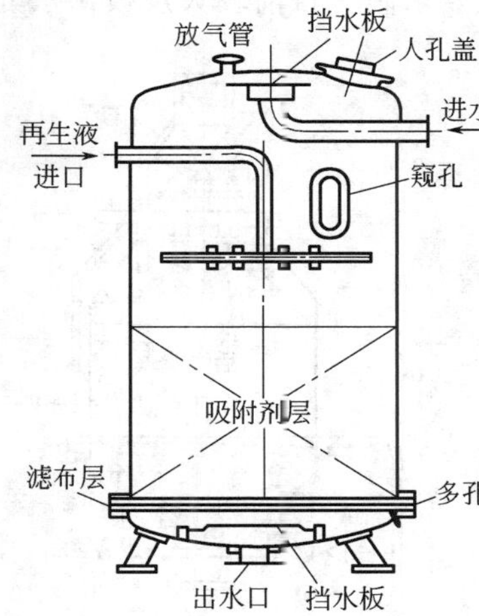

图 4-20　固定床吸附塔构造示意

① 固定床　固定床是污水处理中常用的吸附装置。其构造见图 4-20。污水连续地流过装有吸附剂的固定床层，被吸附后的污水连续地排出。当出水水质不符合要求（即床层被穿透）时，则停止进水，将吸附剂再生。固定床根据水流方向又分为升流式和降流式两种。降流式固定床中，水流自上而下流动，出水水质较好，但经过吸附后的水头损失较大，特别是在处理含悬浮物较多的污水时，为防止炭层堵塞，需先将污水经过砂滤柱进行过滤预处理，并对床层需定期进行反冲洗，有时还需在吸附剂层上部设表面冲洗设备；在升流式固定床中，水流由下而上流动。这种床型水头损失增加较慢，运行时间较降流式长。当水头损失增大后，可适当提高进水流速，使充填层稍有膨胀（不混层），就可以达到自清的目的。但当进水流量波动较大或操作不当时，易流失吸附剂，处理效果也不好。升流式固定床吸附塔的构造与降流式基本相同，仅省去表面冲洗设备。

根据处理水量、原水水质及处理要求，固定床可分为单床和多床系统，一般单床使用较少，仅在处理规模很小时采用。多床又有并联与串联两种，如图 4-21 所示。前者适于大规模处理，出水要求较低，后者适于处理流量较小，出水要求较高的场合。

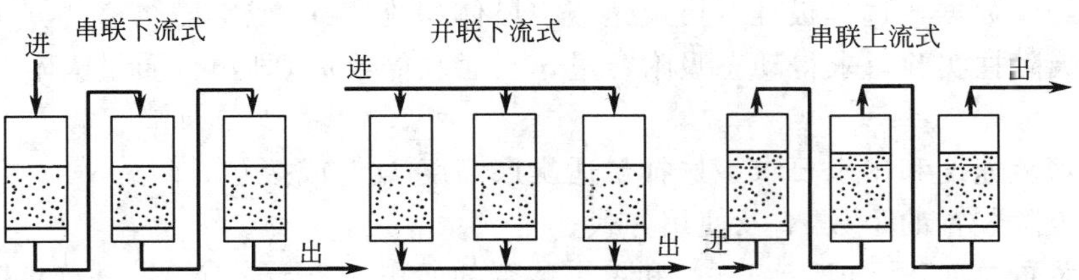

图 4-21　固定床多床操作示意

② 移动床　图 4-22 为移动床吸附塔构造示意图。原水从吸附塔底部流入和吸附剂进行逆流接触，处理后的水从塔顶流出，再生后的吸附剂从塔顶加入，接近吸附饱和的吸附剂从塔底间歇或连续地排出。间歇移动床处理规模大时，每天从塔底定时卸炭 1～2 次，每次卸炭量为塔内总炭量的 5%～10%；连续移动床，即饱和吸附剂连续卸出，同时新吸附剂连续从顶部补入。

移动床较固定床能够充分利用吸附剂的吸附容量，水头损失小。由于采用升流式，污水从塔底流入，水中夹带的悬浮物随饱和吸附剂排出，因而不需要反冲洗设备，同时对原水预处理要求较低，出水水质良好。但这种操作方式要求塔内吸附剂上下层不能互相混合，操作管理要求高。目前较大规模污水处理时多采用这种操作方式。

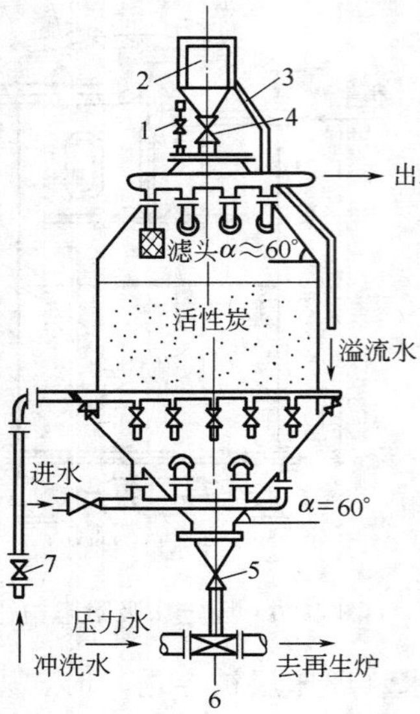

图 4-22　移动床吸附塔构造示意

1—通气阀；2—进料斗；3—溢流管；4，5—直流式衬胶阀；6—水射器；7—截止阀

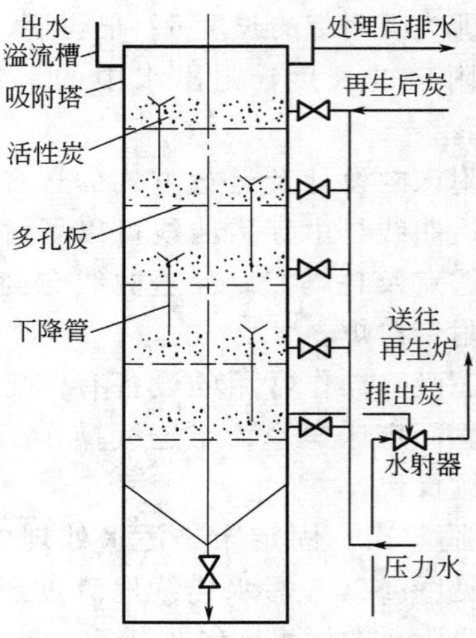

图 4-23　多层流化床吸附塔构造示意

③ 流动床　流动床也叫做流化床，构造示意如图 4-23 所示。吸附剂在塔中处于流化状态，并由上向下移动，原水由底部升流式通过床层。因此，吸附剂与水的接触面积增大。流动床是一种较为先进的床型。与固定床相比，可使用小颗粒的吸附剂，吸附剂一次投量较少，不需反洗，设备小，生产能力大，预处理要求低。但运转中操作要求高，不易控制，同时对吸附剂的机械强度要求高。目前应用较少。

4.2.5.2　吸附装置的设计

通常吸附装置的设计步骤如下：

① 选定吸附操作方式及吸附装置的形式；

② 参考经验数据，选择最佳空塔流速（空塔体积流速 v_L 或空塔线速度 v_s）；

③ 根据吸附柱实验，求得动态吸附容量 q 及通水倍数 n（即单位质量吸附剂所能处理的水的质量）；

④ 根据水流速度和出水要求，选择最适炭层高度 H（或接触时间 t）；

⑤ 选择吸附装置的个数 N 及使用方式；

⑥ 计算装置总面积 $F(F=Q/v_s)$ 和单个装置的面积 $f(f=F/N)$，并确定吸附塔直径；

⑦ 计算再生规模，即每天需再生的饱和炭量 $W(W=\sum Q/n)$。

设计计算中有关数据的确定，应按水质、吸附剂品种及实验决定。活性炭用于深度处理时，下述参数可供设计时参考：①粉末炭投加的炭浆浓度约 40%；②固定床炭层厚度常取 1.5～2.0m；③粉末炭与水接触时间 20～30min；④空塔线速度，固定床常取 $v_s=5\sim10$m/h，而移动床则取 $v_s=10\sim30$m/h；⑤反冲洗水线速度 28～32m/h；⑥反冲洗时间 4～10min；⑦冲洗间隔时间 72～144h；⑧炭层冲洗膨胀率 30%～50%；⑨流动床运行时炭层膨胀率 10%；⑩多层流动床每层炭高 0.75～1.0m；⑪水力输炭管道流速 0.75～1.5m /s；⑫水力输炭水量与炭量体积比例 10 ：1；⑬气动输炭质量比例 4 ：1（空气密度约等于 1.2kg/m^3）。

4.2.6 吸附法在污水处理中的应用实例

在污水处理中，吸附法处理的主要对象是污水中用生化法难于降解的有机物，或用一般氧化法难以氧化的溶解性有机物，及各种重金属离子。当用活性炭对这类污水进行处理时，它不但能够吸附这些难分解的有机物，降低 COD_{Cr}，还能使污水脱色、脱臭，把污水处理到可重复利用的程度。所以吸附法在污水的深度处理中得到了广泛的应用。

在处理流程上，吸附法可与其他物理化学法联合，组成所谓物化流程。如先用混凝沉淀过滤等去除悬浮物和胶体，然后用吸附法去除溶解性有机物。吸附法也可与生化法联合，如向曝气池投加粉状活性炭；利用粒状吸附剂作为微生物的生长载体或作为生物流化床的介质；或在生物处理之后进行吸附深度处理等。这些联合工艺都在工业上得到应用。

(1) 炼油厂废水深度处理　美国于 1972 年在 Carson 炼油厂建成了第一套用活性炭处理炼油废水的工业装置，处理能力为 16000m^3/d，COD_{Cr} 去除率达 95%。随后其他炼油厂也相继采用。中国于 1976 年建成第一套大型的炼油废水活性炭吸附处理的工业装置，其工艺流程如图 4-24 所示。

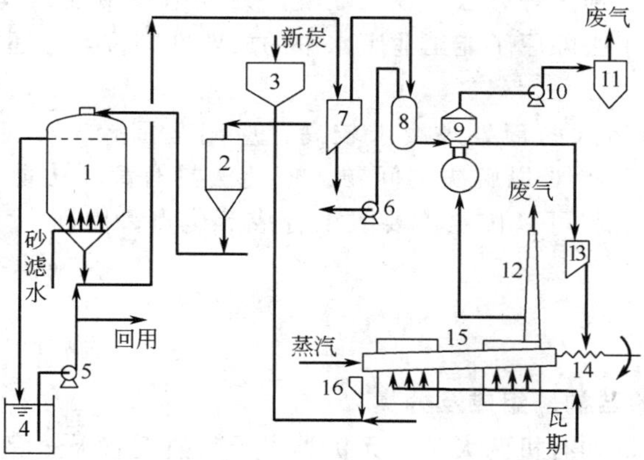

图 4-24　粒状活性炭三级处理炼油污水工艺流程

1—吸附塔；2—冲洗罐；3—新炭投加斗；4—集水井；5—水泵；6—真空泵；7—脱水罐；8—储料罐；9—沸腾干燥床；10—引风机；11—旋风分离器；12—烟筒；13—干燥罐；14—进料机；15—再生炉；16—急冷罐

炼油废水经隔油、气浮、生化、砂滤后，由下而上流经吸附塔活性炭层，到集水井 4，由水泵 5 送到循环水场，部分水作为活性炭输送用水。进水 COD_{Cr} 为 80～120mg/L，挥发酚 0.4mg/L，油含量 40mg/L 以下，处理后 COD_{Cr} 为 30～70mg/L，挥发酚 0.05mg /L，油含量 4～6mg/L，主要指标达到或接近地面水标准。

吸附塔 4 台，ϕ4.4mm×8m，每台处理水量 150m^3/h，每塔内装 ϕ1.5mm×(2～4)mm 的柱炭 42t，炭层高 5m，空塔流速 10m/h，水炭比 6000∶1，全负荷每天每塔卸炭 600kg。吸附塔为移动床型，塔内炭自上而下脉冲式定时排出，用 *DN*65 水射器水力输送至脱水罐 7，脱水后用真空泵吸入储料罐 8，然后进入沸腾干燥炉 9，干炭进入干燥罐 13，再由螺旋输送器定量加入回转式再生炉 15，再生后的活性炭落入急冷罐 16，再用 *DN*32 水射器送到冲洗罐 2，洗去粉炭后，再用 *DN*65 水射器送回吸附塔循环使用。部分新炭由 3 经 *DN*32 水射器补入系统，再生炉废气，送入烟囱内氧化后排放。

(2) 含铬废水的处理　用活性炭处理含铬电镀废水已获得较广泛的应用，用此法处理浓度为 5～60mg/L 的含铬废水，出水水质可达到排放标准。

某厂含铬废水处理装置为升流式双柱串联固定床，柱径 30cm，高 1.2m，装活性炭 170L（85kg），活性炭的饱和容量为 13g/L 炭。处理污水流量为 300L/h，工作 pH 值 3～4，水流速度 7～15m/h。活性炭再生用 5%的硫酸溶液进行，用 2 倍炭体积的酸，分两次浸泡吸附柱，然后把洗脱液回收，再生后的吸附柱即可恢复吸附能力，重新投入使用。吸附结果，除铬率为 99%，回收的铬酸可回钝化工序。这种方法投资少，操作管理简单，适用于中小型工厂。

此外，对染料废水、火药化工废水、有机磷废水、印染废水、含汞废水等，都可以用活性炭吸附处理，效果良好。

4.3 离子交换

离子交换法是一种借助于离子交换剂上的可交换离子和污水中的其他同性离子进行交换反应而使水质净化的方法。离子交换法在工业上首先用于给水处理技术，如硬水的软化、脱碱除盐、去硅除氟、制备纯水等方法。在工业废水处理中可用于回收和去除工业废水中金、镍、镉、铜、铬等；用于去除原子能工业废水中的放射性同位素；还能去除污水中磷酸、硝酸、氨、有机物等。

尽管离子交换法对污水的预处理要求较高，应用范围较窄，且离子交换剂的再生及再生液的处理有时也是一个难以解决的问题。但此法具有离子去除效率高、设备较简单、操作易控制、离子交换材料可以按照需要人工合成等优点，因而在工业上有着广泛的应用前景。

4.3.1 离子交换剂

4.3.1.1 离子交换剂的结构、组成及分类

离子交换剂分为无机和有机两大类。无机类离子交换剂有天然沸石（如海绿石砂）和人工合成沸石（铝代硅酸盐）。沸石既可作阳离子交换剂，也能用作吸附剂。有机类离子交换剂有磺化煤和各种离子交换树脂。在污水处理中，应用较多的是离子交换树脂。

（1）离子交换树脂的结构组成　离子交换树脂是一类具有离子交换特性的有机高分子聚合电解质，是一种疏松的具有多孔结构的固体球形颗粒，粒径一般为 0.3～11.2mm，不溶于水也不溶于电解质溶液，它由不溶性的树脂母体（也称骨架）和具有活性的交换基团（也叫活性基团）两部分组成。树脂母体为有机化合物和交联剂组成的高分子共聚物。交联剂的作用是使树脂母体形成立体的网状结构。交换基团由起交换作用的离子（称可交换离子）和与树脂母体联结的离子（称固定离子）组成。如磺酸型阳离子交换树脂 $RSO_3^- H^+$ 中（R 表示树脂母体），$SO_3^- H^+$ 是交换基团，其中 H^+ 是可交换离子，如图 4-25 所示。

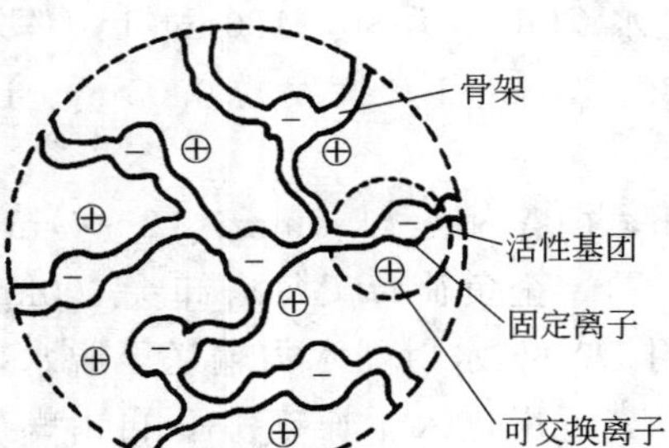

图 4-25　离子交换树脂结构示意

（2）离子交换树脂的分类　离子交换树脂的分类方法很多，其中常见的分类方法如下。

离子交换树脂按离子交换的选择性，可分为阳离子交换树脂和阴离子交换树脂。阳离子交换树脂内的活性基团是酸性的，它能够与溶液中的阳离子进行交换。如 RSO_3H，酸性基

团上的 H^+ 可以电离，能与其他阳离子进行等物质的量的离子交换。阴离子交换树脂内的活性基团是碱性的，它能够与溶液中的阴离子进行离子交换。如 R—NH_2 活性基团水合后形成含有可离解的 OH^-。

$$RNH_2 \xrightarrow{水合} RNH_3^+ OH^-$$

OH^- 可以和其他阴离子进行等物质的量的交换。

阳离子交换树脂中的 H^+ 可用钠离子 Na^+ 代替，阴离子交换树脂中的氢氧根离子 OH^- 可以用氯离子 Cl^- 代替。因此阳离子交换树脂中又有氢型和钠型之分，阴离子交换树脂中又有氢氧型和氯型之分。

离子交换树脂按活性基团中酸碱的强弱，可分为以下四类：①强酸性阳离子交换树脂，活性基团一般为—SO_3H，故又称磺酸型阳离子交换树脂；②弱酸性阳离子交换树脂，活性基团一般为—COOH，故又称为羧酸型阳离子交换树脂；③强碱性阴离子交换树脂活性基团一般为—NOH^-，故又称为季铵型阴离子交换树脂；④弱碱性阴离子交换树脂活性基团一般有—NH_3OH、═NH_2OH、≡NHOH（未水化时分解为—NH_2、═NH、≡N）之分，故分别又称为伯胺型、仲胺型和叔胺型离子交换树脂。

根据离子交换树脂颗粒内部的结构特点，又分为凝胶型和大孔型两类。目前，使用的树脂多数为凝胶型离子交换树脂。

此外，还有一些具有特殊活性基团的离子交换树脂，如氧化还原树脂、两性树脂及螯合树脂等。

4.3.1.2　离子交换树脂的性能

离子交换树脂的性能对处理效率、再生周期及再生剂的耗量都有很大的影响，其物理性能和化学性能如下。

（1）物理性能

① 外观　常用凝胶型离子交换树脂为透明或半透明的珠体，大孔树脂为乳白色可不透明的珠体。优良的树脂圆球率高，无裂纹，颜色均匀，无杂质。

② 粒度　树脂粒度对交换速度，水流阻力和反洗有很大影响。粒度大，交换速度慢，交换容量低；粒度小，水流阻力大。因此粒度大小要适当，分布要合理。一般树脂粒径 0.3～1.2mm，有效粒径（d_{10}）0.36～0.61，均一系数（d_{40}/d_{90}）为 1.22～1.66，均一系数的含义是筛上体积为 40%的筛孔孔径与筛上体积为 90%的筛孔孔径之比。该比值一般大于等于 1，愈接近于 1，说明粒度愈均匀。

③ 密度　树脂密度是设计交换柱、确定反冲洗强度的重要指标，也是影响树脂分层的主要因素。树脂密度有三种表示方法：干真密度、湿真密度和视密度。

a. 干真密度：表示树脂在干燥情况下的真实密度，一般用 g/mL 表示。

b. 湿真密度：指树脂在水中充分溶解后的质量与真体积（不包括颗粒孔隙体积）之比，树脂的湿真密度对交换器反洗强度的大小，混合床再生前分层的好坏影响很大。其值一般为 1.04～1.3g/mL。通常阳离子型的湿真密度比阴离子型的大，强型的比弱型的大。树脂在使用过程中，因基团脱落，骨架中链的断裂，其密度略有减小。

c. 湿视密度：指树脂在水中溶解后的质量与堆积体积之比，湿视密度用来计算交换柱所需装填湿树脂的质量，一般为 0.6～0.85g/mL。

④ 含水量　是指在水中充分溶胀的湿树脂所含溶胀水重占湿树脂重的百分数。含水量主要取决于树脂的交联度、活性基因的类型和数量等。一般在 50%左右。

⑤ 树脂的溶胀性　用水浸泡干树脂时，由于水分子的逐渐渗入，活性基团的离解水合

作用，导致树脂交联网孔增大、体积膨胀的现象叫做树脂的溶胀性。树脂的溶胀程度可用溶胀率（即溶胀前后的体积差与溶胀前的体积之比）来表示。树脂的溶胀率与交联度、活性基团的数量及性质有着密切的关系，它直接影响树脂的机械性能和交换容量，是树脂的重要性质之一。树脂的交联度大时，其溶胀度则小，交换容量亦低。

⑥ 机械强度　反映树脂保持颗粒完整性的能力。树脂在使用中由于受到冲击、碰撞、摩擦以及胀缩作用，会发生破碎。因此，树脂应具有足够的机械强度，以保证每年树脂的损耗量不超过3%～7%。树脂的机械强度主要取决于交联度和溶胀率。交联度愈大，溶胀率愈小，则机械强度越高。

⑦ 耐热性　各种树脂均有一定的工作温度范围，若操作温度过高，就会发生比较严重的热分解现象，影响交换容量和使用寿命；温度过低（如低于0℃），树脂内水分冻结，使颗粒破裂。通常控制树脂的贮藏及使用温度在5～40℃为宜。

除上述各项物理性能外，还有树脂的孔结构、耐磨性、在水中的不溶性等。

（2）化学性能

① 离子交换容量　交换容量是树脂交换能力大小的标度，可以用重量法和容积法两种方法表示。重量法是指单位质量（重量）的干树脂中离子交换基团的数量，用mmol/g或mol/kg来表示。容积法是指单位体积的湿树脂中离子交换基团的数量，用mmol/L或mol/L来表示。由于树脂一般在湿态下使用，因此常用的是容积法表示。

离子交换容量可分为全交换容量、工作交换容量和有效交换容量。全交换容量是单位数量的离子交换树脂中能够起交换作用的活性基团的总数量。工作交换容量是指在动态工作条件下的交换容量。由于运行条件不同，测得的工作交换容量也就不同。有效交换容量是工作交换容量减去因正、反洗损失的交换容量。

② 酸碱性　H型阳树脂和OH型阴树脂在水中电离出H^+和OH^-，表现出酸碱性。根据活性基团在水中离解能力的大小，树脂的酸碱性有强弱之分。强酸强碱树脂的活性基团电离能力强，其交换容量基本上与pH值无关。弱酸树脂在水的pH值低时不电离或仅部分电离，因而只能在碱性溶液中才会有较高的交换能力；弱碱树脂则相反，只能在酸性溶液中才会有较高的交换能力。各类型交换树脂的有效pH值范围见表4-4。

表4-4　各类型交换树脂的有效pH值范围

树脂类型	离子交换树脂			
有效pH值范围	强酸型	弱酸型	强碱型	弱碱型
	1～14	5～14	1～12	0～7

③ 交联度　即线性树脂分子与交联剂间发生交联反应所形成的交联键的密度。通常交联剂的用量直接影响树脂分子的交联度。交联度对树脂的许多性能具有决定性的影响。交联度较高的树脂，孔隙率较低，密度较大，离子扩散速度较低，对半径较大的离子和水合离子的交换量较小，浸泡在水中时，水化度较低，形变较小，也就较稳定，不易破碎。水处理中使用的离子交换树脂，交联度为7%～10%。

④ 化学稳定性　污水中的氧化剂如氧、氯、铬酸、硝酸等，由于其氧化作用能使树脂网状结构破坏，活性基团的数量和性质也会发生变化。

防止树脂因氧化而化学降解的办法有三种：一是采用高交联度的树脂，二是在污水中加入适量的还原剂，三是使交换柱内的pH值保持在6左右。

⑤ 选择性　离子交换树脂在离子交换反应时，它对水中各种离子交换吸附的能力并不

相同，对于其中一些离子很容易被吸附，而对另一些离子却很难吸附；被吸附的离子在树脂再生的时候，有的离子很容易被置换下来，而有的却很难被置换。离子交换树脂所具有的这种对水中离子能优先交换的特性称为选择性。离子交换树脂的选择性是决定离子交换法处理效果的一个重要因素。其主要取决于离子交换树脂对溶液中各种离子的亲和力大小，一般树脂对某种离子的亲和力越大，树脂对该离子的选择性亦越高，交换反应也越易进行。因此，采用离子交换法处理污水时，必须考虑树脂的选择性。在常温低浓度下，各种树脂对各种离子的选择性可归纳出如下规律。

a. 强酸性阳离子交换树脂的选择性顺序为：

$$Fe^{3+} > Cr^{3+} > Al^{3+} > Ca^{2+} > Ni^{2-} > Cd^{2+} > Cu^{2+} > Co^{2+} >$$
$$Zn^{2+} > Mg^{2+} > K^{+} = NH_4^{+} > Na^{+} > H^{+} > Li^{+}$$

b. 弱酸性阳离子交换树脂的选择性顺序为：

$$H^{+} > Fe^{3+} > Cr^{3+} > Al^{3+} > Ba^{2+} > Ca^{2+} > Ni^{2+} > Cd^{2+} >$$
$$Cu^{2+} > Co^{2+} > Zn^{2+} > Mg^{2+} > K^{+} = NH_4^{+} > Na^{+} > Li^{+}$$

c. 强碱性阴离子交换树脂的选择性顺序为：

$$Cr_2O_7^{2-} > SO_4^{2-} > Cr_2O_4^{2-} > NO_3^{-} > Cl^{-} > OH^{-} > F^{-} > HCO_3^{-} > HSiO_3^{-}$$

d. 弱碱性阴离子树脂的选择性顺序为：

$$OH^{-} > Cr_2O_7^{2-} > SO_4^{2-} > Cr_2O_4^{2-} > NO_3^{-} > Cl^{-} > HCO_3^{-}$$

螯合树脂的选择性顺序与树脂种类有关。螯合树脂在化学性质方面与弱酸阳离子树脂相似，但比弱酸树脂对重金属的选择性高。

4.3.1.3 离子交换树脂的选择、保存、使用和鉴别

(1) 树脂选择　离子交换法主要用于除去水中可溶性盐类。选择树脂时应综合考虑原水水质、处理要求、交换工艺以及投资和运行费用等因素。当分离无机阳离子或有机碱性物质时，宜选用阳树脂；分离无机阴离子或有机酸时，宜采用阴树脂。对氨基酸等两性物质的分离，既可用阳树脂，也可用阴树脂。对某些贵金属和有毒金属离子（如 Hg^{2+}），可选择螯合树脂。对有机物（如酚），宜用低交联度的大孔树脂处理。绝大多数脱盐系统都采用强型树脂。

污水处理时，对交换势大的离子宜采用弱性树脂。此时弱性树脂的交换能力强、再生容易，运行费用较省。当污水中含有多种离子时，可利用交换选择性进行多级回收，如不需回收时，可用阳、阴树脂混合床处理。

(2) 树脂保存　树脂应在 0～40℃下存放，当环境温度低于 0℃，或发现树脂脱水后，应向包装袋内加入饱和食盐水浸泡。对长期停运而闲置在交换器中的树脂应定期换水。

通常强性树脂以盐型保存，弱酸树脂以氢型保存，弱碱树脂以游离胺型保存，性能最稳定。

(3) 树脂使用　树脂在使用前应进行适当的预处理，以除去杂质。最好分别用水、5% HCl、2%～4%NaOH 反复浸泡清洗两次，每次 4～8h。

树脂在使用过程中，其性能会逐步降低，尤其在处理工业废水时，主要有三类原因：①物理破损和流失；②活性基团的化学分解；③无机和有机物覆盖树脂表面。针对不同的原因采取相应的对策，如定期补充新树脂，强化预处理，去除原水中的游离氯和悬浮物，用酸、碱和有机溶剂等洗脱树脂表面的垢和污染物。

(4) 树脂鉴别　水处理中常用的四大类树脂往往不能从外观鉴别。根据其化学性能，可用表 4-5 方法区分。

表 4-5 未知树脂的鉴别

操作①	取未知树脂样品 2mL，置于 30mL 试管中			
操作②	加 1mol/L 的 HCl 15mL，摇 1～2min，重复 2～3 次			
操作③	水洗 2～3 次			
操作④	加 10%$CuSO_4$（其中含 1%H_2SO_4）5mL，摇 1min，放 5 min			
检查	浅绿色		不变色	
操作⑤	加 5mol/L 氨液 2mL，摇 1min，水洗		加 1mol/L 的 NaOH 5mL 摇 1min，水洗，加乙酸，水洗	
检查	深蓝	颜色不变	红色	不变色
结果	强酸性阳树脂	弱酸性阳树脂	强碱性阴树脂	弱碱性阴树脂

4.3.2 离子交换平衡

离子交换的本质是发生离子交换反应，其反应一般都是可逆的。它是一种特殊吸附过程，其过程特征为离子交换剂吸附水中的离子，并与水中的离子进行等量交换。其反应过程可如下表达：

对阳离子交换过程 $nR^-A^+ + B^{n+} \rightleftharpoons R_n^-B^{n+} + nA^+$ (4-12a)

对阴离子交换过程 $nR^+C^- + D^{n-} \rightleftharpoons R_n^+D^{n-} + nC^-$ (4-12b)

式中 A^+，C^-——树脂上的可交换离子；

B^{n+}，D^{n-}——溶液中的交换离子；

R——树脂母体。

在式(4-12a)中，阳离子交换树脂被原有的可交换离子 A^+ 所饱和，当其与含有 B^{n+} 离子的溶液接触时，就发生溶液中的 B^{n+} 对树脂上 A^+ 的交换反应，而使 B^{n+} 从溶液中去除或分离。但在一定条件下也可以进行逆反应，即溶液中 A^+ 对树脂上 B^{n+} 进行交换。此逆反应称为树脂的再生。式(4-12b)为阴离子交换反应。

对于式(4-12a)，在平衡状态下，反应物浓度符合下列关系式：

$$K=\frac{[R_nB][A^+]^n}{[RA]^n[B^{n+}]}$$

式中，K 是平衡常数。$K>1$ 时，表示反应能顺利地向右方进行。K 值越大，越有利于交换反应，而不利于再生反应。K 值的大小能定量地反映在离子交换剂对某两个固定离子交换选择性的大小。

对于式(4-12b)，可得到同样的结论。

4.3.3 离子交换过程与再生过程

与吸附操作相似，离子交换操作也有静态法和动态法两种。但无论是哪种方法，其操作过程都包括离子交换与树脂再生两个基本过程。动态操作时，可采用固定床间歇操作和移动床及流化床连续操作。间歇操作时，离子交换与再生在固定床内交替进行。连续操作时，交换与再生分别在交换塔及再生塔内同时进行。

4.3.3.1 固定床离子交换操作

(1) 离子交换　将离子交换树脂装于塔或罐内，以类似于过滤的方式运行。交换时树脂层不动，则构成固定床。现以钠型阳离子交换树脂处理硬水为例，说明离子交换过程（见图4-26）。离子交换过程可分为以下几个阶段。第一阶段是形成交换带的过程，在交换带内进行离子交换反应，如图 4-26(a) 所示（图中白点表示钙型树脂，黑点表示钠型树脂）。第二阶段是交换带推进阶段，形成的交换带以一定速度向前推移，进而交换带的上层树脂被钙饱和，见图 4-26(b)。最后交换带推移到树脂层底部，硬度开始泄漏，见图 4-26(c)，此时称树脂层穿透，即进入第三阶段。若再继续进水，则出水中硬度将迅速增加，当出水硬度到达规定值 C_e，见图 4-26(d) 时，交换过程结束，树脂应予再生。

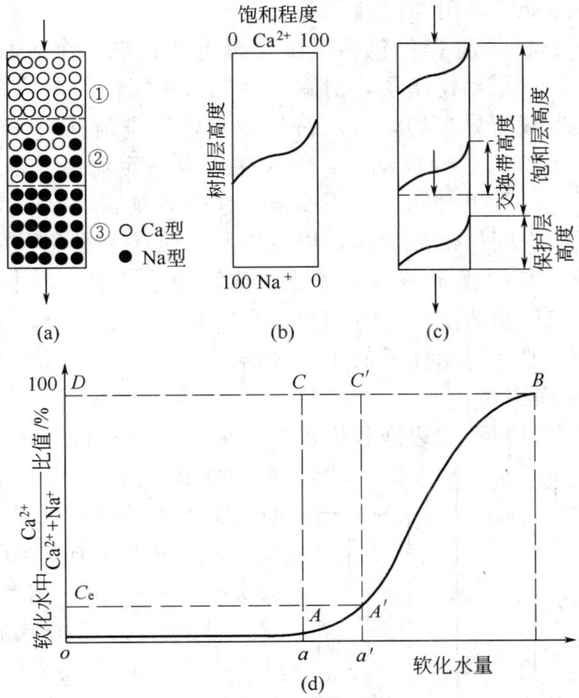

图 4-26 离子交换过程示意

交换带的推进速度及高度取决于所用的树脂、水中交换离子 B 的种类和浓度以及工作条件。当前两者一定时，则主要取决于水流速度。这可用离子供应速度和离子交换速度的相对大小来解释。单位时间内流入某一树脂层的离子数量称为离子供应速度 v_1。在进水浓度一定时，流速愈大，则离子供应愈快。单位时间内交换的离子数量称为离子交换速度 v_2。对给定的树脂和 B，交换速度基本上是一个常数。当 $v_1 \leqslant v_2$ 时，交换带高度小，推进速度慢，树脂利用率高；当 $v_1 > v_2$ 时，进入的 B 离子来不及交换就流过去了，故交换带高度增加，推进速度也加快，树脂利用率低。合适的水流速度通常由实验确定，一般为 15～30m/h。交换带高度可实验求出。

(2) 交换树脂的再生过程 再生过程即为交换反应的逆过程。借助具有较高浓度的再生液流过树脂层，将先前吸附的离子置换出来，使其交换能力得到恢复。

① 再生方式 固定床交换柱常用的再生方式有顺流再生和逆流再生。前者再生与交换过程的水流方向相同，后者流向相反。由于逆流再生法是使配制的再生液先与未呈饱和状态的交换树脂接触，因而可以充分利用再生液的再生作用。但逆流再生时，应避免搅乱树脂层。

② 再生液及其浓度对再生效果的影响 对于不同性质的污水和不同类型的离子交换树脂，所采用的再生液是不同的。通常用于强酸性阳离子交换树脂的再生液有 HCl、H_2SO_4、NaCl、Na_2SO_4 等溶液，用于弱酸性阳离子交换树脂的再生液有 HCl、H_2SO_4 等溶液，用于强碱性阴离子交换树脂的再生液有 NaOH、NaCl 等溶液，用于弱碱性阴离子交换树脂的

再生液有 NaOH、Na_2CO_3、$NaHCO_3$ 等溶液。具体操作时，应随处理工艺、再生效果、经济性及再生液的供应情况来选择不同的再生液。

再生液的浓度对树脂再生程度有较大影响。当再生剂用量一定时，在一定范围内，浓度越大再生程度越高；但超过一定范围，再生程度反而下降。对于阳离子交换树脂，食盐再生液浓度一般采用 5%～10%；盐酸再生液浓度一般用 4%～6%；硫酸再生液浓度则不应大于 2%，以免再生时生成 $CaSO_4$ 黏附在树脂颗粒上。

③ 再生操作　固定床的再生操作包括反洗、再生和正洗三个过程。反洗是逆交换水流方向通入冲洗水和空气，以松动树脂层，清除积存在树脂层内的杂质、碎粒和气泡，确保下一步再生时，注入的再生液能分布均匀。反洗用原水，反洗流速约 15m/h，历时约 15min。反洗使树脂层膨胀 40%～60%。经反洗后，将再生液以一定流速（以 4～8m/h 为宜）通过树脂层，对树脂进行再生。再生时间一般不少于 30min，逆流再生时，通常小于 2m/h，也可采用气顶压、水顶压或中间排液法操作，以免搅乱树脂层和避免大反洗。当流出固定床的再生液中 B 离子浓度低于某一规定值后，停止再生，通水正洗。将树脂层内残留的再生液和再生时可能出现的反应产物清洗掉，直到出水水质符合要求为止。正洗水最好用交换处理后的净水。正洗用水量一般为树脂体积的 4～13 倍。

4.3.3.2　连续床离子交换操作

固定床离子交换器内树脂不能边饱和边再生，树脂和容器利用率都很低；树脂层的交换能力使用不当，上层的饱和程度高，下层低，而且生产不连续，再生和冲洗时必须停止交换。为了克服上述缺陷，发展了连续式离子交换设备，包括移动床和流动床。

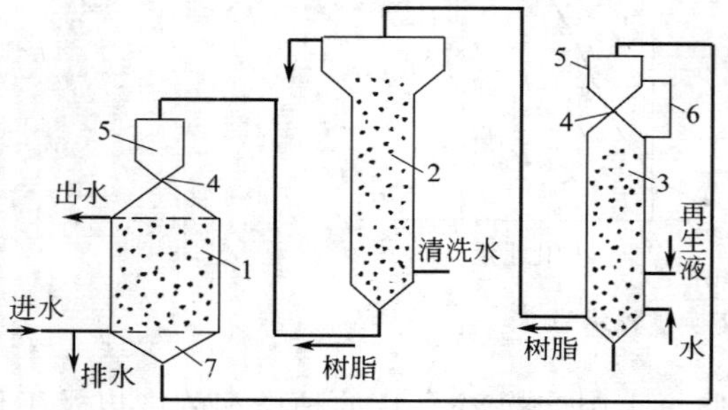

图 4-27　三塔式移动床

1—交换塔；2—清洗塔；3—再生塔；4—浮球阀；5—贮树脂斗；6—连通管；7—排树脂部分

图 4-27 为三塔式移动床系统，由交换塔、再生塔和清洗塔组成。运行时，原水由交换塔下部配水系统流入塔内，向上快速流动，把整个树脂层承托起来并与之交换离子。经过一段时间以后，当出水离子开始穿透时，立即停止进水，并由塔下排水。排水时树脂层下降（称为落床），由塔底排出部分已饱和的树脂，同时浮球阀自动打开，放入等量已再生好的树脂。注意避免塔内树脂混层。每次落床时间很短（约 2min）。之后又重新进水，托起树脂层，关闭浮球阀。失效树脂由水流输送至再生塔。再生塔的结构及运行与交换塔大体相同。

与固定床比较，移动床具有如下特点：树脂用量少，在相同产水量时，约为固定床的 1/3～1/2，但树脂磨损率大；能连续产水，出水水质也较好，但对进水变化的适应性较差；设备小，投资省，但自动化程度要求高。

移动床操作，有一段落床时间，并不是完全的连续过程。若让饱和树脂连续流出交换塔，由塔顶连续补充再生好的树脂，同时连续产水，则构成流动床处理系统。流动床内树脂和水流方向与移动床相同，树脂循环可用压力输送或重力输送。为了防止交换塔内树脂混层，通常设置 2～3 块多孔隔板，将流化树脂层分成几个区，也起均匀配水作用。

流动床是一种较为先进的床型，树脂用量少，设备小，生产能力大，而且对原水预处理要求低。但由于操作复杂，目前运用不多。

4.3.4 离子交换设备和设计计算

4.3.4.1 固定床离子交换器的结构

固定床是目前广泛使用的工业离子交换设备。常用的固定床离子交换柱的形式有：单床（使用一种树脂的单层堆积结构）、多床（使用一种树脂，由两个以上交换器组成的交换系统）、复床（使用两种树脂的两个交换器的串联系统）、混合床（同一交换器为填装阴、阳两种树脂）和联合床（将复合床与混合床联合使用）等五种形式，如图 4-28 所示。其中以单层固定床离子交换装置为最基本和最常用。这种交换器的构造与固定床吸附器基本一致，如图 4-28 所示。

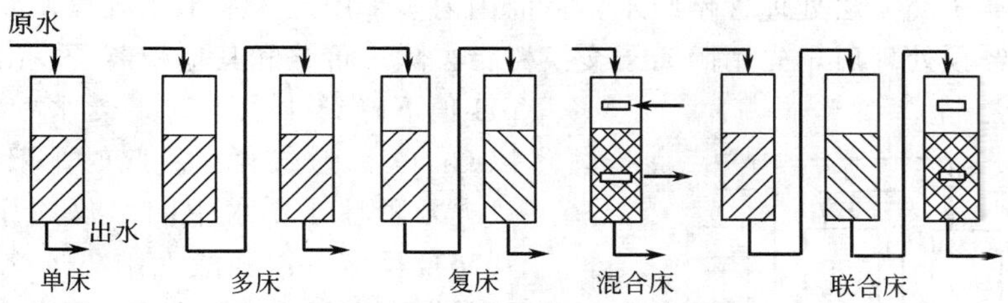

图 4-28　固定床离子交换柱组合方式

4.3.4.2 离子交换器的设计计算

离子交换器的设计包括选择合适的离子交换树脂，确定合理的工艺系统，计算离子交换器的尺寸大小、再生计算、阻力核算等。

交换器的尺寸计算主要是直径和高度的确定。交换器直径可由交换离子的物料衡算式计算。

$$Qc_0t=q_wHA \tag{4-13}$$

由此可推得：

$$D=\sqrt{\frac{4Qc_0t}{\pi nq_wH}} \tag{4-14}$$

式中　Q——污水流量，m^3/h；

c_0——进水中交换离子浓度，mmol/L；

t——两次再生间隔时间，h；

n——交换器个数，一般应不少于 2 个；

q_w——交换剂的工作交换容量，mmol/L；

H——交换剂床层高，m；

A——交换器截面积，m^2；

D——交换器的直径，m，其值一般小于 3m。

更简单地，可由要求的进水量和选定的水流空塔速度来计算塔径。

$$Q=Av \tag{4-15}$$

式中，空塔流速 v 一般为 10～30m/h。

交换器筒体的高度包括树脂层高、底部排水区高和上部水垫层高三部分。设计时应首先确定交换剂层高度。树脂层越高，树脂的交换容量利用率越高，出水水质好，但阻力损失大，投资增多。通常树脂层高可选用 1.5～2.5m。塔径越大，层高越高，一般层高不得低于 0.7m。对于进水含盐量较高的场合，塔径和层高都应适当增加，以保证运行周期不低于

24h。树脂层上部水垫层的高度主要取决于反冲洗时的膨胀高度和保证配水的均匀性，顺流再生时膨胀率一般采用 40%～60%。逆流再生时这个高度可以适当减小。底部排水区高度与排水装置的形式有关，一般取 0.4m 左右。

离子交换树脂的质量，可以由上述树脂层高、塔截面积和树脂密度计算得到。

根据计算得出的塔径和塔高选择合适尺寸的离子交换器，然后进行水力核算。

4.3.5 离子交换法在污水处理中的应用

4.3.5.1 电镀含铬废水的离子交换处理

含铬废水是一种常见的污水，主要含有以 $Cr_2O_7^{2-}$ 和 CrO_4^{2-} 形态存在的六价铬以及少量的三价铬。离子交换法处理含铬废水，目前国内多采用复床式工艺流程，如图 4-29 所示。

含铬废水经预处理后，先用阳离子交换树脂去除三价铬和其他阳离子，出水呈酸性。当pH 值下降到 4 以下时，废水中六价铬大部分以 $Cr_2O_7^{2-}$ 形式存在。此时，阳柱出水开始时只进入阴柱Ⅰ，水中的六价铬用阴树脂去除。其交换反应，以强酸性阳离子交换树脂 RH 和强碱性阴离子交换树脂 ROH 为例。

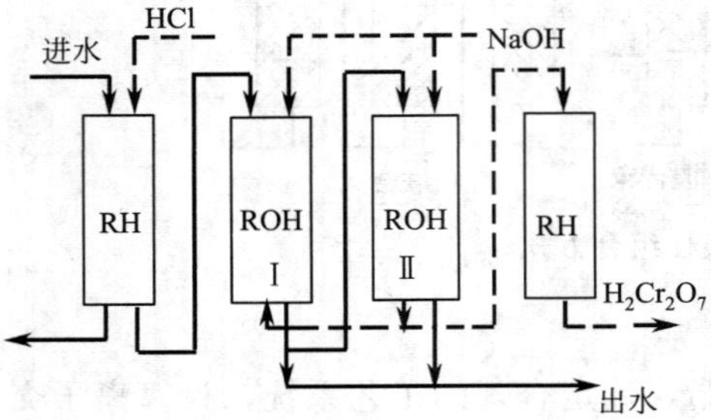

图 4-29 含铬废水的离子交换处理工艺流程

三价铬的交换为：

$$3RH + Cr^{3+} \rightleftharpoons R_3Cr + 3H^+$$

六价铬的交换为：

$$2ROH + Cr_2O_7^{2-} \rightleftharpoons R_2Cr_2O_7 + 2OH^-$$

$$2ROH + CrO_4^{2-} \rightleftharpoons R_2CrO_4 + 2OH^-$$

当出水中六价铬达到规定浓度时，树脂带有的 OH^- 基本上为废水中的 $Cr_2O_7^{2-}$、CrO_4^{2-}、SO_4^{2-} 和 Cl^- 所取代。树脂层中的阴离子按其选择性大小，从上到下分层，显然下层没有完全被 $Cr_2O_7^{2-}$ 所饱和。为了提高重铬酸的浓度和纯度，将阴柱Ⅱ串联在阴柱Ⅰ后，并继续向阴柱Ⅰ中通水，则阴柱Ⅰ内 $Cr_2O_7^{2-}$ 含量逐渐增加，SO_4^{2-} 和 Cl^- 含量逐渐下降。最后当阴柱Ⅰ出水中六价铬浓度与进水中相同，其中的树脂几乎全部被 $Cr_2O_7^{2-}$ 所饱和时，使阴柱Ⅰ停止工作进行再生。这种流程称为双阴柱全酸全饱和流程。

经阳柱和阴柱处理后，原水中金属阳离子和六价铬转到树脂上，树脂上的 H^+ 和 OH^- 被替换下来结合成水，所以可得纯度较高的水。

树脂失效后，阳树脂可用一定浓度的 HCl 溶液再生，阴树脂可用一定浓度的 NaOH 溶液再生。反应为：

$$R_3Cr + 3HCl \rightleftharpoons 3RH + CrCl_3$$

$$R_2CrO_4 + 2NaOH \rightleftharpoons 2ROH + Na_2CrO_4$$

$$R_2Cr_2O_7 + 4NaOH \rightleftharpoons 2ROH + 2Na_2CrO_4 + H_2O$$

为了回收铬酐，阴树脂的洗脱液再经一级 H 型阳离子交换进行脱钠，即得到铬酸。

$$4RH + 2Na_2CrO_4 \rightleftharpoons 4RNa + H_2Cr_2O_7 + H_2O$$

当阴柱Ⅰ再生时，污水按阳柱⟶阴柱Ⅱ进行通水。当出水 $Cr^{6+} \geqslant 0.5mg/L$ 时，再按阳柱⟶阴柱Ⅱ⟶阴柱Ⅰ的顺序通水。

值得注意的是，含铬废水的 pH 值一般小于 6，含有强氧化剂 $H_2Cr_2O_7$ 和 H_2CrO_4，因此应选择具有较高抗氧化能力和高机械强度的阳、阴两种树脂。如采用 732 型阳树脂和 710

型阴树脂。此外，交换柱、阀门、管道、泵等都应选用耐腐蚀材料的产品。

4.3.5.2 含酚废水的离子交换处理

近年来，美国用 XAD 离子交换树脂系统处理含酚废水。该树脂孔隙率高，比表面积大，粒度均匀，吸附容量大，且机械强度高。这种树脂对溶解度低的有机物吸附力很强。

中国有用大孔树脂处理含酚废水的实例。大孔树脂的孔径与吸附质分子直径之比以 6∶1 最好。例如，沈阳有机化工厂采用自制 YLX-01 型树脂，处理生产癸二酸排出的含酚 1300～2500mg/L 的废水，树脂柱直径 870mm，高 4m，四柱并联运转。当柱内树脂装量为 $1m^3$，床速为 3L/(L 树脂·h)，树脂层高 1750mm，下降速度为 5m/h，pH 值为 5～6 时，进水含酚浓度为 1700mg/L，经树脂柱处理，脱酚效率达 99.9%以上。饱和后树脂用 10% 的 NaOH 溶液解吸，其用量为树脂的 5 倍，解吸再生液含酚 1%左右，再用蓖麻油酸解吸其中的酚，含酚 5%的蓖麻油酸作裂化原料使用。

4.3.6 离子交换系统的操作管理与维护

由于工业废水水质复杂，在水处理的要求方面，不只是去除某些离子，有些场合还要求对其中有回收价值的物质予以回收利用。因此，在使用离子交换处理时，在操作管理与维护方面应注意下列事项。

① 当污水中存在悬浮物质与油类物质时，会堵塞树脂孔隙，降低树脂交换能力，应在废水进入交换柱之前进行预处理，如采用砂滤等措施，把悬浮物与油类等物质预先除去。

② 当污水中溶解盐含量过高时，将会大大缩短树脂工作周期。当溶解盐含量大于 1000～2000mg/L 时，不宜采用离子交换法处理。

③ 应考虑污水 pH 值的影响。污水 pH 值对离子交换有两方面的影响。a. 影响某些离子在污水中的存在状态（或形成配位离子或胶体）。例如含铬废水当 pH 值高时，Cr^{6+} 主要以铬酸根（CrO_4^{2-}）形态存在，而在 pH 值低的条件下，则以重铬酸根（$Cr_2O_4^{2-}$）形态存在。因此，用阴离子树脂去除 Cr^{6+} 时，在酸性污水中比在碱性污水中的去除效率高，因为同样交换一个二价配位阴离子，$Cr_2O_7^{2-}$ 比 CrO_4^{2-} 多一个 Cr^{6+}。b. 影响树脂交换基团的离解（参见 4.3.1.2）。因此，针对具体的处理情况，应采取适当措施，例如选择适宜树脂、调整污水 pH 值、选择处理流程等。

④ 应考虑温度的影响。所处理的污水温度不得超过树脂耐热性能的要求。各种类型树脂的耐热性能或极限允许温度是不同的，可查阅有关资料或产品说明书。若水温度过高，应在进入交换树脂柱之前采取降温措施，或者选用耐高温（或耐较高温）的树脂。

⑤ 应考虑高价离子的影响。高价金属离子与树脂交换基团的固定离子的结合力强，可优先交换，但再生洗脱比较困难。

⑥ 应考虑氧化剂和高分子有机物的影响。具体内容参见 4.3.1.2。

4.4 膜分离法

膜分离法是利用特殊的薄膜（如半透膜）对液体中的某些成分进行选择性透过的方法的统称。溶剂透过膜的过程称为渗透，溶质透过膜的过程称为渗析。常用的膜分离方法有电渗析、反渗透、超滤，其次是自然渗析和液膜技术。近年来，膜分离技术发展很快，在水和污水处理、化工、医疗、轻工、生化等领域得到大量应用。

膜分离的作用机理往往用膜孔径的大小为模型来解释，实质上，它是由分离物质间的作用引起的，同膜传质过程的物理化学条件，以及膜与分离物质间的作用有关。根据膜的种类、功能和过程推动力的不同，几种膜分离法的特征及应用如表 4-6 所示。

表 4-6　几种主要膜分离法的特征及应用

膜过程	推动力	膜类型	传递机理	渗透物	截留物	主要应用
电渗析	电位差	离子交换膜	电解质离子选择性通过	电解离子	非解离和大分子物质	分离离子，用于回收酸、碱和苦咸水淡化
反渗透	压力差(1.0～10.0MPa)	致密非对称膜或复合膜	溶剂扩散	水和溶剂	全部悬浮物、溶质和盐	分离小分子溶质，用于海水淡化、去除无机离子或有机物
超滤	压力差(0.1～0.5MPa)	非对称超滤膜	筛滤及表面作用	水、溶剂、离子和相对分子质量小于1000的小分子	生化制品、胶体和大分子(相对分子质量为1000～300000)	截留大分子，去除颜料、油漆、微生物等
扩散渗析	浓度差	非对称膜，离子交换膜	溶质扩散	离子、低相对分子质量有机物、酸和碱	相对分子质量大于1000的溶解物和悬浮物	分离溶质，用于回收酸、碱等
液膜	化学反应和浓度差	载体膜	反应促进和扩散传递	电解质离子	非电解质离子	用于离子、有机分子等的回收

作为一种新型的水处理方法，膜分离法的共同优点是：可在一般温度下操作；不消耗热能，没有相变；装置简单，易操作控制；分离效率高等。缺点是：处理能力小；除扩散渗析外，均需消耗相当的能量；对预处理要求高。

4.4.1　电渗析

4.4.1.1　基本原理

电渗析是指在直流电场的作用下，依靠对水中离子有选择透过性的离子交换膜，使离子从一种溶液有选择性地透过离子交换膜进入另一种溶液，以达到分离、提纯、浓缩、回收的目的。

电渗析的分离原理示意见图 4-30。以 NaCl 的水溶液为例。在阳电极和阴电极之间，阳膜（即阳离子交换膜，只允许阳离子通过）与阴膜（即阴离子交换膜，只允许阴离子通过）交替排列，在相邻的阳膜与阴膜之间形成隔室，其中充满浓度相同的 NaCl 水溶液。通直流电之后，水溶液中的离子定向迁移，带正电荷的 Na^+ 向阴极迁移，带负电荷的 Cl^- 向阳极迁移。由于离子交换膜的选择透过性，使 2、4、6 隔室中的离子透过膜迁移到 1、3、5 隔室中去。结果，2、4、6 隔室中的离子数量减少，含盐水被淡化；而 1、3、5 隔室中的离子数量增多，水溶液的浓度增加。

由电极和膜组成的隔室称为极室。极室中发生的电化学反应与普通的电极反应相同。阳极室内发生氧化反应，产生氯气和氧气，阳极水（即阳极室的出水）呈酸性，阳极易被腐蚀。阴极室内发生还原反应，产生氢气，阴极水（即阴极室的出水）呈碱性，阴极上易结水垢。

显然，离子交换膜的选择透过性是电渗析淡化与浓缩过程的关键。而离子交换膜的选择透过性又主要由膜的结构所决定。

4.4.1.2 电渗析装置

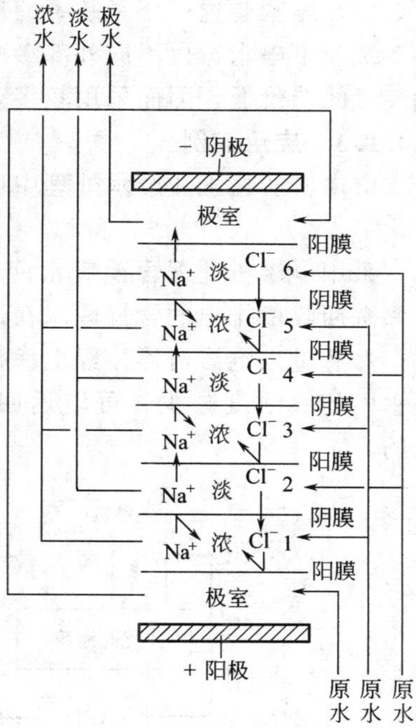

图 4-30 电渗析分离原理

电渗析器是由膜堆（包括离子交换膜、隔板）、极区（包括电极、板框、垫板）和压紧装置三大部分组成。

(1) 离子交换膜 它是电渗析器的关键部件。其化学组成与离子交换树脂相同，含有活性基团和可使离子透过的细孔，因此，可以把离子交换膜理解为薄膜状的离子交换树脂。

离子交换膜按解离离子的电荷性质分，有阳离子交换膜（简称阳膜）、阴离子交换膜（简称阴膜）和复合膜等几种。在电解质溶液中，阳膜允许阳离子透过而排斥阴离子，阴膜允许阴离子透过而排斥阳离子，这就是离子交换膜的选择透过性。按膜体的构造分，有异相膜、半均相膜和均相膜。均相膜比异相膜的电化性能好，耐温性能较好，但制造较复杂。按膜的基材分，有聚苯乙烯膜、聚氯乙烯膜、全氟磺酸膜等。此外，还有很多特殊性能和用途的离子交换膜。

良好的离子交换膜应具备下列条件：

① 高的离子选择透过性，即阳膜只允许阳离子透过，阴膜则相反，实际应用的膜的选择透过率一般在80%～95%；

② 渗水性低；

③ 导电性良好，膜的面电阻低，膜电阻通常为 $2\sim10\Omega\cdot cm^2$；

④ 化学稳定性要好，能耐酸、碱、抗氧、抗氯；

⑤ 膜应平整、均一、无针孔，并具有一定的柔韧性和足够的机械强度。

离子交换膜的性能对电渗析效果影响很大。工业废水的成分与水质状况相当复杂，研制与选用适宜于污水处理的膜十分重要。

(2) 隔板 其作用一是用于隔开阴膜和阳膜，二是作为水流的通道。隔板四周的边框与离子交换膜在压紧时应保持水密性。隔板的种类与形式很多，目前使用最多的是厚度为0.8～0.9mm 和 0.5mm 的薄隔板，材质为聚丙烯，单流水道，编织网式。由于隔板薄，因而除盐效能高。

(3) 电极 电极分阳极和阴极，接通直流电源后在两极间的离子交换膜和隔板中形成直流电场。电极的形式有平板式、网式和丝条式等。电极的材料有石墨、不锈钢、钛涂钌、钛镀铂、铅、二氧化铅等。电极的选择与水质、电流密度、使用寿命、加工、价格等因素有关。电渗析的电极应选择耐腐蚀性能好、价廉的材料。

(4) 板框 板框的主要功能是使膜不与电极接触，通过极水排除极室中的电极过程产物，如阳极室应及时排除 Cl_2、O_2 及酸性阳极液和阳极腐蚀下来的固体颗粒物；阴极室应排除 H_2 及碱性阴极液和阴极产物水垢。板框的形状与隔板很相似，只是厚度稍大且没有布水槽。

构成极室的离子交换膜受到电极过程的影响而极易腐蚀和结垢，因此，为了保护靠电极的第一张膜，可以在该膜与电极之间增设“保护框”。保护框中的水流自成独立的系统，与淡水系统、浓水系统、极水系统相并列。此外，靠电极的第一张膜也可以采用抗氧化性能好的特种膜。

（5）压紧装置　压紧装置的作用是把大量薄片状的部件压紧成一个整体，使得内部各水流系统互不串水，也不向外部渗漏。压紧装置有螺栓夹板型和压滤机型两种。螺栓夹板型压紧装置的造价低，因而采用较多。

4.4.1.3　应用实例

电渗析法在工业废水处理中可用于回收酸、碱、镍等。在给水处理中用于脱盐、苦咸水淡化等。

采用电渗析处理含镍废水回收镍，在国内均已获得应用。图 4-31 为常用的工艺流程，由漂洗回收槽排出的含镍废水在进入电渗析设备前需经过滤等预处理，以去除其中的悬浮杂质，然后进入电渗析器。经电渗析处理后，浓水中的镍浓度增加，可以返回镀槽重复使用，淡水中的镍浓度减少，可以返回水洗槽用以补充清洗水。用此法可达到污水封闭循环的目的。

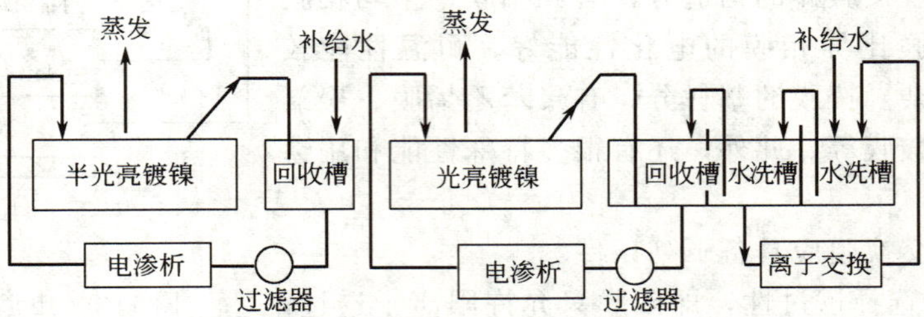

图 4-31　电渗析法处理电镀含镍废水的工艺流程

某电镀厂用电渗析处理回收槽含镍废水，当废水含镍浓度为 1g/L 时，镍的回收率可达 90%左右，浓水含镍浓度可达 15～35g/L，pH 值在 6 左右，能回用于镀槽。电渗析器电流密度为 5～6mA/cm^2 以下，回收 1kg 硫酸镍耗电 1.5～3.0kW·h。

据国外资料介绍，一般电渗析的电流密度与回收槽液含镍浓度的运行条件见表 4-7。通常能回收槽内镍量的 90%左右。

表 4-7　电渗析法从回收槽液中回收镍的运行条件

名　　称	运　行　条　件		
回收槽液含镍浓度/(g/L)	2～3	3～5	5～7
电渗析器电流密度/(A/dm^2)	0.5	0.8	1.0
回收镍量/[kg/(m^2·d)]	0.92	1.47	1.84

4.4.2　反渗透

4.4.2.1　反渗透原理

用一张半透膜将淡水和某种浓溶液隔开，如图 4-32 所示，该膜只让水分子通过，而不让溶质通过。由于淡水中水分子的化学位比溶液中水分子的化学位高，所以淡水中的水分子自发地透过膜进入溶液中，这种现象叫做渗透。在渗透过程中，淡水一侧液面不断下降，溶液一侧液面则不断上升。当两液面不再变化时，渗透便达到了平衡状态。此时两液面高差称为该种溶液的渗透压。如果在溶液一侧施加大于渗透压的压力 p，则溶液中的水就会透过半透膜，流向淡水一侧，使溶液浓度增加，这种作用称为反渗透。

由此可见，实现反渗透过程必须具备两个条件：一是必须有一种高选择性和高透水性的半透膜；二是操作压力必须高于溶液的渗透压。

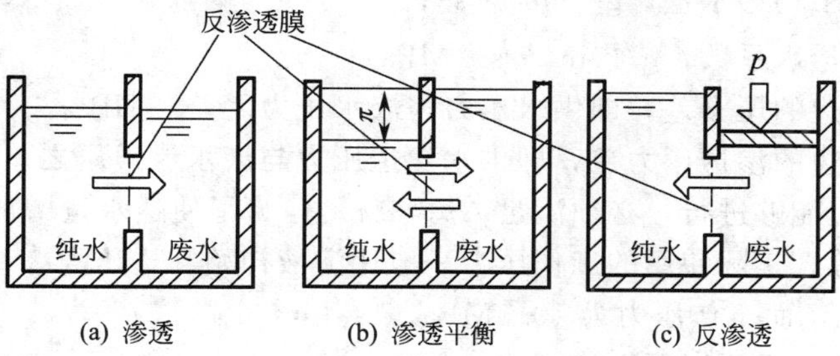

图 4-32　反渗透原理

渗透压是区别溶液与纯水性质之间差别的标志，它以压力来表示，与溶质的性质无关，其值为：

$$\pi = \Phi RT \sum_i c_i \tag{4-16}$$

式中　π——溶液的渗透压力，Pa；

R——理想气体常数，8.314J/(mol·K)；

c_i——溶质 i 的浓度，mol/m^3；

T——绝对温度，K；

Φ——范特霍夫常数，它表示溶质的离解状态，对于电解质溶液，当它完全离解时，Φ 等于离解的阴、阳离子的总数，对非电解质溶液，$\Phi = 1$。

4.4.2.2　反渗透膜

反渗透膜是一类具有不带电荷的亲水性基团的膜，种类很多。按成膜材料可分为有机和无机高聚物，目前研究得比较多和应用比较广的是醋酸纤维素膜（CA 膜）和芳香族聚酰胺膜两种。

(1) CA 膜　CA 膜的组成如下：①醋酸纤维素，为成膜材料；②溶剂，常用丙酮，用来溶解醋酸纤维素；③添加剂，也称溶胀剂，常用的有甲酰胺或过氯酸镁和水等，起膨胀作用，造成微细孔结构。上述材料按一定配方并经溶解形成膜液，充分溶解后可制成多种形式的膜。再经蒸发、凝胶、热处理等步骤，便可使用。CA 膜适用于地表水、污水及其他高污染水的处理，其适宜的 pH 值为 3～8，工作温度低于 35℃，操作压力为中压。

(2) 聚酰胺膜　这种膜由芳香聚酰胺为成膜材料、二甲基乙酰胺为溶剂、硝酸锂或氯化锂为添加剂制成。常做成中空纤维形式，以增大膜的表面积。空心纤维的外径为 45～85μm，表皮层厚约 0.1～1.0μm，近似人头发粗细。它的单位体积透水量比醋酸纤维素膜高，使用寿命较长。

反渗透膜是实现反渗透分离的关键。良好的反渗透膜应具有多种性能：选择性好，单位膜面积上透水量大，脱盐率高；机械强度好，能抗压、抗拉、耐磨；热稳定性和化学稳定性好，能耐酸、碱腐蚀和微生物侵蚀，耐水解、辐射和氧化；结构均匀一致，且尽可能薄，寿命长，成本低。

膜的透水量取决于膜的物理性质（如孔隙率、厚度等）与膜的化学组成，以及系统的操作条件，如水的温度、膜两侧的压力差、与膜接触的溶液浓度和流速等。实际操作过程中，膜的物理特性、水温、进出水浓度、流速等对特定的过程是固定不变的，因此透水量仅为膜两侧压力差的函数。透水量可以用下式表示：

$$F_{水} = K_w(\Delta p - \Delta\pi) \tag{4-17}$$

式中 $F_{水}$——膜的平均透水量，$g/(cm^3 \cdot s)$；

K_w——膜的透水系数，$g/(cm^3 \cdot s \cdot MPa)$；

Δp——膜两边的压力差，即供水压力与淡水压力之差，MPa；

$\Delta\pi$——膜两边的渗透压力差，即供水渗透压力与淡水渗透压之差，MPa。

为使反渗透过程能够进行，必须满足 $\Delta p > \Delta\pi$。但为了使透水量增加，及溶质被浓缩时溶液的渗透压升高等，实际使用的工作压力一般比溶液初始渗透压大 3～10 倍。如海水的渗透压力约为 2.7MPa，而工作压力为 10.5MPa。

膜单位面积的透盐量可以用下式表示：

$$F_{盐} = P_Y \frac{c_f - c_p}{\delta} = \beta \Delta c \tag{4-18}$$

式中 $F_{盐}$——透盐量，$g/(cm^2 \cdot s)$；

P_Y——溶质在膜内的扩散系数，cm^2/s；

δ——膜的有效厚度，cm；

c_f，c_p——供水、淡水的盐浓度，g/cm^3；

β——膜的透盐系数$\left(\beta = \frac{P_Y}{\delta}\right)$，表示特定膜的透盐能力，cm/s。

与透水量不同，正常的透盐量与工作压力无关。工作压力升高，可使透水量增加，但透盐量不变，结果得到了更多的净化水。

4.4.2.3 反渗透装置

目前常用的反渗透装置有板框式、管式、螺旋卷式、中空纤维式、多束式等多种形式。

（1）板框式反渗透装置　板框式反渗透装置的构造与压滤机相类似（见图 4-33）。整个装置由若干圆板一块一块地重叠起来组成。圆板外环有密封圈支撑，使内部组成压力容器，高压水串流通过每块板。圆板中间部分是多孔性材料，用以支撑膜并引出被分离的水。每块板两面都装上反渗透膜，膜周边用胶黏剂和圆板外环密封。板式装置上下安装有进水和出水管，使处理水进入和排出，板周边用螺栓把整个装置压紧。

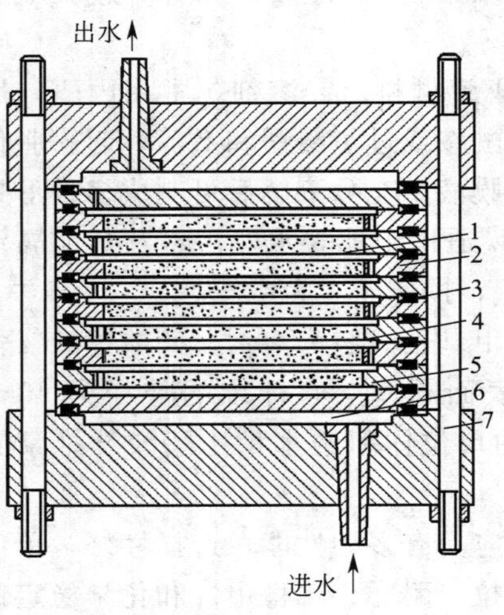

图 4-33　板框式反渗透装置

1—膜；2—水引出孔；3—橡胶密封圈；4—多孔性板；5—处理水通道；6—膜间流水道；7—双头螺栓

板式反渗透装置结构简单，体积比管式的小，其缺点是装卸复杂，单位体积膜表面积小。

（2）管式反渗透装置　这种装置使用管状膜，膜置于小直径（10～20mm）耐压多孔管的内侧，膜与管之间衬以塑料网或纤维网。管式装置有多种形式，可分为单管式和管束式、内压管式和外压管式等。如图 4-34 所示。管式装置的特点是水力条件好，安装维修方便，易于换膜，能耐高压，可以处理高黏度原水。缺点是膜的有效面积较小，建造费用较高。

（3）螺旋卷式反渗透装置　它由平板膜做成，在两层渗透膜中间夹衬着多孔支撑材料，把膜的三边密封形成膜袋，另一个开放的边与一根接受淡水的穿孔管密封连接，膜袋外再垫一层细网，作为间隔层，紧密卷绕而成一个组件，如图 4-35 所示。把一个或多个组件放入耐压筒内便可制成螺旋卷式反渗透装置。工作时，原水

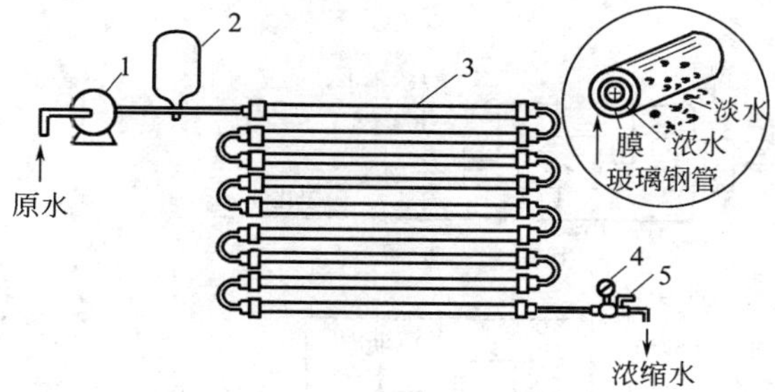

图 4-34 管式反渗透装置

1—高压水泵；2—缓冲器；3—管式组件；
4—压力表；5—阀门

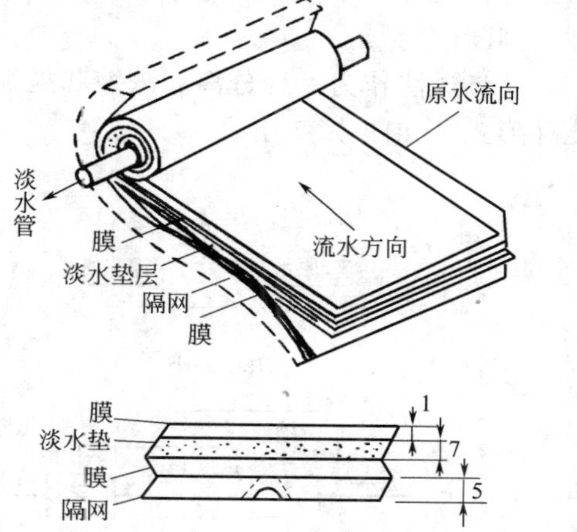

图 4-35 螺旋卷式组件

及浓缩液沿着与中心管平行方向在膜袋外细网间隔层中流动，浓缩液由筒的一端引出，渗透水则沿两层膜的垫层（多孔支撑材料）流动，最后由中心集水管引出。

螺旋卷式装置的优点是：其单位容积的膜表面积较大，故透水量大；结构紧凑，占地面积小；操作方便。其缺点是：原水流程短，压力损失大，膜沾污后消除困难，不能处理含有悬浮物的液体。

（4）中空纤维式反渗透装置　中空纤维膜是一种细如头发的空心管，由制膜液空心纺丝而成。将数十万根中空纤维膜捆成膜束，弯成 U 形装入耐压圆筒容器中，并将纤维膜开口端固定在环氧树脂管板上，即可组成反渗透器，如图 4-36 所示。原水从纤维膜外侧以高压通入，净化水由纤维管中引出。其优点是单位体积的膜表面积很大，制造和安装简单，可在较低压力下运行，膜的压实现象减缓，膜寿命长。其缺点是装置制作工艺技术较复杂，易堵塞，清洗不便，不能用于处理含有悬浮物的液体。

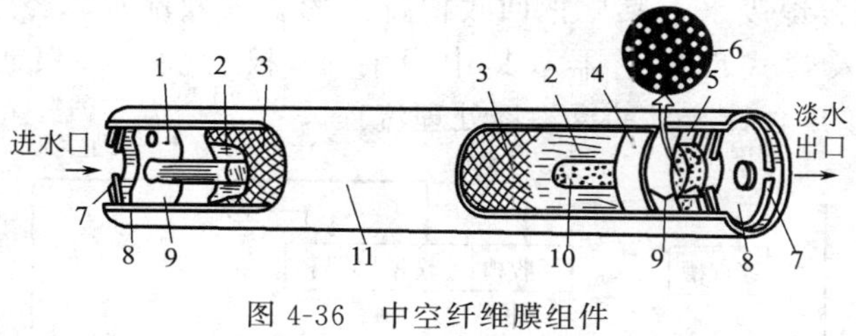

图 4-36 中空纤维膜组件

1—浓水排除口；2—中空纤维束；3—导流网；4—环氧树脂管柱；5—多孔支撑圆盘；6—纤维束开口端；
7—弹性挡圈；8—端板；9—“O” 形密封圈；10—多孔进水分布管；11—壳体

以上几种类型的反渗透装置由于结构不同，在应用中各有特点，适宜于不同的处理范围。由于螺旋卷式及中空纤维式装置的单位体积处理量高，故大型装置采用这两种类型较多，而一般小型装置采用板框式或管式。

4.4.2.4 反渗透处理系统

反渗透处理系统包括预处理和膜分离两部分。预处理方法有物理法（如沉淀、过滤、吸附、热处理等）、化学法（如氧化、还原、pH 值调节等）和光化学法。究竟选用哪一种方法进行预处理，不仅取决于原水的物理、化学和生物学特性，而且还要根据膜和装置构造来做出判断。

反渗透法作为一种分离、浓缩和提纯方法，常见流程有一级、一级多段、多级、循环等几种形式，如图 4-37 所示。

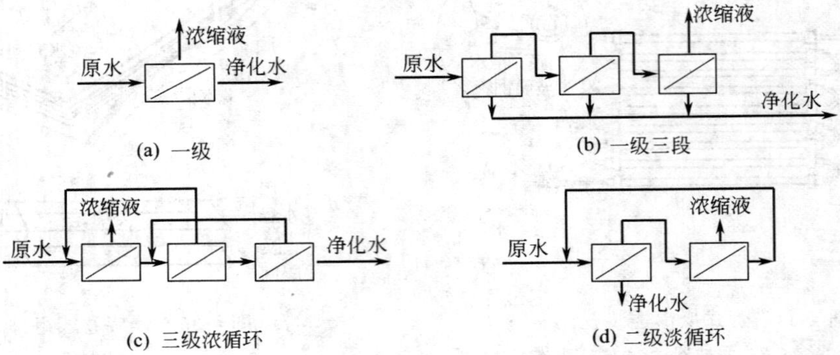

图 4-37　反渗透工艺流程

一级处理流程即一次通过反渗透装置，该流程最为简单，能量消耗最少，但分离效率不很高。当一级处理达不到净化要求时，可采用一级多段处理或二级处理流程。在多段流程中，将第一段的浓缩液作为第二段的进水，将第二段的浓缩液又作为第三段的进水，以此类推。随着段数增加，浓缩液体积减小，浓度提高，水的回收率上升。在多级流程中，将第一级的净化水作为第二级的进水，以此类推，各级浓缩液可以单独排出，也可循环至前面各级作为进水。随着级数增加，净化水质提高。由于经过一级流程处理，水力损失较多，所以实际应用中在级或段间常设增压泵。

4.4.2.5　反渗透处理污水举例

反渗透在水处理中的应用日益广泛，在给水处理中主要用于苦咸水、海水的淡化和纯净水、超纯水的制取。在污水处理中主要用于去除重金属离子和贵重金属浓缩回收，渗透水也能重复回用。

(1) 反渗透处理含镍废水　某厂把回收槽排出的含镍漂洗水，经过滤器后，用高压泵（压力为 3MPa）送入管式反渗透器（其中设有 42 根管膜，每根管长 1500mm，直径 18mm）。图 4-38 为该厂含镍废水的反渗透处理流程。

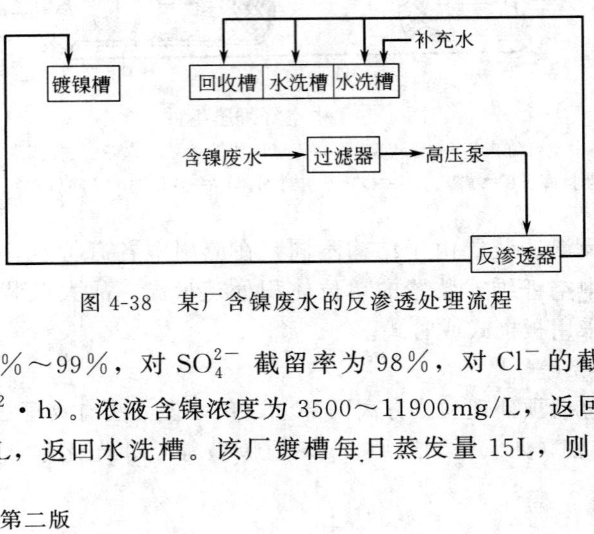

图 4-38　某厂含镍废水的反渗透处理流程

对镍截留率为 95%～99%，对 SO_4^{2-} 截留率为 98%，对 Cl^- 的截留率为 80%～90%。水的透过率 6.8L/(m^2·h)。浓液含镍浓度为 3500～11900mg/L，返回镀槽利用；稀液含镍浓度为 131～470mg/L，返回水洗槽。该厂镀槽每日蒸发量 15L，则由反渗透器每日补给

15L 浓液。

(2) 照相洗印废水的处理 照相洗印厂、电影制片厂排出多种废水，从废水中可以回收许多有用的物质。底片冲洗水中含硫酸钠约 5g/L，经反渗透处理，处理水中仅含 24mg/L，浓缩液中达 33.2g/L。如采用 CA 膜，操作压力为 2.8MPa，水回收率为 90%，总盐去除率为 94%。

(3) 其他污水处理 反渗透用于酸性尾矿水、造纸废水、印染废水、石油化工废水、医院污水处理和城市污水的深度处理等也都获得了很好的效果。处理造纸废水，可去除 BOD 达 70%～80%，COD 减少 85%～90%，色度减少 96%～98%，Ca 减少 96%～97%，水回用率为 80%。用于城市污水深度处理，可降低含盐量 99%以上，而且还可去除各类含 N、P 化合物，使 COD 去除 96%，达到 10^{-6} 数量级。

4.4.3 超滤

超滤与反渗透一样，也依靠压力推动力和半透膜实现分离。两种方法的区别在于超滤受渗透压的影响较小，能在低压力下操作（一般 0.1～0.5MPa），而反渗透的操作压力为 2～10MPa。超滤适于分离相对分子质量大于 500，直径为 0.005～10μm 的大分子和胶体，如细菌、病毒、淀粉、树胶、蛋白质、黏土和油漆色料等；而反渗透一般用来分离相对分子质量低于 500，直径为 0.0004～0.06μm 的糖、盐等渗透压较高的体系。

4.4.3.1 超滤的基本原理

超滤膜对大分子溶质的分离过程主要是：①在膜表面及微孔内吸附（一次吸附）；②在孔中停留而被去除（堵塞）；③在膜面的机械截留（筛分）。一般认为超滤是一种筛分过程。其基本原理如图 4-39 所示。

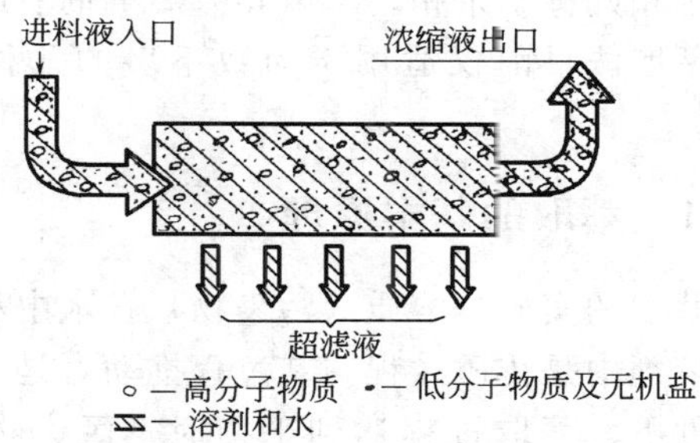

图 4-39 超滤分离原理示意

超滤过程中，溶液凭借外界压力的作用，以一定流速在具有一定孔径的超滤膜面上流动，溶液中的无机离子、低分子物质透过膜表面，溶液中的高分子物质、胶体微粒及细菌等被半透膜截留，从而达到分离和浓缩的目的。

超滤膜表面的孔隙大小及膜表面的化学性质是超滤过程的两个重要控制因素，溶质能否被膜孔截留还取决于溶质粒子的大小、形状、柔韧性以及操作条件等。

4.4.3.2 超滤膜及超滤装置

超滤膜多数为不对称膜，其孔径通常要求比反渗透膜要大（反渗透膜通常小于 10nm，而超滤膜孔径为 1～40nm）。目前，商品化的超滤膜主要有醋酸纤维膜（CA 膜）、聚砜膜（PS）、聚砜酰胺膜（PSA）、聚丙烯腈膜（PAN）、聚偏氟乙烯膜（PVDF）、聚醚砜膜（PES）等。

工业用超滤组件也和反渗透组件一样，有板框式、管式、螺旋卷式和中空纤维四种。超滤的运行方式应当根据超滤设备的规模、被截留物质的性质及其最终用途等因素来进行选择，另外还必须考虑经济问题。膜的通量、使用年限和更新费用构成了运行费的关键部分，因而决定了运行的工艺条件。例如，若要求通量大、膜龄长和膜的更换费低，则以采用低压层流运行方式较为经济。相反，若要求降低膜的基建费用，则应采用高压紊流运行方式。

在超滤过程中，不能滤过的残留物在膜表面层的浓聚，会形成浓差极化现象，使通水量急剧减少。为防止浓差极化现象，应使膜表面平行流动的水的流速大于3～4m/s，使溶质不断地从膜界面送回到主流层中，减少界面层的厚度，保持一定的通水速度和截留率。

4.4.3.3 超滤在水处理中的应用

超滤在水处理中的应用很广。在污水处理中，超滤主要用于电泳涂漆、印染、电镀等工业废水及城市污水的处理；应用于食品工业废水中回收蛋白质、淀粉等十分有效，国外早已大规模用于实际生产。在给水处理中主要用于去除细菌及超纯水制取的预处理，如近十几年来，国内外已将超滤用于饮用水的制备，推出了多种膜式净水器。

此外，目前超滤的应用还正在向非水体系拓展。超滤已成为蛋白和酶纯化和浓缩的高效过程，如：果汁浓缩利于运输和存放；低档茶叶加工成速溶茶等。特别引人注目的是应用于医药（中草药）制剂的澄清和浓缩。

4.5 萃取

为回收污水中的溶解污染物，向污水中加入一种与水互不相溶却可良好溶解污染物的溶剂（即萃取剂），使其与污水充分混合，由于污染物在该溶剂中的溶解度大于其在水中的溶解度，因而大部分污染物便转移到溶剂相中。然后分离污水相和溶剂相，即可使污水得到净化，再将溶剂相（其中的污染物和溶剂）加以分离，即可使溶剂再生，而分离的污染物得到回收。这种分离工艺称为萃取，所用的溶剂称为萃取剂，萃取后的溶剂相称萃取相，萃取后的污水相则称萃余相。萃取相分离溶剂后所得的溶液称萃取液。

萃取法目前仅适用于为数不多的几种有机污水（如含酚污水）和个别重金属污水的处理。

4.5.1 萃取的基本原理

萃取的实质是溶质（污染物）在水中和溶剂（萃取剂）中有不同的溶解度，溶质从水中转入溶剂中是传质过程，其过程推动力是污水中污染物的实际浓度与平衡浓度之差。一定温度条件下，萃取过程达到平衡时，污染物在萃取相和萃余相中的浓度之比，称为分配系数，即：

$$K_A=\frac{c_s}{c_e} \tag{4-19}$$

式中 K_A——分配系数；

c_s——污染物（溶质）在萃取相中的平衡浓度，kg/kg；

c_e——污染物（溶质）在萃余相中的平衡浓度，kg/kg。

K_A 值越大，则每次萃取的分离效果越好。一般情况下，K_A 不是常数。而是随物系、温度和浓度而变，但如组成变化范围不大时，K_A 可视为常数。在污水处理中，由于污水的水质复杂，分配系数一般应由试验确定。某些溶剂萃取含酚污水的分配系数 K_A 值如表4-8所示。

表4-8 溶剂萃取脱酚的分配系数 K_A（20℃）

溶　　剂	苯	重　苯	乙酸丁酯	磷酸三丁酯	N-503	803号液体树脂
苯酚污水(苯酚含量23.0g/L)	3.29	2.44	50	64.11	122.1	593
甲酚污水(甲酚含量1.6g/L)	32.23	34.23	—	744.85	686.58	1942

在稳定的操作条件下，萃取速率可用下列方程式来表示：

$$G=KA\Delta c \tag{4-20}$$

式中 G——单位时间内污染物由污水中转移到萃取剂中的量，kg/h；

K——物质的传质系数，$m^3/(h\cdot m^2)$，与两相的性质、浓度、温度、pH 值有关；

A——萃取塔的截面积，m^2；

Δc——萃取过程污水中污染物（溶质）的实际浓度与平衡时的浓度差，kg/m^3。

由传递速率式可见，要提高萃取速度和设备生产能力，可以有以下几个途径。

(1) 增大两相接触界面面积　通常使萃取剂以小液滴的形式分散到污水中去，分散相液滴越小，传质表面积越大。但要防止溶剂分散过度而出现乳化现象，给后续分离萃取剂带来困难。对于界面张力不太大的物系，仅依靠密度差推动液相通过筛板或填料，即可获得适当的分散度；但对于界面张力较大的物质，需通过搅拌或脉冲装置来达到适当分散的目的。

(2) 增大传质系数　在萃取设备中，通过分散相的液滴反复地破碎和聚集，或强化液相的湍动程度，使传质系数增大。但是表面活性物质和某些固体杂质的存在，增加了在相界面上的传质阻力，将显著降低传质系数，因而应预先除去。

(3) 增大传质推动力　采用逆流操作，整个萃取系统可维持较大的推动力，既能提高萃取相中溶质浓度，又可降低萃余相中的溶质浓度。逆流萃取时的过程推动力是一个变值，其平均推动力可取污水进、出口推动力的对数平均值。

(4) 延长时间　延长萃取时间，可以增加萃取的数量。但延长时间增加的数量有一定限度，超过此限度，虽然延长时间，也难以再增加萃取量。

4.5.2 萃取剂及其再生

4.5.2.1 萃取剂的选择

在萃取操作中，萃取剂的选择是一个重要的因素。它不仅影响萃取产物的产量和组成，而且直接影响被萃取物质的分离效果。萃取剂应尽量满足下列要求：①选择性好，即分配系数大；②分离性能好，萃取过程不乳化、不随水流失，要求萃取剂黏度小，与污水的密度差大，表面张力适中；③化学稳定性好，不与污水中的杂质发生化学反应，腐蚀性小；④黏度小，凝固点低，着火点高，毒性小，蒸气压小，便于室温贮存和使用；⑤价格低廉，来源较广；⑥容易再生与回收。

4.5.2.2 常用的萃取剂

在国内，萃取法广泛应用于含酚污水的预处理及酚的回收。萃取剂的选择是该法应用的一个最重要因素。用于脱酚的萃取剂比较多，常用的有煤油、洗涤油、重苯、N-503、粗苯、N-503 及煤油混合液等。国外有乙酰苯、乙酸丁酯、磷酸三甲酯、异丙基醚等。这些萃取剂均具有脱酚效率高，分配系数大，不利于乳化等优点。其中 N-503（*N*,*N*-二甲基庚基乙酰胺）是一种高效脱酚萃取剂，同其他脱酚萃取剂相比，具有脱酚效率高、水溶性小、无二次污染、不易乳化、物理化学性能稳定、易于酚类回收及溶剂再生等优点。N-503 为淡黄色的油状液体，属取代酰胺类化合物，国内已工业化生产。该萃取剂除了对酚有较高的萃取效率以外，还对苯乙酮、苯甲醛、苯甲醇也有显著的萃取效果，还可用于冶金工业萃取铀、锆、铌和钌等金属。

4.5.2.3 萃取剂的再生

萃取操作中，对萃取相进行分离，可同时回收溶剂和溶质，具有重大的经济意义。这是因为，萃取过程对萃取剂的用量往往很大，有时达到和污水量相等，如不能将其再生回用，有可能完全丧失其处理污水的经济合理性。另外，萃取相中的溶质量也很大，如不回收，则造成极大浪费和二次污染。

萃取剂再生的方法有两类。

(1) 物理法（蒸馏或蒸发） 当萃取相中各组分沸点相差较大时，最宜采用蒸馏法分离。例如，用乙酸丁酯萃取污水中的单酚时，溶剂沸点为116℃，而单酚沸点为181～202.5℃，相差较大，可用蒸馏法分离。根据分离目的，可采用简单蒸馏或精馏，设备以浮阀塔效果较好。

(2) 化学法 投加某种化学药剂使其与溶质形成不溶于溶剂的盐类。例如，用碱液反萃取萃取相中的酚，形成酚钠盐结晶析出，从而达到两者分离的目的。化学再生法使用的设备有离心萃取机和板式塔。

4.5.3 萃取流程及设备

在污水处理中，萃取操作包括混合、分离和回收三个主要步骤。按萃取剂与污水接触方式的不同，萃取操作可以分为间歇式和连续式两种。

(1) 间歇萃取 间歇萃取一般采用多段逆流方式，如图4-40所示。

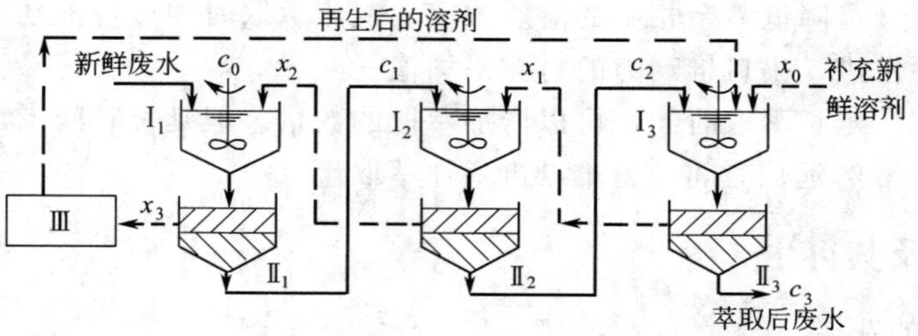

图4-40 多段逆流间歇萃取流程

污水首先与接近饱和的萃取剂相遇，新鲜的萃取剂与经几段萃取后的低浓度污水相遇，这样可增大传质过程的推动力，节省溶剂用量。一般在萃取罐内设有搅拌器来增加两相的接触面积和传质系数。污水和萃取剂在萃取罐内搅拌一定时间后，把它们排到分离罐进行静置分离。一般萃取罐内搅拌器转速300r/min，搅拌15min。污水在分离罐静置30min左右，经 n 段萃取后，根据物料平衡关系式可得溶质的残留浓度为：

$$c=\frac{c_0}{(1+Kb)^n} \tag{4-21}$$

式中 c——经 n 段萃取后污水中溶质的浓度；

c_0——污水中溶质的原始浓度；

K——分配系数；

n——萃取段数，工程上一般取2～4段；

b——溶剂量与污水量之比，即 $b=\frac{\text{溶剂量}}{\text{污水量}}$。

乙酸丁酯 $b=10\%\sim15\%$，重苯 $b=1$。

由于间歇式萃取操作麻烦，设备笨重，而且萃取一次也不能将污水中的溶质充分萃取出来，因此只是对间歇排出的少量污水才考虑使用。

(2) 连续萃取 连续萃取多采用塔式逆流操作方式。塔式逆流操作是将污水和萃取剂同时通入一个塔中，密度大的液相从塔顶流入，连续向下流动，充满全塔并由塔底排出；密度小的则从塔底流入，从塔顶流出，萃取剂与污水在塔内逆流相对流动，完成萃取过程。由于逆流操作，萃取剂进入塔后先遇到低浓度的污水，离塔前遇到高浓度的污水，这样可使萃取剂溶解更多的溶质。这种操作方式效率高，目前生产上多采用此法。

连续萃取采用的设备有填料塔、筛板塔、脉冲筛板塔、脉冲填料塔、转盘塔以及离心萃取机等。

① 往复叶片式脉冲筛板塔　基本构造如图 4-41 所示。塔分为三部分，上、下两个扩大部分是分离区。在工作区内装有一根纵向轴，轴上装有若干块筛板，筛板与塔体内壁之间要保持一定的间隙，筛板上筛孔的孔径约为 7～16mm。中心轴靠塔顶电动机的偏心轮装置带动作上下脉冲，此时，筛板也随之在塔内作垂直的上下往复运动，形成两液相之间的湍流条件，从而加强了溶剂与污水的充分混合，强化了萃取过程。在塔的分离区，轻、重两液相靠密度差进行分离。重液由塔上部进入至塔底经 Π 形管流出；轻液由塔下部进入至塔顶流出。Π 形管上部与塔顶空间相连，以维持塔内一定的液面。

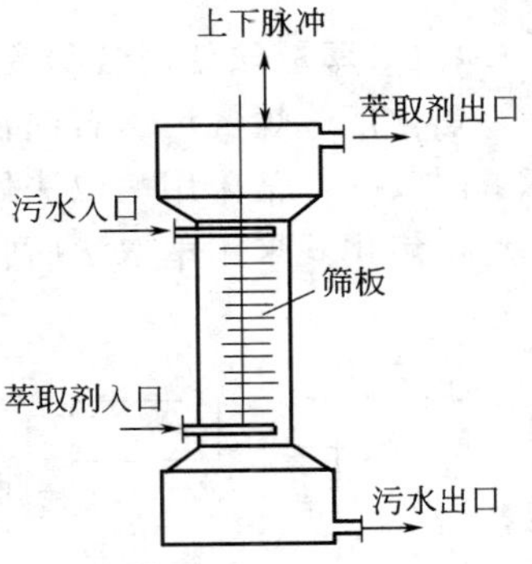

图 4-41　往复式脉冲筛板塔示意

该塔的特点是中心轴在电动机和偏心轮的带动下使筛板产生上下方向的脉冲运动，使液体剧烈搅动，两相能够更好地接触，强化了传质过程。筛板的脉冲频率（单位时间内振动次数）和脉冲的振幅（每振动一次筛板上下移动的距离）的大小一般由试验确定。如果频率过高，振幅过大，搅拌过于剧烈，则萃取剂被打得过碎，不能很好地与污水分离，影响萃取的正常操作。反之，脉冲的频率和振幅过小，则混合不够充分，也影响传质效率。

往复式叶片脉冲塔设备简单，传质效率高，流动阻力较小，生产能力比其他类型搅拌的塔大，因而近年来在国内应用较为广泛。

② 转盘塔　转盘塔也分为三部分，上下两个扩大部分为轻、重液分离室，中间部分是工作区，见图 4-42。这种塔在重液相与轻液相引入塔内时不需要任何分离装置，凡是溶质不是难于萃取的，在萃取要求不太高而处理量又较大的情况下，采用转盘塔是有利的。

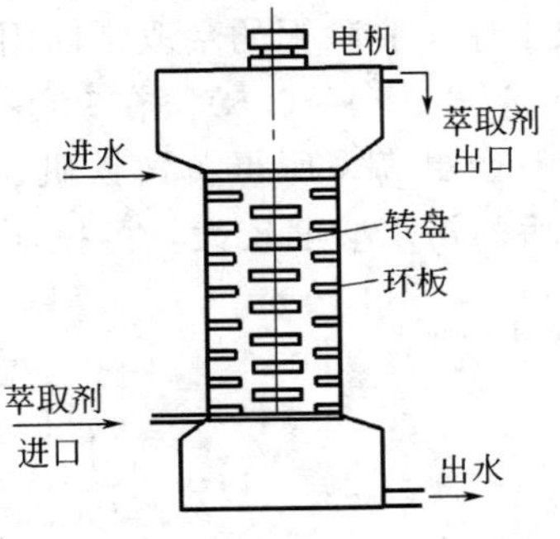

图 4-42　转盘塔

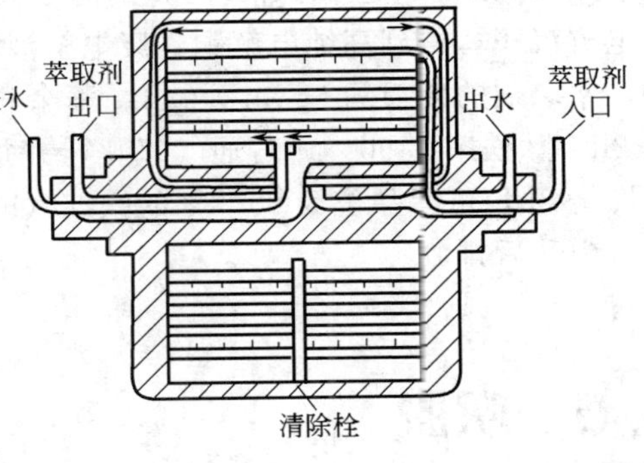

图 4-43　离心萃取机

③ 离心萃取机　离心萃取机的外形为圆筒形卧式转鼓，如图 4-43 所示。转鼓内有许多层同心圆筒；转鼓高速旋转（1500～3000r/min）产生的离心力，使重液由里向外，轻液由外向里流动，进行连续的对流混合与分离。在离心萃取机中产生的离心力约为重力的 1000～4000 倍（当转鼓半径 0.4m 时），所以可在转子外圈及中心部分的澄清区产生纯净的

流出液。

离心萃取机的优点是效率高、体积小，特别是对用于液体的密度差很小的液-液萃取更为有利。其缺点是电能消耗大，设备加工比较复杂。

4.5.4 萃取法应用实例

4.5.4.1 萃取法处理含酚废水

焦化厂、煤气厂、石油化工厂排出的废水中常含有较高浓度的酚（1000～3000mg/L）。为了回收酚，常采用萃取法处理这类污水。

某焦化厂采用萃取法回收含酚废水的工艺流程如图 4-44 所示。废水先经除油、澄清和降温预处理后进入脉冲筛板塔，由塔底供入二甲苯（萃取剂）。萃取塔高 12.6m，其中上下分离段 $\phi 2m \times 3.55m$，萃取段 $\phi 1.3m \times 3.55m$，总体积 $28m^3$。筛板共 21 块，板间距 250mm，筛孔 7mm，开孔率 37.4%，脉冲强度 2724mm/min，电机功率 5.5kW。处理水量为 $16.3m^3/h$，酚平均浓度为 1400mg/L，二甲苯与污水量之比为 1∶1，萃取后，出水含酚浓度为 100～150mg/L，脱酚效率为 90%～93%。

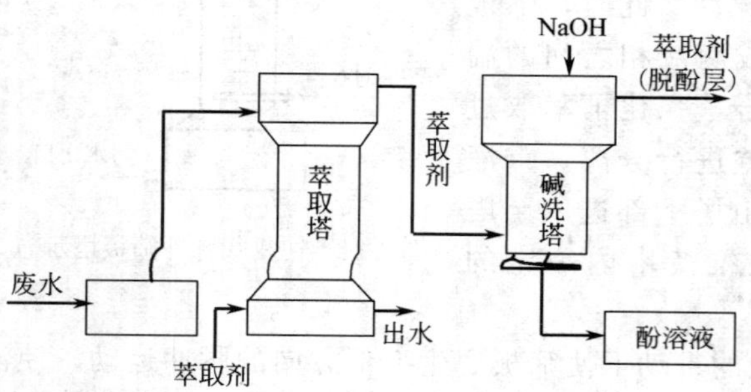

图 4-44 萃取塔脱酚工艺流程

含酚二甲苯自萃取塔顶送到碱洗塔进行脱酚。碱洗塔中装有 20%浓度的氢氧化钠。脱酚后的二甲苯供循环使用。从碱洗塔放出的酚盐含酚 30%左右，含游离碱 2%～2.5%左右。

4.5.4.2 萃取法处理含重金属污水

某铜矿采选污水含铜 230～1500mg/L，含铁 4500～5400mg/L，含砷 10.3～300mg/L，pH 值为 0.1～3。该污水用 N-510 作螯合萃取剂，以磺化煤油作稀释剂。煤油中 N-510 浓度为 162.5mg/L。在涡流搅拌池中进行六级逆流萃取，每级混合时间 7min。总萃取率在 90%以上。含铜萃取相用 1.5mol/L 的 H_2SO_4 反萃取，相比为 2.5，混合 10min，分离 20min。当 H_2SO_4 浓度超过 130g/L 时，铜的三级反萃取率在 90%以上。反萃取所得 $CuSO_4$ 溶液送去电解沉积，得到高纯电解铜，废电解液回用于反萃取工序。脱除铜的萃取剂回用于萃取工序，萃取剂的耗损约 $6g/m^3$ 污水。萃余相用氨水除铁（$NH_3/Fe=0.5$），在 90～95℃下反应 2h，除铁率达 90%。若通气氧化，并加晶种，除铁率会更高。所得黄铵铁矾，在 800℃下燃烧 2h，可得品位为 95.8%的铁红（Fe_2O_3）。除铁后的污水酸度较大，可投加石灰或石灰石中和后排放。

4.6 吹脱

吹脱法是用来脱除污水中的溶解气体和某些极易挥发的溶质的一种气液相转移分离法。其过程是：将空气通入污水中，使其与污水充分接触，污水中的溶解气体和易挥发的溶质便穿过气液界面，进入空气相，从而达到脱除溶解气体（污染物）的目的。这种解吸过程即为吹脱。若把解吸的污染物收集，可以将其回收或制取新产品。

吹脱法常用于去除污水中含有的有毒、有害的溶解气体，例如 CO_2、H_2S、HCN 等。

4.6.1 吹脱基本原理

吹脱法的基本原理是气液相平衡及传质速度理论。在气液两相体系中，其气液相平衡关系符合亨利定律，即溶质气体在气相中的分压与该气体在液相中的浓度成正比。传质速度正比于组分平衡分压与气相分压之差。气液相平衡关系及传质速度与物系、温度、两相接触状况有关。对给定的物系，可以通过提高水温，使用新鲜空气或者采用负压操作，增大气液接触面积和时间，减少传质阻力，均可起到降低水中溶质浓度、增大传质速度的作用。

当空气通入水中，空气可以与溶解性气体产生吹脱作用及化学氧化作用。显然化学氧化仅对还原剂起作用，如 $H_2S+1/2O_2 \longrightarrow H_2O+S$。对 CO_2 则不能氧化。氧化反应的程度取决于溶解气体的性质、浓度、温度、pH 值等因素，需由试验来决定。吹脱作用使水中溶解的挥发物质由液相转为气相，扩散到大气中去，因此属于传质过程。推动力为污水中挥发性物质的浓度与大气中该物质的浓度差。

4.6.2 吹脱装置

在工程上一般采用的吹脱设备有吹脱池和吹脱塔（内装填料或筛板）等。

4.6.2.1 吹脱池

吹脱池有自然吹脱池与强化吹脱池两种。前者是依靠池面液体与空气自然接触而脱除溶解气体的，它适用于溶解气体极易挥发、水温较高、风速较大、有开阔地段和不产生二次污染的场合。若向池内鼓入空气或在池面上安装喷水管，则构成强化吹脱池。图 4-45 是某维尼纶厂用于去除因中和处理而含游离 CO_2 的酸性污水的强化吹脱池。它为一矩形水池，水深 1.5m，曝气强度 $25\sim30m^3/(m^3 \cdot h)$，吹脱时间 30～40min，压缩空气量 $5m^3/m^3$ 水。空气用塑料穿孔管由池底送入，孔径 10mm，孔间距 5cm。吹脱后，游离 CO_2 由 700mg/L 降至 120～140mg/L，出水 pH 值为 6～6.5。存在的问题是布气孔易被 $CaSO_4$ 堵塞，造成曝气不均匀，当污水中含有大量表面活性物质时，易产生泡沫，影响操作和环境卫生。可以采用高压水喷射或加消泡剂进行除泡。

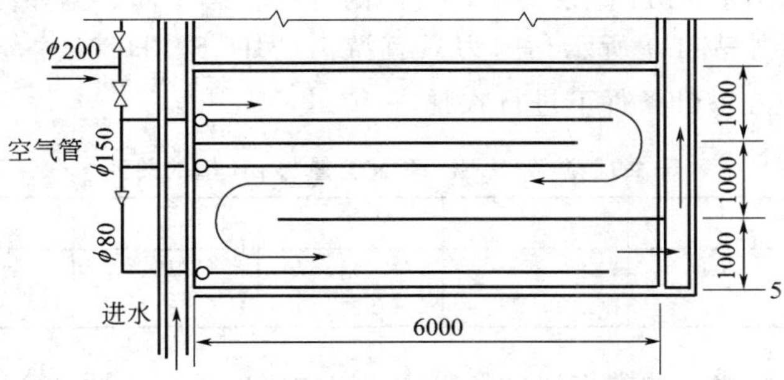

图 4-45 某维尼纶厂吹脱池（单位：mm）

4.6.2.2 吹脱塔

采用塔式装置吹脱效率较高，有利于回收有用气体，防止二次污染。在塔内设置栅板或瓷环填料（见图 4-46）或筛板，以促进气液两相的混合，增加传质面积。

填料塔的主要特征是在塔内装置一定高度的填料层，污水由塔顶往下喷淋，空气由鼓风机从塔底送入，在塔内逆流接触，进行吹脱与氧化。污水吹脱后从塔底经水封管排出。自塔顶排出的气体可进行回收或进一步处理。工艺流程如图 4-47 所示。

(a) 瓷环　(b) 木制栅板

图 4-46　填料的种类

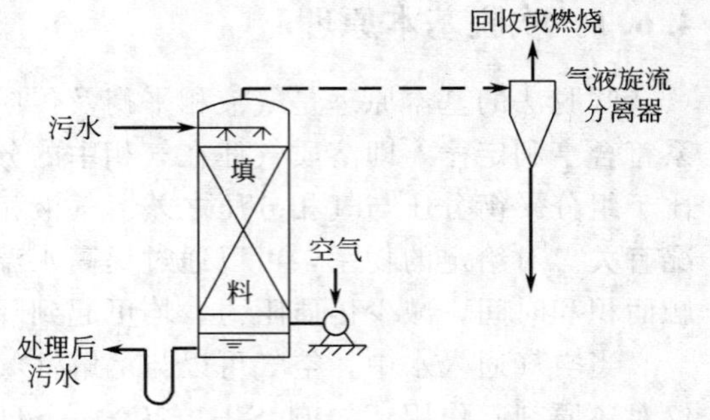

图 4-47　填料吹脱塔工艺流程示意

填料塔的缺点是：塔体大，传质效率不如筛板塔高，当污水中悬浮物高时，易发生堵塞现象。

板式塔的主要特征是在塔内装有一定数量的塔板，污水水平流过塔板，经降液管流入下一层塔板。空气以鼓泡或喷射的形式穿过板上水层，相互接触传质。塔内气相和水相组成沿塔高呈阶梯变化。

4.6.3　影响吹脱的主要因素

在吹脱过程中，影响吹脱的因素很多，主要有以下几种。

(1) 温度　在一定压力下，温度升高气体在水中的溶解度降低，对吹脱有利。如氰化钢在水中水解成氰化氢。

$$CN^- + H_2O \rightleftharpoons HCN + OH^-$$

水解速度在40℃以上时迅速增加，产生的HCN的吹脱效率迅速升高。

(2) 气液比　空气量过少，气液两相接触不够；空气量过多，不仅不经济，还会造成液泛，即污水被气流带走，破坏正常操作。为了使传质效率较高，工程上常采用液泛极限气液比的80%设计。

(3) pH值　在不同的pH值条件下，气体的存在状态不同。例如游离H_2S和HCN的含量与pH值的关系如表4-9所示。因为只有游离的H_2S、HCN才能被吹脱，所以对含S^{2-}和CN^-的污水应在酸性条件下进行吹脱。

表 4-9　游离 H_2S、HCN 含量与 pH 值的关系

pH值	5	6	7	8	9	10
游离 H_2S/%	100	95	64	15	2	0
游离 HCN/%		99.7	99.3	93.3	58.1	12.2

(4) 油类物质　污水中油类物质会阻碍气体向大气中扩散，而且会阻塞填料，影响吹脱进行，应在预处理中除去。

4.6.4　解吸气体的最终处置

从污水中吹脱出来的气体有三种处置方法，即向大气排放、炉内燃烧和回收利用。后者是预防大气污染和利用三废资源的重要途径。回收解吸气体的基本方法有以下几种。

① 用碱性溶液吸收含挥发性物质的气体。如用NaOH溶液吸收HCN，生成NaCN；吸收H_2S，生成Na_2S，然后将饱和溶液蒸发结晶。

② 用活性炭吸附含挥发性物质的气体，饱和后用溶剂解吸。如用活性炭吸附 H_2S，饱和后用亚氨基硫化物的溶液浸洗，进行解吸，反复浸洗几次后，往活性炭中通入水蒸气清洗，饱和溶液经蒸发后可回收硫。

③ 对挥发性气体如 H_2S 进行燃烧，制取 H_2SO_4。

4.6.5 应用实例

4.6.5.1 脱除硫化氢

某炼油厂从冷凝器排出的污水中，含有大量石油及腐蚀性强的硫化氢，为了脱除污水中硫化氢，使污水除油、加热后，先酸化至 $pH<5$，以 100%游离的 H_2S 存在，再用吹脱塔使其脱除。加热污水可强化吹脱效率。图 4-48 为从含油污水中脱除硫化氢气体的流程。

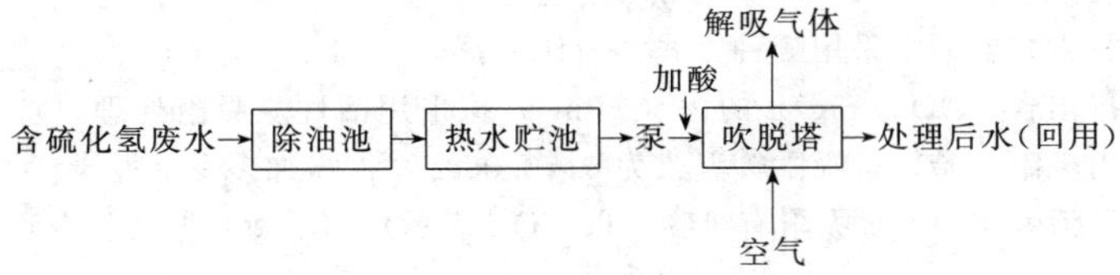

图 4-48 某厂从含油污水脱除硫化氢的流程

从吹脱塔排出的解吸气体，送该厂硫酸车间回收硫化氢，处理后循环使用。

所用吹脱塔是装有拉西环（25mm×25mm×3mm）的填料塔，喷淋密度为 $50m^3/(m^2 \cdot h)$，空气用量 $6\sim12m^3/m^3$ 水。

4.6.5.2 脱除氰化氢

在选矿污水中，氰化物主要以氰化钠形式存在，它是一种强碱弱酸盐，在水溶液中易水解为氰化氢，加酸可促进水解反应的进行。生成的氰化氢用吹脱法脱除后，再用 NaOH 碱液吸收，可回收氰化钠，重新用于生产。如采用真空闭路循环系统，可使输送氰化氢气体的管路处于负压下，可防止漏气中毒，还可避免新鲜空气中所含 CO_2 对碱液的消耗。

吹脱塔的操作参数一般采用：喷淋密度 $7.5\sim10m^3/(m^2 \cdot h)$，水温 50～55℃，气水比 25～35，pH＝2～3。

习题及思考题

1. 填空题

(1) 实现气浮分离必须满足________、________两个基本条件。

(2) 溶气加压气浮的运行方式有________、________、________三种方式，各自的特点有____________________。

(3) 根据吸附作用力不同，吸附可分为________、________、________三种类型。

(4) 衡量离子交换剂性能的指标有________、________、________、________、________、________等，常用的离子交换树脂有（按交换基团不同分）________、________。

(5) 实现反渗透过程必须具备的条件有________和________。

(6) 提高萃取速度的途径有________、________、________、________。

2. 判断题

(1) 气浮法的关键装置物为溶气罐。(　　)

(2) 在离子交换法中最常用的离子交换剂为磺化煤。(　　)

(3) 当污水中溶解盐含量过高时，不宜采用离子交换法处理。(　　)

(4) 吸附法处理污水时常用的吸附剂为活性炭。(　　)

(5) 超滤的工作原理与反渗透的工作原理是一致的。(　　)

(6) 有机酚的去除可以用萃取法，故污水中的无机物去除也可以用萃取法。(　　)

3. 简答题

(1) 混凝剂与浮选剂有何区别？各起什么作用？

(2) 是否任何物质都能与空气泡吸附？取决于哪些因素？

(3) 待处理的污泥体积为 $315m^3/d$，污泥浓度为 0.7%，要求浮选后获得的污泥浮渣浓度为 3%，求压力水回流量及空气量。

(4) 造纸污水量 $3000m^3/d$，悬浮物浓度 1g/L，水温 20℃，采用回流式加压溶气气浮处理流程，溶气水表压 0.3MPa，溶气罐中停留时间 3min，空气饱和率为 50%，问在气浮池中释放出的空气量有多少？回流水量占处理水量的百分之多少？投入的空气量占处理水量的体积百分之多少？

(5) 感性认识活性炭、磺化煤、沸石、硅藻土等吸附剂。

(6) 吸附柱有几种运行方式？通常采用哪种方式？为什么？

(7) 某化工厂每小时排出含 COD 30mg/L 的污水 $50m^3$，拟采用活性炭吸附处理，将 COD 降至 3mg/L 作为循环水使用。由吸附实验，得吸附等温式为 $q=0.058c^{0.5}$。需加多少活性炭？

(8) 某工业废水用两种活性炭 A、B 吸附有机物（以 TOC 表示）的平衡数据列于表 4-10，求两种炭的吸附等温式。

表 4-10　1L 烧杯中加入活性炭的吸附平衡数据

原水中 TOC /(mg/L)	活性炭 A 的平衡浓度/(mg/L)	活性炭 B 的平衡浓度/(mg/L)	原水中 TOC /(mg/L)	活性炭 A 的平衡浓度/(mg/L)	活性炭 B 的平衡浓度/(mg/L)
10	0.52	0.5	80	11.2	5.9
20	1.2	1.05	160	30.0	22.2
40	2.9	2.3	320	80.1	60.2

(9) 失效的离子交换树脂怎样再生？影响再生的因素有哪些？

(10) 电镀车间的含铬污水，可以用氧化还原法、化学沉淀法和离子交换法等加以处理，那么，在什么条件下，用离子交换法进行处理是比较合适的？

(11) 试述离子交换工艺的操作程序，并指出操作时应注意哪些因素？

(12) 试分析几种膜分离技术的原理、特点与应用。

(13) 从水中去除某些离子（如脱盐），可以用离子交换法和膜分离法。当含盐量较高时，你认为应该用离子交换法还是膜分离法？为什么？

(14) 电渗析膜有几种？良好的电渗析膜应具备哪些条件？

(15) 反渗透装置有几种？各种类型装置的操作特点是什么？

(16) 什么是萃取过程的分配系数？它的数值和哪些因素有关？在式（4-19）中 c_s 与 c_e 是否指溶质的两相中的溶解度？分配系数与两相的体积是否有关？

(17) 萃取设备有哪些类型？为什么在连续萃取的塔式设备中，轻液要由下往上、重液要由上往下流动？

(18) 污水中什么物质适宜用吹脱法去除？对某些盐类物质，例如 NaHS、KCN 之类，能否用吹脱法去除？要采取什么措施？

(19) 影响吹脱的因素有哪些？为什么？如何控制不利的因素来提高吹脱效率？

(20) 什么情况下需要回收吹脱出来的挥发性物质？回收方法有哪些？一般会遇到什么困难？要注意什么问题？

技能训练 1　气浮实验

一、实验目的

1. 掌握压力溶气气浮实验方法和释气量测定方法。

2. 了解悬浮颗粒浓度、操作压力、气固比、澄清分离效率之间的关系，加深对基本概念的理解。

二、实验原理及流程

气浮法是进行固液分离的一种方法，它常被用来分离密度小于或接近于1、难以用重力自然沉降法去除的悬浮颗粒。气浮效率受悬浮颗粒的性质和浓度、微气泡的数量和直径等多种因素的影响，因此，气浮处理系统的设计运行参数常通过试验确定。

压力溶气气浮法的工艺流程如图4-7～图4-10所示，目前以部分回流式应用最广（见图4-10）。

进行气浮时，用水泵将污水抽送到压力为2～4atm（1atm＝101325Pa）的溶气罐中，同时注入加压空气。空气在罐内溶解于加压的污水中，然后使经过溶气的水通过减压阀进入气浮池，此时由于压力突然降低，溶解于污水中的空气便以微气泡形式从水中释放出来。微细的气泡在上升的过程中附着于悬浮颗粒上，使颗粒密度减小，上浮到气浮池表面与液体分离。

由斯托克斯公式 $v=\frac{g}{18\mu}(\rho_{水}-\rho_{颗})d^2$ 可以知道，黏附于悬浮颗粒上的气泡越多，颗粒与水的密度差（$\rho_{水}-\rho_{颗}$）就越大，悬浮颗粒的特征直径也越大，两者都使悬浮颗粒上浮速度加快，提高固液分离的效果。水中悬浮颗粒浓度越高，气浮时需要的微细气泡数量越多，通常以气固比表示单位质量悬浮颗粒需要的空气量。

气固比（G/S）与操作压力、悬浮固体的浓度、性质有关。它对气浮效果的影响及其数值的确定参见4.1.2.2。

三、实验装置及设备

（一）测定气固比的实验装置及设备

1. 实验装置

测定气固比的实验装置由吸水池、水泵、空气压缩机、溶气罐、溶气释放器、气浮池等部分组成，如图4-49所示。

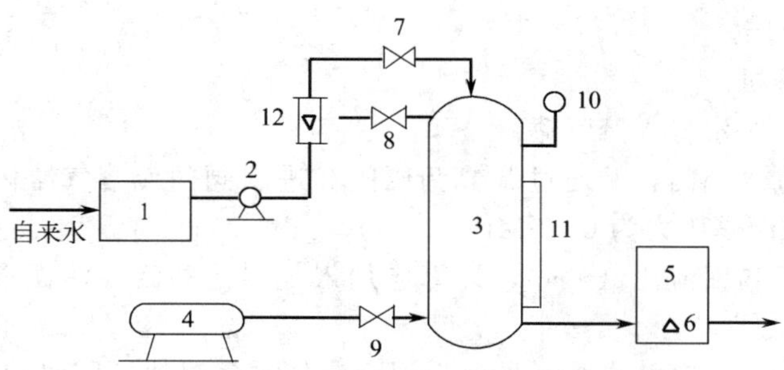

图4-49　压力溶气气浮实验装置

1—吸水池；2—水泵；3—溶气罐；4—空气压缩机；5—气浮池；6—溶气释放器；7—进水阀；8—调节阀；9—进气阀；10—压力表；11—水位计；12—玻璃转子流量计

溶气罐是个内径300mm，高2.2m，装有水位计的钢制压力罐。罐顶有调压阀，实验时用调压阀排去未溶空气和控制罐内压力。进气阀用以调节来自空压机的压缩空气量。水位计用以观察压力罐内水位，以便调节调压阀，使溶气罐内液位在实验期间基本保持稳定。

2. 实验设备和仪器仪表

硬塑料制吸水池1个（0.7m×0.7m×0.7m）；2BA-6型水泵1台（流量10～30m^3/h，扬程34.5～24m）；钢制溶气罐1台（高度$H=2.2$m，直径$D=300$m）；精密压力表1个

（量程 0.59MPa）；Z-0.025/6 型空气压缩机 1 台（风量 0.025m^3/min，额定压力 0.59MPa）；TS-Ⅰ型释放器 1 个；有机玻璃制气浮池 1 个（高×宽×长＝0.55m×0.2m×0.2m）；LZB-40 型玻璃转子流量计 1 个；烘箱 1 台；分析天平 1 台；100mL 量筒 10 个；200mL 锥形瓶 10 个；称量瓶 10 个；温度计 1 支。

（二）测定释气量的实验装置与设备

1. 实验装置

测定释气量的实验装置由释气瓶、量筒、量气管、水准瓶等组成，如图 4-50 所示。释气瓶用 2500mL 抽滤瓶改装，瓶口橡皮塞宜加工成适于排尽瓶中空气的形状。

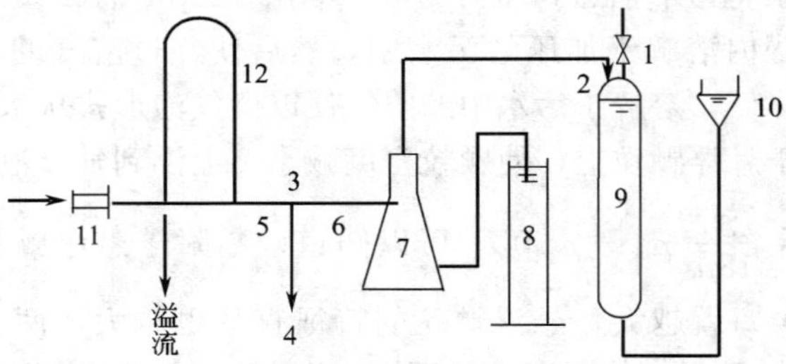

图 4-50 测定释气量的实验装置

1,2—旋塞；3—三通阀；4～6—连接管；7—释气瓶；8—量筒；9—量气管；10—水准瓶；11—释放器；12—溢流管

2. 实验设备和仪器仪表

水准瓶（可用大漏斗代替）1 个；100mL 量气管 1 个；2500mL 抽滤瓶（释放瓶）1 个；1000mL 量筒 1 个；三通阀 1 个；TS-Ⅰ型释放器 1 个；秒表 1 块。

四、实验步骤

本实验是在压力溶气气浮装置中，用城市污水处理厂的活性污泥混合液测定气固比对气浮效率的影响，用自来水测定气浮装置的释气量，分别叙述如下。

（一）气固比的测定

1. 启动空气压缩机。

2. 启动水泵将自来水打入溶气罐。

3. 开启溶气罐进气阀门，并通过调节调压阀和进水阀门使溶气罐内的压力与液位基本稳定（建议溶气罐的操作压力为 0.29MPa）。

4. 按气浮池容积和回流比（0.4），计算应加入气浮池的活性污泥混合液的体积和溶气水的体积。

5. 按实验步骤 4 的计算结果将活性污泥混合液加入气浮池，同时取 200mL 混合液测定 MLSS（每个样品取 100mL，做两个平行样品）。

6. 将释放器放入气浮池底部，按实验步骤 4 的计算结果注入溶气水。

7. 取出释放器后静置 5～6min，从气浮池的底部取澄清水 200mL，测定出流的悬浮固体浓度（每个样品取 100mL，做两个平行样品）。

8. 在工作压力、活性污泥浓度不变的条件下，改变回流比，使其为 0.6、0.7、0.8、1.0，按实验步骤 4～7 继续进行试验。

（二）释气量的测定

1. 按图 4-50 组装试验装置。

2. 将三通阀 3 置于连接管 4 和 5 相通的位置。

3. 调节溢流管的管顶标高，使分流到管 4 的流量为 0.75～1.0L/min。

4. 用自来水充满整个实验装置。

5. 关闭旋塞 1，打开旋塞 2，降低水准瓶，以排除释放瓶中的空气泡，待空气泡排完后关闭旋塞 2，倒掉量筒中的水。

6. 将三通阀 3 切换到管 5 和管 6 相通的位置，此时，溶气水流入释气瓶，瓶中原有的水被挤出，流入空量筒内，当量筒中水到 1L 刻度时，立即将三通阀 3 切换至测定前的位置（即连通管 4 与 5 相通的位置）。

7. 打开旋塞 2，等释气瓶中没有气泡后，降低水准瓶，使释气瓶中水位上升，直到瓶中的气体全部被挤到量气管后关闭旋塞 2。

8. 使水准瓶和量气管的液位相同（用调节水准瓶高度的方法），从量气管刻度读取气体体积。此体积为每升溶气水减压至 1atm（101325Pa）时所释出的气体体积（mL/L）。

五、注意事项

1. 进行气固比测定时，回流比的取值与活性污泥混合液浓度有关。当活性污泥浓度为 2g/L 左右时，按回流比 0.2、0.4、0.6、0.8、1.0 进行试验；当活性污泥浓度为 4g/L 左右时，回流比可按 0.4、0.6、0.7、0.8、1.0 进行试验。

2. 实验选用的回流比数至少要有 5 个，以保证能较正确地绘制出气固比与出水悬浮固体浓度关系曲线。

3. 实验装置中所列的水泵、吸水池和空压机可供 8 组学生同时进行实验。

六、实验结果整理

1. 记录实验条件

实验日期：____年____月____日；活性污泥采样地点：__________。

气温：________℃；空气的容重：________ mg/L；水温：________℃；空气溶解度：______ mg/L；

溶气罐的工作压力：______ Pa。

2. 测定气固比实验数据记录可参考表 4-11 进行。

表 4-11　气固比实验数据记录

回流比 $R(q/Q)$	0.2	0.4	0.6	0.8	1.0	MLSS/(mg/100mL)
称量瓶序号						
后读数/g						
前读数/g						
差值/g						

3. 将表 4-11 的实验数据整理列入表 4-12。

表 4-12　气固比实验数据整理

回流比 R							
出水悬浮固体浓度/(mg/L)							
气固比							
去除率/%							

4. 根据表 4-12 数据绘制气固比与出水悬浮固体浓度之间关系曲线（参考图 4-15）。

5. 若实验时测定了浮渣固体浓度，可根据实验结果绘制出气固比与浮渣固体浓度的关系曲线。

七、实验结果讨论

1. 应用已掌握的知识分析取得的释气量测定结果的正确性。

2. 试述工作压力对溶气效率的影响。

3. 拟定一个测定气固比与工作压力之间关系的试验方案。

技能训练2　活性炭吸附

一、实验目的

1. 掌握吸附等温线的测定方法。

2. 掌握静态吸附容量的计算。

二、实验原理

利用活性炭可以吸附水中的污染物，从而起到净化污水的目的。静态吸附时，固体吸附剂在溶液中吸附溶质的程度，可用吸附容量来表示。在一定温度下，达到吸附平衡的溶液中，吸附量与溶液浓度的关系遵循Freundlich等温吸附方程，即可用式（4-9）和式（4-10）来表示。若以$\lg q$对$\lg c$作图，可得到一斜率为n，截距为$\lg K$的直线，由直线可求得n和K值。

吸附容量q可以通过吸附前后的溶液浓度的变化及活性炭准确称量值求得，即可由式（4-8）计算得到。

三、实验仪器和试剂

磨口带塞锥形瓶（250mL）6个；普通锥形瓶（250mL）12个；烧杯（250mL）6个；酸式滴定管（配溶液用）2支；漏斗6个；碱式滴定管1支；漏斗架3个；滴定管架2个；移液管（100mL）1支；移液管（50mL）2支；移液管（20mL）6支；移液管（10mL）4支；移液管（5mL）2支；振荡机1台。

0.4mol/L乙酸溶液；0.1mol/L NaOH溶液；滤纸；活性炭；酚酞指示剂。

四、实验步骤

1. 活性炭的预处理。市售活性炭在制备、贮藏过程中常混有杂质，使吸附性能大为降低，故在使用前必须预处理。预处理方法如下（可根据活性炭污染情况任选其一）。

（1）在150℃加热处理4～5h备用。

（2）加2～3mol/L盐酸至浸没活性炭，水浴加热半小时，减压滤干，以蒸馏水洗至pH=5～6，滤干，150℃烘干4～8h备用。

2. 配制样品。取6个干净的磨口带塞锥形瓶，编号。每瓶内称取1.5g活性炭（准确称量至毫克），按下表所列的剂量先加入水，再加入0.4mol/L乙酸溶液。

项　目	1	2	3	4	5	6
加水体积/mL	0	50	70	85	90	95
加乙酸溶液体积/mL	100	50	30	15	10	5

将各瓶塞紧，在室温下振荡各瓶。让其中溶液与活性炭充分混合。频繁地振荡使其达到吸附平衡（一般需要2h以上，所以可在实验前一天配制好样品溶液）。

3. 平衡组成的测定。达到平衡后，将溶液分别过滤，弃去开始滤出的数毫升溶液，然后把滤液接收在烧杯中。用移液管分别在第 1、2 号瓶中取 10mL，在第 3、4 号瓶中取 20mL，在第 5、6 号瓶中取 40mL，置于锥形瓶中。以酚酞为指示剂，用 0.1mol/L NaOH 标准溶液滴定。所有的溶液滴定均须重复操作一次。

五、注意事项

本实验的关键是吸附一定要达到平衡，6 个瓶的吸附温度要相同。

六、数据记录和处理

1. 根据 $c_1V_1=c_2V_2$，分别求出乙酸溶液的初始浓度 c_0 和平衡浓度 c；

2. 将 c_0 和平衡浓度 c 代入式（4-8）算出吸附容量 q 值，并算出 $\lg q$ 值和 $\lg c$ 值；

将以上数据分别填入下表内。

项　　目	1	2	3	4	5	6
0.4mol/L 乙酸溶液体积 V/mL	100	50	30	15	10	5
蒸馏水体积 $V_{水}$/mL	0	50	70	85	90	95
活性炭质量 m/g						
滴定用碱的体积 V_{OH^-}/mL						
取样的体积 $V_{乙酸}$/mL	10	10	20	20	40	40
乙酸的平衡浓度 c/(mol/L)						
q 值						
$\lg q$ 值						
$\lg c$ 值						

3. 根据表内数据作出 q 对 c 的吸附等温线；并以 $\lg q$ 对 $\lg c$ 作图，从所得直线斜率和截距求出常数 K 和 n。

5 污水的好氧生物处理

5.1 污水生物处理的基本理论

不同污水所含污染物的种类不同，但都普遍含有有机物。去除溶解态有机物最经济有效的方法是生物化学法，简称生物法。生物法主要依靠微生物的新陈代谢将污水中的有机物转化为自身细胞物质和简单化合物，使水质得到净化。

5.1.1 污水中的微生物

5.1.1.1 微生物的分类

微生物一般只能用电子显微镜或光学显微镜才能看见。微生物对环境的适应性强，并能在多种因素的诱导下发生变异。污水中的微生物种类繁多，主要有菌类、藻类，水中常见的微生物分类如图 5-1 所示。

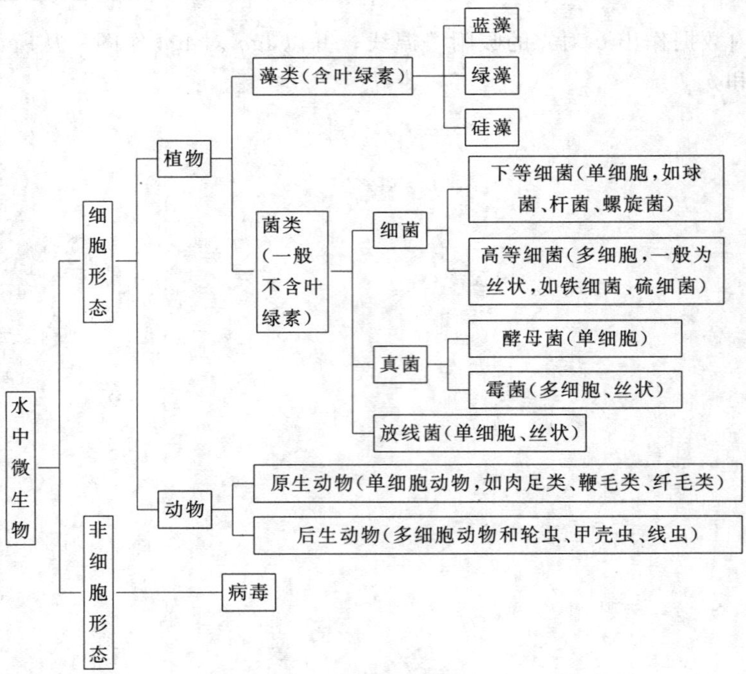

图 5-1 水中常见微生物分类

细菌的适应性强，增长速度快。细菌分裂一次的时间即世代时间为 20～30min。根据对营养物需求的不同，可将细菌分为自养菌和异养菌两大类。自养菌利用各种无机物（CO_2、HCO_3^-、NO_3^-、PO_4^{3-} 等）为营养将其转化为另一种无机物，释放出能量，合成自身细胞物质，其碳源、氮源和磷源皆为无机物。异养菌以有机碳作碳源，有机或无机氮为氮源，将其转化为 CO_2、H_2O、NO_3^-、CH_4、NH_3 等无机物，释出能量，合成细胞物质。污水处理设施中的微生物主要是异养菌。

真菌包括霉菌和酵母菌，前者是多细胞微生物，能产生菌丝；后者是单细胞微生物，不能形成菌丝。真菌是好氧菌，以有机物为碳源，生长 pH=2～9，最佳 pH=5.6。真菌需氧量少，只有细菌的一半。真菌常出现于低 pH 值、分子氧较少的环境中。

真菌丝体对活性污泥的凝聚起骨架作用，但过多丝状菌的出现会影响污泥的沉淀性能，而引起污泥膨胀。在生物膜中，普遍存在霉菌，被污染的水体中霉菌也很常见。真菌在污水处理中的作用不可忽视。

藻类是单细胞和多细胞的植物性微生物。它含有叶绿素，利用光合作用同化 CO_2 和 H_2O 放出 O_2，吸收水中的 N、P 等营养元素合成自身细胞。所以，藻类是自养微生物。白天藻类向水体提供 O_2，但夜间都吸收 O_2 放出 CO_2。氮和磷的存在会引起藻类大量繁殖，藻类繁殖是水体富营养化的标志。有些藻类能固定空气中的 N_2，即使除掉水中的氮也不能最终制止藻类的繁殖和富营养化的发展。

原生动物是最低等的能进行分裂增殖的单细胞动物。污水中的原生动物既是水质净化者又是水质指示物。绝大多数原生动物都属于好氧异养型。在污水处理中，原生动物的作用没有细菌重要，但由于大多数原生动物能吞食固态有机物和游离细菌，所以有净化水质的作用。原生动物对环境的变化比较敏感，在不同的水质环境中出现不同的原生动物，所以是水质指示物。例如，溶解氧充足时钟虫大量出现，溶解氧低于 1mg/L 时出现较少，也不活跃。

后生动物是多细胞动物。在污水处理设施和稳定塘中常见的后生动物有轮虫、线虫和甲壳类动物。

后生动物皆为好氧微生物，生活在较好的水质环境中。后生动物以细菌、原生动物、藻类和有机固体为食，它们的出现表明处理效果较好，是污水处理的指示性生物。

5.1.1.2 微生物的营养关系

细菌、真菌、藻类、原生动物和后生动物共生于水体中。细菌和真菌以水中的有机物、氮和磷等为营养进行有氧和无氧呼吸合成自身细胞。藻类利用 CO_2 和水中氮、磷进行光合作用合成自身细胞并向水体提供 O_2。藻类的细胞死亡后成为菌类繁殖的营养。原生动物吞食水中固态有机物、菌类和藻类。后生动物捕食水中固体有机物、菌类、藻类和原生动物。它们之间的营养关系如图 5-2 所示。

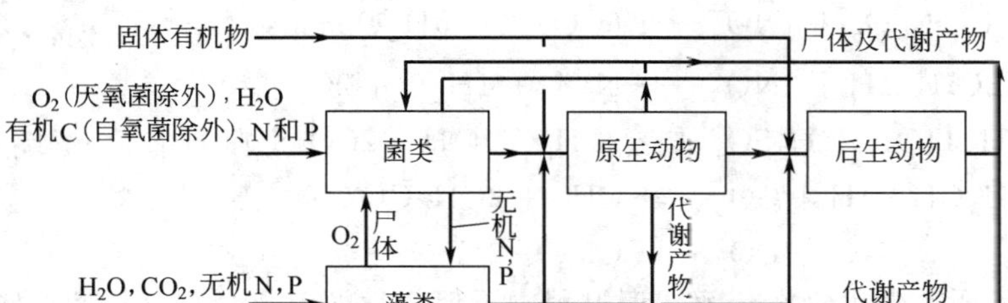

图 5-2　水中微生物的营养关系

5.1.2 微生物的代谢与污水的生物处理

微生物的生命过程是营养不断被利用，细胞物质不断合成又不断消耗的过程。在这一过程中伴随着新生命的诞生，旧生命的死亡和营养物（基质）的转化。污水的生物处理就是利用微生物对污染物（营养物）的代谢转化作用实现的。

5.1.2.1　微生物的代谢

微生物从污水中摄取营养物质，通过复杂的生物化学反应合成自身细胞和排出废物。这种为维持生命活动和生长繁殖而进行的生化反应过程叫新陈代谢，简称代谢。根据能量的转移和生化反应的类型可将代谢分为分解代谢和合成代谢。小分子的可溶性营养物（有机物）在透膜酶作用下透过细胞壁和细胞膜进入细胞内。大分子（淀粉、蛋白质等）、固体或胶体物质被微生物细胞吸附后，在胞外酶的作用下，分解（水解）转化为较简单的溶解性物质再透过细胞膜进入细胞质。进入细胞质的营养物在胞内酶的作用下发生一系列生化反应。这些生化反应可分为两类：第一类反应使营养物分解转化为简单的化合物并释放出能量，这一过程叫分解代谢或产能代谢；第二类反应使另一部分营养物转化为细胞物质并吸收分解代谢释放出的能量，这一过程叫合成代谢。当营养物缺乏时，微生物对自身细胞物质进行氧化分解，以获得能量，这一过程叫内源呼吸。当营养物充足时，内源呼吸并不明显，但营养物缺乏时，内源呼吸是能量的主要来源。

（1）分解代谢　分解代谢又叫产能代谢。根据分解代谢过程对氧的需求，可将分解代谢分为好氧分解代谢和厌氧分解代谢。无论哪种代谢都存在着电子和氢原子的转移，但不同代谢过程的电子受体和受氢体不同。

① 好氧分解代谢　好氧分解代谢是好氧微生物和兼性微生物利用分子氧（O_2）氧化分解营养物质的过程。反应的最终受氢体（电子受体）是分子氧。如：

$$C_xH_yO_z+\left(x+\frac{y}{4}-z\right)O_2 \longrightarrow xCO_2+\frac{y}{2}H_2O+\text{能量} \tag{5-1}$$

$$C_{11}H_{29}O_7N+14O_2+H^+ \longrightarrow 11CO_2+13H_2O+NH_4^++\text{能量} \tag{5-2}$$

$$H_2S+2O_2 \longrightarrow H_2SO_4+\text{能量} \tag{5-3}$$

$$NH_4^++2O_2 \longrightarrow NO_3^-+2H^++H_2O+\text{能量} \tag{5-4}$$

好氧分解代谢速度较快，代谢过程中产生的能量多，基质氧化分解得彻底。

② 厌氧分解代谢　厌氧分解代谢是厌氧微生物和兼性微生物在无分子氧（O_2）的环境中氧化分解营养物质的过程。此过程的受氢体不是O_2，而是其他物质（有机物、含氧化合物等）。厌氧分解代谢过程中营养物氧化不彻底，最终产物除CO_2和H_2O外，还含有较多的小分子中间产物（乙醇、甲烷等），这些物质含有较多的能量，所以代谢过程释放的能量少。如：

$$C_6H_{12}O_6 \longrightarrow 2CH_3CH_2OH+2CO_2\uparrow+92.0kJ \tag{5-5}$$

$$C_6H_{12}O_6+4NO_3^- \longrightarrow 6CO_2\uparrow+6H_2O+2N_2\uparrow+1755.6kJ \tag{5-6}$$

$$2CH_3OH+2NO_3^- \longrightarrow N_2\uparrow+4H_2O+2CO_2\uparrow \tag{5-7}$$

$$2CH_3CHOHCOOH+H_2SO_4 \longrightarrow 2CH_3COOH+2CO_2\uparrow+H_2S\uparrow+2H_2O+1125kJ \tag{5-8}$$

$$2CH_3CH_2OH+CO_2 \longrightarrow CH_4+2CH_3COOH \tag{5-9}$$

$$4H_2+CO_2 \longrightarrow CH_4+2H_2O \tag{5-10}$$

（2）合成代谢　微生物在分解代谢过程中不但产生简单化合物（代谢产物）和能量，还产生一系列的中间产物（如有机酸、氨基酸、NH_3、NO_3^-、SO_4^{2-}及K^+、Na^+、Ca^{2+}和Mg^{2+}等）。接着利用部分中间产物合成自身细胞物质（蛋白质、碳水化合物、脂肪、核酸等），这种合成细胞物质的过程叫做合成代谢。合成代谢过程中需要的能量来自分解代谢。好氧异养微生物的合成代谢和分解代谢总反应式如下：

$$C_xH_yO_z+NH_3+\left(x+\frac{y}{4}-\frac{z}{2}-5\right)O_2 \longrightarrow C_5H_7NO_2+(x-5)CO_2+\frac{1}{2}(y-4)H_2O \tag{5-11}$$

藻类是自氧微生物，能进行光合作用合成自身细胞。在光照条件下，藻类以 H_2O 为供氢体，光合同化 CO_2 合成自身细胞、贮存糖或淀粉，释放 O_2。夜间利用白天合成的糖和淀粉等有机物进行有氧呼吸放出 CO_2。

$$CO_2 + H_2O \underset{夜间}{\overset{白天}{\rightleftharpoons}} [CH_2O] + O_2 \tag{5-12}$$

(3) 分解代谢与合成代谢的关系　没有新陈代谢就没有生命。微生物通过新陈代谢不断地增殖和死亡。微生物的分解代谢为合成代谢提供能量和物质，合成代谢为分解代谢提供催化剂和反应器。两种代谢相互依赖，相互促进，不可分割。微生物的新陈代谢可用图 5-3 表示。

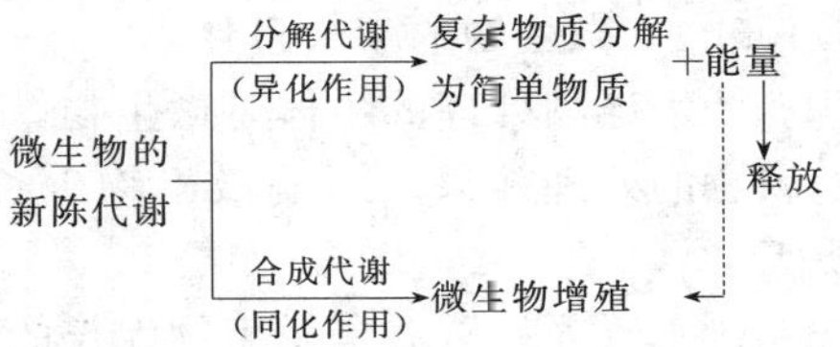

图 5-3　微生物新陈代谢示意

由图 5-3 可知，微生物代谢消耗的营养物一部分分解成简单的物质排入环境，另一部分合成为细胞物质。不同的微生物代谢速度不同，营养物用于分解和合成的比例也不相同。厌氧微生物分解营养物不彻底，释放的能量少，代谢速度慢，将营养物用于分解的比例大，用于合成的比例小，细胞增殖慢。好氧微生物分解营养物彻底，最终产物（CO_2、H_2O、NO_3^-、PO_4^{3-} 等）稳定，含有的能量最少。所以好氧微生物代谢中释放的能量多，代谢速度快，将营养物用于分解的比例小，用于合成的比例大，细胞增殖快。

5.1.2.2　污水的生物处理

污水中的污染物可能是微生物的营养，代谢产物大多是无害的小分子物质，所以微生物的代谢可以使污染物无害化。这种利用微生物代谢作用使污染物转化为细胞物质和无害的代谢产物的过程叫做污水的生物处理或生物净化。在有分子氧的条件下，好氧和兼性微生物降解污水中污染物的过程叫做污水的好氧生物处理。在无分子氧存在的条件下，厌氧和兼性微生物降解污水中污染物的过程叫做污水的厌氧生物处理。

(1) 生物处理设施中微生物的存在状态　污水处理设施中的微生物主要是细菌。如果细菌以一定的排列方式相互黏聚，形成不同形状和尺寸的细菌集合体而悬浮于水中，则称这种集合体为菌胶团。在菌胶团上共生着其他微生物（真菌、藻类、原生动物和后生动物等），并吸附和交织着固体杂质（有机和无机），这种由微生物和固体杂质构成的混合体叫做活性污泥。如果细菌等微生物黏聚和固着生长在固体表面，形成膜状，则称这种膜状物质为生物膜。在生物膜上同样共生着其他微生物，也吸附交织着固体物质。污水处理设施中的微生物主要以活性污泥和生物膜的形式存在，只有在稳定塘中才存在大量游离态的微生物（藻类、细菌等）。活性污泥、生物膜和游离微生物有时共生于同一处理设施中，它们的共同作用使污染物得以去除。

(2) 生物处理中污染物的分解转化机制　生物处理主要用于去除污水中的有机物。在好氧生物处理和厌氧生物处理中，有机物按照不同的机制进行转化。有机物的种类不同，转化的产物也不同。有机物的转化机制如图 5-4 所示。

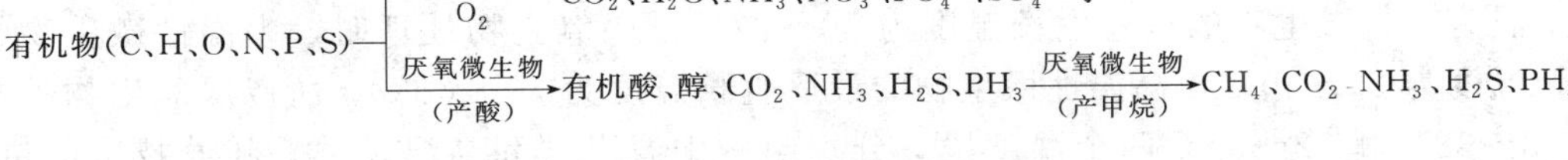

图 5-4　生物处理中的有机物转化机制

污染物被微生物分解转化（降解）的难易程度叫污染物的可生化性。污染物越易被微生物分解，其可生化性越强，反之就弱。污水中的有机物种类繁多，常见的有碳水化合物（淀粉、纤维素、半纤维素等）、脂肪、醇、含氮有机物（蛋白质等）、含硫有机物、含磷有机物、芳香族化合物、有机酸、醛、醚、烃类等。其可生化性由强到弱排列如下：

淀粉和糖→有机酸、醇→蛋白质→含磷有机物→脂肪→纤维素→烃类及芳香族化合物

烃类和芳香族化合物的可生化性最差，是难生物降解的有机物。

5.1.3 微生物的生长条件和生长规律

5.1.3.1 微生物的生长条件

污水生物处理的主体是微生物，只有创造良好的环境条件让微生物大量繁殖才能获得令人满意的处理效果。影响微生物生长的条件主要有营养、温度、pH 值、溶解氧及有毒物质等。

（1）营养　营养是微生物生长的物质基础，生命活动所需要的能量和物质来自于营养。微生物细胞的组成（不包括 H_2O 和无机物），可用化学式 $C_5H_7O_2N$ 或 $C_{60}H_{87}O_{23}N_{12}P$ 表示。在污水生物处理时，应按细胞化学式中各元素的比例调节污水水质，向微生物提供营养。不同微生物细胞的组成不尽相同，对碳氮磷比的要求也不完全相同。好氧微生物要求碳氮磷比为 BOD_5∶N∶P＝100∶5∶1［或 COD∶N∶P＝(200～300)∶5∶1］。厌氧微生物要求碳氮磷比为 BOD_5∶N∶P＝100∶6∶1。其中 N 以 NH_3-N 计，P 以 PO_4^{3-}-P 计。微生物种类繁多，所需 C、N、P 的化学形式也不相同。如异养菌需要有机物为碳源，而自养菌以 CO_2 和 HCO_3^- 为碳源。营养物的分类见表 5-1。

表 5-1　微生物营养物分类

作　　用	来　　源
能源	有机化合物、无机化合物、阳光
电子受体	O_2、有机化合物、无机物中化合氧（NO_3^-、NO_2^-、SO_4^{2-}）
碳源	无机碳源（CO_2、HCO_3^-） 有机碳源（有机化合物）
氮源	氨态氮（NH_3 及 NH_4^+） 有机氮（尿素、蛋白质、氨基酸等）
磷源	无机磷酸盐
微生物元素及生长因素，如维生素	

几乎所有的有机物都是微生物的营养源，为达到预期的净化效果，控制合适的 C∶N∶P 比显得十分重要。微生物除需要 C、H、O、N、P 外，还需要 S、Mg、Fe、Ca、K 等元素，以及 Mn、Zn、Co、Ni、Cu、Mo、V、I、Br、B 等微量元素。

（2）温度　微生物的种类不同生长温度不同，各种微生物的总体生长温度范围是 0～80℃。微生物生长速度最快时的温度叫最适生长温度；微生物生长最慢时的温度叫最低生长温度；微生物能够存活的上限温度叫最高生长温度。根据适应的温度范围，微生物可分为低温性（好冷性）、中温性和高温性（好热性）三类。低温性微生物的生长温度为 20℃以下，中温性微生物的生长温度为 20～45℃，高温性微生物的生长温度为 45℃以上。好氧生物处理以中温为主，微生物的最适生长温度为 20～37℃。厌氧生物处理时，中温性微生物的最适生长温度为 25～40℃，高温性微生物的最适生长温度为 50～60℃。所以厌氧生物处理常利用 33～38℃和 52～57℃两个温度段，分别叫做中温发酵和高温发酵。随着技术的进步，厌氧反应已能在 20～25℃的常温下进行，这就大大降低了运行费用。低温性、中温性和高温性微生物都有各自的最低生长温度、最适生长温度和最高生长温度，如表 5-2 所示。

表 5-2 微生物生长温度

类别	生长温度/℃			备注
	最低	最适	最高	
低温微生物	−5～0	10～20	25～30	水中微生物
中温微生物	5～10	20～40	45～50	大多数腐生微生物及所有寄生微生物
高温微生物	25～45	50～60	70～80	土壤、堆肥、温泉微主物

在最低生长温度至最适生长温度之间，温度升高，微生物酶活性增强，代谢速度加快，微生物生长速度也随之加快，生物处理效率提高。在最适生长温度上限至最高生长温度之间，温度升高，酶的活性逐渐降低，微生物生长速度逐渐变慢，生物处理效率下降。当温度超过最高生长温度时，微生物因蛋白质凝固而死亡，酶系统丧失活性，这种改变不可逆转。低温不会使微生物死亡，但其代谢活力下降，处理效率降低。这种改变是可以逆转的，一旦升高温度，便迅速恢复活力。水温的改变不能太快，否则，微生物不能适应而丧失活力。一般情况下，一日内温度的波动不宜超过±5℃。所以，在生物处理时要控制适宜的水温并保持稳定。

在适宜的温度范围内，每升高10℃，生化反应速度就提高1～2倍。所以，在较高最适温度条件下生物处理效果较好。人为改变污水温度将增大处理成本，所以好氧生物处理一般在自然温度下进行，即在常温下进行。好氧生物处理效果受气候的影响较小。厌氧生物处理受温度影响较大，需要保持较高的温度，但考虑到运行成本，应尽量采用常温下运行（20～25℃）。如果原污水的温度较高，应当采用中温发酵（33～38℃）或高温发酵（52～57℃）。如果有足够的余热或发酵过程中产生足够的沼气（高浓度有机污水和污泥消化），则可以利用余热或沼气的热能实现中温和高温发酵。如果原污水的温度太高，则需降温。

(3) pH值　酶是一种两性电解质，pH值的变化影响酶的电离形式，进而影响酶的催化性能，所以pH值是影响酶的活性的重要因素之一。不同的微生物具有不同的酶系统，就有不同的pH值适应范围。细菌、放线菌、藻类和原生动物的pH值适应范围是pH值为4～10。酵母菌和霉菌的最适pH值为3.0～6.0。大多数细菌适宜pH值为6.5～8.5的中性和偏碱性环境。好氧生物处理的适宜pH值为6.5～8.5，厌氧生物处理的适宜pH值为6.7～7.4（最佳pH值为6.7～7.2）。在生物处理过程中保持最适pH值范围非常重要。否则，微生物酶的活性降低或丧失，微生物生长缓慢甚至死亡，导致处理失败。

进水pH值的突然变化会对生物处理产生很大的影响，这种影响不可逆转。所以保持pH值的稳定非常重要。

(4) 溶解氧　好氧微生物的代谢过程以分子氧为受氢体，并参与部分物质的合成。没有分子氧，好氧微生物就不能生长繁殖，所以，进行好氧生物处理时，要保持一定浓度的溶解氧(O_2)。供氧不足时，适合低溶解氧生长的微生物（微量好氧的发硫菌）和兼性微生物大量繁殖。它们分解有机物不彻底，处理效果下降。低溶解氧状态下丝状菌优势生长，引起污泥膨胀。溶解氧浓度过高，不仅浪费能量，而且会因营养相对缺乏而使细胞氧化和死亡。为取得良好的处理效果，好氧生物处理时应控制溶解氧2～3mg/L（二沉池出水0.5～1mg/L）为宜。

厌氧微生物在有氧条件下生成H_2O_2，但没有能分解H_2O_2的酶而被H_2O_2杀死。所以，在厌氧生物处理反应器中绝对不能有分子氧存在。其他氧化态物质如SO_4^{2-}、NO_3^-、PO_4^{3-}和Fe^{3+}等也会对厌氧生物处理产生不良影响，也应控制它们的浓度。

(5) 有毒物质　对微生物有抑制和毒害作用的化学物质叫有毒物质。它能破坏细胞的结构，使酶变性而失去活性。如重金属能与酶的—SH基团结合，或与蛋白质结合使之变性或沉淀。有毒物质在低浓度时对微生物无害，超过某一数值则发生毒害。某些有毒物质在低浓度时可以成为微生物的营养。有毒物质的毒性受 pH 值、温度和有无其他有毒物质存在等因素的影响，在不同条件下毒性相差很大，不同的微生物对同一毒物的耐受能力也不同，具体情况应根据实验而定。

在污水生物处理过程中，应严格控制有毒物质浓度，但有毒物质浓度的允许范围尚无统一的标准，表 5-3 的数据可供参考。

表 5-3　废水生物处理有毒物质允许浓度

毒物名称	允许浓度/(mg/L)	毒物名称	允许浓度/(mg/L)
亚砷酸盐	5	CN	5～20
砷酸盐	20	氰化钾	8～9
铅	1	硫酸根	5000
镉	1～5	硝酸根	5000
三价铬	10	苯	100
六价铬	2～5	酚	100
铜	5～10	氯苯	100
锌	5～20	甲醛	100～150
铁	100	甲醇	200
硫化物(以 S 计)	10～30	吡啶	400
氯化钠	10000	油脂	30～50
氨	100～1000	乙酸根	100～150
游离氯	0.1～1	丙酮	9000

5.1.3.2　微生物的生长规律

同一种微生物在不同的生长条件下细胞的增殖速度不同，说明细胞的增殖速度与环境条件之间存在着某种必然的联系，这种联系叫微生物的生长规律。一般指其他条件不变的情况下（温度、pH 值等）微生物增殖速度与营养物浓度之间的关系。纯菌种分批培养（基质一次性投加）的生长规律如图 5-5 所示。按细菌生长速度不同，生长规律可划分为四个生长时期：停滞期（适应期）、对数期（指数期）、静止期（平衡期）和衰亡期（内源代谢期）。污水生物处理中微生物的生长规律与纯种细菌相仿，也存在停滞期、对数期、静止期和衰亡期，但一般仅处在某一两个生长期。

（1）停滞期　将细菌接种到培养基中，经过一个适应期才开始生长繁殖，这个适应期叫做停滞期（图 5-5，Ⅰ，Ⅱ）。停滞期初期（图 5-5，Ⅰ）细菌适者生存，不适者死亡，存活的细胞繁殖速度缓慢上升，菌体数量增长缓慢。到后期（图 5-5，Ⅱ）繁殖速度明显加快，代谢活力增强，细菌总数有所增加。

（2）对数期　继停滞期后，在基质丰富和其他条件适宜的情况下，细菌的生长速度增至最大（世代时间最短），而进入对数期（图 5-5，Ⅲ）。对数期营养充足，有毒代谢产物少，所以细菌几乎不死亡，菌体总数以几何级数增加。如果以细菌分裂的世代时间为单位时间，则菌体个数与时间成指数关系，菌体数量的对数与时间成直线关系。因为营养充足，所以对数期细菌的生长速度取决于细菌的本性，而不受基质浓度的限制。

对数期微生物代谢旺盛，繁殖快，活性强，分解基质速度快。在工程实践中，为了使污泥处于对数生长期，必须保持较高的基质浓度，即保持较高的污染物浓度，所以出水水质较差。处于对数期的污泥呈分散状态，混合液中有较多的游离微生物，混合液沉淀性能差，上层液体浑浊，这也使出水水质变差。

（3）静止期　对数期细菌生长消耗了大量基质，使基质浓度明显降低，成为细菌生长的限制条件。与此同时，代谢产物大量积累，对菌体产生毒害作用。这些因素对细菌生长不利，细菌的生长速度开始降低，活菌体开始死亡，细菌的增长进入静止期（图 5-5，Ⅳ，

Ⅴ)。在静止期，菌体生长速度逐渐降低，死亡速度逐渐增大。某一时刻生长速度与死亡速度基本相等，建立生衰平衡，细菌总数达到最大值，并恒定一段时间，所以叫平衡期。导致细菌生长进入静止期的主要原因是基质浓度较低时，基质成了细菌生长的限制条件。

在工程实践中，污泥生长处于静止期时，污染物浓度低，污泥絮凝沉淀性能好，沉淀后上层液体清澈。将生物处理设施的运行状态控制在静止期可获得好的出水水质。运行良好的活性污泥处在静止期。

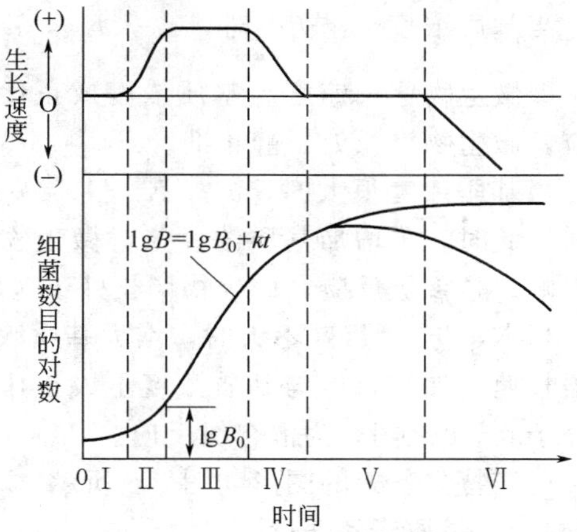

图 5-5　细菌的生长由线

(4) 衰亡期　继静止期之后，基质几乎耗尽，细菌因缺乏营养而利用贮存的物质和细胞质进行内源呼吸（自溶），菌体生长进入衰亡期（图 5-5，Ⅵ）。在衰亡期，由于内源呼吸和代谢产物的毒害作用，细菌生长受到抑制，菌体少繁殖、不繁殖或自溶。细菌死亡速率超过生长速率，活菌数在一个阶段以几何级数减少（对数衰亡期）。

在工程实践中，处于衰亡期的污泥混合液中含有较多的死菌碎片，出现交多的原生动物和后生动物，细菌出现畸形或衰退型，污泥活性下降。衰亡期的污泥较松散，但沉淀性能好，沉淀后上层液体清澈，含有少量的细小泥花。由于衰亡期污染物几乎耗尽，所以处于衰亡期运行的处理设施出水水质最好。

在工程实践中，可通过改变进水有机负荷率将微生物控制在不同的生长期，为取得较好的处理效果，一般将污泥生长控制在静止期或衰亡初期。

5.1.4　生化反应动力学

污水生物处理过程是以酶为催化剂的生化反应过程，反应结果是微生物的增长和基质的降解。生化反应速度可用单位时间内营养物的减少量或微生物的增加量表示。这里所说的营养物指的是限制微生物生长的营养物，一般指有机物。

5.1.4.1　微生物增长速度

微生物的增长速度不仅与微生物浓度有关，而且与基质浓度（限制性营养物浓度）有关。法国学者莫诺特（Monod）在前人酶反应动力学研究和实验的基础上，提出了微生物生长速度与限制性营养物浓度之间的关系式，即莫诺特方程式：

$$\mu=\mu_{max}\frac{c_S}{K_S+c_S} \tag{5-13}$$

式中　c_S——限制性营养物浓度，mg/L；

K_S——饱和常数，即 $\mu=1/2\mu_{max}$ 时的营养物浓度，又称半速度常数，mg/L；

μ_{max}——最大比增长速度，即营养物浓度很高时微生物量的增长速度，t^{-1}；

μ——微生物比增长速度，即单位微生物量的增长速度，$\mu=\frac{dc_X/dt}{c_X}$，t^{-1}；

c_X——微生物浓度，mg/L；

t——生化反应时间，t。

当基质浓度 c_S 较小时，$c_S \ll K_S$，$\mu=\frac{\mu_{max}}{K_S}\cdot c_S$，即微生物增长速度与基质浓度成正比，是一级反应，微生物增长处于静止期。

当基质浓度很大时，$c_S \gg K_S$，$\mu=\mu_{max}$，达到最大。此时，再增加基质浓度，对微生物增长速度无影响，是零级反应，微生物增长处于对数期。

当 K_S 与 c_S 悬殊不大时，增大基质浓度，微生物增长速度加快，但与基质浓度不成正比，反应级数介于 0～1 之间，为混合级反应。

莫诺特方程式的图形如图 5-6 所示。

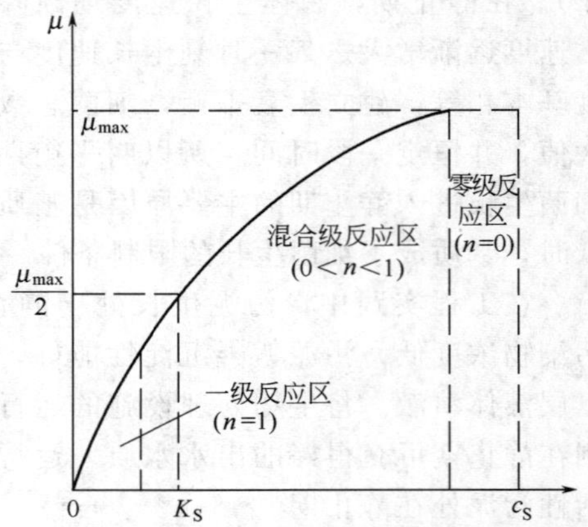

图 5-6　微生物比增长速度与基质浓度关系

5.1.4.2　基质降解速度

微生物的增长是基质降解的结果，不同的基质用于合成微生物细胞的比例不同。微生物的增长速度与基质的降解速度之间有一定的比例关系。

$$Y=\frac{\mu}{q} \tag{5-14}$$

式中　Y——产率系数；

μ——微生物比增长速度，t^{-1}；

q——基质比降解速度，即单位基质量的降解速度，t^{-1}。

由式(5-14) 知 $\mu=Yq$ 和 $\mu_{max}=Yq_{max}$，再代入式(5-13) 得：

$$q=q_{max}\frac{c_S}{K_S+c_S} \tag{5-15}$$

式中　q_{max}——基质最大比降解速度；

K_S——饱和常数，即 $q=\frac{1}{2}q_{max}$ 时的基质浓度，又称半速度常数。

式(5-15) 是莫诺特方程的另一种形式，它表示了基质降解速度与基质浓度之间的关系，其图形与图 5-6 相似。

5.1.4.3　微生物净增长速度

在工程实践中，一般将微生物生长控制在静止期和衰亡期，以便取得较好的处理效果。静止期和衰亡初期微生物的内源代谢较为显著，在合成新细胞的同时，也消耗细胞物质。这使得微生物的净增长量小于细胞合成量。

霍克来金（Heukelekian）等通过大量试验和物料衡算提出微生物净增长速度表达式为：

$$\left(\frac{dc_X}{dt}\right)_g=Y\left(\frac{dc_S}{dt}\right)_u-K_d c_X \tag{5-16}$$

式中　$\left(\frac{dc_X}{dt}\right)_g$——微生物净增长速度；

$\left(\frac{dc_S}{dt}\right)_u$——微生物细胞合成速度；

Y——产率系数，又称微生物增长系数；

c_X——细胞因内源呼吸消耗的速度；

K_d——内源呼吸（或衰减）系数，即单位时间内，单位微生物量内源呼吸消耗的量，t^{-1}。

式(5-16) 两边同除以 c_X，得：

$$\mu'=Yq-K_d \tag{5-17}$$

式中 μ'——微生物比净增长速度。

在工程实践中，产率系数 Y 常以实测的观测产率系数（微生物净增长系数）Y_{obs} 代替。此时，式(5-16) 和式(5-17) 分别改写为：

$$\left(\frac{dc_X}{dt}\right)_g=Y_{obs}\left(\frac{dc_S}{dt}\right)_u \tag{5-18}$$

$$\mu'=Y_{obs}q \tag{5-19}$$

式中 Y_{obs}——观测产率系数，又称微生物净增长系数。

式(5-16)～式(5-19) 表达了微生物的净增长和基质降解之间的基本关系。

式(5-13)、式(5-15)、式(5-16) 和式(5-18) 等是污水处理工程实践中常用的基本动力学方程式。式中的 K_S、μ_{max}、q_{max}、Y、Y_{obs} 和 K_d 等动力学系数与微生物的种类和浓度、基质种类、pH 值和温度等有关。不同的生物处理系统有着不同的动力学系数，可通过实验测得。方程中的 c_S 必须是限制微生物增长的营养物浓度，一般指污水中有机物浓度，用 BOD_5 或 COD 表示。

5.1.5 污水的可生化性

污水的可生化性指的是污水中污染物被微生物降解的难易程度，即污水生物处理的难易程度。污水的可生化性是污水中所有污染物对微生物发生作用的综合反应。污水的可生化性取决于污水的水质，即污水所含污染物的性质。如果污水的营养比例适宜，污染物易被生物降解，有毒物质含量低，则污水的可生化性强，反之亦然。适于微生物生长的污水，可生化性强，不适于微生物生长的污水可生化性差。

5.1.5.1 可生化性的评价

（1）评价方法 污水的可生化性常用 BOD_5 与 COD 的比值来评价。5 日生化需氧量 BOD_5 粗略代表可生物降解的还原性物质的含量（主要是有机物），化学需氧量 COD 粗略代表还原性物质（主要为有机物）的总量。由 $\frac{BOD_5}{COD}=\frac{1}{m}\frac{COD_B}{COD}$（$COD_B$ 为可生物降解的还原性物质含量）知，$\frac{BOD_5}{COD}$为还原性物质中可生物降解部分所占的比例（COD_B/COD）与生物降解速度（$1/m$）的乘积，能粗略代表还原性物质可生物降解的程度和速度，即污水的可生化性。一般情况下，BOD_5/COD 值越大，污水的可生化性越强，具体评价标准参照表 5-4。

表 5-4 污水可生化性评价标准

BOD_5/COD	<0.3	0.3～0.45	>0.45
可生化性	难生化	可生化	易生化

（2）注意事项 BOD_5/COD 只能近似代表污水的可生化性，使用 BOD_5/COD 评价污水的可生化性时应考虑以下几方面的影响。

① 固体有机物 有些固体有机物可在 COD 测定中被重铬酸钾氧化，以 COD 的形式表现出来，但在 BOD_5 测定时对 BOD_5 的贡献很小，不能以 BOD_5 的形式表现出来，致使 BOD_5/COD 偏低。实际上这些固体有机物可通过生物絮凝作用和生物降解作用予以去除。此时污水的 BOD_5/COD 虽小，但生物处理的效果却不差。

② 无机还原性物质　污水中的无机还原性物质在 BOD_5 和 COD 的测定中也消耗溶解氧。同一种无机还原性物质在两种测定中消耗的溶解氧量不同，致使 BOD_5/COD 降低，但此时污水的可生化性不一定差。

③ 特殊有机物　有些有机物比较特殊，能被微生物部分氧化，却不能被 K_2CrO_7 氧化。BOD_5/COD 虽大，但实际上污水的可生化性较差。

④ BOD_5/TOD　TOD 比 COD 更能准确代表污水中有机物的含量，用 BOD_5/TOD 评价污水的可生化性更加准确。

⑤ 接种微生物的驯化　在测定 BOD_5 时是否采用经过驯化的菌种，对测定结果影响很大。采用未经驯化的微生物接种，测得的结果偏低，采用经过驯化的微生物接种，测得的结果更加符合处理设施的实际运行情况。接种未经驯化的微生物测得的 BOD_5/COD 偏低，由此推断污水的可生化性较差是不符合实际情况的。因此，在测定 BOD_5 时，必须接入驯化菌种。

⑥ 水样稀释　测定 BOD_5 时，往往需要对原污水加以稀释。因为有毒物质在浓度不同时毒性不同，所以，不同的稀释比对测定结果影响很大。合成有机物、无机盐、重金属、硫化物和 SO_4^{2-} 等在浓度高时对微生物有毒害作用，而抑制微生物的生长，此时污水的可生化性较差。如果在测定这种污水的 BOD_5 时，将水样稀释，则由于有毒物质浓度降低，毒性减弱，所以污水可生化性增强，测得的 BOD_5/COD 增大。由此推断原污水的可生化性较强是错误的。

5.1.5.2　改善可生化性的途径

改善污水可生化性的基本原则是创造有利于微生物生长的水质条件。可通过下列途径改善污水的可生化性。

(1) 调节营养比　好氧生物处理要求 C、N、P 比为 BOD_5∶N∶P＝100∶5∶1，厌氧生物处理要求 BOD_5∶N∶P＝100∶6∶1。某些工业废水营养不全（如石化废水、造纸废水和酒精废水缺少 N 和 P，洗涤剂废水缺乏 N），应人为调节废水的 C、N、P 比例（见 5.1.3.1 微生物的生长条件）。可以投加生活废水、食品废水或屠宰污水等营养全面的污水；也可投加米泔水和淀粉浆补充碳源；投加尿素、铵盐和硝酸盐补充氮源；投加磷酸盐补充磷源，还可投加粪便水、泡豆水等有机氮源和磷源。其中 NH_3 和磷酸盐最易被微生物利用。厌氧生物处理时，加入 NH_3-N 会降低 CH_4 产率，所以厌氧生物处理以加入 NH_4^+ 或有机氮（尿素）为宜。如果污水不缺营养，不应添加上述物质，否则会导致反驯化，影响处理效果。

(2) 调节 pH 值　好氧生物处理的适宜 pH＝6.5～8.5，厌氧生物处理的适宜 pH＝6.7～7.4。可采用下列措施控制反应混合物的 pH 值。

① 调节池调节进水 pH 值　用调节池对 pH 值波动较大的污水进行均质，使 pH 值稳定在适宜的范围内再进入反应器。

② 酸碱中和调节进水 pH 值　用酸性污水、碱性污水、酸性物质（H_2SO_4、HCl、H_3PO_4、CO_2、SO_2、NO_2 等）或碱性物质［$CaCO_3$、CaO、$Ca(OH)_2$、NaOH、Na_2CO_3 等］将进水 pH 值调整到适宜范围。

③ 用碱性物质控制反应混合物的 pH 值　好氧生物处理时，如果进水中含有较多的还原态 S、N、P，则会产生 H_2SO_4、HNO_3 和 H_3PO_4，使 pH 值下降。可加入 CaO、NaOH 和 Na_2CO_3 等碱性物质将进水 pH 值调至碱性（有时 pH 值调至 10），来抵消反应产生的酸性物质，将反应器内的 pH 值控制在适宜范围。厌氧生物处理时，进水固态和大分子有机物

较多、负荷增大和温度降低等都可能引起挥发酸积累（200～2000mg/L 以下为宜），而使 pH 值下降。如果进水中含有大量有机氮，则可能产生大量 NH_3 而使 pH 值上升（总氨以 50～200mg/L 为宜，不宜超过 1000mg/L）。所以应使反应器保持稳定的进水、一定的碱度（1000～5000mg/L 为宜）和缓冲能力（进水中加入碱性物质），以维持适宜的 pH 值。

如果进水中含有较多的有机酸，只要稳定操作，就能使反应器保持适宜的 pH 值。

④ 改变有机负荷控制反应混合液 pH 值　对于厌氧反应，有机负荷过高使反应混合液的 pH 值下降，此时应降低进水负荷使 pH 值恢复正常。

(3) 预处理　絮凝沉淀、萃取、吸附、吹脱、化学沉淀、离子交换、生物水解、稀释、湿式氧化、加压水解、臭氧氧化和膜分离等预处理过程可去除和稀释有毒物质与盐类，改善污水的可生化性。

5.1.6　生物处理方法的分类

可生化性不同的污水应采用不同的生物处理方法，可生化性相同而污染物浓度不同的污水所采用的处理方法也不相同。

生物处理靠的是微生物的代谢，按照作用机制和对氧的需求，可将生物处理分为好氧法和厌氧法两大类。按照微生物的附着方式，可将生物处理分为悬浮生长法和固着生长法，即活性污泥法和生物膜法（见图 5-7）。

- 生物处理法
  - 好氧生物处理法
    - 传统活性污泥法——活性污泥、氧化沟、AB 法、SBR 和 CASS 等
    - 好氧生物膜法——生物转盘、接触氧化、好氧滤池、好氧流化床等
  - 厌氧生物处理法
    - 厌氧活性污泥法—普通消化、接触消化、上流式厌氧污泥床(UASB) 膨胀颗粒污泥床(EGSB)、厌氧折流反应器(ABR)、厌氧内循环反应器(IC) 等
    - 厌氧生物膜法——厌氧滤池、厌氧流化床等
  - 自然生物处理法
    - 稳定塘法——厌氧塘、好氧塘等
    - 土地处理法——慢速渗透、快速渗透、表面漫流和地下渗透等

图 5-7　生物处理法分类

5.2　污水的好氧生物处理

污水的好氧生物处理法是应用最广的有机污水处理方法。好氧活性污泥法简称活性污泥法，适于处理各种水量和水质的可生化污水。

5.2.1　活性污泥法的基本原理

(1) 活性污泥　好氧微生物生长繁殖并凝聚在一起形成菌胶团。在菌胶团上共生着其他微生物（原生动物等），并吸附和交织着无生命的固体杂质而形成活性污泥。好氧活性污泥为褐色，稍有土腥味，具有良好的絮凝吸附性能。在活性污泥的微观生态系统中，细菌占主导地位。细菌等微生物的新陈代谢作用，以及菌胶团的吸附絮凝作用使污水中的污染物（有机物等）得以去除。

(2) 活性污泥法基本流程　活性污泥法已有 80 多年的发展历史，其基本流程如图 5-8 所示。

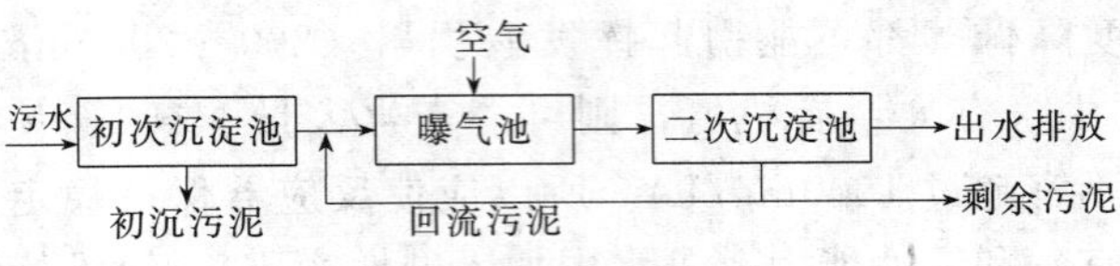

图 5-8　活性污泥法基本流程

污水经初次沉淀池去除大部分固态杂质后进入曝气池。曝气池中充满活性污泥与污水的混合液。曝气设备搅拌混合液使活性污泥呈悬浮状态，与污水中的污染物充分接触。与此同时，曝气设备不断向混合液提供氧气，使污染物发生好氧代谢反应，分解转化为无毒无害物质。反应后的混合液流入二次沉淀池，活性污泥沉淀下来和净化水分离。沉淀污泥大部分返回曝气池，维持曝气池中的生物量，另一部分作为剩余污泥排出。活性污泥不断增殖，剩余污泥的排出量与增殖量相等。二沉池出水为净化水，排入环境。

(3) 活性污泥法的净化过程　活性污泥去除有机物是分阶段进行的，依次为吸附阶段、稳定阶段和混凝阶段。

① 吸附阶段　活性污泥具有巨大的表面积，表面上含有多糖类黏性物质，使活性污泥具有很好的吸附性能。污水与活性污泥混合后，污水中的固体有机物等污染物首先被吸附转移到活性污泥表面，此为吸附阶段。

吸附阶段进行得很快，吸附量的大小取决于污染物的状态。如果污染物以固体或胶体态存在，吸附量就大；如果以溶解态存在，吸附量就小。被吸附的污染物有的可生物降解，有的是不可生物降解的惰性物质。

② 稳定阶段　吸附转移到活性污泥表面的污染物被微生物分解转化为 CO_2 和 H_2O 等简单化合物及自身细胞，这一过程叫做稳定阶段。

由于溶解态有机物能被微生物直接利用，所以溶解态有机物的降解无需吸附阶段，而直接由稳定阶段完成。稳定阶段需要的时间较长，尤其是固体和胶态物质的稳定需要更长的时间。如果有足够的时间，在吸附阶段吸附的可降解有机物就会在稳定阶段分解转化掉。

③ 混凝阶段　曝气池中的混合液进入二沉池后，活性污泥颗粒和游离微生物等固形物在微生物释出的 β-羟基丁酸和黏性物质等的作用下，相互凝聚形成大颗粒絮体，这一过程叫做混凝阶段。混凝阶段吸附和挟带污染物，共同沉淀，使污染物得以去除。如果混凝阶段固液分离不好，出水水质就会变差。

吸附阶段、稳定阶段和混凝阶段共同作用的结果，使污水得到净化。有机污水含有的污染物一般为溶解性有机物，所以稳定阶段的作用最为重要。

④ 处理工艺的选择　以固态和胶态有机物为主的污水，应利用吸附阶段和混凝阶段的共同作用使其净化。由于吸附作用和混凝作用能快速去除固态和胶态物质，所以不需要太长的曝气时间就可以达到较好的处理效果。

对于以溶解态有机物为主的污水，应利用稳定阶段和混凝阶段的共同作用使其净化。此时应适当延长曝气时间。对于含难降解有机物的污水可进行延时曝气。

(4) 活性污泥的性能指标及设计运行参数　性能良好的活性污泥应具有良好的吸附氧化性能和絮凝沉淀性能。吸附氧化性能良好的污泥比较松散，表面积较大，活性和絮凝性能较好，但不一定具有良好的沉淀性能。例如处于膨胀状态的污泥结构松散，絮凝性能较好，但难以沉淀，随水流失，出水水质变差。沉淀性能好的污泥絮凝性能一般较好，也比较密实，但不一定有较强的活性。如处于老化状态的污泥，絮凝沉淀性能较好，但活性较差。为获得良好的净化效果，应使活性污泥既具有很强的活性又有很好的沉淀性能。评价活性污泥性能的指标及活性污泥系统的控制参数主要有污泥浓度、污泥沉降比、污泥指数、泥龄和污泥回流比等。

① 污泥浓度　污泥浓度指单位体积混合液含有的悬浮固体量（MLSS）或挥发性悬浮固体量（MLVSS），单位为 mg/L 或 g/L。在活性污泥曝气池中，一般控制 MLSS＝3～4 g/L。

MLSS 为混合液中无机物、非活性有机物和活性微生物的总浓度；MLVSS 为混合液中挥发性有机物浓度。虽然污泥浓度（MLSS 和 MLVSS）不等于活性微生物浓度，但在它们之间有着稳定的相关性，所以可用 MLSS（或 MLVSS）间接代表活性微生物的含量。在其他条件不变的情况下，污泥浓度越高，活性微生物浓度也越高，净化效果越好。

② 污泥沉降比（SV）　污泥沉降比指活性污泥混合液静置沉淀 30min，所得污泥层体积与原混合液体积之比（%），即：

$$污泥沉降比=\frac{混合液静置\ 30\text{min}\ 所得污泥层体积}{原混合液体积}\times 100\% \tag{5-20}$$

混合液沉淀 30min 所得污泥层的密度接近最大密度，所以 30min 的沉降比近似等于完全沉降时的沉降比。沉降比的大小同污泥的沉淀性能和污泥浓度有关，但相关性比较复杂。污泥浓度（MLSS）相同的混合液，污泥沉降比越大，说明絮体越松散，污泥的沉淀性能就越差；污泥沉淀性能相同的混合液，污泥沉降比越大，污泥浓度就越大。所以，对于特定的活性污泥处理系统，可以用沉降比表示混合液的污泥浓度，并以此控制污泥回流量和剩余污泥排放量。通常，污泥沉降比的正常范围为 15%～30%。

③ 污泥体积指数（SVI）　污泥体积指数简称污泥指数（SI），是指曝气池混合液静置沉淀 30min 所得污泥层中，单位质量的干污泥所具有的体积，单位为 mL/g，常省略。如果知道 SV 和 MLSS，便可求出 SVI。

$$\text{SVI}=\frac{\text{SV}}{\text{MLSS}} \tag{5-21}$$

式中　SVI——污泥指数，mL/g；

SV——污泥沉降比，%；

MLSS——污泥浓度，g/mL。

污泥指数反映了活性污泥的密实性和沉降性能。如果 SVI 较高，说明污泥松散，沉淀性能较差；如果 SVI 过高，说明污泥已经膨胀，不易沉淀；如果 SVI 较低，说明污泥比较密实，沉淀性能较好；如果 SVI 过低，说明污泥细小密实，含无机物较多，已经老化，此时虽然有较好的沉淀性能，但活性和吸附性能都较差。

处理城市污水时，一般控制 SVI＝50～150 为宜。不同性质污水的正常 SVI 范围差异较大。如果污水中溶解性有机物含量高，正常的 SVI 可能较高；如果污水中无机悬浮物含量高，正常的 SVI 值可能较低。特定污水的适宜 SVI 值应由实验和运行情况确定。污泥指数能较全面地反映污泥的活性和沉淀性能。

④ 泥龄　活性污泥系统正常运行的重要条件之一是必须保持曝气池内稳定的污泥量(MLSS)。活性污泥反应的结果，使曝气池内的污泥量增加。此外，在污泥增长的同时，伴随着微生物的老化和死亡，若不及时排出就会导致活性下降。所以，每天必须从系统中排出与增长量相等的活性污泥量，即剩余污泥，以保持污泥量和活性的稳定。对于图 5-9 所示的活性污泥系统，剩余污泥排出量可用下式表示：

$$P=Q_{\text{w}}c_{\text{xr}}+(Q-Q_{\text{w}})c_{\text{xe}} \tag{5-22}$$

式中　P ——随剩余污泥排出的微生物量，kg/d；

Q_w ——剩余污泥量，m^3/d；

c_{xr} ——剩余污泥浓度，$kgMLSS/m^3$；

Q ——污水流量，m^3/d；

c_{xe} ——出水浓度，$kgMLSS/m^3$。

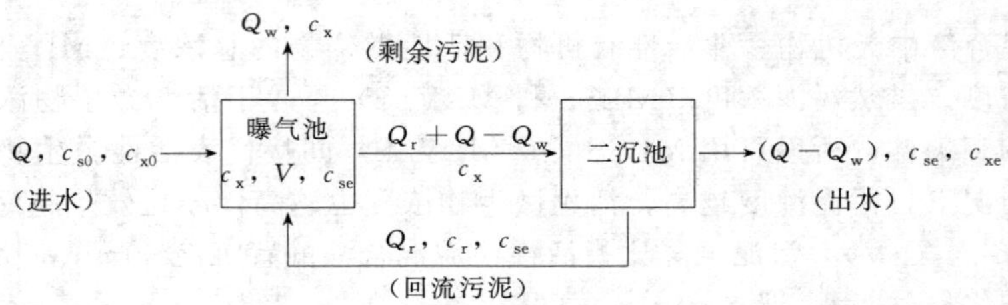

图 5-9　完全混合曝气池工作原理

活性污泥排放量越大，系统内污泥更新越快，污泥在系统内停留的时间越短。反应系统内微生物全部更新一遍所需的时间（即生物固体平均停留时间）叫泥龄，以 θ_c 表示，单位为 d。

泥龄等于系统内污泥量与每日排出量之比。若 c_{x0} 很小，且认为生化反应仅发生在曝气池内，则有：

$$\theta_c=\frac{Vc_x}{P}=\frac{Vc_x}{Q_wc_{xr}+(Q-Q_w)c_{xe}} \tag{5-23}$$

式中　V ——曝气池反应区容积，m^3；

c_x ——曝气池混合液污泥浓度，$kgMLSS/m^3$。

由于 c_{xe} 很小，所以上式可简化为：

$$\theta_c=\frac{Vc_x}{Q_wc_{xr}} \tag{5-24}$$

由式(5-24) 知，剩余污泥排放量越大，泥龄越短。通过控制剩余污泥排放量 Q_w，便可方便地控制泥龄。世代时间长于污泥龄的微生物在曝气池内不可能形成优势菌种属。如硫化菌在 20℃时，其世代时间为 3d，当 $\theta_c<3d$ 时，硝化菌就不可能在曝气池内大量增殖，不能成为优势种属，就不能在曝气池内产生硝化反应。

污泥浓度与泥龄有关，而泥龄与剩余污泥排量有关，工程实践中常通过调节剩余污泥排量来控制污泥浓度。剩余污泥排量越大，泥龄 θ_c 越短，污泥浓度 c_x 就越低，反之亦然。

出水水质与泥龄有关。泥龄长，出水水质好。随着泥龄的延长，污染物去除率很快达到最大值，所以不需要太长的泥龄（0.5～1.0d）就可以取得较高的去除率。但是，泥龄短时微生物浓度低，营养相对丰富，细菌生长很快，絮凝沉淀性能差，易流失，出水水质较差。所以，常取 $\theta_c=3\sim10d$。

设计时，既可用有机负荷，也可用泥龄作为设计参数。但控制污泥负荷比较困难，需测定有机物浓度和污泥量。而控制泥龄比较简单，调节剩余污泥排放量即可。所以，常采用泥龄作设计参数。如果需要较高的基质去除率，则应选用较小的 θ_c 值；如需要污泥有较好的絮凝沉淀性能，则应选用中等大小的 θ_c 值；如果要使微生物的净增量很小，则应选用较长的 θ_c 值。

⑤ 污泥回流比　对图 5-9 所示的系统，假设出水所夹带的污泥量、剩余污泥排放量及

污泥增长量都可以忽略不计，则在稳定状态下，进入二沉池的污泥量等于污泥回流量，即：

$$c_x(Q+Q_r)=Q_r c_r$$

$$r=\frac{Q_r}{Q}=\frac{c_x}{c_r-c_x} \tag{5-25}$$

式中 r——污泥回流比；

Q_r——回流污泥流量，m^3/h；

c_r——回流污泥浓度，mg/L。

由上式知，通过调节污泥回流比即可控制混合液污泥浓度，根据所要求的 c_x 和测得的 c_{xr}，就可算出污泥回流比 r 值。

5.2.2 活性污泥法的运行方式

按混合液的流动状态和混合方式的不同，可将活性污泥法分为推流式和完全混合式两类。传统活性污泥法的运行方式是推流式，后不断发展出许多新的运行方式。

5.2.2.1 推流式活性污泥法

推流式活性污泥法曝气池呈矩形。污水由一端进入，推流式流过整个池子，从另一端流出，如图 5-10 所示。污水净化过程的吸附和稳定阶段在同一池中完成。进口有机物浓度高，沿池长逐渐降低，需氧量也沿池长逐渐降低。进口处微生物处于对数生长期，出口处微生物处于静止期或衰亡期，污泥从进口至出口几乎经历了所有生长期。推流式活性污泥法的最大优点是处理效率高，出水水质好，但也存在如下缺点。

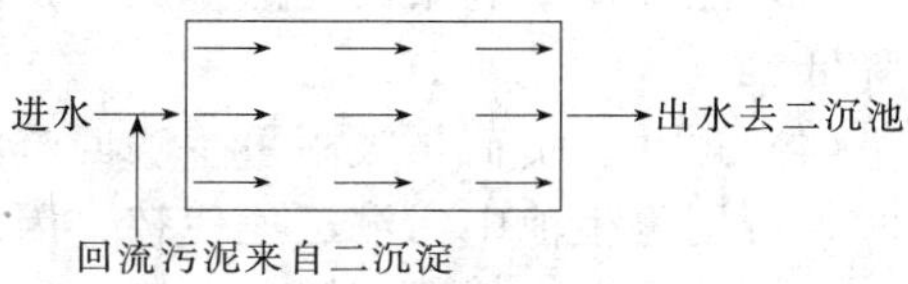

图 5-10 推流式活性污泥法的水流状示意

(1) 耐冲击负荷能力差 因为是推流式，进入的污水和回流污泥不与池中原有液体混合，所以曝气池的稀释缓冲作用不明显，进水水质的波动对污泥的影响大，曝气池的耐冲击负荷能力差。

(2) 能耗大 曝气池的需氧量沿池长逐渐减少，但空气的供应量沿池长是均匀分布的。这就造成前段氧气供应不足，后段氧气过剩的状况，导致供氧的浪费，使能耗增大。

5.2.2.2 完全混合式活性污泥法

完全混合式活性污泥法曝气池呈圆形、正方形或矩形。圆形和正方形池从中间进水，周边出水。矩形池从一个长边进水，另一个长边出水。污水进入曝气池后在曝气设备的搅拌下，立即与原混合液充分混合，继而完成吸附和稳定的净化过程。

完全混合式曝气池内各点水质均匀，污泥浓度相同，并处于同一个生长阶段。为取得好的出水水质，一般将污泥生长控制在静止期或衰亡期。

污水进入曝气池后立即被原混合液稀释，使进水水质的波动得到均化，从而将进水水质的变化对污泥的影响降低到最小程度。所以，完全混合法的耐冲击负荷能力较强。

完全混合式曝气池具有很强的稀释作用，可以直接进入高浓度有机污水。完全混合式曝气池内各部分易控制在同一良好的运行状态，所以微生物的活性强，污泥负荷率高，池容积小，基建投资省。

完全混合法混合液各部分需氧均匀，与氧的供应相一致，所以不会造成氧的浪费，供氧动力消耗相应降低。

完全混合法各质点性质相同，生化反应传质推动力小，易发生短流，所以出水水质比推流式差，易发生污泥膨胀。完全混合活性污泥法的曝气池和二沉池可以分建或合建，分别称为分建式曝气池和合建式曝气池。合建式曝气池又叫曝气沉淀池或加速曝气池。

5.2.2.3 吸附再生活性污泥法

吸附再生活性污泥法又称接触稳定法。如图 5-11 所示，污水与活性污泥在吸附池内曝气接触 15～60min，使其中的大部分悬浮物和胶体物质被活性污泥吸附去除。吸附后的污泥活性降低，必须进入再生池曝气稳定，氧化分解掉吸附的有机物，恢复活性后再进入吸附池。吸附池中污泥一般处于停滞期，再生池中的污泥一般处于静止生长期。吸附再生法具有如下特点。

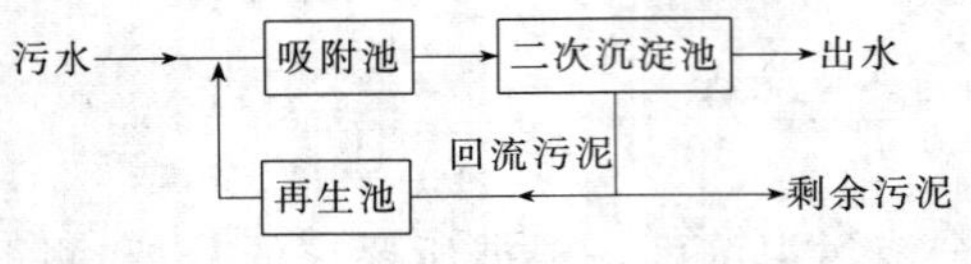

图 5-11　吸附再生活性污泥法工艺流程

(1) 适于处理固体和胶体物质　吸附再生法主要利用活性污泥的吸附作用去除污染物，对固体和胶体物质的去除效果好，对溶解性有机物的去除效果差，所以吸附再生法适于处理固体和胶体物质含量高的污水。

(2) 池容小　吸附时间短（15～60min），MLSS 2000mg/L 左右，吸附池容积很小。再生池中的混合液（MLSS 8000mg/L）是浓缩后的回流污泥，浓度很高，在相同污泥负荷下容积负荷成倍增加，再则排出剩余污泥使需稳定的有机物减少，所以再生池容积大大降低。吸附池和再生池的总容积减少，基建投资大幅降低。

(3) 能耗低　剩余污泥的排放，带走一部分有机物，使需要稳定的有机物减少，动力能耗降低。

(4) 耐冲击负荷　吸附再生法回流污泥量大，再生池的污泥多，当吸附池内污泥遭到破坏时，可用再生池中污泥迅速代替，因此耐冲击负荷能力增强。

(5) 不易发生污泥膨胀　污泥曝气再生可抑制丝状菌的生长，防止污泥膨胀。

(6) 出水水质较差　污水曝气时间很短，又不能有效地去除溶解性有机物，所以处理效果不如传统法，出水水质较差。尤其是含溶解性有机物较多的污水，处理效果更差。

5.2.2.4 延时曝气活性污泥法

延时曝气活性污泥法的特点是曝气时间长（约 1～2d），污泥负荷低[$0.05 \sim 0.2\text{kgBOD}_5/(\text{kgMLSS} \cdot \text{d})$]，所以曝气池容积较大，空气用量多，投资和运行费用较大，仅适用于小流量污水处理。

延时曝气法大都采用完全混合式曝气池，池中污泥处于衰亡初期（内源呼吸）。曝气池中污泥浓度较高（3～6g/L），剩余污泥少，稳定性好。污泥细小疏松，不易沉淀，沉降时间长，二沉池容积也大。对于间歇来水的场合不设二沉池，而采用间歇运行方式，即曝气、沉淀、排水交替运行。延时曝气法对 N、P 的要求不高，耐冲击负荷能力很强，出水水质好。

5.2.2.5 氧化沟

氧化沟（又叫氧化渠或循环曝气池）是延时曝气法的一种特殊形式，如图 5-12 所示。曝气池呈封闭的沟渠形，在沟槽中设有表面曝气装置。曝气装置通常为转刷、表曝机、射流曝气器或提升管式曝气装置等。曝气装置起到充氧和使混合液快速混合的作用。沟内液体的快速流动（0.3～0.6m/s）使污泥呈悬浮状态。典型的氧化沟包括卡罗塞式、奥贝尔式、交替工作式和曝气-沉淀合建式等，图 5-13 所示为卡罗塞式氧化沟，图 5-14 所示为 BMTS 型合建式氧化沟。

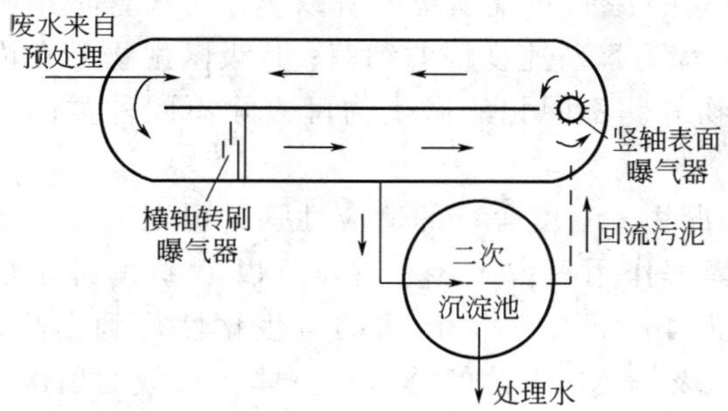

图 5-12　氧化沟系统

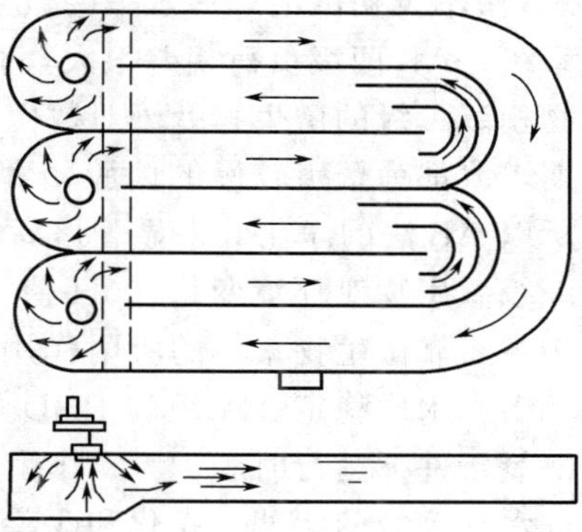

图 5-13　卡罗塞式氧化沟

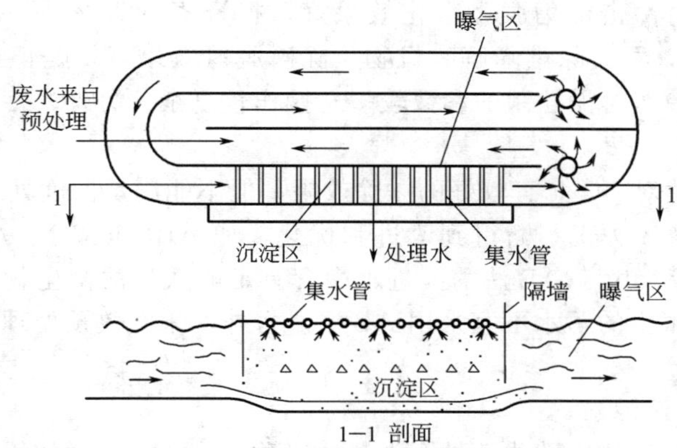

图 5-14　BMTS 型合建式氧化沟

氧化沟可作为完全混合曝气池。氧化沟污泥负荷低［0.05～0.2kgBOD_5/(kgMLSS·d)，污泥浓度 2～6g/L］，污泥处于内源呼吸生长状态。与传统活性污泥法相比，氧化沟的基建投资省、运行费用低（中小型污水厂）、耐冲击负荷、污泥产率低、出水水质好。在氧化沟里存在缺氧和好氧交替的区域，能发生硝化和反硝化反应，具有较好的脱 N、P 作用。

5.2.2.6　吸附生物降解活性污泥法（AB 法）

吸附生物降解活性污泥法简称 AB 法，它是 20 世纪 70 年代发展起来的活性污泥新工艺，其工艺流程如图 5-15 所示。

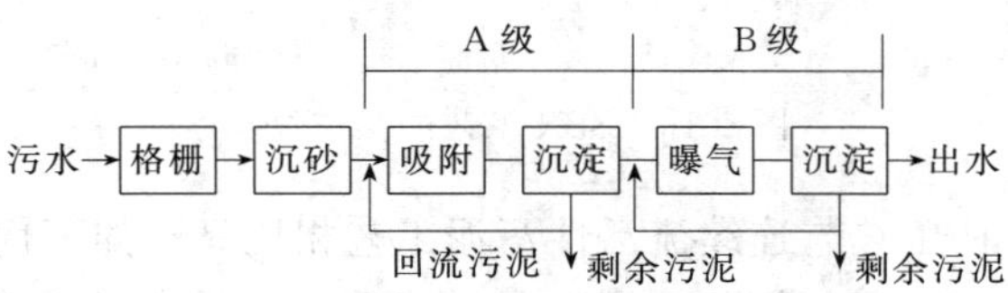

图 5-15　AB 法工艺流程

A 级为吸附级（段），B 级为氧化级（段）。A 级以高负荷运行，污泥负荷 2～6kg BOD_5/(kgMLSS·d)，约为常规法的 10～20 倍，水力停留时间约 30～60min，溶解氧 0.2～1.5mg/L。B 级以低负荷运行，污泥负荷 0.1～0.3kg BOD_5/(kgMLSS·d)，停留时间 2～4h，溶解氧 1～2mg/L。

AB法不设初沉池，污水中的微生物全部进入A级不断接种繁殖，使A级成为开放式生物系统。AB两级负荷相差很大，有各自独立的污泥回流系统，所以AB两级繁殖出不同的生物相。A级的微生物处于对数生长期，大都为繁殖速度快的细菌；B级微生物处在内源呼吸期，大都为繁殖较慢的菌胶团和原生动物等。不同相的微生物可去除不同种类的污染物，所以AB法的净化效果显著提高。

A级微生物对环境变化（pH值、负荷、毒物、温度等）的适应性强。再则，A级去除有机物主要靠微生物絮体的吸附作用，生物降解作用只占1/3左右，所以A级耐冲击能力很强，出水水质稳定。A级的BOD_5去除率为40%～70%，出水的可生化性得到提高。A级在缺氧条件下运行时脱P、N作用显著。A级是AB工艺的关键和主体。A级的出水是B级的进水。A级的缓冲、净化和改善可生化性等作用，为B级的生物净化创造了有利条件，使B级出水水质得到改善，曝气池的总容积降低40%，能耗降低，投资运行费用减少。

因此，AB法的耐冲击能力强，净化效果好，投资省（省20%～25%），运行费用低（能耗少10%～20%），可去除难降解有机物，除磷脱氮效果好，是值得推广的活性污泥新工艺。用AB法除磷脱氮时需控制的参数较多，操作较复杂。另外，污泥产量大，带来污泥处置问题。

典型的AB法虽然对N、P有较好的去除效果，但不能满足深度处理的要求。为满足P、N深度处理的需要，AB法正不断得到改进和优化，如AB（BAF）、AB（A/O）、AB（氧化沟）、AB（SBR）等。由于AB法需要进水中含有足够数量的微生物，所以适用于生活污水处理，对含微生物很少的污水不宜采用AB法。另外，未有效预处理或水质变化大的污水也不宜采用AB工艺。

5.2.2.7 序批式活性污泥法

序批式活性污泥法又称间歇式活性污泥法，简称SBR法。运行时，污水分批进入池中，依次经过进水、反应、沉淀、排水和闲置完成一个操作周期，每个周期的5个过程都在同一反应器内进行，实现自动化控制，如图5-16所示。SBR法在流态上属完全混合式，是典型的非稳态系统，微生物浓度和有机物浓度随时间逐渐变化。在SBR反应器中活性污泥一般要经历停滞期、对数期、静止期和衰亡期4个生长阶段，即污泥生长的全过程。

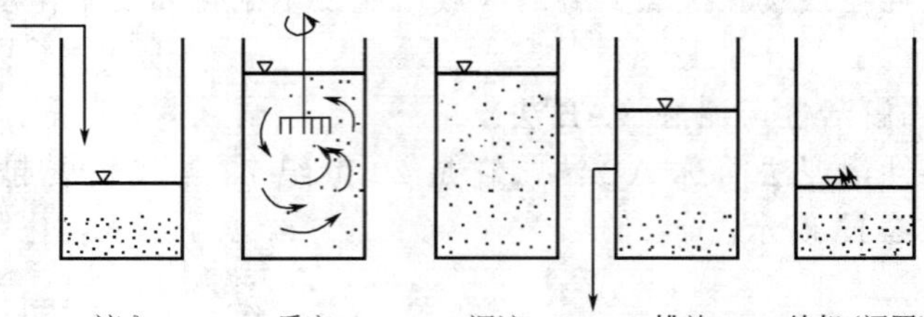

图5-16 SBR工艺的操作过程

（1）SBR优点 SBR工艺与连续流活性污泥工艺相比具有如下优点。

① 系统简单 无二沉池和污泥回流系统，构成简单、投资运行费用低。

② 耐冲击负荷 和其他完全混合反应器一样，耐冲击负荷能力强，一般不需初沉池和调节池。

③ 净化效果好 SBR法的活性污泥经历污泥生长的全过程，有机物浓度始终大于出水浓度，推动力大，反应速度快，净化效果好，出水水质优于连续流系统。

④ 操作灵活，智能化水平高 各操作单元的状态和运行参数，可根据需要灵活调整，

并能自动化操控与管理，使其处于最佳运行状态。

⑤ 脱磷脱氮效果好　SBR 的运行方式可灵活变动，使其交替处于厌氧、缺氧、好氧状态，有利于 N、P 的脱除。

⑥ 抑制污泥膨胀　SBR 反应的基质浓度高，浓度梯度大，交替出现缺氧、好氧状态，泥龄短，有利于高基质细菌的生长，不利于耐低基质专性好氧丝状菌的生长繁殖，能有效抑制污泥膨胀。

(2) SBR 法的缺点　由于 SBR 法具有以上优点，所以近年来在中国得到了广泛应用，但也有不足之处。

① 单一的 SBR 反应器需要较大的调节池。

② 处理水量大时，来水与间歇进水不匹配的问题难以解决。此时需多套 SBR 反应器并联运行，阀门切换频繁，操作程序复杂。

③ 大水量时，优势不明显。无论水量大小，SBR 法的基建投资和运行费用都与氧化沟相当，但基建投资比传统活性污泥法降低 20%左右。水量小时，SBR 的运行费用比传统活性污泥法省 20%左右，但水量大时，SBR 运行费用与传统法相近。可见 SBR 对大水量失去了优势。

④ 设备闲置率高。

⑤ 污水提升的阻力损失较大。

为克服 SBR 法的缺点，人们对 SBR 工艺不断改进。如今出现了多种改进型 SBR 工艺，主要有连续进水周期循环延时曝气活性污泥法（ICEAS）、连续进水分离式周期循环活性污泥法（IDEA）和不完全连续进水周期循环活性污泥法（CASS、CAST 或 CASP）、UNITANK 工艺等。

5.2.2.8　连续进水周期循环延时曝气活性污泥法

周期循环延时曝气活性污泥法，简称 ICEAS，见图 5-17。

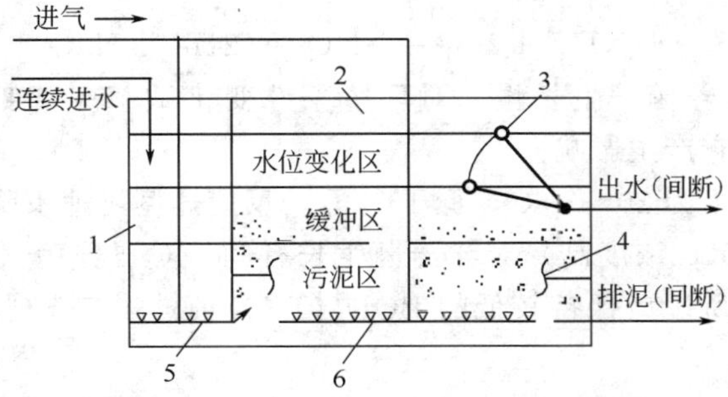

图 5-17　ICEAS 反应池构造

1—预反应区；2—主反应区；3—滗水器；4—水下搅拌器；5—大气泡扩散器；6—微孔曝气器

ICEAS 反应器前部设有预反应区（占池容积的 10%），整个 ICEAS 反应池由预反应区和主反应区组成，并实现连续进水，间歇排水。预反应区一般处于厌氧或缺氧状态，主反应区是反应器的主体。污水依次进入预反应区和主反应区，有机物在预反应区内被活性污泥吸附，在主反应区内被活性污泥氧化分解。预反应区除起到生物吸附作用外，还起到生物选择作用，抑制丝状菌生长，防止污泥膨胀。活性污泥则经历高负荷到低负荷的吸附、再生和基质降解过程，使活性污泥的生长经历停滞期、对数期、静止期和衰亡期的全过程。ICEAS 的运行方式为连续进水，曝气-沉淀-排水间歇进行，周期循环。ICEAS 与典型的 SBR 相比具有以下特点。

(1) 连续进水　ICEAS采用连续进水，不需进水阀的反复切换，操作简单。而且解决了来水与间歇进水不匹配的矛盾，可以应用于大水量处理。

(2) 沉淀效果　由于沉淀阶段连续进水，造成水力扰动，使沉淀效果下降，出水水质变差。

(3) 净化效果变差　由于连续进水，ICEAS部分丧失了SBR在时间上理想推流和大基质浓度梯度的特点。同时有机物去除率和难降解有机物的去除效果随之下降，出水水质变差。

(4) 易发生污泥膨胀　由于反应区的基质浓度低，即使预反应区有一定的生物选择作用，主反应区仍易发生污泥膨胀。

(5) 污泥负荷低　主反应区污泥负荷很低 [0.04～0.05kg BOD_5/(kgMLSS·d)]，反应时间较长，设备容积增大，使SBR投资低的优点不能充分体现。

5.2.2.9　生物脱氮除磷工艺

N和P为植物营养物质，会引起水体富营养化。脱除低浓度的氮和磷最有效的方法是生物法。

(1) 生物脱氮　污水中的氮以有机氮、氨氮、亚硝酸氮和硝酸氮等形式存在。脱氮时有机氮最初转化为氨氮，在不同的反应条件下氨氮、亚硝酸氮和硝酸氮之间相互转化。生物脱氮就是在微生物的作用下，将各种形态的氮转化为 N_2 和 N_2O 从水中逸出。

① 生物脱氮原理　有机氮转化为氨氮会伴随着生物处理过程自发进行。生物脱氮主要指将 NH_3-N (NH_3 和 NH_4^+)、NO_2^- 和 NO_3^- 转化为 N_2 和 N_2O 的过程，包括硝化反应和反硝化反应。在好氧条件下，发生如下硝化反应：

$$2NH_4^+ + 3O_2 \xrightarrow{\text{亚硝酸菌}} 2NO_2^- + 4H^+ + 2H_2O \tag{5-26}$$

$$2NO_2^- + O_2 \xrightarrow{\text{硝酸菌}} 2NO_3^- \tag{5-27}$$

总反应：

$$NH_4^+ + 2O_2 \longrightarrow NO_3^- + 2H^+ + H_2O \tag{5-28}$$

硝化细菌是化能自养菌，生长慢，对环境条件变化敏感。温度、溶解氧、泥龄、pH值、有机负荷等都会对它产生影响。

硝化反应的适宜温度为20～30℃，低于15℃，反应速度迅速下降。

有机物浓度高 (BOD_5 浓度高) 对异养菌生长有利，对自养菌 (硝化细菌) 生长不利，硝化细菌的比例下降，所以应保持较低的 BOD_5/TKN 值。表5-5列出了 BOD_5/TKN 与硝化菌所占比例的关系。

表5-5　BOD_5/TKN 与硝化菌所占比例的关系

BOD_5/TKN	硝化菌所占比例	BOD_5/TKN	硝化菌所占比例
0.5	0.35	5	0.054
1	0.21	6	0.043
2	0.12	7	0.037
3	0.083	8	0.033
4	0.064	9	0.029

硝化细菌世代时间长，泥龄应取硝化菌最小世代时间两倍以上。

硝化反应对溶解氧有较高的要求，溶解氧量应保持在2mg/L以上。

硝化反应在中性或偏碱性条件下进行很快，反应过程中有 H^+ 释出，使pH值下降，为保持 pH=7～8，污水应具有足够的碱度。1g 氨态氮（以 N 计）完全硝化，需碱度（以 $CaCO_3$ 计）7.1g。

在无氧条件下，发生如下反硝化反应：

$$6NO_3^- + 2CH_3OH \xrightarrow{\text{硝酸还原菌}} 6NO_2^- + 2CO_2\uparrow + 4H_2O \tag{5-29}$$

$$6NO_2^- + 3CH_3OH \xrightarrow{\text{亚硝酸还原菌}} 3N_2\uparrow + 6OH^- + 3H_2O + 3CO_2\uparrow \tag{5-30}$$

总反应

$$6NO_3^- + 5CH_3OH \longrightarrow 5CO_2 + 3N_2\uparrow + 7H_2O + 6OH^- \tag{5-31}$$

$$C_6H_{12}O_6 + 4NO_3^- \longrightarrow 6CO_2\uparrow + 6H_2O + 2N_2\uparrow \tag{5-32}$$

$$5CH_3COOH + 8NO_3^- \longrightarrow 10CO_2\uparrow + 6H_2O + 4N_2\uparrow + 8OH^- \tag{5-33}$$

反硝化菌属于异养兼性微生物，在有 O_2 的条件下发生好氧呼吸，在无 O_2 条件下，利用 NO_3^- 和 NO_2^- 进行无氧呼吸——反硝化反应。据式(5-29)～式(5-33) 可知，反硝化反应需要有机碳源，应控制 $BOD_5/TKN>3\sim5$。但过高的 BOD_5/TKN 会影响硝化反应过程，为取得良好的脱氮效果应控制 $3\sim5<BOD_5/TKN<10$ 为宜。有机碳形式不同，反硝化速度不同，相对分子质量小的有机碳源反硝化速度快。

反硝化要求的缺氧条件为 DO<0.5mg/L，反硝化的适宜温度为 15～40℃，低于 15℃，反硝化速度下降。反硝化反应的适宜 pH 值为 6.5～7.5，超出这一范围，反硝化速度就会下降。

② 生物脱氮工艺流程　20 世纪 70 年代开始应用生物脱氮工艺，现对几种典型的生物脱氮工艺进行讨论。

a. 三段生物脱氮工艺　美国的 Barth 最早提出三段生物脱氮工艺流程，如图 5-18 所示。

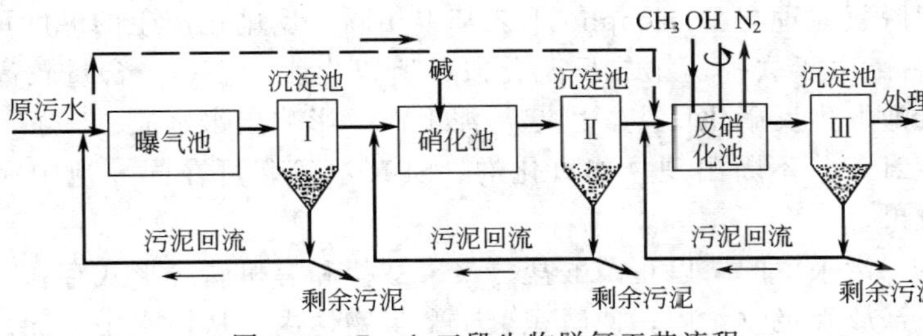

图 5-18　Barth 三段生物脱氮工艺流程

该工艺将有机物氧化、硝化和反硝化分离开来，每一段都有各自独立的污泥回流系统。除碳、硝化和反硝化在各自适宜的条件下进行，所以脱氮除磷效果好。由于工艺流程复杂，硝化之后碳源已被耗尽，反硝化需补充碳源，所以投资运行费用较高。

b. 二段生物脱氮工艺　二段生物脱氮工艺是三段工艺的简化。该工艺将三段工艺中的前两段（除碳和硝化）合并成一段，加上反硝化段构成二段生物脱氮工艺。二段工艺第一段（除碳和硝化）的污泥负荷较小，泥龄较长，反硝化仍需补充碳源。

c. Bardenpho 生物脱氮工艺　该工艺流程如图 5-19 所示。

该工艺设有两个缺氧段，第一缺氧池利用原污水中的有机碳和第一好氧池回流液中的硝态氮（NO_3^-）进行反硝化反应。第一段（第一厌氧池和第一好氧池）能将氮基本脱除，余下的氮进入第二段缺氧池利用内源呼吸碳源进行反硝化反应，进一步脱除。第二好氧池将生成的 N_2 吹出，防止污泥上浮。

该工艺比三段和二段工艺简单，降低了投资运行费用，除碳脱氮效果较好。

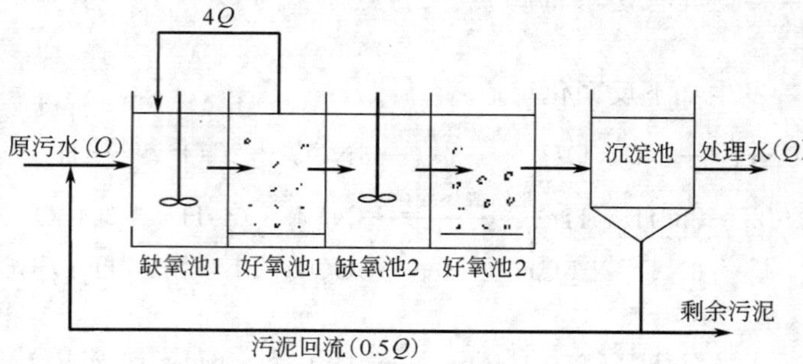

图 5-19 Bardenpho 生物脱氮工艺流程

d. 缺氧-好氧生物脱氮工艺　20 世纪 80 年代开发出该工艺，目前应用较为广泛，其流程如图 5-20 所示。因反硝化段设在系统前端，又称前置式反硝化生物脱氮系统。

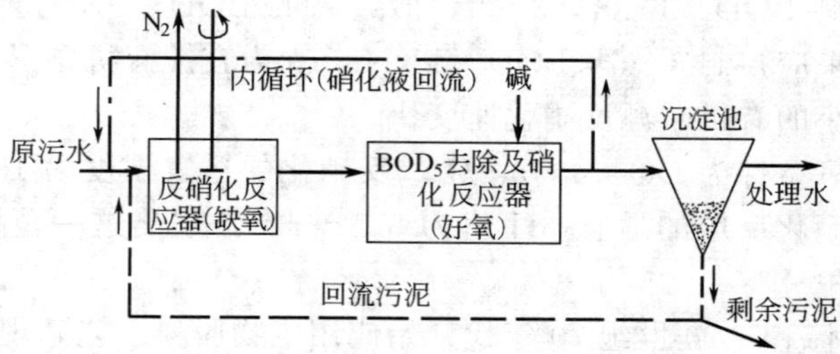

图 5-20 缺氧-好氧生物脱氮工艺流程

该工艺去掉 Bardenpho 工艺中的第二缺氧池和第二好氧池，流程得到简化，投资运行费用进一步降低。其脱氮原理与 Bardenpho 工艺基本相同，反硝化产生的碱度可补偿硝化消耗的碱度的 50%左右。由于去掉了第二反硝化段，所以出水中 NO_3^- 含量较高，脱氮效果较差，有可能在二沉池发生反硝化反应，引起污泥上浮，影响出水水质。

如今，新的脱氮工艺不断出现，如氧化沟、SBR 法等，可在同一池中完成缺氧、好氧反应，达到脱氮效果。

(2) 生物除磷　污水中的磷以正磷酸盐、聚磷酸盐和有机磷等形式存在。生物除磷就是利用微生物对磷的释放和吸收作用，使磷积聚于微生物体内，从污水中去除。

① 生物除磷原理　聚磷菌在好氧条件下，过量吸收溶解性磷酸盐，使之转化为多聚磷酸盐储存于细胞内，这就是好氧吸磷过程。加碱能促进吸磷过程。

含有多聚磷酸盐的聚磷菌（吸磷后的聚磷菌），从好氧状态进入厌氧状态后，为获得能量，将多聚磷酸盐水解成无机磷（H_3PO_4）释放到污水中。同时吸收厌氧产酸菌转化有机物生成的低级脂肪酸、醇等三类基质，合成 PHB（聚 β-羟基丁酸）储存于细胞内。这一过程叫厌氧放磷，厌氧放磷应控制 DO$<$0.2mg/L，加酸能促进放磷。

放磷后的聚磷菌重新进入好氧状态，将体内的 PHB 和外源基质氧化分解，释放出大量能量，使细胞大量增殖，同时过量吸收污水中更多的磷酸盐，生成更多的聚磷储存在细胞体内。

如此循环，聚磷菌不断增殖，磷酸盐不断转化为聚磷储存于细胞内，以剩余污泥的形式排出系统，使污水中的磷得到去除。这就是厌氧-好氧交替除磷的基本原理。

生物除磷过程需要碳源，应控制 BOD_5 ∶ TP$>$20。污泥消化液中含有乙酸等低级脂肪酸，易被聚磷菌吸收转化为 PHB。所以在厌氧段加入污泥消化上清液能加快放磷速度。

NO_3^- 有助于反硝化菌生长，与聚磷菌争夺碳源，抑制其生长，对放磷不利。应控制 TKN∶COD<0.08∶1。

温度对聚磷菌生长影响很大，温度升高对放磷有利。

② 生物除磷流程　生物除磷的基本流程有 A/O 法和 Phostrip 工艺两种。

a. 厌氧-好氧生物除磷工艺（A/O 法）　A/O 法是典型的生物除磷工艺，其工艺流程如图 5-21 所示。

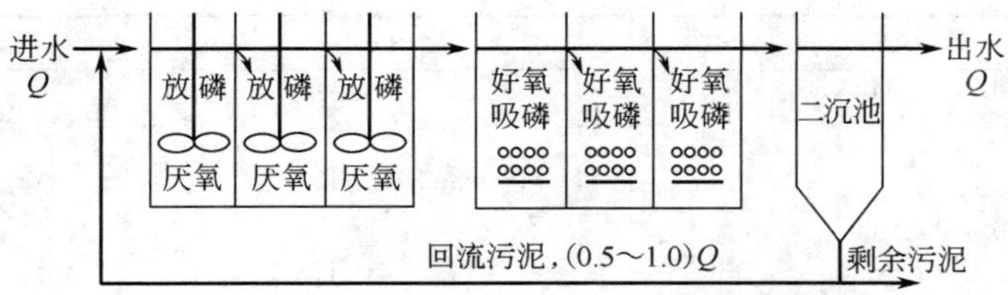

图 5-21　A/O 法生物除磷工艺流程

好氧池溶解氧控制在 2mg/L 以上，pH=7～8 时，吸磷效果较好。

除磷效果与原污水中有机碳含量密切相关，BOD_5∶P>10∶1 时，除磷效果较好。

微生物的吸磷是可逆的，过长的曝气时间会使聚磷氧化而放磷。沉淀池污泥停留时间过长会因厌氧而放磷。

b. Phostrip 生物除磷工艺　该工艺流程如图 5-22 所示，典型设计参数见表 5-6。

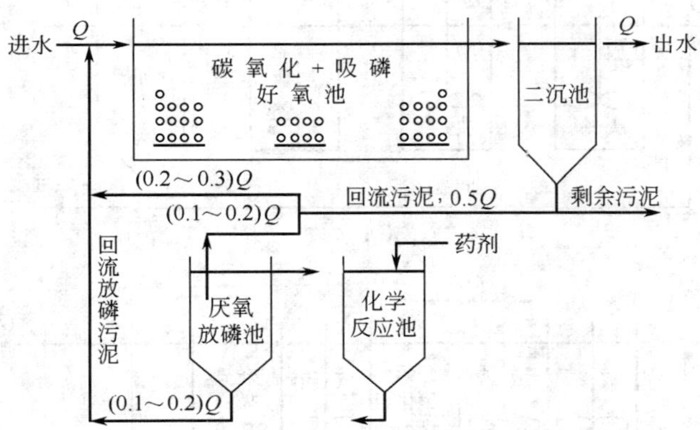

图 5-22　Phostrip 生物除磷工艺流程示意

表 5-6　生物除磷工艺的典型设计参数

设　计　参　数	A/O 法	Phostrip 法
污泥负荷 F/M/[$kgBOD_5$/(kgMLSS·d)]	0.2～0.7	0.2～0.5
污泥龄/d	2～6	5～15
MLSS/(mg/d)	2000～4000	2000～4000
水力停留时间/h		
厌氧段	0.5～1.5	10～20(放磷池)
好氧段	1～3	4～10
污泥回流/%	25～40	50 左右
内循环/%		10～20(放磷池)

该工艺与 A/O 工艺的主要区别是增设了旁路。污泥先放磷后回流，放磷池上清液用化学法除磷后再回流到曝气池。化学除磷降低了曝气池的磷负荷，提高了整个系统的除磷效率，出水水质得到改善。

（3）生物脱氮除磷　污水往往同时含有氮和磷，分开处理的投资运行费用很大，采用 A^2/O 工艺、Phoredox 工艺、UCT 工艺和 SBR 等工艺均可达到同时去除氮和磷的目的。其工艺流程如图 5-23 所示，典型的设计参数见表 5-7。

表 5-7　生物脱氮除磷工艺典型设计参数

设计参数	A^2/O 法	改进 Bardenpho 法
污泥负荷 $F/M/[kgBOD_5/(kgMLVSS \cdot d)]$	0.15～0.25	0.1～0.2
污泥龄/d	15～27	10～30
MLSS/(mg/L)	3000～5000	2000～4000
水力停留时间/d		
厌氧段	0.5～1.0	1～2
缺氧段-1	0.5～1.0	2～4
好氧段-1	3.5～6.0	4～12
缺氧段-2		2～4
好氧段-2		0.5～1
污泥回流/%	20～50	50～100
内循环/%	100～300	400

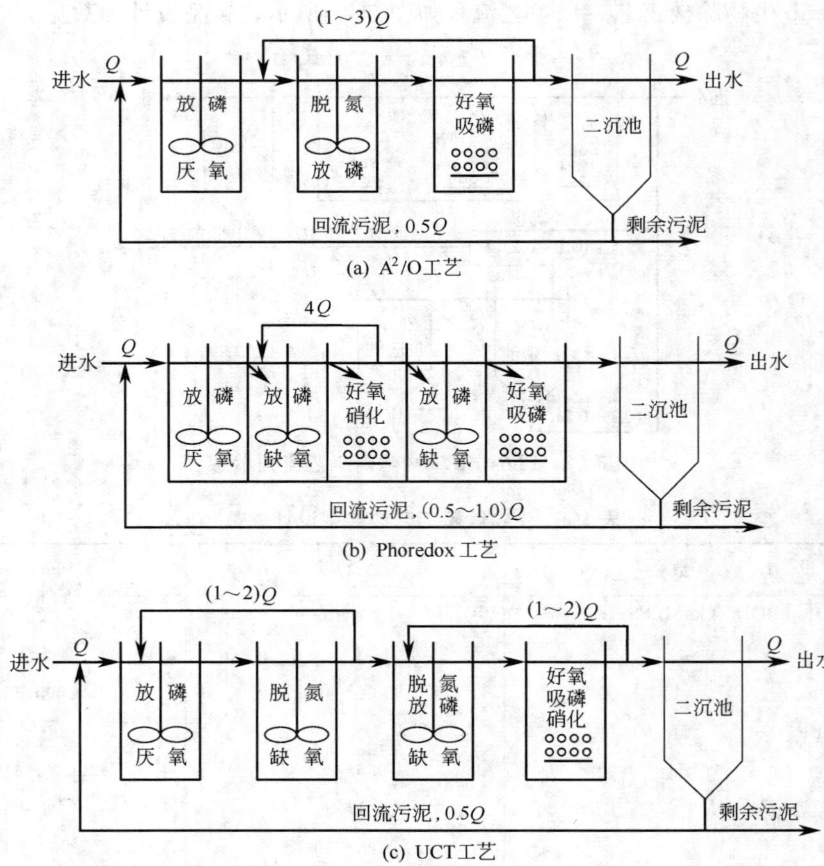

图 5-23　生物脱氮除磷工艺流程

① A^2/O工艺　在A/O工艺基础上，加入一个缺氧池，并将好氧池中的混合液回流到缺氧池，达到反硝化脱氮的目的，这就是A^2/O工艺。污泥交替经过厌氧、好氧过程，抑制丝状菌生长、沉降性能好。

② Phoredox工艺　在Bardenpho工艺前端增设厌氧池，增加除磷功能，这就是Phoredox工艺。Phoredox工艺要求脱氮效果好，否则硝酸盐进入厌氧池，影响除磷效果。

③ UCT工艺　Phoredox工艺很难避免NO_3^-进入厌氧池。为此在Phoredox工艺的基础上继续改进，将污泥回流到缺氧池中，用反硝化脱氮。再将缺氧池污泥回流至厌氧池中，使厌氧池免受硝酸盐的干扰。

④ SBR工艺　SBR工艺在同一反应池中交替进行"缺氧-厌氧-好氧-沉淀"过程，可取得很好的脱氮除磷效果。

5.2.3　曝气与曝气池

活性污泥法的许多运行方式都需要供给氧气，这种向活性污泥系统提供氧气的过程叫做曝气。

5.2.3.1　曝气原理

（1）氧传递速度　氧气溶于水的过程是氧分子从气相传递到液相的过程，可用双膜理论加以描述，如图5-24所示。双膜理论认为，在气液界面存在着气膜和液膜，对气液相的传质形成阻力。气膜中氧气的分压梯度和液膜中氧分子的浓度梯度是氧分子扩散的推动力。

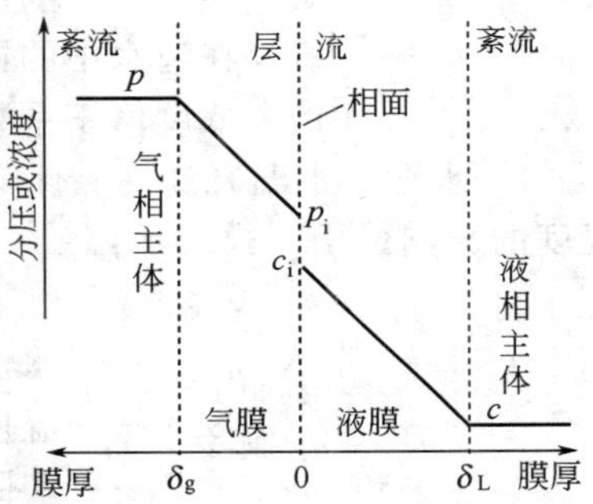

图5-24　双膜理论示意

氧气是难溶于水的气体，气液相传质阻力主要来自液膜。所以氧分子通过液膜的速度是氧传递过程的控制速度。传质速度与液膜中氧气的浓度梯度（饱和溶解度与液相主体浓度之差）成正比，与传质面积成正比。可用下式表示：

$$\frac{dm}{dt}=K_LA(c_i-c) \tag{5-34}$$

式中　$\frac{dm}{dt}$——氧分子传质速度，即吸氧速度，mg/s；

K_L——氧在液膜中的传质系数，m/s；

A——气液界面面积，m^2；

c_i——界面处与氧分压p_i相应的溶解氧饱和浓度（$p_i\approx p_g$），mg/L；

c——液相主体中溶解氧浓度，mg/L。

将　$dm=V\cdot dc$代入式(5-34)，得：

$$\frac{dc}{dt}=K_L\frac{A}{V}(c_i-c)=K_{La}(c_i-c) \tag{5-35}$$

式中　$\frac{dc}{dt}$——氧气的传质速度，即吸氧速度，mg/(L·s)；

K_{La}——氧气的总传质系数，s^{-1}；

c_i——氧气的溶解度，mg/L；

c——实际溶解氧浓度，mg/L。

将式(5-35)积分，得：

$$\lg\left(\frac{c_i-c}{c_i-c_0}\right)=\frac{K_{La}}{2.3}t \tag{5-36}$$

式中　c_0 —— $t=0$ 时的溶解氧浓度，mg/L。

用试验取得的数据作图，直线的斜率为$\frac{K_{La}}{2.3}$，可求出 K_{La}。传质系数与水质、水温、气泡的尺寸及混合程度等因素有关。水温升高，气泡变小和混合剧烈使 K_{La} 值变大，有利于传质过程。

(2) 氧传质速度的影响因素

① 水质　污水中的杂质对氧传质产生影响。某些表面活性物质在曝气时聚集在气液界面上，形成一层分子膜，阻碍氧分子的扩散转移，使 K_{La} 值下降。为此，引入一个小于 1 的系数 α。此时，不同水质的总传质系数可用下式表示：

$$K_{La,w}=\alpha K_{La} \tag{5-37}$$

式中　$K_{La,w}$ ——污水中氧气的总传质系数，s^{-1}；

α ——总传质系数的修正系数，由实验确定，一般 α 为 0.8～0.85，与水质有关，由试验确定；

K_{La} ——清水中氧气的总传质系数，s^{-1}。

污水中的某些污染物（盐类）使氧在水中的饱和浓度降低。于是，引入另一个小于 1 的修正系数 β。此时，氧气在污水中的饱和浓度可用下式表示：

$$c_{iw}=\beta c_i \tag{5-38}$$

式中　c_{iw} ——氧气在污水中的饱和浓度，mg/L；

c_i ——氧气在清水中的饱和浓度，mg/L；

β ——饱和浓度修正系数，一般取 $\beta=0.9$～0.97，与水质有关，由试验确定。

② 水温　水温升高，黏性降低，液膜厚度降低，传质系数增大；反之，传质系数减小。温度的影响可用下式表示：

$$K_{La(T)}=K_{La(20)}\times 1.024^{(T-20)} \tag{5-39}$$

式中　$K_{La(T)}$，$K_{La(20)}$ ——水温分别为 T 和 20℃时清水的总传质系数；

1.024 ——温度系数（1.006～1.047，一般取 1.024）；

T ——实际水温，℃。

水温对氧的饱和浓度 c_i 影响较大，水温升高，c_i 下降。而 K_{La} 值因水温升高而增大。因此水温对氧的转移有两种相反的影响。总的来说，水温降低有利于氧的传递。不同温度下的饱和浓度可从手册查得。在正常运行的曝气池内，当水温为 15～30℃时，混合液溶解氧浓度 c 能保持在 1.5～2.0mg/L 左右。最不利的情况出现在温度为 30～35℃的盛夏。

③ 压力　c_i 值受到氧分压（或大气压力）的影响。大气压力不足 1atm（101325Pa）的地区，氧气的溶解度 c_i 应乘以小于 1 的修正系数 ρ。

$$\rho=\frac{\text{所在地区实际大气压力（Pa）}}{1.013\times 10^5} \tag{5-40}$$

对于鼓风曝气，曝气器出口处氧分压最大，c_i 值也最大；随着气泡上升至水面，气体压力逐渐降低至一个大气压，且气泡中一部分氧转移至液体中，氧的分压降低，c_i 值下降。鼓风曝气池中的 c_i 值也应是曝气器出口和液面两处溶解氧饱和浓度的平均值，按下式计算：

$$c_{im}=c_i\left(\frac{O_t}{42}+\frac{p_b}{2.026\times 10^5}\right) \tag{5-41}$$

式中　c_{im} ——鼓风曝气池内混合液饱和溶解氧浓度的平均值，mg/L；

c_i ——1atm（101325Pa）下氧气的饱和溶解氧浓度，mg/L；

p_b ——曝气器出口处的绝对压力，Pa。

O_t ——曝气池液面逸出的空气中所含 O_2 的浓度

$$O_t=\frac{21(1-E_A)}{79+21(1-E_A)}\times 100\%,\%;$$

E_A ——曝气器的氧利用率，%。

(3) 氧转移量和供气量的计算　需氧量指生化反应需要的氧量；氧转移量指曝气器向污水转移的氧量；供气量指曝气装置向污水提供的空气量。稳定状态下，供气量>氧转移量=需氧量。设计曝气系统时，需计算需氧量、氧转移量和风机的供气量。一般先计算出需氧量和实际氧转移量，再换算出标准氧转移量，最后算出供气量，选择风机。

① 实际氧转移量　据式(5-35)，考虑上述各因素对氧传递速度的影响，引入修正系数 α、β、ρ，得实际氧转移量，即曝气装置向曝气池转移的总氧量计算式为：

$$R=K_{La,w(T)}(c_{iw(T)}-c)V=\alpha K_{La(20)}\times 1.024^{(T-20)}(\beta\rho c_{im(T)}-c)V \tag{5-42}$$

式中　R ——氧总转移量，kgO_2/h；

V ——曝气池有效容积，m^3。

② 标准氧转移量　标准氧转移量指的是用与测定 R 相同的曝气装置在标准条件下（水温 20℃，气压 101325Pa），用脱氧清水试验（其他条件不变）测得的氧转移量。因脱氧清水 $c=0$，则：

$$R_0=K_{La(20)}(c_{im(20)}-c)V=K_{La(20)}c_{im(20)}V \tag{5-43}$$

③ 供气量　因为曝气装置的氧转移参数如 E_A 是在标准条件下测得的，所以应将实际氧转移量换算成标准氧转移量，再求出供气量。由式(5-42) 和式(5-43) 可得：

$$\frac{R_0}{R}=\frac{c_{im(20)}}{1.024^{(T-20)}\alpha(\beta\rho c_{im(T)}-c)} \tag{5-44}$$

一般 $R_0/R=1.33\sim1.61$。

$$R_0=\frac{Rc_{im(20)}}{1.024^{(T-20)}\alpha(\beta\rho c_{im(T)}-c)} \tag{5-45}$$

式中　R_0 ——标准氧转移量，kgO_2/h。

如果曝气器的氧利用率为 E_A（%），氧气的密度为 1.43kg/m³，空气中氧气的含量为 20.1%（体积分数），则所需供气量为：

$$G=\frac{R_0}{0.3E_A} \tag{5-46}$$

式中　G ——风机供气量，m^3/h；

R_0 ——标准氧转移量，m^3/h。

表曝机泵型叶轮的直径和轴功率可用下式计算：

$$Q_0=R_0=0.379v^{0.28}D^{1.88}K_1 \tag{5-47}$$

式中　Q_0 ——表曝机标准条件下的充氧量，kg/h；

R_0 ——需表曝机提供的标准氧转移量，kg/h；

v ——叶轮线速度，m/s，一般为 3～5m/h；

D ——叶轮直径，m；

K_1 ——池型结构修正系数，合建式圆池，可取 0.85～0.98；分建式圆池，可取 1。

$$N=0.0804v^3D^{2.05}K_2 \tag{5-48}$$

式中　N ——叶轮的轴功率，kW；

K_2 ——池型结构修正系数，合建式圆池可取 0.85～0.87，分建式圆池可取 1。

叶轮动力效率 E_P[kgO_2/(kW·h)]按下式计算：

$$E_P=\frac{R_0}{N} \tag{5-49}$$

(4) 动力效率　动力效率是曝气器或曝气机的性能参数之一，指单位输出功率使氧气转移到水中的量，单位为 kgO_2/(kW·h)。动力效率越高，曝气器或曝气机的性能越好，提供一定量的氧气所消耗的动力越少。

5.2.3.2　曝气方法及设备

曝气方法主要有鼓风曝气和机械曝气两种。

(1) 鼓风曝气　用风机和空气扩散装置向曝气池混合液鼓入空气的方法叫鼓风曝气。风机有离心风机和罗茨风机两种。

离心风机风量大，风压小，噪声小，效率高，适用于大中型污水处理厂。罗茨风机风压大，风量小，噪声大，适用于中小型污水厂。用日本零件组装的三叶罗茨风机噪声相对较小，效率较高。

目前采用较多的空气扩散装置即曝气器为隔膜曝气头、隔膜曝气管、螺旋曝气器和射流曝气器等。曝气器安装在水下近池底处，风机提供的空气通过布气管道分配到各个曝气器再扩散到水中。气泡在上升过程中搅拌混合液，使污泥呈悬浮状态，与污水和空气充分接触。空气中的氧气不断溶解于水中，供活性污泥代谢使用。

① 螺旋曝气器　螺旋曝气器，又名螺旋混合器，一般用玻璃钢材料制成。外形尺寸为直径 300～400mm，高 1500mm，如图 5-25 所示。螺旋曝气器由螺旋管和分配室组成。在螺旋管中有螺旋通道，上升的气体带动混合液螺旋式上升，使气液剧烈混合，发生气液相传质。

螺旋曝气器不发生堵塞，氧利用率较高，混合搅拌效果好，已得到广泛使用。

② 隔膜曝气头　隔膜曝气头，如图 5-26(a) 所示。空气进入缓冲室，使弹性橡胶膜片向上拱起，膜片上的小孔张开，空气释出。停止供气后，气压降低，胶片自动复位，气孔闭合，阻止污泥和水进入缓冲室。

③ 隔膜曝气管　隔膜曝气管结构如图 5-26(b) 所示。空气通过套在塑料管上的多孔弹性胶管扩散到混合液中。

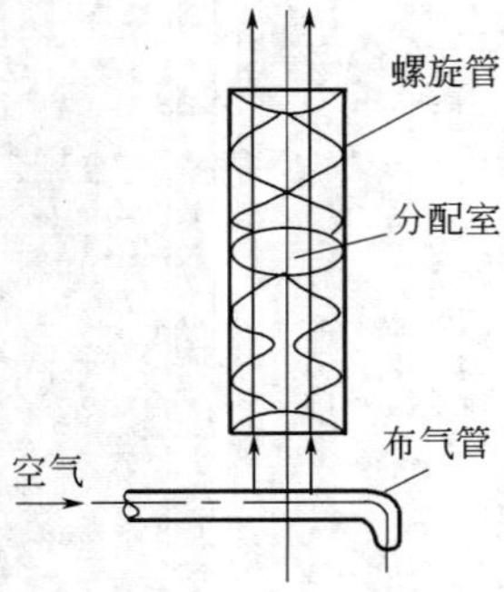

图 5-25　螺旋曝气器

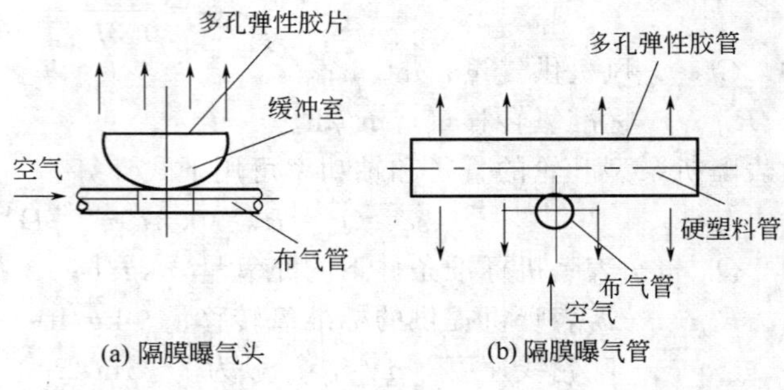

图 5-26　隔膜曝气头和隔膜曝气管

隔膜曝气头和曝气管上的出气孔很小，释出的微气泡比表面积大，传质效果好，氧利用率高。但膜片易老化和开裂，造成空气短流，有时也发生微孔堵塞。

④ 射流曝气器　射流曝气器实际上是文丘里管，如图 5-27 所示。污水高速射流形成负压，吸入空气并将空气切割成微气泡形成气水混合物射出。气水混合物形成和气泡上升过程中，氧气溶解于水中。射流曝气器传质效率高，氧利用率也高，但动力消耗较大。

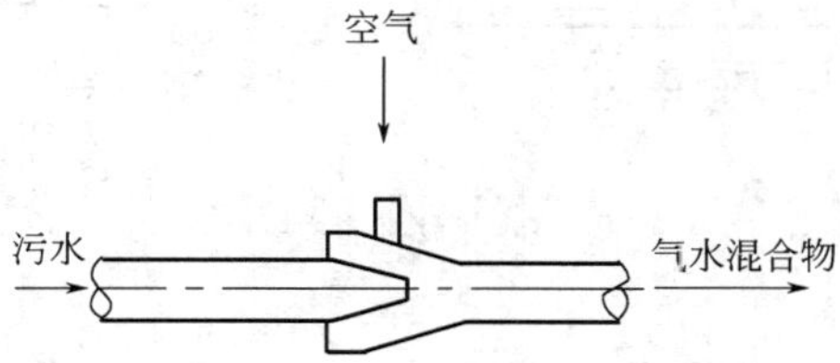

图 5-27　射流曝气器

伞形曝气器和多孔管等因氧利用率低，目前已被淘汰。曝气器的种类很多，可参考有关资料选用。

鼓风曝气配置灵活，效率高，适用于各种规模的污水处理设施。

(2) 机械曝气　机械曝气又称表面曝气，其充气装置是安装于水面的曝气机。曝气机有立式和卧式两种。

① 立式曝气机　立式曝气机的传动轴与水面垂直，装有叶轮，如图 5-28 所示。叶轮旋转时吸入混合液和空气形成水跃，水滴和水膜与空气接触夹带空气，液面不断更新，使氧气不断溶入混合液中。叶轮的搅拌使污泥呈悬浮状态，与污水和空气充分混合。

立式表曝机适用于小型曝气池。由于动力消耗较大，在大型曝气池中少有采用。

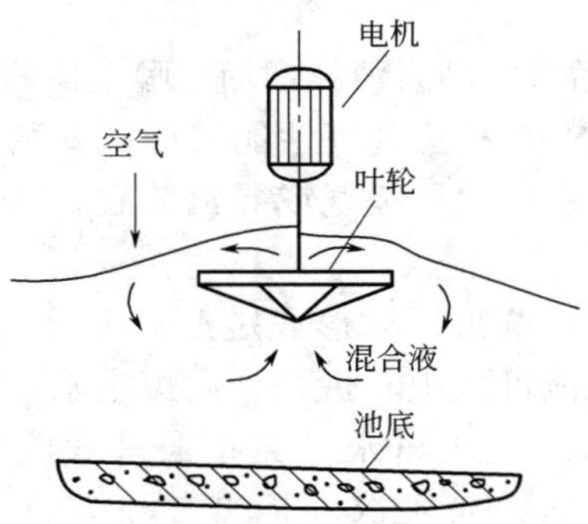

图 5-28　立式曝气机

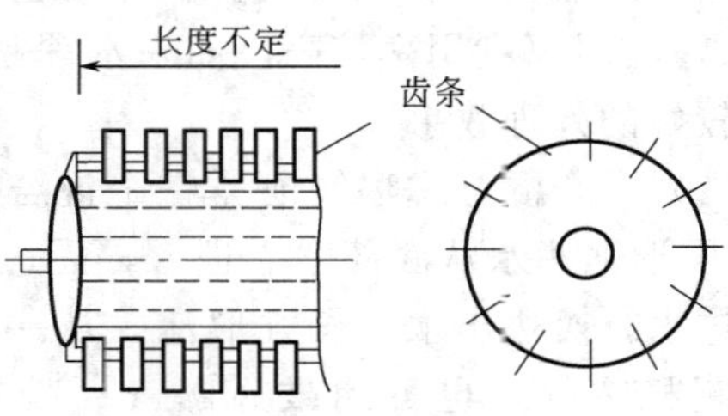

图 5-29　卧式曝气转刷

② 卧式曝气转刷　曝气转刷的传动轴与水面平行，常用于氧化沟。转刷转动时，板条和钢丝将液滴抛向空气中，并使液面剧烈波动，氧气溶于混合液中。混合液在转刷的推动下在池内流动，污泥呈悬浮状态。转刷的结构如图 5-29 所示。

5.2.3.3　曝气池型

曝气池实质上是生化反应器，在这个反应器中，活性污泥、空气和污水充分混合，发生生物化学反应，使水质得到净化。不同运行方式的活性污泥法有不同形式的曝气池。按水力特征不同，可将曝气池分为推流式、完全混合式和组合式三种类型。

(1) 推流式曝气池　推流式曝气池呈长条形，长宽比为 5～10，宽深比（有效宽度与有效水深）为 1～2，有效水深 3～9m。长池可以折流，污水从一端进，另一端出。进水方式不限，出水多为溢流堰，一般采用鼓风曝气。

根据横断面的水流情况，推流式曝气池又可分为平移推流式和旋转推流式两种，如图

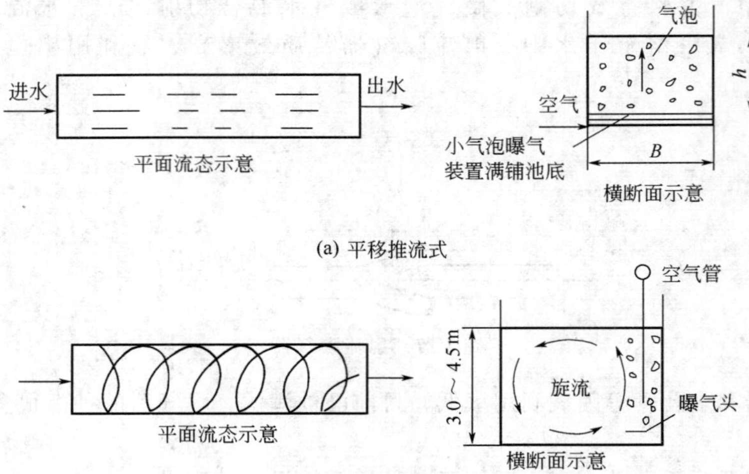

(a) 平移推流式

(b) 旋转推流式

图 5-30　推流式曝气池

5-30 所示。平移推流式曝气池底密布曝气器，池中污水主要沿池长方向流动，横断面方向的混合不太剧烈，这种池型的宽深比可以大些。旋转推流曝气池的曝气器装在池长边的一侧，气泡上升带动混合液形成旋流，污水除了沿池长方向流动外，还有横断面上的旋转运动，形成旋转推流。旋转推流曝气池的横向混合较为显著，为形成良好的旋流运动，应将池底角做成 45°坡角。

曝气器安装得越深，氧利用率越高，但空气压力增大，动力消耗增加。曝气器的安装深度与风机所能提供的风压有关。风压为 5000mmH_2O[1] 的罗茨风机性能较好，安装深度为 4.5m 左右时氧利用率较高。如果水深超过 5m，则可采用中层曝气或导流装置，同样可以达到较好的处理效果。

(2) 完全混合式曝气池　完全混合式曝气池可以是圆形、方形或矩形，水深一般 3～5m。圆形池污水从底部中心进入，周边出水；正方形池可从中心进水，周边出水，也可从一边进水，对边出水；长方形池，从一长边进水，另一长边出水。完全混合式曝气池可用表曝机曝气，也可用鼓风曝气。鼓风曝气比较灵活，对水深和池型要求不严，而表曝机一般只用于小型池子。污水一进入曝气池，立即与池中混合液混合，所以混合液各质点性质相同。完全混合式曝气池可以与二沉池合建，也可以分开设置，所以有合建式和分建式两种。

① 分建式　曝气池与二沉池分开设置，有专门的污泥回流系统，便于控制，应用较多。当采用泵型叶轮，线速度 4～5m/s 时，曝气池直径与叶轮的直径之比为 4.5～7.5，水深与叶轮直径之比为 2.5～4.5。当采用倒伞形和平板形叶轮时，曝气池直径与叶轮直径之比为 3～5。

② 合建式　合建式将曝气池和二沉池合在一起建成一个池子，使该池同时具有曝气和沉淀的双重功能。国内将这种池子叫做曝气沉淀池，国外称为加速曝气池。圆形曝气沉淀池如图 5-31 所示。方形曝气沉淀池的沉降区既可设在池的两个长边，又可设在池的一个长边，

[1] 1mmH_2O=9.8Pa。

结构与圆形池相似。

曝气沉淀池由曝气区、导流区、沉降区和回流缝组成。曝气机或曝气器提升混合液形成上下环流。一部分环流从导流窗进入导流区和沉降区。沉淀污泥在环流的作用下从回流缝回到曝气区，清水从溢流堰排出。为消除曝气机引起的水平旋流对沉降区的干扰，应在导流区设置径向整流板。回流窗大小可以调节，以调整回流量和曝气区水位。窗口总堰长与曝气区周长之比为 1/2.5～1/3.5。圆形池的曝气区水面直径一般为池径的 1/2～1/3。曝气沉淀池的污泥回流比很大，且无法控制。名义停留时间虽有 3～4h，但实际停留时间往往不到 1h。所以出水水质较分建式差，这种池型已趋淘汰。

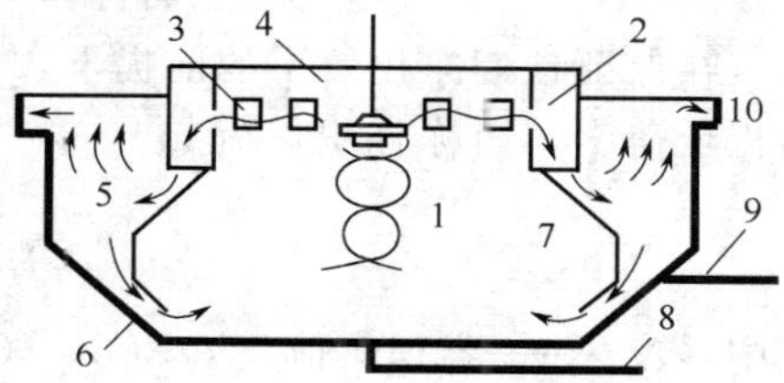

图 5-31　圆形曝气沉淀池

1—曝气区；2—导流区；3—回溢窗；4—曝气叶轮；5—沉降区；6—顺流圈；7—回流缝；8—进水管；9—排泥管；10—出水槽

(3) 推流-完全混合组合式曝气池　在推流式曝气池中采用表曝机，即形成组合式曝气池，如图 5-32 所示。每个表曝机的影响范围内为完全混合，整个曝气池为近似推流。相邻表曝机的旋转方向相反，否则水流抵消，混合效果下降。也可用隔板将各个曝气机隔开，避免干扰。这种池型一般容积较大。

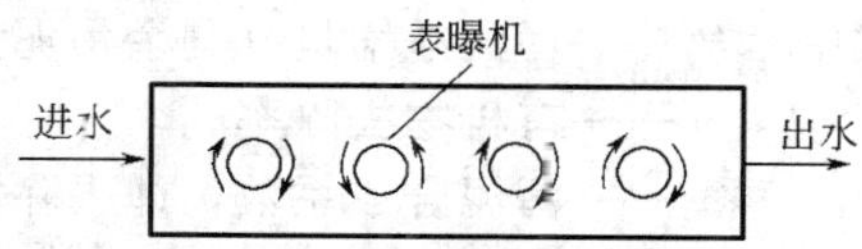

(a) 无隔板组合式曝气池

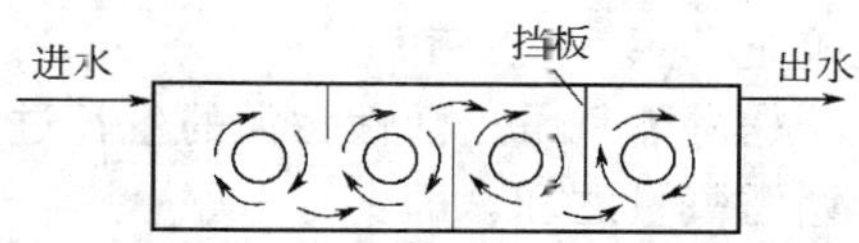

(b) 有隔板组合式曝气池

图 5-32　推流-完全混合组合式曝气池

5.2.4　活性污泥系统的工艺设计

活性污泥系统由曝气池、二沉池、污泥回流系统和曝气系统构成。其工艺设计主要包括：曝气池容积、供气量、曝气器布置、二沉池水面积、污泥回流量、剩余污泥量、污泥回流系统和空气管路系统等。

5.2.4.1　曝气池设计

曝气池设计主要是计算曝气池的有效容积、供气量、污泥回流比和剩余污泥量。推流式和完全混合式的运行效果相近，究竟采用哪种类型要视具体情况而定。

曝气池系统有各种计算方法，根据不同方法计算的结果也不完全相同，都是近似值。下面介绍使用较多的有机负荷率法。

有机负荷率法根据所选定的污泥负荷率或容积负荷率计算曝气池的容积、污泥产量和需氧量等。

(1) 污泥负荷（N_s）和容积负荷（N_v）在达到预期净化效果的前提下，单位质量活性污泥在单位时间内所能承受的有机物量叫做污泥负荷率，简称污泥负荷。

$$N_s=\frac{Qc_{s0}}{Vc_x}=\frac{c_{s0}}{tc_x} \tag{5-50}$$

式中　N_s——污泥负荷，$kgBOD_5/(kgMLSS \cdot d)$ 或 $kgCOD/(kgMLSS \cdot d)$；

Q——曝气池进水流量，m^3/d；

c_{s0}——曝气池进水有机物浓度，$kgBOD_5/m^3$ 或 $kgCOD/m^3$；

c_x——曝气池混合液污泥浓度，$kgMLSS/m^3$；

V——曝气池有效容积，m^3；

t——曝气池有效水力停留时间，即反应时间，d。

在保证预期净化效果的前提下，单位容积曝气池在单位时间内所能承受的有机物量叫做容积负荷率，简称容积负荷。

$$N_v=\frac{Qc_{s0}}{V}=N_s c_x=\frac{c_{s0}}{t} \tag{5-51}$$

式中 N_v——容积负荷，$kgBOD_5/(m^3 \cdot d)$ 或 $kgCOD/(m^3 \cdot d)$。

(2) 曝气池容积　由式(5-50) 和式(5-51) 得曝气池容积计算式为：

$$V=\frac{Qc_{s0}}{N_s c_x}=\frac{Qc_{s0}}{N_v} \tag{5-52}$$

(3) 剩余污泥排放量　剩余污泥排放量等于污泥净增长量，为污泥合成量与内源代谢消耗量之差。

$$P=aVc_x N_s \eta-bVc_x=aQc_{s0}\eta-bVc_x \tag{5-53}$$

式中 P——污泥净增量（剩余污泥量），kgMLSS/d；

η——有机物去除率；

a——污泥合成系数，即去除 $1kgBOD_5$ 合成的污泥量，$kgMLSS/kgBOD_5$；

b——污泥自身氧化系数，d^{-1}。

一般地，生活污水 $a=0.30\sim0.72$，$b=0.02\sim0.18d^{-1}$。工业废水的 a、b 值需通过试验确定。

(4) 需氧量　活性污泥的生长过程需要氧气。总需氧量包括有机物去除的需氧量与内源代谢需氧量之和，即：

$$Q_{O_2}=a'Vc_x N_s\eta+b'Vc_x=a'Qc_{s0}\eta+b'Vc_x \tag{5-54}$$

式中 Q_{O_2}——系统的需氧量，kgO_2/d；

a'——去除有机物的需氧系数，即每去除 $1kgBOD_5$ 所需要的氧量，$kgO_2/kgBOD_5$（合成不消耗氧气，分解需要氧气）；

b'——污泥自身氧化需氧系数，$kgO_2/(kgMLSS \cdot d)$。

一般地，生活污水的 $a'=0.25\sim0.76$，平均 0.47；$b'=0.10\sim0.37$，平均 0.17。其他污水的 a'和 b'值由实验确定。

(5) 有机负荷的选取　有机负荷应通过试验确定，但在工程实践中，受实验条件的限制，一般根据经验选取。在选取有机负荷时，应考虑相关影响因素。

① 去除率的影响　去除率为去除的有机物量占进水有机物量的百分比。

$$\eta=\frac{c_{s0}-c_{se}}{c_{s0}}\times100\%$$

有机负荷率增大，有机物增多，降解速度加快，去除率下降，出水水质变差。可生化性较强的污水，负荷率增大时，去除率下降较缓慢。可生化性差的污水，负荷率增大时，去除率下降较快。设计时，应根据去除率和出水水质的要求选取负荷率。若要获得较好的出水水质和较高的去除率，则选取较小的有机负荷率；若要取得较快的降解速度，而不需要获得较好的出水水质，则选择较大的有机负荷率。生活污水的有机负荷率为 $0.2\sim0.4kgBOD_5/(kgMLSS \cdot d)$ 时，BOD_5 去除率可达 90%以上。

有机负荷率的选择非常重要，应根据实践经验和同类污水的数据选择合适的有机负荷率。生活污水及水质相似污水的 N 和 c_x 值可参见表 5-8，工业废水的 N 和 c_x 值通过试验确定。

表 5-8 几种活性污泥法的基本参数

运行方式	泥龄/d	$\frac{F}{M}$/[kgBOD$_5$/(kgMLSS·d)]	体积负荷/[kgBOD$_5$/(m^3·d)]	MLSS/(mg/L)	停留时间/h	回流比 Q_r/Q
传统法	3～5	0.2～0.4	0.3～0.6	1500～3000	4～8	0.25～0.5
渐减曝气	3～5	0.2～0.4	0.3～0.6	1500～3000	4～8	0.25～0.5
安全混合	3～5	0.2～0.6	0.8～2.0	3000～6000	3～5	0.25～1.0
阶段曝气	3～5	0.2～0.4	0.6～1.0	2000～3500	3～5	0.25～0.75
高负荷曝气	0.2～0.5	1.5～5.0	1.2～1.4	200～500	1.5～3	0.05～0.15
吸附再生	3～5	0.2～0.6	1.0～1.2	1000～3000 4000～10000	0.5～1.0 3～6	0.25～1.0
延时曝气	20～30	0.05～0.15	0.1～0.4	3000～6000	18～36	0.75～1.5
Ktaus 法	3～5	0.3～0.8	0.6～1.6	2000～3000	4～8	0.5～1.0
纯氧曝气	8～20	0.25～1.0	1.6～3.3	6000～8000	1～3	0.25～0.5
AB 法	$\frac{1}{3}$～1(A 级) 15～20(B 级)	>2 0.1～0.3		2000～3000 2000～5000	0.5 1.2～4	0.5～0.8 0.5～0.8
SBR 法	5～15			2000～5000		

② 活性污泥特性的影响 采用不同的有机负荷，微生物的营养状况不同，污泥的特性也就不同。随着污泥负荷的变化，代表污泥特性的 SVI 值也发生变化。

城市污水的 SVI 值随污泥负荷的变化规律，如图 5-33 所示。SVI 曲线有三个低谷，选择低谷对应的污泥负荷值，污泥的沉淀性能较好。如果在高 SVI 对应的污泥负荷下运行，污泥的沉淀性能较差，易发生污泥膨胀。

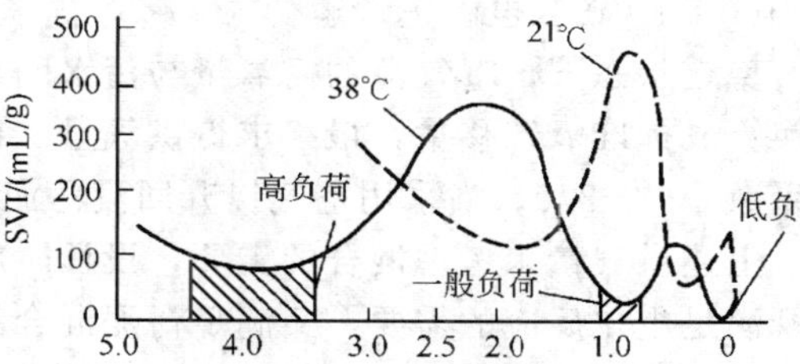

图 5-33 BOD 负荷及水温对污泥 SVI 值的影响

活性污泥系统一般在常温下运行（28℃左右），根据图 5-33，应选择的适宜负荷为 1.5～2.0kgBOD$_5$/(kgMLSS·d)、0.2～0.4kgBOD$_5$/(kgMLSS·d)和 0.03～0.05kgBOD$_5$/(kgMLSS·d)。污泥负荷对污泥特性的影响比较复杂，图 5-33 所示的现象可解释如下。

污泥负荷太低时［0.03～0.05kgBOD$_5$/(kgMLSS·d)］，微生物因缺乏营养而进行内源呼吸，菌胶团解体，上清液浑浊，SVI 最小。

污泥负荷很低时［0.1kgBOD$_5$/(kgMLSS·d)］，营养相对不足，丝状菌摄食能力强，在营养竞争中占优势，污泥的沉淀性能变差，SVI 值升高。

污泥负荷增至中等水平时［0.4kgBOD$_5$/(kgMLSS·d)］，微生物的生长与营养供应达到平衡，菌胶团的絮凝沉淀性能良好，SVI 值较小。

污泥负荷较高时［1.0kgBOD$_5$/(kgMLSS·d)］，营养充足，细菌的生长速度加快。细胞的营养储存增多，黏性物质大量生成。菌胶团松软，含水率高，絮凝性能较好，但沉淀性能变差，SVI 值很高，甚至发生污泥膨胀。

污泥负荷很高时［2.0kgBOD$_5$/(kgMLSS·d)］，细菌进入对数生长期，出现大量游离细菌。微生物处于密实的颗粒分散状态，含水率降低，SVI 值减小。

污泥负荷太高时［大于 3.0kgBOD$_5$/(kgMLSS·d)］，耗氧速度骤增，引起供氧不足。丝状菌在溶解氧竞争中占优势，SVI 值增大，甚至发生污泥膨胀。

为使活性污泥具有良好的絮凝沉淀性能，并获得良好的出水水质，常选择中等污泥负荷［0.2～0.4kgBOD_5/(kgMLSS・d)］。

③ 水温的影响　在适宜温度范围内，升高温度，微生物生长速度加快，代谢能力增强，对有机物的去除速度加快。此时选用较高的污泥负荷仍能取得很好的处理效果，污泥的沉降性能也较好。由图 5-33 可知，水温升高，发生污泥膨胀的有机负荷也随之提高，此时即使采用较高的有机负荷也不会发生污泥膨胀。

夏季水温较高，微生物耗氧速度加快，氧气溶解度降低，造成缺氧，导致污泥膨胀。此时应减小污泥回流比，降低污泥浓度（相对提高污泥负荷），控制好氧速度。冬季水温低，微生物代谢慢，净化效果差，应增大回流比，提高污泥浓度（相对减小污泥负荷），改善净化效果。

④ 水质的影响　不同水质的污水，可生化性不同。污水的可生化性越强，允许的有机负荷率越高，净化效果越好。所以，对可生化性强的污水，可选择较高的污泥负荷，对可生化性较差的污水，应选择较低的污泥负荷。城市污水的适宜负荷为 0.2～0.4kgBOD_5/(kgMLSS・d)。工业废水应通过试验确定合适的负荷率。

在低负荷时，微生物的合成率低，对 N、P 的需求少，所以对氮磷不足的污水，应选择低负荷。换言之，在低负荷时，可允许较低的碳、氮、磷比。如延时曝气时，BOD_5∶N∶P＝100∶1∶0.2 也能正常运行。

稳定状态下，曝气池的需氧量与污水的氧转移量相等。设计时，先计算出生化需氧量，再换算成标准氧转移量，最终求得供气量。也可先算出需氧量，再算出供气量，最终乘以安全系数 1.5～2.0。当采用空气提升回流污泥时，还应该加上提升污泥的空气用量。

上述供气量未考虑混合的需要，设计时应根据各种曝气器的混合能力加以校核，使空气量既满足生化反应的需要，又满足污泥混合的需要。

5.2.4.2　曝气系统的设计

曝气系统的设计包括曝气设备的选择、布置及空气管网的计算等。对于机械曝气，前面已提及泵型叶轮曝气机的充氧能力和功率的计算，这里不再重复。下文只介绍鼓风曝气系统的设计原则。

(1) 曝气器　曝气器有多种类型，选择曝气器要考虑的因素有氧利用率、阻力损失、混合效果和是否堵塞等。性能良好的曝气器应具有较高的氧利用率，较小的阻力损失，较好的混合效果和不易发生堵塞。螺旋曝气器和隔膜曝气头是目前应用较多的曝气器，其中隔膜曝气头应用最多。

隔膜曝气头直径约 250mm，服务面积为 0.4m^2/个左右，即每平方米水面需要 2.5 个曝气头才能达到较好的混合效果。根据曝气池水面面积和曝气头的服务面积，可以计算出曝气头的用量。

$$n=\frac{A}{A_0} \tag{5-55}$$

式中　n ——曝气头用量，个；

A ——曝气池水面积，m^2；

A_0 ——曝气头服务面积，m^2/个。

隔膜曝气头的工作风量为 2～3m^3/(个・h)，据此可计算出曝气池的工作风量 G'。曝气池的工作风量应与按需氧量算出的供风量 G 相匹配，否则应进行调整。隔膜曝气头一般均布于池底，隔膜离池底约 250mm。

(2) 管网设计　曝气头定位后，池外用无缝钢管，池内用镀锌钢管或 ABS 管连成回环式管网。回环式管网可使各曝气头的进气压力相等，以达到沿池面均匀曝气的效果。

管网布置见图 5-34 所示，确定后根据风量和选取的流速计算管道直径和阻力损失。一般取总管流速 10m/s，支管流速取 5m/s。再根据所需的供风量和管路的阻力损失，选择风机。风机的升压（H）≥隔膜曝气头的隔膜离液面的距离（H_0）＋阻力损失（$\sum h_f$）。在缺少数据的情况下，也可按 $H \geqslant H_0 + 1(\mathrm{m})$ 估算。风机选好后，再按风机的实际风量校核管网系统的流速和阻力，并进行适当的调整。

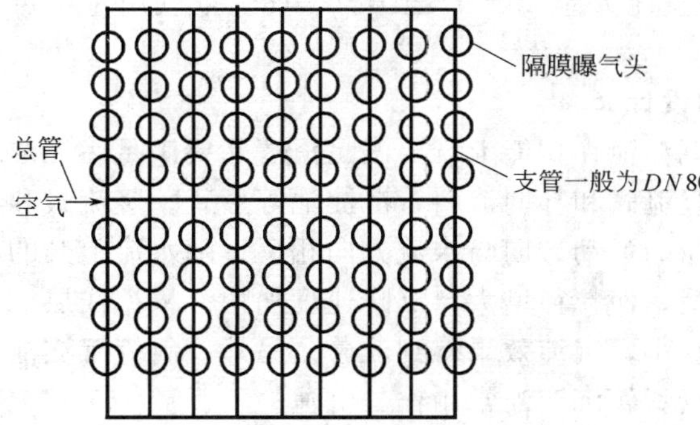

图 5-34　隔膜曝气头管网布置

(3) 风机的选择　小型污水处理站一般选用罗茨风机，风压为 5000mmH_2O。此时，曝气池的有效水深为 4.0m 左右。大型污水处理站还可选用离心风机。为保证运行的灵活性，风机一般选 3 台以上，其中 2 台并联运行，1 台备用。

5.2.4.3　污泥回流设备的设计

污泥从二沉池回流到曝气池需要提升设备。污泥提升设备常采用污泥泵或空气提升器。污泥泵的选用参见有关手册，空气提升器需要设计制作。空气提升器的效率不如污泥泵，但结构简单，管理方便，还可以向回流污泥补充氧气，所以常在鼓风曝气时采用。

空气提升器常附设在二沉池的排泥井中或曝气池的进泥口处，其结构如图 5-35 所示。污泥提升管内气水混合物的密度小于管外液体而上升。提升管的淹没深度 h_1 可按下式计算：

$$h_1 = \frac{h_2}{n-1} \tag{5-56}$$

式中　n ——密度系数，一般取 2～2.5；

h_1 ——释气口水深，m；

h_2 ——提升液位差，m。

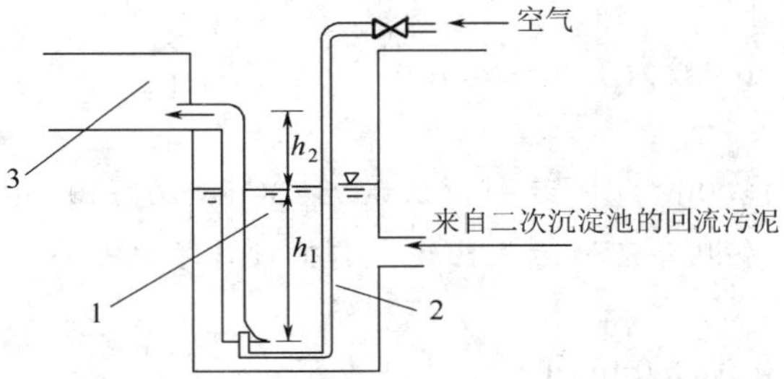

图 5-35　空气提升器示意

1—污泥提升管；2—空气管；3—回流污泥渠道

提升 $1m^3$ 污泥所需空气量为：

$$W=\frac{kh_2}{23e\lg[(h_1+10)/10]} \tag{5-57}$$

式中 W ——提升每 m^3 污泥所需空气量，m^3；

k ——安全系数，一般为 1.2～1.3；

e ——提升器效率，一般为 0.35～0.50。

一般空气管最小直径 25mm，管内流速 8～10m/s。提升管最小直径 75mm，按气水混合液计流速为 2m/s。空气压力应大于 h_1 至少 0.3m。空气用量也可按最大污泥回流量的 3～5 倍估算。

5.2.4.4　二次沉淀池的设计

活性污泥法的二次沉淀池在功能上既要满足澄清又要满足污泥浓缩的需要。二沉池可以采用平流式、辐流式、竖流式和异向流斜管沉淀池等形式。竖流式和异向流斜管式沉淀池的共同特性是沉淀污泥颗粒的运动方向与水流方向相反。随水流上升的小颗粒污泥与下沉的大颗粒污泥相互接触而絮凝，使粒径增大，沉降速度加快。根据浅层沉淀的原理，斜管沉淀池的水力负荷理论上大大减小，沉淀效果得到改善。另外，斜管沉淀池填料表面形成的生物膜能进一步净化水质。所以斜管沉淀池常用作二沉池。

二沉池的设计方法与一般的沉淀池区别不大，但要注意以下几点。

① 布水均匀，流速适当，创造良好的絮凝条件。

② 出水堰负荷要小，一般控制在 $10m^3/(m \cdot h)$ 以下，以防污泥流失。

③ 泥斗的浓缩时间一般控制在 2h。太短浓缩效果不好；太长影响微生物活力，并发生反硝化反应使污泥上浮。

④ 沉淀池水面积可用式(5-58) 计算：

$$A=\frac{Q}{u} \tag{5-58}$$

式中 A ——池水面积，m^3；

Q ——污水流量（不含回流污泥量），m^3/h；

u ——表面负荷率，$m^3/(m^2 \cdot h)$ 与污泥成层沉降速度相等。一般取 $1.1～1.8m^3/(m^2 \cdot h)$，斜管沉淀池可取 $2.0～3.0m^3/(m^2 \cdot h)$，MLSS 高时取低值。

⑤ 泥斗容积可用式(5-59) 计算。

$$V=rQt \tag{5-59}$$

式中 V ——泥斗容积，m^3；

r ——污泥回流比；

t ——浓缩时间，h。

⑥ 沉降区的沉降时间一般为 1.5～2.5h。

5.2.4.5　设计举例

【例 5-1】 某污水 $21600m^3/d$，经一次沉淀后 BOD_5 为 250mg/L，要求出水 BOD_5 在 20mg/L 以下，试设计完全混合活性污泥系统。其他设计参数如下：

① 污水温度 20℃；

② 混合液溶解氧含量为 2.0mg/L；

③ 回流污泥浓度为 10000mgMLSS/L；

④ 曝气池中的污泥浓度为 3500mgMLSS/L；

⑤ 出水含有 22mg/L 生物固体，其中 65%是可生化的；

⑥ 污水中含有足够的氮、磷等营养元素，剩余污泥直接从曝气池排出；

⑦ 可生物降解有机物五日生化需氧量与完全生化需氧量之比为 $BOD_5:BOD_L=0.68$；

⑧ 氧转移量校正系数值 $\alpha=0.8$，$\beta=0.9$，$\rho=1.0$。

解 取污泥负荷率 $N_s=0.3kgBOD_5/(kgMLSS\cdot d)$，活性污泥氧当量 $1.42kgO_2/kgMLVSS$，污泥合成系数 $a=0.58kgMLSS/kgBOD_5$，污泥自身氧化系数 $b=0.07d$，去除有机物需氧系数 $a'=0.45kgO_2/kgBOD_5$，污泥自身氧化需氧系数 $b'=0.15kgO_2/(kgMLSS\cdot d)$。

① 出水溶解性 BOD_5 浓度（c_{se}）

$$出水BOD_5=溶解性BOD_5+固体BOD_5$$

a. 出水悬浮固体 BOD_5＝悬浮固体可生化部分完全生化需氧量(BOD_L)×0.68

$$=(22\times65\%\times1.42)\times0.68$$
$$=13.8(mg/L)$$

b. 出水溶解性 $BOD_5(c_{se})=20-13.8=6.2(mg/L)$

② 处理效果 η

$$\eta_1=\frac{c_{s0}-c_s'}{c_{s0}}=\frac{250-20}{250}\times100\%=92.0\%$$

若出水悬浮固体被完全去除，则：

$$\eta_2=\frac{c_{s0}-c_{se}}{c_{s0}}=\frac{250-6.2}{250}\times100\%=97.5\%$$

③ 曝气池有效容积

$$V=\frac{Qc_{s0}}{N_sc_x}=\frac{21600\times250}{0.3\times3500}=5143\ (m^3)$$

④ 剩余污泥排放量

$$P=aQc_{s0}\eta_2-bVc_x$$
$$=0.58\times21600\times0.25\times0.975-0.07\times5143\times3.5$$
$$=1794\ (kgMLSS/d)$$

⑤ 污泥回流比

$$r=\frac{c_x}{c_{xr}-c_x}=\frac{3500}{10000-3500}=0.54$$

⑥ 需氧量

$$Q_{O_2}=a'Qc_{s0}\eta_2+b'Vc_x$$
$$=0.45\times21600\times0.25\times0.975+0.15\times5143\times3.5$$
$$=5069\ (kgO_2/d)$$

⑦ 供气量

a. 标准氧转移量法　曝气池混合液的实际氧转移量（R）等于活性污泥的需氧量（Q_{O_2}），再由 R 值算出标准氧转移量 R_0，最终可求出供气量 G。

采用隔膜曝气头，安装于水下 4.0m 处，氧转移率 $E_A=10\%$。20℃时氧气的溶解度为 9.2mg/L。

$$p_b=(1+4.0/10.33)\times1.013\times10^5=1.405\times10^5(Pa)$$

$$O_t=\frac{21(1-E_A)}{79+21(1-E_A)}=\frac{21\times(1-0.1)}{79+21\times(1-0.1)}\times100\%=19.3\%$$

$$c_{im}=c_i\left(\frac{Q_t}{42}+\frac{p_b}{2.026\times10^5}\right)=9.2\times\left(\frac{19.3}{42}+\frac{1.405\times10^5}{2.026\times10^5}\right)=10.6(mg/L)$$

$$R_0=\frac{Rc_{\mathrm{im}(20)}}{1.024^{(T-20)}\alpha(\beta\rho c_{\mathrm{im}(T)}-c)}=\frac{5069\times10.6}{1.024^{(20-20)}\times0.8(0.9\times1\times10.6-2.0)}$$

$$=8908(\mathrm{kg/d})$$

$$G=\frac{R_0}{0.3E_{\mathrm{A}}}=\frac{8908}{0.3\times0.1}=296933(\mathrm{m/d})=206.2(\mathrm{m^3/min})$$

若采用空气提升器回流污泥，空气用量为回流污泥量的 4 倍，则污泥回流用气量为：

$$21600\times0.54\times4=46656(\mathrm{m^3/d})=32.4(\mathrm{m^3/min})$$

总供气量为： $206.2+32.4=238.6\ (\mathrm{m^3/min})$

b. 安全系数法 取安全系数 $R=1.65$，则：

$$G=k\ \frac{R}{0.3E_{\mathrm{A}}}=1.65\times\frac{5069}{0.3\times0.1}=278795(\mathrm{m^3/d})=194(\mathrm{m^3/min})$$

若采用空气提升器回流污泥，则总供气量为：

$$194+32.4=226.4\ (\mathrm{m^3/min})$$

⑧ 曝气系统 设曝气池有效水深 4.3m，曝气头安装深度 4.0m，每个曝气头的工作风量 $g_0=2.5\mathrm{m^3/(个/h)}[2\sim3\mathrm{m^3/(个\cdot h)}]$，服务面积 $A_0=0.4\ (\mathrm{m^2/个})$。

曝气池水面积 $A=\frac{V}{h}=\frac{5143}{4.3}=1196\ (\mathrm{m^2})$

曝气头数量 $n=\frac{G}{g_0}=\frac{206.2}{2.5/60}=4949$ （个）

曝气头实际服务面积 $A_0'=\frac{A}{n}=\frac{1196}{4949}=0.24(\mathrm{m^2/个})<A_0=0.4(\mathrm{m^2/个})$，符合要求。

空气管的直径根据管网布置情况计算。

5.2.5 活性污泥系统的运行管理

合理的设计是活性污泥系统取得优质出水的前提，而良好的运行管理却是活性污泥系统正常运行的基本保证。水质、水量和温度等条件的变化，会直接影响处理系统的运行状态和处理效果。必须在污泥培养，试运行，正常运行和事故处理的全过程贯穿科学的管理与操作。

5.2.5.1 活性污泥的培养与驯化

活性污泥系统投产前必须培养驯化出足够数量的活性污泥。培养是指不改变微生物的种群特性，使其数量不断增长，以达到一定的污泥浓度。驯化则是对微生物种群进行淘汰和诱导，不适应水质和环境条件的微生物被淘汰，适应的微生物得以存活，并诱导出相应的酶系统。所以驯化过程是改变微生物的种群，使其适应新的水质和环境条件的过程。用来培养和驯化的微生物种源叫做菌种。培养和驯化是不可分割的，培养过程中投加的污水对微生物有驯化作用，驯化过程中微生物的数量也会增长。培养与驯化是相互促进的统一体。

对于小型活性污泥系统，可以一次投加足够数量的菌种，直接进入运行状态，或经短时间驯化后进入运行状态，这样可以大大缩短启动时间。对于较大规模的活性污泥系统，必须依靠培养与驯化获得足够数量的污泥。

(1) 菌种来源 活性污泥菌种一般为相同水质或不同水质污水处理系统的活性污泥、厌氧消化污泥、城市污水、可生化性强的工业废水和粪便水等。

(2) 培养与驯化方法 根据培养和驯化的顺序，可将培养与驯化分为异步法和同步法。根据培养液的进入方式，又可分为连续式和间歇式。培养与驯化没有统一的方法，视具体情况而定。

① 间歇式培养驯化　当菌种来自不同水质的处理系统时，应先驯化后培养（异步法）。

a. 驯化　活性污泥的接种量按曝气池有效容积的5%～10%计算。接种后加少量低浓度污水闷曝几日（约3d），使溶解氧升至1.0mg/L左右，污泥恢复活性。

污泥复活后投加低浓度污水（应加入适量粪便水或生活污水调整营养比），进水量和浓度（COD≤500mg/L）视具体情况而定。对可生化性强的污水，可加满曝气池，浓度也可较高。对可生化性较差的污水，进水量和浓度都应减小。进水后曝气20h左右，静置沉淀1～1.5h，排去上清液。用同浓度污水每天换水重复操作1次，运行3～7d。通过镜检和检测，发现微生物量增加，污泥浓度增大，可增加一级浓度（级差COD≤100mg/L），再按前一级的方法运行。以后每3～7d增加一级浓度，直到加入原污水为止。

驯化初期，污泥结构松散，游离细菌较多，出现鞭毛虫和游动性纤毛虫，污泥有一定的沉淀性能。随着驯化的进行，原生动物由低级向高级演变。驯化后期以游动性纤毛虫为主，出现少量耐污型纤毛虫如累枝虫等，活性污泥沉降性能较好，泥水界限分明，上层较清，驯化结束。

b. 培养　污泥驯化后连续进入原污水曝气培养。开始时流量较小，通过镜检和出水水质来控制培养进度，逐步增大进水流量。培养过程中，菌胶固结构紧密，原生动物以钟虫为主，也有轮虫出现。直到全面形成大颗粒活性污泥絮团，结构紧密，沉降性能良好，沉降比达到30%以上，污泥指数达到100mg/L左右，钟虫等大量出现，轮虫增多，MLSS达2000～3000mg/L。各项指标达到设计要求时，结束培养，进入正式运行阶段。在培养过程中，溶解氧一般控制在2～3mg/L。

采用粪便水或城市污水等可生化性强的污水作菌种，而待处理的污水水质又与菌种污水不同时，也需培养驯化出合格的污泥。此时培养在先，驯化在后。用COD＝400～600mg/L的菌种污水作培养液，粗滤后注入曝气池。曝气数日，待池内出现模糊不清的絮状污泥后停止曝气。静置沉淀1～1.5h，排掉全池容积50%～70%的上清液，再换上新鲜培养液，继续曝气。如此循环，每天换水1次，后期每天换水2次。镜检微生物相，检测处理效果，直到COD去除率不小于80%，污泥沉降比不小于30%，污泥指数达到100左右，MLSS＝2000～3000mg/L，形成性能良好的污泥为止，即转入驯化阶段。驯化的方法同上。

间歇式培养驯化时，为防止污泥出现厌氧状态，两次曝气的时间间隔应小于2.0h。

② 连续式培养驯化　当采用相同（或相近）水质的污泥或相同（或相近）水质的粪便水等污水作菌种时，可省去驯化过程，直接用连续进水曝气培养法培养活性污泥。连续培养驯化时，必须进行污泥回流。

a. 采用水质相同的污泥作菌种　污泥接种量为曝气池有效容积的5%～10%，注满污水闷曝数日，使溶解氧保持在1.0mg/L左右，让污泥恢复活性。然后以小流量进入污水，约每3～7d增加一个流量等级，直至达到设计流量。开始时的停留时间为1d，直至达到设计停留时间。究竟何时提高流量，要视生物相的变化和处理效果而定。若微生物种类增多，生物量增大，出水水质变好，则增大流量，否则，减少流量或停止进水。

随着进水流量的增大，溶解氧浓度要逐渐提高。当进水流量达到设计流量，污泥浓度和性能及净化效果符合要求时，溶解氧浓度应维持在2～3mg/L。此时已完成培养，可转入正常运行。

b. 采用水质相同的污水作菌种（粪便水等）　将菌种污水注满曝气池，闷曝几日。待出现模糊不清的污泥絮体时，开始小流量进入待处理污水，停留时间为1d。再根据生物相和污泥浓度的变化及出水水质，控制培养进度，直至正常运行。

采用水质不同的污泥作菌种时，为缩短培养驯化时间，也可采用连续同步操作。开始时以 COD 为 400～600mg/L 的粪便水等可生化性强的污水为主体，加入少量待处理工业废水作为培养液，以小流量连续进入，培养驯化同时进行。通过镜检和检测，控制进度。开始时停留时间为 1d，以后逐步缩短至设计值。在正常情况下，逐步增大工业废水的比例和进水流量，直至达到设计流量及要求的污泥性能和浓度，完成培养驯化，开始正常运行。

在污泥的培养驯化过程中，无论采用哪一种方法，都应为微生物的生长创造良好的条件。

5.2.5.2 活性污泥系统运行状况检测

为使活性污泥系统处于最佳运行状态，必须进行检测，做好详细记录，编制运行日志。通过检测，取得第一手资料，以便及时有效地调节系统的运行状态。需要检测的项目和频率视具体情况而定，如下仅供参考。

(1) 污泥性状　反应污泥性状的参数有 SV、MLSS、MLVSS、SVI 和微生物相等。

① SV　每天 1 次，控制在 15%～30%。

② MLSS（或 MLVSS）　3 天 1 次，控制在 2～3g/L。

③ SVI　3 天 1 次，用同时测得的 SV 和 MLSS 值算得，一般控制在 50～150。有些污水的正常 SVI 值较高，需由运行情况确定。

④ 污泥回流比　根据混合液 MLSS 的目标值（3～4g/L）和回流污泥 MLSS 的实际值计算并控制污泥回流比，每 3 天 1 次。

⑤ 微生物相　经常进行污泥镜检，观察它的生物相、密实性和沉淀性能。性能良好的污泥絮凝沉淀性能良好，结构密实，含大量原生动物（钟虫、轮虫等）。

(2) 处理效果　反应处理效果的检测项目有处理水量、进出水 BOD_5、COD、SS、pH 值和 NH_3-N 等，出水指标应控制在标准范围内。

① 处理水量　1 次/12h。

② 进出水 BOD_5、NH_3-N　1 次/周。

③ 进出水 COD、SS　1 次/日。

④ pH 值　1 次/8h，控制出水 pH=6.5～8.5。

(3) 污泥营养状况和环境条件　总氮、总磷、DO 和水温等。

① 总氮和总磷　1 次/周，控制进水 COD∶N∶P=200∶5∶1，出水达标。

② DO　1 次/8h，调节曝气量，控制混合液 DO 为 2～3mg/L，二沉池出水 0.5～1mg/L。

③ 水温　1 次/4h，控制 $t \leqslant 35$℃。

(4) 其他　记录剩余污泥排量、设备状况、电耗、药剂用量和异常现象等。

5.2.5.3 活性污泥系统的异常现象及控制措施

在活性污泥系统运行过程中，往往由于水质的变化、环境条件的改变、设备故障和操作不当等方面的原因，使系统的运行状态发生变化，出现各种异常现象。此时，污泥流失，出水变差，如不及时控制，将导致运行失败。以下就污泥膨胀、泡沫问题和污泥上浮等典型的异常现象介绍其形成原因和控制办法。

(1) 污泥膨胀　正常的活性污泥比较密实，沉降性能良好，污泥沉降比 SV=15%～30%，污泥指数 SVI 为 50～150。异常的污泥结构松散，沉淀性能差，污泥沉降比和污泥指数很大，在二沉池固液分离效果差，造成污泥流失，这种现象叫做污泥膨胀。不同污水发生污泥膨胀的 SVI 限值差别较大，一般认为 SVI>200 为污泥膨胀。

污泥膨胀使二沉池的分离效果变差，池面漂泥严重，出水水质变差。但是，出现这种现象并不一定就是污泥膨胀。二沉池中污泥的反硝化、局部积泥和排泥不及时引起的厌氧发酵也会引起污泥上浮和漂泥，这不属于污泥膨胀。

污泥膨胀是个老大难问题，膨胀污泥的流失，使回流污泥量和浓度降低，导致曝气池混合液污泥浓度不断下降，处理效率低，出水水质变差，甚至运行失败。必须指出的是，膨胀污泥的活性即去除有机物的能力是很强的。出水水质变差是由于曝气池混合液污泥浓度降低和出水含有漂浮污泥所致。

① 污泥膨胀的原因　污泥膨胀分为丝状菌膨胀和非丝状菌膨胀两种，丝状菌膨胀最为普遍。

a. 丝状菌膨胀　活性污泥中丝状菌过度繁殖而引起的膨胀叫丝状菌膨胀。正常的活性污泥絮粒比较密实，以菌胶团细菌为主，辅以少量的丝状菌和原生动物。在异常情况下，菌胶团细菌受到抑制，浮游球衣菌、亮发菌和发硫菌等丝状菌大量繁殖。大量的丝状菌相互缠绕交错，夹带劣势的菌胶团等悬浮物，形成结构松散的絮体。这种絮体的比表面积大，含水率高，密度小，悬浮于水中不易沉淀，导致污泥膨胀。丝状菌的比表面积大，在营养物和环境条件的竞争中占优势，丝状菌优势生长，最终导致污泥膨胀。

目前，人们对丝状菌膨胀的认识尚不完全统一，一般认为丝状菌和菌胶团细菌的优势竞争表现在如下几个方面。

i. 水质　水质是造成污泥丝状菌膨胀的最主要原因。污水中可溶性碳水化合物（低分子糖类和有机酸等）含量高时，有利于丝状菌生长，导致污泥膨胀；污水中硫化物含量高时，有利于硫化细菌生长，而发生污泥膨胀；污水的 pH 值低（pH<6.0）时，易发生污泥膨胀；污水缺乏氮和磷（C：N：P 比例失调）时，丝状菌比表面积大，与菌胶团细菌竞争氮和磷而优势生长，也导致污泥膨胀。

ii. 温度　菌胶团细菌的最适生长温度为 28～30℃，浮游球衣菌的生长温度为 15～37℃，最适温度为 25～30℃。如果水温为 25～28℃，易造成浮游球衣菌优势生长，导致污泥膨胀。水温低于 15℃，一般不发生污泥膨胀。

iii. 溶解氧　溶解氧的影响比较复杂，过低和过高的溶解氧都会引起污泥膨胀。

菌胶团细菌是严格好氧菌，只有在较高的溶解氧浓度下（2mg/L 以上）才能正常生长。

浮游球衣菌是好氧菌，在微量好氧条件下仍能正常生长。发硫菌是微量好氧菌，溶解氧浓度为 0.5mg/L 时生长最快。亮发菌在溶解氧浓度高时（3～4mg/L）能优势生长。

如果曝气池溶解氧浓度长期维持在低水平，则不利于菌胶团细菌生长，浮游球衣菌和发硫菌等丝状菌在溶解氧竞争中占优势，而导致污泥膨胀；如果曝气池溶解氧浓度过高，则会引起亮发菌等丝状菌的优势生长，也将导致污泥膨胀。为防止污泥膨胀的发生，宜控制溶解氧浓度为 2～3mg/L。

iv. 有机负荷　有机负荷对 SVI 值的影响比较复杂。不同的污水发生污泥膨胀（SVI>200）的有机负荷值不同，同一污水可在不同的有机负荷下发生污泥膨胀，同一污水在不同温度下发生污泥膨胀的有机负荷值也不相同。所以不能简单地认为在什么有机负荷下发生污泥膨胀，在什么负荷下不发生污泥膨胀。要确定发生污泥膨胀的有机负荷值，必须考虑其他因素，由实验确定。

有机负荷低时，营养物缺乏，丝状菌在营养竞争中优势生长，导致污泥膨胀；有机负荷很高时，溶解氧浓度迅速降低，丝状菌优势生长，引起丝状菌膨胀。

常温下城市污水污泥负荷很低［0.1kgBOD_5/(kgMLSS·d)］或很高［超过2.5kgBOD_5/(kgMLSS·d)］时，都会发生丝状菌膨胀。

v. 工艺方法　实践证明：完全混合式比推流式易发生污泥膨胀；间歇式活性污泥法最不容易发生污泥膨胀；有沉砂池，但没有设初沉池的工艺不易发生污泥膨胀；叶轮曝气比鼓风曝气易发生污泥膨胀；射流曝气能有效地避免浮游球衣细菌引起的污泥膨胀。

b. 非丝状菌膨胀　如果污泥膨胀时，镜检找不到大量丝状菌，这种膨胀叫做非丝状菌膨胀。非丝状菌膨胀主要发生在水温较低而污泥负荷较高的场合。当有机负荷较高［0.5～1.5kgBOD_5/(kgMLSS·d)］，溶解氧浓度不是很低时，丝状菌不能优势生长。由于水温低，细菌吸收的大量营养物来不及代谢，而在胞外积累大量高黏性多糖类物质，使污泥松散，表面附着水增多，SVI值增大，引起非丝状菌膨胀。

② 污泥膨胀的控制措施　控制污泥膨胀最有效的办法是采用抑制污泥膨胀的工艺设计，或对易发生污泥膨胀的处理设施进行工艺改造。在运行中如发生污泥膨胀，则应查明原因，再采取控制措施。

a. 抑制污泥膨胀的工艺　采用以下工艺有助于抑制污泥膨胀。

i. 减小或取消初沉池　处理城市污水时，减小或取消初沉池能增大曝气池进水的悬浮物浓度，改善污泥的沉降性能。

ii. AB法　采用“沉砂—A级曝气—中间沉淀—B级曝气—二次沉淀”工艺，能改善B级进水水质，有效防止污泥膨胀。

iii. “生物膜-活性污泥”组合工艺能改善活性污泥进水水质，防止污泥膨胀。

iv. A/O（缺氧-好氧）、A^2/O（缺氧-缺氧-好氧）或A^2/O^2（缺氧-好氧-缺氧-好氧）工艺。

v. SBR工艺。

vi. 气浮法代替二次沉淀池　可以有效地防止污泥流失，改善出水水质。

b. 运行时污泥膨胀的控制措施　如在运行过程中发生污泥膨胀，应先查明原因，再采取相应的措施。

i. 调整进水水质　硫化物含量高时，可加入铁盐去除硫化物；若缺少氮磷，则投加氮磷补充营养，使COD∶N∶P＝200∶5∶1；若pH值偏低，则投加石灰乳或纯碱等调整pH值为6.5～8.5。

ii. 投加化学药剂　投加铁系混凝剂、有机高分子絮凝剂和硅藻土、黄泥等惰性物质，以及杀菌剂（丝状菌膨胀投氯10～20mg/L，非丝状菌膨胀投氯5～10mg/L，连续2周至SVI正常）等，以提高污泥的沉淀性能，杀死导致膨胀的细菌。

iii. 调节水温　冬季水温低易发生非丝状菌膨胀，春秋季水温25～28℃易发生丝状菌膨胀，有条件的可调节水温。

iv. 调整曝气量　溶解氧浓度太低和太高都不行，应调节DO为2～3mg/L。

v. 调整有机负荷率　若有机负荷率高，则增大污泥回流比或减小进水量以降低有机负荷率；若有机负荷低，则减小污泥回流比或增大进水量，以升高有机负荷率。城市污水的适宜有机负荷率为0.2～0.4kgBOD_5/(kgMLSS·d)。

vi. 闷曝　闷曝可以使异常的污泥很快恢复正常。

(2) 泡沫问题　有两种情况会产生泡沫：一是污泥膨胀，二是表面活性剂。

① 泡沫的形成　膨胀污泥结构松散，吸附气泡的能力很强。污泥膨胀时，污水的黏度

增大，气泡分散于水中不易聚集而被污泥吸附，使污泥的密度降低，形成厚厚的泡沫层从池面溢出，这种泡沫叫污泥膨胀泡沫。污泥膨胀的同时，常伴随着泡沫的发生。有机负荷突然增大，溶解氧浓度降低，水温低，酸或碱进入以及毒性物质的影响都易引起污泥膨胀泡沫。发生污泥膨胀泡沫标志着污泥膨胀已相当严重。

污水中含有表面活性剂，就会在曝气池水面形成大量泡沫，沿池壁溢出，这种泡沫叫做表面活性剂泡沫。表面活性剂泡沫含气量大，泡沫层厚而稳定，严重时厚度达 1.5m 左右，风大时四处飞扬。泡沫从池面溢出带走大量污泥，进入二沉池引起污泥上浮和流失。表面活性剂泡沫使曝气装置的充氧能力下降，处理效率降低，是难以对付的泡沫问题。

必须指出，即使不发生污泥膨胀，也不含有表面活性剂，也会形成较多的泡沫，泡沫是运行中常见的现象。

② 泡沫的控制措施　出现泡沫时，应首先辨明原因，针对不同类型的泡沫，采取不同的控制措施。

a. 污泥膨胀泡沫　若是污泥膨胀泡沫，应针对污泥膨胀的不同成因，采取相应措施，若泡沫不很严重，可采用喷水法控制。

b. 表面活性剂泡沫　表面活性剂含量高时，应采用物理化学法进行预处理，再进行生化处理。厌氧水解能使表面活性剂转化为易生物降解的物质，采用“水解-曝气”工艺能有效抑制表面活性剂泡沫。

采取下列措施也可消除表面活性剂泡沫：喷水除沫；投加除沫剂（煤油等，用量 0.5～1.5mg/L）；加大回流比，提高污泥浓度。

(3) 污泥增长缓慢或解体　有时污泥增长缓慢，甚至变成细而轻的絮体。此时污泥的沉淀性能较差，SVI 值降低，上清液浑浊，出水水质变差。

① 污泥增长缓慢或解体的原因　污泥增长缓慢的原因主要是水质、有机负荷和曝气量。

a. 水质　有机物含量低或含有毒物质时，微生物的生长受到抑制，出现生长缓慢或解体。

b. 有机负荷　有机负荷太低时，营养不足，也会导致生长缓慢和解体。

c. 曝气量　曝气量太大，而营养相对缺乏时，内源呼吸显著，导致生长缓慢或解体。

② 控制措施　针对不同的原因，采取不同的措施，如控制有毒物质含量，提高污水的可生化性，减少曝气量等。

(4) 污泥上浮　污泥在二沉池（或沉降区）浮起的现象叫污泥上浮。污泥上浮的原因很多，污泥膨胀、泡沫和污泥解体都会引起二沉池污泥上浮。此处所说的污泥上浮是指其他原因导致的污泥漂浮现象。

① 污泥上浮的原因　对于合建式曝气池，由于设计不合理（导流区太小，回流缝太大等）使污泥颗粒夹带气泡或进水量太大，将气泡带入沉降区，使污泥在沉降区上浮到水面。

表曝机转速太大，使污泥破碎，沉速下降，导致污泥上浮。

分建式活性污泥系统的污泥上浮发生在二沉池，主要由污泥反硝化和厌氧发酵引起。主要现象是污泥成块浮于水面。如果曝气量小，供氧不足，污泥在二沉池内停留时间长，则会引起污泥腐化，产生大量气体（CO_2、CH_4 等）而上浮，这种上浮叫腐化上浮。如果曝气池曝气时间长，曝气量大，则会发生高度硝化，生成大量硝态氮。若二沉池污泥停留时间较长，则会发生反硝化生产大量 N_2 使污泥上浮，这种上浮叫反硝化上浮。

② 污泥上浮的控制措施　针对污泥上浮的不同起因可采取不同的措施加以控制。

a. 改进池体设计　对于合建式曝气池，可通过降低导流区下降流速，缩小回流缝尺寸，来防止气泡进入沉降区，避免污泥上浮。

b. 减小表曝机转速　降低表曝机转速，可防止污泥破碎、流失和上浮。

c. 加大污泥回流比和及时排除剩余污泥　这样可缩短污泥在二沉池中的停留时间，避免出现厌氧和缺氧状态，防止污泥腐化和脱氮上浮。

d. 加大曝气量　加大曝气量可提高溶解氧浓度，防止污泥腐化和反硝化。

e. 减小曝气量和曝气时间　减小污水在曝气池中的停留时间和曝气量，可防止生成大量的 NO_3^-，避免二沉池反硝化和污泥上浮。

5.2.5.4　活性污泥法的发展

最早的活性污泥装置是间歇操作的充排式反应器，后因操作复杂而被连续流系统——传统活性污泥法所代替。传统活性污泥法又称普通活性污泥法，其运行方式为推流式。随着人们对活性污泥系统的结构和功能的深入研究，使活性污泥工艺得到不断地发展。

(1) 渐减曝气法　在传统曝气池中，进水端有机物浓度高，沿池长逐渐降低，需氧量逐渐下降，但供氧量沿池长却均匀分布（曝气装置均布）。这就造成前段供氧不足（缺氧）、后段供氧过剩的矛盾，只有中段（1/3 池长）供氧与需氧基本匹配，最终导致动力消耗加大，处理效率下降。渐减曝气就是在池前端增大曝气量（布置较多的曝气器），沿池长逐渐减小，使沿长度方向的供氧量和需氧量保持平衡。氧的利用率得到提高，在供气量不变的情况下，大大提高处理效率，其工艺流程如图 5-36 所示。

(2) 阶段曝气法　20 世纪 30 年代在美国出现了阶段曝气工艺。与渐减曝气不同，阶段曝气是通过改变进水方式来解决供氧与需氧之间的矛盾。如图 5-37 所示，污水沿池的前半部分点进入。与一端进水相比，前段有机负荷降低，后段有机负荷升高，前段缺氧，后段氧过剩的矛盾得到解决。

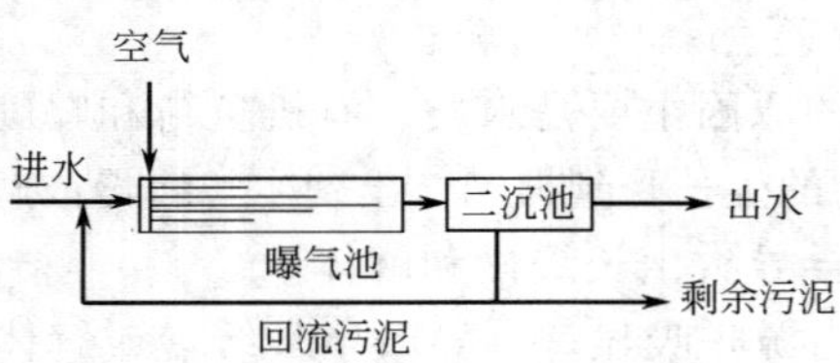

图 5-36　渐减曝气法工艺流程

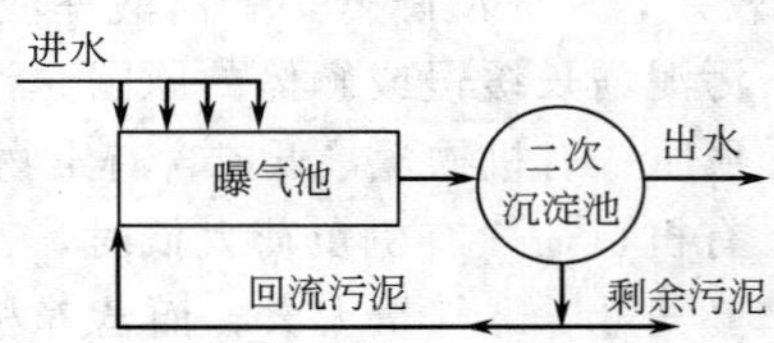

图 5-37　阶段曝气法示意

(3) 完全混合法　为从根本上解决传统曝气池供氧与需氧之间的矛盾，美国在阶段曝气的基础上沿整个池长增加进水点、出水点和污泥回流量，并使进水与污泥在曝气池内迅速混合，于 1950 年开发出完全混合活性污泥系统。

(4) 浅层曝气法　1953 年产生了浅层曝气的概念。根据联邦德国埃姆歇实验站的测定结果，水下空气释放口深度与单位能量吸氧率的关系如图 5-38 所示，说明曝气器设于水下 0.6～0.8m 为宜，所以称做浅层曝气。浅层曝气节省动力，由于风压小，风量大，可使用一般的离心风机，效率高，噪声低。

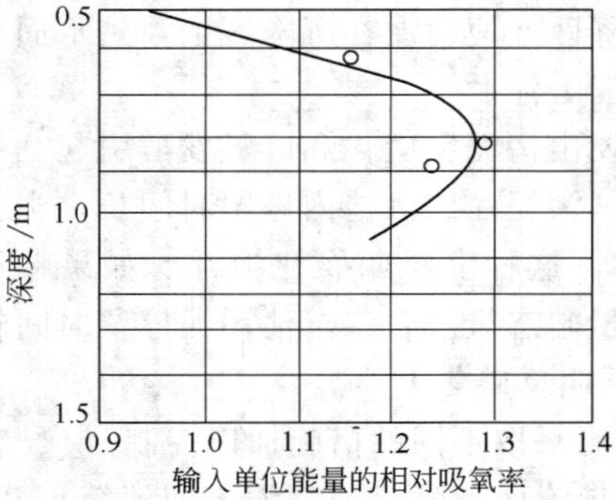

图 5-38　单位能量吸氧率-深度关系

浅层曝气池水深 3～4m，以浅者为宜。深宽比 1.0～1.3，供气量 30～40$m^3/(m^3 \cdot h)$，风压 1.0×10^4Pa 左右，动力效率 1.8～2.6$kgO_2/(kW \cdot h)$。

浅层曝气需风量大，但风压仅为一般曝气的 1/3～1/4，电耗略有降低。浅层曝气适于中小型污水厂。由于风量大，曝气器增多，曝气系统复杂，还要设导流墙，所以投资增大，曝气系统维修困难，未能推广应用。

(5) 深层曝气法　曝气池的经济深度为4～5m，一般曝气池都采用这个深度。为节约用地，20世纪60年代开发了深层曝气法，使曝气池水深达10～20m。70年代又发展了超深层曝气法，又称深井曝气法，水深达150～300m，大大节约了用地面积。

深井曝气池生产装置的直径约1.0～6.0m，深度为50～150m。如图5-39所示，深井被分割成两个部分（同心圆式和隔板式）：一为下降管；另一为上升管。污水及回流污泥从下降管进入，上升管排出。靠地面处局部放大，以释出部分气体。深井中混合液可用螺旋泵提升循环，也可用空气提升循环。采用空气提升循环时，先在上升管中较浅的部位输入空气，使液体完全循环后，再向下降管供气。调节供气量，使下降管中空气被下降的液流携带进入上升管排出。上升管和下降管中混合液的密度差使混合液不断循环。

如图5-40所示，深井流出的混合液先脱气，再固液分离后排放。可用小曝气池代替真空脱气塔，以充分利用混合液中的溶解氧。

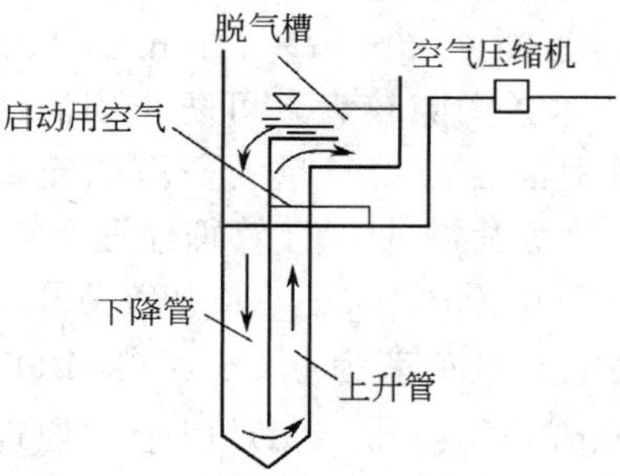

图5-39　深井曝气池

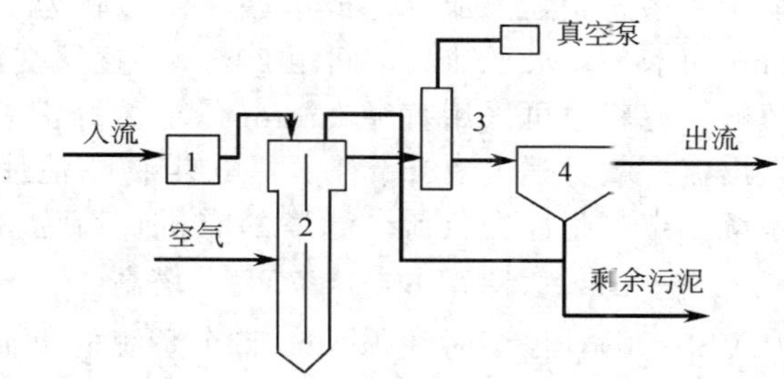

图5-40　深井曝气法处理流程

1—沉砂池；2—深井曝气池；3—脱气塔；4—二次沉淀池

深层曝气的氧传递速度快，有机负荷大，但不一定经济。深井曝气紊流大、传质面更新快，气液接触时间长，氧溶解度随深度增加而增大，所以氧的利用率高（90%），动力效率大［6kgO_2/(kW·h)］，传质速度快，动力消耗低，处理效果好。深井曝气污泥产量小（氧化率高、合成率低），占地面积少。但井壁泄漏会污染地下水，井底堵塞无法清理，并且施工难度大，目前未能广泛应用。

(6) 高负荷曝气法　高负荷曝气法有改良法和超越法两种。改良法污泥浓度低（300～500mg/L），曝气时间短（1～3h），污泥负荷高［1～5kgBOD_5/(kgMLSS·d)］，BOD_5去除率为60%左右，微生物处在对数生长期。超越法污泥浓度高（4000～8000mg/L），时间短（1～3h），BOD_5去除率80%左右，微生物处在静止生长期。

(7) 克劳斯（Kraus）法　污水的碳水化合物含量高又缺乏氮磷时，易发生污泥膨胀。美国的克劳斯把污泥消化上清液投加到回流污泥中一起曝气，再引入曝气池，克服了碳水化合物高和缺乏氮磷引起的污泥膨胀，这种工艺叫克劳斯法。消化上清液富含氨氮和磷酸盐，补充了氮磷的不足，此外，上清液中的污泥相对密度较大，有改善混合液沉淀性能的功效。

(8) 延时曝气法、吸附再生法和氧化沟法　20世纪50年代初，在美国和荷兰相继出现了延时曝气、吸附再生和氧化沟工艺。

(9) 纯氧曝气法　用纯氧取代空气，溶解氧饱和浓度提高，氧传质速度加快，处理效果好，污泥的沉淀性能也好，投资运行费用低。纯氧曝气采用密闭的池子，结构如图5-41所示。纯氧曝气时间短（1.5～3.0h），MLSS高（4000～8000mg/L），二沉池污泥负荷大。纯氧曝气的缺点主要有：纯氧发生器易出故障；密闭要求高，施工管理难度大；若进水含有挥

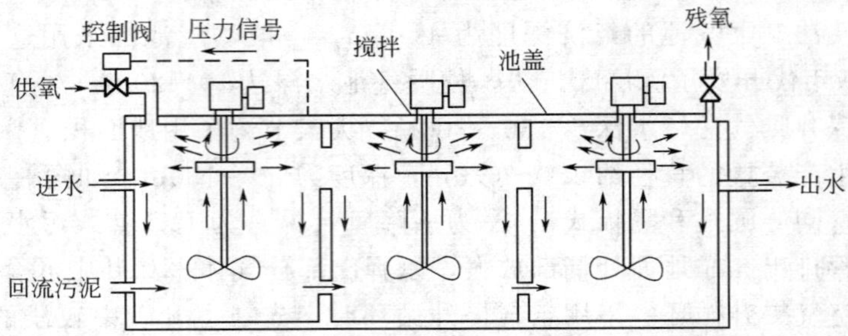

图 5-41 纯氧曝气池结构

发性易燃物，则易引起爆炸；代谢产物 CO_2 不能充分排出，溶于水使 pH 值下降，使微生物处理效果下降，需适时排气和调整 pH 值。

(10) 活性生物滤池法 图 5-42 所示为活性生物滤池工艺流程，简称 ABF。该工艺在曝气池前设一塔式生物滤池（并或串联，以串联为主）。滤料为断面 20mm×15mm 或 20mm×20mm 的木条。水平铺放，间距 20mm，逐层交错排列。木条间隙较大，可防止回流污泥堵塞填料。滤料也可采用直径 25mm 以上的蜂窝填料。塔中混合液需氧量大，塔的充氧效果好，出流含氧量达 6～8mg/L。塔式生物滤池使曝气池的负荷减小，有效抑制了污泥膨胀，系统稳定，耐冲击负荷。滤塔的有机负荷为 3～5kgBOD_5/(m^3·d)，水力负荷 120～200m^3/(m_2·d)，去除率 65%～70%，塔高 4～6m。曝气池有机负荷为 0.5～0.6kgBOD_5/(kgMLVSS·d)，停留时间 1.5h。整个系统的负荷为 1.0kgBOD_5/(m^3·d) 以上，处理效率 90%。

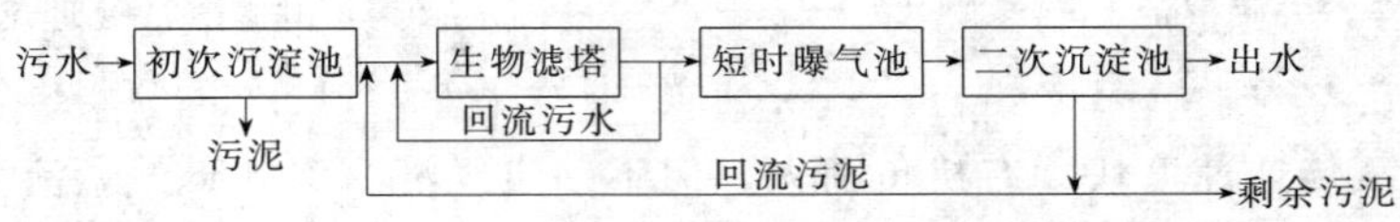

图 5-42 活性生物滤池工艺流程

(11) 吸附-生物降解法（AB 法） 20 世纪 70 年代德国提出了吸附-生物降解工艺，简称 AB 法。目前，国内已开始应用。

(12) 序批式活性污泥法（SBR 法） 20 世纪 80 年代中国开始采用 SBR 工艺，并不断改进，开发了连续进水周期循环延时曝气工艺（ICEAS）、连续进水分离式周期循环工艺（IDEA）和不完全连续进水周期循环工艺（CASS）等改良型 SBR 工艺。

(13) 生物除磷脱氮 一般的活性污泥法脱氮效率低，最多只有 30%左右，除磷效果更差。在一般活性污泥法的基础上加入厌氧和缺氧工序可有效去除 P 和 N。生物除磷脱氮工艺除 SBR 工艺外，还有“好氧-好氧-缺氧”三段脱氮工艺、“好氧-缺氧”两段脱氮工艺、Bardenpho 脱氮工艺、“缺氧-好氧”脱氮工艺、“厌氧-好氧”除磷工艺（A/O 法）、“好氧-旁路厌氧除磷工艺（Phostrip 法）、“厌氧-缺氧-好氧”脱氮除磷工艺（A^2/O 法）、“厌氧-缺氧-好氧-缺氧-好氧”脱氮除磷工艺（Phoredox 法）和“厌氧-缺氧-缺氧-好氧”脱氮除磷工艺（UCT 工艺）等。

5.3 生物膜法

生物膜法和活性污泥法一样，大都属于好氧生物法。生物膜法利用固着生长的微生物——生物膜的代谢作用去除有机物，有厌氧和好氧两种。本节只讨论好氧生物膜法，简称生物膜法。

5.3.1 生物膜法的基本原理

生物膜法主要适于处理溶解性有机物。污水同生物膜接触后，溶解性有机物和少量悬浮物被生物膜吸附降解为稳定的无机物（CO_2、H_2O 等）。这就是生物膜法去除有机物的基本原理。

5.3.1.1 生物膜的形成和结构

让含有营养物的污水与载体（固体惰性物质）接触，并提供充足的氧气（空气），污水中的微生物和悬浮物就吸附在载体表面，微生物利用营养物生长繁殖，在载体表面形成黏液状微生物群落。这层微生物群落进一步吸附分解污水中的悬浮物、胶体和溶解态营养物，不断增殖而形成一定厚度的生物膜。

构成生物膜的物质是无生命的固体杂质和有生命的微生物。状态良好的生物膜是细菌、真菌、藻类、原生动物和后生动物及固体杂质等构成的生态系统。在这个生态系统中细菌占主导地位，正是由于细菌等微生物的代谢作用使水质得以净化。在生物滤池中，污水从上而下流动，水质沿高度逐渐变化，形成不同的生物相。越往下水质越好，原生动物越多。此外滤池内还生长灰蝇，它以生物膜为食，起疏松生物膜的作用。

5.3.1.2 生物膜法基本流程

生物膜法的基本流程如图 5-43 所示。污水经沉淀池去除悬浮物后进入生物膜反应池，去除有机物。生物膜反应池出水入二沉池去除脱落的生物体，澄清液排放。污泥浓缩后运走或进一步处置。

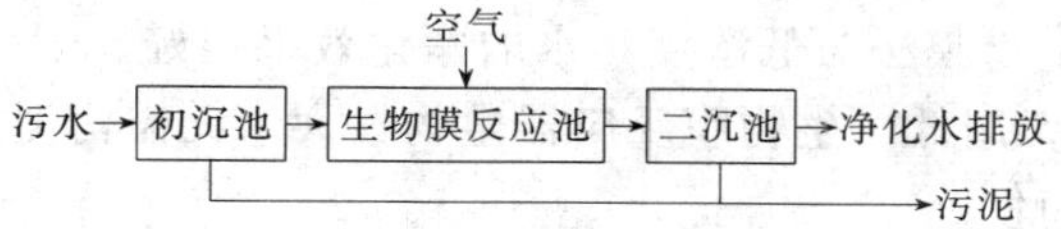

图 5-43 生物膜法基本流程

5.3.1.3 生物膜的净化过程

生物膜达到一定厚度，在膜深处供氧不足，出现厌氧层。所以，一般情况下生物膜由厌氧层和好氧层组成，如图 5-44 所示。

在好氧层表面是很薄的附着水层。污水流过生物膜时，有机物等经附着水层向膜内扩散。膜内的微生物将有机物转化为细胞物质和代谢产物。代谢产物（CO_2、H_2O、NO_3^-、SO_4^{2-}、有机酸等）从膜内向外扩散进入水相和大气。

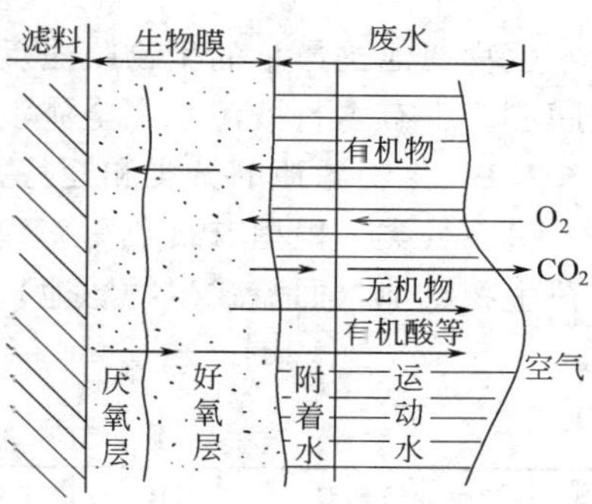

图 5-44 生物膜的净化过程

随着有机物的降解，细胞不断合成，生物膜不断增厚。达到一定厚度时，营养物和氧气向深处扩散受阻，在深处的好氧微生物死亡，生物膜出现厌氧层而老化，老化的生物膜附着力减小，在水力冲刷下脱落，完成一个生长周期。“吸附—生长—脱落”的生长周期不断交替循环，系统内活性生物膜量保持稳定。

生物膜厚一般为 2～3mm，其中好氧层 0.5～2.0mm，去除有机物主要靠好氧层的作用。污水浓度升高，好氧层厚度减小，生物膜总厚度增大；污水流量增大，好氧层厚度和生物膜总厚度皆增大；改善供氧条件，好氧层厚度和生物膜总厚度皆增大。过厚的生物膜会堵塞载体间的空隙，造成短流，影响正常通风，处理效率下降。所以，要控制滤池的进水浓度和流量，防止载体堵塞。污水浓度较高时，可采用回流加大滤池的水力负荷和冲刷作用，防止滤料堵塞。

5.3.1.4 生物膜法的分类和特点

(1) 分类 按生物膜与污水的接触方式不同，生物膜法可分为充填式和浸没式两类。充填式生物膜法的填料（载体）不被污水淹没，自然通风或强制通风供氧，污水流过填料表面或盘片旋转浸过污水，如生物滤池和生物转盘等。浸没式生物膜法的填料完全浸没于水中，一般采用鼓风曝气供氧，如接触氧化和生物流化床等。

(2) 特点 与活性污泥法相比生物膜具有如下特点。

① 微生物相复杂，能去除难降解有机物 固着生长的生物膜受水力冲刷影响小，所以生物膜中存在各种微生物，包括细菌、原生动物等，形成复杂的生物相。这种复杂的生物相，能去除各种污染物，尤其是难降解有机物。世代时间长的硝化细菌在生物膜上生长良好，所以生物膜法的硝化效果较好。

② 微生物量大，净化效果好 生物膜含水率低，微生物浓度是活性污泥法的5～20倍。所以生物膜反应器的净化效果好，有机负荷高，容积小。

③ 剩余污泥少 生物膜上微生物的营养级高，食物链长，有机物氧化率高，剩余污泥少。

④ 污泥密实，沉降性能好 填料表面脱落的污泥比较密实，沉淀性能好，容易分离。

⑤ 耐冲击负荷，能处理低浓度污水 固着生长的微生物耐冲击负荷，适应性强。当受到冲击负荷时，恢复得快。有机物浓度低时活性污泥生长受到影响，所以活性污泥法对低浓度污水处理效果差。而生物膜法对低浓度污水的净化效果很好。

⑥ 操作简便，运行费用低 生物膜反应器生物量大，无需污泥回流，有的为自然通风，所以运行费用低，操作简便。

⑦ 不易发生污泥膨胀 微生物固着生长时，即使丝状菌占优势也不易脱落流失而引起污泥膨胀。

⑧ 投资费用较大 生物膜法需要填料和支撑结构，投资费用较大。

5.3.2 生物滤池

生物滤池是最早的生物膜法反应池。生物滤池的填料一般不被污水淹没，属于充填式生物膜法。也有填料被污水完全淹没的，称为浸没式生物滤池。这里只讨论充填式生物滤池。

5.3.2.1 生物滤池的分类和运行方式

(1) 分类 根据有机负荷率，可将生物滤池分为普通生物滤池（低负荷生物滤池）、高负荷生物滤池（回流式生物滤池）和塔式生物滤池三种。城市污水生物滤池的负荷率见表5-9。

表 5-9 城市污水生物滤池的负荷率

生物滤池类型	BOD_5 负荷率/[kg/(m^3·d)]	水力负荷率/[m^3/(m^2·d)]	处理效率/%
低负荷	0.15～0.30	1～3	85～95
回流式	<1.2	<10～30	75～90
塔式	1.0～3.0	80～200	65～85

① 普通生物滤池 在较低负荷率下运行的生物滤池叫做低负荷生物滤池或普通生物滤

池。普通生物滤池处理城市污水的有机负荷率为 0.15～0.30kgBOD_5/(m^3·d)。普通生物滤池的水力停留时间长，净化效果好（城市污水 BOD_5 去除率 85%～95%左右），出水稳定，污泥沉淀性能好，剩余污泥少。但滤速低，占地面积大，水力冲刷作用小，易堵塞和短流，生长灰蝇，散发臭气，卫生条件差，目前已趋于淘汰。

② 高负荷生物滤池　在高负荷率下运行的生物滤池叫做高负荷生物滤池，或回流式生物滤池。高负荷生物滤池处理城市污水的有机负荷率为 1.1kgBOD_5/(m^3·d) 左右。在高负荷生物滤池中，微生物营养充足，生物膜增长快。为防止滤料堵塞，需进行出水回流，又叫回流式生物滤池。回流使滤速提高，冲刷作用增强，能防止滤料堵塞。高负荷生物滤池的去除率较低，处理城市污水时 BOD_5 去除率 75%～90%左右。与普通生物滤池相比，高负荷生物滤池剩余量多，稳定度小。高负荷生物滤池占地面积小，投资费用低，卫生条件好，适于处理浓度较高、水质水量波动较大的污水。

③ 塔式生物滤池　塔式生物滤池的负荷很高，处理城市污水时为 1.0～3.0kgBOD_5/(m^3·d)。塔滤池生物膜生长快，没有回流，为防止滤料堵塞，采用的滤池面积较小，以获得较高的滤速。滤料体积是一定的，面积缩小使高度增大，而形成塔状结构，称为塔式生物滤池。

与普通生物滤池和高负荷生物滤池相比，塔式滤池的净化效果最差，对城市污水的 BOD_5 去除率为 65%～85%。塔式生物滤池占地面积小，投资运行费用低，耐冲击负荷能力强，适于处理浓度较高的污水。

(2) 运行方式　在普通生物滤池的基础上，又发展出交替式二级生物滤池、回流式一级生物滤池和回流式二级生物滤池等。

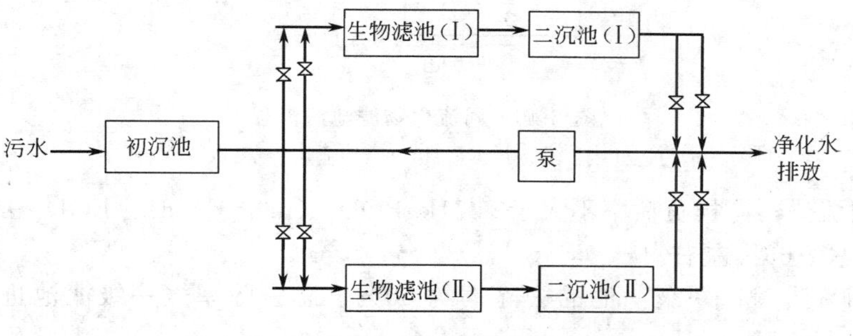

图 5-45　交替式二级生物滤池法工艺流程

① 交替式二级生物滤池法　图 5-45 为交替式二级生物滤池法的工艺流程。滤池串联工作，污水经初沉淀后进入生物滤池（Ⅰ）（一级滤池），然后经中沉淀后泵入生物滤池（Ⅱ）（二级滤池），再经二次沉淀后排放。一级滤池（Ⅰ）生物膜逐渐增厚，即将被堵塞时改作二级滤池，而将原二级滤池（Ⅱ）改成一级滤池。如此交替循环，以保证系统的正常运行。

交替式二级生物滤池法中的滤池（Ⅰ）和（Ⅱ）为两个完全相同的普通生物滤池或高负荷生物滤池，交替式运行的总负荷率比并联运行提高 2～3 倍。二级生物滤池处理效果好，处理城市污水的 BOD_5 去除率可达 90%以上。

② 回流式生物滤池法　回流式生物滤池法有一级和二级串联两种流程，其运行方式如图 5-46 所示。按 (a)、(b)、(c)、(d) 的顺序，处理效率依次升高。回流式生物滤池为高负荷生物滤池。当污水浓度不太高时，应采用图 5-46(a)、(b) 所示的一级流程；有机物浓度高，或出水要求高时，宜采用图 5-46(c)、(d) 所示的二级流程。由于二级流程投资运行费用高，目前未得到广泛应用。

国外运行经验表明，回流式生物滤池法处理城市污水的效率如下。

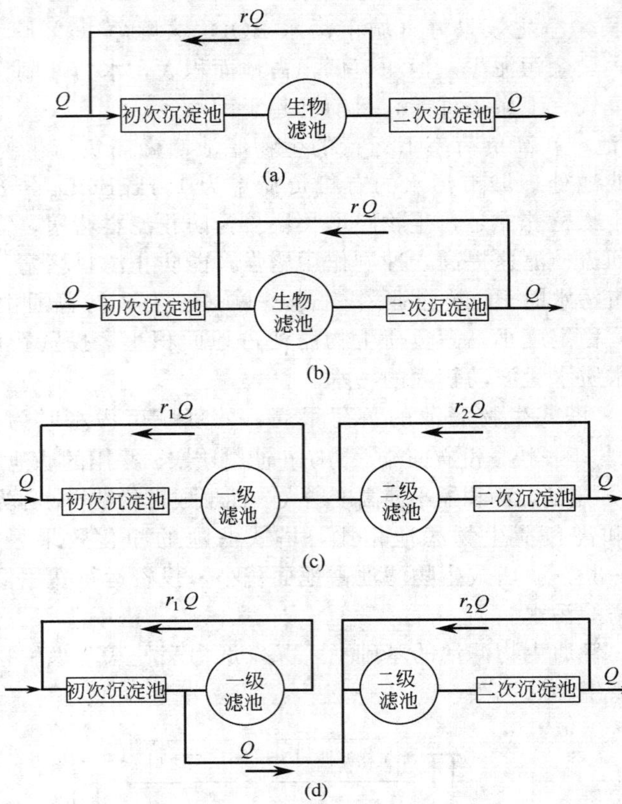

图 5-46 回流生物滤池法流程

Q—污水流量；r—回流比

a. 单级回流法 有机负荷率不大于 $1.71kgBOD_5/(m^3 \cdot d)$ 时，BOD_5 去除率（滤池进水，二沉池出水）65%左右。

b. 二级回流法 每一级滤池的去除率约 50%，总去除率（一级滤池进水，二沉池出水）约 75%。

③ 塔式生物滤池法 塔式生物滤池法是负荷很高的高负荷生物滤池法，一般为单级，不设回流。塔式生物滤池分级进水的有机负荷率比单级进水高。

生物滤池的主要优点是操作简单，耐冲击负荷能力强，脱落的生物膜沉淀性能好。但生物滤池处理效率比活性污泥法略低。

5.3.2.2 生物滤池的构造

普通生物滤池的构造如图 5-47 所示，塔式生物滤池的构造如图 5-48 所示，都由滤床、池壁、布水设备和排水通风系统四部分组成。

(1) 滤床 滤床是滤料（生物载体）堆积而成的一定厚度的床层。滤料作为生物载体应具有较大的表面积。但是滤料的比表面积越大，粒径就越小，阻力（通风阻力和水力阻力）也就越大，这不利于通风，易堵塞。

滤料的选择应综合考虑多方面因素：要有较大的孔隙率和比表面积；有一定的机械强度，能承受一定的压力；容重小，以减少支撑结构的载荷；不易被生物降解，也不应含对生物有毒物质，有较好的化学稳定性；价格低廉。有机负荷高时（浓度高、流量大），应采用大粒径填料；反之，采用小粒径填料。

早期的滤料主要是碎石、卵石、炉渣和焦炭等，粒径为 3～8cm，孔隙率 50%左右，比表面积 65～100m^2/m^3。近年来多采用塑料滤料，主要有波纹填料、环状填料和蜂窝填料等。

① 波纹填料　波纹填料如图 5-49（a）所示。滤料比表面积 80～195m^2/m^3，孔隙率 90%～95%。

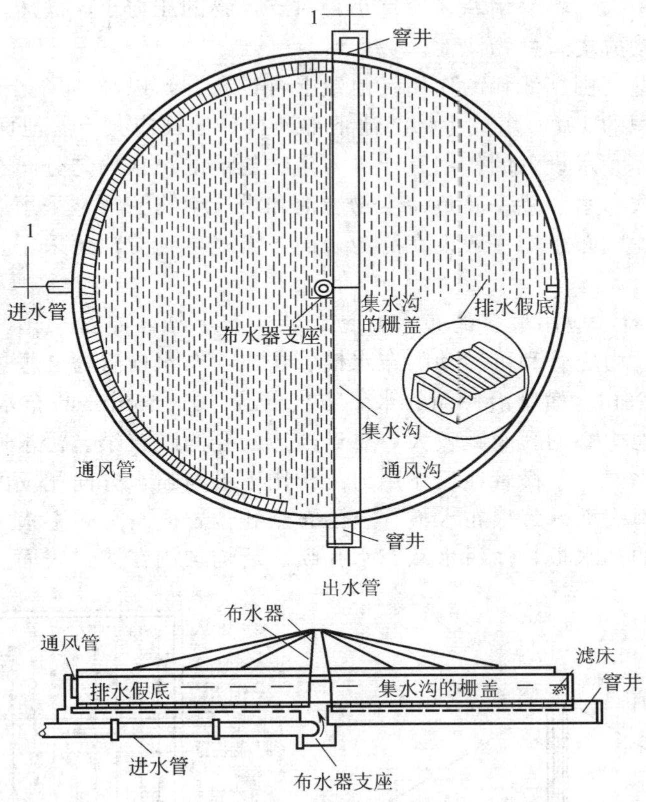

1–1 剖面

图 5-47　普通生物滤池示意

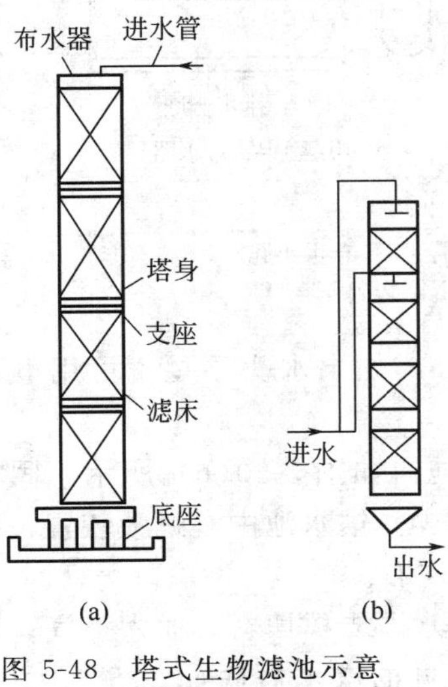

(a)　　(b)

图 5-48　塔式生物滤池示意

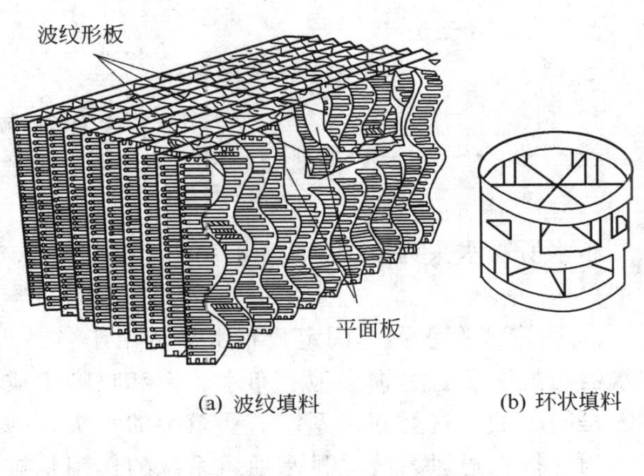

(a) 波纹填料　　(b) 环状填料

图 5-49　常用填料

② 环状填料　环状填料如图 5-49(b) 所示，是应用最多的一种。比表面积 100～340m^2/m^3，孔隙率 90%～95%。

③ 蜂窝填料　直径 20mm 的蜂窝填料孔隙率 95%左右，比表面积 200m^2/m^3 左右。

滤床的高度与滤料（填料）关系密切。石质滤料孔隙率低，容重大，所以床层高度较低。塑料填料孔隙率大，不易堵塞，容重小，对支撑物的压力小，滤床高度可以提高，还可以采用多层结构，构成塔式生物滤池。

(2) 池壁　池壁起围挡滤料的作用。池壁上可设孔洞，以利通风。池壁下部通风孔总面积应大于滤池表面积的 1%。塔式生物滤池下部通风口面积应大于滤池面积的 8%～10%。

(3) 布水设备　布水设备的作用是让进入生物滤池的污水均匀分布在填料表面。普通生物滤池常采用固定式布水装置。高负荷生物滤池和塔式生物滤池常采用旋转式布水器，固定式布水装置应用较少。布水器一般设在滤池表面。塔式生物滤池可采用多段进水，均分负荷于全塔。

① 旋转式布水器　应用最多的布水器是旋转式布水器，如图 5-50(a) 所示。旋转式布水器适于圆形滤池，由竖管和可转动的布水横管构成。布水横管为 2 根或 4 根，管中心高出滤层表面 0.15～0.25m。横管沿一侧的水平方向开设 10～15mm 的布水孔。为使每孔的服务面积相等，靠近池中心的孔间距较大，靠近池边的孔间距较小。污水通过中心竖管流入横管，布水孔向外喷水，布水横管在反作用力的作用下沿与喷水方向相反的方向旋转。为了使污水均匀喷洒在滤料表面，每根布水横管上的布水孔位置应与另一根横管错开，或者在布水孔外设可调节角度的挡水板，使污水从布水孔喷出后均匀洒在滤料表面。

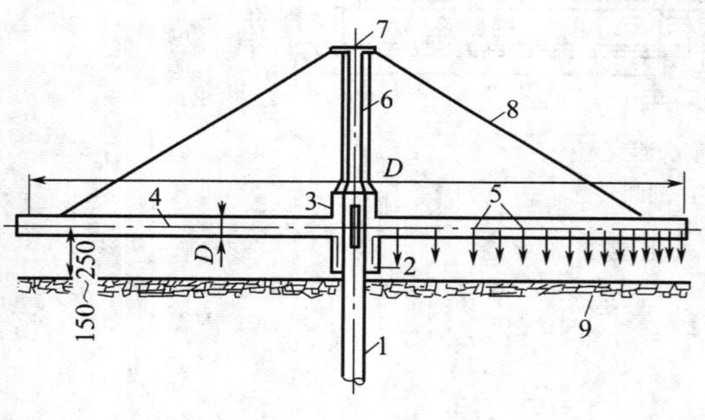

(a) 旋转式布水器

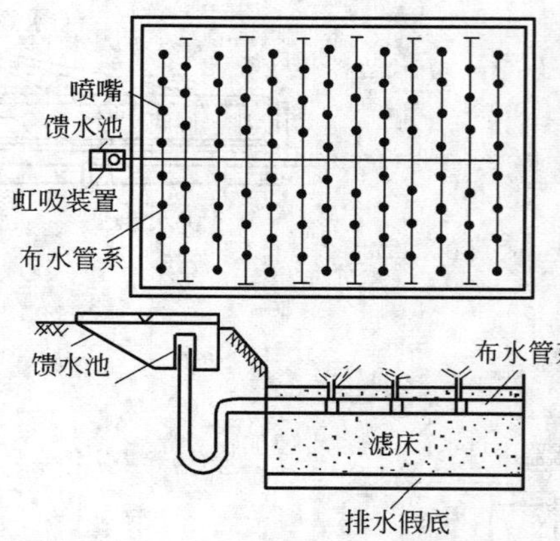

(b) 固定式布水器

图 5-50　生物滤池布水器

1—进水竖管；2—水银封；3—配水短管；4—布水横管；5—布水小孔；
6—中央旋转柱；7—上部轴承；8—钢丝绳；9—滤料

布水所需水头为 0.6～1.5m，旋转速度为 0.5～9r/min，如果水头不足，可用电动机带动。

② 固定式布水器　固定式布水器适用于各种形状的滤池，如图 5-50(b) 所示。固定式布水器由虹吸装置、馈水池、布水管系和喷嘴组成，使用较少。馈水池中有虹吸装置，所以喷水是间歇的。这类布水系统需要较大的水头，一般为 2m 左右。

(4) 排水通风系统　排水通风系统的作用是排放处理后水，支撑填料，通入空气。排水系统分为两层，即渗水假底和集水沟，滤料堆在假底上。常见的渗水假底如图 5-51 所示，为混凝土栅板［图 5-51(a)］、砖砌装置［图 5-51(b)］、滤砖［图 5-51(c)］和半圆形陶土管［图 5-51(d)］等。

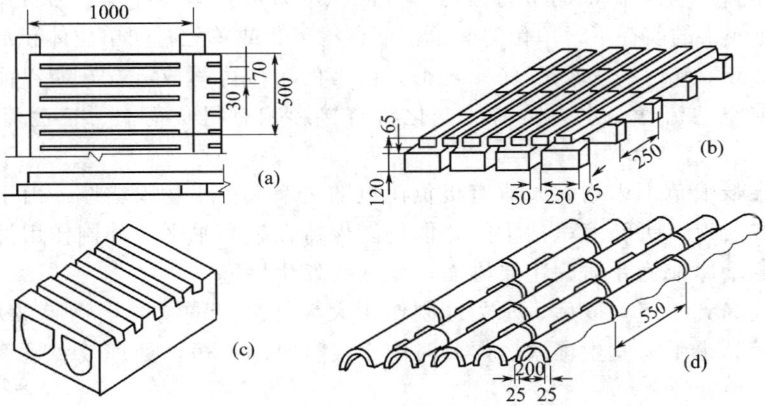

图 5-51　生物滤池的渗水假底

目前也有使用金属栅板作假底的。假底的排水面积应大于滤池表面积的 10%～20%，假底同池底间的距离为 0.4～0.6m。滤池底面坡向集水沟，坡度为 0.01。污水经集水沟汇入总排水沟，总水沟底的坡度应大于 0.005。

总排水沟和集水沟内设计流速（水）大于 0.6m/s，沟中过水断面小于排水沟断面积的 50%，以保证空气流通。

滤池面积不大时，池底可不设集水沟，而采用坡度 0.005～0.01 的池底将水汇入总排水沟（池内或池外）。

5.3.2.3　生物滤池性能的影响因素

滤床高度、负荷率、回流比和供氧情况对滤池的工作性能有显著的影响。

(1) 滤池高度　在生物滤池内，填料层不同高度的微生物量和种类各不相同。滤层上部污水中有机物浓度高，微生物相单一，主要是繁殖速度快的细菌，生物膜厚，生物量大，有机物去除速度快。从上往下，随着滤床深度的增加，生物量逐渐减少，微生物的种类逐渐增多，生物相趋于复杂。由于微生物量和有机物浓度随深度的增加逐渐降低，所以污染物的去除速度逐渐降低。

滤床内微生物种类繁多，能去除各种污染物，适用处理成分复杂的有机工业废水。随着滤床高度的增加，污染物浓度逐渐降低，去除率不断提高。但是，当滤床高度达到一定数值后，处理效率的提高变得非常缓慢，再增加高度，就不经济了。通过试验可以确定不同水质、填料和负荷率条件下的床层经济高度。处理城市污水时，普通生物滤池的经济高度为 2.0～3.0m，塔滤池的经济高度在 7～10m。

(2) 负荷率　生物滤池的负荷率有两种表示方式，即有机负荷率和水力负荷率。

① 有机负荷率　生物滤池的有机负荷率又分容积有机负荷率和面积有机负荷率两种，即在保证预期净化效果的前提下，单位体积滤料或单位面积滤床在单位时间内承受的有机物量，单位分别为 $kgBOD_5/(m^3 \cdot d)$ 和 $kgBOD_5/(m^2 \cdot d)$。在其他条件不变的情况下，有机负荷率高，降解速度快，去除率低，出水水质变差，生物膜增殖快，易堵塞，但滤池容积变小，投资运行费用降低；有机负荷率低，降解速度慢，去除率高，出水水质变好，生物膜增殖慢，不易堵塞，但滤池容积增大，投资费用变大。

有机负荷率与水质、滤料性质（材料、形状、尺寸、表面粗糙度等）、预期处理效率等因素有关，一般由实验确定，或由经验选定。实验所用的滤料和滤床高度应与工程设计相同。设计时可参考表 5-9 选取容积有机负荷率。

② 水力负荷率　生物滤池的水力负荷率分面积水力负荷率和容积水力负荷率两种，分别为在预期的净化效果的前提下，单位时间单位面积滤床，或单位时间单位体积滤床所能接纳的污水量，单位为 $m^3/(m^2 \cdot d)$或 $m^3/(m^3 \cdot d)$。前者的单位可写成 m/d，所以面积水力负荷率又称过滤速度或空池流速。水力负荷的变化将直接影响有机负荷率、空池流速和水力冲刷作用。

水力负荷在低值范围内增大时，有机负荷也随之增大，生物膜增厚。由于水力负荷在低值范围内增大，所以，去除率虽然下降，但仍能保持在较高水平；冲刷作用虽然增大，但仍然很小。生物膜增厚成为矛盾的主要方面，滤床易发生堵塞。

水力负荷提高到一定程度后，水力冲刷作用大大加强，增殖的生物膜被及时冲刷脱落，即使进水浓度较高也不易发生堵塞。但此时由于接触时间缩短，处理效率显著下降，出水水质变差。

总之，应将生物滤池的进水浓度和水力负荷率控制在适宜范围内。处理城市污水时，普通生物滤池的适宜面积水力负荷为 $1\sim4m^3/(m^2 \cdot d)$，高负荷生物滤池为 $10\sim30m^3/(m^2 \cdot d)$。

为使生物滤池在高负荷下运行时不发生堵塞，应采用回流工艺，这样既增大了水力冲刷作用，又不额外增加有机负荷，保证了良好的出水水质。

(3) 回流　回流对生物滤池的影响如下。

① 促使生物膜脱落　回流使水力负荷加大，冲刷作用增强，生物膜被冲刷脱落，即使有机负荷率较高也不会发生堵塞。

② 改善卫生状况　提高水力负荷率，可防止灰蝇生长和恶臭。

③ 改善进水水质　回流水中含溶解氧和营养元素，能提高进水的溶解氧浓度，补充营养，稀释有毒物质，改善进水水质。

④ 稳定进水　回流可缓冲原污水水质水量的变化，稳定进水。

⑤ 增加滤床生物量　回流水含微生物，使滤池不断接种，生物量增加，去除效率得到提高。

⑥ 回流的缺点　回流使进水有机物浓度降低，传质速度和生物降解速度减小；缩短污水和滤料的接触时间；难降解物质积累；冬天使水温下降。

⑦ 回流的条件　在下列三种情况下应考虑回流：进水有机物浓度高时（$BOD_5 > 200mg/L$）；水量小无法维持最低水力负荷时；污水中存在高浓度有毒物质时。

回流比与原污水浓度有关，不同浓度下的回流比见表 5-10。

表 5-10　回流滤池的回流比与污水浓度之间的关系

进水 BOD_5/(mg/L)	<150	150～300	300～450	450～600	600～750	750～900
一级	0.75	1.50	2.25	3.00	3.75	4.50
二级(各级)	0.5	1.0	1.5	2.0	2.5	3.0

(4) 供氧　生物滤池一般靠自然通风供氧。影响自然通风效果的主要因素是滤池内外的气温差和滤层高度。温差越大，滤床的气流阻力越小（孔隙率大），通风量也就越大。滤床越高（塔滤）抽风效果越好。

滤床内气温与水温接近，因进水温度比较稳定，所以滤床内气温变化不大。滤池外气温随季节和一日内变化较大。因此，滤池内外温差、通风方向和通风量随时都在变化。污水温度低于大气温度时（夏季），滤床内气温就低于大气温度，池内气流向下流动；反之（冬季）池内气流向上流动。一般情况下，自然通风即能满足生化反应的需要。

自然通风能否满足生化反应的需要，还与进水有机物浓度有关。有机物浓度低时，需氧量小，自然通风能满足要求；有机物浓度高时，需氧量大，易出现供氧不足。为此，常控制 $BOD_5 \leqslant 200mg/L$。若 $BOD_5 > 200mg/L$，则用回流水稀释冲刷生物膜，补充溶解氧或采用强制通风。

5.3.2.4 生物滤池的设计

决定生物滤池性能的因素很多，各因素间关系复杂，至今还没有能精确反映生物滤池性能与各因素之间关系的数学模型。设计参数由试验确定。生物滤池的设计包括工艺选择、滤池类型、滤床设计和布水装置设计等。这里只介绍滤床和布水装置的设计。

(1) 滤床设计　滤床设计方法有多种，这里仅介绍使用最多的负荷率法。常用的负荷率有容积有机负荷率，面积有机负荷率和面积水力负荷率，其计算模型如图 5-52 所示。

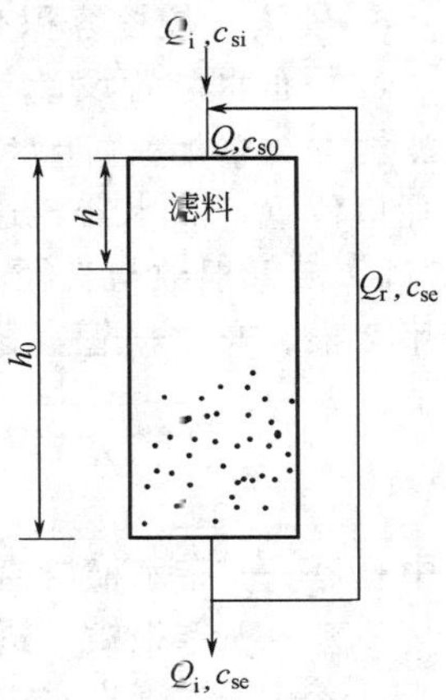

图 5-52　生物滤池计算模型

① 容积有机负荷率法

a. 滤床体积　滤床体积可用下式算得。

$$V=\frac{c_{s0}Q}{N_v} \tag{5-60}$$

式中 V——滤床体积，m^3；

c_{s0}——进水有机物浓度，kg/m^3；

Q——滤池进水流量，m^3/d；

N_v——容积有机负荷率，$kgBOD_5/(m^3 \cdot d)$ 或 $kgCOD/(m^3 \cdot d)$。

b. 滤床高度　滤床高度一般由试验或经验确定。普通生物滤池 2.0m 左右；二级回流生物滤池的第一级 1.5～2.0m，第二级 1.0m 左右；塔式生物滤池直径为 1～3.5m，高 8m 以上，是直径的 6～8 倍，采用多层结构，每层 2.0m，上下层间空隙高度 200～400mm。

c. 滤床面积　可用下式计算滤床面积。

$$A=\frac{V}{h} \tag{5-61}$$

式中 A——滤床面积，m^2；

V——滤床体积，m^3；

h——滤床高度，m。

生物滤池的直径一般在 35m 以下，最大直径 60m。

d. 校核滤速　算出滤床面积后，应校核面积有机负荷率和面积水力负荷率是否合理。

② 面积有机负荷率法

a. 滤床面积

$$A=\frac{Qc_{s0}}{N_A} \tag{5-62}$$

式中 N_A——面积有机负荷率，$kgBOD_5/(m^2 \cdot d)$ 或 $kgCOD/(m^2 \cdot d)$。

其他各项同前。

b. 滤床高度　滤床高度的确定同前（容积有机负荷率法）。

c. 滤床体积

$$V=\frac{A}{h}$$

d. 校核　校核容积有机负荷率和面积水力负荷率是否在适宜的范围内。

③ 面积水力负荷率法

a. 滤床面积

$$A=\frac{Q}{N_q} \tag{5-63}$$

式中　N_q——面积水力负荷率，$m^3/(m^2 \cdot d)$ 或 m/d。

b. 滤床高度和体积　确定方法和计算方法同前（面积有机负荷率）。

c. 校核　校核容积有机负荷率和面积有机负荷率是否在适宜的范围内。

(2) 布水装置设计　图 5-50 (a) 所示的旋转式布水器是常用的布水装置，适于各种圆形滤池（含塔滤）。布水装置设计主要包括：横管根数（2 根或 4 根）与直径、横管孔口数及孔口位置、布水器转速。

① 横管根数与直径　布水横管根数取决于池面直径和水量大小。水量大时用 4 根，一般用 2 根。布水横管直径（D）可用下式计算：

$$D=2\sqrt{\frac{Q'}{\pi u}} \tag{5-64}$$

式中　D——布水横管直径，m；

Q'——每根横管进水端流量，m^3/s；

u——横管进水端流速，m/s；一般取 $u \leqslant 1.0m/s$。

② 出水孔口数和在横管上的位置　设每个出水孔的服务面积相同，则孔口数（n）为：

$$n=\frac{1}{1-\left(1-\frac{4l'}{D'}\right)^2} \tag{5-65}$$

式中　n——每根横管上的孔口数，个；

l'——池中心算起第 n 个孔中心离横管自由端的距离，一般取 $l' \geqslant 40mm$；

D'——布水器跨度，mm，比滤床直径小 200mm。

池中心算起第 i 个孔中心距滤池中心的距离（l_i）为：

$$l_i=\frac{D'}{4}\left(\sqrt{\frac{i}{n}}+\sqrt{\frac{i-1}{n}}\right) \tag{5-66}$$

式中　i——孔口在横管上的排列序号（从池中心算起）。

孔口流速一般取 2m/d 或更大些。可根据孔口流速、孔口数及流量确定孔径（一般为 10～15mm）。

③ 布水器转速　布水器的转速与滤速、横管根数有关，见表 5-11。也可用下式近似计算：

$$m=\frac{3.478 \times 10^7 Q}{nd^2 D'} \tag{5-67}$$

式中　m——布水器转速，r/min；

d——孔口直径。

布水横管底离滤床表面距离 150～250mm，布水器所需水头大约为 0.6～1.5m。

(3) 设计举例　工程实践中，一般用有机负荷率法设计生物滤池，现举例说明。

表 5-11 旋转式布水器转速

滤速/(m/d)	转速(4 根横管)/(r/min)	转速(2 根横管)/(r/min)	滤速/(m/d)	转速(4 根横管)/(r/min)	转速(2 根横管)/(r/min)
15	1	2	25	2	4
20	2	3			

【例 5-2】 某城镇污水总排放量为 $10000m^3/d$，BOD_5 浓度是 600mg/L。用回流式生物滤池处理，要求出水 BOD_5 达到 30mg/L 以下。试设计生物滤池。

解 ① 回流比

由于 $BOD_5=600mg/L>200mg/L$，所以需用出水回流。设回流稀释后 $BOD_5=200mg/L$，则

$$Q_i c_{si}+Q_r c_{se}=Qc_{s0}$$

$$10000\times 600+Q_r\times 30=(10000+Q_r)\times 200$$

$$Q_r=23529(m^3/d)$$

$$Q=Q_r+Q_i=23529+10000=33529(m^3/d)$$

$$r=\frac{Q_r}{Q_i}=\frac{23529}{10000}=2.4$$

② 滤床体积

设滤床的有机负荷率为 $1.0kgBOD_5/(m^3\cdot d)$，则

$$V=\frac{c_{s0}Q}{N_v}=\frac{200\times 10^{-3}\times 33529}{1.0}=6706\ (m^3)$$

③ 滤床高度

取滤床高度 $h=2.0m$。

④ 滤池面积

$$A=\frac{V}{h}=\frac{6706}{2.0}=3353\ (m^2)$$

⑤ 校核

a. 面积有机负荷率 $N_A=\frac{Qc_{s0}}{A}=\frac{200\times 10^{-3}\times 33529}{3353}=2.0[kg/(m^2\cdot d)]$（在 1.1～2.0 范围，合理）

b. 滤速 $u=\frac{Q}{A}=\frac{33529}{3353}=10(m/d)$（在 10～30 范围，合理）

⑥ 滤池个数及直径

采用 8 个池子

$$\text{直径 } D_0=\sqrt{\frac{4a}{\pi}}=\sqrt{\frac{4\times\frac{1}{8}\times 3353}{3.14}}=23\ (m)$$

5.3.3 生物转盘

生物转盘又名转盘式生物滤池，属于充填式生物膜法处理设备。生物转盘去除污染物的原理与生物滤池相同，但构造形式与生物滤池不同。其工艺流程见图 5-53。

5.3.3.1 生物转盘的构造与工作原理

如图 5-53 所示，生物转盘反应器由垂直固定在水平轴上的一组盘片（圆形或多边形）

及与之配套的氧化水槽组成。氧化水槽的断面为半圆形、矩形或梯形。盘片一般用塑料、玻璃钢等材料制成，要求轻质、耐腐蚀和不变形。盘片为平板、点波纹板等，或是平板和波纹板的复合。盘片直径一般 2～3m，最大 5m。片间净距离 10～35mm，片厚 1～15mm。固定盘片的轴长一般不超过 7.0m。许多盘片固定在一根轴上，形成一个大的生物转盘。转盘的轴与分级氧化水槽平行，轴的两端固定在轴承上，靠机械传动。转盘转速 0.8～3.0r/min，边缘线速度 10～20m/min 为宜。

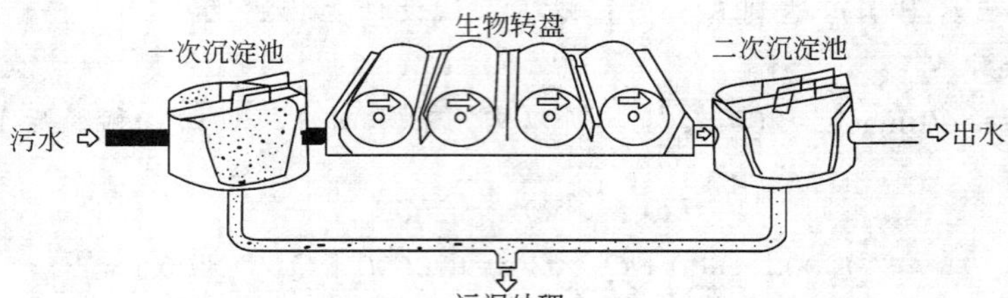

图 5-53　生物转盘工艺流程

生物转盘上生长着生物膜，靠生物膜的吸附稳定作用去除有机物。生物转盘常多级串联，以提高处理效率。级数一般不超过 4 级，级数过多，处理效率提高不大。多级转盘的布置方式有单轴多级和多轴多级两种，图 5-53 所示为多轴多级形式。氧化水槽底部设有排泥管和放空管，以控制槽内悬浮物浓度。

污水流动方向与轴垂直，与盘面平行。氧化水槽内保持一定的液位，盘片近一半浸没在水中，另一半曝露在空气中。转盘在电机带动下，缓慢转动，使盘片上的生物膜交替进行“吸附稳定—充氧”过程。生物膜浸没于水中时吸附有机物，暴露在空气中时吸收氧气使有机物氧化分解。转盘旋转时给氧化槽带入空气，并引起液滴飞溅和液面波动，使氧化水槽中的悬浮液曝气充氧。含有溶解氧和微生物的悬浮液对有机物有一定的净化作用，同时也向生物膜提供氧源。生物转盘和悬浮液的共同作用使污染物得以去除。

生物转盘转动形成的冲刷作用使生物膜不断更新。脱落的生物膜随水流入二沉池，二沉池出水即净化水。生物膜的脱落程度可通过调节转盘的转速加以控制。

5.3.3.2　生物转盘的运行特点

在国内，生物转盘主要用于处理工业废水，部分运行资料见表 5-12。

生物转盘法与活性污泥法相比有以下特点：

① 不需污泥回流，不发生污泥膨胀，操作简单，易于控制；

② 剩余污泥量小，密实而稳定，易于分离和脱水；

③ 构造简单，无需曝气和回流设备，动力消耗少，运行费用低；

④ 采用多层布置时，可节省用地，采用单层布置时占地面积大；

⑤ 耐冲击负荷，处理效率高，BOD_5 去除率 90%以上，对难溶解有机物的净化效果好；

⑥ 散发臭气和其他挥发性物质；

⑦ 处理效果受气温影响大，寒冷地区需保温。

生物转盘法与生物滤池相比具有以下特点：

① 自然通风效果好，充氧能力强；

② 能处理高浓度污水，进水 BOD_5 可达 100mg/L；

③ 无堵塞现象；

表 5-12 国内生物转盘处理工业废水的部分运行资料

废水类型	进水 BOD /(mg/L)	出水 BOD /(mg/L)	水力负荷 /[$m^3/(m^3 \cdot d)$]	BOD 负荷 /[$g/(m^2 \cdot d)$]	COD 负荷 /[$g/(m^2 \cdot d)$]	停留时间 /h	水温 /℃
含酚	酚 50～250 (152)		0.05～0.113 (0.070)		15.5～35.5 (22.8)	1.5～2.7 (2.6)	>15 (10.5)
印染	100～280 (180)	12.8～96 (47)	0.04～0.24 (0.12)	12～23.2 (16.2)	10.3～43.9 (28.1)	0.6～1.3	>10
煤气洗涤	130～765 (365)	15～79	0.019～0.1 (0.055)	7.8～16.6 (12.2)	26.4	1.3～4.0 (29.5)	>20
酚醛	442～700 (600)	100	0.031	7.15～22.8 (15.7)	11.7～24.5 (17.8)	3.0	24
酚氰	422	100	0.1	7.15	11.7	2.0	
苯胺	苯胺 53	苯胺 15	0.03				
苎麻煮炼黑液	367	81	0.066			2.3	21～28
丙烯腈	84	15	0.05～0.1 (0.075)			1.8	
腈纶	300～315	60～19	0.1～0.2 (0.15)			1.9	30
氯丁废水	230	25	0.16	32.6	38.1	2	15～20
制革	250～800	60	0.06～0.15 (0.10)			1～2	22
造纸中段	100～480	113.6	0.05～0.08			3.0	20～30
铁路罐车	28.8	2.1	0.15			1.13	25

注：括号内数值为平均值。

④ 生物膜与污水接触均匀，盘面利用率高，无死角；

⑤ 污水与生物膜接触时间长，处理效率高，可通过调节转速来控制传质条件、充氧量和生物膜更新程度；

⑥ 单层布置的占地面积比普通生物滤池小，比高负荷滤池大，多层布置的占地面积与塔式生物滤池相当；

⑦ 水头损失小，能耗低；

⑧ 盘片材料贵，投资大；

⑨ 需设雨棚，防止雨水淋掉生物膜。

5.3.3.3 生物转盘的工艺设计

生物转盘工艺设计主要包括盘片面积、盘片数、氧化槽长度、氧化槽容积及转盘转速等。设计参数主要有停留时间、水力负荷和面积负荷率等。

停留时间指污水充满氧化槽净有效容积（盛水量）所需时间，为氧化槽净有效容积与进水流量之比；水力负荷指单位时间单位氧化槽净有效容积处理的水量，单位为 $m^3/(m^3 \cdot d)$；面积负荷指单位面积转盘在单位时间内接纳的有机物量，单位为 $kgBOD_5/(m^2 \cdot d)$。

生物转盘的负荷率与污水性质、浓度、气候条件、反应器的构造和运行状况等因素有关，应通过试验确定。有人建议：用直径 0.5m 的转盘的试验数据进行设计时，转盘实际面积应比计算值增加 25%；用直径 2m 的转盘的试验数据进行设计时，应增加 20%。

生物转盘设计的程序是：①计算转盘总面积；②选定盘片直径，计算盘片数；③选定盘片净间距，计算转盘总长度；④选定每级转盘的轴长，计算级数；⑤根据转盘总长度，计算氧化槽有效容积；⑥核算停留时间；⑦计算转盘转速；⑧计算转盘轴功率。

(1) 转盘总面积　转盘总面积是盘片表面积之和，即转盘上生物膜的总面积。计算方法有面积负荷率法、经验公式法、经验图表法和动力学方程法等。现只介绍面积负荷率法。

面积有机负荷率指的是在达到预期处理效果的前提下，单位盘片表面积单位时间内所能接受的有机物量。可先通过试验或经验确定面积负荷率，再用式(5-68) 计算转盘总面积。

$$A=\frac{Qc_{s0}}{N_A} \tag{5-68}$$

式中　A——生物转盘总面积，m^2。

某些污水用生物转盘处理的面积负荷率见表 5-13。

表 5-13　生物转盘处理某些污水的面积负荷率

污水性质	处理程度(出水 BOD_5)/(mg/L)	面积负荷/[g/(m^2·d)]	备　注
生活污水	≤60	20～40	国外资料
	≤30	10～20	
煮炼废水	≤60	12～16	益阳、株洲苎麻纺织厂
		30～40	上海苎麻实验厂
染色废水	≤30	20	南京织布厂
		128～255	上海第三印绸厂
生活污水	10	4	
		69	国营长空机械厂
	16	79	北京结核病医院
		164	

(2) 转盘片数

$$n=\frac{2A}{\pi D^2} \tag{5-69}$$

式中　n——盘片数，片；

D——转盘直径，m，取 2～3m，最大 5m。

(3) 转盘长度

$$L_1=(n-1)l+n\delta \tag{5-70}$$

式中　L_1——转盘总长度，即第一个与最后一个盘片外表面间的距离，m，每根轴长不超过 5～7m；

n——盘片数，片；

l——盘片间净距离，m，l=10～35mm，进水端取 25～35mm，出水端取 10～20mm，若需光照培养藻类则可取 65mm；

δ——盘片厚度，m，一般为 1～15mm，视材料而定。

(4) 氧化槽有效长度

$$L=kL_1=k[(n-1)l+n\delta] \tag{5-71}$$

式中　k——长度放大系数，一般取 k=1.2。

(5) 氧化槽有效容积　横断面为半圆形的氧化槽，可参见图 5-54 计算其有效容积。

a. 氧化槽过水断面积

$$A\approx\frac{\pi}{8}(D+2h_2)^2-(D+2h_2)h_1 \tag{5-72}$$

式中　A ——氧化槽过水断面积，m^2；

D ——生物转盘直径，m；

h_1 ——转盘轴心离槽中水面的垂直距离，m，当 $h_1/D=0.06\sim0.1$ 时，$h_1\geqslant 15$mm；

h_2 ——转盘外缘离槽内壁的距离，m，一般取 $h_2=20\sim40$mm。

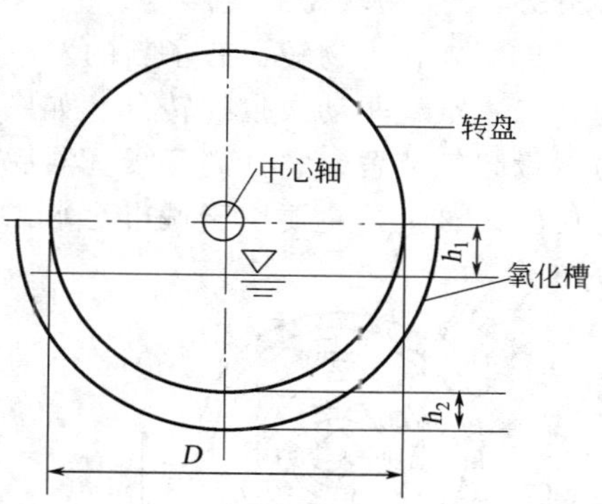

图 5-54　氧化槽横断面

b. 氧化槽有效容积

$$V=A'L\approx k\left[\frac{\pi}{8}(D+2h_2)^2-(D+2h_2)h_1\right]\cdot[(n-1)l+n\delta] \tag{5-73}$$

式中　V ——氧化槽有效容积，m^3。

（6）氧化槽盛水量

$$V_w=A'(L-n\delta)\approx\left[\frac{\pi}{8}(D+2h_2)^2-(D+2h_2)h_1\right]\cdot[k(n-1)l+n(k-1)\delta] \tag{5-74}$$

式中　V_w ——氧化槽盛水量，m^3。

（7）校核停留时间

$$t=\frac{V_w}{Q} \tag{5-75}$$

式中　t ——污水在氧化槽中的停留时间，h，适宜值为 $t=0.5\sim2.5$h。

（8）转盘转速

$$m=\frac{6.73}{D}\left(0.9-\frac{V_w}{Q}\right) \tag{5-76}$$

式中　m ——转盘转速，r/min；

D ——转盘直径，m；

V_w ——每个氧化槽盛水量，m^3；

Q ——每个氧化槽进水量，m^3/d。

（9）转盘轴功率　每去除 1kgBOD_5 耗电约 0.1～0.3kW，可据此估算转盘的轴功率。如果每台电机带动的转盘片数少于 200，中心轴直径小于 100mm，则可用式(5-77) 计算轴功率。

$$P=\frac{2.41D^4m^2nbc}{10^{13}l} \tag{5-77}$$

式中　P ——转盘总轴功率，kW；

n ——每根轴上的盘片数；

b ——轴数，根；

c ——系数，生物膜厚度为 1mm、2mm、3mm 时，c 分别为 2、3、4。若用水力驱动转盘，所需水头为 0.5～0.7m；

l ——盘片间净距离，m。

实践证明，水力负荷、转盘转速和级数等对处理效果影响较大，设计时要特别注意。

水力负荷增大，停留时间缩短，去除率明显降低；转盘转速增大，供氧能力增强，传质速度加快，去除率升高。转盘的传动装置宜采用无级变速。转速增大时，动力消耗提高，转轴的扭矩增大，所以转速不宜太高。一般为 0.8～3.0r/min，以控制边缘线逗度 10～20m/min。分级布置运行灵活，处理效率高，设计时应尽量考虑。

5.3.3.4 生物转盘的发展

近年来，生物转盘有了新的发展。

(1) 空气驱动式生物转盘　如图 5-55 所示，在转盘外缘设集气槽，转盘下面偏离中心位置设曝气装置。空气离开曝气器后，在上升过程中被集气槽捕集，在转盘一侧产生浮力使之旋转。该工艺主要用于城市污水二级处理和氮素消化。

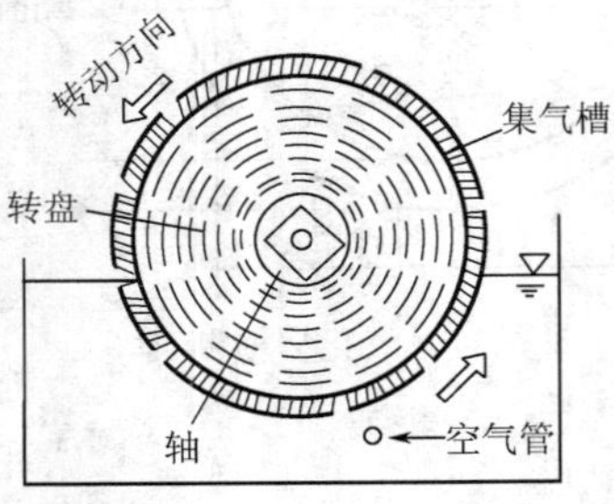

图 5-55　空气驱动式生物转盘

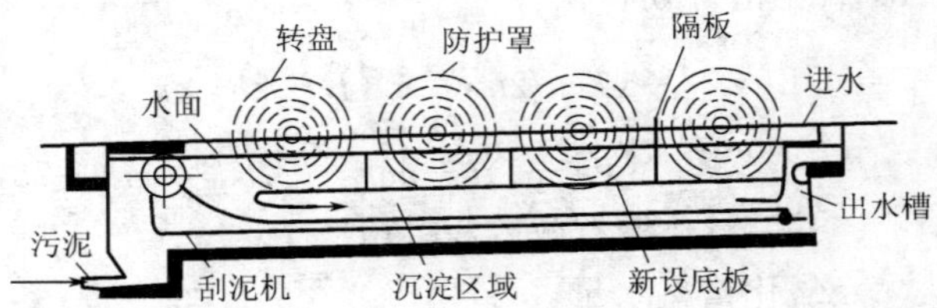

图 5-56　合建式生物转盘

(2) 合建式生物转盘　图 5-56 所示为合建式生物转盘。合建式生物转盘将生物转盘与二次沉淀池合建为一体。它将二沉池分成两层，中间用底板隔开，转盘在上层，沉降区在下层。

(3) 活性污泥-生物转盘复合工艺　如图 5-57 所示，在活性污泥曝气池上设生物转盘，以提高原有设备的处理效率。

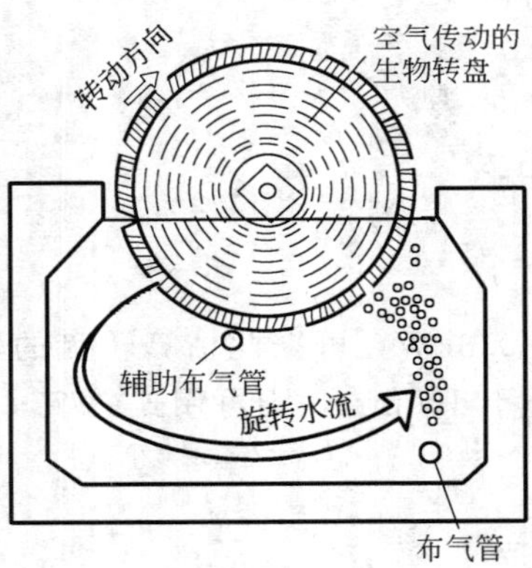

图 5-57　活性污泥-生物转盘复合工艺

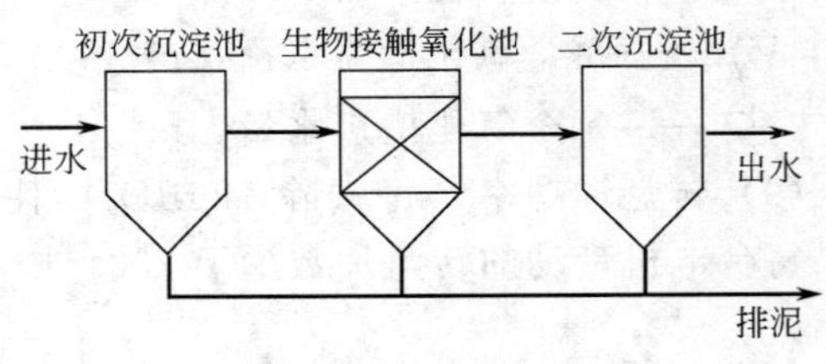

图 5-58　生物接触氧化法基本流程

5.3.4 生物接触氧化

生物接触氧化法简称接触氧化，又名浸没式生物滤池，属于浸没式生物膜法。接触氧化法的填料浸没于水中，填料上生长着生物膜。氧化池的污水中还存在着悬浮生长的微生物。接触氧化主要靠生物膜净化污染物，但悬浮态微生物也对污染物的净化有一定作用。生物接触氧化法的基本流程如图 5-58 所示。

5.3.4.1 生物接触氧化池的构造

按充氧和接触方式不同，可将生物接触氧化池分为直流式和分流式两种。直流式接触氧化池（又称全面曝气接触氧化池或填料内循环式接触氧化池）的基本构造如图 5-59 所示，主要由填料、填料支架和曝气装置组成。空气直接从填料底部进入，充氧和生物接触氧化在填料层内同时进行，气泡在填料层内上升，引起较强的紊流和水力冲刷作用。所以充氧效率高，生物膜更新快，动力消耗低，填料不易堵塞。国内生物接触氧化池大都采用直流式。

(1) 填料　接触氧化池填料层的作用与滤床和生物转盘相同，填料作为生物膜的载体应具有较大的表面积、强度和孔隙率，以及较强的生物稳定性。接触氧化池中的填料受到的水力冲刷作用较强，应具有一定的粗糙度，才能牢固附着微生物。

目前，国内运用较多的接触氧化池填料为组合填料、软性填料、蜂窝填料和弹性填料等，如图 5-60 所示。

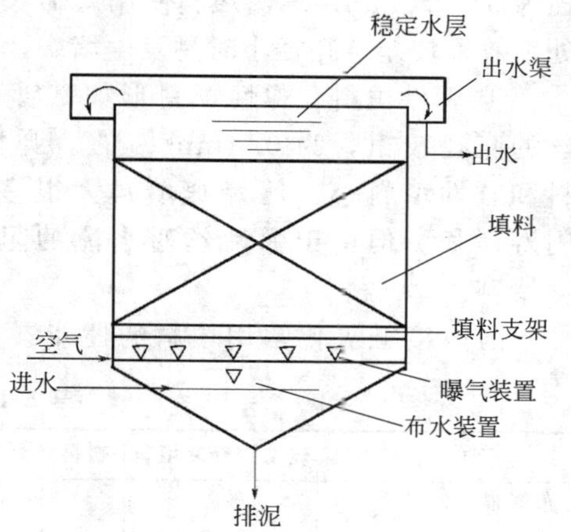

图 5-59　直流式接触氧化池基本构造示意

① 组合填料　组合填料使用最多，由直径 80mm 的塑料环片和维纶纤维组合而成。塑料环片中心有一小孔，用醛化维纶绳穿过此孔形成长串。片间绳上套一塑料短管，使片与片之间保持一定距离。串有效长度与填料层高度相等，一般为 2～5m。片间距 h 为 10mm、80mm、100mm、120mm 和 150mm 五种。片径（维纶纤维水平伸直后的最大直径）为 120mm 或 150mm。每片纤维丝质量约 1.0～1.5g，视所需挂膜面积而定。组合填料的纤维丝在塑料环片的支撑下不结团，比表面积大，挂膜快，不堵塞，价格便宜，净化效果好。但纤维丝易脱落，使用寿命短，后期处理效果下降。

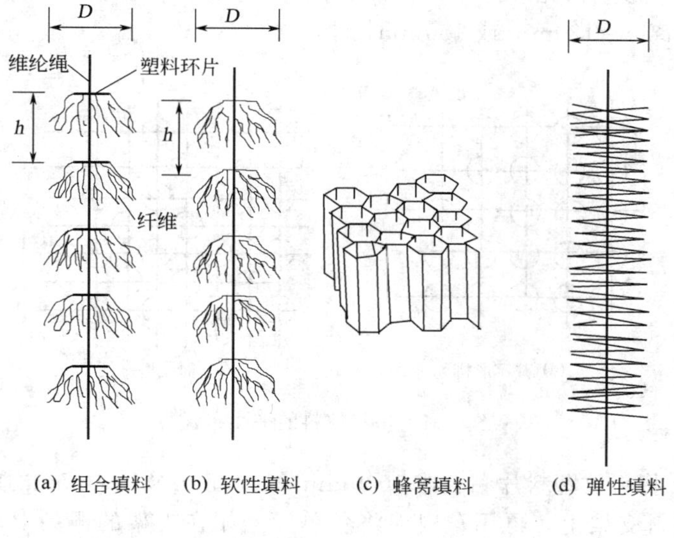

图 5-60　接触氧化池常用填料

② 软性填料　软性填料由中心绳和维纶纤维束构成，没有塑料环片。软性填料价格便宜，比表面积和净化效果与组合填料相仿，但纤维丝易结团和脱落，使用寿命最短，目前使用较少。

③ 蜂窝填料　蜂窝填料由聚丙烯或聚氯乙烯波纹片黏结而成，截面为正六边形孔洞。波纹片的尺寸一般为 1000mm×(1000～1200)mm，厚度一般在 1.0mm 以下。六边形孔直

径为 32～50mm。蜂窝填料使用寿命长，价格高，比表面积小，气泡易短流，充氧不均匀，处理效果较差，孔径小时易发生堵塞，目前使用最小。

④ 弹性填料　弹性填料形如试管刷，由中心绳和与之垂直交错的弹性塑料丝组成。丝的直径较粗，为 0.4mm 左右。弹性塑料的直径一般为 150mm，比表面积比组合填料和软性填料小，比蜂窝填料大很多。弹性填料的价格最便宜，净化效果也较好，使用寿命长。但由于弹性丝对水流的阻挡作用，所以冲刷作用减弱，污水浓度高时易发生堵塞。

国内接触氧化常用填料的性能参数见表 5-14。

表 5-14　接触氧化常用填料

项　目	玻璃钢蜂窝填料	塑料蜂窝填料	软性纤维填料	组合填料	半软性填料	立体波纹填料
布气布水	较差	较差	较差	较好	好	较差
挂膜	较易	较易	易	易	较易	较易
加工条件	半机械化	半机械化	手工	手工	机械化	半机械化
运输	易损耗	易损耗	方便	方便	方便	易损耗
安装	简单	简单	简单	简单	简单	简单
堵塞	较易	较易	纤维易结球	不易	不易	较不易
比表面积/(m^2/m^3)	100～200	100～200	1400～2400	1000～2500	87～93	110～200
空隙率/%	98～99	98～99	大于 90	98～99	97	90～96

⑤ 填料的安装

a. 串状填料　组合填料、软性填料和弹性填料都属于串状填料，安装方法相同，都是将填料串的两头拴在上下两层栅条支架上。填料串垂直排列，均匀分布，形成填料层。从平面看，填料串呈井字形或梅花形排列，均布于曝气池平面（大多为井字形排列），如图 5-61 所示，串心水平距离 b=120mm 或 150mm。

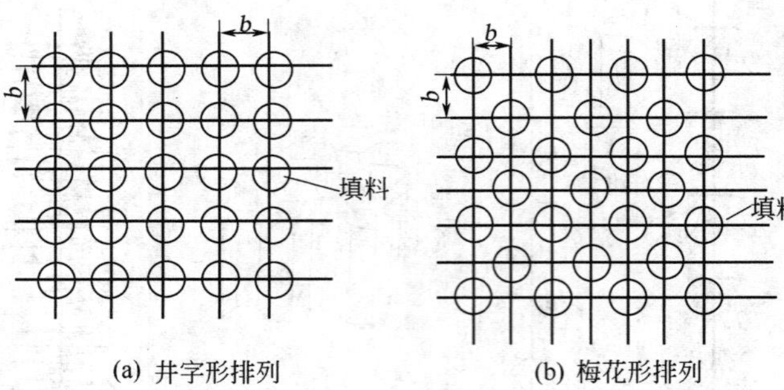

图 5-61　串状填料的平面布置

b. 蜂窝填料　将折纹塑料片黏合成 1000mm×1000mm×1000mm 的蜂窝单元，六边形口朝上，平放在填料支架上，再用塑料绳将各单元拴扣在支架的栅条上，以防止填料层上浮。蜂窝填料单层高度 1.0m，而接触氧化填料层总高度一般为 2～5m，所以需要多层安装。多层安装时，层与层之间不能重叠，以免上下层间挤压变形和堵塞。每一层都应有相应的承托支架，层与层间留有 200～300mm 的间隙，以便气液混合物再分配。

(2) 填料支架　填料悬挂或承托在支架上才能发挥作用。填料的种类不同，所需的支架也不同。

① 串状填料支架　串状填料支架由上下两层栅条构成，栅条材料为直径 10～14mm 的

圆钢。上层栅条与下层栅条垂直对应，同一层栅条间的轴线距离等于填料串中心之间轴线的距离，上下层间的距离等于填料层的有效高度即填料串的有效长度。填料的两端分别栓在上下层的栅条上，并保持垂直。

串状填料架有活动式和固定式两种。活动式填料架呈框架结构，可以吊装。每个框架单元都栓有填料，所有单元都摆放在强度较大的承托架上。承托架承受的压力很大，需要很高的强度。由于活动式填料架造价高，施工麻烦，目前已趋淘汰。固定式填料架上下两层均固定在池壁上，两层之间是自由空间。固定式填料架承受的重量集中在上层，所以上层应具有足够的强度。目前固定式填料架应用最广泛。

② 蜂窝填料支架　蜂窝填料支架是固定式填料支架。每一层蜂窝填料都需要一层承托支架，每层支架都是承重支架，需要足够的强度。支架上的栅条一般用直径 14mm 以上的圆钢制作，间距约 300mm 左右。

(3) 曝气装置　接触氧化的曝气装置同活性污泥法，目前应用最多的是隔膜曝气头。

分流式（又称填料外循环式）接触氧化池普遍应用于国外，基本构造与直流式相同，但水流循环方式与直流式不同，如图 5-62 所示。

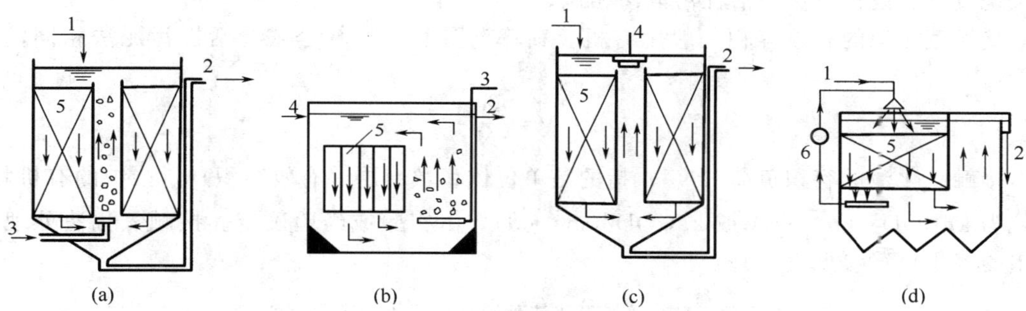

图 5-62　分流式接触氧化池

1—进水管；2—出水管；3—进气管；4—叶轮；5—填料；6—泵

分流式接触氧化池将曝气充氧过程与生物接触稳定过程分开，在不同的间格内进行。污水充氧后，在池内单向或多向循环。这种形式能使污水反复充氧，污水同生物膜接触时间长，但耗气量大，能耗高。水流穿过填料层时流速小，又没有气体搅拌，所以冲刷力小，易堵塞，处理高浓度污水时，堵塞的可能性更大。分流式填料层中水是向下流动的，组合填料和软性填料的纤维丝不易张开而结团，不能正常发挥作用。分流式接触氧化池在国内很少采用。

5.3.4.2　生物接触氧化法的特点

生物接触氧化法既有生物膜工作稳定、耐冲击负荷和操作简单的特点，又有活性污泥法混合接触效果好的特点。

(1) 净化效果好　接触氧化法填料的比表面积大，充氧效果好，氧利用率高。所以，单位容积的微生物量比活性污泥法和生物滤池大，容积负荷高，耐冲击负荷，净化效果好。

接触氧化法可设计成推流式，使之具有推流式活性污泥法和生物滤池的特点，有较大的传递推动力，能生长不同的生物相，可去除各种有机物和有毒物质，出水水质好，又能防止污泥膨胀，操作稳定。

(2) 污泥产量低　由于单位体积的微生物量大，容积负荷大时，污泥负荷仍较小，所以污泥产量低。

(3) 动力消耗比自然通风生物膜法大　由于采用强制通风供氧，所以动力消耗比一般的生物膜法大。

(4) 污泥沉降性能差　与活性污泥法和生物滤池法相比，接触氧化出水中生物膜的老化程度高，受水力冲击变得很细碎，沉淀性能较差。在二沉池设计时要采用较小的上升流速，取 1.0m/h 比较适宜。

(5) 污泥膨胀的可能性比生物滤池大　接触氧化法一般不发生污泥膨胀，但当污水的供氧、营养、水质（毒物、pH 值）和温度等条件不利时，生物膜的性能（生物相、附着能力、沉淀性能等）变差，在剧烈的水力冲刷作用下脱落，随水流失，发生污泥膨胀的可能性比生物滤池大。

(6) 占地面积小、管理方便　生物接触氧化法容积负荷高，氧化池容积小，又可以取较大的水深，所以占地面积比活性污泥法、生物滤池和生物转盘都小。由于没有污泥回流、出水回流、污泥膨胀、防雨保温和机械故障等问题，所以运行管理方便。

5.3.4.3　生物接触氧化法的工艺设计

生物接触氧化法的工艺设计主要包括氧化池的有效容积、剩余污泥排放量、需氧量和曝气系统设计。设计方法与活性污泥法相似。

接触氧化池的有效容积一般用有机负荷率法计算，计算公式与活性污泥法相同，表示如下：

$$V=\frac{Qc_{s0}}{N_v}$$

接触氧化池的容积负荷（N_v）指的是单位体积填料层（有效容积）所接纳的有机物量，单位为 $kgBOD_5/(m^3 \cdot d)$ 或 $kgCOD/(m^3 \cdot d)$，由实验或经验确定。接触氧化法处理某些污水的容积负荷参见表 5-15。

表 5-15　接触氧化法处理某些污水的容积负荷

污水类型	BOD 负荷/[$kgBOD/(m^3 \cdot d)$]	污水类型	BOD 负荷/[$kgBOD/(m^3 \cdot d)$]
城市污水(二级处理)	3.0～4.0	酵母废水	6.0～8.0
印染废水	1.0～2.0	涤纶废水	1.5～2.0
农药废水	2.0～2.5		

【例 5-3】 某工业废水排放量 $1000m^3/d$，COD＝650mg/L。拟采用生物接触氧化法处理，要求出水 COD≤100mg/L。模拟试验得 $N_v=2.0kgCOD/(m^3 \cdot d)$，气水比为 $15\sim20m^2/m^3$。试设计推流式生物接触氧化池。

解　① 氧化池有效容积（填料层体积）

$$V=\frac{Qc_{s0}}{N_v}=\frac{1000\times650\times10^{-3}}{2.0}=325\ (m^3)$$

② 氧化池水面积

取有效水深（填料层高度）$h_3=3.0m$。

$$A=\frac{V}{h_3}=\frac{325}{3.0}=108(m^2)$$

③ 廊道总长

取廊道宽度 $b=3.5m$。

$$L=\frac{A}{b}=\frac{108}{3.5}=30.9(m)$$

取 $L=31.0m$。

④ 氧化池长与宽

将廊道分成若干段，折流式并列。取每段长度（氧化池长度）$l=10.3\text{m}$。

$$m'=\frac{L}{l}=\frac{31.0}{10.3}=3(\text{段})$$

氧化池宽度

$$B=m'b=3\times 3.5=10.5(\text{m})$$

⑤ 校核

$$\text{长宽比}=\frac{L}{b}=\frac{31.0}{3.5}=8.9(\text{在 }5\sim10\text{ 范围内,合理})$$

$$\text{宽深比}=\frac{b}{h_3}=\frac{3.5}{3.0}=1.2(\text{在 }1\sim2\text{ 范围内,合理})$$

⑥ 曝气系统

采用隔膜曝气头，用量 $n'=2.5$ 个/m^2 水面，额定工作风量 g 为 $2\sim3\text{m}^3$/(个·h)，则曝气头数量为：

$$n=n'A=2.5\times10.5\times10.3=270\ (\text{个})$$

⑦ 理论供风量

按曝气器额定工作风量估算，有：

$$G=ng=270\times(2\sim3)=540\sim810(\text{m}^3/\text{h})=9\sim13.5(\text{m}^3/\text{min})$$

按气水比估算，有：

$$G=G_0Q=(15\sim20)\times1000=15000\sim20000(\text{m}^3/\text{d})=10.4\sim13.9(\text{m}^3/\text{min})$$

⑧ 选择风机

选 SSR100 三叶罗茨风机 3 台，其中 2 台使用，1 台备用。每台性能参数：风量 $5.58\text{m}^3/\text{min}$，升压 $5000\text{mmH}_2\text{O}$。电机功率 7.5kW。

实际供风量 $G'=5.58\times2=11.16(\text{m}^3/\text{min})$，符合理论要求。

曝气器实际工作风量 $g'=\frac{G'}{n}=\frac{11.16}{270}=2.48\ (\text{m}^3/\text{h})$（在 2～3 范围内，符合要求）。

⑨ 填料　选择直径 150×60 的组合填料，串间距为 120mm。

⑩ 示意图　按上述计算结果，绘出氧化池结构示意图（见图 5-63）。

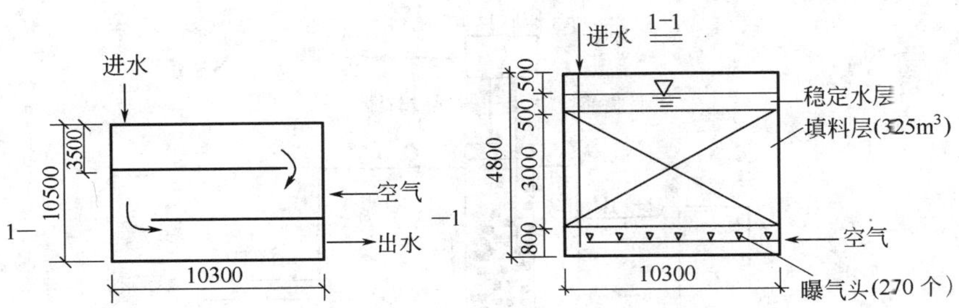

图 5-63　氧化池结构示意

5.3.5　生物流化床

生物流化床的微生物量大，传质效果好，是生物膜法新技术之一。

5.3.5.1　生物流化床的构造

如果使附着生物膜的固体颗粒悬浮于水中做自由运动而不随出水流失，悬浮层上部保持明显的界面，这种悬浮态生物膜反应器叫生物流化床。生物流化床的基本构造如图 5-64 所示。由于载体颗粒一般很小，比表面积非常大（$2000\sim3000\text{m}^2/\text{m}^3$ 载体），所以单位容积反应器的微生物量很大。由于载体呈流化状态，与污水充分接触，紊流剧烈，所以传质效果很好。因此，生物流化床的处理效率高。

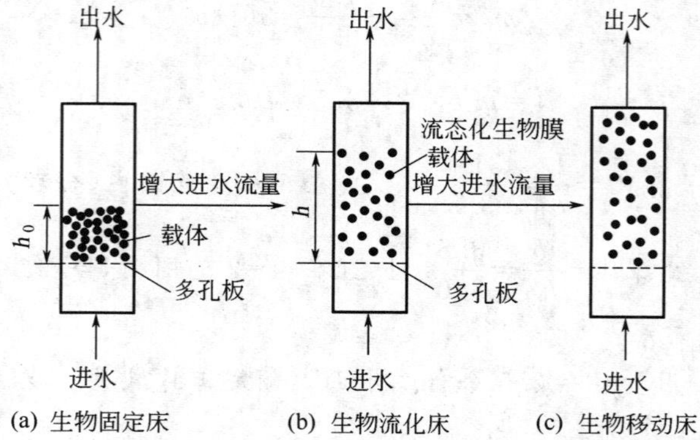

图 5-64　生物流化床的基本构造

生物膜载体的运动状态与水流上升速度——空塔流速有关。空塔流速低时，载体粒呈静止状态，床层高度不变，则为固定床［图 5-64(a)］。固定床中载体呈静止状态，堆积密实，可利用的表面积和孔隙率很小，极易堵塞。空塔流速增大到一定程度，载体颗粒便被托起呈流化状态，但不随水流失，则为流化床［图 5-64(b)］。流化床上部有明显的界面，床层高度 h 随空塔流速的增大而增大。空塔流速过大，床层不再保持流化状态，上部的界面消失，载体（和生物膜）随出水流失，则为液体输送或移动床［图 5-64(c)］。所以，流化床的空塔流速不能太低或太高。流化床的适宜空塔流速取决于载体和污水的性质（颗粒形状、大小、污水的黏度、颗粒和污水的密度及水温等），由实验确定。

5.3.5.2　生物流化床的类型

生物流化床有两相生物流化床和三相生物流化床两种。

(1) 两相生物流化床　两相生物流化床靠上升水流使载体流化，床层内只存在液固两相，其工艺流程如图 5-65 所示。

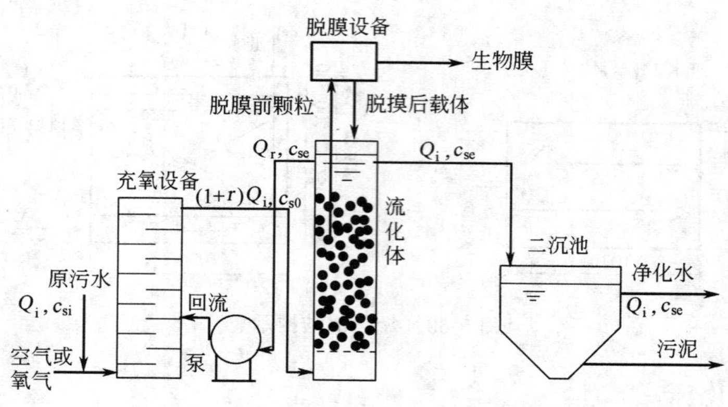

图 5-65　两相生物流化床工艺流程

两相生物流化床设有专门的充氧设备和脱膜装置。污水经充氧设备充氧后从底部进入流化床。载体上的生物膜吸收降解污水中的污染物，使水质得到净化。净化水从流化床上部流出，经二次沉淀后排放。

流化床的生物量大，需氧量也大。原污水流量一般较小，溶解的氧量不能满足生物膜的需要，应采用回流的办法加大充氧水量。此外，原污水流量较小，不能使载体流化，也应采用回流的办法加大进水流量。因此，两相生物流化床需要回流。

纯氧或压缩空气的饱和溶解氧浓度较高。以纯氧为氧源时，充氧设备出水溶解氧浓度可达 30～40mg/L；以压缩空气为氧源时，充氧设备出水溶解氧浓度约 9mg/L。

有机物的降解使生物膜增厚，悬浮颗粒（附着生物膜的载体）密度变小，随出水流失。需用脱膜装置脱掉生物膜，使载体恢复原有特性，重新附着生物膜。常用的脱落装置有叶轮式、转刷式和振动筛等，如图 5-66 所示。

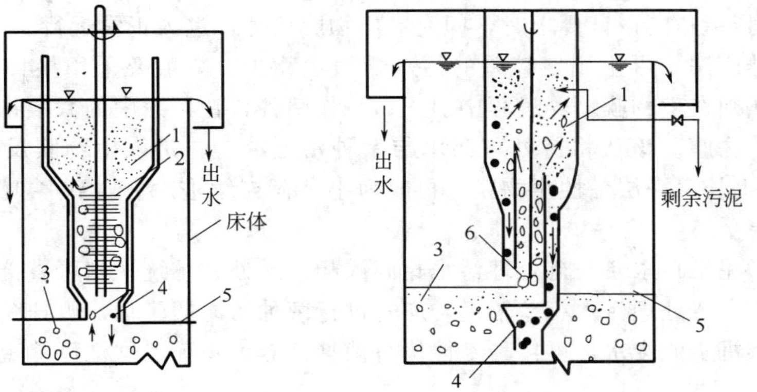

(a) 转刷脱膜装置　　(b) 叶轮脱膜装置

图 5-66　两相生物流化床脱膜装置

1—剩余生物污泥；2—脱膜转刷；3—生物膜颗粒；4—脱膜后颗粒；5—流化床表面；6—叶轮

（2）三相生物流化床　三相生物流化床靠上升气泡的提升力使载体流化。床层内存在着气、固、液三相。内循环式三相生物流化床工艺流程如图 5-67 所示。

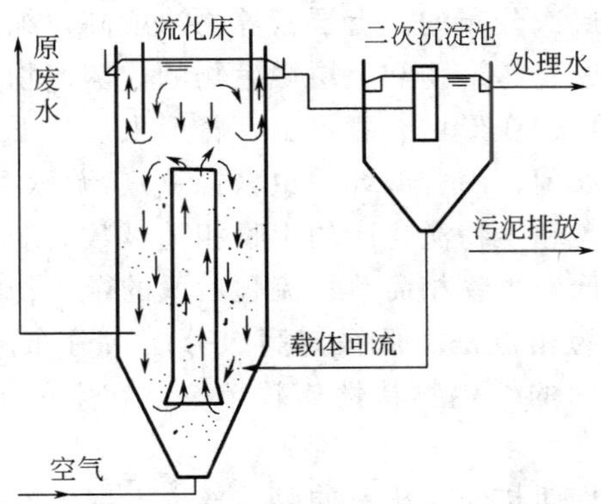

图 5-67　三相生物流化床工艺流程

三相生物流化床不设置专门的充氧和脱膜设备。空气通过射流曝气器或扩散装置直接进入流化床充氧。载体表面的生物膜依靠气体和液体的搅动、冲刷和相互摩擦而脱落。随出水流出的少量载体进入二沉池沉淀后再回流到流化床。

三相流化床操作简单，能耗、投资和运行费用比两相流化床低，但充氧能力比两相流化床差。

5.3.6　生物膜法的运行管理

生物膜法和活性污泥法有着不同的特点，其运行管理有所不同。同为生物膜法的生物滤池、生物转盘、生物接触氧化和生物流化床的运行管理也存在着差异。

5.3.6.1 生物膜的培养

生物膜的培养称挂膜，有自然挂膜法和接种挂膜法两种。

(1) 自然挂膜法　可生化性较强的污水一般都含有已适应水质环境的微生物，可采用自然挂膜法培养生物膜。该法先用待处理污水小负荷进入生物膜反应器，进行闭路循环。1～2d 更换一次循环液，直到载体表面出现一层黏性生物膜后，改为小负荷连续进水（如果进水浓度高，应回流)，这一过程一般需要 3～7d。

连续进水后，若生物膜逐渐增厚，则加大进水有机负荷率（减小回流比，加大原污水流量)。当进出水指标达到设计要求时，即完成生物膜培养，进入正常运行。

(2) 接种挂膜法　可生化性较差的污水含微生物少，一般要采用接种挂膜法培养生物膜。接种挂膜法须在生物膜培养过程中引入污泥作菌种，让污泥中的微生物附着生长到载体上形成稳定的生物膜。该法将待处理污水与菌种污泥混合，进入生物膜反应器，闭路循环 3～7d，待载体上长出一层黏性生物膜，再改为小负荷连续进水。直到各项指标达到设计要求，即完成挂膜。

如果菌种污泥来自水质与待处理污水相同或相似的处理系统，则可直接挂膜培养；如果菌种污泥的水质与待处理污水相差较远，应先进行菌种污泥的驯化，再挂膜培养。

对难降解有机工业废水，可接种专性优势菌种培养生物膜。这样可缩短挂膜时间，提高净化效率。

5.3.6.2 生物膜法运行状态检测

生物膜法处理系统运行过程中也需进行全方位的检测。

(1) 生物膜性状观察

① 生物相镜检　状态良好的生物膜的微生物群落即生物相比较复杂，菌胶团细菌占优势，辅以少量原生动物和后生动物。

生物滤池的生物相是分层次分布的。上层营养物浓度高，细菌占绝对优势，伴有少量鞭毛虫。中层微生物以污水中原有污染物和上层微生物的代谢产物为营养，种类比上层多，有菌胶团、浮游球衣菌、鞭毛虫、变形虫、豆形虫、肾形虫等。下层有机物浓度低，微生物种类更多，有菌胶团、浮游球衣菌、固着型纤毛虫（钟虫)、游泳型纤毛虫和轮虫等。

多级生物滤池、生物转盘和生物流化床的生物相随级数的变化而变化，由低级向高级发展。流程前部的微生物等级低，生物相简单；流程后段的微生物等级高，生物相复杂。

推流式接触氧化池的生物相也是由低级向高级分层次分布。同级完全混合式接触氧化池、生物转盘或生物流化床内的微生物特性比较单一，在空间上均匀分布，但微生物种类较多。

应经常镜检，观察微生物性状的变化。如果前部（上层）的微生物种群后（下）移，微生物相趋于单一，后部细菌比例增大，说明生物膜反应器的效率下降，状态变差，应及时查明原因，采取措施。此时应减小有机负荷，使生物膜性状得到恢复。如果后部（下层）微生物种群上移，微生物相趋于复杂，说明反应器的能力过剩，应加大有机负荷。

② 沉淀性能观察　性能良好的生物膜处于好氧状态，呈灰色或棕黄色，脱落的菌体密实、沉淀性能好。若生物膜呈黑色，有异臭，脱落菌体的沉淀性能差，上清液浑浊，说明反应器状态不佳，应及时采取措施加以控制。

(2) 处理效果、营养状况和运行条件检测　生物膜反应器运行过程中，应定时检测和控制进出水 BOD_5、COD、pH 值、总磷、总氮、DO 和水温等，以评价反应器的运行状态。

检测频率和控制指标同活性污泥法。

5.3.6.3　生物膜法处理系统的异常现象及控制措施

生物膜法不易发生污泥膨胀，无污泥回流，操作简单，运行稳定。但有时也会出现一些异常现象。

（1）滤料堵塞　生物滤池（或生物转盘）的滤料易堵塞。滤料堵塞的原因有两个：悬浮固体堵塞，生物膜堵塞。

① 悬浮固体堵塞　进水中的悬浮物会截留和沉积在滤料表面，使滤料堵塞。进行预处理，去除进水中的悬浮物能防止悬浮固体堵塞。如果发生堵塞，则设法松动滤床并清洗。

② 生物膜堵塞　进水有机负荷高、水力负荷低时，生物膜的增长量大于排出量，即发生生物膜堵塞。此时应停止进水，用高压水冲洗，加入少量氯（漂白粉等）杀死部分生物膜，或加大生物转盘的转速。再减少原污水量，加大回流比，以降低有机负荷率，增强水力冲刷作用，防止堵塞再次发生。

（2）处理效率下降　处理效率下降的原因很多，主要有供氧不足，含有毒物质，pH 值和水温变化等。

有机物浓度高，耗氧速度快，或通风曝气效果差都会造成供养不足。此时应加大回流比，对生物滤池实行强制通风，增大生物转盘的转速，加大接触氧化和生物流化床的供风量。

有毒物质和 pH 值的冲击使生物膜脱落，生物量减少，处理效率下降，出水水质变差。此时应减少原污水量，加大回流比，调节 pH 值，降低有毒物质浓度。

生物滤池和生物转盘的处理效果受气温影响大，冬季应采取挡风、保温、减小回流比和降低进水负荷等措施。

（3）泡沫　生物膜法不易产生泡沫，但接触氧化和三相生物流化床有时也会发生大量泡沫。生物膜法产生泡沫的原因与活性污泥法相同。

5.4　污水的自然生物处理

利用环境的自净作用去除污染物的过程叫做污水的自然生物处理。利用水体的自净作用去除污染物的自然生物处理系统叫做稳定塘，利用土壤的自净作用去除污染物的自然生物处理系统叫做土地处理系统。

5.4.1　稳定塘

5.4.1.1　稳定塘的分类和工作原理

稳定塘又名氧化塘或生物塘，是天然或人工修整的水塘。按塘内微生物种类、溶解氧水平、供氧方式和功能的不同，可将稳定塘分为好氧塘、兼性塘、厌氧塘和曝气塘。

（1）好氧塘　全部塘水都处于好氧状态，溶解氧浓度较高，这样的稳定塘叫好氧塘。好氧塘中的溶解氧主要来自藻类光合作用产生的氧气，空气的复氧作用很小。为使全部塘水保持好氧状态，必须满足两个条件：①水深较浅（一般为 0.3～1.5m），以获得充足的光照，为藻类生长创造条件；②进水有机负荷较低，以降低耗氧速度。

好氧塘有高负荷好氧塘、普通好氧塘和深度处理好氧塘三种。高负荷好氧塘的有机负荷高，水力停留时间短，水深较浅，一般设在稳定塘系统前部；普通好氧塘有机负荷一般，水深较高负荷好氧塘大，水力停留时间较长，起二级处理作用；深度处理好氧塘有机负荷较低，水深较高负荷好氧塘大，一般设在二级处理设施之后或稳定塘系统后部，对污水进行深度处理。

好氧塘的工作原理如图 5-68 所示。塘内存在着细菌、藻类、原生动物和后生动物等。好氧菌和藻类主要生活在水深 0.5m 以内的上层。

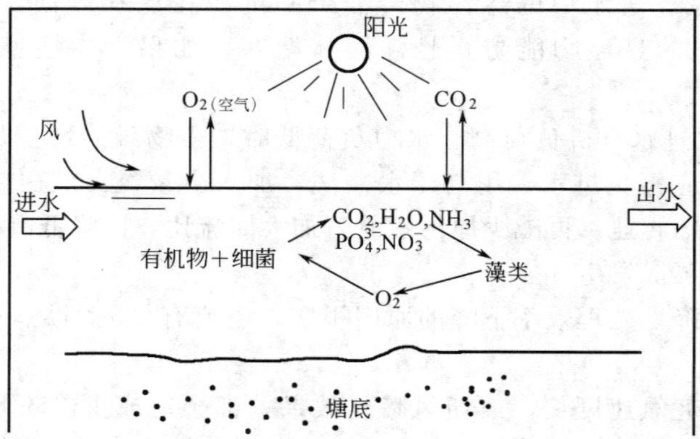

图 5-68　好氧塘工作原理示意

白天，藻类吸收水中 CO_2、NH_3、PO_4^{3-} 等进行光合作用合成细胞物质，释放出氧气。与此同时，空气中的氧气溶于水中（水面复氧）。塘水呈好氧状态，好氧微生物（主要是细菌）利用水中溶解氧分解有机物，合成自身细胞，释放出 CO_2、H_2O、NH_3、NO_3^- 和 PO_4^{3-} 等，供藻类利用。有机物浓度较高时，异养型藻类大量生成，能直接摄取小分子有机物。细菌和藻类的共同作用使水质得到净化。

夜间，藻类进行内源代谢，消耗 O_2 释出 CO_2。与此同时，好氧微生物进行好氧代谢，去除污染物。

好氧塘对有机物的去除率高，有时高达 95%。好氧塘出水含有大量藻类，BOD_5 浓度有时高于进水，需经二次沉淀分离藻类等微生物。

白天，藻类光合作用释出的氧量超过细菌消耗的氧量，溶解氧可达过饱和状态。夜间藻类和好氧微生物消耗氧气使溶解氧浓度下降，凌晨达最低值。天亮后，溶解氧浓度逐渐上升。如此往复，溶解氧浓度呈周期性变化。

白天，好氧微生物释放的 CO_2 使 CO_2 浓度升高，藻类光合作用消耗 CO_2 使 CO_2 浓度下降，但总体效应是 CO_2 浓度下降，pH 值升高。夜间，藻类和好氧微生物都释放出 CO_2，使 pH 值下降。如此往复，pH 值也呈周期性变化。

pH 值升高使重金属离子发生沉淀，所以好氧塘对重金属有显著的去除效果。

(2) 兼性塘　当进水有机负荷较高、塘水较深时，藻类光合供氧和大气复氧能力不能使全部塘水处于好氧状态，而在较深处出现兼性（缺氧）水层，这样的稳定塘叫兼性塘。兼性塘有效水深为 1.0～2.0m，由好氧层、兼性层和厌氧层组成，如图 5-69 所示。

好氧层光照充足，藻类供氧能力强，溶解氧浓度高，净化机制与好氧塘相同。

兼性层阳光不能透入，溶解氧浓度低，有时为零。兼氧层的微生物是兼性菌，它既能利用溶解氧作电子受体进行好氧代谢，又能在无氧条件下利用 NO_3^-、CO_3^{2-} 和 SO_4^{2-} 等作为电子受体进行无氧代谢，使有机物分解转化为菌体细胞和无机物（CO_2、H_2O、NH_3、

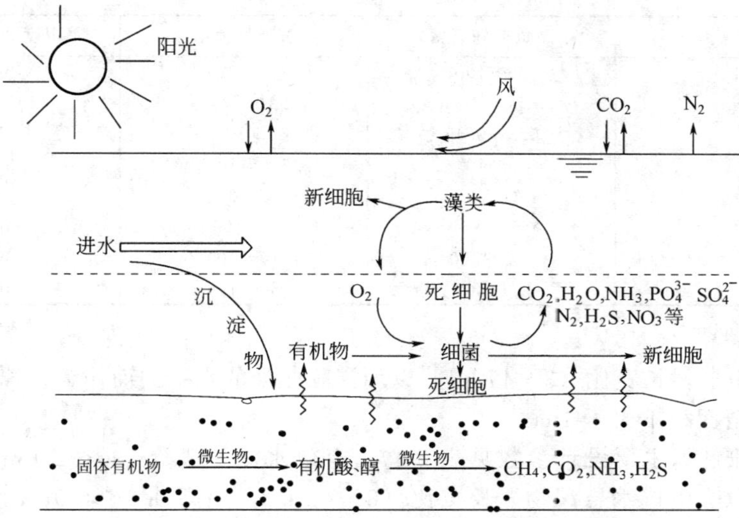

图 5-69　兼性塘工作原理示意

PO_4^{3-}、SO_4^{2-}、H_2S、NO_3^- 等)。

厌氧层是水中悬浮物（固体有机物、藻类及菌类死细胞）沉积形成的底泥层。氧气不能到达该层，溶解氧为零。厌氧层的微生物为厌氧菌类，有机物被厌氧菌分解转化为细胞物质、中间产物、CH_4 和 CO_2 等。中间产物（有机酸、醇等）进入兼性层和好氧层继续降解。

兼性塘的净化机理比较复杂，能去除多种污染物，对 N、P 和难降解有机物的去除率较高。好氧层、兼性层和厌氧层的协同作用使水质得到净化。

(3) 厌氧塘　进水有机负荷很高，水深较大时，藻类不能繁殖，微生物的耗氧速度远大于供氧速度，整个塘水都处于厌氧状态，这种稳定塘叫厌氧塘。厌氧塘有效水深为 2.0～4.5m，有时可达 9m 左右。

厌氧塘主要用于处理悬浮物含量大的高浓度有机污水。在厌氧微生物的作用下，有机物被分解转化为细胞物质、中间产物、CH_4 和 CO_2 等。厌氧塘表面的浮渣有保温和阻隔 O_2 的作用，不应清除。

(4) 曝气塘　用曝气设备给塘水充氧的稳定塘叫曝气塘。曝气塘有效水深 2～6m，靠活性污泥的代谢作用去除污染物。有污泥回流的曝气塘实质上就是活性污泥反应池。如果曝气强度大，全部污泥呈悬浮状态，称为完全悬浮曝气塘。如果曝气强度不大，只有部分污泥呈悬浮状态，称为部分悬浮曝气塘。

曝气塘出水二次沉淀后才能排放，可单设沉淀池，也可在塘内设沉降区，或设兼性塘起沉淀作用。曝气塘单位容积能耗小，但塘总容积大，总能耗比活性污泥法大，所以曝气塘很少采用。

5.4.1.2　稳定塘的设计

目前，稳定塘设计，主要用经验数据法，即按表面有机负荷率进行计算。

$$A=\frac{Qc_{s0}}{N_A}$$

(1) 好氧塘　好氧塘的典型设计参数见表 5-16，可根据水质、浓度、气候环境条件和实践经验选择设计参数。

表 5-16　好氧塘的典型设计参数

设计参数	高负荷好氧塘	普通好氧塘	深度处理好氧塘
BOD_5 负荷/[kg/(hm^2·d)]	80～160	40～120	<5
水力停留时间/d	4～6	10～40	5～20
有效水深/m	0.3～0.45	0.5～1.5	0.5～1.5
pH 值	6.5～10.5	6.5～10.5	6.5～10.5
温度/℃	0～30	0～30	0～30
BOD_5 去除率/%	80～95	80～95	60～80
藻类浓度/(mg/L)	100～260	40～100	5～10
出水 SS/(mg/L)	150～300	80～140	10～30

注：1hm^2(公顷)＝10000m^2。

好氧塘一般为矩形，长宽比（3～4）∶1，以塘深 1/2 处的水平截面作为计算塘面。塘超高 0.6～1.0m，单塘面积不大于 4ha。

(2) 兼性塘　兼性塘主要设计参数见表 5-17。有效水深一般为 1.0～2.0m，但第一塘水深可达 3～4m，以去除进水悬浮物。长宽比（3～4）∶1，超高 0.6～1.0m，储泥层高度大于 0.3m。一般不少于 3 座，多为串联，BOD_5 去除率 60%～95%。

表 5-17　兼性塘主要设计参数

冬季平均气温/℃	BOD_5 表面负荷/[kgBOD_5/(hm^2·d)]	水力停留时间/d	冬季平均气温/℃	BOD_5 表面负荷/[kgBOD_5/(hm^2·d)]	水力停留时间/d
15 以上	70～100	不小于 7	−10～0	20～30	120～40
10～15	50～70	20～7	−20～−10	10～20	150～120
0～10	30～50	40～20	−20 以下	<10	180～150

(3) 厌氧塘　厌氧塘处理城市污水的面积负荷为 200～600kgBOD_5/(hm^2·d)，停留时间 20～50d，BOD_5 去除率 70%左右。塘面为矩形，长宽比（2～2.5）∶1，单塘面积不大于 4hm^2，有效水深 2.0～4.5m，储泥层深度大于 0.5m。超高 0.6～1.0m。

(4) 曝气塘　曝气塘水力停留时间 3～10d，有机负荷 10～300kgBOD_5/(hm^2·d)，有效水深 2～6m，BOD_5 去除率 60%～90%。完全悬浮曝气塘的动力消耗为 15～50W/m^3，部分悬浮曝气塘的动力消耗为 1.2～1.6W/m^3 塘水。

5.4.1.3　稳定塘的特点

(1) 投资费用低　利用旧河道和废洼地改建成稳定塘，工程量小，投资费用低。

(2) 运行费用低　稳定塘管理简单，不消耗动力（曝气塘除外）和药剂，无设备维修，运行费用很低。

(3) 功能全　稳定塘作用机制复杂，停留时间长，能去除各种污染物，对有机毒物和重金属净化效果好。

(4) 实现污水资源化　稳定塘出水含丰富的氮、磷元素，可用于农田灌溉和放养水生植物；出水含有大量藻类、菌类和原生动物，可养殖水产、放养鹅、鸭，使污水资源化。

(5) 占地面积大　稳定塘占地面积大，若没有废洼地、荒谷地，则不宜采用。

(6) 卫生条件差　稳定塘散发臭气，滋生蚊蝇，影响环境卫生。

(7) 污染地下水　稳定塘底一般不作防渗处理，污水渗透污染地下水。

(8) 处理效果受环境影响大　季节、光照和天气的变化都会对稳定塘的处理效果产生影响，在气候寒冷的季节，处理效果明显下降。

稳定塘存在上述缺点，所以未能推广。

5.4.1.4 稳定塘的运行方式

一般需根据水质和自然条件，将各种类型的稳定塘单元优化组合成不同的运行方式以取得最佳运行效果。几种典型的运行方式如图 5-70 所示。

图 5-70 稳定塘典型运行方式

稳定塘应设在城镇下风向较远的地方，以防止臭气和蚊蝇影响居民生活。稳定塘应设在离机场 2km 以外，以防止鸟类危及飞行安全。此外，还应采取防渗措施，防止地下水污染，设计时还应避免短流和死区。

为防止塘内淤积，应设置格栅、沉砂池和沉淀池去除进水中的泥砂等悬浮物。若 SS≤100mg/L，可只设沉砂池，不设沉淀池；若 SS＞100mg/L，应既设沉砂池，又设沉淀池。

5.4.1.5 几种新型稳定塘

（1）水生植物塘　在水面放养水生植物的稳定塘叫水生植物塘。凤眼莲、水浮莲、水花生、水葫芦、浮萍、香蒲、芦苇和茭白等水生植物对水中污染物有显著的去除效果，其中凤眼莲、水浮莲和水花生效果最佳。在水面放养水生植物将显著改善稳定塘的净化效果。试验证明，若水生植物塘进水 COD＝700mg/L，水力停留时间 7d，则 COD 去除率达 95%。

① 水生植物塘的工作原理　水生植物塘的进水一般为厌氧塘出水或原污水，有机物浓度较高。水生植物塘的工作原理如下。

a. 水生植物的净化作用　水生植物吸收污水中的氮、磷等元素，有些水生植物（如某些种类的浮萍）还能直接吸收利用小分子有机物。

b. 微生物的净化作用　水生植物塘的微生物类似兼性塘或好氧塘，由于水生植物对阳光的遮挡，藻类较少。藻类和细菌等微生物的代谢作用使污染物得到去除。

c. 水生植物的供氧作用　水生植物根系发达，有很大的传质面积。光合作用产生的 O_2 和空气中的 O_2 通过茎叶传输到根系，再扩散到周围水域或土壤中去，形成好氧环境，为好氧微生物的生长创造条件。

d. 水生植物根系附着微生物的作用　水生植物根系（凤眼莲、水浮莲等）表面积巨大，附着生长微生物，形成面积巨大的生物膜。生物膜的代谢作用不断吸收转化污染物。

e. 水生植物根系的吸附过滤作用　水生植物根系及其生物膜对污水中的悬浮物和有毒物质具有很强的吸附过滤作用。

水生植物塘中水生植物和微生物的共同作用使水质得到净化。

② 水生植物塘的设计要点　水生植物塘的设计主要包括塘体设计和水生植物品种选择。水生植物一般生长在水面，对污染物的净化作用主要发生在表层水域，所以水生植物塘不宜太深，一般按兼性塘水深 1.0～2.0m 设计。其他设计参数也同兼性塘。水生植物品种应适应当地气候、生长速度快、传氧和去污能力强、耐污染、抗病虫害和易于管理。凤眼莲、水浮莲、水葫芦和浮萍是可选择的水生植物品种，进行混合放养效果更佳。

③ 水生植物塘的特点　水生植物塘除具有稳定塘的共性外，还具有以下特点。

a. 净化效率高　水生植物塘使稳定塘的功能得到强化，去除污染物的能力增强，尤其对病菌、病毒和有毒有机物的净化效果显著。

b. 污水资源化　水生植物可作饲料，喂养生猪和养鱼等，创造经济效益。

c. 管理工作量增大，易发生二次污染　水生植物需及时采收，将其生长量控制在一定水平。水生植物过多并不显著提高处理效率，相反会死亡腐烂，造成二次污染。

d. 冬季效果下降　冬季水生植物大都死亡，使净化效率下降。死亡的水生植物待气候转暖、水温回升后腐烂变质，造成二次污染。可用温室让水生植物安全过冬，或在冬季来临前采收水生植物。

(2) 生态系统塘　生态系统塘又名人工湿地，是利用低洼地和沼泽地经人工修整建立起来的浅水稳定塘。生态系统塘底凹凸不平，各处深浅不一，许多地方露出水面，塘水最深处不超过 1.0m。塘中种植芦苇、香蒲、凤眼莲、水浮萍、水花生等水生植物，放养鱼、蚌、螺丝等水生动物，与前来栖息的野生动物一起形成复杂的生态系统。

生态系统塘中的微生物及水生植物将有机物和氮磷等污染物转化为自身细胞和无机物。水生动物（鱼、蚌）等以悬浮微生物、固体有机物和水生植物等为食生长繁殖。野生或放养的大型动物以水生动植物为食。动植物排泄物及尸体被微生物分解转化。如此形成的生态系统自我调节达到平衡，污染物得到净化。与此同时，实现了污水资源化，获得显著的经济效益。

生态系统塘投资运行费用低，出水中有机物、藻类和无机盐含量比一般的稳定塘大大降低，净化效果明显改善。因此，生态系统塘值得推广，并可作为二级处理和深度处理（生态修复）设施。

(3) 复合塘系统　将生态学特征各异的稳定塘组合而成的稳定塘系统叫复合塘系统。复合塘系统的工艺流程如图 5-71 所示。

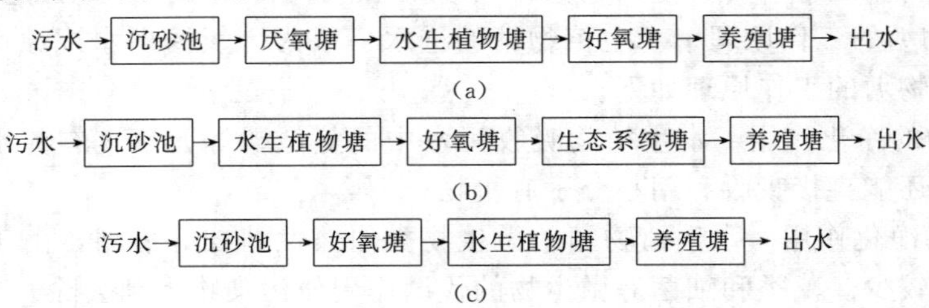

图 5-71　复合塘系统工艺流程

有机物浓度较高的污水（BOD_5 为≥150～200mg/L）用（a）工艺处理；有机物浓度较低的污水（BOD_5 为 100～150mg/L）用（b）工艺处理；有机物浓度低的污水（BOD_5 为 50～100mg/L）用（a）或（c）工艺处理，冬季出水 BOD_5≤10mg/L，COD≤40mg/L。

在复合塘系统中，各具生态学特点的稳定塘协同作用，完成水质净化。各稳定塘单元有机结合形成复杂的生态系统，构成由低级到高级的食物链，靠人为调控达到生态平衡，使污水得到净化，并实现污水的资源化。

5.4.2　土地处理系统

土地处理系统是土壤、微生物和植物等构成的生态系统，源于农田的污水灌溉，主要用于污水的三级处理，也可用于某些污水的二级处理。

污水灌溉以利用水肥资源为目的，往往在灌溉的同时造成地下水污染和有毒物质在植物体内的富集。污水灌溉具有季节性，用水量小，大多数污水得不到利用而污染环境。

土地处理系统以净化污水为目的，兼顾水肥资源的综合利用。用土地处理系统进行三级处理去除 N、P 元素的投资运行费用低，净化效果好。污水进入土地处理系统前应进行预处理，并对整个系统采取防渗措施，以避免地下水污染和植物体内有毒物质的积累。土地处理系统能有效利用水肥资源，具有明显的经济效益。因此，土地处理系统是使污水无害化、资源化的新型处理系统。

土地处理系统由污水输送、预处理（稳定塘）、贮存（水库）、灌溉和排水等部分组成。

5.4.2.1 土地处理系统的工作原理

土地处理系统主要依靠土壤过滤、微生物代谢、植物吸收、物理或化学吸附及离子交换等过程去除污染物。

（1）悬浮物　污水流经土壤时，悬浮物和胶态物质被过滤、截留和吸附在土壤颗粒的孔隙中，与水分离。

（2）有机物　土壤的透气性良好，在上层存在大量好氧微生物，在下层有较多的兼氧或厌氧微生物。微生物的代谢作用使水质得到净化，处理二级出水的 BOD_5 去除率可达85%～99%。

（3）N、P　氮主要通过植物吸收、微生物脱氮和 NH_3 逸出（碱性条件下铵盐生成 NH_3 逸出）等方式被去除；磷主要通过植物吸收、化学沉淀（与 Ca^{2+}、Al^{3+}、Fe^{3+} 等形成难溶物）、吸附等方式去除。

（4）病原体　土地处理系统可吸附杀死病原体，去除率达95%以上。

（5）重金属　重金属主要通过化学沉淀、吸附和植物吸收等方式被去除。

土地处理系统的进水负荷不宜过高，否则会引起土壤堵塞或污染物渗透，污染地下水。

5.4.2.2 土地处理系统的基本工艺

土地处理系统的基本工艺有慢速渗滤、快速渗滤、地表漫流和地下渗滤四种。

（1）慢速渗滤　慢速渗滤的操作过程与农田灌溉相同，净化原理与生物滤池类似。渗滤田种植农作物、牧草或树木等植物。污水经喷、漫或沟灌分布于渗滤田表面，垂直向下缓慢渗滤。微生物分解转化有机物，植物吸收水分和营养物，通过土壤-微生物-植物的综合作用使污水得到净化。

慢速渗滤适用于渗水性能良好的土壤。慢滤系统滤速慢，处理水量小，部分污水被植物吸收和蒸发，污染物去除率高，出水水质好。

（2）快速渗滤　快速渗滤适用于渗透性非常好的土壤，如砂土、砾石性砂土等。污水灌至快速渗滤田表面后，很快渗入地下，其中一部分蒸发，大部分进入地下水。灌溉和休灌（晒田）反复交替进行，以保持较高的渗透速度，并使表层土壤处于厌氧-好氧交替的运行状态。快速渗滤主要靠微生物的分解转化和土壤的过滤吸附作用去除污染物。快速渗透出水可通过地下集水管或井群收集利用。

（3）地表漫流　用喷灌或漫灌方式将污水投注到地面较高处，顺坡流下，形成很薄的水层。少量污水蒸发或渗入地下，大部分流入低处集水沟。漫流田种植牧草等植物，供微生物栖息和防止土壤冲蚀。地表漫流法适用于透水性能差的土壤（黏土和亚黏土），要求地面平整，最佳坡度0.02～0.08。

（4）地下渗滤　标准地下土壤渗滤沟如图5-72所示。将污水投配到地面以下0.5m，填满砾石的渗滤沟中，再向土壤中扩散。地下渗滤系统适于小水量场合，如居民小区污水处理。

5.4.2.3 土地处理系统的工艺设计

土地处理系统主要根据土壤性质、透水性、地形、植物种类、气候条件和出水要求选择工艺，往往需要采用复合工艺。负荷率是土地处理系统的主要设计参数，有水力负荷和有机负荷两种，有时需考虑氮、磷负荷。土地处理系统的典型设计参数和性能见表5-18，可能的限制设计参数见表5-19。

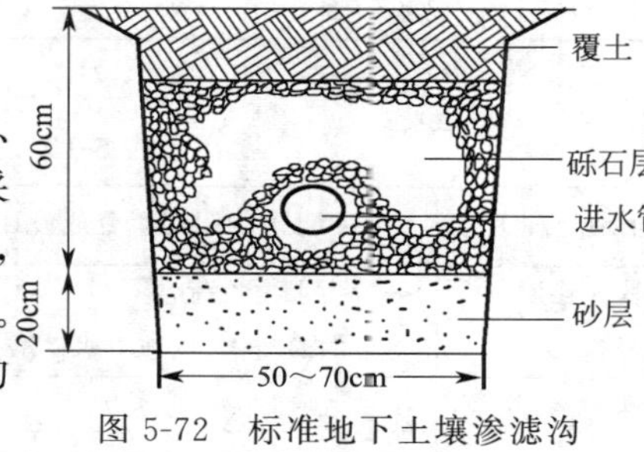

图5-72　标准地下土壤渗滤沟

表 5-18　土地处理系统典型设计参数和性能

项　　目	慢速渗滤	快速渗滤	地表漫流	湿地	地下渗滤
1. 废水投配方式	人工降雨(喷灌) 地面投配(面灌、沟灌、畦灌、淹灌、滴灌等)	通常采用地面投配	人工降雨(喷灌)、地面投配	地面布水	地下布水
2. 水力负荷/(m/a)	0.5～0.6	6.5～125.0	3～20	3～30	0.4～3
3. 周负荷率(典型值)/(cm/周)	1.3～10.0	10.5～240.0	6.0～40.0		
4. 最低处理要求	一般沉淀	一般沉淀	沉砂和拦杂物、粉碎	格栅过滤	化粪池一级处理
5. 要求灌水面积/[$10^4 m^2/(1000m^3)$]	6.1～74.0	0.8～6.1	1.7～11.1		
6. 投配废水去向	土壤水分蒸发;渗滤	主要经渗滤	地面径流;土壤水分蒸发;少量渗滤	径流、下渗蒸发	下渗、蒸发
7. 是否需要种植植物	谷物、牧草、林木	均可	牧草	芦苇等	草皮、花卉等
8. 适用土壤	具有适当渗水性,灌水后对作物生长良好	亚砂土、砂质土	亚黏土等		
9. 地下水位最小深度/m	−1.5	−4.5	未有规定		
10. 对地下水水质的影响	可能有影响	一般有影响	可能有轻微影响		
11. BOD_5 负荷率 /[$kg/(10^4 m^2 \cdot a)$] /[$kg/(10^4 m^2 \cdot d)$]	 2×10^3～2×10^4 50～500	 3.6×10^4～$4.7\sim10^4$ 150～1000	 1.5×10^4 40～120	 1.8×10^4 18～140	
12. 场地条件 坡度 土壤渗滤速率 地下水埋深/m 气候	 种作物不超过20%不种作物不超过40% 中等 0.6～3.0 寒冷季节需蓄水	 不受限制 高 布水期:≥0.9 干化期:1.5～3.0 一般不受限制	 2%～8% 低 不受限制 寒冷季节需蓄水		
13. 系统特点 运行管理 系统寿命 对土壤影响 对地下水影响	 种作物时管理严格 长 较小 小	 简单 磷可能限制寿命 可改良砂荒地 有影响	 比较严格 长 小 无		

表 5-19　土地处理系统的可能限制设计参数

土地处理工艺	可能的限制组分或设计参数	土地处理工艺	可能的限制组分或设计参数
快速渗滤	一般为水力负荷	湿地	BOD、SS 或 N
慢速渗滤	土壤的渗透性,或地下水硝酸盐	地下渗滤	土壤的渗透性,或地下水的硝酸盐
地表漫流	BOD、SS 或 N		

5.4.2.4 采用土地处理工艺应注意的问题

（1）预处理　污水中的有毒物质等会危害农作物、污染地下水，并通过食物链危害人体健康；过多的盐分和酸碱使土质盐碱化或酸化；过多的悬浮固体使土壤堵塞，影响土壤的透水性。所以，污水进入土地处理系统前应进行预处理。一般情况下，污水经一级处理即可达到预处理要求。但在负荷较大、出水要求高时应采用二级处理方法（活性污泥、稳定塘等）进行预处理。对于含重金属和有机毒物的污水，必须进行点源预处理。

（2）完全处理　污水的土地处理存在着季节性。冬季农作物、牧草等大都收获，气候寒冷，土地处理系统的效率下降，处理负荷降低。应具有足够的调蓄容量（如水库），储存未处理的污水，待气候转暖后再处理，以达到完全处理的目的。

（3）地下水污染　应做好防渗，控制适宜的负荷率，避免地下水污染。

（4）土质恶化　污水中的有毒物质（重金属、有机毒物等）、盐类、酸性或碱性物质等都会破坏土壤的品质，使土质恶化。

5.5 生物-膜法

膜生物反应器（Membrane Bio-reactor，MBR）是膜分离技术与污水生物处理技术有机结合的废水处理新工艺，与传统污水生物处理比，该工艺出水水质好、设备占地面积小、活性污泥浓度高、剩余污泥产量低、便于自动控制等优点，在城市污水和工业废水处理与回用等方面已得到了应用。但在MBR工艺中，存在膜组件的费用高、膜通量小，膜易污染和能耗较高的缺点，限制了生物-膜法的推广和应用。相信随着膜技术的发展，膜的制造成本的下降和新型膜组件及膜生物反应器的不断开发，膜生物反应器技术在废水处理中会得到越来越多的应用。

5.5.1 MBR的工艺机理

MBR工艺主要由膜组件和生物反应器两部分构成。活性污泥在生物反应器内与废水中可生物降解的有机物充分接触，通过氧化分解作用进行新陈代谢以维持自身生长、繁殖，同时使有机物降解。膜组件通过机械筛分、截留等作用对混合液进行固液分离，未被降解的大分子物质和活性污泥等被浓缩后返回生物反应器，避免了活性污泥的流失，延长了难降解大分子有机物在反应器中的停留时间，加强了系统对难降解物质的去除效果。

5.5.2 MBR的类型

（1）膜组件和膜材料　膜组件的构型有：板框式、卷式、管式、中空纤维式和毛细管式，用于MBR系统的膜组件有板框式、管式和中空纤维式，膜组件置于生物反应池内，多用中空纤维式，膜组件置于生物反应池外，多用管式和板框式。膜材料主要分为有机膜、无机膜两大类。有机膜价格较便宜，但易污损；无机膜能在恶劣的环境下工作，使用寿命长，但价格较贵（详见本教材4.4.2，4.4.3）。

（2）膜组件的作用类型　根据膜组件在MBR中所起作用的不同，可将MBR分为分离-膜生物反应器（Solid/Liquid Separation Membrane Bioreactor，SLSMBR），分离MBR中的膜组件相当于传统生物处理系统中的二沉池；曝气-膜生物反应器（Aeration Membrane Bioreactor，AMBR），膜组件实现向生物反应器的无泡曝气；萃取膜-生物反应器（Extractive Membrane Bioreactor，EMBR）膜组件用于从工业废水中萃取优先污染物。图 5-73 和图 5-74 分别为已投运和已建成的膜生物反应器示意。

图 5-73　已投运的膜生物反应器

图 5-74　已建成的膜生物反应器

（3）膜组件与生物反应器的组合类型　根据生物反应器和膜组件结合的方式不同，膜生物反应器可分为分置式［图 5-75（a）］和一体式［图 5-75（b）］两种类型。

分置式 MBR 是把生物反应器与膜组件分开放置，其工艺如图 5-75（a），图 5-75（b），图 5-75（c）所示。进水进入含有活性污泥的生物反应器中，生物反应器的混合液经泵增压后进入膜组件，透过液即出水被排走，活性污泥、大分子物质等被膜截留，随浓缩液回流到生物反应器内。最早使用的分置式膜生物反应器是双泵循环系统，如 Cycle-Let 工艺，而 Zenon 和 General Motors 共同开发的 ZenoGem 工艺则是单泵循环体系。

分置式 MBR 通过料液自身的再循环错流运行，其特点是：运行稳定可靠，操作管理容易，易于膜的清洗、更换及增设。但为了减少污染物在膜面的沉积，由循环泵提供的料液流速很高，为此动力消耗高。

一体式是将膜组件置于生物反应器中，通过真空泵抽吸，得到过滤液。一体式的最大特点是运行费用低，但在运行稳定性、操作管理方面和膜的清洗更换上不如分置式。

一体式 MBR 是把膜组件置于生物反应器中。进水进入膜-生物反应器，其中的大部分污染物被混合液中的活性污泥去除，再在外压作用下由膜过滤出水。这种形式的膜-生物反应器由于省去了混合液循环系统，并且靠抽吸出水，能耗相对较低；占地较分置式更为紧凑其工艺见图 5-75（d）。

复合式膜-生物反应器在形式上也属于一体式膜-生物反应器，所不同的是在生物反应器内安装填料，从而形成复合式膜-生物反应器，其工艺见图 5-75（e）。

5.5.3　MBR 的特点

膜生物反应器是将膜组件的高效固液分离作用和生物反应器的生物降解作用有机结合而成的一种污水处理与回用技术，它用膜组件取代了传统二沉池和后处理系统，利用膜组件的分离作用，将活性污泥和已净化的水分开，完成生物反应器内混合液的泥水分离，简化了工艺流程（见图 5-76），因此该技术具有以下特点。

（1）对污染物的去除效率高　由于膜组件的膜孔径非常小（0.01～1μm），能将生物反应器内全部的悬浮物和污泥都截留下来，固液分离效果远好于传统沉淀池，大量实验研究表明，MBR 对悬浮固体的去除率接近 100%，浊度去除率达 90%以上，出水浊度接近于零。

由于膜组件的高效分离作用，使混合液活性污泥完全被截流在生物反应器内，使得系统

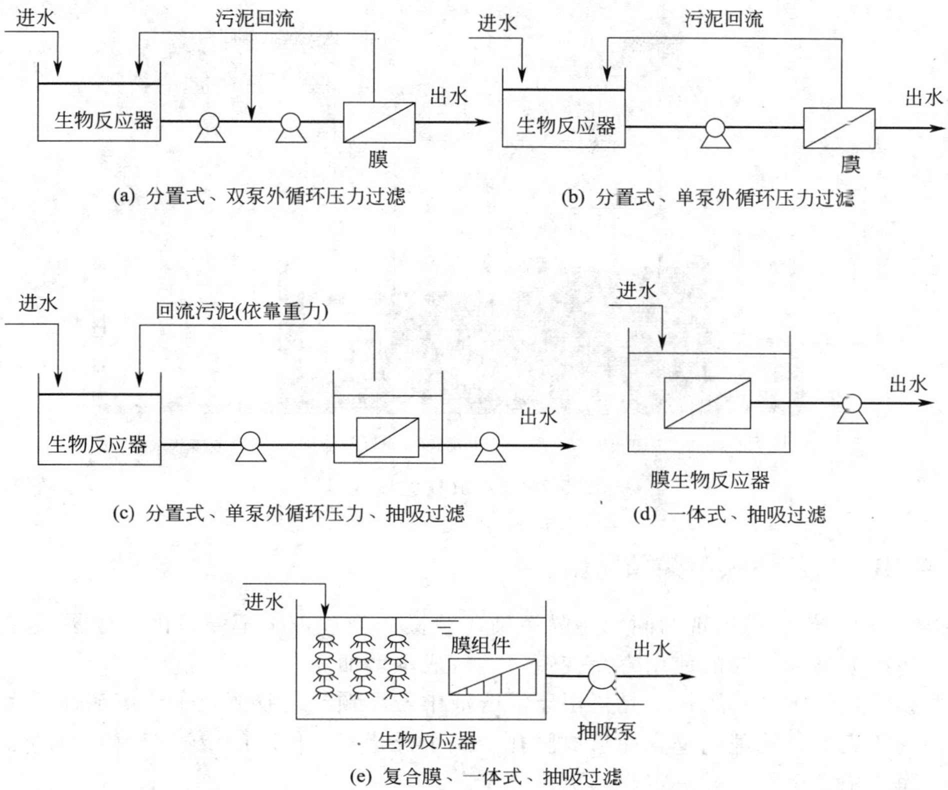

图 5-75 膜组件与生物反应器的组合类型

内能够维持较高的微生物浓度（最高可达 40～50g/L），降低了污泥负荷，提高了 MBR 对污染物的去除效率，还可以耐冲击负荷，能够获得稳定的出水水质。研究表明，MBR 在处理生活污水时，COD 的平均去除率在 94%以上，BOD 的平均去除率在 96%以上。

由于微生物被完全截流在生物反应器内，使得 MBR 中的 HRT 和 SRT 是完全分开的，从而使得增殖缓慢的微生物（如硝化细菌）能够生存下来，系统硝化效率得以提高。研究表明，MBR 在处理生活污水时，氨氮的平均去除率在 98%以上，出水氨氮浓度低于 1mg/L。

此外，如选择合适孔径的膜组件后，细菌和病毒能被大幅去除，可以省去传统处理工艺中的消毒工艺，简化了工艺流程。

还有研究表明，控制 MBR 的操作条件，如其他条件适宜，控制 DO 在 1mg/L 左右，MBR 工艺对 TN 的去除率可达 90%以上。仅采用好氧 MBR，对 P 的去除率不高，但如果将其与厌氧工艺组合，对总 P 的去除率可达 70%以上。

(2) 剩余污泥产量少　MBR 工艺由于在低污泥负荷下运行，反应器内营养物相对缺乏，微生物处于内源呼吸期，污泥产率低，剩余污泥产量很小（理论上可以实现零污泥排放），而且剩余污泥浓度高，可不进行浓缩，直接脱水，降低了污泥处理费用。

(3) 操作管理方便，易于实现自动控制　该工艺实现了水力停留时间（HRT）与污泥停留时间（SRT）的完全分离，运行控制更加灵活，是污水处理中容易实现自动化的新技术，可实现微机自动控制，从而使操作管理更为方便。

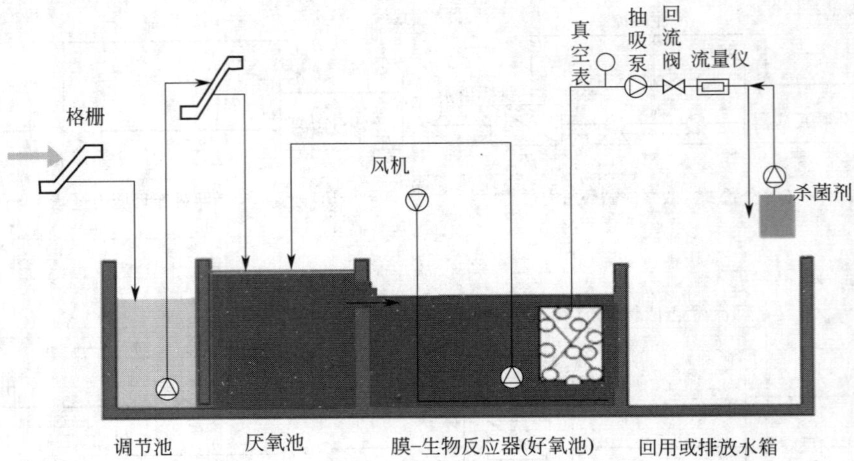

图 5-76 MBR 工艺流程

5.5.4 MBR 工艺中膜污染及防治

MBR 运行中最容易出现的问题是膜污染，给操作管理带来不便，由于膜易被污染，使得膜的更换次数增加，膜的使用寿命变短，运行成本增加。

(1) 膜污染的定义　膜污染是指由于混合液中悬浮颗粒、胶体粒子或溶解性的大分子物质沉积在膜的表面、孔隙内壁，而造成膜孔径减小或堵塞，使膜的渗透速率减小的现象。膜污染影响膜的稳定运行，并决定膜的更换频率。

(2) 膜污染原因分析

① 膜的性质　膜的性质主要是指膜材料的物化性能，包括膜孔径大小、膜表面电荷性质、疏水性、粗糙度等，不同材质的膜由黏附和孔堵塞引起的污染程度不同；膜表面张力的色散相越大，则膜越容易发生黏附使膜孔窄化；亲水性的聚砜膜等易受蛋白质的污染，而憎水性的聚丙烯腈和聚烯烃膜等受到的污染较轻，膜表面粗糙度的增加使膜表面吸附污染物的可能性增加，但也使扰动程度加大，降低了浓差极化，因此，粗糙度对膜通量有双重影响。

② 料液影响　料液性质包括料液固形物及性质、溶解性有机物及组成成分、pH 值等均影响膜的污染。料液中污泥浓度过高对膜的运行不利，膜通量随污泥浓度增加而下降；pH 值在等电点处膜吸附量最高，膜通量最低；料液中溶解性有机物（SMP）浓度增大会导致膜过滤阻力增大，从而使膜通量降低；反应液中微生物的性质组成，如丝状菌膨胀也会使膜通量下降；料液中如含有菌体代谢物和多糖、蛋白质等大分子物质，也会对膜产生吸附而造成膜污染。

③ 操作条件　操作条件指操作压力、膜面流速和运行温度。不同的膜分离操作对压力都存在一临界压力值，当操作压力低于临界压力时，膜通量会随压力增加而增加；而高于此值时，膜通量会随压力增加而减小，会引起膜污染加剧。

膜面流速的增加可以增大膜表面水流的搅动程度，改变膜表面的积累，可以降低浓差极化而提高水通量。

升高温度会有利于膜的过滤分离过程。Maga-ra 和 Itoh 研究得出，温度升高 1℃可引起膜通量增大 2%。升高温度会降低料液黏度，有利于膜分离的进行。

(3) 膜污染的预防

① 选择合适的膜材料　膜的亲疏水性、荷电性会影响到膜与溶质间相互作用的大小，通常认为亲水性膜及膜材料电荷与溶质相同的膜较耐污染。另外膜结构的选择也较重要，对微滤膜，对称结构其弯曲孔开口有时比内部孔径大，进入表面孔的粒子易被截留在膜内，不易去除。而不对称结构，其粒子都被截留在表面，容易被清洗去除。

② 对处理液进行预处理　对进料液进行有效地预处理，达到膜组件进水的水质指标要求，通常采用预絮凝、预过滤或调节 pH 值等措施来改善，也有通过添加粉末活性炭来提高料液的可过滤性。

③ 工艺运行条件的控制　通过提高进料液的流速或采用错流办法，减少浓度差极化，使被截留的溶质及时被水流带走。另外，控制合理的曝气强度和不同的曝气方式，如适当的增加曝气量，采用间歇曝气或空曝的方式，可以有效地减少颗粒物质在膜面的沉积，减缓膜污染。

(4) 膜污染后的清洗方法　即便采取各种措施维护和预防，但是膜污染还是不同程度地客观存在。因此，必须不断地及时地进行对膜污染的处理，才能保证 MBR 正常运行，并取得预期效果。对于已经污染的膜，一般常采用物理和化学的方法来清洗。

① 物理法

a. 水力清洗　采用减压后的高流速的水力冲洗以去除膜面污染物。

b. 水汽混合冲洗　借助气液混合流体与膜面发生的剪切作用去除膜面污染物，该法对初期受有机污染的膜的清洗较有效。

c. 海绵球清洗　在内压管状膜组件内放入一些海绵球，要求海绵球的直径比膜管的直径大一些，依靠水力冲击使海绵球流经膜面，以去除膜表面的污染物。

d. 逆流清洗　在中空纤维式组件中，将反向压力施加于支撑层，引起膜透过液的反向流动，以松动和去除进料侧活化层表面污染物。

② 化学法　通常采用清洗溶液对膜面进行清洗。常用的清洗液有稀碱、稀酸、加酶洗剂、表面活性剂、络合剂和氧化剂等。选择清洗液时要慎重，防止化学药剂对膜面的损害。如选用酸类清洗液，可以溶解去除矿物质及 DNA，而采用 NaOH 水溶液可有效地脱除蛋白质污染；对蛋白质污染严重的膜，用含 0.5%蛋白酶的 0.01%NaOH 溶液清洗 30min 可有效地恢复透水量。

习题及思考题

1. 填空题

(1) 污水处理中的微生物主要有______、______、______和______等。

(2) 污水的生物处理分______和______两种，存在的微生物有______和______两类。

(3) 微生物分批培养的群体生长可分为______、______、______和______四个阶段。当污水中基质浓度很高时，微生物生长处于______期，污泥沉淀性能______，上清液______，出水水质______；当污水中基质浓度很低时，微生物生长处于______期，污泥沉淀性能______，上清液______，出水水质______。在工程实践中，为获得良好的出水水质，一般将微生物的生长控制在______期或______期。

(4) 污水的可生化性取决于______，可用______评价。一般情况下，BOD_5/COD 越大，污水可生化性越______，反之亦然。$BOD_5/COD<0.3$，则称该污水______，$BOD_5/COD=0.3\sim0.45$，则称该污水______，$BOD_5/COD>0.4$，则称该污水______。

(5) 按照微生物对氧的需求，可将生物处理分为______和______两大类。按照微生物的附着方式，可将生物处理分为______和______两大类。活性污泥法、接触氧化、UASB 和厌氧生物塘分别属于______、

______、______和______。

(6) 生物处理法适于处理有机污水，好氧生物处理时，微生物降解污染物的最终产物为______、______、______、______和______等；厌氧生物处理时，微生物降解污染物的最终产物为______、______、______、______和______等；好氧生物处理法适于处理 BOD_5 ______，COD ______的污水。厌氧生物处理法适于处理 BOD_5 ______，COD ______的污水。

(7) 曝气方法主要有______和______两种。鼓风曝气的空气扩散装置有______和______等，机械曝气的空气扩散设备有______和______等。

(8) 生物滤池由______、______、______和______四部分组成，可分为______、______和______三种。处理城市污水时的有机负荷率分别为______、______和______，BOD_5 去除率分别为______和______。一般情况下，生物滤池进水 BOD_5 不得高于______ mg/L，否则应采用出水回流稀释。

2. 判断题

(1) 好氧生物处理适用于低浓度的工业废水和城市污水；活性污泥法是水体自净的人工强化方法。(　　)

(2) 活性污泥法净化污水的主要承担者是原生动物。(　　)

(3) 如二沉池中上清液混浊，则说明负荷过高，分解不彻底。(　　)

(4) 对活性污泥中微生物影响较大的环境因子有温度、酸碱度、营养物质、毒物浓度和无机盐类。(　　)

(5) 曝气池有臭味说明曝气池供氧不足。(　　)

(6) 生物膜处理法的主要运行形式有氧化塘、生物转盘、生物接触氧化池和生物流化床。(　　)

3. 简答题

(1) 活性污泥的组成是什么?

(2) 简述活性污泥法去除污染物的过程。

(3) 活性污泥的性能指标有哪些，其含义是什么？处理城市污水时正常的污泥沉降比（SV）和污泥指数（SI）分别为多少?

(4) 活性污泥法有哪些主要的运行方式？各种运行方式中污泥的生长状态如何?

(5) 试比较推流式和完全混合式活性污泥法的特点。

(6) 简述吸附生物降解活性污泥法（AB 法）和序批式活性污泥法（SBR）的操作过程和工艺特点。

(7) 简述生物脱氮除磷原理、适宜条件，写出有关反应方程式。

(8) 简述生物脱氮除磷工艺流程及工作原理。

(9) 影响氧传质速度的因素有哪些，是怎样影响的?

(10) 什么是污泥有机负荷率和容积有机负荷率，与水质净化效果有什么关系？如何确定适宜的有机负荷率?

(11) 某污水 $10000m^3/d$，一次沉淀后，BOD_5 为 200mg/L，用完全混合活性污泥法处理，要求出水 BOD_5 ≤15mg/L，试设计活性污泥系统。

(12) 活性污泥系统会出现哪些异常现象？如何控制?

(13) 简述生物膜法的净化过程和特点（与活性污泥法相比）。

(14) 影响生物滤池性能的因素有哪些？是怎样影响的?

(15) 某生活污水 $500m^3/d$，BOD_5 为 400mg/L，用生物滤池处理，要求出水 BOD_5≤30mg/L。试设计高负荷生物滤池。

(16) 什么是生物转盘的面积有机负荷率？如何确定?

(17) 简述生物接触氧化的工作原理和基本构造。

(18) 接触氧化常用填料的种类和规格有哪些?

(19) 简述生物接触氧化法的特点。

(20) 某污水流量 $1000m^3/d$，COD=500mg/L，用接触氧化法处理，要求出水 COD≤80mg/L。试验得容积有机负荷率 $N_v=1.8kgCOD/(m^3 \cdot d)$，适宜气水比为 $15\sim20m^2/m^3$。试设计推流式生物接触氧化池。

(21) 简述生物流化床的分类和工作原理。

(22) 简述污水自然生物处理系统的分类及好氧稳定塘的工作原理。

(23) 简述水中微生物的营养关系。

(24) 什么叫分解代谢？什么叫合成代谢？它们之间的关系如何？

(25) 简述生物处理设施中微生物的存在状态。

(26) 影响微生物生长的条件有哪些？每项条件的适宜值分别是多少？

(27) 什么是污水的可生化性？

(28) 简述改善污水可生化性的方法。

6 污泥、污水的厌氧生物处理

6.1 概述

好氧生物法是在有氧的条件下，由好氧微生物降解污水中的有机污染物，分解的最终产物主要是水和二氧化碳。厌氧生物处理法是利用兼性厌氧菌和专性厌氧菌来降解污水或污泥中的有机污染物，分解的最终产物是以甲烷为主的消化气（即沼气），沼气是可以作为能源利用的。农村推广的沼气池，也是利用厌氧消化的原理，以粪便、草茎秆等作为原料制取沼气，并提高肥效。

6.1.1 厌氧消化的机理

有机物在厌氧条件下的消化降解过程可分为三个阶段，即水解酸化阶段（酸性发酵）、产氢产乙酸阶段和产甲烷阶段（碱性发酵），如图 6-1 所示。

第一阶段为水解酸化阶段。复杂的大分子、不溶性有机物先在细胞外酶的作用下水解为小分子、溶解性有机物，然后渗入细胞体内分解产生挥发性有机酸、醇、醛类等，同时产生氢气和二氧化碳。

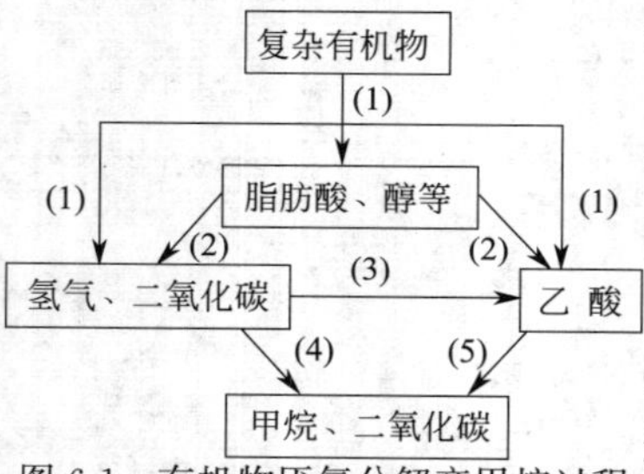

图 6-1　有机物厌氧分解产甲烷过程
(1)产酸细菌；(2)产氢产乙酸细菌；
(3)同型产乙酸细菌；
(4)利用 H_2 和 CO_2 产甲烷菌；
(5)分解乙酸的产甲烷菌

第二阶段为产氢产乙酸阶段。在产氢产乙酸细菌的作用下，第一阶段产生的各种有机酸被分解转化成乙酸和 H_2，在降解有机酸时还形成 CO_2。

第三阶段为产甲烷阶段。产甲烷细菌将乙酸、乙酸盐、CO_2 和 H_2 等转化为甲烷。此过程中，产甲烷细菌可以分别通过下列两种途径之一生成甲烷。

其一是在二氧化碳存在时，利用氢气生成甲烷。

$$4H_2 + CO_2 \longrightarrow CH_4 + 2H_2O$$

其二是利用乙酸生成甲烷。

$$CH_3COOH \longrightarrow CH_4 + CO_2$$

据报道，在一般的厌氧发酵过程中，甲烷的产量约 70％由乙酸分解而来，30％由氢气和二氧化碳而得到。由于含氮有机物（如蛋白质）的厌氧分解，最后的沼气中会有少量的 H_2S 和 NH_3 存在。产酸菌有兼性的，也有厌氧的，而产甲烷菌则是严格的厌氧菌。产甲烷菌的世代期长，生长缓慢，对环境的变化如 pH 值、温度、重金属离子等较其他两种菌敏感得多。所以在厌氧发酵过程中，以上三个阶段要同时进行，并保持某种程度的动态平衡。由于甲烷的形成速度较慢，对环境的要求高，所以甲烷发酵控制了整个系统的反应速度，因此整个发酵过程必须维持有效的甲烷发酵条件。

6.1.2 影响厌氧消化效率的因素（厌氧发酵的工艺控制条件）

因甲烷发酵阶段，控制整个厌氧消化过程，所以，厌氧发酵工艺的各项影响因素也以对甲烷菌的影响因素为准。

（1）温度　细菌的生长与温度有关，根据甲烷菌的生长对温度的要求可以将甲烷菌分为三类，即低温甲烷菌（5～20℃）、中温甲烷菌（20～42℃）、高温甲烷菌（42～75℃）。利用低温甲烷菌进行厌氧消化处理的系统称为低温消化，与之对应的有中温消化和高温消化。在这几类消化系统中，起作用的甲烷菌类型是不同的，例如高温消化系统运行的是高温甲烷菌。

在每一个温度区间，随温度的上升，细菌生长速率随之上升并达到最大值，相应的温度称为最适生长温度（例如中温消化的最适温度为34℃；高温消化的最适温度为54℃），超过此温度后，细菌的生长速度逐渐下降，微生物的温度-生长速率关系如图6-2所示。

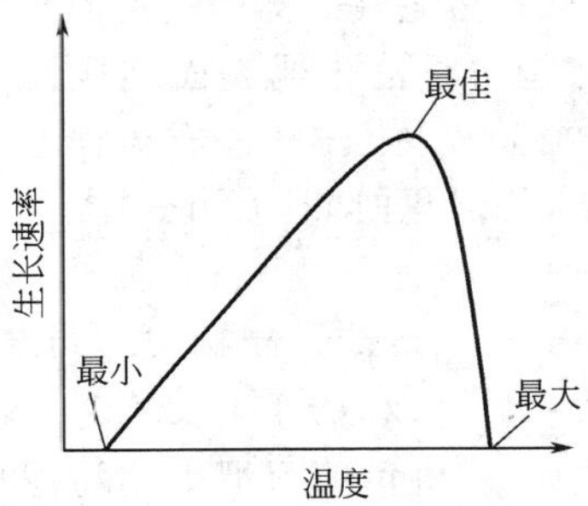

图6-2　微生物的温度-生长速率曲线

在5～75℃的整个范围内，一般讲，较高温度下的厌氧菌代谢速度较快（各温度范围上限例外），所以高温消化工艺较中温消化工艺、中温消化工艺较低温消化工艺反应速度要快很多，其相应的污泥活性和污泥负荷率及产气率也高得多。一般设计厌氧消化器时，都采取一定的控温措施，尽可能使消化器在恒温下运行，温度变化幅度不超过2～3℃（例如中温消化为34℃±1℃）。但如果温度下降幅度过大，则由于污泥活力的降低，反应器的负荷也应当降低以防止由于过负荷引起反应器酸积累等问题。

由于高温消化加热费用大，操作管理复杂，而低温消化效率太低，因此一般都选用中温消化处理。只有在卫生要求较高时，或处理某些高温废水，或有废弃余热的企业才考虑采用高温消化。

（2）pH值和酸碱度　水解产酸菌及产氢产乙酸菌对pH值的适应范围为5～8.5，而甲烷菌对pH值的适应范围为6.6～7.5之间，即只允许在中性附近波动。而且水解产酸菌及产氢产乙酸菌对环境的要求较甲烷菌低，世代时间也较短，因此在厌氧消化系统中，很有可能水解发酵阶段与产酸阶段的反应速率超过产甲烷阶段，使pH值降低，影响甲烷菌的生长。但是，在消化系统中，由于微生物的代谢产物如挥发性脂肪酸、二氧化碳和重碳酸盐（碳酸氢铵）等建立起的自然平衡关系具有缓冲作用，在一定范围内可以避免发生这种情况。

在实际运行中，如果系统中挥发酸的浓度居高不下，积累一段时间必然导致pH值下降，此时，酸和碱之间平衡已被破坏，碱度的缓冲能力已经丧失，所以不能光靠pH值的检测去指导生产，而是以挥发酸浓度及碱度作为重要管理指标。一般消化池中挥发酸（以乙酸计）浓度控制在200～800mg/L之间，如果超出2000mg/L，产气率将迅速下降，甚至停止产气。挥发酸本身并不毒害甲烷菌，而pH值的下降会抑制甲烷菌的生长。如pH值低，可投加石灰或碳酸钠，调节pH值，一般加石灰，但不应加得太多，以免产生$CaCO_3$沉淀。碱度控制在2000～3000mg/L之间。

（3）营养比　厌氧微生物的生长繁殖需按一定的比例摄取碳、氮、磷以及其他微量元素。工程上主要控制污泥或污水的碳、氮、磷比例，因为其他营养元素不足的情况较少见。不同的微生物在不同的环境条件下所需的碳、氮、磷比例不完全一致。一般认为，厌氧生物法中的碳、氮、磷比控制为(200～300)：5：1为宜。此比值大于好氧法中100：5：1，这与厌氧微生物对碳元素养分的利用率较好氧微生物低有关。在碳、氮、磷比例中，碳氮比例对厌氧消化的影响更为重要。

在厌氧处理时提供氮源，除满足微生物生长所需之外，还有利于提高反应器的缓冲能力。若氮源不足，即碳氮比太高，则厌氧菌不仅增殖缓慢，而且会使消化液的缓冲能力降低，pH 值容易下降。相反，若氮源过剩，即碳氮比太低，氮不能被充分利用，将导致系统中氨的过分积累，pH 值上升至 8.0 以上，抑制产甲烷菌的生长繁殖，使消化效率降低。

城市污水厂的初次沉淀池污泥的 C/N 约为 10∶1，活性污泥的 C/N 约为 5∶1，因此，活性污泥单独消化的效果较差。一般都是把活性污泥与初次沉淀池污泥混合在一起进行消化。粪便单独厌氧消化，含氮量过高，C/N 太低，厌氧发酵效果受到一定影响，如能投加一些含 C 多的有机物，不仅可提高消化效果，还能提高沼气产量。农村沼气池一般采用人畜粪便为发酵原料，常投加植物茎秆或杂草等以提高 C/N，增加产气量。

(4) 搅拌　在污泥厌氧消化或高浓度有机污水的厌氧消化过程中，定期进行适当的有效的搅拌是很重要的，搅拌有利于新投入的新鲜污泥（或污水）与熟污泥（或称消化污泥）的充分接触，使反应器内的温度、有机酸、厌氧菌分布均匀，并能防止消化池表面结成污泥壳，以利沼气的释放。搅拌可提高沼气产量和缩短消化时间。20 世纪 60 年代没有搅拌设备的消化池，消化时间长，约需 30～60d，而有搅拌设备的消化池，消化时间约 10～15d。产气量也增加 30%左右。

(5) 有机负荷　在厌氧生物处理法中，有机负荷通常指容积有机负荷，简称容积负荷，即厌氧反应器单位有效容积每天接受的有机物量[kgCOD/(m^3·d)]。对悬浮生长工艺，也有用污泥负荷表达的，即 kgCOD/(kg 污泥·d)；在污泥消化中，有机负荷习惯上用污泥投配率，即每天所投加的生污泥体积占污泥消化器有效容积的百分数。污泥投配率也是消化时间的倒数，例如，当投配率为 5%时，新鲜污泥在消化池中的平均停留时间为 20d。由于各种湿污泥的含水率、挥发性组分不尽一致，投配率不能反映实际的有机负荷，为此，又引入反应器单位有效容积每天接受的挥发性固体质量这一参数，即 kgMLVSS/(m^3·d)。

有机负荷是影响厌氧消化效率的一个重要因素，直接影响产气量和处理效率。在一定范围内，随着有机负荷的提高，产气率即单位质量有机物的产气量趋向下降，而消化器的容积产气量则增多，反之亦然。对于具体应用场合，进入反应器的污泥或污水有机物浓度是一定的，有机负荷或投配率的提高意味着生污泥的平均停留时间缩短，使有机物降解不能达到所要求的程度，势必使单位质量的有机物的产气量减少。但因反应器相对的处理量增多了，单位容积的产气量将提高。

厌氧处理系统正常运转取决于产酸与产甲烷反应速率的相对平衡。一般产酸速率大于产甲烷速率，若有机负荷过高，则产酸速率将大于用酸（产甲烷）速率，挥发酸将累积而使 pH 值下降，破坏产甲烷阶段的正常进行，导致产气量减少甚至停止产气，系统遭到破坏，并难以调整复苏。此外，有机负荷过高，往往是水力负荷也较高，过高的水力负荷还会使消化系统中污泥的流失速率大于增长速率从而降低消化效率。这种影响在常规厌氧消化工艺中更加突出。相反，若有机负荷过低，有机物产气率或有机物去除率虽可提高，但容积产气率降低，反应器容积将增大，使消化设备的利用效率降低，投资和运行费用提高。因此，控制合适的有机负荷对厌氧生物反应器的设计和运行是十分重要的。

有机负荷值因工艺类型、运行条件以及污泥或污水中有机污染物的种类及其浓度而异。在通常的情况下，常规厌氧消化工艺中温处理高浓度有机工业废水的有机负荷为 2～3kgCOD/(m^3·d)，在高温下为 4～6kgCOD/(m^3·d)。上流式厌氧污泥床反应器、厌氧滤池、厌氧流化床等新型厌氧工艺的有机负荷在中温下为5～15kgCOD/(m^3·d)，甚至可高达30kgCOD/(m^3·d)。在处理具体污水时，最好通过试验来确定其最适宜的有机负荷。

（6）厌氧活性污泥　厌氧活性污泥主要由厌氧微生物及其代谢的产物和吸附的有机物、无机物组成。厌氧活性污泥的浓度和性能与厌氧消化的效率有密切的关系。性状良好的污泥是厌氧消化效率的基础保证。厌氧活性污泥的性质主要表现为它的作用效能与沉淀性能，前者主要取决于污泥中活微生物的比例及其对底物的适应性。活性污泥的沉淀性能是指污泥混合液在静止状态下的沉降速度，它与污泥的凝聚性有关，与好氧处理一样，厌氧活性污泥的沉淀性也以SVI衡量。G. Lettinga认为在上流式厌氧污泥床反应器中，当活性污泥的SVI为15～20mL/g时，污泥具有良好的沉淀性能。

厌氧处理时，污水中的有机物主要靠活性污泥中的微生物分解去除，故在一定的范围内，活性污泥浓度愈高，厌氧消化的效率也愈高。但至一定程度后，效率的提高不再明显。这主要因为：①厌氧污泥的生长率低、增长速度慢，积累时间过长后，污泥中无机成分比例增高，活性降低；②污泥浓度过高有时易于引起堵塞而影响正常运行。

（7）有毒物质　有许多物质会毒害或抑制厌氧菌的生长和繁殖、破坏消化过程。所谓“有毒”是相对的，事实上任何一种物质对甲烷消化都有两方面的作用，即有促进甲烷细菌生长的作用与抑制甲烷细菌生长的作用，至于到底起哪方面的作用取决于它的浓度。某些有害物质进行厌氧消化的最大容许浓度参考表6-3。

6.2 污泥的厌氧消化

污泥的厌氧消化是污泥稳定化处理最通用的方法。其主要处理对象是初次沉淀污泥、腐殖污泥、剩余活性污泥。其中的有机物质在厌氧微生物作用下被分解成甲烷与二氧化碳等最终产物。

厌氧消化法的主要构筑物有消化池、化粪池、双层沉淀池及沼气池等。厌氧消化法可分为人工消化法与自然消化法（前面讲到的厌氧塘就是污水的自然消化法）。在人工消化法中，根据池盖构造的不同，又分为定容式（固定盖）消化池和动容式（浮动盖）消化池。按容量大小可分为小型消化池（1500～2500m^3）、中型消化池（2500～5000m^3）、大型消化池（5000～10000m^3）。按消化温度的不同又可分为低温消化（低于20℃）、中温消化（30～37℃）和高温消化（45～55℃）。按运行方式可分为一级消化、二级消化。

6.2.1 消化工艺

（1）一级消化工艺　最早使用的消化池叫传统消化池又称低速消化池，是一个单级过程，称为一级消化工艺，污泥的消化和浓缩均在单个池内同时完成。这种消化池内一般不设搅拌设备，因而池内污泥有分层现象，仅一部分池容积起有机物的分解作用，池底部容积主要用于贮存和浓缩熟污泥。由于微生物不能与有机物充分接触，消化速率很低，消化时间很长，一般为30～60d，虽然池子的容积很大，但池子的有效利用率低。因此一级消化工艺仅适用于小型装置，目前已很少用，其构造原理如图6-3所示。

图6-4为一座典型的单级浮动盖式消化池的断面图。生污泥从池的中心或集气罩内投入消化池，从集气罩内进入的污泥能打碎在消化池液面形成的浮渣层。已消化过的污泥在池底排出，通过从消化池抽出的污泥经热交换器加热后再送回消化池，进行消化池的加热。池内由于不设搅拌设备，消化池内出现了分层现象，顶部为浮渣层，消化了的熟污泥在池底浓

缩，中间层包括一层清液（污泥水）和起厌氧分解的活性层。污泥水根据具体水层厚度从池子不同高度的抽出管排出。浮盖由液面承托，可以上下移动。单级浮动盖消化池的功能为：挥发性有机物的消化、熟污泥的浓缩和贮存。其特点是提供的贮存容积约等于池子体积的 1/3。

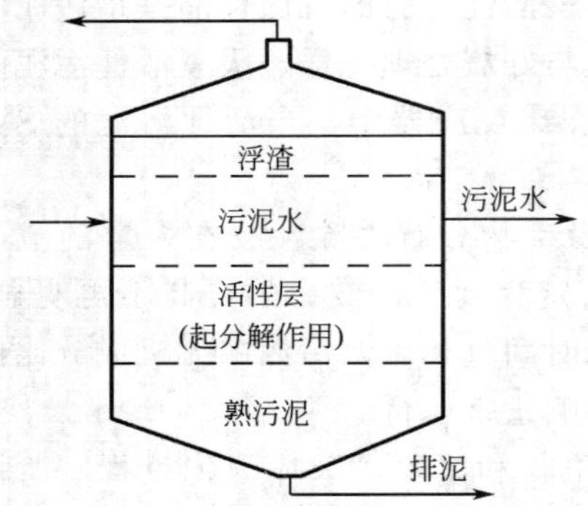

图 6-3　传统消化池构造原理

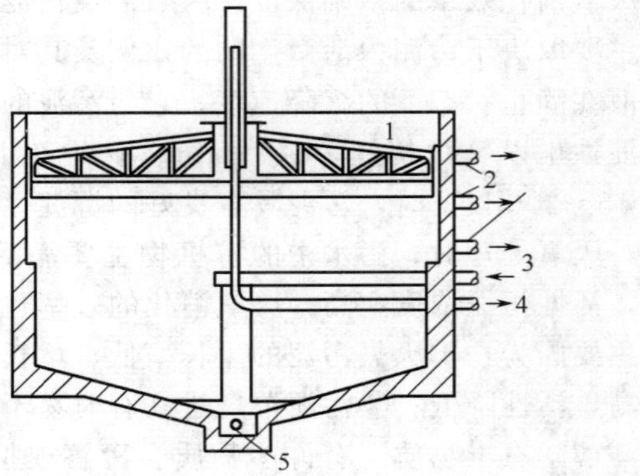

图 6-4　单级浮动盖式消化池

1—浮盖；2—污泥水管；3—进泥管；4—出气管；5—排泥管

（2）二级消化工艺　二级消化池系统如图 6-5 所示，二级消化工艺为两个消化池串联运行，生污泥连续或分批投入一级消化池中并进行搅拌和加热，使池内的污泥保持完全混合状态。温度一般维持中温 34℃左右。由于搅拌使池内有机物浓度、微生物分布、温度、pH 值等都均匀一致，微生物得到了较稳定的生活环境，并与有机物均匀接触，因而提高了消化速率，缩短了消化时间。污泥中有机物的分解主要在一级消化池中进行，产气量占总产气量的 80%，因此该系统中的一级消化池也称之为高速消化池。一级消化池的污泥靠重力排入二级消化池中。二级消化池勿需搅拌和加热，而是利用一级消化池排出的污泥的余热继续消化，其消化温度可保持在 20～26℃。二级消化池上设有集气管和上清液排出管，产气量占总产气量的 20%。二级消化池起着污泥浓缩的作用。

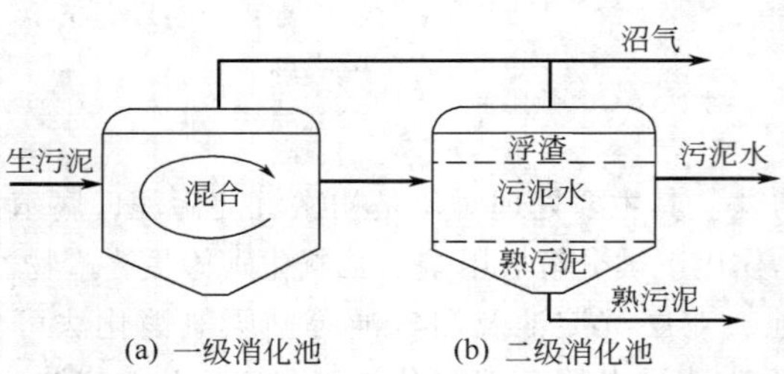

图 6-5　二级消化池系统示意

二级消化工艺中第一级消化池容积通常按污泥投配率为 5%来计算，而第一级与第二级消化池的容积比为 1∶1 或 2∶1 或 3∶2，但最常用的是 2∶1，即第二级消化池的容积按污泥投配率为 10%来计算。

二级消化工艺比一级消化工艺总的耗热量少，并减少了搅拌的能耗，熟污泥含水率低，上清液固体含量少。

污泥消化过程中排出的上清液（污泥水）有机物含量较多（BOD_5 500～1000 mg/L），不能任意排放，必须送回到污水生物处理构筑物内进一步处理。

6.2.2　消化池的构造

消化池的主体是由集气罩、池盖、池体及下锥体等四部分组成，并附设新鲜污泥投配系统、熟污泥的排出系统、溢流系统、沼气的排出收集及贮存系统和加温及搅拌设备。

(1) 消化池的池形　消化池的基本池形有圆柱形和蛋形两种，图 6-6(a) 为圆柱形，池径一般为 6～35m，柱体部分的高度约为直径的一半，总高度与池径之比大 0.8～1.0，池底、池盖倾角一般取 15°～20°，为检修方便，池盖上设置 1 个或 2 个 $\phi0.7$m 的人孔，池顶集气罩直径取 2～5m，高 1～3m。图 6-6(b) 为蛋形，其侧壁为圆弧形，直径远小于池高。大型消化池可采用蛋形，容积可做到 10000m^3 以上，蛋形消化池在工艺与结构方面有如下优点：①搅拌充分、均匀，可以有效地防止池底积泥和泥面结壳；②因池体接近球形，在池容相等的条件下，池子总表面积比圆柱形小，散热面积小，故热量损失小，可节省能源。国内建造的大型消化池多为圆柱形。

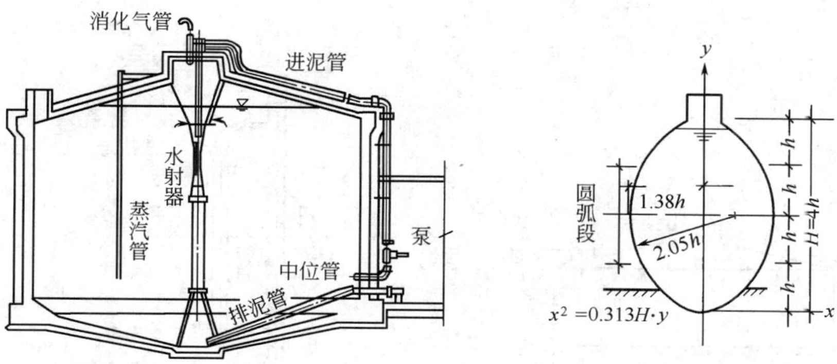

(a) 圆柱形消化池　　(b) 蛋形消化池

图 6-6　消化池的池形

(2) 投配、排泥与溢流系统

① 污泥投配　生污泥（包括初沉污泥、腐殖污泥及经过浓缩的剩余活性污泥），需先排入消化池的污泥投配池，然后用污泥泵抽送至消化池。污泥投配池一般为矩形，至少设两个，池容根据生污泥量及投配方式确定，常用 12h 的贮泥量设计。投配池应加盖，设排气管、上清液排放管和溢流管。如果采用消化池外加热生污泥的方式，则投配池可兼作污泥加热池，一般消化池的进泥口布置在泥位上层，其进泥点及进泥口的形式应有利用搅拌均匀和破碎浮渣的需要。

② 排泥　消化池的排泥管设在池底，出泥口布置在池底中央或在池底分散数处，排空管可与出泥管合并使用，也可单独设立。依靠消化池内的静水压力将熟污泥排至污泥的后续处理装置。

污泥的投配管和排泥管的直径一般为 150～200mm。一般排泥管与放空管合并使用。污泥管的最小直径为 150mm，为了能在最适当的高度除去上清液，可在池子的不同高度设置若干个排出口，最小管径为 75mm。

此外，还设取样管，一般取样管设置在池顶，最少为两个，一个在池子中部，一个在池边。取样管的长度最少应伸入最低泥位以下 0.5m，最小管径为 100mm。还备有清洗水或蒸汽的进口及清理污泥管道的设备。

③ 溢流装置　消化池的污泥投配过量、排泥不及时或沼气产量与用气量不平衡等情况发生时，沼气室内的沼气压缩，气压增加甚至可能压破池顶盖。因此消化池必须设置溢流装置，及时溢流，以保持沼气室压力恒定。溢流管的溢流高度，必须考虑是在池内受压状态下工作。在非溢流工作状态时或泥位下降时，溢流管仍需保持泥封状态，溢流装置必须绝对避

免集气罩与大气相通，也避免消化池气室与大气连通。溢流装置常用形式有倒虹管式、大气压式及水封式等 3 种。

倒虹管式见图 6-7(a)，倒虹管的池内端必须插入污泥面，保持淹没状，池外端插入排水槽也需保持淹没状。当池内污泥面上升，沼气受压时，污泥或上清液可从倒虹管排出。

大气压式见图 6-7(b)，当池内沼气受压，压力超过 Δh（Δh 为 U 形管内水层厚度）时，即产生溢流。

水封式见图 6-7(c)，水封式溢流装置由溢流管、水封管与下流管组成。溢流管从消化池盖插入设计污泥面以下，水封管上端与大气相通，下流管的上端水平轴线标高，高于设计污泥面，下端接入排水槽。当沼气受压时，污泥或上清液通过溢流管经水封管、下流管排入水槽。

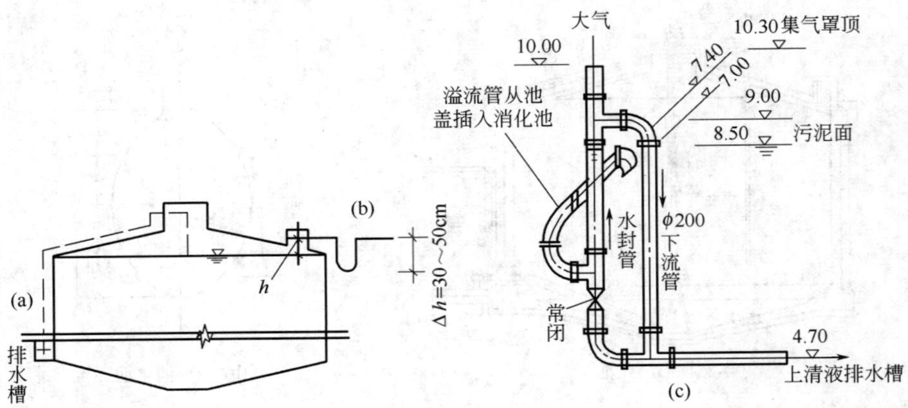

图 6-7　消化池的溢流装置

(a)倒虹管式；(b)大气压式；(c)水封式

溢流装置的管径一般不小于 200mm。

排出的上清液及溢流出泥，应重新导入初次沉淀池进行处理。设计沉淀池时，应计入此项污染物。

(3) 沼气的收集与贮存设备　由于产气量与用气量常常不平衡，所以必须设贮气柜进行调节。沼气从集气罩通过沼气管输送到贮气柜。沼气管的管径按日平均产气量计算，管内流速按 7～15m/s 计，当消化池采用沼气循环搅拌时，则计算管径时应加入搅拌循环所需沼气量。管道坡度应与气流方向一致，其坡度为 0.005，在最低点应设置凝结水罐，并可及时排除积水。为了减少凝结水量，防止沼气管被冻裂，沼气管应该保温。应采取防腐措施，一般采用防腐蚀镀锌钢管或铸铁管。在沼气输送管道的适当地点设置必要的水封罐，以便调整和稳定压力，并在消化池、贮气柜、压缩机、锅炉房等设备之间起隔绝作用，确保安全。

消化池的气室及沼气管道均应在正压下工作。通常压力为 2～3kPa。消化池不允许出现负压。

沼气中由于硫化氢和饱和蒸汽的存在，对消化池顶集气罩有腐蚀作用，必须对气室进行防腐处理。

贮气柜有低压浮盖式与高压球形罐两种，见图 6-8。贮气柜的容积一般按平均日产气量的 25%～40%，即 6～10h 的平均产气量计算。

低压浮盖式的浮盖重量决定于柜内气压，柜内气压一般为 1177～1961Pa（120～200mmH_2O），最高可达 3432～4904Pa（350～500mmH_2O）。气压的大小可用盖顶加减铸铁块的数量进行调节。浮盖的直径与高度比一般采用 1.5∶1，浮盖插入水封柜以免沼气外泄。

当需要长距离输送沼气时，可采用高压球形罐。贮气柜中的压力决定了消化池气室和输

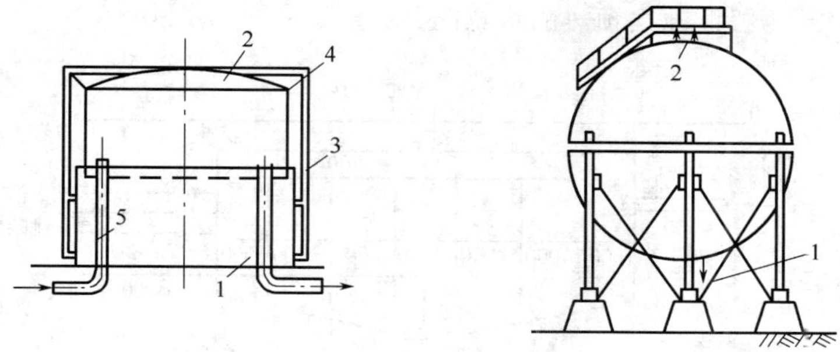

(a) 低压浮盖式

1—水封柜；2—浮盖；3—外轨；4—滑轮；5—导气管

(b) 高压球形罐

1—导气管；2—安全阀

图 6-8　贮气柜

气管道的压力，此压力一般保持在 2～3kPa，不宜太高。

由于沼气中含有少量 H_2S，一般含量在 0.005%～0.01%之间，在有水分条件下，当沼气中硫化氢含量超过百万分之一时，对沼气发动机有很强的腐蚀性。根据煤气燃烧规定，硫化氢的容许含量应小于 $20mg/m^3$。如果沼气中含硫量太高，必须进行沼气脱硫。

(4) 消化池的加热方法　为了使消化池的消化温度恒定（中温或高温消化），必须对新鲜污泥进行加热和补偿消化池池体及管道系统的热损失。加热的热源可用锅炉或其他生产设备的余热。

加热方法有池内蒸汽直接加热与池外预热两种。

池内蒸汽直接加热法就是利用插在消化池内的蒸汽竖管，直接向消化池送入蒸汽，加热污泥。蒸汽在竖管中的流速一般为 3～5m/s。这种加热方法比较简单，热效率高。但竖管周围的污泥易被过热，影响甲烷细菌的正常活动。由于增加了冷凝水，消化污泥的含水率稍有提高，消化池的容积需增加 5%～7%。

池外预热法是把新鲜污泥预先加热后，投配到消化池中。这种方法的优点是，预热的污泥只是新鲜污泥，数量较少，易于控制，预热达到的温度较高，有利于杀灭寄生虫卵，以提高消化污泥的卫生条件，不会使消化池中的甲烷细菌受到过热的影响，因此是一种较好的加温方法。缺点是加温的设备比较复杂。池外预热法可分为热交换器预热与投配池内预热两种。

① 热交换器预热法　在消化池外，用热交换器将新鲜污泥预热后，送入消化池。热交换器可采用套管式，以热水为热媒。热交换器预热法如图 6-9 所示。

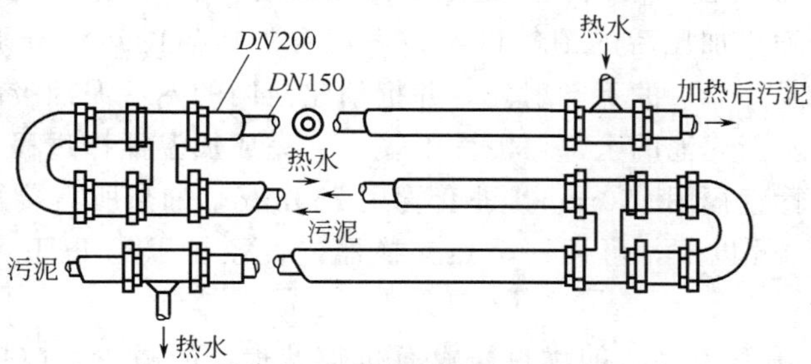

图 6-9　热交换器预热法示意

新鲜污泥从内管通过，流速 1.5～2.0m/s，热水从套管通过，流速 1.0～1.5m/s。可用逆流或顺流交换。内管直径一般为 100mm，套管直径为 150mm。

② 投配池内预热法　即在投配池内，用蒸汽把新鲜污泥预热到所需温度后，一次投入

消化池。图 6-10 为投配池内预热的示意图。

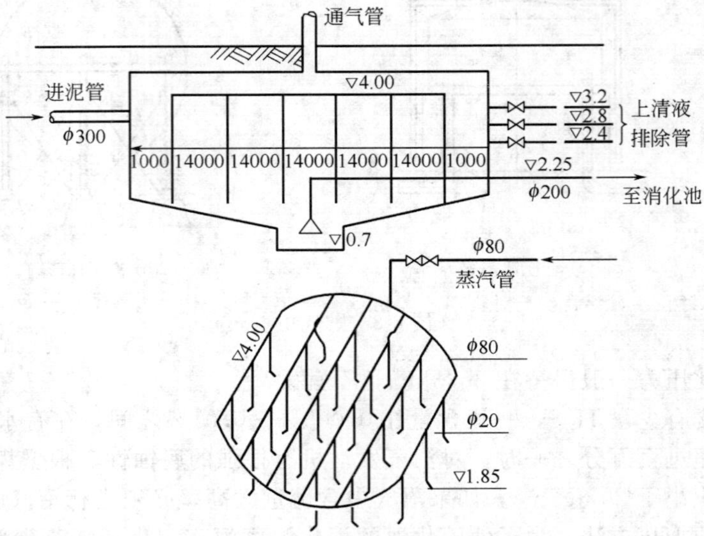

图 6-10 投配池内预热法示意

此外，为减少热量损失，还必须对消化池采取保温措施，凡是热导率小、容量较小、具有一定的机械强度和耐热性能力、吸水性差的材料一般均可作为保温材料。常用的保温材料有：泡沫混凝土、膨胀珍珠岩、聚苯乙烯泡沫塑料和聚氨酯泡沫塑料等。

(5) 消化池的搅拌方法　新投入生污泥与原有成熟污泥的充分混合对消化池的正常运行有很大影响，因此搅拌设备也是消化池的重要组成部分。消化池的常用的搅拌方法有：泵加水射器搅拌、沼气搅拌及联合搅拌等。搅拌设备至少应在 2～5h 内将全池污泥搅拌一次。一般当池内各处污泥浓度变化范围不超过 10%时，即可认为符合搅拌要求。

① 泵加水射器搅拌　生污泥用污泥泵加压后，射入水射器。水射器顶端浸没在污泥面以下 0.2～0.3m，污泥泵压力应大于 0.2MPa，生污泥量与吸入水射器的污泥量之比为 1∶3～1∶5。消化池池径大于 10m 时，可设 2 个或 2 个以上水射器。

根据需要，加压后的污泥也可从中位管压入消化池进行补充搅拌。这种方法搅拌可靠，但效率较低。

② 联合搅拌法　联合搅拌法的特点是把生污泥加温、沼气搅拌联合在一个装置内完成，见图 6-11。经空气压缩机加压后的沼气以及经污泥泵加压后的污泥分别从热交换器（兼作生、熟污泥与沼气的混合器）的下端射入，并把消化池内的熟污泥抽吸出来，共同在热交换器中加热混合，然后从消化池的上部污泥面下喷入，完成加温搅拌过程。

加热混合器污泥管直径用 150mm，外套管用 250mm，加热所需接触面积可以用热交换量计算。消化池直径 9m 以下，可用一个热交换器，直径在 15m 以下可用三个热交换器均匀分布在池外。

③ 沼气搅拌法　沼气搅拌法的优点是没有机械磨损，故障少，搅拌力大，不受液面变化的影响，并可促进厌氧分解，缩短消化时间。沼气搅拌装置见图 6-12，用空压机将贮气罐中的一部分消化气抽出，经稳压罐送入消化池进行搅拌。消化气通过消化池顶盖上面的配气环管，进入每根立管，立管数量根据搅拌气量及立管内的气流速度决定。搅拌气量按每 1000m^3 池容 5～7m^3/min 计，气流速度按 7～15m/s 计。立管末端在同一平面上，距池底

1～2m，或在池壁与池底连接面上。

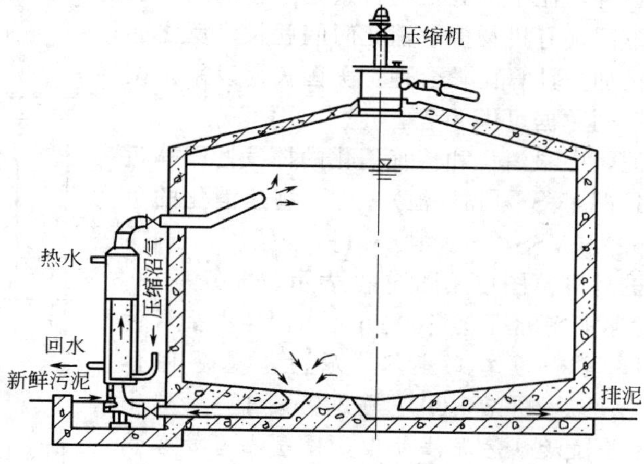

图 6-11　联合搅拌法示意

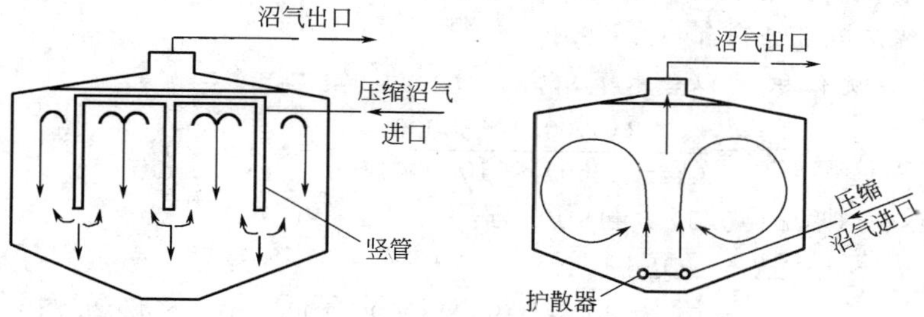

图 6-12　采用沼气循环搅拌法示意

其他搅拌方法如螺旋浆式搅拌，现已不常用。

6.2.3　消化池有效容积的计算

污泥消化池有效容积的确定，中国是按每天加入的新鲜污泥量及污泥投配率进行计算的。计算式如下：

$$V=\frac{V'}{p}\times 100 \tag{6-1}$$

式中　V——消化池有效容积，m^3；

V'——新鲜污泥量，m^3/d；

p——污泥投配率（每日投加的新鲜污泥量占消化池有效容积的百分数）。

消化污泥的投配率，最好通过试验或调研确定。当无资料时，对于生活污水污泥，中温高速消化池 p 可采用 5%～12%，传统消化池 p 可采用 2%～3%。

当采用高速消化池时，二级消化池容积可按池中停留 10～60d 计算，一般采用 20～30d 或与一级消化池相同的停留时间。

由污泥投配率的定义知道，污泥在消化池中的停留时间 t(d) 为：

$$t=\frac{100}{p} \tag{6-2}$$

用投配率确定消化池的有效容积，方法虽简单，但是并不理想，因为在消化池中进行分解的只是有机物，而各种污泥中的有机物含量是不相同的，即使是同一种污泥由于含水率不同，有机物的浓度也不同，有机物多，消化时间就长，反之亦然。所以用有机物的投加量计算比较合理。美国长期以来是按污泥的挥发分计算，下列数据可供参考。

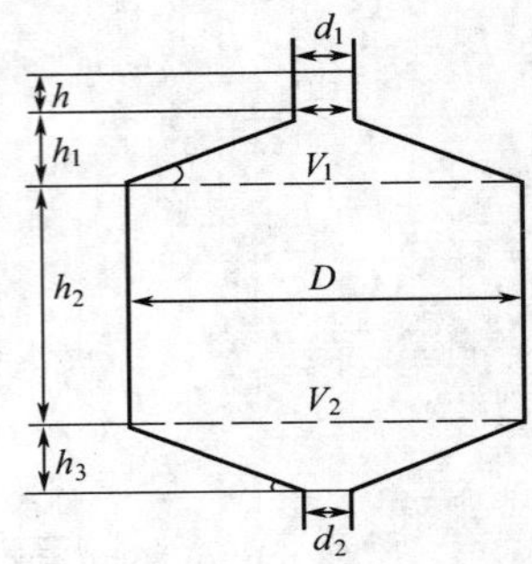

图 6-13 消化池计算草图

对于生活污水污泥，中温消化和传统消化的挥发性固体负荷率 p' 可采用 0.5～1.6kgVSS/[m^3(池)·d]，高速消化的负荷率 p' 可采用 1.6～6.5kgVSS/[m^3(池)·d]。

固定盖式消化池的计算草图可用图 6-13 表示。

【例 6-1】 某市污水厂污水量为 30000m^3/d，其中生活污水水量为 10000m^3/d，其余为工业废水，原污水悬浮固体(SS) 浓度为 240mg/L，经初沉后 BOD_5 为 200mg/L，初沉池 SS 去除率为 40%，用普通活性污泥法处理，曝气池有效容积为 5000m^3，MLSS 浓度为 4g/L，VSS/SS＝0.75，曝气池 BOD_5 去除率为 95%。今决定污水厂的污泥采用中温（35℃）厌氧消化处理，投配率为 7%，试确定消化池有效容积计算消化池的主要尺寸。

解 ① 新鲜污泥量的计算

初次沉淀池污泥体积（以含水率 96.5%计）为：

$$V_1=\frac{240\times0.4\times30000}{(1-0.965)\times1000\times1000}=82(m^3/d)$$

剩余污泥体积（取 $a=0.5$，$b=0.1$）为：

$$\begin{aligned}\Delta X&=aQL_r-bXY\\&=0.5\times200\times0.95\times30000/1000-0.1\times4\times0.75\times5000\\&=1350(kgVSS/d)\end{aligned}$$

每日剩余污泥量为：1350÷0.75＝1800(kgVSS/d)

当浓缩至含水率为 96.5%时，其体积为：

$$V_2=\frac{1800}{(1-0.965)\times1000}=51(m^3/d)$$

污泥总体积为：

$$V'=V_1+V_2=82+51=133(m^3/d)$$

② 消化池有效容积的计算

已知投配率为 7%，根据式(6-1)，消化池的有效容积为：

$$V=\frac{V'}{p}\times100=\frac{133}{7}\times100=1900(m^3)$$

为了考虑检修，采用 2 座消化池，则每个消化池的有效容积为 950m^3。

③ 消化池主要尺寸计算

采用消化池直径近似地等于柱体部分高度 2 倍计算。消化池的直径可近似地按下式计算：

$$D=\sqrt[3]{\frac{V}{0.485}}=\sqrt[3]{\frac{950}{0.485}}=12.5(m)$$

消化池集气罩直径 d_1 采用 2m，高 h_1 采用 1m，下锥底直径 d 采用 1m。

池顶盖高 $h_2=\left(\frac{D}{2}-\frac{d_1}{2}\right)\tan 20°=\left(\frac{12.5}{2}-\frac{2}{2}\right)\times 0.364=1.9(m)$

柱体高 $h_3=\frac{D}{2}=6.25(m)$

下锥体高 $h_4=\left(\frac{D}{2}-\frac{d_2}{2}\right)\tan 30°=\left(\frac{12.5}{2}-\frac{1}{2}\right)\times 0.577=3.3(m)$

消化池总高 $H=h_1+h_2+h_3+h_4=1+1.9+6.25+3.3=12.45(m)$

6.2.4 消化池的启动、运行与管理

6.2.4.1 消化池的启动

（1）试漏、气密性检查、气体的置换　向池内灌满清水，检查消化池和污泥管道有无漏水现象，接着对消化池和输气管路进行气密试验。把内压加到约 3432.33Fa，稳定 15min 后，测后 15min 的压力变化。当气压降小于 98Pa，可认为池体气密性符合要求；否则应采取补救措施，再按上述方法试验，直至合格为止。为防止发生爆炸事故，在投泥前应使用惰性气体（氮气）将输气管路系统中的空气置换出去，以后再投污泥，产生沼气后，再逐渐把氮气置换出去。

（2）消化污泥的培养与驯化　新建的消化池，需要培养消化污泥。培养方法有两种。

① 逐步培养法　将每天排放的初次沉淀污泥和浓缩后的活性污泥投入消化池，然后加热，使每小时温度升高 1℃。当温度升到预定消化温度时，维持温度，然后逐日加入新鲜污泥，直至设计泥面，停止加泥，维持消化温度，使有机物水解、液化，约需 30～40d。待污泥成熟、产生沼气后，方可投入正常运行。

② 一次培养法　在消化池中投入一定数量的接种污泥，数量应占消化池有效容积的 1/10，再投入新鲜污泥至设计泥面，然后加热，升温速度为 1℃/h，直至预定温度。并投加一定碱（或石灰），使 pH 值保持在 6.8～7.2 之间，稳定一段时间（3～5d），污泥成熟、产气后，便可投入试运行。如当地已有消化池，则可取消化污泥更为简便。

（3）消化池启动过程中的注意事项和遇到的问题

① 当取池塘中的陈腐污泥、人、畜粪便或初沉池污泥作种泥时，首先要对其进行淘洗、过滤以除去无机杂物，再通过静止沉淀，去除部分上清液后，混合均匀，配制成含固体浓度为 3%～5%的污泥，投入消化池，且最小投加量应占消化池有效容积的 10%。

② 消化池加热至预定温度（比如中温消化的 35℃）后，要维持消化池的恒温条件。

③ 消化池混合液 pH 值维持在 6.8～7.2，一旦 pH 值下降，立即投加石灰，直到 pH 值稳定在 6.8 为止，投加量通过简单试验即可获得。

④ 投配污泥尽可能保持有规律性，而且高速消化池中一次投配量不要超过额定负荷的 30%。

⑤ 污泥消化池启动过程中，经常会遇到泡沫问题。当消化过程开始时，随着 CO_2 气体的形成而出现大量的污泥泡沫，泡沫的出现有时很突然，当污泥中存在蛋白质或某些没有完全分解的表面活性剂时，这一现象会更加严重。严格地控制消化池温度条件以及严格监控生污泥的营养比，可以克服这一问题。成熟的污泥呈深灰或黑色并略带有焦油味。pH 值为 7.0～7.5，污泥易脱水和干化。

6.2.4.2 正常运行的化验指标

正常运行的化验指标有：投配污泥含水率 94%～96%，有机物含量 60%～70%，脂肪酸以乙酸计为 2000mg/L 左右，总碱度以重碳酸盐计大于 2000mg/L，氨氮 500～1000mg/L，

有机物分解程度45%～55%，产气率正常，沼气成分（CO_2 与 CH_4 所占百分数）正常。

6.2.4.3 正常运行的控制指标

（1）投配率　新鲜污泥投配率需严格控制。

（2）温度　消化温度需严格控制。

（3）搅拌　采用沼气循环搅拌可全日工作。采用水力提升器搅拌时，每日搅拌量应为消化池容积的两倍，间歇进行，如搅拌0.5h，间歇1.5～2h。

（4）排泥　有上清液排除装置时，应先排上清液再排泥。否则应采用中、低位管混合排泥或搅拌均匀后排泥，以保持消化池内污泥浓度不低于30g/L，而且进泥和排泥必须做到有规律，否则消化很难进行。

（5）沼气气压　消化池正常工作所产生的沼气气压在1177～1961Pa之间，最高可达3432～4904Pa，过高或过低都说明池组工作不正常或输气管网中有故障或操作失误。

6.2.4.4 消化池运转时的异常现象及解决办法

消化池异常表现在产气量下降，上清液水质恶化等。

（1）产气量下降　产气量下降的原因与解决办法主要有以下几点：

① 投加的污泥浓度过低，导致微生物的营养不足，应设法提高投配污泥浓度；

② 消化污泥排量过大，使消化池内微生物量减少，破坏微生物与营养的平衡，应减少排泥量；

③ 消化池温度降低，可能是由于投配的污泥过多或加热设备发生故障，解决办法是减少投配量与排泥量，检查加温设备，保持消化温度；

④ 采用蒸汽竖管直接加热，若搅拌配合不上，造成局部过热，使部分甲烷菌活性受到抑制，导致产气量下降，应及时检查搅拌设备，保证搅拌效果；

⑤ 消化池的容积减少，由于池内浮渣与沉砂量增多，使消化池容积减小，应检查池内搅拌效果及沉砂池的沉砂效果，并及时排除浮渣与沉砂；

⑥ 有机酸积累，碱度不足，解决办法是减少投配量，继续加热，观察池内碱度的变化，如不能改善，则应投加碱，如石灰、$CaCO_3$ 等。

（2）上清液水质恶化　上清液水质恶化表现在 BOD_5 和SS浓度增加，原因可能是排泥量不够，固体负荷过大，消化程度不够，搅拌过度等。解决办法是分析上列可能原因，分别加以解决。

（3）沼气的气泡异常　沼气的气泡异常有三种表现形式。

① 连续喷出像啤酒开盖后出现的气泡，这是消化状态严重恶化的征兆。原因可能是排泥量过大，池内污泥量不足，或有机物负荷过高，或搅拌不充分。解决办法是减少或停止排泥，加强搅拌，减少污泥投配。

② 大量气泡剧烈喷出，但产气量正常，池内由于浮渣层过厚，沼气在层下集聚，一旦沼气穿过浮渣层，就有大量沼气喷出，对策是破碎浮渣层充分搅拌。

③ 不起泡，可暂时减少或中止投配污泥，充分搅拌一级消化池；打碎浮渣并将其排除；排除池中堆积的泥沙。

6.2.4.5 消化池的维护与管理

消化池的维护与管理应注意以下几点。

① 消化池中的浮渣与沉砂应定期清除，最长3～5年清除1次。

② 由于沼气中往往带有水蒸气，在沼气输送过程中遇冷变成凝结水，为了保证沼气管道畅通，在沼气输送管道的最低点都设有凝结水罐，应及时或定期排除凝结水。

③ 沼气、污泥及蒸汽管道都采取保温措施，溢流管、防爆装置的水封在冬季应加入食盐以降低冰点，避免结冰而失灵。同时，要经常检查水封高度，保证其在要求的高度范围内。

④ 当采用蒸汽直接加热时，污泥会充满灼热的蒸汽竖管，容易结成污泥壳而使管道堵塞，可用大于 0.4MPa 的蒸汽冲刷。

⑤ 消化池的所有仪表（压力表、真空表、温度表、pH 计等）应定期检查，随时保证完好。

⑥ 在运行中必须充分注意安全问题，因为沼气为易燃易爆气体，甲烷在空气中的含量达到 5%～16%时，遇明火即爆炸，故消化池、贮气罐、沼气管道等部必须绝对密闭，周围严禁明火或电气火花。检修消化池时，必须完全排除消化池内的消化气。

6.3 污水的厌氧消化

6.3.1 厌氧接触法

6.3.1.1 厌氧的工艺流程

为了克服普通消化池不能保留或补充厌氧活性污泥的缺点，在消化池后设沉淀池，将沉淀污泥回流至消化池，形成了厌氧接触法。其工艺流程如图 6-14 所示。该工艺类似于完全混合式好氧活性污泥法，该系统使污泥不流失、出水水质稳定，又可提高消化池内污泥浓度，从而提高设备的有机负荷和处理效率。

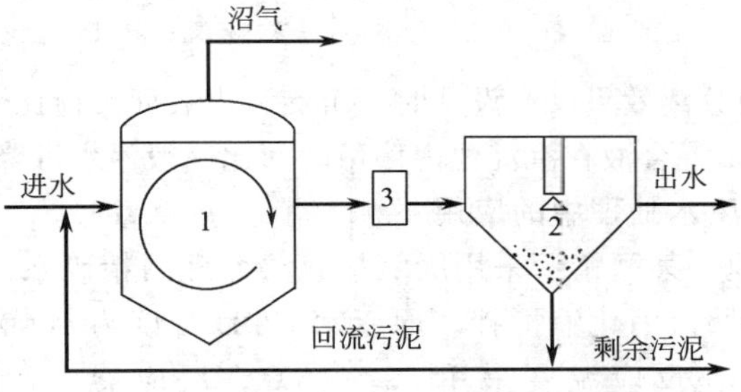

图 6-14 厌氧接触法工艺流程

1—消化池；2—沉淀池；3—真空脱气器

6.3.1.2 厌氧接触法的特点

① 通过污泥回流（回流量一般约为污水量的 2～3 倍），可以使消化池内保持较高的污泥浓度，一般可达 10～15g/L，因此该工艺耐冲击能力较强。

② 消化池的容积负荷较普通消化池高，中温消化时，一般为 2～10kgCOD/(m^3 · d)，但不宜过高，在高的污泥负荷下，厌氧接触工艺也会产生类似好氧活性污泥法的污泥膨胀问题，一般认为接触反应器中的污泥体积指数（SVI）应为 70～150mL/g 。

③ 水力停留时间比普通消化池大大缩短，如常温下，普通消化池为 15～30d，而接触法小于 10d。

④ 该工艺不仅可以处理溶解性有机污水，而且可以用于处理悬浮物较高的高浓度有机污水，但不宜过高，否则将使污泥的分离发生困难。

⑤ 混合液经沉淀后，出水水质好，但需增加沉淀池、污泥回流和脱气等设备，厌氧接触法还存在混合液难于在沉淀池中进行固液分离的缺点。

6.3.1.3 厌氧接触工艺存在的问题及解决办法

从消化池排出的混合液在沉淀池中进行固液分离有一定的困难造成污泥流失。其原因一方面由于混合液中污泥上附着大量的微小沼气泡，易于引起污泥上浮；另一方面，由于混合液中的污泥仍具有产甲烷活性，在沉淀过程中仍能继续产气，从而妨碍污泥颗粒的沉降和压缩。为了提高沉淀池中混合液的固液分离效果，目前采用以下几种方法脱气。

① 真空脱气，由消化池排出的混合液经真空脱气器（真空度为 0.005MPa），将污泥絮体上的气泡除去，改善污泥的沉淀性能。

② 热交换器急冷法，将从消化池排出的混合液进行急速冷却，如中温消化液 35℃ 冷到 15～25℃，可以控制污泥继续产气，使厌氧污泥有效地沉淀。

③ 絮凝沉淀，向混合液中投加絮凝剂，使污泥易凝聚成大颗粒，加速沉降。

④ 用超滤器代替沉淀池，以改善固液分离效果。

图 6-15 是设真空脱气器和热交换器的厌氧接触法工艺流程。

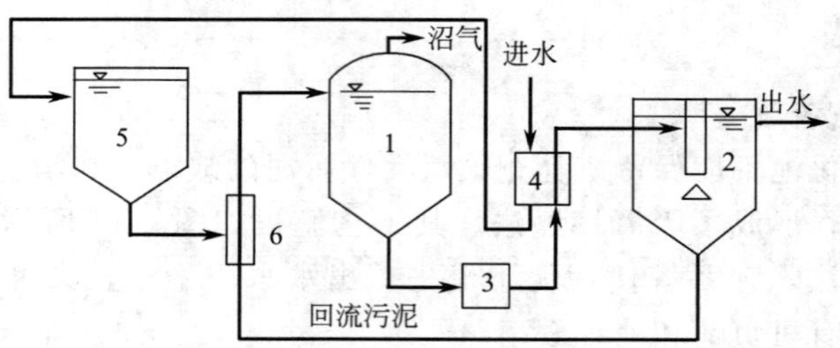

图 6-15 设真空脱气器和热交换器的厌氧接触法工艺流程

1—消化池；2—沉淀池；3—真空脱气器；4—热交换器；5—调节池；6—水射器

此外，为保证沉淀池分离效果，在设计时，沉淀池内表面负荷比一般污水沉淀池表面负荷应小，一般不大于 1m/h，混合液在沉淀池内停留时间比一般污水沉降时间要长，可采用 4h。

6.3.1.4 厌氧接触法在废水处理中的应用

(1) 酒精厂废水处理 某酒精厂采用厌氧接触法处理酒精废水。2 座厌氧消化池的容积为 $20m^3$，用水泵水射器回流消化液搅拌。原废水 COD 浓度为 5000～5400mg/L，BOD_5 浓度为 26000～34000mg/L。反应温度采用 53～55℃，反应器内污泥浓度为 20%～30%。COD 容积负荷为 9.11～11.7kgCOD/(m^3 · d)，COD 去除率为 80%，BOD_5 去除率为 87%，水力停留时间为 4～4.5d。

(2) 国外某屠宰厂废水处理 该厂废水处理工艺流程，如图 6-16 所示。

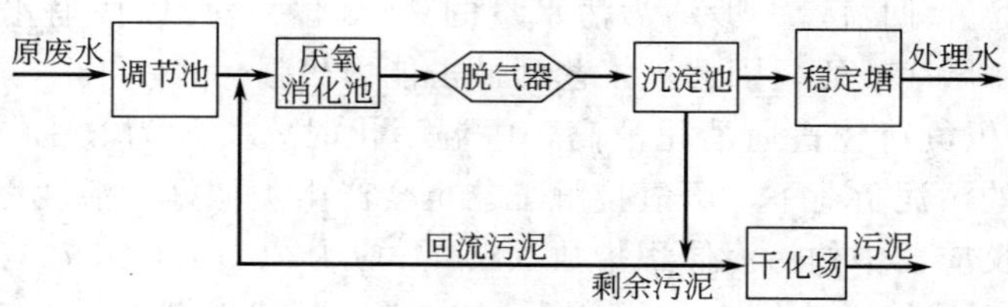

图 6-16 某屠宰厂废水处理工艺流程

各处理单元运行参数如下：

调节池 水力停留时间 24h；

厌氧反应器 容积负荷 2.5kg BOD_5/(m^3 · d)，水力停留时间 12～13h，反应温度 27～31℃，污泥浓度 7000～12000mg/L，生物固体平均停留时间 3.6～6d；

脱气器 真空度 666×10^2Pa；

沉淀池 水力停留时间 1～2h，表面负荷 14.7m^3/(m^2·h)，回流比 3∶1；

稳定塘 水深 0.91～1.22m。

该处理系统对废水处理数据列举于表 6-1 中。

表 6-1 某屠宰厂废水厌氧接触法处理数据

指　标	原废水 /(mg/L)	沉淀池出水 /(mg/L)	稳定塘出水 /(mg/L)	厌氧反应去除率 /%	稳定塘去除率 /%	总去除率 /%
BOD_5	1381	129	26	90.6	79.8	98.1
SS	688	198	23	71.8	88.4	96.7

运行结果还表明，当 BOD_5 容积负荷从 2.56kgBOD_5/(m^3·d) 上升到 3.2kg BOD_5/(m^3·d) 时，BOD_5 去除率由 90.6%下降到 83%，产气量由 0.4m^3/kg BOD_5 下降到 0.29m^3/kg BOD_5。

6.3.2 厌氧滤池

6.3.2.1 厌氧生物滤池的构造

厌氧滤池（AF）又称厌氧固定膜反应器，是 20 世纪 60 年代末开发的新型高效厌氧处理装置，滤池呈圆柱形，池内装有填料，且整个填料浸没于水中，池顶密封。厌氧微生物附着于填料的表面生长，当污水通过填料层时，在填料表面的厌氧生物膜作用下，污水中的有机物被降解，并产生沼气，沼气从池顶部排出。滤池中的生物膜不断地进行新陈代谢，脱落的生物膜随出水流出池外，为分离被出水挟带的生物膜，一般在滤池后需设沉淀池。

填料是厌氧生物滤池的主体，其主要作用是提供微生物附着生长的表面及悬浮生长的空间。对填料的要求为：比表面积大，孔隙率高，表面粗糙生物膜易附着，对微生物细胞无抑制和毒害作用，有一定强度，且质轻、价廉、来源广。常用的滤料有碎石、卵石、焦炭和各种形式的塑料滤料。碎石、卵石填料的比表面积较小（40～50m^2/m^3），孔隙率较低（50%～60%），产生的生物膜较少，生物固体的浓度不高，有机负荷较低仅为 3～6kgCOD/(m^3·d)，此类滤池运行中容易发生堵塞现象与短流现象。塑料填料的比表面积和孔隙率都比较大，如波纹板滤料的比表面积达 100～200m^2/m^3，孔隙率达 80%～90%，因此，有机负荷大为提高，在中温条件下，可达 5～15kgCOD/(m^3·d)，滤池在运行时不易堵塞。填料层高度，对于拳状滤料，高度以不超过 1.2m 为宜。对于塑料填料，高度以 1～6m 为宜。

厌氧生物滤池中除填料外，还有布水系统和沼气收集系统。

进水系统需考虑易于维修而又使布水均匀，且有一定的水力冲刷强度。对直径较小的厌氧滤池常用短管布水，对直径较大的厌氧滤池多用可拆卸的多孔管布水，见图 6-17。

沼气收集系统包括水封、气体流量计等。

6.3.2.2 厌氧生物滤池的类型和特点

厌氧生物滤池按其中水流方向，可分为升流式和降流式两种形式(参见图 6-18)。

污水从池底进入，从池上部排出，称升流式厌氧滤池；污水从池上部进入，以降流的形式流过填料层，从池底部排出，称降流式厌氧滤池。在厌氧滤池中，厌氧微生物大部分存在生物膜中，少部分以厌氧活性污泥的形式存在于滤料的孔隙中，厌氧生物滤池内厌氧微生物的浓度随填料高度的不同，存在很大的差别。升流式厌氧生物滤池底部的微生物浓度有时是其顶部微生物浓度的几十倍，因此底部容易出现部分填料间水流通道堵塞、水流短路现象。

而降流式厌氧生物滤池向下的水流有利于避免填料层的堵塞，其中微生物浓度的分布比较均匀。在处理含硫废水时，由于产生毒性的 H_2S 大部分可以从上层逸出，因此在整个反应器内，H_2S 的浓度较小，有利于克服毒性的影响。经验表明，在相同的水质条件和水力停留时间下，升流式厌氧生物滤池的污物去除率要比降流式厌氧生物滤池高，因此实际应用中的厌氧生物滤池多采用升流式。

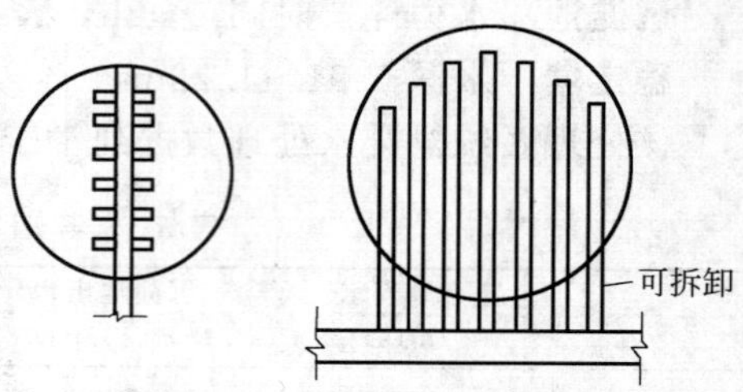

(a) 小直径滤池的布水管 (b) 大直径滤池的布水管

图 6-17 厌氧滤池的进水系统示意

厌氧生物滤池的特点如下：

① 由于填料为微生物附着生长提供了较大的表面积，滤池中的微生物量较高，又生物膜停留时间长，平均停留时间长达 100d 左右，因而可承受的有机容积负荷高，COD 容积负荷为 2～16kgCOD/(m^3·d)；

② 耐水量和水质的冲击负荷能力强；

③ 微生物以固着生长为主，不易流失，因此不需污泥回流和搅拌设备；

④ 启动或停止运行后再启动比前述厌氧接触工艺时间短；

⑤ 适用于处理溶解性有机废水。

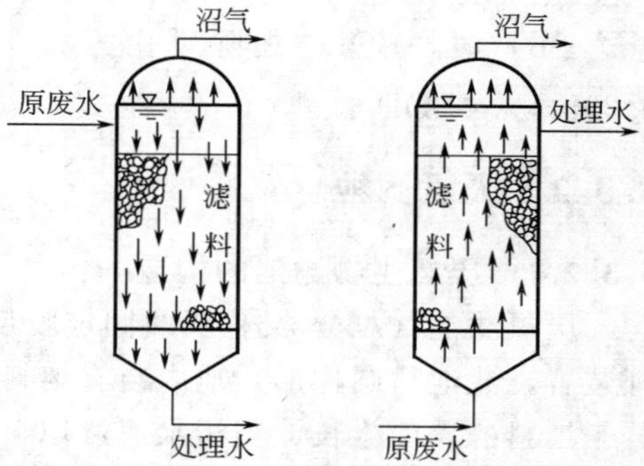

(a) 降流式厌氧生物滤池 (b) 升流式厌氧生物滤池

图 6-18 厌氧生物滤池

6.3.2.3 厌氧生物滤池运行中存在的问题及解决办法

该工艺存在的问题是：处理含悬浮物浓度高的有机污水，常发生堵塞和由此而引起的水流短路现象，影响处理效率，此类问题在升流式厌氧生物滤池中更突出。

解决的办法如下：

① 采用出水回流的措施，降低原废水悬浮固体与有机物质浓度，提高水力负荷，提高池内水流的上升速度，减少滤料空隙间的悬浮物，减轻堵塞的可能性，可使滤料层中的生物膜量趋于均匀分布，充分发挥滤池作用，提高净化功能；

② 采用适当的预处理措施，降低进水悬浮物的浓度，防止填料的堵塞；

③ 还可以将厌氧生物滤池的进水方式由升流式改为平流式，即滤池前段下部进水，后段上部溢流出水，顶部设气室，同时使用软性填料。

6.3.2.4 厌氧生物滤池的启动

启动厌氧生物滤池的步骤和注意事项如下所述。

① 选择合适的接种污泥，可用污水处理厂的消化污泥作为接种污泥，接种的体积至少为 10%，如果接种污泥不含有毒抑制物，可将接种体积提高至 30%～50%。

② 接种污泥在投加前与一定量的待处理废水混合后一同加入反应器停留 3～5d 后，系统内循环一段时间（几小时到几天），然后开始连续进液。

③ 启动初期，有机负荷应低于 1.0kgCOD/(m^3·d)［或小于 0.1kgCOD/(kgVSS·d)］。

④ 在启动期间，生物絮体浓度应保持在 20gVSS/L 以保证菌种的附着生长和防止污泥流失。

⑤ 负荷应当逐渐增加，一般当废水中可生物降解的 COD 去除率达到约 80%时，即可适当提高负荷。如此重复进行直至达到反应器的设计能力。

⑥ 对于高浓度与有毒的废水要进行适当的稀释，并在启动过程中使稀释倍数逐渐减少。

厌氧滤池启动完成的标志是通过增殖与驯化，使生物膜和细胞聚集体达到预定的污泥浓度和活性，从而使反应器可在设计负荷下正常运行。

6.3.3 升流式厌氧污泥床反应器

6.3.3.1 升流式厌氧污泥床反应器的工作原理

升流式厌氧污泥床反应器简称 UASB 反应器，是由荷兰的 G. Lettinga 等人在 20 世纪 70 年代初研制开发的。反应器内没有载体，是一种悬浮生长型的消化器。UASB 主体部分由反应区、沉降区和气室三部分组成，见图 6-19。在反应器的底部是浓度较高的污泥层，称污泥床，在污泥床上部是浓度较低的悬浮污泥层，通常把污泥层和悬浮层统称为反应区，在反应区上部设有气、液、固三相分离器。污水从污泥床底部进入，与污泥床中的污泥进行混合接触，微生物分解污水中的有机物产生沼气，微小沼气泡在上升过程中，不断合并逐渐形成较大的气泡。由于气泡上升产生较强烈的搅动，在污泥床上部形成悬浮污泥层。气、水、泥的混合液上升至三相分离器内，沼气气泡碰到分离器下部的反射板时，折向气室而被有效地分离排出；污泥和水则经孔道进入三相分离器的沉降区，在重力作用下，水和泥分离，上清液从沉降区上部排出，沉降区下部的污泥沿着斜壁返回到反应区内。在一定的水力负荷下，绝大部分污泥颗粒能保留在反应区内，使反应区具有足够的污泥量。

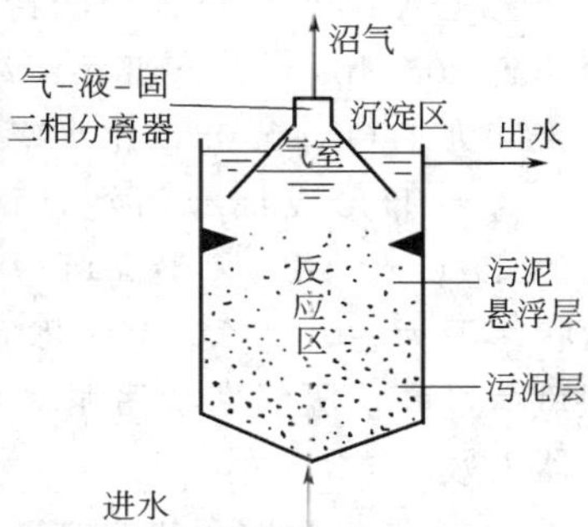

图 6-19 UASB 反应器示意

反应区中污泥层高度约为反应区总高度的 1/3，但其污泥量约占全部污泥量的 2/3 以上。由于污泥层中的污泥量比悬浮层大，底物浓度高，酶的活性也高，有机物的代谢速度较快，因此，大部分有机物在污泥层被去除。据报道，UASB 反应器内污泥的平均浓度可达 50g/L 以上，在池底污泥浓度可达 100g/L。研究结果表明，污水通过污泥层已有 80%以上的有机物被转化，余下的再通过污泥悬浮层处理，有机物总去除率达 90%以上。虽然悬浮层去除的有机物量不大，但是其高度对混合程度、产气量和过程稳定性至关重要。因此，应保证适当悬浮层乃至反应区高度。

6.3.3.2 厌氧污泥床反应器的构造

升流式厌氧污泥床的池形有圆形、方形、矩形。小型装置常为圆柱形，底部呈锥形或圆弧形。大型装置为便于设置气、液、固三相分离器，则一般为矩形，高度一般为 3～8m，其中污泥床 1～2m，污泥悬浮层 2～4m，多用钢结构或钢筋混凝土结构。三相分离器可由多个单元组合而成。当污水流量较小，浓度较高时，需要的沉淀面积小，沉降区的面积和池形可与反应区相同；当污水的流量较大，浓度较低时，需要的沉淀面积大，为使反应区的过流面积不致太大，可采用沉降区面积大于反应区，即反应器上部面积大于下部面积的池形。反应器主要由以下几部分组成。

(1) 三相分离器　设置气、液、固三相分离器是升流式厌氧污泥床的重要结构特征，三相分离器由沉降区、回流缝和气室组成，它的功能是将气体（沼气）、固体（污泥）和液体（废水）等三相进行分离。三相分离器应满足以下条件：①沉降区斜壁角度约 50°，使沉淀在斜底上的污泥不积聚，尽快滑回反应区内；②沉降区的表面负荷应在 $0.7m^3/(m^2 \cdot h)$ 以下，混合液进入沉降区前，通过入流孔道（缝隙）的流速不大于2m/h；③应防止气泡进入沉降区影响沉淀；④应防止气室产生大量泡沫，并控制好气室的高度，防止浮渣堵塞出气管，保证气室出气管畅通无阻。从实践来看，气室水面上总是有一层浮渣，其厚度与水质有关。因此，在设计气室高度时，应考虑浮渣层的高度。此外还需考虑浮渣的排放。

（2）进水配水系统　升流式厌氧污泥床的混合是靠上升的水流和消化过程中产生的沼气泡来完成的。进水配水系统的主要功能有两个：①将进入反应器的原废水均匀地分配到反应器整个横断面，并均匀上升；②起到水力搅拌的作用。一般采用多点进水，使进水较均匀地分布在污泥床断面上。

6.3.3.3　升流式厌氧污泥床反应器的特点

① UASB反应器结构紧凑，集生物反应与沉淀于一体，勿需设置搅拌与回流设备，不装填料，因此占地少，造价低，运行管理方便。

② UASB反应器最大的特点是能在反应器内形成颗粒污泥，使反应器内的平均污泥浓度达到30～40g/L，底部污泥浓度可高达60～80g/L，颗粒污泥的粒径一般为1～2mm，相对密度为1.04～1.08，比水略重，具有较好的沉降性能和产甲烷活性。

③ 一旦形成颗粒污泥，UASB反应器即能够承受很高的容积负荷，一般为10～20 kgCOD/(m^3·d)，最高可达30kgCOD/(m^3·d)。但如果不能形成颗粒污泥，而主要以絮状污泥为主，那么，UASB反应器的容积负荷一般不要超过5kgCOD/(m^3·d)。如果容积负荷过高，厌氧絮状污泥就会大量流失，而厌氧污泥增殖很慢，这样可能导致UASB反应器失效。

④ 处理高浓度有机废水或含硫酸盐较高的有机废水时，因沼气产量较大，一般采用封闭的UASB反应器，并考虑利用沼气的措施。处理中，低浓度有机污水时，可以采用敞开形式UASB反应器，其构造更简单，更易于施工、安装和维修。但UASB反应器也存在由于穿孔管被堵塞造成的短流现象，影响处理能力和启动时间较长的缺点。

升流式厌氧污泥床反应器不仅适于处理高、中浓度的有机污水，也适用于处理城市污水，是目前应用最多和最有发展前景的厌氧生物处理装置。同时，以UASB为基础的其他高效能反应器也在发展中，例如厌氧复合床、厌氧膨胀床和流化床等。

6.3.3.4　上流式厌氧污泥床（UASB）反应器的启动

UASB反应器的启动，同其他废水厌氧处理装置的启动一样，首先要投加一定数量的种泥，如无消化污泥，可采用二沉池排出的剩余污泥或生物膜，也可以采用人、畜粪便等，维持反应器所需的温度，可以通过投加Na_2S（投量按100mg/L来计算）来提高碱度和降低氧化还原电位，促进甲烷菌的生长。先进行间歇式运行，即每天（或几天）进水、出水一次，待正常产气，且对污水中的有机物有一定的去除作用后，即可投入连续进水、出水运行，并逐步提高容积负荷率，一直达到设计负荷率为止，此后即可投入正常运行。

综上所述，污水厌氧处理装置的启动过程实质上是一个针对具体污水水质所进行的菌种的驯化、选择和增殖的过程，但UASB反应器启动的目标和成功的标志是污泥的颗粒化。因此UASB反应器的启动较其他几种形式的厌氧处理装置启动所需的时间较长，有时可长达4～6个月（但一旦启动成功，在停止运行后的再次启动可以很快完成）。下面就启动过程中的要点及注意事项介绍如下。

（1）温度　以中温或高温为宜。

(2) 接种污泥的质量和数量　可以以絮状的消化池污泥或二沉池排出的剩余污泥或生物膜作为种泥。如有条件采用已培养成的颗粒污泥作为种泥，可大大地缩短培养时间，接种量至少为 UASB 有效容积的 1/10。

(3) 废水性质　进水浓度不宜过高，一般小于 5000mg/L，当污水浓度较高时，可用低浓度污水稀释或采用出水循环的方式使反应器进水大约 5000mg/L，有毒物质的浓度也不可超过生物处理所允许的最高值。

(4) 水力负荷和有机负荷　启动时有机负荷不宜过高，一般以 0.5～1.5kgCOD/(m^3·d) 开始，并且在启动初期，一般不要求反应器的去除率、产气率等，而且该阶段要求时间较长，大约 30～40d。

(5) 负荷增加的操作方法　启动初期种泥微生物已对污水水质逐渐适应，开始增加负荷。从启动的最小负荷开始，当可生物降解的 COD 去除率达到 80%，并稳定几天后，再逐步增大负荷，该阶段负荷的最大增加速度不能超过 30%，而且当增加负荷时，出水 COD 浓度会有短暂的增加阶段。以上负荷增加的步骤可以重复进行直到负荷达到 2.0kgCOD/(m^3·d)，也就是说，负荷增大的步骤中可能重复 8～10 次。每次操作所需时间长短不一，有时可能长达两周，有时仅有几天。所以该过程较慢，当负荷达 2.0kg COD/(m^3·d) 以上时，每次负荷可增加 20%，负荷达 5.0kgCOD/(m^3·d) 后，除按前面的步骤操作外，应该开始检查反应器中污泥沿反应器高度的浓度变化。颗粒污泥可能在负荷达到 5kgCOD/(m^3·d) 前后很快形成，其后反应器的负荷可以以增加量小于 50% 的速度较快地增加，直至达到设计负荷。

(6) 挥发酸　负荷在增加的过程中，必须监测出水中挥发酸，当出水挥发酸浓度达 1000kg/L 时，若污水中原有的或在发酵过程中产生的有机酸浓度高时，不应再提高有机容积负荷。

(7) 增加负荷的方法　负荷的增加可以通过增大进水量或者通过降低进水稀释比的方法来进行，当水力停留时间达到大约 5d 时，开始降低稀释用水的量；当水力停留时间小于 20h 时，对于 COD 浓度小于 15g/L 的污水就不必稀释了；如果污水浓度大于 15g/L，则需要出水的循环。

(8) 污泥的流失　在整个启动过程中，随出水带出的絮状污泥和启动完成之前随出水带出的细小颗粒污泥均不必回流。

(9) 碱度　整个启动过程要求 pH 值在 6.5 以上，当 pH 值低于 6.5 时，可以加入 Na_2S 或碳酸钠提高其碱度。

6.3.3.5 UASB 在废水处理中的应用——某啤酒厂废水水质、水量（平均值）

① 高浓度有机废水　水量为 500m^3/d，BOD＝500mg/L，COD＝2500mg/L，ρ(SS)＝3000mg/L。

② 低浓度有机废水　水量为 3500m^3/d，COD＝500mg/L，BOD＝250mg/L，ρ(SS)＝500mg/L。

高浓度废水采用 UASB 工艺处理，出水再与低浓度有机废水混合，采用水解-好氧处理。UASB 反应器采用圆形钢结构，一座，尺寸 ϕ8m×11.5m。UASB 反应器采用中温发酵，内部具有热交换装置。运行过程中，温度、碱度、负荷等由微机进行监控，确保了反应器安全、稳定地运转。设计 COD 容积负荷 6.0kg/(m^3·d)，COD 去除率 85%，去除 1.0kgCOD 产生 VSS 0.082kg。UASB 内壁作防腐处理，外壁作保温层。UASB 反应器进出水质情况见表 6-2。

表 6-2　UASB 反应器进出水质情况

项　目	进水水质		出水水质	
	平　均	范　围	平　均	范　围
COD/(mg/L)	2817	2320～3300	599	560～643
BOD_5/(mg/L)	1010	800～1640	389	365～407
ρ(SS)/(mg/L)	3334	634～10760	454	90～1236
pH 值	5.46	5.20～5.63	7.08	6.80～7.32

高浓度废水经厌氧处理后与低浓度废水混合。后续处理进、出水水质情况见表 6-3。由表 6-3 可以看出，混合水的水质为 ρ(SS) =457mg/L，COD=928mg/L，BOD=377mg/L。经水解、接触氧化和气浮处理以后，ρ(SS)、COD、BOD 分别降至 29.8 mg/L、51.2 mg/L、20.4 mg/L，各项指标全部达标。

表 6-3　后续处理进、出水水质情况

项　目	进水水质		出水水质	
	平　均	范　围	平　均	范　围
COD/(mg/L)	928	540～1405	51.2	31.9～63.2
BOD_5/(mg/L)	377	179～547	20.4	11.6～28.9
ρ(SS)/(mg/L)	457	161～752	29.8	16～54
pH 值	7.63	6.94～9.39	8.03	7.89～8.13

6.3.4　厌氧复合床反应器

厌氧复合床反应器实际是将厌氧生物滤池与升流式厌氧污泥床反应器组合在一起，其示意图见图 6-20。

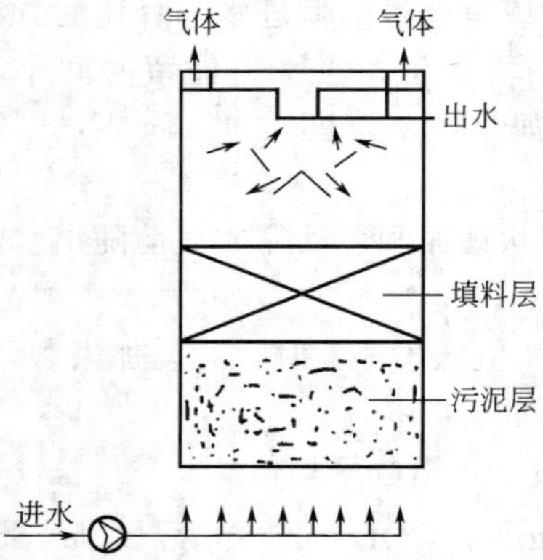

图 6-20　厌氧复合床反应器示意

厌氧复合床反应器下部为污泥悬浮层，而上部则装有填料。可以看作是将升流式厌氧生物滤池的填料层厚度适当减小，在池底布水系统与填料层之间留出一定的空间，以便悬浮状态的颗粒污泥和絮状污泥能在其中生长积累，因此又构成一个 UASB 处理工艺。当污水依次通过悬浮泥层及填料层，有机物将与污泥层颗粒污泥及填料生物膜上的微生物接触并得到稳定。与厌氧生物滤池相比，减少了填料层的高度，也就减少了滤池被堵塞的可能性；与升流式厌氧污泥床相比，可不设三相分离器，使反应器构造与管理简单化。填料层既是厌氧微生物的载体，又可截留水流中的悬浮厌氧活性污泥碎片，从而能使厌氧反应器保持较高的微生物量，并使出水水质得到保证。厌氧复合床反应器中填料层高度一般为反应区总高度的 2/3 ，而污泥层的高度为反应区总高度的 1/3 。

厌氧复合床反应器综合了厌氧生物滤池与升流式厌氧污泥反应器的优点，克服了它们的缺点。实际应用中可以结合具体情况，将原厌氧生物滤池与升流式厌氧污泥反应器进行适当改造，即便不能提高处理效率，也可以起到便于操作管理的作用。比如在升流式厌氧污泥反应器的上部加设填料，可以不设三相分离器，使反应器构造简单化；将厌氧生物滤池下部的填料去掉一些，可以减少滤池被堵塞的可能性。

6.3.5 厌氧膨胀床和流化床

为了进一步提高污水厌氧处理的能力，现又在试验一种更新的厌氧处理工艺，称为厌氧膨胀床和厌氧流化床。其流程如图 6-21 所示。

6.3.5.1 厌氧膨胀床和厌氧流化床的工艺流程

厌氧膨胀床和流化床基本上是相同的。只是在运行过程中床内载体膨胀率不同。一般认为，当床内载体的膨胀率达到 40%～50%以上，载体处于流化状态，称为厌氧流化床，膨胀床的膨胀率一般在 10%～30%。

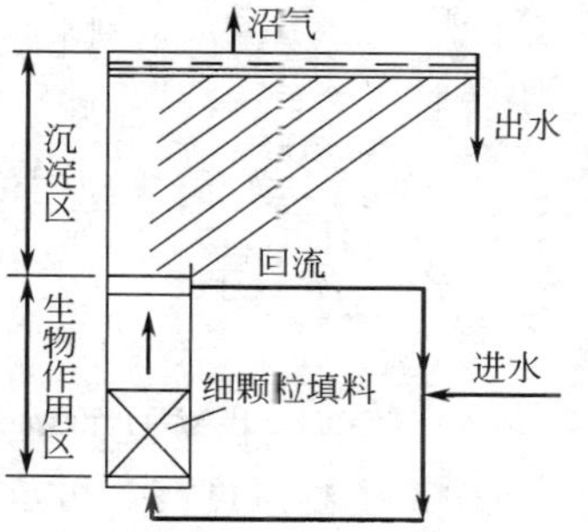

图 6-21 厌氧膨胀床（流化床）流程示意

厌氧膨胀床和流化床内装有一定量的细颗粒载体。污水以一定流速从池底部流入，使填料层处于流化状态，每个颗粒可在床层中自由运动，而床层上部保持一个清晰的泥水界面。为使填料层膨胀或流化，一般需用循环泵将部分出水回流，以提高床内水流的上升速度。为降低回流循环的动力能耗，宜取质轻、粒细的载体。常用的填充载体有石英砂、无烟煤、活性炭、聚氯乙烯颗粒、陶粒和沸石等，粒径一般为 0.2～1mm，大多在 300～500μm 之间。

6.3.5.2 厌氧流化床特点

① 载体颗粒细，比表面积大，且生物膜附着于载体表面，不会流失，使床内具有很高的微生物浓度。一般为 30gVSS/L 左右，因此有机物容积负荷大，一般为 10～40kgCOD/(m^3·d)。水力停留时间短，具有较强的耐冲击负荷能力，运行稳定。

② 载体处于膨胀和流化状态，无床层堵塞现象，对高、中、低浓度污水均有很好的处理效果。

③ 载体膨胀或流化时，污水与微生物之间接触面大，同时两者相对运动速度快，具有很好的传质条件，细菌易于与营养物接触，代谢物也较易排泄出去，从而使细菌保持较高的活性。

④ 床内生物膜停留时间较长，运行稳定，剩余污泥量少。

⑤ 结构紧凑，占地少，基建投资省。但载体的膨胀和流化过程动力消耗较大，且对系统的管理技术要求较高。

为了降低动力消耗和防止床层堵塞，可采取两种方法：①间歇性式运行，即以固定床与膨胀床或流化床间歇性交替操作。固定床操作时，不需回流，在一定时间间歇后，再启动回流泵，呈膨胀床或流化床运行；②尽可能取质轻、粒细的载体，如粒径 20～30μm，相对密度 1.05～1.2g/cm^3的载体，保持低的回流量，甚至不用回流就可实现床层膨胀或流化。

6.3.6 厌氧生物转盘

(1) 厌氧生物转盘的构造　厌氧生物转盘的构造与好氧生物转盘相似，不同之处在于上部加盖密封，为收集沼气和防止液面上的空间有氧存在。厌氧生物转盘由盘片、密封的反应槽、转轴及驱动装置等组成。盘片分为固定盘片（挡板）和转动盘片，相间排列，以防盘片间生物膜粘连堵塞，固定盘片一般设在起端。转动盘片串联，中心穿以转轴，轴安装在反应器两端的支架上，其构造如图 6-22 所示。废水处理靠盘片表面生物膜和悬浮在反应槽中的厌氧活性污泥共同完成。盘片转动时，作用在生物膜上的剪刀将老化的生物膜剥下，在水中呈悬浮状态，随水流出槽外。沼气则从槽顶排出。

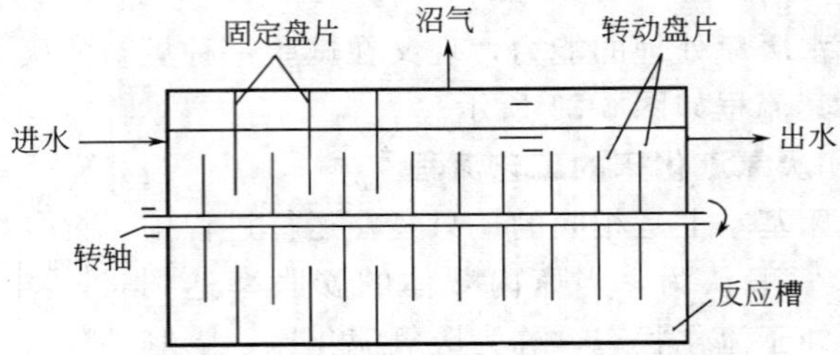

图 6-22　厌氧生物转盘构造

(2) 厌氧生物转盘的特点　厌氧生物转盘主要有下列特点：

① 微生物浓度高，可承受高额的有机物负荷，一般在中温发酵条件下，有机物面积负荷可达 0.04kgCOD/[m^3(盘片)·d]左右，相应的 COD 去除率可达 90%左右；

② 废水在反应器内按水平方向流动，勿需提升废水，从这个意义来说是节能的；

③ 勿需处理水回流，与厌氧膨胀床和流化床相较既节能又便于操作；

④ 可处理含悬浮固体较高的废水，不存在堵塞问题；

⑤ 由于转盘转动，不断使老化生物膜脱落，使生物膜经常保持较高的活性；

⑥ 具有承受冲击负荷的能力，处理过程稳定性较强；

⑦ 可采用多种串联，各级微生物处于最佳的条件下；

⑧ 便于运行管理。

厌氧生物转盘的主要缺点是盘片成本较高使整个装置造价很高。

6.3.7　二段厌氧消化工艺

6.3.7.1　二段厌氧消化工艺的流程

厌氧消化过程包括水解酸化、产氢产乙酸和产甲烷三个连续阶段，分别由三大类微生物群体参与反应。由于这几类微生物群体对环境条件要求不同，对底物的代谢速率也很不相同，整个反应过程由碱性消化速率所控制。因此，一个消化池内的三大类微生物群体，环境条件很难使他们都处于生长繁殖的最佳状态，还受到某种程度的抑制，不能充分发挥各自的作用，因而维护管理必须十分认真。近年来根据消化机理提出的两段厌氧消化工艺则克服了这一缺点。两段厌氧消化是使消化阶段的前两个阶段在一个消化池内完成，后一个阶段在一个池内完成，也就是使水解酸化细菌、产氢产乙酸菌和产甲烷细菌分别处于适合各自生长的最佳环境条件中。

在工程上，按照所处理的污水的水质情况，两段可以采用同类型或不同类型的厌氧生物反应器。如对悬浮固体含量高的高浓度有机污水，一段反应器可选不易堵塞、效率稍低的厌氧反应装置，经水解产酸阶段后的上清液中悬浮固体浓度降低，第二段反应器可采用新型高效厌氧反应器。图 6-23 是接触消化池与上流式厌氧污泥床的两段消化工艺流程示意图。根据水解产酸菌和产甲烷菌对底物和对环境条件的要求不同，第一段反应器可采用简易非密闭装

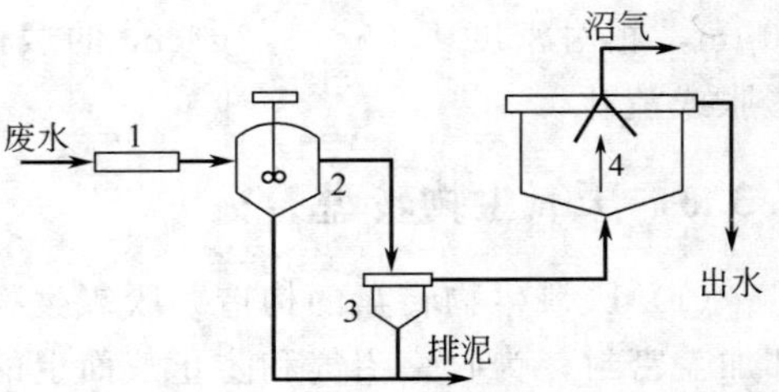

图 6-23　接触消化池与上流式厌氧污泥床两段消化工艺流程
1—热交换器；2—水解产酸；3—沉淀分离；4—产甲烷

置，在常温较宽的pH值范围条件下运行，第二步反应则要求严格密闭，恒温和在6.8～7.2的pH值范围。

6.3.7.2 两段厌氧法的特点

① 耐冲击负荷能力强，运行稳定，避免了一段法不耐高有机酸浓度的缺陷；两阶段反应不在同一反应器中进行，互相影响小，可更好地控制工艺条件。

② 消化效率高，尤其适于处理含悬浮物高、难消化降解的高浓度有机污水。但两段法设备较多，流程和操作复杂。

6.3.8 水解工艺

水解工艺同两段厌氧工艺一样，都是根据厌氧消化机理进行设计的。不同之处在于水解工艺仅利用厌氧反应中的水解酸化阶段（厌氧反应中的前两个阶段，酸化也可能不十分彻底），而放弃了停留时间长的甲烷发酵阶段。因此，水解工艺是一种预处理工艺，其后可以根据需要采用不同的生物处理工艺（包括厌氧的和好氧的）。水解工艺所采用的构筑物——水解池一般是改进的UASB反应器，但不设三相分离器。因此，水解池的全称为水解上流式污泥床（HUSB）反应器，简称水解池。

(1) 水解工艺的特点

① 不需要密闭的池子、搅拌器和三相分离器，降低了造价并便于维护。

② 水解、产酸阶段的产物主要为小分子的有机物，可生物降解性一般较好，故水解工艺可以改变原污水的可生化性，从而减少反应时间和处理的能耗。

③ 由于第一、二阶段反应迅速，故水解池体积小，与初次沉淀池相当，节省基建投资。由于水解池对固体有机物的降解，减少了污泥量，其功能与消化池一样。

④ 该工艺仅产生很少剩余活性污泥，实现污水、污泥一次处理，不需要中温消化池。

(2) 水解工艺在啤酒废水处理中的应用　某啤酒厂废水主要来自罐装工段的洗瓶机、装瓶压盖机、杀菌机用水和糖化酿造工段清洗用水。其中有机成分主要为粗蛋白质、淀粉、葡萄糖及糖类物质；阴离子合成洗涤剂（LAS）含量甚微。混合后污水的水质见表6-4。该厂清洗水为碱水，致使混合污水呈碱性。

表6-4 啤酒厂废水水质

分析项目	变化范围	平均值	分析项目	变化范围	平均值
COD/(mg/L)	1090～4410	1729	ρ(LAS)/(mg/L)	0.05～0.14	0.10
BOD/(mg/L)	734～1810	882	pH值	7.0～12.0	9.2
ρ(SS)/(mg/L)	400～796	463			

采用以生化法为主体的处理工艺：水解酸化-生物接触氧化法。流程见图6-24。

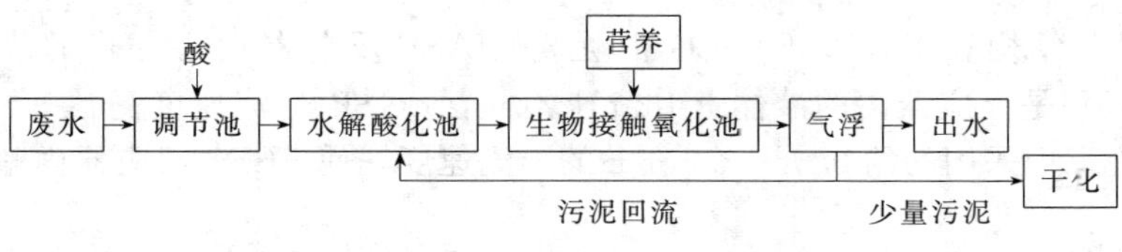

图6-24 污水处理工艺流程

① 主要设计参数　水解酸化池水力停留时间（HRT）6h，生物接触氧化池HRT为6h，曝气量按水气比1∶(20～25)，采用推流式池型，气浮时间25min，溶气水回流比为0.25。

② 水解酸化池的启动及处理效果　当该厂进行车间清洗时，混合污水的pH值会升高至12左右。污水首先要经调节池加酸调至pH值为7.5～8.5。水解酸化池的启动没有进行接种，而是靠污水中的微生物自身繁殖和积累来启动。启动阶段采用间歇培养。在开始第一、二周内，水力停留时间为24h，在第三、四周内水力停留时间为16h，此后连续进水。此时出水浑浊，含有大量悬浮物且沉降性能差。为了防止菌种流失，宜小水量连续进水。再经过10d的运行，进水水力负荷逐渐增至正常状况，此时出水逐渐清澈，出水悬浮物减少，其外观呈黑色，结构密实，颗粒较大，沉降性能好，至此污泥培养基本成熟，水解池启动完成。

废水处理平均结果见表6-5。由表可知，原水BOD/COD=0.51，经水解酸化池处理后，BOD/COD=0.72，COD、BOD去除率分别为39.2%和14.2%。水解酸化达到较好预处理效果。

实践表明，处理效果稳定，最终出水水质指标平均值见表6-5。

表6-5　啤酒厂废水处理效果

项目	原水	水解酸化池出水	最终出水	总去除率/%	污水综合排放国标（GB 8978—88）
COD/(mg/L)	1729	1052	54.2	96.9	100
BOD_5/(mg/L)	882	757	11.3	98.7	30
ρ(SS)/(mg/L)	463	49.3	24.5	94.7	70
pH值	9.2	6.4	7.8		6～9

结果与讨论：啤酒废水水解酸化后进行接触氧化法处理，较传统的生物氧化法曝气时间显著缩短，HRT仅6h，传统生物氧化法处理啤酒废水HRT一般大于10h，有的甚至大于17h。可见本工艺具有显著的节能降耗效果。

啤酒废水经水解酸化处理，BOD/COD从原来0.51提高到0.72，废水的可生化性增加，这样可充分发挥后续好氧生物处理的作用，缩短整个工艺的总水力停留时间，提高生物处理啤酒废水的效率。水解酸化工艺对环境条件要求不高，易于操作管理。

工程实践表明，整个工艺具有投资省、运行稳定、抗冲击负荷能力强、处理效率高、出水水质好等特点，尤其是整个系统剩余污泥量少。

6.3.9　膨胀颗粒污泥床反应器

膨胀颗粒污泥床（Expanded Granular Sludge Bed，简称EGSB）是在UASB反应器的基础上发展起来的第三代厌氧反应器，与UASB反应器相比，增加了出水再循环部分，使反应器内的液体上升流速远远高于UASB反应器，反应器内颗粒污泥床处于“膨胀状态”，废水与颗粒泥的接触更充分，水力停留时间更短，大大提高了反应器的有机负荷和处理效率。

(1) EGSB的结构和工作原理　EGSB是对UASB反应器运行方式的改进，与UASB反应器最大的区别是反应器内的液体上升流速不同，EGSB上流速度高达5～10m/h，远远大于UASB反应器中采用的约0.5～2.5m/h的上流速度，使EGSB反应器内整个颗粒污泥床处于膨胀状态。

EGSB的结构如图6-25所示分为进水配水系统、三相分离器和出水循环系统。与UASB反应器不同之处是EGSB反应器设有专门的出水循环系统。EGSB反应器一般为圆柱状塔形，特点是具有很大的高径比，一般可高达3～5，该反应器的有效高度可达15～20m。

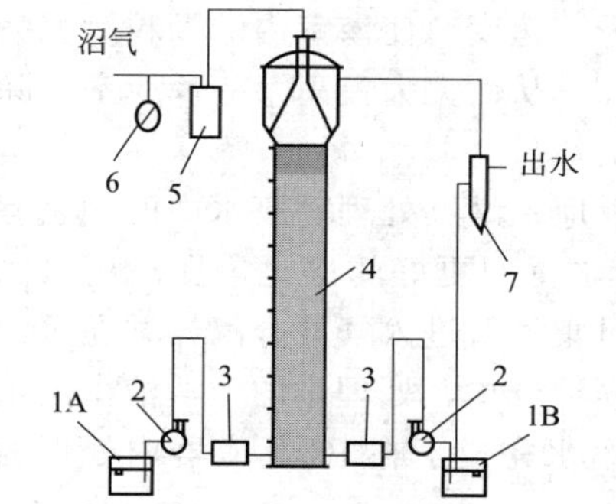

图 6-25　EGSB 反应器工艺

1（A，B）—调节池；2—水泵；3—换热器；4—反应器；5—水封；6—气体流量计；7—沉淀池

三相分离器仍是 EGSB 反应器最关键的构造，其主要作用将出水、沼气和污泥三相进行有效地分离，使污泥不流失。

与 UASB 相比，由于 EGSB 反应器内的液体上升流速更大，因此必须对三相分离器进行特殊的改进。改进有以下几种方法：①增加一个可以旋转的叶片，在三相分离器底部产生一股向下水流，有利于污泥回流；②采用筛网或细格栅，可以截留细小颗粒污泥；③反应器内设置搅拌器，使气泡与颗粒污泥分离；④在出水堰处设置挡板以截留颗粒污泥。

出水循环的目的是提高反应器内的液体上升流速，使颗粒污泥床充分膨胀，废水与颗粒污泥更充分接触，加强传质效果，还可以避免反应器内的死角和短流产生。

（2）EGSB 反应器的应用　EGSB 反应器由于特殊的运行方式，使该反应器可以保持较高的有机容积负荷［10～30kgCOD/(m^3·d)］和去除效率。目前，EGSB 反应器在①处理低温（10℃）和低浓度（COD 小于 1000mg/L）有机废水；②处理中、高浓度有机废水；③处理含硫酸盐的有机废水；④处理有毒性、难降解的有机废水等方面都有成功的应用。

6.3.10　内循环厌氧反应器

在 UASB 反应器中，处理低浓度有机废水（COD 为 1500～2000mg/L）时，为防止上升流速太大造成活性污泥流失，限制有机物容积负荷为 5～8kgCOD/(m^3·d)，此时的 HRT 约为 4～5h；而处理高浓度有机废水（COD 为 5000～9000mg/L）时，为防止产气太多增加紊流而造成活性污泥流失，需要限制有机物容积负荷为 10～20kgCOD/(m^3·d)；内循环厌氧反应器（Internal Circulation，IC）克服了这些限制成为新型高效的厌氧污泥反应器。IC 反应器在处理中低浓度有机废水时，有机物容积负荷可达 20～24kgCOD/(m^3·d)，处理高浓度有机废水时，有机物容积负荷可达 35～50kgCOD/(m^3·d)。

（1）IC 反应器的构造特点与工作原理　IC 反应器可以看作是由两个 UASB 反应器串联而成的，具有很大的高径比，一般为 4～8，其高度可达 16～25m，外观呈塔状。其构造如图 6-26 所示。

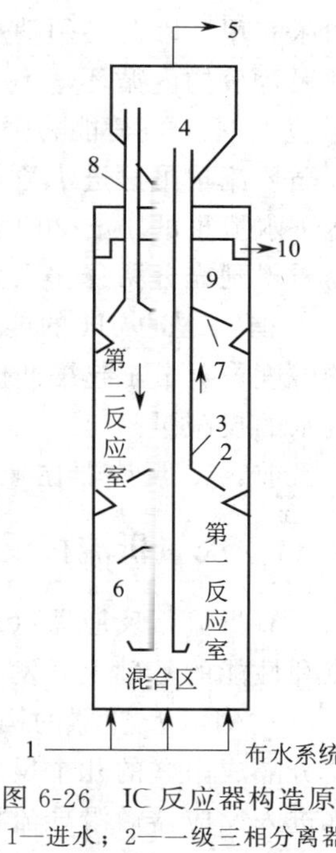

图 6-26　IC 反应器构造原理

1—进水；2—一级三相分离器；3—沼气提升；4—气液分离器；5—沼气排出管；6—回流管；7—二级三相分离器；8—集气管；9—沉淀区；10—出水管

进水通过泵进入反应器底部混合区，与该区内的厌氧颗粒污泥均匀混合，废水中所含的大部分有机物在这里转化成沼气，产生的沼气被第一反应室的集气罩收集，沿着提升管上升。沼气上升的同时，把第一反应室的混合液提升至设在反应器顶部的气液分离器，被分离出的沼气由气液分离器顶部沼气排出管排出。分离出的泥水混合液将沿着回流管返回到反应器底部的混合区，并与底部的颗粒污泥和进水充分混合，实现第一反应室混合液的内部循环（IC 反应器的命名由此得来）。内循环的结果是，第一反

应室不仅有很高的生物量、很长的污泥龄，并具有很大的升流速度，使该室内的颗粒污泥完全达到流化状态，有很高的传质速率，使生化反应速率提高，从而大大提高第一反应室去除有机物的能力。

经过第一反应室处理过的废水，会自动地上升到第二反应室继续处理。废水中的剩余有机物可被第二反应室内的厌氧颗粒污泥进一步降解，使废水得到更好的净化，提高出水水质。产生的沼气由第二反应室的二级三相分离器收集，通过集气管进入气液分离器并通过沼气排出管排出。第二反应室的泥水混合液进入沉淀区进行固液分离，处理过的上清液由出水管排走，沉淀下来的污泥可自动返回第二反应室。这样，废水完成了在 IC 反应器内处理的全过程。

可以看出，IC 反应器相当于上下两个 UASB 反应器组成的，实现内循环的提升动力来自于上升的和返回的泥水混合液的密度差，不需要外加动力，使废水获得强化预处理。下面第一个 UASB 反应器具有很高的有机负荷率，起“粗”处理作用，上面一个 UASB 反应器的负荷较低，起“精”处理作用，IC 反应器相当于两级 UASB 工艺。

(2) IC 反应器的特点

① 具有很高的容积负荷率　IC 反应器由于存在着内循环，传质效果好，生物量大，污泥龄长，进水有机负荷率比普通的 UASB 反应器可高出 3 倍左右。处理高浓度有机废水，如土豆加工废水，当 COD 为 10000～15000mg/L 时，进水容积负荷率可达 30～40kgCOD/(m^3 · d)。处理低浓度有机废水，如啤酒废水，当 COD 为 2000～3000mg/L 时，进水容积负荷率可达 20～50kgCOD/(m^3 · d)，HRT 仅为 2～3h，COD 去除率可达 80%。

② 沼气提升实现内循环，不必外加动力　厌氧流化床载体的流化是通过出水回流由水泵加压实现，因此必须消耗一部分动力。而 IC 反应器是以自身产生的沼气作为提升的动力实现混合液的内循环，不必另设水泵实现强制循环，从而可节省能耗。

③ 抗冲击负荷能力强　由于 IC 反应器实现了内循环，处理低浓度废水（如啤酒废水）时，循环流量可达进水流量的 2～3 倍。处理高浓度废水（如土豆加工废水）时，循环流量可达进水流量的 10～20 倍。因为循环流量与进水在第一反应室充分混合，使原废水中的有害物质得到充分稀释，大大降低其有害程度，从而提高了反应器的耐冲击负荷能力。

④ 具有缓冲 pH 的能力　内循环流量相当于第一级厌氧出水的回流量，可利用 COD 转化的碱度，对 pH 起缓冲作用，使反应器内的 pH 保持稳定。处理缺乏碱度的废水时，可减少进水的投碱量。

目前，IC 反应器在啤酒废水处理、土豆淀粉废水处理上均有成功的应用。

6.3.11 厌氧折流板反应器

厌氧折流板反应器（Anaerobic Baffled Reactor，ABR）是在第二代厌氧反应器的工艺特点和性能的基础上开发和研制的一种新型高效厌氧生物反应器。其构造如图 6-27 所示。

(1) ABR 反应器的构造特点与工作原理　ABR 反应器内设置了若干竖向导流板，将反应器分隔成串联的几个反应室，每个反应室都可以看作一个相对独立的上流式污泥床系统，废水进入反应器后沿导流板上下折流前进，依次通过每个反应室的污泥床，废水中的有机物通过与微生物充分的接触而得到去除。借助于废水流动和沼气上升的作用，反应室中的污泥上下运动，但是由于导流板的阻挡和污泥自身的沉降性能，污泥在水平方向的流速极其缓慢，从而大量的厌氧污泥被截留在反应室中。

在构造上 ABR 可以看作是多个 UASB 的简单串联，但在工艺上与单个 UASB 有着显著的不同，UASB可近似地看作是一种完全混合式反应器，ABR则由于上下折流板的阻挡和分隔作用，使水流在不同隔室中的流态成完全混合态，而在反应器的整个流程方向则表现为推流态。

ABR工艺在反应器中设置了上下折流板而在水流方向形成依次串联的隔室，从而使微生物种群沿长度方向的不同隔室实现产酸相和产甲烷相的分离，在单个反应器中进行两相或多相运行。

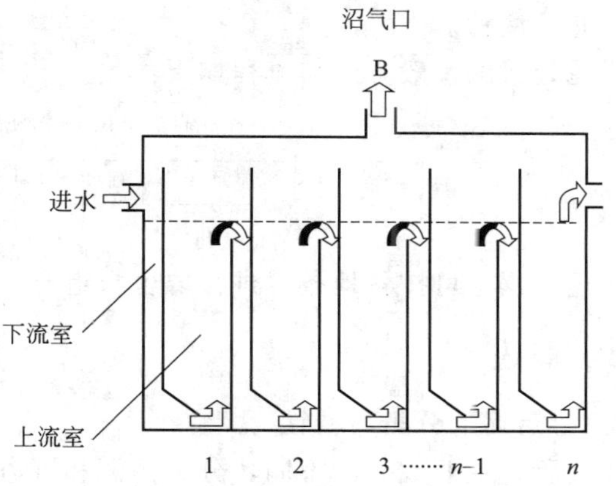

图 6-27　ABR反应器构造示意

(2) ABR反应器的特点

① 水力条件好　在ABR反应器中，由于挡板阻挡了各隔室内的返混作用，强化了各隔室内的混合作用，整个反应器内的水流形式属于推流式，而每个隔室内的水流则由于上升水流及产气的搅拌作用而表现为完全混合型的水流流态。这种整体上为推流式、局部区域为完全混合式的多个反应器串联工艺对有机物的降解速率和处理效果高于单个完全混合反应器。同时，在一定处理能力下所需要的反应器容积也较完全混合式反应器低得多。

② 良好的污泥截留能力　ABR反应器对污泥的截留能力主要取决于其构造特点：其一是水流绕挡板流动而使水流在反应器内的流程增加；其二是下向流室较上向流室窄使上向流室中的上升水流速度较小；其三是上向流室的进水侧挡流板的下部设置了约45°的转角，利于截留污泥，也可缓冲水流和均匀布水。

③ 良好的处理效果和稳定运行　由于厌氧挡板使反应器各隔室内底物浓度和组成不同，逐步形成了各隔室内不同的微生物组成。在反应器前端的隔室内，主要以水解及产酸菌为主，而在较后面的隔室内，则以产甲烷菌为主，这种微生物组成的空间变化，使优势菌群得以良好的生长繁殖，废水中的不同的底物分别在不同的隔室被降解，因而处理效果良好且稳定。

ABR反应器自开发以来，人们进行了大量的试验和一些工业应用的研究，比如对低浓度、高浓度、含高浓度固体、含硫酸盐废水、豆制品废水、草浆黑液、柠檬酸废水、糖蜜废水、印染废水等都能够有效处理。该工艺适合多种环境条件，在10～55℃内均可稳定运行。

目前，ABR反应器在木薯酒糟废水处理、金霉素废水处理、毛巾印染废水处理等方面均有应用，取得了令人满意的效果。

6.4　污泥处理和处置

在废水处理的过程中，产生大量的污泥，其数量约占处理水量的0.3%～0.5%（含水率以97%计）。污泥中含有很多有毒物质，如细菌、病原微生物、寄生虫卵以及重金属离子等；有用的物质如植物营养素、氮、磷、钾、有机物等。污泥很不稳定，在排入自然环境以前需要某种形式的处理：或者是稳定、浓缩或脱水，可能还接着干化和焚烧；或者是这些方法中的一种或几种组合在一起。处置的目的在于：使废水处理厂能够正常运行，有毒物质得到及时处置，有用物质得到利用，以便达到变害为利、综合利用、保护环境的目的。污泥处置的费用约占全厂运行费用的20%～50%。所以污泥处置是废水处理工程的重要方面，必须予以充分注意。

污泥处置的一般方法与流程如下：

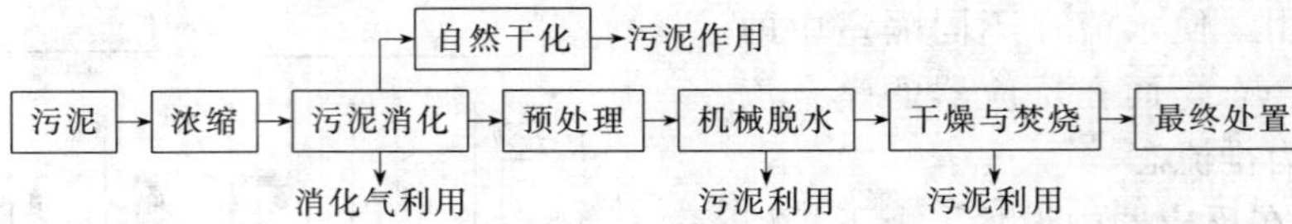

上述流程，可按各地条件进行取舍与组合。

6.4.1 概述

6.4.1.1 污泥的分类与特性

按其所含主要成分的不同，分为污泥和沉渣。

以有机物为主要成分的称污泥。污泥的特性是有机物含量高，容易腐化发臭，颗粒较细，相对密度较小，含水率高且不易脱水，是呈胶状结构的亲水性物质，便于用管道输送。如初次沉淀池与二次沉淀池排出的污泥。

以无机物为主要成分的称沉渣，沉渣的特性是颗粒较粗，相对密度较大，含水率较低且易于脱水，但流动性较差，不易用管道输送。如沉砂池和某些工业废水处理沉淀池所排出的污泥。

本书讨论的重点是污泥。

按产生的来源，污泥可分为以下三种。

① 初次沉淀污泥：来自初次沉淀池，其性质随污水的成分，特别是随混入的工业废水性质而异。

② 腐殖污泥与剩余活性污泥：来自生物膜法与活性污泥法后的二次沉淀池。前者称腐殖污泥，后者称剩余活性污泥。

③ 熟污泥：初次沉淀污泥、腐殖污泥、剩余活性污泥经消化处理后，即成为熟污泥，或称消化污泥。

(1) 污泥含水率 p　污泥中所含水分的质量与污泥总质量之比的百分数称为含水率。污泥含水率一般都很高，相对密度接近于1。不同污泥，含水率有很大差别。污泥的体积、质量、所含固体物浓度及含水率之间的关系，污泥体积与含水率之间的关系可表示为：

$$\frac{V_1}{V_2}=\frac{W_1}{W_2}=\frac{100-p_2}{100-p_1}=\frac{c_2}{c_1} \tag{6-3}$$

式中　V_1，W_1，c_1——污泥含水率为 p_1 时的污泥体积、质量与固体物浓度；

V_2，W_2，c_2——污泥含水率为 p_2 时的污泥体积、质量与固体物浓度。

污泥的含水率从99%降低到96%时，求污泥体积。

$$V_2=V_1\times\frac{100-p_1}{100-p_2}=V_1\times\frac{100-99}{100-96}=\frac{1}{4}V_1$$

污泥体积可减少原来污泥体积的3/4。

(2) 污泥的相对密度　污泥的相对密度等于污泥质量与同体积水质量的比值，而污泥质量等于其中含水分质量与干固体质量之和，污泥相对密度可用式（6-4）计算。

$$\gamma'_s=\frac{p+(100-p)}{p+\dfrac{(100-p)}{\gamma_s}}=\frac{100\gamma_s}{p\gamma_s+(100-p)} \tag{6-4}$$

式中　γ'_s——污泥的相对密度；

p——污泥含水率，%；

γ_s——污泥中固体物的平均相对密度。

干固体包括有机物（即挥发性固体）和无机物（即灰分）两种成分，其中有机物所占百分比及其相对密度分别用 p_v，γ_v 表示，无机物的相对密度用 γ_a 表示，则污泥中干固体平均相对密度 γ_s 可用下式计算：

$$\frac{100}{\gamma_s}=\frac{p_v}{\gamma_v}+\frac{100-p_v}{\gamma_a} \tag{6-5}$$

即

$$\gamma_s=\frac{100\gamma_a\gamma_v}{100\gamma_v+p_v(\gamma_a-\gamma_v)} \tag{6-6}$$

有机物相对密度一般等于 1，无机物相对密度约为 2.5～2.65，以 2.5 计，则式（6-6）可简化为：

$$\gamma_s=\frac{250}{100+1.5p_v} \tag{6-7}$$

将式（6-7）代入式（6-4）得污泥相对密度的最终计算式为：

$$\gamma=\frac{25000}{250p+(100-p)(100+1.5p_v)} \tag{6-8}$$

确定污泥相对密度和污泥中干固体相对密度，对于浓缩池的设计、污泥运输及后续处理，都有实用价值。

（3）挥发性固体和灰分　挥发性固体（VS）能近似代表污泥中有机物含量，又称灼烧减量，灰分则表示无机物含量，又称灼烧残渣。初次沉淀池污泥 VS 的含量约占污泥总质量的 65%左右，活性污泥和生物膜 VS 的含量约占污泥总质量的 75%左右。

（4）污泥的肥分　污泥含有氮、磷（P_2O_5）、钾（K_2O）和植物生长所必需的其他微量元素。污泥中的有机腐殖质，是良好的土壤改良剂。

（5）污泥的细菌组成　污泥中，含有大量细菌及各种寄生虫卵，为了防止在利用污泥的过程中传染疾病，因此必须进行寄生虫卵的检查与处理。

6.4.1.2　污泥量

初次沉淀污泥量可根据污水中悬浮物浓度、污水流量、沉降效率及污泥的含水率，用下式计算：

$$V=\frac{100C\eta Q}{10^3(100-p)\rho} \tag{6-9}$$

式中　V——初次沉淀污泥量，m^3/d；

Q——污水流量，m^3/d；

η——沉降效率，%；

C——污水中悬浮物浓度，mg/L；

p——污泥含水率，%；

ρ——初次沉淀污泥密度以 1000（kg/m^3）计。

剩余活性污泥量——取决于微生物增殖动力学及物质平衡关系。

$$\Delta X=aQc_{s0}\eta-bVc_x \tag{6-10}$$

式中　ΔX——挥发性剩余活性污泥量，kg/d。

6.4.1.3　污泥流动的水力特征与管道输送

污泥在厂内输送或排出厂外，都使用管道。因此，必须掌握污泥流动的水力特征。

污泥在管道中流动的情况和水流大不相同，污泥的流动阻力随其流速大小而变化。在层流状态时，污泥黏滞性大，悬浮物又易于在管道中沉降，因此污泥流动的阻力比水流大。当流速提高达到紊流时，由于污泥的黏滞性能够消除边界层产生的旋涡，使管壁的粗糙度减少，污泥流动的阻力反较水流为小。含水率越低，污泥的黏滞性越大，上述状态就越明显；含水率越高，污泥黏滞性越小，其流动状态就越接近于水流。根据污泥流动的特性，在设计输泥管道时，应采用较大的流速，使污泥处于紊流状态。

污水处理厂内部的输泥管道：重力输泥管，一般采用0.01～0.02的坡度；压力输泥管，建议采用表6-6的最小设计流速。

表6-6 压力输泥管最小设计流速

污泥含水率/%	最小设计流速/(m/s)		污泥含水率/%	最小设计流速/(m/s)	
	管径150～250mm	管径300～400mm		管径150～250mm	管径300～400mm
90	1.5	1.6	95	1.0	1.1
91	1.4	1.5	96	0.9	1.0
92	1.3	1.4	97	0.8	0.9
93	1.2	1.3	98	0.7	0.8
94	1.1	1.2			

长距离输泥管道（如输送至处理厂附近的农田、草原或投海等），可采用式（6-11）紊流公式计算。

$$h_f = 2.49\left(\frac{L}{D^{1.17}}\right)\left(\frac{v}{C_H}\right)^{1.85} \tag{6-11}$$

式中 h_f——输泥管道沿程压力损失，m；

L——输泥管道长度，m；

D——输泥管管径，m；

v——污泥流速，m/s；

C_H——海森-威廉（Haren-Williams）系数，其值决定于污泥浓度，见表6-7。

表6-7 污泥浓度与C_H值

污泥浓度/%	C_H值	污泥浓度/%	C_H值	污泥浓度/%	C_H值
0.0	100	4.0	61	8.5	32
2.0	81	6.0	45	10.1	25

6.4.2 污泥浓缩

污泥中所含水分大致分为四类：颗粒间的空隙水，约占污泥水分的70%；毛细水，污泥颗粒间的毛细管水，约占20%；颗粒的吸附水及颗粒内部水，约占10%，见图6-28。

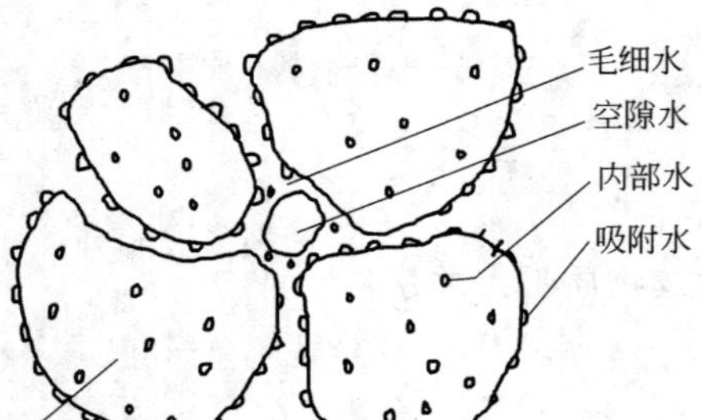

图6-28 污泥所含水分示意

浓缩脱水的对象是颗粒间的空隙水，浓缩是缩小污泥体积的第一道工序，这种方法简单易行，不需要消耗大量的能量。浓缩的目的在于缩小污泥的体积，减少后续处理构筑物的容积及运行费用：如进行厌氧消化，则可以缩小消化池的有效容积，减少加热和保温的费用；另外，重力浓缩法在水处理和泥处理之间达到了一个“缓冲”的效果。如进行机械脱水，则可减少混凝剂投加量与脱水设备的数量。由于剩余活性污泥的含水率（99%以上）很高，一般都应进行浓缩处理。

浓缩的方法主要有三种，即重力浓缩、气浮浓缩和离心浓缩法。

6.4.2.1 重力浓缩法

利用污泥自身的重力将污泥间隙的液体挤出，从而使污泥的含水率降低的方法称为重力浓缩法。其处理构筑物为污泥浓缩池，一般常采用类似沉淀池的构造。如竖流式或辐流式污泥浓缩池。浓缩池可以连续运行，也可以间歇运行。前者用于大型污水处理厂，后者用于小型污水处理厂（站）。

图 6-29 为间歇式浓缩池，当浓缩二沉池污泥时，如停留时间过短，将达不到浓缩的目的，如停留时间过长（超过 24h）污泥容易腐败变质。

停留时间一般不超过 24h，常采用 9～12h，浓缩池的有效容积也以此确定，池数 2 个以上轮换操作。不设搅拌，在浓缩池不同高度设上清液排放管。当间歇式浓缩池运行时，先放掉上清液和排放浓缩污泥，然后再投入污泥。

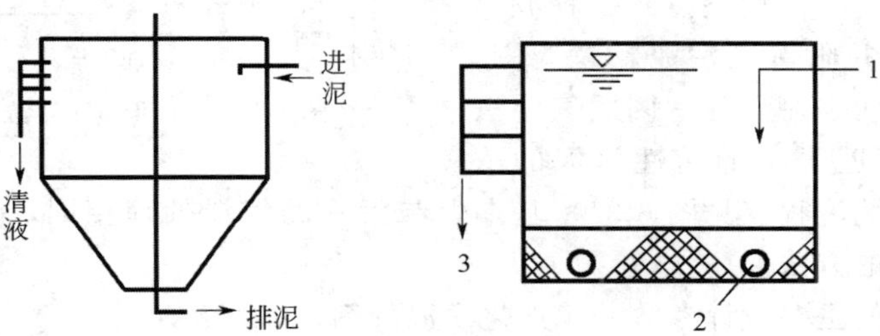

图 6-29 间歇式浓缩池

1—进泥管；2—排泥管；3—上清液排放管

图 6-30 为带刮泥机与搅拌装置的连续流浓缩池。池底坡度一般采用 1/100～1/12，浓缩后污泥从池中心通过排泥管排出。刮泥机附设竖向栅条，随刮泥机转动，起搅动作用，可加快污泥浓缩过程。污泥分离液，含悬浮物 200～300mg/L 以上，BOD_5 也较高，应回流到初沉池重新处理。

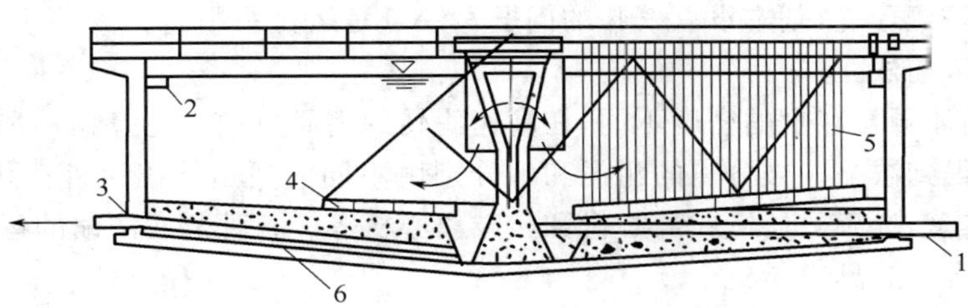

图 6-30 连续流浓缩池

1—中心进泥管；2—上清液溢流堰；3—底泥排除管；4—刮泥机；5—搅动栅；6—钢筋混凝土

连续流污泥浓缩池污泥浓缩面积应按污泥沉淀曲线决定的固体负荷率计算。当无试验资料时，对于含水率 95%～97%的初沉池污泥浓缩至含水率 90%～92%，一般可采用固体负荷率为 80～120kgSS/(m^2·d)；对于含水率为 99.2%～99.6%的活性污泥浓缩至含水率 97.5%左右，一般可采用固体负荷率为 20～30kgSS/(m^2·d)。浓缩池的有效水深一般采用 4.0m，当采用竖流式浓缩池时，其水深可按沉淀部分的上升流速不大于 0.1mm/s 进行核算。浓缩池容积应按污泥停留时间为10～16h进行核算，不宜过长。

重力浓缩法主要用于浓缩初沉污泥及初沉污泥与剩余活性污泥或初沉污泥与腐殖污泥的混合液。

初沉池污泥的介入有利于浓缩过程。因为初沉池污泥颗粒较大，较密实，这些颗粒在沉淀过程中对下层的压缩效果较亲水的生物絮凝体要好得多。

重力浓缩法的缺点是使有机污泥产生不良的气味，气味的问题可以采用在浓缩前加石灰的办法来克服。在浓缩池内加适量的石灰不影响后续处理，在实际运行过程中新鲜污泥直接脱水或在厌氧消化池启动时常常需要投加石灰。另外，将浓缩池加盖，使密闭的池内形成负压，并将抽出的污染的气体进行处理。

6.4.2.2 气浮浓缩法

气浮浓缩与重力浓缩法相反，通过压力溶气罐溶入过量空气，然后突然减压释放出大量的微小气泡，并附着在污泥颗粒周围，使其相对密度减小而强制上浮。因此气浮法适用于相对密度接近于1的活性污泥的浓缩。气浮浓缩的工艺流程（见图6-31）基本上与污水的气浮处理相同，其中加压溶气气浮是污泥浓缩最常用的方法。

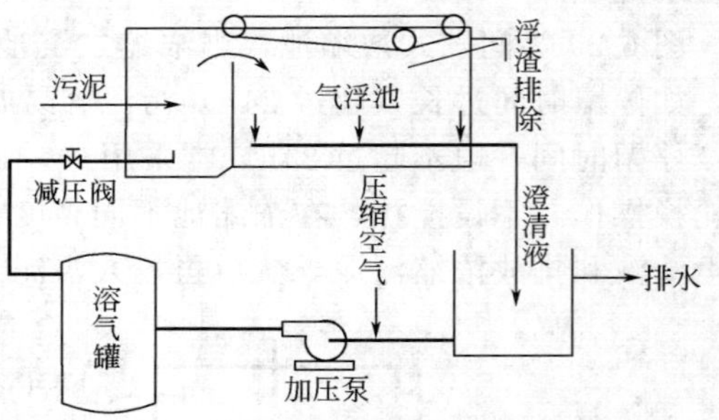

图6-31 有回流气浮浓缩工艺流程

污泥气浮浓缩的主要设计参数（未加化学混凝剂）如下：

固体负荷率　1.8～5.0kgSS/(m^2·h)　回流比　Q_R/Q=40%～70%

水力负荷率　1～3.6m^3/(m^2·h)　加压溶气罐压力　0.3～0.5MPa

气/固　0.03～0.04kg空气/kgSS

预先投加高分子聚合电解质时，其负荷率可提高50%～100%，浮渣浓度可提高1%，分离效率可提高5%，化学混凝剂的投加量为污泥干重的2%～3%。

气浮一般用于浓缩活性污泥，也有用于生物膜的。该方法能把含水率98.5%～99.3%的活性污泥浓缩到94%～96%，其浓缩效果比重力浓缩法好；浓缩时间短；耐冲击负荷和温度的变化；污泥处于好氧环境，基本没有气味的问题。缺点是运行费用高。

6.4.2.3 离心浓缩法

污泥中的固体颗粒和水的密度不同，在高速旋转的离心机中，所受离心力大小不同从而使二者分离，污泥得到浓缩。被分离的污泥和水分别由不同的通道导出机外。用于污泥浓缩的离心机种类有转盘式离心机、篮式离心机和转鼓离心机等。各种离心浓缩的运行效果（所处理污泥为剩余活性污泥）见表6-8。

表6-8 各种离心浓缩的运行效果

离心机种类	入流污泥量/(L/s)	污泥浓缩前含固率/%	污泥浓缩后含固率/%	固体回收率/%
转盘式	9.5	0.75～1.0	5.0～5.5	90
转盘式	3.2～5.1	0.7	5.0～7.0	93～87
篮　式	2.1～4.4	0.7	9.0～1.0	90～70
转鼓式	4.75～6.30	0.44～0.78	5～7	90～80
转鼓式	6.9～10.1	0.5～0.7	5～8	65 85(加少混凝剂)

离心浓缩法的优点是效率高、需时短、占地少。它能在很短的时间内就完成浓缩工作，同时离心浓缩法对于轻质污泥，也能获得较好的处理效果。此外，离心浓缩工作场所卫生条件好，这一切都使得离心浓缩法的应用越来越广泛。离心浓缩法的缺点是：①在浓缩剩余活性污泥时，为了取得好的浓缩效果，得到较高的出泥含固率（74%）和固体回收率（大于90%），一般需添加PFS聚合硫酸铁、PAM聚丙烯酰胺等助凝剂，使运行费提高；②电耗高。

另外一种常用的离心设备是离心筛网浓缩器（见图6-32）。它是将污泥从中心分配管输入浓缩器。在筛网笼低速旋转下，隔滤污泥。浓缩污泥由底部排出，清液由筛网从出水集水室排出。

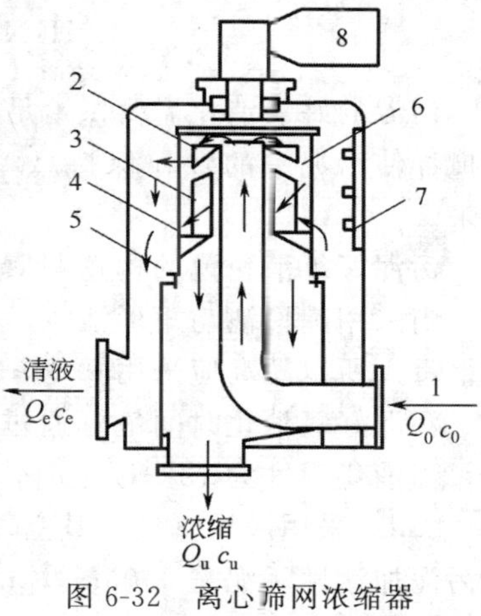

图6-32　离心筛网浓缩器
1—中心分配管；2—进水布水器；3—排出器；4—旋转筛网笼；5—出水集水室；6—调节流量转向器；7—反冲洗系统；8—电动

离心筛网浓缩器可以为活性污泥法混合液的浓缩用，能减少二沉池的负荷和曝气池的体积，浓缩后的污泥回流到曝气池，分离液因固体浓度较高，应流入二沉池作沉淀处理。

离心筛网浓缩器因回收率较低，出水浑浊，不能作为单独的浓缩设备。

6.4.2.4　污泥浓缩方法的选择

污泥浓缩方法选择要综合处理厂的规模、占地大小、周边环境的要求、污泥性质等多方面因素考虑。表6-9列出了各种浓缩方法的优缺点，供选择时参考。

表6-9　各种浓缩方法的优缺点

方　法	优　点	缺　点
重力浓缩法	贮存污泥的能力高，操作要求不高，运行费用低（尤其是耗电少）	占地大，且会产生臭气，对于某些污泥工作不稳定，经浓缩后的污泥非常稀薄
气浮浓缩法	比重力浓缩的泥水分离效果好，所需土地面积少，臭气问题小，污泥含水率低，可使砂砾不混于浓缩污泥中，能去除油脂	运行费用较重力法高，占地比离心法多，污泥贮存能力小
离心机浓缩法	占地少，处理能力高，没有或几乎没有臭气问题	要求专用的离心机，耗电大，对操作人员要求高

前文已经详细介绍了最常用、最重要的厌氧消化法，在此补充介绍污泥的好氧消化法。

污泥的好氧消化是通过长时间的曝气使污泥固体稳定，好氧消化常用于处理来自无初次沉淀池污水处理系统的剩余活性污泥。通过曝气使活性污泥进行自身氧化从而使污泥得到稳定。挥发性固体可去除约40%～50%（一般认为，当污泥中的挥发性固体含量降低40%左右即可认为已达到污泥的稳定），延时曝气和氧化沟排出的剩余污泥已经好氧稳定，不必再进行厌氧或好氧消化。

参与污泥好氧消化的微生物是好氧菌和兼性菌。它们利用曝气鼓入的氧气，分解生物可降解有机物及细胞原生质，并从中获得能量。消化池内微生物处于内源呼吸期，污泥经氧化后，产生挥发性物质（CO_2，NH_3等），使污泥量大大减少。如以$C_5H_7NO_2$表示细菌细胞分子式，好氧消化反应为：

$$C_5H_7NO_2 + 5O_2 \longrightarrow 5CO_2 + NH_3 + 2H_2O$$

污泥的好氧消化需要供给足够的氧气以保证污泥中含溶解氧至少1～2mg/L，并有足够的搅拌使污泥中的颗粒保持悬浮状态。污泥含水率大于95%左右，否则难于将污泥搅拌起来。

污泥好氧消化池的构造与曝气池基本相同，有曝气设备，没有加温设备，池子不必加盖。当采用圆形池与矩形池时，由于好氧消化在运行过程中泡沫现象较多（尤其在启动初期较严重）所以超高应采用0.9～1.2m。

污泥好氧消化时间最好通过试验确定，对于生活污水污泥好氧消化的一些设计参数如下。当消化温度为15℃以上时，消化时间：活性污泥需15～20d，初沉池污泥加活性污泥需20～25d。采用鼓风曝气时其空气用量为：活性污泥需0.02～0.04m^3/[m^3(池)·min]，初沉污泥加活性污泥需0.06m^3/[m^3(池)·min]。当污泥浓度大于8g/L，池深大于3.5m时，曝气器应置于池底，以免搅不起污泥。采用机械曝气时其所需功率为：0.03～0.04kW/10^3m^3（池）。

与厌氧消化处理比较，好氧消化的主要优点是：①消化温度相同时，所需消化时间较短；②出水的BOD_5浓度较低；③无臭气；④污泥的脱水性能较好；⑤运行较方便；⑥设备费用少。

好氧消化的缺点是：①需要供氧，动力费用一般较高；②无沼气产生；③去除寄生虫卵和病原微生物的效果较差；④冬季低温时运行效果极差。

污泥好氧消化法一般仅适用于中小型污水厂。中国目前尚无污水厂的污泥处理采用此方法。

6.4.3 污泥脱水

6.4.3.1 污泥机械脱水的基本原理

污泥机械脱水是以过滤介质（如滤布）两面的压力差为推动力，使污泥中的水被强制地通过过滤介质，称为过滤液，而固体则被截留在介质上，称为滤饼，从而使污泥达到脱水的目的。机械脱水的推动力，可以是在过滤介质的一面形成负压（如真空过滤机），或在过滤介质的一面加压污泥把水压过过滤介质（如压滤）或造成离心力（如离心脱水）等。

机械脱水的基本过程为：过滤刚开始时，滤液仅需克服过滤介质（滤布）的阻力；当滤饼层形成后，滤液要通过不仅要克服过滤介质的阻力而且要克服滤饼的阻力，这时的过滤层包括了滤饼层与过滤介质。过滤过程如图6-33所示。

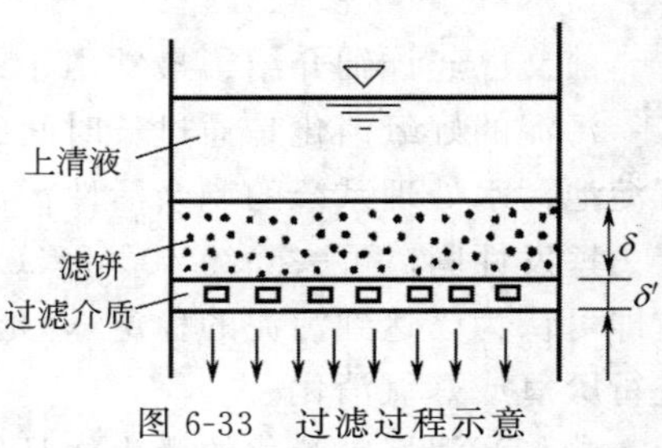

图6-33 过滤过程示意

6.4.3.2 污泥脱水前的预处理

机械脱水前的预处理（也称污泥调质）的目的是改善污泥的脱水性能，提高脱水设备的生产能力。预处理的方法有化学混凝法、淘洗法、热处理法及冷冻法等，其中加药絮凝法功能可靠，设备简单，操作方便，被长期广泛采用。

化学混凝法是通过向污泥中投加混凝剂、助凝剂等使污泥凝聚和絮凝，提高污泥的脱水性能实现的。

混凝剂有两大类：一类是无机混凝剂，包括铝盐和铁盐；一类是高分子聚合电解质，包括有机高分子聚合电解质（如聚丙烯酰胺 PAM）、无机高分子混凝剂（如聚合氯化铝 PAC）。至于调理药剂的选择、投加量的确定和药品的配制条件等要通过现场试验确定。一般情况下，无机药剂更适合于真空过滤和压滤，而有机药剂则适合于离心脱水或带式压滤。

6.4.3.3 机械脱水设备

（1）过滤法脱水设备

① 真空过滤机　真空过滤是目前使用较为广泛的一种污泥脱水机械方法，使用的机械是真空转鼓过滤机，也称转鼓式真空过滤机。国内使用较多的是 GP 型转鼓式真空过滤机，其构造如图 6-34 所示。其主要部件是空心转鼓 1 和下部污泥贮槽 2。

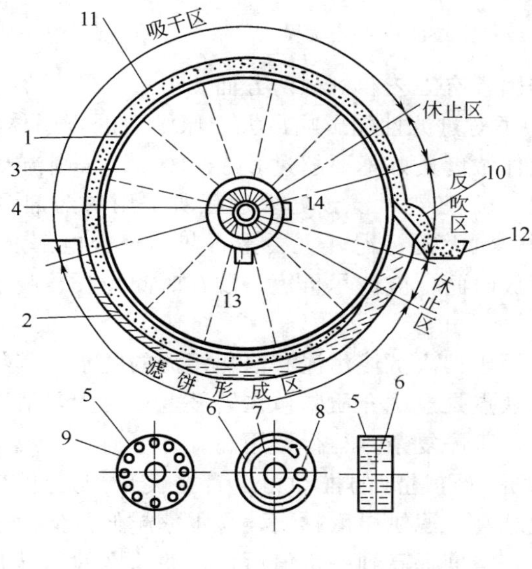

图 6-34　转鼓式真空过滤机

1—空心转鼓；2—污泥贮槽；3—扇形间格；4—分配头；5—转动部件；6—固定部件；7—缝；8—孔；9—小孔；10—反吹区；11—吸干区；12—皮带输送器；13—真空管路；14—压缩空气管路

在空心转鼓 1 的表面上覆盖有过滤介质，并浸在污泥贮槽 2 内。转鼓用径向隔板分隔成许多扇形间格 3。每格有单独的连通管，管端与分配头 4 相接。分配头由两片紧靠在一起的部件：转动部件 5 和固定部件 6 组成。固定部件有缝 7 与真空管路 13 相通。孔 8 与压缩空气管路 14 相通。转动部件有一系列小孔 9，每孔通过连通管与各扇形间格相连。转鼓旋转时，由于真空的作用，将污泥吸附在过滤介质上，液体通过过滤介质沿管 13 流到气水分离罐。吸附在转鼓上的滤饼转出污泥槽的污泥面后，若扇形间格的连通管 9 在固定部件的缝 7 范围内，则处于滤饼形成区与吸干区 11，继续吸干水分。当管孔 9 与固定部件的孔 8 相通时，便进入反吹区 10，与压缩空气相通，滤饼被反吹松动，并行剥落。剥落的滤饼用皮带输送器 12 运走。

转鼓每旋转一周，依次经过滤饼形成区、吸干区、反吹区和休止区。

转鼓真空过滤机脱水的工艺流程见图 6-35。

GP 型转鼓真空过滤机的缺点是滤布紧包在转鼓上，再生与清洗不充分，容易堵塞。滤饼的卸除采用刮刀，滤饼不能太薄，至少要 3～6mm。图 6-36 所示为链带式转鼓真空过滤机。这种真空过滤机主要是把滤布从转鼓上引伸过来，通过冲洗槽进行清洗，这样就可以避免滤布堵塞。滤饼的卸除靠小直径的排除辊的曲率变化，易于剥离，滤饼厚度 1～2mm 时也可排出，这样就可减少混凝剂的用量。

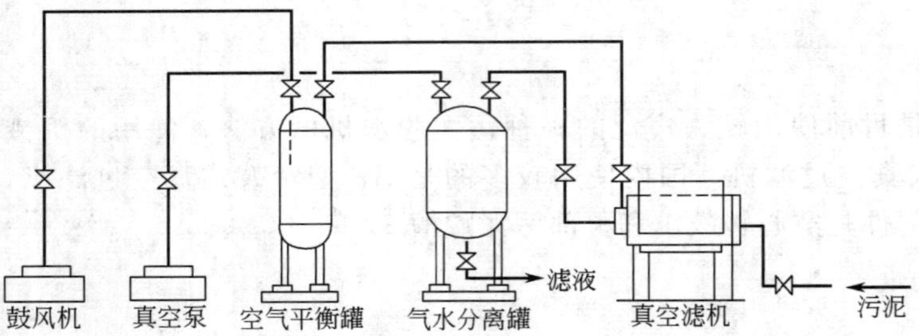

图 6-35　转鼓真空过滤机工艺流程

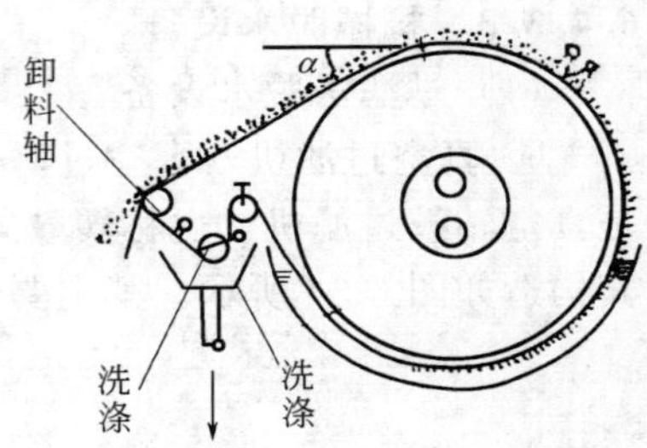

图 6-36　链带式转鼓真空过滤机

真空过滤的主要影响因素有工艺和机械两方面。

工艺方面。a. 污泥种类对过滤性能影响最大。原污泥的干固体浓度高，过滤产率也高，两者成正比。但污泥干固体浓度最好不要超过 8%～10%，否则流动性差，输送困难，不适合处理很亲水的胶体污泥。b. 真空过滤预处理过程所采用的药剂多为无机药剂。对有机污泥，铁盐和石灰结合使用；对无机污泥，主要是石灰，聚合电解质则很少采用。c. 污泥在真空过滤前的预处理及存放时间，应该尽量短。贮存时间越长，脱水性能也越差。一般采用 10～30min。

真空过滤机目前主要用于初次沉淀污泥和消化污泥的脱水。其特点是能够连续操作，运行平稳，可以自动控制。缺点是过滤介质紧包在转鼓上，再生与清洗不充分，容易堵塞，影响生产效率，附属设备多，工序复杂，运行费用高。

机械方面。a. 真空度是真空过滤的推动力，直接关系到过滤产率及运行费用，影响比较复杂。一般说来真空度越高，滤饼厚度越大，含水率越低。但由于滤饼加厚、过滤阻力增加，又不利于过滤脱水。真空度提高到一定值后，过滤速度的提高并不明显，特别是对压缩性的污泥更是如此。另外真空度过高，滤布容易被堵塞与损坏，动力消耗与运行费用增加。根据污泥的性质，真空度一般在 5.32～7.98kPa 之间比较合适。其中滤饼形成区约 5.32～7.98kPa，吸干区约 6.65～7.98kPa。b. 转鼓浸深和转速影响滤饼含水率，浸得深，滤饼形成区吸干区的范围广，滤饼形成区时间在整个过滤周期中占的比率大，过滤产率高，但滤饼含水率也高；浸得浅，转鼓与污泥槽内的污泥接触时间短，滤饼较薄，含水率也比较低。一般转鼓浸在水面下的转筒部分约为全部面积的 15%～40%。平均为 25%，以此来计算转鼓的浸没深度。c. 转速快，周期短，滤饼含水率高，过滤产率也高，滤布磨损加剧，转速慢，滤饼含水率低，产率也低。因此转速过快或过慢都不好，转鼓转速主要取决于污泥性质、脱水要求以及转鼓直径。一般转筒的转速约为 1r/min。线速度约为 1.5～5m/min。d. 滤布孔目的选择决定于污泥颗粒的大小及性质。网眼太小，容易堵塞，阻力大，固体回收率高，产率低；网眼过大，阻力小，固体回收率低，滤液浑浊。滤布目前常用合成纤维如锦纶、涤纶、尼龙等制成。为防止堵塞，也有用单独外部清洗的双层金属盘簧代替滤布，但这种材料网眼太大，产生的滤液太浓。

城市污水厂污泥，当采用真空过滤机时，其过滤能力可参考表 6-10。

表 6-10　真空过滤混凝剂用量及过滤能力

污　泥	处理药剂(以干泥计)/%		过滤能力(以干泥计)/[$kg/(m^3 \cdot h)$]	滤渣含水率/%
	CaO	$FeCl_3$		
生污泥 初次沉淀	10	3	25	68
初沉＋生物过滤	12	3	20	72
初沉＋化学处理($FeCl_3$)	12	3	20	72
初沉＋活性污泥	0	6	20	78
化学处理($FeCl_3$)	10	5	10	80
化学处理($CaO+FeCl_3$)	8	3	30	66
活性污泥	0	6	12.5	80
熟污泥 初沉	10 或 0	2 6	30 30	68 72
初沉＋生物过滤	12 或 0	2 7	30 30	70 74
初沉＋化学处理($FeCl_3$)	10 或 0	2 7	30 30	68 72
初沉＋活性污泥	0	8	12.5	78
化学处理($FeCl_3$)	12 或 0	2 7	20 20	70 74
化学处理($CaO+FeCl_3$)	10 或 0	2 6	30 30	68 72
活性污泥	0	10	12.5	80
混合污泥 初沉熟污泥＋生活性污泥	0	6	22.5	75

② 板框压滤机　压滤脱水使用的机械叫板框压滤机，板框压滤机的基本构造如图 6-37 所示，由滤板和滤框相间排列而成，见图 6-38。在滤板的两面覆有滤布，见图 6-39，滤框是接纳污泥的部件。滤板的两侧面覆上凸条和凹槽相间，凸条承托滤布，凹槽接纳滤液。凹槽与水平方向的底槽相连，把滤液引向出口。滤布目前多采用合成纤维织布，有多种规格。

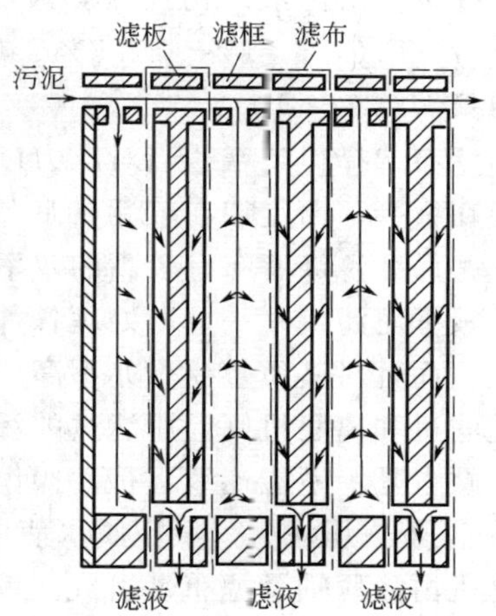

图 6-37　板框压滤机的基本构造

在过滤时，先将滤框和滤板相间放在压滤机上，并在它们之间放置滤布，然后开动电机，通过压滤机上的压紧装置，把板、框、布压紧，这样，在板与板之间构成压滤室。在板与框的上端相同部位开有小孔。压紧后，各孔连成一条通道，待脱水的污泥经加压后由通道进入压滤室。滤液在压力作用下，通过滤布背面的凹槽收集，并由经过各块板的通道排走，达到脱水的目的，排出的水回到初沉池进行处理。

压滤机可分为人工板框压滤机与自动板框压滤机两种。

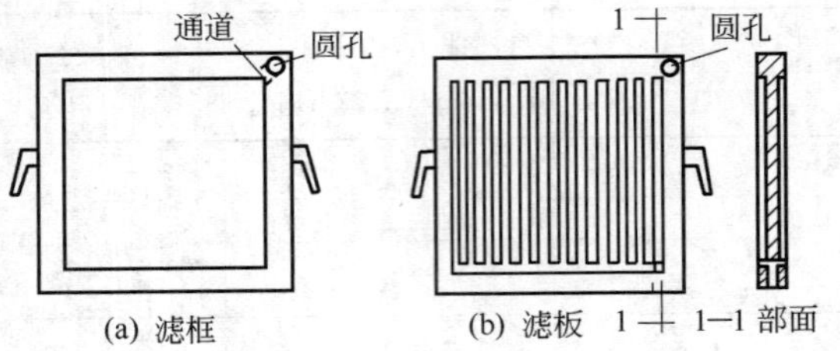

图 6-38 滤板和滤框

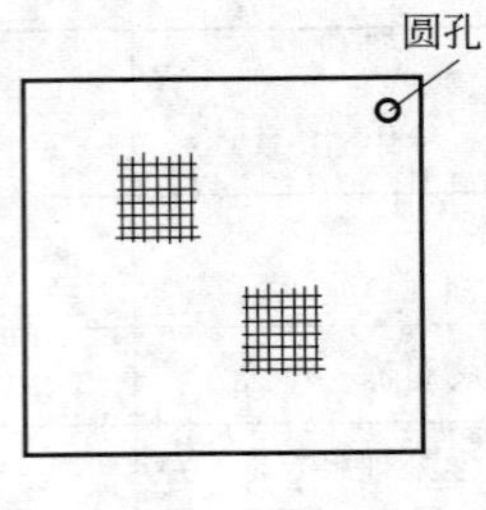

图 6-39 滤布

人工板框压滤机，需一块一块地卸下，剥离泥饼并清洗滤布后，再逐块装上，劳动强度大、效率低。自动板框滤机，上述过程都是自动的，效率较高，劳动强度低，是一种有前途的脱水机械。自动板框压滤机有水平式与垂直式两种，见图 6-40。

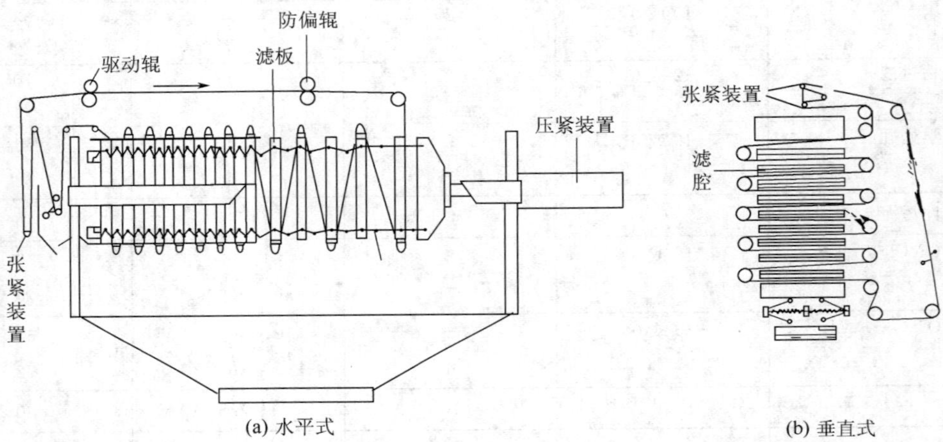

图 6-40 自动板框机压滤机

板框压滤机的过滤能力与污泥性质、泥饼厚度、过滤压力、过滤时间和滤布的种类等因素有关。

处理城市污水厂污泥时，过滤能力一般为 2～10kg 干泥/(m^2 · h)。当消化污泥投加 4%～7%$FeCl_3$，11%～22.5%CaO 时，过滤能力一般为 2～4kg 干泥/(m^2 · h)。过滤周期一般只需 1.5～4h。

滤布选择得是否适当对压力过滤装置的运行有显著的影响。在某些情况下，滤布不是直接装在板上，而是加在较粗的底层滤布上，以改善整个过滤表面的压力分配，便于排除滤液，并保证洗涤滤布有较高的效率。

板框压滤机几乎可以处理各种性质的污泥，对预处理的混凝剂以简单无机的无机絮凝剂为主，而且对其质量要求亦不高。由于它使用了较高的压力和较长的加压时间，脱水效果比真空滤机和离心机好，压滤过的污泥含水率可降至 50%～70%。

缺点是：不能连续运行，操作麻烦，产率低。

③ 带式压滤机　滚压脱水使用的机械是带式压滤机，其构造如图 6-41 所示，滚压带式过滤机由滚压轴及滤布带组成。带式压滤机的特点是：把压力施加在滤布上，用滤布的压力或张力使污泥脱水，而不需要真空或加压设备。污泥先经过浓缩段（主要依靠重力过滤），使污泥失去流动性，以免在压榨段被挤出滤布，时间约 10～20s，然后进入压榨段压榨脱

水，压榨时间1～5min。

滚压的方式有两种：一种是滚压轴上下相对，压榨的时间几乎是瞬时，但压力大，见图6-41(a)；另一种是滚压轴上下错开，见图6-41(b)，依靠滚压轴施于滤布的张力压榨污泥，因此压榨的压力受滤布的张力限制，压力较小，压榨时间较长，但在滚压的过程中，滤饼的弯曲度的交替改变（或者说泥饼的变形），对污泥有一种剪切力的作用，可促进泥饼的脱水。

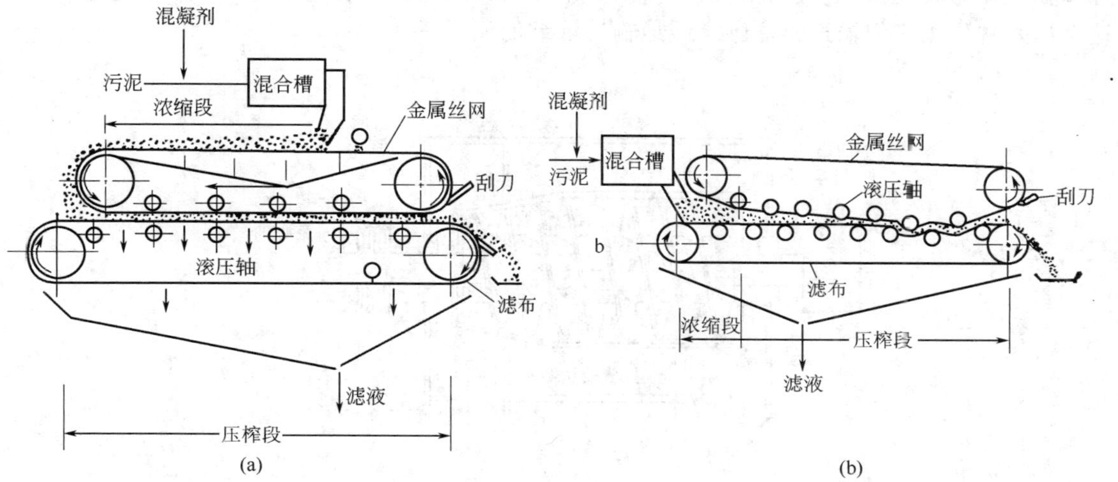

图6-41 带式压滤机构造

带式压滤机的成功开发是滤带的开发和合成有机高分子絮凝剂发展的结果，带式压滤机的滤带是以高黏度聚酯切片生产的高强度低弹性单丝原料，经过纺织、热定型、接头加工而成。它具有拉伸强度大、耐折性好、耐酸碱、耐高温、滤水性好、质量轻等优点。预处理用药剂效果最好的是高分子有机絮凝剂聚丙烯酰胺。就城市污水厂污泥的调理，采用阳离子型聚丙烯酰胺效果最好，也可以采用石灰和阴离子聚丙烯酰胺或无机混凝剂和聚丙烯酰胺联合使用。无机混凝剂很少被单独使用，只有污泥中含有很多纤维物质时才采用。

对于初沉池的生污泥（含水率90%～95%），有机高分子絮凝剂的投量为污泥干重的0.09%～0.2%，生产能力为250～400kg干泥/(m·h)，泥饼含水率为65%～75%，初沉污泥与二沉活性污泥混合生污泥（含水率92%～96.5%），有机高分子絮凝剂的投量为污泥干重的0.15%～0.5%，其生产能力为130～300kg干泥/(m·h)，泥饼含水率为70%～80%。

另外，滤带行走速度（带速）和压榨压力都会影响带式压滤机的生产能力和泥饼的含水率。对不同的污泥有不同的最佳带速，带速过快，则压榨时间短，滤饼含水率高，带速过慢，又会降低滤饼产率。因此，必须选择合适的速度，带速一般为1～2.5m/min。压榨压力直接影响滤饼的含水率，在实际运行中，为了与污泥的流动性相适应，压榨段的压力是逐渐增大的。特别是在压榨开始时，如压力过大，污泥就要被挤出，同时滤饼变薄，剥离也困难；如压力过小，滤饼的含水率会增加。

带式压滤机不能用于处理含油污泥，因为含油污泥使滤布有“防水”作用，而且容易使滤饼从设备侧面被挤出。

(2) 污泥的离心脱水设备　离心脱水设备主要是离心机，离心机的种类很多，适用于污泥脱水的一般为卧式螺旋卸料离心脱水机。离心机是根据泥粒与水的相对密度不同而进行分离脱水。常速离心机是污泥脱水常用的设备，其转筒转速约为 1000～2000r/min。近年来，对于活性污泥，也有认为采用较高转速（5000～6000r/min）的离心机更好。

卧式螺旋离心机的构造如图 6-42 所示。它主要由转筒、螺旋输送器及空心轴所组成。螺旋输送器与转筒由驱动装置传动，向同一个方向转动，但两者之间有一个小的速差，依靠这个速差的作用，使输送器能够缓缓地输送浓缩的泥饼。

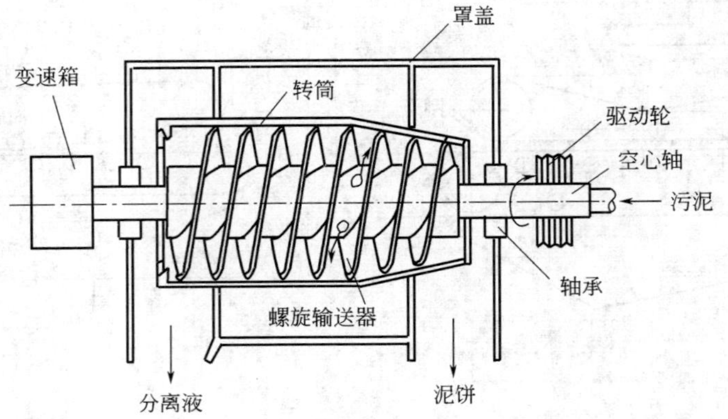

图 6-42　卧式螺旋离心机

离心脱水可以连续生产，操作方便，可自动控制，卫生条件好，占地面积小，但污泥预处理的要求较高，必须使用高分子聚合电解质作絮凝剂，投加量一般为污泥干重的 0.1%～0.5%。通过离心机脱水后的泥渣含水率为 70% ～ 85%。离心机动力约为 1.7W/[m^3(泥)·h]。

6.4.4　污泥干化

污泥干化方法分为自然干化法和烘干法两种。

6.4.4.1　自然干化法

自然干化法常采用污泥干化场（或称晒泥场），是利用天然的蒸发、渗滤、重力分离等作用，使泥水分离，达到脱水的目的，是污泥脱水中最经济的一种方法。排入污泥干化场的城市污水厂的污泥含水率，来自初沉池的为 95%～97%，生物滤池后二沉池为 97%，曝气池后二沉池活性污泥为 99.2%～99.6%，污泥消化池消化污泥为 97%。通过自然干化，污泥的含水率可降低到 75%左右，污泥体积大大缩小。干化后的污泥压成饼状，可以直接运输。

(1) 污泥干化场的构造　污泥干化场的四周筑有土围堤，中间则用围堤或木板将其分成若干块（常不小于 3 块）。为了便于起运污泥，每块干化场的宽度应不大于 10m。围堤高度可采用 0.5～1.0m，顶宽采用 0.5～1.0m。围堤上设输泥槽，坡度取 0.01～0.03。在输泥槽上隔一定距离设放泥口，以便往干化场上均匀分布污泥，输泥槽和放泥口一般可用木板或钢筋混凝土制成。

干化场应设人工排水层。人工排水层的填料可分为两层，层厚各为 0.2m，上层用细矿渣或砂等，下层用粗矿渣、砾石或碎石。排水层下可设不透水层，宜用 0.2～0.4m 厚的黏土做成。在不透水层上敷设排水管，如果污泥干化场需要设置顶盖，还需要支柱和透明顶盖。若采用混凝土做成时，其厚度取 0.10～0.15m，或用三七灰土夯实而成厚 0.15～0.30m，应当有 0.01～0.02 的坡度倾向排水设施。

图 6-43 为污泥干化场，排水管可采用不上釉的陶土管，直径为 100～150mm，为了接纳下渗的污泥水，各节管子相连处不打口，相邻两管的间距取决于土壤的排水能力，一般可采用 4～10m，坡度采用 0.002～0.005，排水管最小埋深为 1～1.2m。收集污泥水的排水管干管，也可采用不上釉的陶土管，其坡度采用 0.008。从排水管排出的污泥水，卫生情况不好，应送至污水厂再次进行处理。

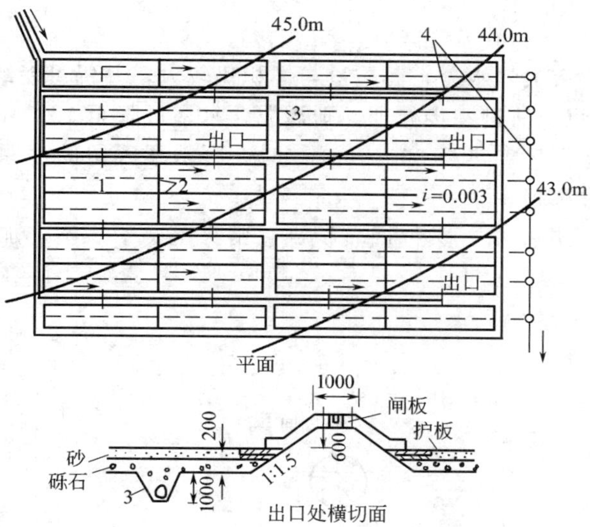

图 6-43　污泥干化场

1—输泥槽；2—隔墙；3—排水管；4—排水管线

（2）干化场脱水的影响因素　影响污泥在干化场上脱水的因素有以下两方面。

① 气候条件　由于污泥中占很大比例的水分是靠自然蒸发而干化的，因此气候条件，包括降雨量、蒸发量、相对湿度、风速及年冰冻期对干化场的脱水有很大的影响。研究证明，水分从污泥中蒸发的数量约等于从清水中直接蒸发量的 75%，降雨量的 57%左右要被污泥所吸收，因此，在干化场的蒸发量中必须加以考虑。由于中国幅员广大，上述有关数据不能作为定论，必须根据各地条件，加以调整或通过试验决定。

② 污泥性质　污泥性质对干化效果的影响很大。例如消化污泥在消化池中，承受着比大气压高的压力，并含有很多消化气泡，排到干化场后，压力降低，体积膨胀，气体迅速释出，把固体颗粒挟带到泥层表面，降低水的渗透阻力，提高了渗透性能。对脱水性能差的污泥，水分不易从稠密的污泥层中渗透过去，往往会形成沉淀，分离出上清液。这种污泥主要依靠蒸发进行脱水，并可在围堤或围墙的一定高度上开设撇水窗，撇除上清液，以加速脱水过程。对雨量多的地区，也可利用撇水窗，撇除污泥面上的雨水。

（3）污泥干化场面积的确定　干化场所需的面积随污泥性质，地区的平均降雨量及空气湿度等不同而异。一般来说，对生活污水的消化污泥而言，每 1.5～2.5 人应设置 $0.84m^2$，当未消化的污泥不得不在干化场上干化时，则需提供比消化污泥更大的面积。一次送来的污泥集中放在一块干化场上，其所需的面积可根据一次排放在污泥量按每次放泥厚度 30～

50cm 计算。

近年来，出现一种由沥青或混凝土浇筑，不用滤水层的干化场，这种干化场特别适用于蒸发量大的地区，其主要优点是泥饼容易铲除。

对于降雨量大或冰冻期长的地区，可在干化场上加盖。加盖后的干化场，能够提高污泥的干化效率。盖可做成活动式的，在雨季或冰冻期盖上，而在温暖季节、蒸发量大时不盖。加盖式干化场卫生条件好，但造价高，在实际工程中使用得较少。

污水干化场，占地面积大，卫生条件差，大型污水处理厂不宜采用。但污水自然干化比机械脱水经济，在一些中小型污水处理厂，尤其是气候比较干燥、有废弃土地可资利用以及环境卫生允许的地区可以采用。

6.4.4.2　烘干法

污泥脱水后，仍含有大量水分，其质量与体积仍较大，并仍可能继续腐化（根据污泥的性质而定）。如用加热烘干法进一步处理，则污泥含水率可降至10%左右，这时污泥的体积很小，包装运输也很方便。加热至300～400℃时，可杀死残留的病原菌如寄生虫卵，用这种方法，污泥肥分损失会很少。

图6-44为一转筒式烘干机，又称回转炉，它由火室、干燥室、加泥室、卸料室和抽气管等组成。

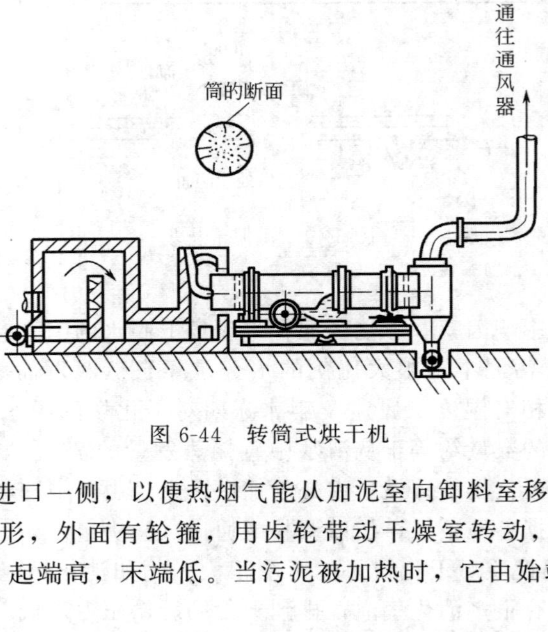

图6-44　转筒式烘干机

火室位于加泥室的进口一侧，以便热烟气能从加泥室向卸料室移动。加泥室位于干燥室的起端，干燥室呈圆筒形，外面有轮箍，用齿轮带动干燥室转动，转动速度为0.5～4r/min，干燥室倾斜放置，起端高，末端低。当污泥被加热时，它由始端移至末端，最后出卸料室。

污泥烘干，加热所用的燃料可以是煤、干污泥或污泥消化过程中产生的沼气，烟气用过后用抽气机抽出。总之，污泥烘干要消耗大量能源，费用很高，只有当干污泥作为肥料、所回收的价值能补偿烘干处理运行费用或有特殊要求时，才有可能考虑此法。

6.4.5　污泥的最终处置

污泥经过消化、干化和脱水后，还存在最终处置问题。其方法决定于污泥的性质及当地条件。目前，在利用方面污泥主要用于作农业肥料，也可用于制作饲料。

污泥的肥分及有机物含量大致如表6-11所列。

表 6-11　污泥的肥分

污泥种类		总氮/%	磷(P_2O_5)/%	钾/%	有机物/%	脂肪酸(以乙酸计)/(mg/L)
初次沉淀污泥		2.0	1.0～3.0	0.1～0.3	50～60	960～1200
消化污泥	初次沉淀污泥	1.6～3.14	0.55～0.77	0.24	25～30	240～300
	消化后腐殖污泥	2.8～3.14	1.03～1.98	0.11～0.79	50～60	
活性污泥	城市污水的污泥	3.51～7.15	3.3～4.97	0.22～0.44	50～60	
	印染废水的污泥	5.9	1.8	0.13	50～60	

活性污泥中的维生素含量大致如表 6-12 所列。

表 6-12　活性污泥中维生素含量　　单位：[mg/kg（干）]

种　类	含　量	种　类	含　量
维生素 B_1	8.0	维生素 H	1.8
维生素 B_2	11.0	叶酸	2.0
维生素 B_6	9.0	烟酸	120.0
维生素 B_{12}	1.9		

由此可见，污泥是可以作为肥料或饲料的，但必须满足卫生要求，即不得含有致病微生物和寄生虫卵。有毒物质含量也必须在限量以内，应满足作为农业用或饲料用的有关规定。有毒物质包括有机成分（如油脂、烷基苯磺酸钠 ABS 及酚等）与无机成分（如重金属离子）等。

有机有毒物质会破坏土壤结构或毒害作物。无机有害物质（重金属离子）可分为两部分：一部分为水溶性的，可被作物吸收；另一部分为非水溶性的，不易被作物吸收。通常以土壤中可用 0.5mol/L 乙酸萃取的重金属量作为可被作物吸收的指标。微量重金属离子对于动、植物都必不可少，但高浓度重金属离子对动、植物都有毒害作用，其毒害作用表现在：①抑制动、植物生长；②使土壤贫瘠；③在动、植物体内积累与富集，造成对人、畜的潜在危险。

污泥肥料与化学肥料比较，其中氮、磷、钾含量虽较低，但有机物含量高，肥效持续时间长，可以改善土壤结构，所以以污泥作为肥料应该受到充分的重视。

污泥作为肥料，使用的方法有：①直接施用，仅适用于消化污泥；②使用干燥污泥，这种用法方便、卫生，但成本较高；③制成复合肥料，即把污泥与化学肥料混合后使用。

当污水或沉渣中含有工业原料及产品时，应尽量设法予以回收利用。如酿酒废水中的酒糟，应尽可能利用。炼钢厂轧钢车间废水中的沉渣，主要是氧化铁，其总量为轧钢重量的 3%～5%，回收利用价值很高。高炉煤气洗涤水的沉渣，含铁量也较高，均可加以综合利用。给水处理厂的混凝沉淀的沉渣数量很大，主要是无机物，为了更好地解决污泥问题和节约投药费用，已有人提出了一些新的处理流程和混凝剂。其中之一是碳酸镁工艺，可以循环使用。

6.4.5.1　弃置法

弃置法：一是填地；二是投海。

污泥去填地前必须首先脱水，使含水率小于 85%，填地必须采取相应的人工措施，图 6-45 是污泥堆置场示意图。

若有废地（如废矿坑、荒山沟等）可利用，亦可利用作为污泥弃置场地，进行掩埋。

把污泥用船或压力管送入海洋进行处置，是较为方便和经济的，但必须注意防止对近海水域的污染，采用此法要慎重。

6.4.5.2 焚烧法

当污泥含有大量的有害污染物质，如含有大量重金属或有毒有机物，不能作为农肥利用，而任意堆放或填埋均可对自然环境造成很大的危害，这时往往考虑采用焚烧法处理。污泥焚烧前凡是能够进行脱水干化的，必须首先进行污泥的脱水和干化。这样可节省所需的热量。干污泥焚烧所需的热量可以由干污泥自身所含有的热量提供，如用干污泥所含的热量供燃烧有余，尚可回收一部分热量，只有当干污泥自身所含热值不能满足自身燃烧时才要外界提供辅助燃料。

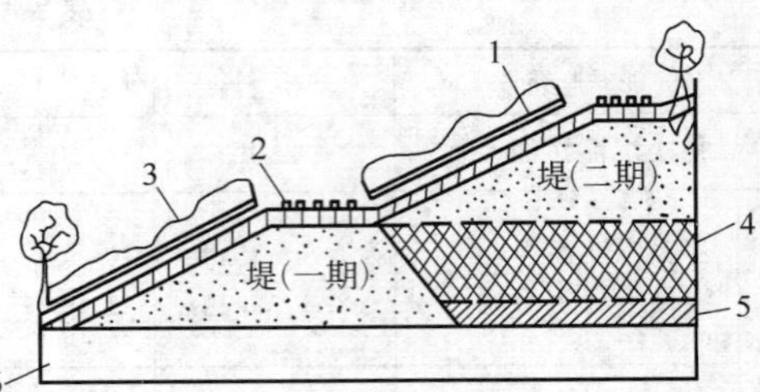

图 6-45　污泥堆置场示意

1—顶部土壤；2—石子砂砾层；3—绿化带；4—污泥；5—人工不透水层；6—下层土壤

常用的污泥焚烧炉有回转焚烧炉、立式焚烧炉和流化床焚烧炉等。回转焚烧炉的构造与转筒烘干机相似，如图 6-46 所示，为常用的立式多段焚烧炉。污泥由炉子顶部（如上两层内），进一步干化，而中间部分进行焚烧，炉灰则在底层用空气冷却，焚烧产生的气体应引入气体净化器，以免大气受到污染。

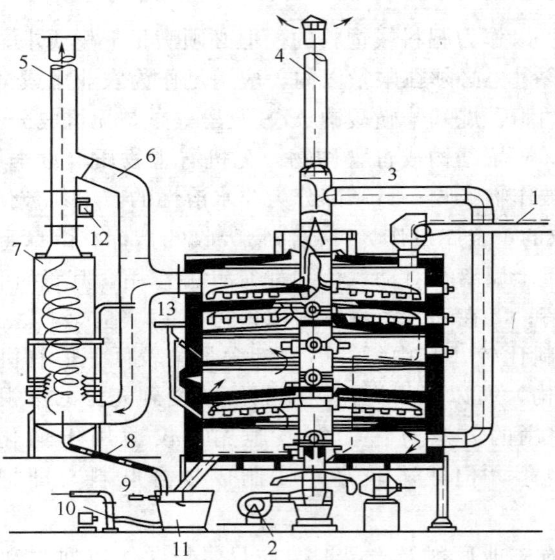

图 6-46　立式多段焚烧炉

1—泥饼；2—冷却空气鼓风机；3—浮动风门；4—废冷却气；5—清洁气体；6—无水时旁通风道；7—旋风喷射洗涤器；8—灰浆；9—分离水；10—砂浆；11—灰桶；12—感应鼓风架；13—轻油

习题及思考题

1. 填空题

(1) 厌氧消化中中温消化最适温度为________________，高温消化的最适温度为________________。

(2) 甲烷菌的最适 pH 值范围为________，pH 值低于________或 pH 值高于________都会对甲烷菌产生抑制或破坏作用。

(3) 厌氧消化池的搅拌方式常用的有________、________、________三种。

(4) 成熟的消化污泥具有________、________的特性。

2. 判断题

(1) 厌氧消化液 pH 值的监测较挥发酸和碱度的监测更重要。( )

(2) 二沉池排出的生物污泥或生物膜也可以作为 UASB 的种泥。( )

(3) 沼气的成分与运行状态有关。( )

(4) 产气量高运行状态就好。( )

3. 简答题

(1) 试比较厌氧生物法与好氧生物法的优缺点。

(2) 简述厌氧生物处理的基本原理。

(3) 试讨论影响厌氧生物处理的因素。

(4) 根据温度不同，消化可分哪几种类型？它们的区别是什么？

(5) 你认为哪种厌氧反应器最有优势？为什么？

(6) 厌氧处理装置的运行管理应注意哪些问题？

(7) 泥是怎样分类的？有哪些性质指标？

(8) 泥流动的水力特征怎样？

(9) 什么是污泥好氧消化？与污泥厌氧消化相比有哪些缺点？

(10) 试简述污泥湿式氧化的基本原理。如何确定污泥湿式氧化所需的空气量和估计原料的发热量？

(11) 污泥浓缩和脱水有哪些方法？并指出各自优缺点。

(12) 试简述污泥的最终处置方法。

(13) 污泥的含水率从 97.5%降低到 95%，求污泥体积变化。

技能训练　厌氧消化

一、实验目的

污水处理厂中沉淀池所产生的污泥需要处理，一般多采用厌氧消化法。厌氧消化过程与好氧消化过程有明显的差别。例如，厌氧消化过程的反应速率明显的低于好氧过程；有机废物降解的方式也不同，在好氧降解过程中，通常是一种类型的细菌在整个降解过程中都起作用。厌氧降解过程则分三个阶段。保持这三类细菌在数量上的平衡是非常重要的。

污泥消化的性质一般可在实验室通过实验确定，如果能够很好地模拟预期的运行条件，实验所得结果即可用于消化池的设计。

二、实验设备和材料

1. 设备

(1) 厌氧消化实验设备，见图 6-47，污泥消化瓶的瓶塞、出气管、投配管的接头和阀门都必须密封，以保证与空气隔绝，污泥消化瓶的容积为 5L（若条件容许也可使用容量更大的瓶）；

(2) 超级恒温水浴槽，±1℃；

(3) pH 计；

(4) 奥氏气体分析仪；

(5) 万分之一分析天平；

(6) 105℃烘箱、高温（650℃）电炉等测定挥发性固体所需设备。

2. 材料

(1) 沉淀池的新鲜污泥；

(2) 消化池的熟污泥，若没有消化池污泥，也可取化粪池底部的污泥。

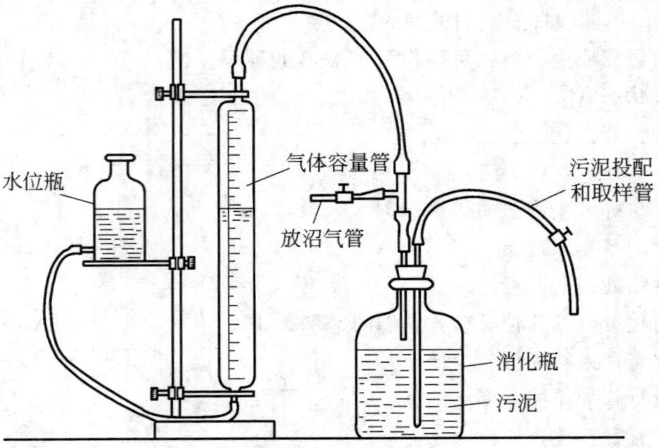

图 6-47 厌氧消化实验设备

三、实验步骤

1. 测定新鲜污泥和熟污泥的挥发性固体量。

2. 取 3L 混合污泥，混合比 1∶3，即熟污泥 1 份、新鲜污泥 3 份（按挥发性固体量之比，若条件不足，也可按污泥干质量之比）。

3. 测定混合污泥的 pH 值和含水率。

4. 将混合污泥装入消化瓶，再将消化瓶装入恒温水浴槽中，保持恒定的水温，例如 34℃或 53℃等。

5. 调整水位瓶的高低，记录气体容量管中水面的位置。

6. 每日记录气体的产量，并摇动消化瓶 2 次，使污泥均匀，表层不结壳。

7. 气体容量管中的水位若降得很低，可将消化气排放一部分，使水位上升，但需记录排放的气体数量。

8. 开始时每日测定泥样的 pH 值，以后 pH 值变化不大时，可酌情隔数日测定一次。

9. 培养数日后，可测定所产气体中 CH_4 和 CO_2 含量的百分数，其后每隔 10d 测一次。

10. 培养到基本上不再产生气体（一般约 50～70d），从消化瓶中取泥样，测定其挥发性固体量、含水率及 pH 值。观察其颜色及臭味。

11. 可组织各实验小组分工进行对比实验，进行以下比较：(1)接种和不接种熟污泥；(2)不同消化温度；(3)采用和不采用石灰调节。

四、实验结果分析

1. 计算污泥中挥发性固体的总去除率。

2. 计算并绘制消化时间与产气量（占总量的百分比）的关系曲线。

3. 分析：(1)接种和不接种熟污泥；(2)不同消化温度；(3)调节和不调节 pH 值等不同运行条件对污泥厌氧消化的影响。

7 循环冷却水的处理

7.1 概述

7.1.1 工业冷却水循环利用的意义

工业生产中需要大量的冷却用水。例如生产 1t 烧碱大约需要 100t 的冷却水。一个年产 48 万吨尿素的氮肥厂，每小时冷却水用量约为 2 万吨。冷却水长期使用后，必然会带来金属腐蚀、结垢和微生物滋生这三种危害。循环冷却水水质处理就是使冷却水通过处理后减轻或消除这三种危害。这样做有如下好处。

(1) 稳定生产　消除水垢附着、腐蚀穿孔和黏泥堵塞等危害，使系统中的换热器可以始终处于良好的环境中工作。除计划中检修外，意外的停产检修事故就会减少，从而在循环冷却水方面为工厂周期安全生产提供了保证。

(2) 节约水资源　年产 30 万吨合成氨厂，采用直流冷却系统，用水量为 $23500m^3/h$；如果采用循环冷却水系统，其补充水量一般只需 $550\sim880m^3/h$，节约的水量就非常可观(节约用水 96%～97.5%)。

(3) 减少环境污染　循环冷却水系统可以大大减少冷却污水的排放量，仅需对排放的少量冷却污水进行处理，因此减少对环境的污染。循环排污水如做进一步的处理后，还可回收做系统的补充水用。这样的话，循环系统就形成闭路循环，它不向外界排放污水，也就不会存在污染环境的问题。

(4) 节约钢材和提高经济效益　冷却水的循环使用为进行冷却水水质处理提供了良好的条件。通过处理可以减轻冷却水对金属设备，特别是换热器的腐蚀。例如，东北某石油化工厂的一个循环冷却水系统在未进行水质处理之前，1969～1972 年共更换换热器 114 台，从 1973 年开始，该厂对循环冷却水作了水质处理，到 1976 年，仅更换了 50 台换热器，每年减少损耗 56%。若每台换热器以 2t 用料计，则每年可节约钢材 32t。如果把节约大量钢材和设备加工制造费用以及停产检修造成的经济损失，都从产品成本中扣除的话，则节约钢材和提高工厂经济效益的效果十分显著。

7.1.2 工业冷却水系统的类型

依据冷却水的流程特点，冷却水系统可分为直接冷却和循环冷却两种方式。

7.1.2.1 直接冷却水系统

在直接冷却水系统中，冷却水仅仅通过换热设备一次，用过后的水就被直接放掉，因此它的用水量很大，而排出水的温升很小，水中的各种矿物质和离子含量基本上保持不变。这种冷却水系统不需要其他冷却水构筑物，因此投资少，操作简便，但是冷却水的操作费用大，而且不符合当前节约使用水资源的要求。随着水资源的日趋紧张，直接冷却水系统已逐步被循环冷却水系统所取代。

7.1.2.2 循环冷却水系统

循环冷却水系统又分封闭式和敞开式。

(1) 封闭式循环冷却水系统　封闭式循环冷却水系统又称为密闭式循环冷却水系统。在此系统中，冷却水用过不是马上排放掉，而是收回再用，循环不已。在循环过程中，冷却水不暴露于空气中，所以水量损失很少。水中各种矿物质和离子含量一般不发生变化，而水的再冷却是在另一台换热设备中用其他冷却介质来进行冷却的，如图 7-1 所示。这种系统一般用于发电机、内燃机或有特殊要求的单台换热设备。

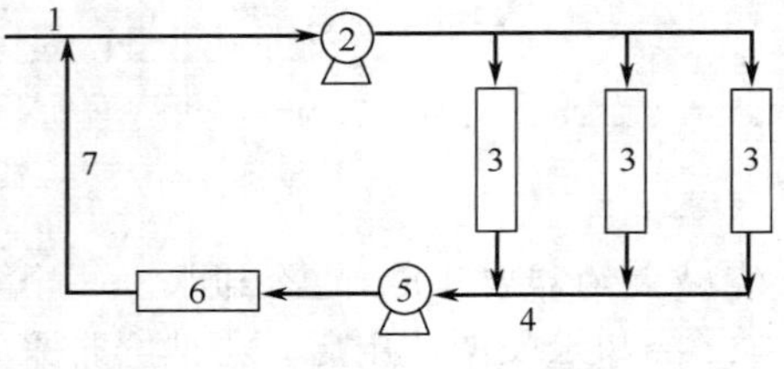

图 7-1　封闭式循环冷却水系统

1—冷却水；2—冷却水泵；3—冷却工艺介质的换热器；4—热水；5—热水泵；6—冷却热水的冷却器；7—冷水

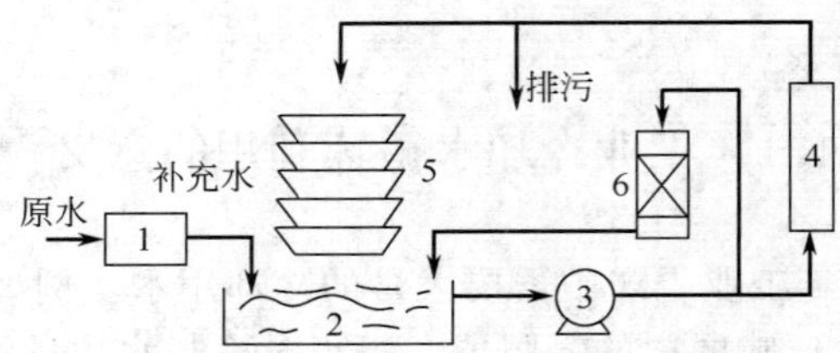

图 7-2　敞开式循环冷却水系统

1—预处理；2—冷水池；3—循环水泵；4—冷却工艺介质和换热器；5—冷却塔；6—旁滤池

(2) 敞开式循环冷却水系统　在敞开式循环冷却水系统中，冷却水用过后也不是立即排掉，而是收回循环再用。水的再冷却是通过冷却塔来进行的，因此冷却水在循环过程中要与空气接触，部分水在通过冷却塔时还会不断被蒸发损失掉，因而水中各种矿物质和离子含量也不断被浓缩增加。为了维持各种矿物质和离子含量稳定在某一个定值，必须对系统补充一定量的冷却水，通常称为补水，并排出一定量的浓缩水，通称排污水。为保证补充水的质量，将原水预处理后，才补充至循环系统中，其流程如图 7-2 所示。

这种敞开式循环冷却水系统，要损失一部分水，但与直流冷却水系统相比，可以节约大量的冷却水，允许的浓缩程度愈高，节约的水量愈可观。

因此不论从节约水资源，还是从经济和保护环境的观点出发，都应设法降低各类工厂的冷却水的用量，减少排污水量，限制使用直流冷却水系统，尽可能推广敞开式循环冷却水系统。

(3) 敞开式循环冷却水系统运行过程中要注意的问题　敞开式循环冷却水系统如图 7-2 所示。冷却水由循环泵送往系统中各换热器，以冷却工艺介质，冷却水本身温度升高，变成热水，此循环水量为 R 的热水被送往冷却塔顶部，由布水管喷淋到塔内填料上。空气则由塔底百叶窗空隙中进入塔内，并被塔顶风扇抽吸上升，与落下的水滴和填料上的水膜相遇进行热交换，水滴和水膜则在下降过程中逐步变冷，当到达冷却水池时，水温正好下降到符合冷却水的要求。空气在塔内上升过程中则逐渐变热，最后由塔顶逸出，同时带走水蒸气，这部分的损失称为蒸发损失 E。热水由塔顶向下喷溅时，由于外界风吹和风扇抽吸的影响，循环水会有一定的飞溅损失和随空气带走的雾沫夹带损失。这些损失掉的水，统称为风吹损失 D。为了维持循环水中一定的离子浓度，必须不断向系统加入补充水量 M 和向系统外面排出一定的污水，这部分水量称为排污损失 B。

通过以上叙述可知，循环水中的离子浓度与风吹水量 D、补充水量 M、排污水量 B 都是有关的。D、M、B 是如何制定的，从以下讨论中可以知晓。

① 浓缩倍数　循环冷却水经过冷却塔时水分不断蒸发，而含有的盐类仍留在水中，随着蒸发过程的进行，循环水中的溶解盐类不断被浓缩，含盐量不断增加。为了将水中的含盐量维持在某一个浓度，必须排掉一部分冷却水；同时要维持循环过程中水量的平衡，就要不断地补加补充水。补充水的含盐量和经过浓缩过程的循环水的含盐量是不相同的，两者的比值 K 称为浓缩倍数，并用下式表示：

$$K = c_x/c_b \tag{7-1}$$

式中　c_x——循环水的含盐量，mg/L；

c_b——补充新鲜水的含盐量，mg/L。

用来计算浓缩倍数的离子，要求它的浓度除了随着浓缩过程而增加外，不受其他外界条件的干扰，如加热、沉淀、投加药剂等，通常选用的有 Cl^-、SiO_2、K^+ 等离子或总溶解固体。经计算可以看出，当补加水量与蒸发损失的差值越小，即排污水量越小，浓缩倍数就越大，向系统补充的新鲜水量就越少。控制较高的浓缩倍数可以节约补充水量，但当浓缩倍数大于 5～6 后，节约补加水量的作用就不明显了。

提高浓缩倍数不但可以节约用水，而且也可减少随排水而流失的药剂量，因而也节约了药剂费用。敞开式循环水系统的浓缩倍数应尽量争取达到 3～5 倍，但究竟选用多大浓缩倍数应以浓缩后的水质情况为依据。如果水中有害离子氯离子或成垢钙镁离子含量过高，并有产生腐蚀和结垢的倾向，则浓缩倍数就不能提得过高，以免增加腐蚀或结垢的可能。

② 补充水量 M　水在循环过程中，除因蒸发损失和维持一定的浓缩倍数而排放掉一定的污水外，还由于空气流由塔顶逸出时，带走部分水量，以及管道渗漏而失去部分水，因此补充水量是下列各项损失之和。

a. 蒸发损失 E　冷却塔中，循环冷却水因蒸发而损失的水量 E 与气候和冷却塔的冷却幅度有关，通常以蒸发损失率 a 来表示。进入冷却塔的水量愈大，损失的 E 也就愈多，可表示如下：

$$E=a(R-B) \tag{7-2}$$

$$a=e(T_1-T_2)\% \tag{7-3}$$

式中　a——蒸发损失率，%；

R——系统循环水量，m^3/h；

B——系统中排污水量，m^3/h；

T_1，T_2——循环冷却水进、出口温度，℃；

e——损失系数，与季节有关，夏季（25～30℃）为 0.15～0.16，冬季（－15～10℃）为 0.06～0.08，春秋季（0～10℃）为 0.10～0.12。

在实际应用中，蒸发损失 E 的粗略计算是以冷却塔进、出水温度差为 5.5℃时，E 取循环水量的 1%来进行的。

b. 风吹损失（包括飞溅和雾沫夹带）D　风吹损失除与当地的风速外，还与冷却塔的形式和结构有关。一般自然通风冷却塔比机械通风冷却塔的风吹损失要大些，若塔中装有良好的收水器，其风吹损失比不装收水器的要小些。风吹损失通常以占循环水量 R 的百分率来估计，其值约为：

$$D=(0.2\%\sim0.5\%)R \tag{7-4}$$

c. 排污损失 B　冷却水循环过程中，为了控制因蒸发损失而引起的浓缩过程，必须人为地排掉部分水量。排污损失量可由下式计算：

$$B=E/(K-1) \tag{7-5}$$

式中　K——浓缩倍数。

d. 渗漏损失 F　良好的循环冷却水系统，管道连续处、泵的进、出口和水池等地方都不应该有渗漏，但是管理不善，安装不好，渗漏就不可避免，因此在考虑补充水量时，应视系统具体情况而定。故补充水为：

$$M=E+D+B+F \tag{7-6}$$

7.2　水的冷却原理与冷却构筑物

7.2.1　冷却原理

在冷却水系统中，敞开式循环使用最为普通。该系统是水在空气中降温，主要是水气之间的接触传热及水的蒸发散热。接触传热与蒸发散热在循环水降温中所占的主次地位，随外界气象条件的变化而有所不同。

空气与水之间的接触传热是在水-气界面上进行的，接触传热包括热传导和对流传热两种形式。热传导也称导热，单位面积上的热传导速度与导热面的法向温度梯度 $\partial T/\partial \delta$ 有关，还与导热介质有关。

$$q_{总}=K\frac{\partial T}{\partial \delta} \tag{7-7}$$

式中　$q_{总}$——单位面积上的导热速度，$kJ/(m^2 \cdot h)$；

$\partial T/\partial \delta$——导热面法向上的温度梯度，℃/m，其中 T 为法向上的温度，℃；δ 为法向上的厚度，m；

K——热导率，因介质不同而异，W/(m·℃)。

对流传热则是流体本身由于流动把热量从一个地方带到另一个地方的传热方式。对流传热与导热的区别在于：前者是通过流体的流动与混合传热的，而后者没有这种混合。一般在冷却构筑物中主要是对流传热，但也存在导热。一般可用下式表示其总的传热效果：

$$q_{传}=a(T_{交}-T) \tag{7-8}$$

式中　$q_{传}$——单位面积上接触传热速度，$W/(m^2 \cdot ℃)$；

$T_{交}$——水气交界面上的温度，℃；

T——空气气流中心的温度，℃；

a——接触传热系数，$W/(m^2 \cdot h \cdot ℃)$。

水分子在常温下逸出水面，成为自由蒸汽分子的现象称为水的蒸发。逸出水面的分子从水中带走了超出水体分子平均值的动能。这样水体中余下分子的平均动能减小，在宏观上表现为水温降低。这就是循环水蒸发冷却的机理。据测试，如果有1%的水蒸发，水温约可降低6℃。

7.2.2　冷却构筑物

(1) 冷却塔　敞开式循环冷却水系统中主要设备之一是冷却塔。冷却塔用来冷却换热器中排出的热水，是循环冷却水蒸发降温的关键设备。在冷却塔中，热水从塔顶向下喷溅成水滴或水膜状，空气则由下向上与水滴或水膜逆向流动，或水平方向交错流动. 在气水接触过程中，进行热交换，使水温降低。

冷却塔的形式很多，根据空气进入塔内的情况分为自然通风和机械通风两大类。自然通风型最常见的风筒式冷却塔，如图 7-3 所示。机械通风型分为抽风式和鼓风式两种；而根据空气流动方向机械通风型也可分为横流式和逆流式。目前最常见的机械通风型，其冷却塔是抽风逆流式或抽风横流式冷却塔，如图 7-4 所示。图 7-3 中，空气靠冷却塔筒体的高度，像烟囱一样自然拔风，将空气吸入塔内与水滴或水膜接触。图 7-4 中，空气由塔顶的抽风机抽吸进入塔内，空气流动速度可达到 1.5～3.5 m/s。

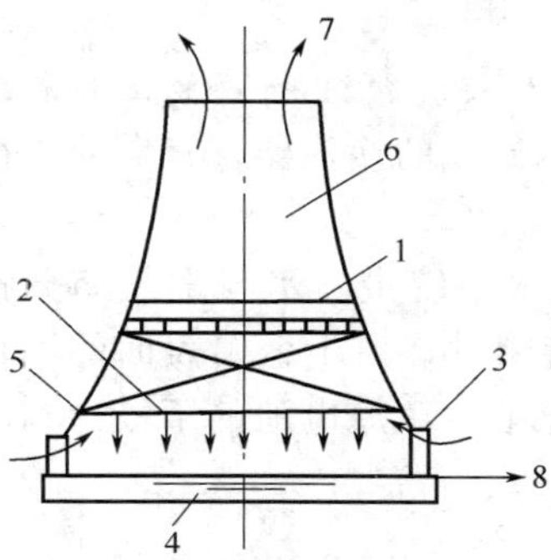

图 7-3　风筒式自然通风冷却塔

1—配水系统；2—淋水系统；3—百叶窗；4—集水池；5—空气分配区；6—风筒；7—热交换器和水蒸气；8—冷水

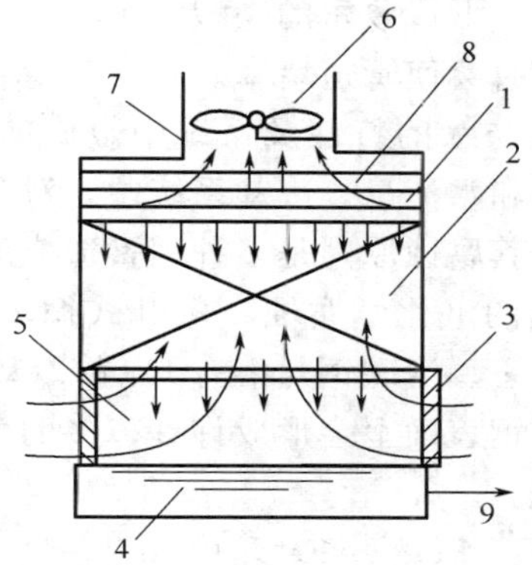

图 7-4　抽风逆流式机械通风冷却塔

1—配水系统；2—淋水系统；3—百叶窗；4—集水池；5—空气分配区；6—风机；7—风筒；8—热空气和水；9—冷水

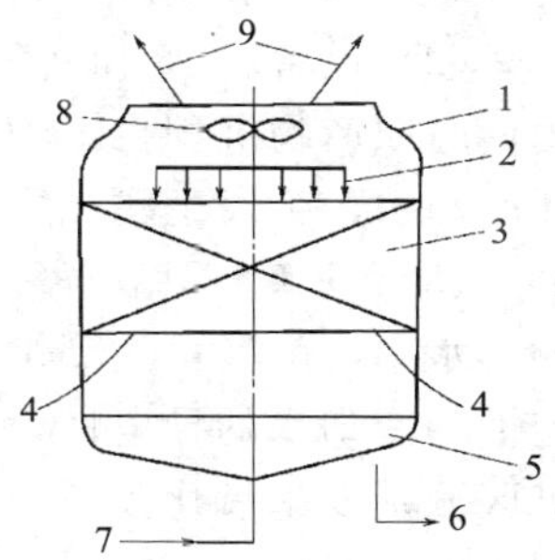

图 7-5　玻璃钢冷却塔

1—玻璃钢塔体；2—淋水装置；3—填料；4—空气；5—接水盘；6—冷却水；7—热水；8—排风扇；9—热空气相水蒸气

水和空气的接触面积直接影响冷却效果，因此冷却塔内装有填料以增加接触面积。常用的填料是膜式填料，由纤维板、膜制聚苯乙烯、聚丙烯或石棉板制成，水在填料表面上以薄膜形式与空气接触。藻类、微生物等在填料上沉积，往往会使水形成水流而不形成水膜或水滴，从而降低了冷却效果。

目前市场上出售的一种玻璃钢冷却塔，如图 7-5 所示。其作用原理与机械通风冷却塔相似，所不同的是塔体外壳全部用玻璃钢预制成块状部件，运输到现场后再拼装而成。玻璃钢冷却塔目前已有系列化产品，其处理水量可为 8～500 m^3/h，水温降幅为 5～25℃。

(2) 集水井　集水井是收集循环冷却水系统中回流热水的设施，在此通过栅栏和滤网除去粗大的碎屑等杂质后，均衡水质，并在井内沉降一部分固体悬浮杂质，然后通过输送至冷却塔顶部，进行冷却降温。

(3) 旁滤池　旁滤池是进行旁滤池处理的设备，在旁滤池中通过过滤处理，去除循环冷却水中的悬浮物，滤清的冷却水再回流到循环冷却水系统中。旁滤池所用的过滤介质有几种类型，但使用最广的是沙子，为了提高效率，可用无烟煤或混合的过滤介质来代替。如果水中有油污存在，旁滤池是不适用的，因为油污很快地使过滤介质堵塞。

此外，还需根据处理水量，给水量及循环水量配备相应数量的水泵和风机。

7.2.3　敞开式循环冷却水系统存在的问题

在敞开式循环冷却水系统中，冷却水不断循环使用，由于水的温度升高、水流速度的变化、水的蒸发、各种无机离子和有机物质的浓缩、冷却塔和冷水池在室外受到阳光照射、风吹雨淋、灰尘杂物的进入以及设备结构和材料等多种因素的综合作用，会产生严重的沉积物附着、设备腐蚀和菌藻微生物的大量滋生，以及由此形成的黏泥污垢堵塞管道等问题，威胁和破坏安全生产，甚至造成经济损失。因此，在采用敞开式循环冷却水系统时，必须要选择一种经济实用的循环冷却水处理方案，使上述问题得到解决或改善。

(1) 水垢附着　一般天然水中都溶解有重碳酸盐，这种盐是冷却水发生水垢附着的主要成分。在敞开式循环冷却水系统中，重碳酸盐的浓度随着蒸发浓缩而增加，当浓度达到过饱和状态时，或者在经过换热器传热表面使水温升高时，会发生分解反应，生成碳酸钙沉淀。

冷却水经过冷却塔向下喷淋时，溶解在水中的游离 CO_2 逸出后，促使碳酸钙沉淀的生成。碳酸钙沉积在换热器表面，形成致密的碳酸钙水垢，其导热性能很差，从而降低换热器的传热效率，影响严重，严重时会使管道堵塞。

(2) 设备腐蚀　设备腐蚀与水的特性及系统中金属的性质有关。腐蚀将使金属寿命缩短，腐蚀产物沉积也影响传热和水流量。冷却系统中，对于碳钢制成的换热器，长期使用循环冷却水，会发生腐蚀穿孔，其腐蚀原因是多种因素造成的。

(3) 冷却水中溶解氧引起的电化学腐蚀　敞开式循环冷却水系统中，水与空气充分接触，水中溶解氧可达到饱和状态。当碳钢与溶有 O_2 的冷却水接触时，由于金属表面的不均匀性和冷却水的导电性，在碳钢表面上会形成许许多多的微原电池，微原电池的阳极区和阴极区分别发生氧化和还原反应。

在阳极区　$Fe = Fe^{2+} + 2e^-$

在阴极区　$\frac{1}{2}O_2 + H_2O = 2O^- - 2e^-$

在水中　$Fe^{2+} + 2OH^- = Fe(OH)_2$

$$2Fe(OH)_2 + \frac{1}{2}O_2 + H_2O = 2Fe(OH)_3$$

这些反应，促使微原电池中的阳极区的金属不断溶解而导致腐蚀。

(4) 有害离子引起的腐蚀　循环冷却水在浓缩过程中，重碳酸盐和其他盐类如氯化物、硫酸盐等也会增加。当 Cl^- 和 SO_4^{2-} 浓度增高时，金属上保护膜的保护性能降低，尤其是半径小，穿透性强，容易穿过膜层，加速阳极过程的进行，从而会加速碳钢的腐蚀；此外，还可引起不锈钢制造的换热器的应力腐蚀。循环冷却水系统中如有不锈钢制造的换热器时，一般要求的含量不超过 50～100mg/L。

(5) 微生物引起的腐蚀　循环冷却水中滋生的微生物新排出的黏液与无机垢和泥砂杂物形成沉积物附着在金属表面，形成浓差电池，促使金属腐蚀。此外，还使得一些厌氧菌得以繁殖，当温度为 25～30℃时，硫酸盐还原菌繁殖更快，它分解水中的硫酸盐而产生的 H_2S，引起碳钢腐蚀。

$$SO_4^{2-} + 8H^+ + 8e^- = S^{2-} + 4H_2O + Q$$

$$Fe^{2+} + S^{2-} = FeS \downarrow$$

细菌能使 Fe^{2+} 氧化为 Fe^{3+}，并获得自身生存的能量，产生钢铁锈瘤。上述因素导致钢铁引起的腐蚀常会使换热器管壁穿孔，形成泄漏；或使工艺介质泄漏到冷却水中，损失物料，污染水体；或冷却水渗入工艺介质中，使产品质量受到影响。

(6) 微生物的滋生和黏泥　冷却水中的微生物一般是指细菌和藻类。在新鲜水中，细菌和藻类一般都较少，但在循环水中，由于养分的浓缩，水温的升高和日光的照射，给细菌和藻类创造了迅速繁殖的条件。大量细菌分泌的黏液像胶黏剂一样，能使水中漂浮的灰尘杂质和化学沉淀物黏附在换热器的传热面上。这种沉淀物也常称为黏泥，也有人称之为软泥。

黏泥黏附在换热器管壁上，除了会引起腐蚀外，还会使冷却水流量减少，从而降低换热器的冷却效率。严重时，这些生物黏泥会将管子堵塞，迫使停产清洗。

7.3 循环水水质控制

7.3.1 水垢及其控制

7.3.1.1 水垢的种类和特点

天然水中溶解有各种盐类，如重碳酸盐、碳酸盐、氯化物、磷酸盐、硅酸盐等，其中以溶解的重碳酸盐最不稳定，容易分解生成碳酸盐。因此，如果使用重碳酸盐含量较高的水作为冷却水，当它通过换热器传热表面时，会受热分解。反应如下：

$$Ca(HCO_3)_2 = CaCO_3 + H_2O + CO_2$$

冷却水通过凉水塔时，相当于曝气作用，溶解在水中的 CO_2 会逸出，因此，水的 pH 值会升高，此时，重碳酸盐在碱性条件下也会发生如下的反应：

$$Ca(HCO_3)_2 + 2OH^- = CaCO_3 + 2H_2O + CO_3^{2-}$$

当水中溶有大量氯化钙时，还会发生下列置换反应：

$$CaCl_2 + CO_3^{2-} = CaCO_3 + 2Cl^-$$

如水中溶有适量的磷酸盐时，也会将氯化钙转化为磷酸钙，其反应为：

$$2PO_4^{3-} + 3Ca^{2+} = Ca_3(PO_4)_2 \downarrow$$

上述一系列反应中生成的碳酸钙和磷酸钙均属微溶性盐，它们的溶解度比起氯化钙和重碳酸钙要小得多，在 20℃时，氯化钙的溶解度是 37700mg/L。在 0℃时，重碳酸钙的溶解度为 2639mg/L，而碳酸钙的溶解度只有 20mg/L，磷酸钙的溶解度就更小，是 0.1mg/L，同时它们的溶解度与一般的盐类不同，不是随着温度的升高而高，而是随着温度的升高而降低。因此，在换热器传热表面上，这些微溶性盐很容易达到过饱和状态，由水中结晶析出，当水流速度比较小或传热面比较粗糙时，这些结晶沉淀物就容易沉淀在传热表面上。

此外，水中溶解的硫酸钙、硅酸钙、硅酸镁等，当其离子浓度的乘积超过其本身的溶度积时，也会生成沉淀，沉积在传热表面上。

这些沉积物在换热器传热表面上形成了通常所说的水垢，因为这些水垢均由无机盐组成，又称之无机垢。由于这些水垢结晶致密，比较坚硬，又称之为硬垢。

大多情况下，换热器传热表面上形成的水垢是以碳酸钙为主的，这是因为硫酸钙的溶解度大于碳酸钙。在 0℃时，硫酸钙的溶解度为 1800mg/L，比碳酸钙约大 90 倍，所以碳酸钙比硫酸钙容易析出，同时，一般天然水中，溶解的磷酸盐较少。因此，除非在水中投加过量的磷酸盐，否则磷酸钙水垢出现得较少。

7.3.1.2 水垢的控制

(1) 水质稳定性的鉴别　前面已经讨论过，冷却水如无过量的 PO_4^{3-} 或 SiO_2，则磷酸钙垢和硅酸钙垢是不容易生成的。循环冷却水最易生成的水垢是硫酸钙垢，因此在谈到水垢控制时，主要是指如何防止碳酸盐水垢的析出。

对于碳酸钙饱和溶液有下列平衡关系：

$$CaCO_3 = Ca^{2+} + CO_3^{2-} \qquad K_{sp} = [Ca^{2+}][CO_3^{2-}] \tag{7-9}$$

$$HCO_3^- = H^+ + CO_3^{2-} \qquad K_2 = \frac{[H^+][CO_3^{2-}]}{[HCO_3^-]} \tag{7-10}$$

式中，K_{sp} 为 $CaCO_3$ 的溶度积；K_2 为碳酸的二级电离常数。

将式（7-10）代入式（7-9），得：

$$K_{sp}=\frac{K_2[Ca^{2+}][HCO_3^-]}{[H^+]} \tag{7-11}$$

因为 HCO_3^- 的浓度可看成几乎等于 $M_{碱度}$，所以式(7-11)可表示成如下形式：

$$\lg\left(\frac{K_{sp}}{K_2}\right)=\lg[Ca^{2+}]+\lg[M_{碱度}]+pH \tag{7-12}$$

满足上式的 pH 值称为饱和 pH 值，记作 pH_s。式中 $M_{碱度}$ 是以甲基橙为指示剂所测定的水的总碱度。式（7-12）也常写为：

$$pH_s=pCa+pM_{碱度}+(pK_2-pK_{sp}) \tag{7-13}$$

Powell 等人根据式（7-11）绘制了计算 pH_s 的曲线图见图 7-6。

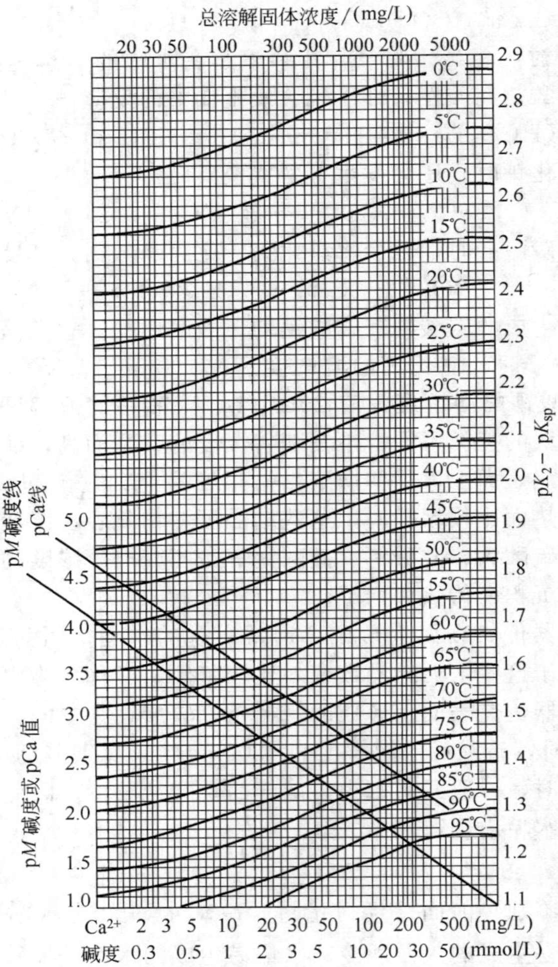

图 7-6　碳酸钙饱和指数计算图

【例 7-1】 已知某水的化学分析结果为 Ca^{2+} 浓度（以 $CaCO_3$ 计）100mg/L，$M_{碱度}$（以 $CaCO_3$ 计）200mg/L，总溶解固体 1200mg/L，水温 20℃。计算该水质的 pH 值。

解　查图 7-6，在浓度坐标上找到 40mg/L 的点，垂直向上与 pCa 线相交，由交点水平向左得 pCa ＝3.0。同法由碱度坐标上找 2mmol/L 点，得对应 $pM_{碱度}$ ＝2.54。在图上方的横坐标上找到总溶解固体浓度1200mg/L点，垂直向下与20℃等温线相交．由交点水平向右方得$(pK_2 - pK_{sp}) = 2.34$。故：

$$pH_s = 3.0 + 2.54 + 2.34 = 7.88$$

用实验方法测定pH_s，也简单易行。方法是取一定量的水样，加入一些纯净的碳酸钙粉末，振荡5 min，使水和碳酸钙充分接触而获得饱和，然后测定其pH值 即为该温度下的pH_s。

在实用上常把实际冷却水的pH值与饱和pH_s之差称为饱和指数（SI）或Langelier指数，即：

$$SI = pH - pH_s \tag{7-14}$$

根据饱和指数来判断冷却水的结垢或腐蚀倾向，即当SI>0时，水中过饱和，有结垢的倾向，溶液pH值越高，$CaCO_3$越容易析出；当SI<0时，$CaCO_3$未饱和，有过量的CO_2存在，将会溶解原有的水垢，该系统存在腐蚀的倾向；当SI=0时，$CaCO_3$刚好达到饱和，此时系统既不结垢又不腐蚀，水质是稳定的。

用饱和指数判断$CaCO_3$结晶或溶解倾向是一种经典方法。但在使用中发现按饱和指数控制是偏于保守，一般是判断应当结垢，实际上没有结垢，甚至出现腐蚀。究其原因，有以下几个方面。

① 饱和指数没有考虑系统中各处的温度差异。对于低温端是稳定的水，在高温端可能有结垢；相反在高温端是稳定的水，在低温端可能是腐蚀型的。

② 饱和指数只是判断冷却水中Ca^{2+}、HCO_3^-、CO_3^{2-}、H^+等各组分达到平衡时的浓度关系，但不能判断达到或超过饱和浓度时是否一定结垢，因为结晶过程还受晶核形成条件、晶粒分散度、杂质干扰以及动力学的影响。一般晶粒愈小，溶解度愈大。对于大颗粒晶体已饱和的溶液，对于细小颗粒的晶体而言可能是未饱和的。

③ 当水中加有阻垢剂时，成垢离子被阻垢剂螯合、分散和发生晶格畸变，尽管SI>0，也不一定结垢，因为进行水质分析时，测定的总Ca^{2+}中包括了游离Ca^{2+}和螯合的Ca^{2+}，而只有游离Ca^{2+}才能结垢。

针对饱和指数判断法的不足，Ryznar根据冷却水的实际运行资料提出稳定指数I_R，即：

$$I_R = 2pH_s - pH \tag{7-15}$$

其判断方法是：当$I_R < 6$时，形成水垢，I_R越小，水质越不稳定，结垢倾向越严重；当$I_R = 6 \sim 7$时，水质基本稳定；当$I_R > 7.7 \sim 8.0$时，出现腐蚀，I_R越大，腐蚀越严重。当采用聚磷酸盐处理时，$I_R < 4$，系统结垢，I_R为4.5～5，水质基本稳定。

稳定指数是一个经验指数，与饱和指数一样，也有局限性，两者指数协同使用，有助于较正确地判断冷却水的结垢与腐蚀的倾向。

（2）水垢的控制方法　控制水垢析出的方法，大致有以下几点。

① 从冷却水中除去成垢的钙离子　离子交换树脂法：离子交换树脂法就是让水通过离子交换树脂，将Ca^{2+}、Mg^{2+}从水中置换出来并结合在树脂上，达到从水中除去Ca^{2+}、Mg^{2+}的目的。软化时采用的树脂是钠型阳离子交换树脂。用离子交换法软化补充水，成本较高。因此只有补充水量小的循环冷却水系统间或采用之。

石灰软化法：补充水未进入循环冷却水系统之前，在预处理时就投加适当的石灰，让水中的碳酸氢钙与石灰在澄清池中预先反应，生成碳酸钙沉淀析出，从而除去水中Ca^{2+}。

投加石灰所耗的成本低。原水钙含量高而补水量又较大的循环冷却水系统常采用这种方法。但投加石灰时，灰尘较大，劳动条件差。如能从设计上改进石灰投加法，此法是值得采用的，尤其对暂时硬度大的结垢原水更适用。

② 加酸或通 CO_2 气体，降低 pH 值，稳定重碳酸盐。

a. 加酸　通常是加硫酸。因为加盐酸会带入 Cl^-，增加水的腐蚀性，加硝酸则会带入硝酸根，有利硝化细菌的繁殖。由此得碳酸盐在水中常呈下列平衡：

$$Ca(HCO_3)_2 \rightleftharpoons Ca^{2+} + 2HCO_3^-$$

$$HCO_3^- \rightleftharpoons H^+ + CO_3^{2-}$$

所以加酸带入 H^+，可使反应向左进行，使重碳酸盐稳定。加酸法目前仍有使用，由于硫酸加入后，循环水 pH 值会下降，如有注意控制而加酸过多，则会加速设备的腐蚀。因此，如果采用加酸法，最好配有自动加酸调节 pH 值的设备和仪表。

b. 通 CO_2　有些化肥厂在生产过程中常有多余的 CO_2 气，而有些化工厂的烟道气中也含有相当多的 CO_2 气。如果将 CO_2 气或烟道气通入水中，则促使下列平衡向左进行，从而稳定了重碳酸盐。

$$Ca(HCO_3)_2 \rightleftharpoons CaCO_3 + H_2O + CO_2 \uparrow$$

但此法常因冷却水通过冷却塔时，CO_2 气易从水中逸出，因而在冷却塔中析出碳酸钙，堵塞冷却塔中填料之间的孔隙。这种现象称钙垢转移，因此采用此法有困难。根据近年来实践的经验，只要在凉水塔中适当注意补充一些 CO_2 气，并控制好冷却水的 pH 值，就可减少或消除除钙垢转移的危害，故此法对某些化肥厂或化工厂、电厂等仍有推广使用的价值。

③ 投加阻垢剂　从水中析出碳酸钙等水垢的过程，就是微溶性盐从溶液中结晶沉淀的一种过程。按结晶动力学观点，结晶的过程首先是生成晶核，形成少量的微晶粒，然后这种微小的晶体在溶液中由于热运动（布朗运动）不断相互碰撞，和金属器壁也不断地进行碰撞，碰撞的结果提供晶体生长的机会，使水晶体不断变成了大晶体，也就是说形成了覆盖传热面的垢层。图 7-7 为 $CaCO_3$ 结晶过程示意图。

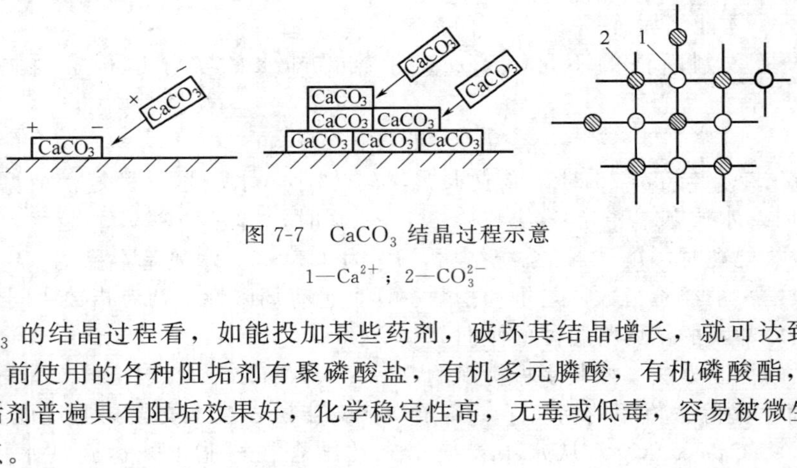

图 7-7　$CaCO_3$ 结晶过程示意

1—Ca^{2+}；2—CO_3^{2-}

从 $CaCO_3$ 的结晶过程看，如能投加某些药剂，破坏其结晶增长，就可达到控制水垢形成的目的。目前使用的各种阻垢剂有聚磷酸盐，有机多元膦酸，有机磷酸酯，聚丙烯酸盐等。这些阻垢剂普遍具有阻垢效果好，化学稳定性高，无毒或低毒，容易被微生物降解，价格低廉等优点。

阻垢剂的作用机理可以分为三种类型。

一是阴离子型或非离子型的聚合物把胶体颗粒包围起来，使它们稳定在分散状态，这类药剂称为分散剂。例如磷酸盐、聚丙烯酸钠，经过它们的吸附，离解的羧酸提高了结垢物质微粒表面电荷密度，使这些微粒的排斥力增大，降低微粒的结晶速度，使晶体结构畸变而失去形成桥键的作用。如果循环水中这些聚合物的浓度足够的话，则会使结垢物质保持分散状态。

二是把金属离子变成一种螯合离子或配离子，从而抑制了它们和阴离子结合产生沉淀物，这类药剂称为螯合剂或配合剂。最典型的螯合剂为 EDTA（乙二胺四乙酸二钠）。EDTA 几乎可以同任何一种金属离子形成螯合物，金属离子和 EDTA 摩尔比为 1∶1。由于循环水中产生结垢的金属离子的浓度都很高，采用螯合剂来防止结垢的办法就需要很多的剂量，这是不经济的；但用少量的分散剂，就足以抑制 Ca^{2+} 所产生的 $CaCO_3$ 和 $CaSO_4$ 结晶颗粒的长大，防止它们黏结在金属表面上，比采用螯合剂的办法要经济很多。

三是利用高分子混凝剂的凝聚架桥作用，使胶体颗粒形成矾花，悬浮在水中。例如聚丙烯酰胺，通过架桥作用把水中的悬浮物凝聚成较大的颗粒，中和了悬浮物的表面电荷，减少了颗粒总表面积，相对密度也相应下降了，于是絮凝物仍悬浮在水中，这些分散的或悬浮在水中的颗粒，经旁流系统或排污而被除去。

7.3.2 污垢的控制

欲控制好污垢，必须做到以下几点。

（1）降低补充水浊度　天然水中尤其是地面水中总夹杂有许多泥砂、腐殖质以及各种悬浮物和胶体物，它们构成了水的浊度。作为循环水系统的补充水，其浊度愈低，带入系统中可形成污垢就愈少。干净的循环水不易形成污垢。当补充水浊度低于 5mg/L 以下，如城镇自来水、井水等，可以不作预处理直接进入系统。当补充水浊度高时，必须进行预处理，使其浊度降低。为此《中华人民共和国国家标准工业循环冷却水处理设计规范》中规定，循环冷却水中悬浮物浓度不宜大于 20mg/L。当换热器的形式为板式、翅片管式和螺旋板式时，不宜大于 10mg/L。

（2）做好循环冷却水水质处理　冷却水在循环使用过程中，如不进行水质处理，必然会产生水垢或对设备腐蚀，生成腐蚀产生。同时必然会有大量菌藻滋生，从而形成污垢。如果循环水进行了水质处理，但处理得不太好时，就会使原来形成的水垢因阻垢剂的加入而变得松软，再加上腐蚀产物和菌藻繁殖分泌的黏性物，它们就会粘在一起，形成污垢。因此，做好水质处理，是减小系统产生污垢的好方法。

（3）投加分散剂　在进行阻垢、防腐和杀生水质处理时，投加一定量的分散剂，也是控制污垢的好方法。分散剂能将粘在一起的泥团杂质等分散成微粒使之悬浮于水中，随着水流流动而不沉积在传热表面上，从而减少污垢对传热的影响，同时部分悬浮物还可以随着水流排出循环水系统。

（4）增加旁滤设备　即使在水质处理较好、补充水浊度也较低的情况下，循环水系统中的浊度仍会不断增加，从而加重污垢的形成。可在系统中增设旁流，控制旁流量和进、出旁流设备水的浊度，就可保证系统在长时间运行下。浊度应维持在控制的指标内，以减少污垢的生成。

冷却水的旁流处理，是指取部分循环水量进行处理后再返回系统内，以满足循环水水质的要求。按处理物质的形态，旁流处理可分为悬浮固体处理和溶解固体处理两类。但是实际上，一般是指处理循环水中的固体物质。因为从空气中带进系统的悬浮杂质以及微生物繁殖所产生的黏泥，常使循环水浊度增加，单靠排污不能解决，也不经济。如某工厂没有设置旁流处理，水的浊度常在（2～3）$\times 10^{-5}$mg/L，影响到传热和腐蚀；后设置了旁流处理，浊度就保持在 10^{-5}mg/L 以下，微生物及黏泥量也减少了。由此可见，循环冷却水设置旁流处理是十分必要的。

循环水悬浮固体处理通常采用过滤处理。一般是在回水总管进冷却塔之前接出一支水管，这部分水经过旁滤池过滤处理后直接入冷却塔水池。

有的工厂，在冷却塔水池内增设斜管（板）来降低系统中循环冷却水的浊度，阻垢效果也较好。

7.3.3 腐蚀及其控制

冷却水处理要解决的问题之一是金属设备的腐蚀。几种常见的金属——碳钢、铜及铜合金、铝和不锈钢在冷却水中是不稳定的。

7.3.3.1 冷却水中金属腐蚀的机理及影响因素

冷却水中的金属腐蚀是一个电化学反应过程，在此过程中，金属表面与冷却水中所含的电解质或溶解氧发生电化学作用而产生破坏，反应过程中均包括阳极反应和阴极反应两个过程。工业冷却水系统中大多数的换热器是碳钢制造的，因此，以碳钢作为金属的代表，讨论金属在水中的腐蚀机理。

由于种种原因，碳钢的金属表面并不是均匀的。当它与冷却水接触时，会形成许多微小的腐蚀电池（微电池）。其中活泼的部位成为阳极，腐蚀学上把它称为阳极区；而不活泼的部位则成为阴极，腐蚀学上把它称为阴极区。

在阳极区，碳钢氧化生成亚铁离子进入水中，并在碳钢的金属基体上留下两个电子。与此同时，水中的溶解氧则在阴极区接受从阳极区流过来的两个电子，还原为 OH^-。这两个电极反应可以表示为：

在阳极区 $$Fe = Fe^{2+} + 2e^-$$

在阴极区 $$\frac{1}{2}O_2 + H_2O + 2e^- = 2OH^-$$

当亚铁离子和氢氧根离子在水中相遇时，就会生成 $Fe(OH)_2$ 沉淀。

$$Fe^{2+} + 2OH^- = Fe(OH)_2 \downarrow$$

图 7-8 为碳钢在含氧中性水中腐蚀机理的示意图。

如果水中溶解氧量比较充足，则 $Fe(OH)_2$ 会进一步氧化，生成黄色的锈 FeOOH 或 $Fe_2O_3 \cdot H_2O$，而不是 $Fe(OH)_3$。如果水中的氧不足，则 $Fe(OH)_2$ 进一步氧化为绿色的水合四氧化三铁或黑色的无水四氧化三铁。

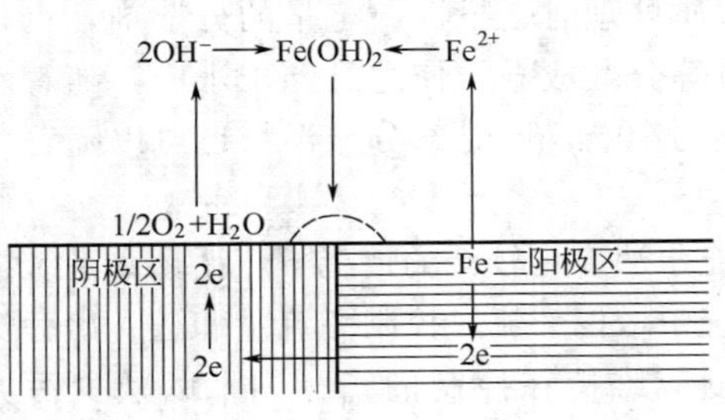

图 7-8 碳钢在含氧中性水中腐蚀机理

由以上的金属腐蚀机理可知，造成金属腐蚀的金属的阳极溶解反应。因此，金属的腐蚀破坏仅出现在腐蚀电池中的阳极区，而腐蚀电池的阴极区是不腐蚀的。

孤立的金属腐蚀时，在金属表面上同时以相等速度进行一个阳极反应和一个阴极反应的现象，称为电极反应的耦合。互相耦合的反应称为共轭反应，而相应的腐蚀体系则称为共轭体系。在共轭体系中，总的阳极反应速度与总的阴极反应速度相等。此时，阳极反应释放出的电子恰好为阴极反应所消耗，金属表面没有电荷的积累，故其电极电位也不随时间而变化。

从以上的讨论中可以看到，在腐蚀控制中，只要控制腐蚀过程中的阳极反应和阴极反应两者中的任意一个电极反应的速度，则另一个电极的速度也会随之而受到控制，从而使整个腐蚀过程的速度受到控制。

7.3.3.2 腐蚀类型

冷却水系统中的金属腐蚀根据金属被破坏的形式分为下面两类。

(1) 全面腐蚀　腐蚀分布在整个金属表面上，它可以是均匀的，也可以是不均匀的，但总的来说，腐蚀分布相对较均匀。碳钢在强酸中发生的腐蚀就属于均匀腐蚀，这是一种质量损失较大而危险性较小的腐蚀。

(2) 局部腐蚀　腐蚀主要集中在金属表面某一区域，由于这种腐蚀的分布，深度和发展很不均匀，常在整个设备较好的情况下，发生局部穿孔或破裂而引起严重事故，所以危险性很大。常见的金属局部腐蚀有以下形式，见图 7-9。

① 应力腐蚀破裂　在局部腐蚀中出现得最多，化工设备由此造成的损失尤为突出。例如，碳钢、低合金钢处在熔碱、硫化氢或海水中，奥氏体不锈钢（18-8 型）在热氯化物水溶液中（NaCl、$MgCl_2$ 等溶液）。裂纹特征在显微观察下呈树枝状，根据腐蚀介质性质和应力状态形式又有不同，但裂纹走向与所受拉应力均呈垂直状[图7-9(a)]，这种腐蚀形成的危害性极大。

② 点蚀（小孔腐蚀）　破坏主要集中在某些活性点上，并向金属内部深处发展，通常腐蚀深度大于孔径，严重的可使设备穿孔。不锈钢和铝合金在含 Cl^- 的溶液中常呈此种破坏形式[图7-9(b)]。

③ 晶间腐蚀　腐蚀发生在晶界上，并沿晶界向纵深处发展［图 7-9(c)］，从金属外观看不出明显变化，而机械性能明显下降，通常晶间腐蚀出现于奥氏体不锈钢、铁素体不锈钢和铝合金的构件中。

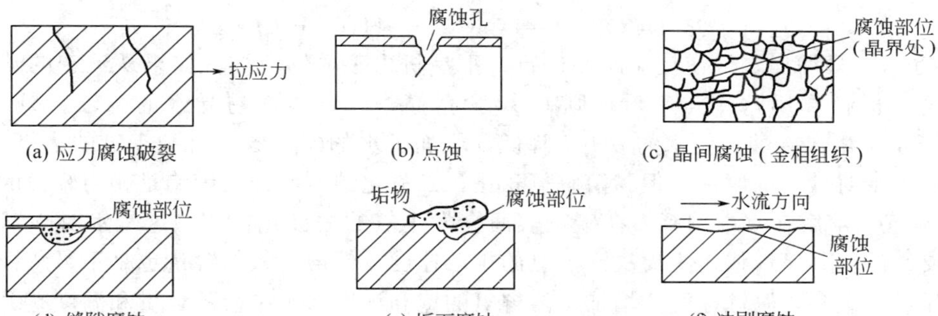

(a) 应力腐蚀破裂　(b) 点蚀　(c) 晶间腐蚀(金相组织)
(d) 缝隙腐蚀　(e) 垢下腐蚀　(f) 冲刷腐蚀

图 7-9　常见的金属局部腐蚀形式

④ 电偶腐蚀　不同金属在一定介质中互相接触所发生的腐蚀。例如，热交换器的不锈钢和碳钢管板连接处，碳钢将加速腐蚀。

⑤ 缝隙腐蚀　腐蚀发生在缝隙中内，如法兰连接面、焊缝等处，是一切金属材料普遍能发生的一种局部腐蚀[图7-9(d)]。如发生在沉积物下面，则为垢下(沉积物)腐蚀[图7-9(e)]。

其他局部腐蚀还有冲刷腐蚀［图 7-9(f)］、选择性腐蚀、氢脆、空泡腐蚀等。

7.3.3.3　设备腐蚀的影响因素

(1) 水质的影响　金属受腐蚀的情况与水质关系密切。前面已经讨论过，钙硬较高的水质或钙硬虽不太高，但浓缩倍数高时，容易产生碳酸钙水垢，一旦在传热管壁上形成这种致密坚硬有保护膜作用的水垢后，碳钢的腐蚀即减缓，所以软水的腐蚀性比硬水严重。

同样，当水中溶解的盐类很高，水的导电性增加时，也会使腐蚀增加，所以海水的腐蚀性比淡水强。水中 Cl^-、SO_4^{2-} 的含量高时，也会增加水的腐蚀性。Cl^- 不仅会对不锈钢容易造成应力腐蚀，而且还会妨碍金属钝化，破坏金属表面上有保护作用的钝化膜（即氧化膜）。

当水中溶有氧化性的铬酸盐、钨酸盐、硅酸盐、亚硝酸盐时，可起到抑制腐蚀的作用，然而同样具有氧化性的 Cu^{2+} 、Fe^{3+} 、Hg^{2+} 、ClO^- 等离子则会促使腐蚀进行。

因此，水质不同，其腐蚀情况也就各不相同，在采取抑制腐蚀措施时，必须对不同情况分别加以考虑，否则常常会出现某种处理方法对某个工厂是良好的，但对其他厂则可能是失败的情况。

(2) pH 值的影响　在自然界，正常温度下，水的 pH 值一般在 4.3～10 之间。碳钢在这样的天然水中，表面上所接触的一层水常常被氢氧化铁所饱和，并在碳钢表面上形成氢氧化铁覆盖膜。此时碳钢腐蚀速度主要决定于氧通过氢氧化亚铁覆盖膜，扩散到碳钢表面上的去极化作用。因此，pH 值的微小改变，不会严重影响碳钢的腐蚀程度。但是当 pH 值低于 4.3 时，在碳钢表面产生氢的去极化作用，腐蚀速度会加快。另外，当 pH 值偏酸性时，碳钢表面不易形成有保护性的致密的碳酸钙垢层，其腐蚀速率比 pH 值偏碱性时要高些。同时，当 pH 值大于 10 以上，水呈碱性时，金属表面上形成的氢氧化铁覆盖膜的溶解度进一步减小，有利于极化作用，因此腐蚀速度更慢。

(3) 溶解气体的影响　天然水中溶解的气体是二氧化碳和氧气。但由于环境的污染，当冷却水从凉水塔向塔向下喷淋与逆流进入的空气相遇时，混入空气中的硫化氢、氨、氯等气体就会溶入水中。这些溶解的气体，对水的腐蚀性影响很大。现分别述之。

① 二氧化碳　水中游离的 CO_2 含量直接影响碳酸盐在水中的化学平衡反应，在下列反应中：

$$Ca(HCO_3)_2 = CaCO_3 + H_2O + CO_2$$

当 CO_2 含量增加，促使反应向左进行，不易析出碳酸钙沉淀，如果从致密的碳酸钙水垢对碳钢有保护作用这一点来看，则 CO_2 含量高，碳钢表面易受水的腐蚀。另一方面，CO_2 溶于水中生成碳酸，使水的 pH 值降低，增加了水的酸性看，有利于氢的去极化发生，因而增加了水对碳钢的腐蚀，但与溶解氧相比，二氧化碳对腐蚀的影响是相当轻微的。

② 氧气　溶解在水中的氧，在碳钢表面会发生氧的去极化作用，这是水对碳钢产生腐蚀的主要原因。其腐蚀快慢主要决定于氧的扩散速度，但溶解氧的含量也是不可忽视的重要因素。显然，量多，腐蚀速度会增加。溶解氧的饱和浓度与水中盐的含量和温度有关，它们随着盐的浓度的增加和水温的升高而降低。然而当氧极其充分时，氧对金属表面会起氧化作用形成有保护性的氧化膜，此时腐蚀率反而下降。

③ 硫化氢气体　工厂周围空气常被硫化氢气体所污染，它们随着污染的空气而进入水中，此外，水中 SO_4^{2-} 被硫酸盐还原也会形成硫化氢气体溶于水中。

硫化氢气体溶入水中，会降低水的 pH 值，增加水的腐蚀性，同时硫化氢在水中与 Fe^{2+} 结合成硫化亚铁，所以硫化氢起了阴极去极化剂的作用，而硫化亚铁沉在金属表面上，对铁而言是阴极，会导致电偶腐蚀。

④ 氨气　化肥厂周围空气中氨气较多，也会溶入冷却水中，对铜合金制的换热器产生选择性腐蚀，因氨与 Cu^{2+} 生成可溶性的铜氨络合物。

$$4NH_4OH + Cu^{2+} \longrightarrow [Cu(NH_3)_4]^{2+} + 4H_2O$$

⑤ 氯气　除周围环境污染有氯气外，更多的是利用氯气来杀菌时带入水中。氯气溶于水中生成盐酸和次氯酸。

$$Cl_2 + H_2O \longrightarrow HCl + HClO$$

盐酸和次氯酸都会降低水的 pH 值，增加水的腐蚀性，同时带入的 Cl^- 会加速不锈钢的应力腐蚀。Cl^- 还会对某些氧化性保护膜形成阻滞，甚至破坏作用。

(4) 水温的影响　一般情况下，温度上升 10℃，则腐蚀率约增加 30%。在密闭容器内，腐蚀速度随温度的升高而直线上升，但在开放系统中，起先随温度上升，腐蚀速率变大，到80℃时，腐蚀速率最大，以后即随温度的升高而急剧下降。这是因为水中溶解氧的浓度因水温升高而减少的缘故。

热交换器在冷却水中，各部位除因结垢程度不同造成局部腐蚀外，还会因温度不同，形成腐蚀电池，高温部位相对低温部位而言是阳极。

（5）水流速度的影响　碳钢在冷却水中被腐蚀的主要原因是氧的去极化作用，而腐蚀速度又与氧的扩散速度有关。当水在管内流动时，即使是湍流，在接近管壁处仍存在一滞流边界层，氧欲扩散到金属表面必须克服这一滞流边界层所造成的阻力，边界层愈厚，氧的扩散愈慢。因此，水流速大，有利于氧的扩散，所以碳钢的腐蚀速度随着水流速度的升高而加大。同时，流速较大时，还可冲去沉积在金属表面上的腐蚀、结垢等生成物，使氧向金属表面扩散的量增加，导致腐蚀加速。水流速度进一步的升高，腐蚀速度反而会降低，这是因为流速过大，向金属表面提供的氧足以使金属表面形成氧化膜，起到了缓蚀作用。这种呈现出最大腐蚀速度是受溶解氧的浓度、水的温度和水质等影响。如果水流流速继续增加，则会破坏氧化膜，使腐蚀速度再次增大，当水流速度很高时，便会产生气蚀，引起严重的局部腐蚀。当然，水流速度的选择，不能只从腐蚀角度出发，还要考虑到传热的要求，水流速度过低，传热效果会降低，故冷却水流速一般在1m/s。

（6）悬浮固体的影响　空气中的灰尘，砂粒通过凉水塔会带入冷却水中，因凉水塔就像一个除尘器一样，因此，空气中尘砂愈多，带入冷却水系统中的悬浮固体就愈多。空气中的尘砂是随着地区、季节和气候而且变的。

补充水的浓度如控制不严，也会给冷却系统带入悬浮固体。

悬浮固体在系统中，特别是在低流速部位（如水走壳程换热器），它们会发生沉积，这些沉积层是疏松多孔的，因此，沉积层下部金属容易和周围金属形成浓差电池，造成局部腐蚀。

由于空气中的尘砂带入冷却水，加上补充水携入的悬浮固体，以及在运转过程中产生的腐蚀产物、沉淀的盐类和菌藻碎屑等，循环冷却水的悬浮固体含量会变高。

（7）微生物的影响　冷却水的滋生的微生物会直接参与腐蚀反应，除了这些微生物排出的氨盐、硝酸盐、有机物、硫化物和碳酸盐等代谢物使水质组成发生变化而引起腐蚀外，最主要的是由于铁细菌和厌氧的硫酸盐还原菌的存在所引起的腐蚀。

碳钢表面由于溶解氧的去极化作用，Fe^{2+}不断溶入水中，与阴极反应生成的OH^-结合形成氢氧化亚铁，沉积在金属表面上，在水中溶解氧的作用下，可以进一步被氧化成氢氧化铁，并形成$FeO \cdot Fe_2O_3 \cdot nH_2O$铁锈。当有铁细菌存在时，这种细菌有助于亚铁盐的接触氧化，因为下列反应：

$$Fe^{2+} \xrightarrow[\text{催化}]{\text{细菌}} Fe^{3+} + e^-$$

要促使在阳极附近形成氢氧化铁和铁锈$FeO \cdot Fe_2O_3 \cdot xH_2O$的沉淀膜。当这种沉淀膜进一步增长时，将妨碍氧进入，所以沉淀膜的下方因缺氧而成为阳极，而沉淀膜的周围的金属则变成阴极，形成氧的浓差电池，加剧了腐蚀的进行，其腐蚀过程如图7-10所示。

这种沉淀膜附在管壁上就是通常所常见的暗褐色的锈瘤。锈瘤的中心部位为黑色，其外侧有好几层淡褐色的色层，挖开锈瘤即可见到被腐蚀的凹坑可继续腐蚀下去，直至钢管穿孔，这种腐蚀用一般的有机或无机缓蚀剂也无济于事，必须添加杀菌措施，进行根除。

硫酸盐还原菌的腐蚀过程是，当黏泥或黏泥与无机盐沉淀形成的泥团黏附在金属表面

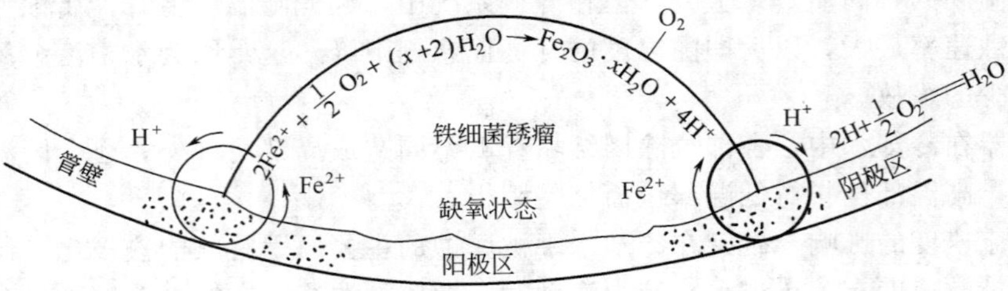

图 7-10 微生物腐蚀金属过程示意

时，金属表面与黏泥团之间缺氧，因此，厌氧性的硫酸盐还原菌得以活动，这种细菌可以使硫酸盐还原成为硫化氢。硫化氢与亚铁离子反应生成硫化亚铁，加速了碳钢的腐蚀。硫化氢有臭味，硫化亚铁为黑色沉积物，因此，将沉积在金属表面上的黏泥团挖开，如发现有臭味或黑色核心，就证明有硫酸盐还原菌存在。

冷却水系统中，常溶有硫酸盐，特别是利用硫酸来调节 pH 值时，更会带入大量 SO_4^{2-}，为硫酸盐还原菌的繁殖提供了条件。

7.3.3.4 冷却水处理系统中金属腐蚀的控制

(1) 添加缓蚀剂　缓蚀剂又称抑制剂。凡是添加到腐蚀介质中能干扰腐蚀电化学作用，阻止或降低腐蚀速率的一类物质都称为缓蚀剂。其作用是通过在金属表面上形成一层保护膜来防止腐蚀的。

① 缓蚀剂的分类　缓蚀剂的种类很多，通常有以下三种分类方法。

a. 按药剂的化学组成可分为：无机缓蚀剂如铬酸盐、重铬酸盐、磷酸盐、聚磷酸盐、硝酸盐、亚硝酸盐、硅酸盐等；有机缓蚀剂如胺类、醛类、膦类、杂环化合物等。

b. 按药剂对电化学腐蚀过程的作用可分为：阳极缓蚀剂如铬酸盐、亚硝酸盐等，阴极缓蚀剂如聚磷酸盐、锌盐等，以及阴阳极缓蚀剂如有机胺类三种。阳极缓蚀剂和阴极缓蚀剂能分别阻止阳极或阴极过程的进行；而阴阳缓蚀剂能同时阻止阴、阳极过程的进行。

c. 按药剂的金属表面形成各种不同类型的膜则可分为氧化型、沉淀膜型和吸附膜型。

② 缓蚀剂的特性　缓蚀剂的类型不同，反映出来的特性各异。故按类型分别作介绍。

a. 氧化膜型缓蚀剂　这类缓蚀剂能使金属表面氧化，形成一层致密的耐腐蚀的钝化膜而防止腐蚀。如铬酸盐在溶液中使碳钢表面生成一层 γ-Fe_2O_3 的膜，它紧密、牢固地黏附在金属表面，改变了金属的腐蚀电位，并通过钝化现象降低腐蚀反应的速度。氧化膜型缓蚀剂的防腐蚀电位，并通过钝化现象降低腐蚀反应的速度。氧化膜型缓蚀剂的防腐作用是很好的，但是这类缓蚀剂如果加入量不够，从而引起危险的点蚀，所以这类缓蚀剂用量往往较多。氧化膜缓蚀剂在成膜过程中会被消耗掉，故在这类缓蚀剂的初期需加入较多的量。待成膜后就可以减少用量，加入的药剂仅用来修补破坏的氧化膜。氯离子、高温及水流速度高都会破坏氧化膜，故应用时要考虑适当提高药剂浓度。

b. 沉淀膜型缓蚀剂　这类缓蚀剂能与水中某些离子和腐蚀下来的金属离子相互结合而沉淀在金属表面上，形成一层难溶的沉淀物或表面配合物，从而阻止了金属的继续腐蚀。由于这种防蚀膜没有和金属表面直接结合，它是多孔的，常表现出对金属的附着不好。因此，从缓蚀效果来看，这种缓蚀剂稍差于氧化膜缓蚀剂。

c. 吸附膜型缓蚀剂　这类缓蚀剂都是有机化合物，在其分子结构中具有可吸附在金属表面的亲水基团和遮蔽金属表面的疏水基团。极性基团定向地吸附在金属表面，而疏水基团则阻碍水及溶解氧向金属扩散，从而达到缓蚀作用。当金属表面呈活性和清洁的时候，这种缓蚀剂形成满意的吸附膜并表现出很好的防蚀效果。但如果在金属表面有腐蚀产物覆盖或有污泥沉积物，就不能提供适宜的条件形成吸附膜型防蚀膜。所以这类缓蚀剂在作用时可加入润湿剂，以帮助其向覆盖的金属表面渗透，提高缓蚀效果。

(2) 常用的冷却水缓蚀剂

① 铬酸盐缓蚀剂　常用的铬酸盐缓蚀剂有 Na_2CrO_4、K_2CrO_4 和 $Na_2Cr_2O_7 \cdot 2H_2O$ 或 $K_2Cr_2O_7 \cdot 2H_2O$。这种缓蚀剂是阳极型或氧化膜型，起作用的是阴离子。当它加入到水中时，可产生下列反应：

$$CrO_4^{2-} + 3Fe(OH)_2 + 4H_2O \longrightarrow Cr(OH)_3 + 3Fe(OH)_3 + 2OH^-$$

形成的两种水合氧化物，随后脱水生成 Cr_2O_3 和 Fe_2O_3 的混合物，在阳极上形成钝化膜，阻滞了阳极过程的进行。铬酸盐形成的钝化膜中含 10%的 Cr_2O_3 和 90%的 γ-Fe_2O_3。

铬酸盐是阳极缓蚀剂，在相当高的剂量时，是一种很有效的钝化缓蚀剂。但在低剂量使用时则有坑蚀危险，故一般单独使用铬酸盐时剂量都在 1.5×10^{-6}mg/L 以上。若与其他药剂如六偏磷酸钠、锌盐等配伍，其剂量便可大大降低。

铬酸盐的使用范围较广，在碱性水中成膜效果最好，一般推荐 pH 值范围为 7.5～9.5。

使用铬酸盐最主要的问题是排放污水对环境引起的污染，因为铬对水生物和人体有毒性。国外许多国家规定，排放污水中 Cr^{3+} 的含量不能超过 5×10^{-8}mg/L。这是一般污水处理方法所不易达到的标准。因此，铬酸盐作缓蚀剂虽然有缓蚀效果好、不易滋生菌藻的优点；但由于排水的污染问题，目前尚未在国内推广使用。

② 聚磷酸盐缓蚀剂　常用聚磷酸盐缓蚀剂有三聚磷酸钠和六偏磷酸钠，后者使用最为广泛。聚磷酸盐除了作为缓蚀剂用外，还可以作为阻垢剂来使用。长期以来，认为聚磷酸盐是阴极型或沉淀型缓蚀剂，它与水中溶解的金属离子形成配合物，沉积在金属表面上形成保护膜而减缓腐蚀。因此，要使聚磷酸盐发挥较好的缓蚀作用，冷却水中要求有一定的两价金属离子，例如 Ca^{2+}、Fe^{2+} 或 Zn^{2+} 等。在 Ca^{2+} 含量很少的软水中不宜用聚磷酸盐作缓蚀剂用。水中 Ca^{2+} 含量对聚磷酸盐的缓蚀效果有很大的影响外，溶解氧的含量也影响其缓蚀效果。反之，如果不含溶解氧，水中的聚磷酸盐会与铁形成可溶性配合物而促进腐蚀。因此，在选用聚磷酸盐作缓蚀剂时，必须满足对 Ca^{2+} 等二价金属离子和溶解氧含量的要求，否则不能获得良好的效果。一般说来，在敞开式循环冷却水系统中，溶解氧基本上是饱和的，因此关键还是水中要有足够的 Ca^{2+}。

聚磷酸盐易水解成正磷酸盐，后者是阳极缓蚀剂，但缓蚀效果较弱，用量不足反而促进腐蚀；而最要害的问题在于 Ca^{2+} 含量较高时，正磷酸盐会过多，以致容易形成难溶的磷酸钙水垢。所以在使用聚磷酸盐时，要注意减少其水解作用。影响聚磷酸盐水解的因素是药剂的停留时间、微生物、水的温度和 pH 值。高温、高 pH 值和低 pH 值都会促进聚磷酸盐的水解。因此，要针对水质情况选择最适宜的运行条件。

聚磷酸相加作缓蚀剂，其排污处理不像铬酸盐那么严格，并可加速膜的形成。膜的成分是 γ-Fe_2O_3、磷酸铁配合物、磷酸锌和氢氧化锌。其保护效果比单独使用聚磷酸盐形成的膜要致密，所以缓蚀效果得到提高。但加锌时要注意，当 pH＞8.3 时，Zn^{2+} 浓度不宜大于 5×10^{-6}mg/L，否则锌盐有形成沉积的危险。

③ 锌盐缓蚀剂　在冷却水循环系统中，锌盐是最常用的阴极缓蚀剂，起作用的是锌离子。锌离子在阴极部位，由于 pH 值的升高，能迅速形成 $Zn(OH)_2$ 沉积在阴极表面，起了保护膜的作用。锌盐相应的阴离子一般不影响它的缓蚀性能，氯化锌、硫酸锌及硝酸锌等都可以选用。

锌盐的成膜比较迅速，但这种膜不耐久，因此，锌盐是一种安全但低效的缓蚀剂，所以不宜单独使用。可以取得很好的缓蚀效果。因为锌能加速这些缓蚀剂的成膜作用，同时又能保持这些缓蚀剂所形成膜的耐久性。

锌对水生物也有毒性，因此它的应用也受到限制。另外，在 pH＞8.3 时，锌有产生沉淀的倾向。故目前国内工厂多采用 $[Zn^{2+}]<4mg/L$，使所用的锌离子浓度低于规定的排放标准。

④ 有机缓蚀剂　有机磷酸盐如氨基亚甲基磷酸盐（ATMP）、乙二胺四亚甲基磷酸盐（EDTMP）、羟基亚乙基二磷酸盐（HEDP）等，具有良好的缓蚀性能，但又都是很有效的阻垢剂。它们都有配合金属离子的能力，能够与铁和钙等离子结合，在金属表面形成一层有抑制作用的保护膜。相比之下，有机磷酸盐阻垢剂性能比聚磷酸盐好，而聚磷酸盐缓蚀性能又比有机磷酸盐好。因此在实际应用时很少单独使用有机磷酸盐，而总是将有机磷酸盐和聚磷酸盐混合使用。为提高缓蚀、阻垢效果，再添加一些锌盐和聚丙烯酸等分散剂，这样的配方已成功地使用在高硬度、高碱性的系统中。

巯基苯并噻唑（MBT）是循环冷却水系统中对铜及铜合金设备使用的最有效的缓蚀剂之一，因此，其复合药剂配方里经常含有 1～2mg/L 的巯基苯并噻唑的缓蚀作用主要是依靠其与金属铜表面上的活性铜原子或铜离子产生一种化学吸附剂作用，进而发生螯合作用，形成了一层致密而牢固的保护层，使铜设备受到良好的保护。

在使用铜材设备的冷却水系统中，巯基苯并噻唑除了保护铜设备以外，也相应保护其他钢材设备。生产中，一旦铜设备因腐蚀严重时，致使水中铜离子超过一定浓度时，会引起钢材的电化学腐蚀和电偶腐蚀。因此，凡系统中含有铜材或原水中含有一定铜离子浓度时，一般都考虑投加 MBT 或类似的药剂。MBT 在水中的溶解度较小，固体 MBT 加入时，常发生飘浮于水面的现象，为此，常以它的碱性水溶液投加，因为 MBT 的钠盐溶解度大些。MBT 只有在水质的 pH 值为 3～10 时才是有效的，由其测其 MBT 的投加浓度，一般为 1～2mg/L，有保障的浓度为 2mg/L。有人认为除非在磷系配方中加入锌盐，否则 MBT 会损害聚磷酸盐的缓蚀作用。另外，MBT 的抗氯性较差，当有氯存在时，易被氯氧化为二硫化物，使保护膜被破坏。

苯并三氮唑对铜及铜合金也是一种很有效的缓蚀剂，它的负离子和亚铜离子形成一种不溶性的极稳定的配合物。这种配合物吸附在金属表面上形成一层稳定的、惰性的保护膜从而使金属得到保护。苯并三氮唑的使用浓度一般为 1mg/L。在 pH 值 5.5～10 时缓蚀作用很好，但苯并三氮唑在 pH 值低的介质中缓蚀作用降低。尽管如此，在流动的、非氧化性的酸中，苯并三氮唑仍有效地抑制铜的腐蚀。

苯并三氮唑对聚磷酸盐的缓蚀作用不产生干扰，对氧化作用的抵抗力很强。但当它与游离性氯同时存在时，则丧失了对铜的缓蚀作用，而在氯消失后，其缓蚀作用便得到恢复，这是 MBT 未能具有的性质，但其价格较高，故其在应用上不如 MBT 广泛。

⑤ 硅酸盐缓蚀剂　主要是硅酸钠（即市场上的水玻璃，又称泡花碱）。硅酸钠在水中呈一种带电荷的胶体微粒，与金属表面溶解下来的 Fe^{2+} 结合，形成硅酸等凝胶，覆盖在金属表面起到缓蚀作用，矿硅酸盐是沉淀膜型缓蚀剂，溶液中的腐蚀产物 Fe^{2+} 是形成沉淀膜必不可少的条件。因此，在沉膜过程中，必须是先腐蚀后成膜，一旦膜形成，腐蚀也就减缓。硅酸盐作为缓蚀剂，其最大优点是操作容易，没有危险；在正常使用浓度下完全无毒，不会产生排污水污染问题，药剂来源丰富，价格低廉。但在硬度的水中会生成硅酸钙或硅酸镁水垢，一旦水垢生成则很难消除，故硅系缓蚀剂目前只在少数使用。

⑥ 钼系水质稳定剂　钼酸盐与铬酸盐一样，也是阳极缓蚀剂，它在铁阳极上生成一层具有保护膜作用的亚铁-高铁-钼氧化物的配合物的钝化膜。这种膜的缓蚀效果接近高浓度铬酸盐或硝酸盐所形成的钝化膜，但在成膜过程中，它又与聚磷酸盐相似，必须有足够的溶解氧存在。

钼酸盐单独使用需要投加较高剂量才能获得满意的缓蚀效果。故为了减少钼酸盐的投加浓度、降低处理费用和提高缓蚀效果，它与其他药剂如聚磷酸盐、葡萄糖酸盐、锌盐等同具有良好的缓蚀效能。

钼系水质稳定剂缓蚀效果好，尤其是和其他药剂共用可大大地抑制点蚀的发生；毒性较低，不像铬、锌对环境有严重的污染影响。但存在使用剂量大、成本较高的缺点，如能降低剂量和费用，钼系可能是具有前途的一类缓蚀剂。

中国现在基本上使用磷系水质稳定剂，配方中主要用聚磷酸盐或有机磷酸盐作缓蚀阻垢剂，再加上一些高分子化合物作分散剂。磷系配方所用的药剂都可立足国内生产，货源充足，并已积累了一定的使用和管理经验，如果操作和管理得当，可以收到良好的处理效果，且其使用的药剂量少，成本低廉，在排水上不会造成环境污染，故能在中国得到广泛应用。

磷系配方按其操作条件可分为酸性处理和碱性处理。磷系配方的酸性处理又称 pH 值高磷酸盐处理，处理一般加硫酸，将循环冷却水的 pH 值调至 6.0～7.0。在这个 pH 值范围内，可稳住 $Ca(HCO_3)_2$，而没有 $CaCO_3$ 析出的危险，从而防止换热器中水垢的形成。酸性处理将使结垢的可能性减小，但腐蚀的倾向却增加了，所以将缓蚀剂的用量增大来抑制腐蚀，一般要加入 20～40mg/L 的聚磷酸盐。酸性处理一般可以取得较好的缓蚀、阻垢效果，同时药剂费用也较低。但其有以下缺点：一是加酸调 pH 值时，如果操作不慎可能会使 pH 值忽高忽低的波动而引起设备的腐蚀或结垢；二是高剂量的磷排放会引起对环境的污染；三是要求水中 Ca^{2+} 浓度不能太高，Ca^{2+} 浓度高了需要软化处理。

磷系配方的碱性处理又称高 pH 值低磷酸盐处理。碱性处理是使循环冷却水的 pH 值保持在碱性范围，一般控制 pH 值在 7.5～8.5 左右。碱性处理与酸性处理相比，水的腐蚀减轻但结垢可能性增加了，所以碱性处理除了加酸量减少外，缓蚀剂量也减少了很多，一般用量为 5～20mg/L。此外，在碱性处理的配方中还加入高效的阻垢剂和分散剂以抑制水垢和污垢的形成。

由于碱性处理结垢是主要矛盾，且影响结垢的因素又较多，故操作应严格控制。同时在碱性环境下氯的杀菌效果较差，所以要特别注意对菌藻的控制。

⑦ 增效作用　当采用两种以上药剂组成缓蚀剂时，往往比单用这些药剂的缓蚀效果好且用量少，这个现象叫做缓蚀剂的增效作用或协同效应。例如单用铬酸盐为缓蚀剂时效果较差，但当两者联合低剂量使用时，5～10mg/L 的 $Na_2Cr_2O_7$ 及 5～10mg/L 的 Zn^{2+} 就可得到很好的缓蚀效果。由于复方缓蚀剂的增效作用，同时还节约了药剂，因此目前很少采用单一的缓蚀剂。如现在使用较普遍的磷系配方中，除了聚磷酸盐外，还添加有机磷酸盐或锌盐等药剂。

(3) 发展趋向　随着冷却水处理工艺的深入发展，对缓蚀剂的需求的数量越来越多，对其性能的要求也越来越高，给冷却水缓蚀剂的开发工作带来了新的机遇。缓蚀剂开发工作的趋向是，针对不同水质、不同工艺条件、不同材质和不同要求，开发复合缓蚀剂；开发各种能使锌盐和聚磷酸盐稳定在冷却水中的稳定剂；开发更耐氯的缓蚀剂；开发无毒或低毒的缓蚀剂。

7.3.3.5　提高冷却水的 pH 值

提高冷却水的 pH 值或采用碱性水处理可使循环水系统中的金属腐蚀得到控制。随着水 pH 值的增加，水中氢离子的浓度降低，金属腐蚀过程中氢离子去极化的阴极反应受到抑制，碳钢表面生成氧化膜的倾向增大，故冷却水对碳钢的腐蚀随其 pH 值的增加而降低。在循环冷却水系统中，一般采用不加酸调节 pH 值的碱性水处理，敞开式冷却水系统是通过水在冷却塔内的曝气过程而提高 pH 值的。

冷却水的 pH 值提高后会带来三个方面的问题：一是使水中的碳酸钙的沉积倾向增加，易于引起结垢和垢下腐蚀；二是在 pH ＝ 8.0～9.5 时运行，碳钢的腐蚀速度虽有所下降，但仍然偏高；三是给两种常用的指示剂聚磷酸盐和锌盐的使用带来了困难。这些问题可以通过在冷却水中添加复合缓蚀剂来解决。

除上述方法外，循环冷却水系统中金属腐蚀还可通过采用耐腐蚀材料的换热器及防腐涂料涂覆换热器的办法来控制。

7.3.4 微生物控制

7.3.4.1 微生物产生的危害

在循环冷却水系统中，水的温度和 pH 值的范围恰好适宜多种微生物的生长。同时水中微生物的数量和它们生长所需的营养源如有机物、碳酸盐、磷酸盐等，均因浓缩而增加，再加上冷却塔、凉水池常年露置于室外，阳光充分，因此为微生物的生长提供了良好的条件。

(1) 形成大量黏泥沉积物　黏泥又称软泥或污泥，是在冷却水系统中管道、冷却塔、水槽壁上菌藻产生的黏质膜的总称。

黏泥的组成随着水质和生成地点以及菌藻类属的不同而变化，一般均是由藻类、真菌类和细菌等聚集而成。如好氧性荚膜细菌、芽孢细菌分泌的黏液，能像黏合剂那样，将悬浮在水中的无机垢、腐蚀产物、灰沙淤泥等黏结在一起形成黏泥沉积物，附着在管壁、塔壁上，当其愈积愈厚时，不仅影响水侧传热效率，还会因水管截面积变小，限制水的流量而影响冷却效果。又如藻类在冷却塔填料上、水的分配槽上蔓延生长时，将堵塞填料孔隙和配水孔板上的小孔，使冷却水分布不均、水滴变大，影响气、水传质效率，致使冷却塔的温差下降，达不到设计要求。

黏泥还会形成氧浓差电池，从而引起垢下腐蚀；同时黏泥又给厌氧性细菌如硫酸盐还原菌提供良好的滋生场所，这样相互感染，加深了黏泥给冷却水系统带来的危害。

(2) 加速金属设备的腐蚀　细菌聚集形成的菌落附着在金属壁上，分泌出的黏液与水中的悬浮物等杂质黏在一起形成黏泥团，在黏泥团的周围和黏泥团的下方形成氧的浓差电池，黏泥团的下方因缺氧而成为活泼的阳极，铁不断被溶解引起严重的局部腐蚀。微生物不仅本身分泌黏液构成沉积物，而且也黏住在正常情况下可以保持在水中的其他悬浮杂质，从而增加了沉积物的形成，加速了垢下腐蚀。

微生物黏泥除了会加速垢下腐蚀外，有些细菌在代谢过程中生成的分泌物还会直接对金属构成腐蚀。如好氧性硫细菌的氧化产物硫酸，可使局部区域的 pH 值降到 1.0～1.4，对这部分金属直接发生氢的去极化作用，加快金属的腐蚀。又如厌氧性硫酸盐还原菌，其还原产生 H_2S 可直接腐蚀金属，生成硫化亚铁，硫化亚铁沉积在钢铁表面与没有被硫化亚铁覆盖又构成一个腐蚀电池，加速金属的腐蚀。而铁细菌可直接将 Fe^{2+} 氧化成 Fe^{3+}，加速金属的腐蚀。因此，细菌促进腐蚀的过程是多种多样的，在大多数情况下，可以认为是各种细菌共同作用所造成的。

藻类在日光的照射下，会与水中 CO_2、HCO_3^- 等碳源起光合作用，吸收碳素为营养而放出氧。因此，当藻类大量繁殖时，会增加水中溶解的含量，有利于氧的去极化作用，腐蚀过程因而加速。

7.3.4.2 产生主要危害的几类微生物

（1）氨化细菌　能够进行氨化作用的细菌叫氨细菌，所谓氨化作用是有机含氮化合物，经过微生物分解，产生氨的过程叫氨化作用。循环冷却水中的氨化细菌将水中的有机氮化物分解而产生氨。其过程表示如下：

$$\text{有机氮化物} \xrightarrow{\text{氨化细菌}} NH_3 + \cdots\cdots$$

氨化作用对土壤来说，可以增加肥力，对农作物来说是有益的，但对于循环冷却水来说是有害的，水中氨含量增加，不但会增加氧耗，同时还会影响系统中 pH 值的控制。

（2）硝化菌群　硝化菌群包括三种细菌，即亚硝化细菌、硝化细菌和反硝化细菌，它们的作用过程分别为氨的亚硝化、硝化以及硝酸的反硝化过程，可用下列反应式表示：

$$2NH_3 + 3O_2 \xrightarrow{\text{亚硝化细菌}} 2HNO_2 + 2H_2O + 148\text{kcal}(621.6\text{kJ})$$

$$2HNO_2 + O_2 \xrightarrow{\text{硝化细菌}} 2HNO_3 + 48\text{kcal}(201.6\text{kJ})$$

$$HNO_3 + H_2 \xrightarrow{\text{反硝化菌}} HNO_2 + H_2O$$

$$2NO_3^- + 5H_2 \xrightarrow{\text{反硝化菌}} N_2\uparrow + 2OH^- + 4H_2O$$

$$HNO_3 + 4H_2 \xrightarrow{\text{反硝化菌}} NO_3 + 3H_2O$$

硝化菌群对水质的危害很大，尤其是反应产物中的亚硝酸根，它能与氯起反应，从而大大降低了氯的杀菌效能，使水质恶化。产物中的硝酸根，不但对水质的碱度产生影响，而且排出含量较多的硝酸盐会污染水源。

亚硝化菌和硝化菌属好氧菌，反硝化菌是一种兼性厌氧菌，在有氧和无氧的条件下都能生存。

（3）铁丝菌　铁丝菌能将水中的低铁（Fe^{2+}）化合物氧化成高铁（Fe^{3+}）化合物，并从铁的氧化过程中获得能量而生存。可用下式表示：

$$2Fe^{2+} + (n+2)H_2O + \frac{1}{2}O_2 \xrightarrow{\text{铁丝菌}} Fe_2O_3 \cdot nH_2O + 4H^+ + \text{能量}$$

上述反应为嘉氏铁菌属的作用，其他铁丝菌的反应产物多为氢氧化铁。铁丝菌将其产物沉积在鞘套或菌柄上，随着其新陈代谢的进行，鞘套、菌柄上的氢氧化铁会不断沉积在金属表面和管道内，有的铁丝菌会分泌出果胶，生成菌胶团进而形成生物黏泥。

（4）硫细菌　硫细菌是一类能将元素硫或还原硫化物（包括 H_2S、硫化硫酸等）氧化成硫酸式元素硫的细菌，作用过程如下：

$$S + H_2O + \frac{3}{2}O_2 \xrightarrow{\text{硫细菌}} H_2SO_4$$

$$H_2S + \frac{1}{2}O_2 \xrightarrow{\text{硫细菌}} S + H_2O$$

硫细菌的大量生长会产生硫酸，影响水质的碱度，局部腐蚀性很大，同时产生软泥堵塞管道。

（5）硫酸盐还原菌　硫酸盐还原菌是一种弧状的厌氧性细菌，在它的体内有一种过氧化氢酶，能将硫酸盐还原成硫化氢，从中获得生存的能量。其反应如下：

$$H_2SO_4 + 8H^+ + 8e^- \longrightarrow H_2S + 4H_2O + \text{能量}$$

$$CaSO_4 + 8H^+ + 8e^- \longrightarrow Ca(OH)_2 + 2H_2O + H_2S + \text{能量}$$

由于过氧化氢酶需在还原状态下才能存活，因此，氧会使它死亡。这样，硫酸盐还原菌在有氧的情况下是不会繁殖的，所以它常生存在好氧性硫细菌的沉积物下面。当冷却水中含有 2mg/L 铬酸根离子时，就能抑制硫酸盐还原菌的生长，这可能是因为铬酸根离子有较强氧化性的缘故。

硫酸盐还原菌在冷却水系统中繁殖生长的潜在危险是很大的。因为这种菌最适宜生长的温度是 20～30℃，而且在高温达 55～60℃也能存活，生存的 pH 值范围 5～8.6，加上冷却水中含有一定的硫酸盐，特别是加 H_2SO_4 调节 pH 值，硫酸根含量很高，这些条件都利于硫酸盐还原菌的生长。一旦其他细菌形成黏泥较多，或水的浊度较高，产生较多的沉积物时，就给硫酸盐还原菌提供了良好的生存环境。

冷却水系统中如果大量硫酸盐还原菌繁殖生长时，会使系统发生较严重的腐蚀。因为这种菌还原生成的硫化氢会腐蚀钢铁，形成有臭味的黑色硫化亚铁的沉积物，这些沉积物又会进一步引起垢下氧的浓差电池腐蚀，还会形成电偶腐蚀。

当这种菌大量发生时，仅加氯气杀菌是不行的，这是因为氯会与硫化氢起反应而被消耗掉，所以必须投加其他的杀菌剂。

7.3.4.3 微生物的控制方法

对循环冷却水系统中微生物的控制一般采用如下几种方法。

(1) 改善水质　冷却水系统的污染程度与补充水的水质有密切的关系。常用的补充水源——地面水的微生物污染程度是相当高的，因而对原水进行处理非常必要。使用混凝、澄清方法，不仅可降低浊度，而且一般可使细菌总数量降低到 10^3 以下，如果在澄清中投加氯杀菌则效果更好。

(2) 投加杀生剂　在循环冷却水系统中，投加杀生剂是目前抑制微生物的常用方法。杀生剂常以各种方式杀伤微生物，有的可穿透细胞壁进入细胞质中，破坏维持生命的蛋白质基团；有些表面活性剂可起到破坏细胞的作用，细胞被摧毁，微生物也就被杀死；有的药剂则能抑制细菌中酶的反应，使酶的活性丧失，导致细胞迅速死亡，最终杀死微生物。

(3) 采用过滤方法　补充水进入冷却水系统前，可经过滤池过滤。过滤池装有石英砂或无烟煤、活性炭等滤料。过滤可除去水中藻类等悬浮杂质。在循环水系统中还可用旁流过滤处理方法，除去系统中悬浮物、污泥和微生物的尸骸，使循环水浊度降低。据一些工厂经验，增高旁滤池后可使循环水浊度降低到 10^{-5} mg/L 以下。

7.3.4.4 杀生剂分类及其选择

(1) 氧化型杀生剂　通常是一种强氧化剂，具有强烈氧化性的杀生药剂，对水中微生物的杀生作用很强。卤素中的氯、溴和碘，氯的化合物，臭氧等都是氧化型杀生剂。溴和碘由于成本太高，无法用于大规模工业生产上，工业上常用的是氯、次氯酸钠和次氯酸钙等。氧化型杀生剂对水中其他还原性物质能起氧化作用，故当水中存在有机物、硫化氢和亚铁离子时，会消耗一部分杀生剂，降低了它的杀生效果。这时如果采用的是氯及其化合物，则会因需氯量的增加而提高氯耗。氯气溶解在水中按下式水解：

$$Cl_2+H_2O \longrightarrow H^++Cl^-+HClO$$

$$HClO \longrightarrow H^++ClO^-$$

氯气水解后，系统中存在着游离氯、次氯酸或次氯酸根离子，且随溶液中 pH 值的变化，其存在形式也发生变化，次氯酸和次氯酸根之和称为游离有效氯。氯是很强的氧化剂，它能和水中存在的许多杂质，如氨、氨基酸、蛋白质、含碳的物质、Fe^{2+}、Mn^{2+}、S^{2-} 和 CN^- 等起反应。和这些物质起反应时所需氯的总量叫做需氯量。

当水里有氨时，氯和氨起反应生成三种不同的氯胺，反应如下：

$$HClO+NH_3 \longrightarrow NH_2Cl+H_2O$$

$$2HClO+NH_3 \longrightarrow NHCl_2+2H_2O$$
$$3HClO+NH_3 \longrightarrow NCl_3+3H_2O$$

水中氯胺所含氯的总量称为化合性氯。当水中的 HCl 因消毒消耗后，上述反应向左进行，继续供应消毒所需的 HClO，故氯胺也有杀虫性能。游离有效氯的消毒效能比化合性氯高，一般氯胺的作用比氯慢，但当水中的 pH>10 时产生更好的效果，氯胺在水系统中有更好的持久性。当水中含氨量过高，游离有效氯不能保持时，可暂采用其他杀菌剂如非氧化型。

氯加入水中主要消耗在藻类或黏泥等产生的有机物上，还要被含活性氮的化学物质（如氨、聚丙烯酰胺等）所消耗而形成氯胺，因此，只有满足了这些需氯的消耗后，水中才会出现游离有效氯。这个过程称为“转效点氯化”。只有过了转效点后，加入的氯才会产生多余的游离有效氯（常称为余氯）。为了保证杀生效果，在冷却水系统中要保持一定的余氯量和维持一定的接触时间，余氯量和接触时间要视系统的情况而定，一般余氯量要保持在 0.4～1.0mg/L。余氯量大于 2mg/L 时，容易破坏冷却塔中的钢材，故必须注意。

投氯方式有连续式和间歇式两种。连续加氯是在冷却水中经常保持一定的余氯量，其杀生效果好，但费用较大，故一般采用间歇式加氯，即在 1 天中，间歇加氯 1～3 次，每次达到规定余氯量后维持接触时间 2～3 h。必须注意的是加氯要按规定的时间运行，切莫中断，若加氯不及时，容易引起微生物的迅速繁殖，待微生物形成危害后，就很难加以控制了。

余氯的监测应在系统终端进行，即在入塔的回水管上采样，因为终端如能保持一定的余氯量，则在整个系统都可以保证有余氯存在。氯加入系统时，会与碱中和。而消耗于有机物产生的 H_2S 和 SO_2 时，会产生氢离子，因此在加氯过程中，为避免循环水中 pH 值过低，必须中断或减少为调 pH 值而投加的酸量。

二氧化氯杀菌能力强，是一种黄绿色气体，有刺激性气味，性质不稳定，并具有爆炸性，故使用时必须在现场有关溶液中产生。用于水处理时，常通过亚氯酸溶液与氯的溶液或稀硫酸反应来产生。二氧化氯对孢子和病毒的杀伤更有效，其溶解在水中并不与水起反应，水的 pH 值对二氧化氯杀菌效果没有多大影响，所以在高 pH 值时二氧化氯效果比起氯来要有效得多。由于二氧化氯不与氨和其他大多数胺起反应，所以其实际消耗量比氯少，对于合成氨、炼油厂来说，容易受氨、酚等污染，用二氧化氯代替氯可能更好些。但二氧化氯成本较高，故其使用也受到一定的限制。

（2）非氧化型杀菌灭藻剂　在循环冷却水系统中使用最多的非氧化型杀生剂是氯酚、五氯酚钠和三氯酚钠。国内使用较普遍的氯酚杀菌剂的 NL-4，它的主要成分为 2,2′-二羟基-5,5′-二氯-二苯基甲烷（二氯酚）。它对于循环水中异养菌、铁细菌、硫酸盐还原菌等菌种类及藻类均有很强的杀灭和抑制作用，对真菌的杀灭效果尤为显著。对木质冷却塔进行定期喷药处理，可防止真菌对木材的腐蚀。

氯酚毒性大，对人眼、鼻等黏膜和皮肤有刺激，使用时要注意防护。氯酚对鱼类具有较高的毒性，因此排入湖泊中受到了限制，一般在使用时，冷却水系统停止排污，待氯酚在系统中充分降解后才能进行排水。

季铵盐是一种含氮的有机化合物，对藻类和细菌的杀灭最有效。季铵盐在水中电离后带正电荷，是一种阳离子表面活性剂，具有渗透至微生物生长物内部的性能，而且容易吸附在带负电荷的微生物表面。微生物的生活过程由于受到季铵盐的干扰而发生变化，这就是季铵盐类的杀菌原理。循环水中许多带负电荷的物质如灰尘、油污和一些有机物质都会与季铵盐的正电荷相吸，使季铵盐的活性降低，从而失去杀菌作用。季铵盐对孢子没有什么作用，在较高浓度如1～3mg/L下，对一些真菌有作用。季铵盐类的缺点是使用剂量比较高，这样往往会引起起泡现象，但没有什么害处。

目前国内经常使用的洁而灭（十二烷基二甲基苄基氯化铵）和新洁而灭（十二烷基二甲基苄基溴化铵）是季铵盐化合物，它们是广谱杀生剂，对藻类、真菌类和异养菌等均有较好的杀生效果，还对污泥有剥离作用，使用浓度一般为5～10mg/L。季铵盐用于循环水系统，多数选用两种以上的药剂交替使用，或选用复合配方，因而扩大了季铵盐类药剂的应用。但是在应用中要注意，季铵盐类与阴离子表面活性剂共用时，会产生沉淀而失效；但与非离子型活性剂共用时，无不良影响。

二硫氰基甲烷 $CH_2(SCN)_2$ 是一种浅黄色或接近于无色的针状结构，有恶臭和刺激味。它是一种广谱杀生剂，对细菌、真菌、藻类及原生动物都有较好的杀生效果，它比一般杀生剂杀菌能力都强，特别是对硫酸盐还原菌效果最好。其使用浓度较低，约5mg/L即可，并且在6 h内可以连续获得98%～99%的高杀生率。

二硫氰基甲烷中的硫氰酸根可阻碍微生物呼吸系统中电子的转移。在正常呼吸作用中，三价铁离子形成了弱盐 $Fe(SCN)_2$ 而使高铁离子失去活性，从而引起细菌死亡。因此凡含细胞色素的微生物均能被杀死，硫酸盐还原菌含有铁细胞色素，故而能被杀死。

二硫氰甲基适用的pH值范围为7.5～8.5，它不易溶于水，通常在使用时要一些特殊的分散剂和渗透剂共同应用，以增加药剂对藻类和细菌黏液层的穿透性。由于二硫氰基甲烷是防水型的，因而不会由于水系统有污染物而使其活性下降，但二硫基甲烷对鱼类毒性大，排入水域前必须要采取措施。

7.3.4.5 循环冷却水的综合治理

冷却水的水垢附着、腐蚀、微生物黏泥等危害的发生，大多是由多种因素综合作用的结果。所以有些问题若仅注意冷却水的化学处理，而忽视其他工作，是不能完全解决的，必须要注意每个环节的工作，讲究综合治理才能收到良好的效果。

综合治理必须注意以下几个方面。

（1）确保补充水的质量　如果补充水中存在较大颗粒的固体物质（如甲壳虫、塑料、木块等），会造成换热器的堵塞，并使化学处理失败；补充水的浊度过大，会使换热器上引起泥垢；微生物过多，会引起黏泥危害；水中成垢离子超过规定，就易结垢，必须考虑补充水的软化。此外，在澄清过程中选用絮凝剂时也应注意，以不使铁、铝离子转移而在冷却水系统中沉积下来为原则。

（2）冷却塔周围的环境　冷却塔附近的烟尘、灰沙、化学气体很容易进入水中，使冷却水的浊度或化学物质含量增加，因此对上述污染物质必须设法防治。在冷却水系统中增加旁滤池是降低循环冷却水浊度的一个好办法。

（3）优化换热器及选用合理运行参数　冷却水的化学处理的效果还与换热器的结构、金属材料、机械加工、操作条件等因素有密切关系。例如有些壳程换热器在结构上有很多折流板，再加上水的流速低，很难避免沉积和垢下腐蚀的发生，这种沉积和垢下腐蚀不是化学处理能解决的。对于这类换热器，目前有些工厂采用涂料保护方法；有些工厂则在操作中采用定期空气搅动吹扫，均获得较好的效果。此外，注意换热器的操作条件、选用适当的金属材质、注意加工方法等都是综合治理所要注意的。因此，在选用化学处理配方及运行条件（pH值、浓缩倍数等）时，要综合分析全系统换热器的材质和运行条件，如有铜设备的，需防止氨腐蚀；有不锈钢设备的，需考虑氯离子应力腐蚀；有热强过高设备（如蒸汽冷凝器）的，应着重防止结垢……

习题及思考题

1. 填空题

(1) 冷却水长期使用后必然带来____________、____________、____________危害。

(2) 冷却塔循环冷却水的水量损失是由__________、__________、__________、__________造成的。

(3) 冷却系统中的水垢主要成分是____________________。

(4) 水质稳定性鉴别常用的两个指标是________________、________________。

2. 判断题

(1) 循环水系统中浓缩数越大、补充水越少、系统中含盐量越小。(　　)

(2) 黏泥和缓蚀剂在设备表面形成的薄膜是相同的。(　　)

(3) 提高冷却水系统的 pH 值可以防止设备的结垢。(　　)

(4) 冷却水系统的杀菌灭藻剂一旦选定后，不可以随便换。(　　)

3. 简答题

(1) 在敞开式循环冷却水系统中，冷却水长时间反复使用后，为什么会出现溶解性固体浓度增高？

(2) 敞开式循环冷却水系统存在的问题都有哪些？

(3) 腐蚀的基本原理是什么？金属腐蚀有哪些类型？影响腐蚀的因素有哪些？控制腐蚀的方法都有哪些？

(4) 缓蚀剂有哪些类型？它们控制金属腐蚀的原理是什么？

(5) 试讨论循环冷却水水质处理的意义。

(6) 水垢的主要成分是什么？它是怎样形成的？如何控制水垢的形成？

(7) 循环水的补充水质为：Ca^{2+} 浓度为 34mg/L，总碱度为 2mmol（以 $CaCO_3$ 计），含盐量为 380mg/L，pH = 7.64 在循环水 t = 40℃，浓缩倍数 K = 3 时，预计 pH = 8，判断补充水及循环水是否稳定，应采用什么措施？

(8) 生物对冷却水系统有什么危害？

(9) 什么是黏泥？它与污垢有什么区别？

(10) 如何控制冷却水系统中的微生物？

8 污水处理厂的设计与运行管理

8.1 污水处理厂的设计

8.1.1 污水处理厂的设计内容及原则

8.1.1.1 污水处理厂的设计内容

污水处理厂的设计内容主要包括：根据城市和企业（工业区）的规划要求选择厂址；根据原水水质及处理后要求达到的水质标准选择处理工艺流程和处理构筑物的形式；处理工艺流程设计说明；处理构筑物形式选型说明；处理构筑物或设施设计计算；主要辅助构（建）筑物设计计算；主要设备设计计算选择；污水厂总体布置（平面或竖向）及厂区道路、绿化和管线综合布置；处理构建筑物、非标设备设计图绘制；编制主要设备材料表。

8.1.1.2 污水处理厂的设计原则

① 污水处理厂的设计必须符合适用的要求。选择的处理工艺流程、构（建）筑物形式、主要设备、设计标准和数据等应最大限度地满足生产和使用的需要，以保证处理厂功能的实现，达到符合国家排放标准的出水水质。

② 污水厂设计采用的各项设计参数必须可靠。设计时必须充分掌握和认真研究各项自然条件，如水质水量资料、同类工程资料。按照工程的处理要求，全面地分析各种因素，选择好各项设计数据，在设计中一定要遵守现行的设计规范，保证必要的安全系数。对新工艺、新技术、新结构和新材料的采用持谨慎的态度。

③ 污水厂设计要符合技术上先进、经济上合理的原则。设计中必须根据生产的需要和可能，在经济合理的原则下，尽可能地采用先进技术。在机械化、自动化与仪表控制程度方面，要从实际出发，根据需要和可能及设备供货条件妥善确定。在设计中要尽可能降低工程造价，在工程建设投入生产使用后取得的最大的经济效益、使用效益和社会环境效益。

④ 污水厂设计必须注意近远期相结合。一般情况下宜采用一次设计分期建设的方法，在远期规划的情况下，设计应为今后发展预留改、扩建的条件。当考虑分期建设时，对不宜分期建设的部分，可土建一次建成，设备分期安装，如配电室、泵房以及加药间等，而某些处理构筑物，如沉淀池、曝气池、二沉池等可按水量发展分期建设。

⑤ 污水厂设计必须考虑安全运行的条件。对一些重要岗位应考虑双路供电；为防止因突发事故而造成处理厂停运，适当设置进厂废水安全分流设施、超越管线等；对于污水厂在运行过程中有可能产生的可燃、可爆、有腐蚀性的物质，要注意防护和安全贮存等。

⑥ 污水处理厂的设计应适当考虑厂区的美观和绿化，污水处理厂内的建筑物的外观和布局要注意美观和协调。

8.1.2 污水处理厂的厂址选择

在进行污水处理厂总体设计时，对具体厂址的选择，仍需进行深入的调查研究和详细的技术比较。在选择厂址时，一般应遵循以下原则。

① 厂址选择应结合城市或企业现状和规划，考虑近远期发展的可能，选择在有扩建条件的地方，为今后发展留有余地。

② 为保证环境卫生防护的要求，厂址应与居民点规划居住区域或公共建筑群保持一定的卫生防护距离。有关防护距离的大小应根据当地具体情况，与有关环保规划部门商议确定，一般应不小于 300 m。

③ 厂址应选择在工程地质条件好（地下水位低、承载能力强、岩石少）、地形有利于处理构筑物平面与高程布置的地方，以降低工程造价，便于施工，降低运行费用。

④ 厂址选择应本着节约用地的原则，尽可能利用地区的废弃地，少占和不占农田。

⑤ 厂址必须位于集中取水水源下游，距离不小于 500m，并应设在区域或企业厂区及生活区的下游和夏季主风向的下风向。

⑥ 厂址应尽量选在交通方便的地方，以有利于施工运输和运行管理。否则就要增辟道路，增加工程量和工程造价。

⑦ 厂址应尽可能靠近供电电源，以利于安全运行和降低输电线路费用。对大型或不允许间断供水的工程需要连续两路电源。

⑧ 当处理后的污水或污泥用于农业、工业或市政时，厂址应考虑与用户靠近，或方便运输，当处理水排放时，应与受纳水体靠近。

⑨ 厂址不宜设在雨季易受水淹低洼处，靠近水体的处理厂，要考虑不受洪水威胁。

⑩ 要充分利用地形，应选择有适当坡度的地区，以满足污水处理构筑物高程布置需要，减少土方工程量。若有可能，以采用污水不经水泵提升而自流进入处理构筑物的方案，以节省动力费用，降低处理成本。

8.1.3 污水处理工艺流程

8.1.3.1 工艺流程的选择

污水处理工艺流程是指对污水处理所采用的一系列处理单元的组合形式。它的选择一般应与污水处理厂厂址的选择同时考虑，其最主要的选择依据是原污水的水质、处理应达到的程度与其他自然条件等。一般来说，废水处理工艺流程的选择应当主要考虑以下几个方面的问题。

(1) 原污水水质　一般的生活污水水质比较固定，处理的主要目标是降低污水的生化需氧量和悬浮固体，常用的处理方法包括沉淀、生物处理、消毒等，有典型流程可供参考。而工业废水水质复杂，无论是污水中的污染物的种类还是浓度，差异都很大，因此，目前没有特别典型的流程可供参考。

在选择城市或区域性污水处理流程时，必须首先确定工业废水与生活污水是一并处理还是分别处理。通常的做法是：除水量较大的重点企业采用独立的污水处理系统外，大多数分散的中小型企业的一般污水，排入城市下水道，与生活污水一起送到城市污水处理厂统一处理。某些特殊工业废水，含有毒有害物质，则要求在厂内经过处理，达到规定的标准后方能排到城市污水处理厂。

城市和区域性污水处理的典型流程参见图 1-8，这一流程为国内外污水处理工艺所普遍采用，所不同的地方主要是采用的生物处理工艺（活性污泥法或生物膜法）不同。处理单元的排列顺序原则是先易后难，易于除去的悬浮物的处理构筑物沉砂池、沉淀池等排列于前。而以去除溶解性有机物为目的的生物处理构筑物则排列其后，消毒去除病原体则排列在最后。如果二级出水用于回用，则在二级生物处理之后，再加一级混凝沉淀和过滤，进一步去除悬浮物、溶解性有机物，使其达到回用的目的。以除去悬浮颗粒为主的系统为一级处理，而以去除溶解性有机物为主的系统称为二级处理或生物处理，以回用为目的进一步降低悬浮物及溶解性有机物的系统称为深度处理或三级处理。

工业废水种类繁多，应去除的污染对象庞杂，可以采用的处理工艺繁杂，根据不同的去除对象所采用的处理工艺参见表 1-9。

（2）污水的处理深度　这是污水处理工艺流程选择的重要因素之一。污水处理深度程度主要取决于污水的污染状况、处理后水的去向、受纳水体的功能和污水所流入的水体的自净能力。

污水的污染状况，表现为污水中所含污染物的种类、形态、浓度及水量，它直接影响污水处理程度及工艺流程。

处理后水的去向，往往在某种程度上决定某一污水治理工程的处理深度，若处理水的出路是农田灌溉，则应使污水经二级生化处理后才能排放；如污水经处理后必须回用于工业生产，则处理深度和要求根据回用的目的不同而异。一般有以下两种类型：①处理后污水不再另经净化处理直接加以回用，例如用作循环冷却水；②处理后污水再经净化、深度处理后继续回用，例如直接回用于生产过程之中，这样对污水处理要求较高，使处理流程复杂化。

严格来说，设计人员应把水体自净能力作为确定污水处理工艺流程的根据之一，既能较充分地利用水体自净能力，使污水处理工程承受的处理负荷相对减轻，又能防止水体遭受新的污染，不破坏水体正常的使用价值。不考虑水体所具有的自净能力，任意采用较高的处理深度是不经济的。

（3）工程造价与运行费用　考虑工程造价与运行费用时，应以处理污水达到水质排放标准为前提条件。在此前提下，工程建设及运行费用低的工艺流程应得到重视。此外，减少占地面积也是降低建设费用的重要措施。

（4）当地的自然和社会条件　当地的地形、气候、水资源等自然条件也对污水处理流程的选择具有一定影响。如当地有废弃的旧河渠、池塘、洼地、河塘、沼泽地与山谷等地域，可优先考虑采用工程造价低廉的稳定塘自然净化技术。在寒冷地区，则应采取适当的技术措施，保证在低温季节也能够正常运行。

当地的社会条件如原材料、水资源与电力供应等也是流程选择应当考虑的因素。

（5）污水的水量及其变化动态　除污水水质外，污水水量变化的幅度大小也是工艺选择时应考虑的问题。对于水量、水质变化大的污水，应选用耐冲击负荷能力强的工艺，或考虑设立调节池等缓冲设备以尽量减少不利影响。

（6）运行管理与施工　运行管理所需要的技术条件与施工的难易程度也是在选择工艺流程时应考虑的问题，如采用技术密集、运行管理复杂的处理工艺，就需要有素质高、技术水平强的人员。因此在选择运行管理复杂的工艺时应在充分的可行性研究的基础上决定。工程施工的难易程度也是选择工艺流程的影响因素之一，如地下水位高，地质条件差的地方，就不适宜选用深度大、施工难度高的处理构筑物。

（7）处理过程是否产生新的矛盾　污水处理过程中应注意是否会造成二次污染问题。例如化肥厂造气污水在采用沉淀、冷却后循环利用过程中，在冷却塔尾气中会含有氰化物，对大气造成污染。农药厂乐果污水处理中，以碱化法降解乐果，如采用石灰作减化剂，产生的污泥会造成二次污染。

应当注意，在工艺设计计算时，应考虑到平面布置的要求，如发现不妥，可根据情况重新调整工艺设计。

总之，在工艺设计时，除应满足工艺设计上的要求外，还必须符合施工及运行上的要求。对于大中型处理厂，还应作多方案比较，以便找出最佳方案。

8.1.3.2 处理构筑物的结构设计及结构要求

同一级处理构筑物，不同的形式具有各自的特点，表现在它的工艺系统、构造形式、适用性能、处理效果、运行与维护管理等。同时建造费用和运行费用也存在差异。因此，确定了处理工艺流程后，应进行处理构筑物形式的选型，必要时可通过技术经济比较确定。

根据工艺要求设计构筑物时，要特别注意以下三个方面的要求，保证构筑物功能的良好发挥。

(1) 进水　构筑物进水位置一般处于构筑物中心或进水侧高程中部，进水要尽可能地采用缓冲手段，防止进水速度过大，因惯性直线前进，影响构筑物正常功能的发挥。一般采用放大口径进水和多孔进水以降低水流速度。同时，中心管进水还外套稳流筒，起到缓冲作用。传统进水方式采用指缝墙的较多，但有时受进水杂质影响，要争取在构筑物前将较大粒径的悬浮杂质彻底清除，否则运行中的清理非常困难。

(2) 出水　出水有两种类型：一种是澄清型出水；另一种是非澄清型出水。澄清型出水是沉淀池、浓缩池等构筑物，需要控制出水含带悬浮物杂质的出水方式，主要有集水孔出水和锯齿堰出水等方式。由于集水、出水小孔易堵塞，通常应用锯齿堰较多　但要求有较好的施工质量和密封手段，以保证锯齿堰出水均匀流出。非澄清型出水有水平堰口出水和直接管式出水等方式。由于出水不需要控制其含带的杂质量，对堰口要求比较低。为保证构筑物保持一定的运行液位，一般应采用水平堰口出水后在经出水管出水。直接管出水易造成液位波动，这样就会浪费池容。

(3) 放空　污水处理构筑物必须设有放空的结构部分，并能保证在需要的情况下将构筑物内的污水或污泥全部排放干净，以便进行设备检修和构筑物自身的清理。一般放空管应设在构筑物最低位置并低于构筑物内最低处地面，同时，构筑物连通的公用工程排水管线，还要保证低于放空管，排水管线运行液位不致造成污水回灌，否则达不到构筑物的放空效果。而且，放空管线在构筑物在尽可能短的距离内设检修井，以便对放空管线进行清通和检修。

8.1.4 污水处理厂的平面布置与高程布置

8.1.4.1 污水处理厂的平面布置

污水处理厂的建筑组成包括生产性处理构筑物、辅助建筑物和连接各建筑物的管渠。对其进行平面规划布置时，应考虑的原则有如下几条。

① 应尽量紧凑，以减少处理厂占地面积和连接管线的长度。

② 生产性处理构筑物作为处理厂的主体建筑物，在作平面布置时，必须考虑各构筑物的功能要求和水力要求，结合地形和地质条件，合理布局，以减少投资并使运行方便。

③ 各单元处理构筑物的座（池）数，根据处理厂的规模、处理厂的平面尺寸、各处理设施的相对位置与关系、池型等因素来确定，同时考虑到运行、管理机动灵活，在维护检修时不影响正常运行。每个单元处理构筑物不得少于两座（池），而且，联系各处理构筑物的

管渠布置应是各处理系统自成体系，以保证各处理单元能够独立运行，并设置必要的超越管线，当某一处理构筑物因故停止运行时，不至于影响其他单元构筑物的正常工作，以便发生事故或进行检修时，污水能超越该处理构筑物。

④ 对于辅助建筑物，应根据安全、方便等原则布置。如泵房、鼓风机房应尽量靠近处理构筑物，变电所应尽量靠近最大用电户，以节省动力与管道；办公室、分析化验室等均应与处理构筑物保持一定距离，并处于它们的上风向，以保证良好的工作条件；贮气罐、贮油罐等易燃易爆建筑的布置应符合防爆、防火规程；污水处理厂内的道路应方便运输等。

⑤ 在设计处理厂平面布置时，应考虑设置厂内各池泄空时的泄空管，此管可与场内污水管合一，将排出的污水和厂内污水一同回流至泵前水池回流处理。

⑥ 厂区内给水管、空气管、蒸汽管以及输电线路的布置，应避免相互干扰，既要便于施工和维护管理，又要占地紧凑。当很难铺设在地上时，也可敷设在地下或架空敷设。

⑦ 要考虑扩建的可能，留有适当的扩建余地，并考虑施工方便。

⑧ 污水处理厂区应设置连通各构筑物和建筑物的道路，厂区应有一定的绿化面积，其比例不小于全场总面积的30%。

⑨ 构筑物布置应注意风向和朝向。将排放异味、有害气体的构筑物布置在居住与办公场所的下风向；为保证良好的自然通风条件，建筑物布置应考虑主导风向。

8.1.4.2 污水处理厂的高程布置

(1) 污水处理厂的高程布置的任务　处理厂高程布置的任务是：确定各处理构筑物和泵房的标高及水平标高；各种连接管渠的尺寸及标准，使水能按处理流程在处理构筑物之间靠重力自流，以减少运行费用。为此必须计算各处理构筑物之间水头损失，定出构筑物之间的水面相对高差。水头损失包括：水流经过的各处理构筑物的损失，构筑物间的连接管渠中的沿程损失和局部损失，以及水流经过计量设备等的水头损失等。各种处理构筑物的水头损失（包括进、出水渠道的水头损失）可参见表8-1估算。

表8-1　污水流经各种处理构筑物的水头损失

构筑物名称	水头损失/cm	构筑物名称	水头损失/cm
格栅	10～25	普通快滤池	200～250
沉砂池	10～25	压力池	500～600
平流沉淀池	20～40	通气滤池(工作高度为4m)	650～675
竖流沉淀池	40～50	生物滤池 (1)装有旋转布水器 (2)装有固定喷洒布水器	 270～280 450～475
辐流沉淀池	50～60	曝气池 (1)污水潜流入池 (2)污水跌流入池	 25～50 50～100
反应池	40～50	混合接触池	10～30

(2) 污水处理厂高程布置的一般原则

① 水力计算时，应选择一条距离最长、水头损失最大的流程进行计算，并适当留有余地，以防止淤积时水头不够而造成涌水现象，影响处理系统的正常运行。

② 计算水头损失原则上应以最大设计流量计算（按远期最大流量考虑），对达到中型规模的处理厂，按设计的平均流量计算，按远期的最大流量来核算，留有充分的池面超高（最大流量时的水位不至于溢出池子）。同时作为各构筑物之间的连接管渠应按最大流量设计，

当某座构筑物停运时，与其并联运行的构筑物与有关的连接管渠能通过全部流量。

③ 高程计算时，常以受纳水体的最高水位或下游用水的水位要求作为起点，由下游倒推向上游计算，以使处理后的污水在洪水季节也能自流排出，使污水处理厂的总提升泵房的扬程最小。如果下游水位较高，应抬高全处理厂的运行水位，使水泵扬程加大或在最后排出口设置泵站提升排水。应进行充分的经济技术比较确定。当排水水位不受限制时，应以处理构筑物埋深限制来确定标高（全厂的土方平衡）。

④ 在高程布置与平面布置时，都应注意污水处理流程与污泥流程的相互协调，应尽量减少提升的污泥量，并考虑污泥处理设施排出的污水能自流进泵站前池。

⑤ 为了确定处理厂的高程布置，绘制总的平面图的同时，必须绘制工艺流程的纵断面图。纵断面图上应该绘出构筑物和管渠的水面高程、尺寸和各节点底部高程，原地面和设计地面高程。纵断面图的比例尺一般采用纵向 1：50～1：100，甚至 1：10；横向 1：500～1：1000，最好与总平面图比例尺相同。

8.1.5　污水处理工程节能设计

污水处理厂的建设不仅要考虑污水处理工艺的先进性、可靠性和实用性，考虑工程投资的大小，而且更重要的是要考虑处理过程的能耗。污水处理所消耗的能量通常包括直接能耗和间接能耗。

直接能耗是指污水处理厂运行过程中现场消耗的能量。直接能耗一般包括电力、燃油或煤、天然气。

间接能耗是指污水处理厂建设和运行过程使用的非能源产品所涉及的能耗，一般包括：建设时所用建筑材料、机电设备的生产所需的能耗，施工与安装过程消耗品的生产所需的能耗，施工与安装所用设备的生产和使用涉及的能耗，运输过程能耗，运行时所用药剂和其他原材料涉及的能耗（如自来水、蒸汽），尤其是药剂、絮凝剂、酸或碱、化学分析所用药剂等，消耗量大、价格高，使运行成本大大提高。

从污水处理厂的能耗分析、污水处理厂设计和运行的实际来看，污水处理厂的节能技术主要表现在：确定合理的处理工艺（包括尽量不用化学药剂来处理污水），高能效的总体设计，选用节能的设备与装置，污水与污泥综合利用。

设计中应该选择高能效的处理工艺。污水处理的工艺方法中，物理处理方法能耗较低，其次是厌氧生物处理法，处理费用约为前者的 5～10 倍；好氧生物处理法能耗较高，处理费用约为厌氧生物处理的 5～8 倍；物理化学处理法则能耗最高，尤其是对于难处理的工业废水，选用价格高的絮凝剂、吸附剂时。

8.2　污水处理厂的运行管理和自动控制

8.2.1　污水处理工程的验收

当污水厂的处理构筑物、辅助构筑物及附属建筑物的土建工程、主要工艺设备安装工程、室内室外管道安装工程已全部结束，已形成生产运行能力（达到设计规模），即使有少数非主要设备及某些特殊材料短期内不能解决，或工程虽未按设计规定的内容全部建成（指附属设施），但对投产、使用影响不大，此时可报请竣工验收。

(1) 工程验收的组织　工程施工完毕后必须经过竣工验收。竣工验收由建设单位组织施工、设计、管理（使用）、质量监督及有关单位联合进行。隐蔽工程必须通过中间验收，中间验收由施工单位会同建设、设计及质量监督部门共同进行。

(2) 工程验收的程序　工程项目的竣工验收程序主要有自检自验（施工单位完成）、提交正式验收申请和验收报告与资料（施工单位完成）、现场预验收（由施工、建设单位、设计及质检部门完成）、正式验收（由以上单位完成）。并做好以下工作：

① 对各单体工程进行预验，查看有无遗漏，是否符合设计要求；

② 核实竣工验收资料，进行必要的复检和外观检查；

③ 对土建、安装和管道工程的施工位置、质量进行鉴定，并填写竣工验收鉴定书；

④ 办理验收和交接手续；

⑤ 建设单位将施工及竣工验收文件归档。

(3) 验收的依据与标准　验收依据一般包括设计任务书、扩初设计、设计报告、施工图设计、设计变更通知单、国家现行标准和规范。

一般验收标准包括建设工程验收标准、安装工程验收标准、生产准备验收标准和档案验收。

8.2.2 工程验收的准备

工程项目在验收前，施工单位应做好下列验收的准备工作。

(1) 完成收尾工程　收尾工程的特点是零星、分散、工程量小、分布面广，如果不及时完成，将会直接影响工程项目的竣工验收及投产使用。

(2) 竣工验收的资料准备　竣工验收资料和文件是工程项目竣工验收的重要依据，从施工开始就完整地积累和保管，竣工验收时经编目建档。

(3) 竣工验收自检自验　竣工项目自检自验是指工程项目完成后施工单位自行组织的内部模拟验收，自检自验是顺利通过正式验收的可靠保证。通过自检自验，可及时发现遗漏问题，事先予以处理，为了工作顺利进行，自检自验宜请监理人员参加。

8.2.3 工程验收的内容

工程项目验收内容分为工程资料验收和工程内容验收两部分。前者包括工程综合资料、工程技术资料和竣工图。后者包括土建工程验收、设备与管道安装工程验收。

8.2.3.1 工程综合资料

工程综合资料主要包括以下内容：

① 项目建议书及批件；

② 设计任务书；

③ 土地征用申报与批准文件及红线、拆迁补偿协议书；

④ 承包发包合同，招标与投标等协议文件；

⑤ 施工执照；

⑥ 整个建设项目的竣工验收报告；

⑦ 验收批准文件、验收鉴定书；

⑧ 项目工程质量检验与评审材料；

⑨ 工程现场声像资料；

⑩ 消防、劳动卫生等设施验收资料。

8.2.3.2 工程技术资料

工程技术资料主要包括以下内容：

① 工程地质、水文、气象、地震资料；

② 地形、地貌、控制点、构筑物、重要设备安装测量定位、观测记录；

③ 设计文件及审查批复卡，图纸会审和设计交底记录；

④ 工程项目开工、竣工报告；

⑤ 分项、分部工程和单位工程施工技术人员名单；

⑥ 设计变更通知单、变更核实单；

⑦ 工程质量事故的调查和处理资料；

⑧ 材料、设备、构件的质量合格证明资料，或相关试验、检验报告；

⑨ 水准点的位置、定位测量记录、沉降及位移观测记录；

⑩ 隐蔽工程验收记录及施工日志；

⑪ 分项、分部、单位工程质检评定资料；电气与仪表安装工程竣工验收报告；

⑫ 设备试车、运转验收记录；

⑬ 国外采购设备的技术协议或资料。

8.2.3.3 竣工图

工程项目竣工图是真实记录各种地下、地上工程等详细情况的技术文件，是对工程交工验收、维护、扩改建的依据，也是使用单位长期保存的技术资料。

若施工中没有变更或少数一般性变更时，则由施工图在原施工图或局部修改补充的施工图上，加盖“竣工图”标志后，即作为竣工图。

凡结构形式、工艺结构、平面布置、技术项目改变以及其他重大改变，不宜再在原施工图上修改补充，应重新绘制改变后的竣工图。

8.2.4 污水处理厂的试运行

污水处理厂的试运行也称调试，是其正式运行前所必需的一项过程。在污水处理厂工艺过程中，还涉及机电设备、自控仪表、化学分析等各种相关专业技术，在试运行中，应将设备联动、自动控制与工艺过程调试一起进行，也可分别试车。一般处理厂的调试经过以下过程：

① 对整个工艺系统进行清水联动试车，检查水位高程是否满足设计要求，考察设备在清水状态下的运行情况；

② 各处理单元分别进行污水调试，摸索并验证其运行参数；

③ 污水联动试运行直至水质达标，设备运行状态稳定，一般在此阶段进行自动控制联动。

各处理单元的调试根据其特点也有很大不同。物理处理的调试过程比较简单；生物处理的调试过程要复杂得多，对于好氧工艺一般需要 2～3 周的时间，而厌氧生物工艺可能需持续 1～3 个月，甚至更长的时间。调试过程中要严密监视来水水质，相应地采取应急措施，保证调试过程的顺利进行。

8.2.5 污水处理厂的运行管理

运行管理是对企业生产活动进行计划、组织、控制和协调等工作的总称。污水处理厂的运行管理指从接纳原污水至净化处理排出“达标”污水的全过程的管理。运行管理可分为质量监测管理、操作管理、设备管理、工艺技术管理、安全生产管理等。

8.2.5.1 质量监测管理

运行质量监测分仪表自动化连续在线监测和分析监测两类。现在仪表自动化连续在线分析系统可对许多指标进行监测，如 DO、pH、SS、NH_3- N、COD 等。自动化监测仪表安装于污水处理装置的进口、出口或处理单元进、出口处。由于污水水质一般不稳定，成分复杂，通过自动化仪表的监测显示可及时掌握进水水质情况和装置运行情况，对污水处理装置的运行管理有很大帮助。根据仪表的显示，可及时地进行生产调整，保证装置运行稳定受控。如曝气池上应用 DO 仪表可以准确反映即时的溶解氧含量，及时调整供风量，保证生化效果处于最佳状态。

仪表在线监测能够直接反映污染指标，信息显示及时、直观，且省掉了人工分析的许多麻烦。但仪表监测项目有限，且需经常维护、校核，有时也会存在误差；目前在线监测仪表表现仍以进口为主，投资费用较高。因此，当前质量监测控制仍以分析监测为主。

分析监测要全面反映污水处理厂的进、出水的水质水量情况和整个污水处理装置工艺过程中的运行状态，要选择几项对装置运行具有直观指导和控制意义的项目作为控制分析项目。这种项目选择要依据生产装置污水排放特点，一般以 pH 值、COD、特征污染物为主。对这些主要项目的分析，可及时准确地反映污水处理厂进水水质情况、生产装置运行情况、污水处理厂对主要污染物的去除效果等，根据分析结果，及时进行污水处理装置的工艺操作调整。因此，控制分析项目要能及时准确地分析出结果，准确反映出不同阶段的生产状况。这就要求控制分析要有足够的分析频率来满足生产控制的要求。通过监测分析项目的开展，可以使污水处理厂质量受控、生产受控、工艺平稳运行。

8.2.5.2 操作管理

污水处理厂的每个单元工艺都要有具体的控制管理内容，操作者按其单元操作管理要求来完成操作任务，管理者则要对操作内容完成情况及时进行检查，保证各单元处于良好的运行状态。对于系统工艺要编制工艺规程，介绍主要工艺管理情况，供管理人员参与；对于单元工艺要编制岗位操作法，规定单元工艺的操作内容、操作方式、控制指标、安全注意事项、故障处理等，供操作者按操作法执行岗位操作。

操作管理中要尤其注意操作质量的检查管理和系统工艺的稳定平衡。如沉砂池的刮砂，上一班刮砂不彻底就可能为下一班操作增加负荷，从而损坏刮板，甚至损坏电机等。沉淀池的排泥要保证彻底，排泥和浓缩、脱水要及时，否则就会造成积泥或悬浮物截留效果下降等。

操作管理是一项系统工程，必须严格认真、不断积累经验，保证管理到位，才能保证污水处理厂的长期稳定运行。

8.2.5.3 设备管理

设备运行的好坏是污水处理厂运行稳定与否的关键因素之一。设备管理从设备选择时即已开始，设计时要首先开展设备调研，对所需设备的生产、应用情况进行较为全面的了解，多侧面评论和论证，使所选择设备满足污水处理生产的需用，能够保证长期稳定运行。要有足够的设备数量来满足工艺负荷变化的要求，还可避免浪费。一般除按正常满足工艺要求而设置设备数量外，风机、泵都要增设一至二台备用。而构筑物上的设备如刮泥机则不能备用，但工艺设计时要考虑单台设备检修时，进水经其他构筑物可以维持运行。在运行中，要保证设备完好，备机好用，泵、风机类单台设备出故障要保证在短时间内修复，尤其进、出口阀门要加强维护，保证严密，以便设备检修时能够保证与工艺管线顺利隔绝。操作者要定时进行巡检，对设备参数及运行状态进行记录，发现问题及时处理。同时，按设备的设计要求定期更换润滑油，使设备得到良好的维护，保证其长期稳定运行。

8.2.5.4 工艺技术管理

工艺技术管理是操作管理的指导管理，在污水处理厂运行中，专业技术人员要及时分析工艺运行情况，并指导工艺运行，对工艺操作的改变或改进提出指导意见，可以根据需要及时更换控制指标，分析运行中存在的问题，评价运行状态，及时提出处理意见和方法，使工艺运行始终处于稳定受控状态。如污水处理出水个别指标突然恶化，要全面分析恶化原因，从技术上找出问题所在点，研究恢复调整方案，尽快将工艺运行调整到正常水平。对于较长的工艺流程，要设置重点工序管理点，明确控制指标，每月进行一次数据统计与分析。同时，对每段工序进行分段调优，最后达到全流程优化运行。另外，要及时总结和分析装置运行的原料与动力消耗情况，是污水处理装置的运行在保证质量的前提下，尽可能降低消耗，降低运行成本，在经济合理的条件下，创造更多的环境效益。

8.2.5.5 安全生产管理

在污水处理厂的生产过程中，会产生一些不安全、不卫生的因素，如不及时采取防护措施，势必危害劳动者的安全和健康，产生工伤事故或职业病，妨碍生产的正常进行。如不注意安全用电就可能出现触电事故；硝化区的沼气属易燃易爆气体，如不采取防火防爆措施就可能引起爆炸；污水池、井内易产生和积累有毒的 H_2S 气体，如不采取特殊的措施，下池下井就可能中毒乃至死亡；污水中含有各种病菌和寄生虫卵，污水处理工接触污水后，如不注意卫生，就可能引起疾病和寄生虫病。因此，确保安全生产、改善劳动条件是污水处理厂正常运转的前提条件。

劳动保护的基本任务是要努力为劳动者创造一个舒适的条件和环境，使劳动者从繁重、单调、有害、肮脏和危险的劳动环境中解放出来。也就是要在发展生产的基础上实现，变危险为安全，变笨重为轻便，变肮脏为清洁，变有害为无害，使劳动条件更加合乎安全、卫生要求，实现安全生产、文明生产。在污水处理厂，特别要注意变配电设备的操作条件，防 H_2S、HCN 等毒气中毒，硝化区的防爆防火条件，鼓风机房的防噪声措施，污水污泥池的防人落水、防高空坠落措施等。在污水处理厂的安全生产、劳动保护工作中，必须贯彻中国劳动保护工作的指导方针，牢固树立起“安全第一、预防为主”的思想，正确处理好“生产必须安全、安全促进生产”的辩证关系。要求把污水处理厂生产过程中的危险因素和职业危害消灭在萌芽之中，切实保障劳动者的安全和健康，确保污水处理厂的正常运转。

一个管理有方的污水处理厂，在安全生产方面应该建立一系列制度，这些制度主要有：安全生产责任制；安全生产教育制；安全生产检查制；伤亡事故报告处理制度；防火防爆制度；各工种安全操作规程；安全生产奖罚条例等。

“安全生产责任制”是根据“管生产必须管安全”的原则，以制度形式明确规定污水厂各级领导和各类人员在生产活动中应负的安全责任。它是污水处理厂岗位责任制的一个重要组成部分，是污水厂最基本的一项安全制度。它规定了污水厂各级领导人员、各职能科室、安全管理部门或人员及单位职工的安全职责范围，以便各负其责，做到计划、布置、检查、总结和评比工作的同时计划、布置、检查、总结和评比安全工作，从而保证在完成生产任务的同时，做到安全生产。

“安全生产检查制”规定职工上班前，对所操作的机器设备和工具必须进行检查；生产班组必须定期对所管机具和设备进行安全检查；厂部由领导组织定期进行检查，查出问题要逐步整改，在规定假日前，组织安全生产大检查。

“伤亡事故报告处理制”规定要认真贯彻执行国务院发布的“职工伤亡事故报告规定”。凡发生人身伤亡事故和重大事故苗子，必须严格执行“三不放过原则”（事故原因分析不清不放过；事故责任者和群众没有受到教育不放过；防范措施不落实不放过）。重大人身伤亡事故发生后，要立即抢救，保护现场，按规定期限逐级报高，对事故责任者应根据责任轻重、损失大小、认识态度，提出处理意见。对重大事故或事故苗子要及时召开现场分析会，对因工负伤的职工和死者家属，要亲切关怀，做好善后处理工作。

“防火防爆制度”规定消防器材和设施的设置问题；油库、消化区池和沼气贮柜附近等处严禁火种带入；电气焊器材（如乙炔发生器）和电焊操作的防火问题；受压容器的防爆问题等。特别是消化区，要建立严格的防火防爆制度，并建立动火审批制度，避免引起火灾和爆炸。

污水处理厂的运行管理除了以上内容之外，还包括劳动管理和污水处理厂的绿化、卫生管理。污水处理厂的劳动管理包括管理机构的设置，劳动力的定编定员，工种的划分，各工种的技术等级标准，人员的培训，工资和奖金管理等。污水处理厂的绿化除了美观之外，还可以净化空气和降低噪声。

8.2.6 污水处理装置自动化控制技术

先进的污水处理工艺将大大改善污水处理质量；自动检测、自动控制水平的提高，在提高污水处理装置的稳定性和改善出水水质上将起到重要作用。自动检测水平不高，污水处理过程各环节的控制数据采集就不及时，工序调整不迅速，则出水水质波动较大在所难免；自动化控制水平不高，就不能实现连续可靠的工艺操作，因此，污水处理水平不会有较大的提高。可见，提高污水处理装置的自动化水平对改善出水水质起着重要作用。

先进的污水处理工艺将大大改善污水处理质量，自动检测、自动控制水平的提高，在提高污水处理装置的稳定性和改善出水水质上将起到重要作用。

自动检测水平不高，污水处理过程各环节的控制数据采集就不及时，工序调整不迅速，则出水水质波动较大在所难免，自动化控制水平不高。就不能实现连续可靠的工艺操作，因此，污水处理水平不会有较大的提高。可见，提高污水处理装置的自动化水平对改善出水质量起重要作用。

自动控制技术在污水处理厂中应用具有如下特点。

(1) 低温、低压、大流量测量自动控制　低温、低压、大流量测量是污水处理厂自动控制的特点之一。在污水处理过程中，由于工艺运行的要求，其测量与自动控制是在低温（常温）、低压力下进行，如污水的预处理和生化处理都是在常温下进行。压力测量主要是在配套装置上进行，如对鼓风机出口风压进行调节，控制生化池加入的空气量，一方面可有效地使生化池溶解氧保持在一定浓度范围内，另一方面通过压力控制可减少电能消耗。

(2) 在线分析仪表的广泛使用　使用在线分析仪表进行 COD、NH_3-N、pH 值、DO、SS 等污水指标的连续测量，为工艺生产控制提供重要数据，离开这些指标的监测，污水处理不可能进行，或者说是无目标进行。

(3) 液位测量装置的广泛使用　在污水处理厂的各种池、井工艺装置上广泛使用，对液位进行有效控制是工艺过程所必需的，否则外溢、再次污染的危害就会发生。

(4) 集散控制系统(DCS)　污水处理过程的测量与工艺自动化仪表以集散控制系统(DCS)为标志的 20 世纪 90 年代先进的自动化技术在污水处理工程上得到了应用，使污水处理的自动化水平发生了飞跃性的变化。

将现场测量分散的数据进行集中显示，使系统运行情况被生产控制人员所掌握，能够迅速快捷地进行必要的生产调整；同时，DCS 自动完成分散控制，迅速调节操作信息和相关数据，为后续生产提供重要资料、操作信息和相关数据，使操作者和管理者对进入的污水总量能有一个综合的认识。各种测量数据中，其中最主要的数据为 pH 值、流量、COD、NH_3-N 和要求监控的液位等。下面对流量和液位仪表进行论述。

① 流量测量　输送污水的方式有明渠和管道两种，并有两种相应的测量方法。

a. 明渠　明渠流量随水的深度变化而改变，即 $Q=f(H)$。

b. 封闭管道　液体在管道中流动并且充满管道，流量取决于流速，$Q=f(v)$。

污水进出污水处理厂时的流量测量采用巴氏计量槽较为理想，虽然电磁流量计精度较高，但由于污水中的油脂和其他绝缘物使其读数不准确，而巴氏计量槽可以满足一定的精度要求，不会形成沉积，因而对大流量污水测量非常适用。

超声波液位仪可以非常精确地测量液位，与巴氏计量槽构成流量测量装置，是一种免维修的流量测量设备。

巴氏计量槽在外形上有一段顺着排水方向的收缩，如图 8-1 所示。这种收缩能抬高水位，最窄处的水深是个临界值，如果下游水位低于临界值的话，水的上游液位与下游液位就无关了，在上游某一点通过超声波液位计测得水深的时候，流量可以用公式算出。根据实际情况，$H_{上}/H_{下}<0.7$，流量计算公式为：

$$Q=0.372W(H_{上}/0.305)^{1.569W^{0.026}}$$

式中　W——喉宽，m；

$H_{上}$——上游段液位，m；

Q——流量，m^3/h。

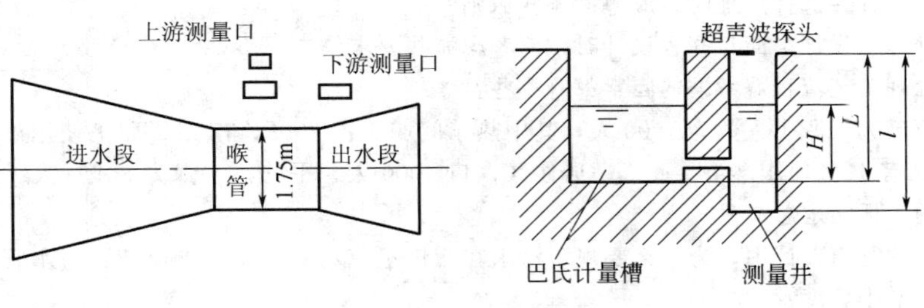

图 8-1　巴氏计量槽示意

② 液位测量　为保证污水处理系统安全稳定地运行，要求进行较多的液位测量。如池、井、槽等，使用较多的是静压测量和超声波测量。前者是接触测量，需要使用压缩空气，污水处理厂早期工艺使用较多。目前较多采用超声波来测量液位，超声波测量属于无接触测量。

超声波测量是利用液位接受超声波来测量液位，这种测量方式的缺点是如果有泡沫覆盖在液体表面，信号就有可能被吸收，而没有能量被反射回来，造成测量误差，因此要求注意正确使用。

超声波液位计对明渠、各种池、井液位可进行精确测量，同时超声波系统也可以用于污水处理厂封闭的贮罐，适用于控制泵、格栅等。如果用于格栅，超声波传感器就置于格栅前后，通过两个传感器指示的液位差来启动清理装置。

③ 污水处理厂的自动控制　污水处理厂的自动控制不甚复杂，但在工艺过程中十分重

要，主要包括以下控制过程。

a. 进水提升控制　污水进厂首先要进行液位提升，因为进水量时大时小，若要稳定进水池的液位，就要对提升泵实行逻辑控制。

b. 格栅控制　污水中的粗细固体必须除去，避免阻塞水泵和其他机器。通常格栅上的杂物会引起前后水位差，采用超声波液位计进行测量，当液位差超过控制点时，有 DCS 系统自动启动格栅去除杂物；可设定定时启动，即在一定时间间隔内 DCS 系统进行顺时控制格栅工作。

c. 污泥回流量控制　污泥回流量控制可以用电磁流量计测量回流污泥量，根据工艺要求有 DCS 完成参数整定、PID 运算，以控制正向和反向流之间的流动和沉降的正确比例。

d. 生化反应池进氧量控制　对于好氧活性污泥处理装置来说，了解曝气池内污水中的溶解氧量也是非常重要的。配置连续测量装置对溶解氧进行最佳控制，对提高处理质量有很大作用，同时对控制管网空气压力、节省能源消耗也是一种有效的方法。

习题及思考题

1. 填空题

(1) 构筑物布置应注意__________和__________。将排放异味、有害气体的构筑物布置在居住与办公场所的__________；为保证良好的自然通风条件，建筑物应布置在____________________。

(2) 处理厂高程布置的任务是确定各处理构筑物和泵房的________和______________。

(3) 高程计算时，常以受纳水体的最高水位或下游用水的水位要求作为起点，由__________倒推向__________计算，以使处理后的污水在洪水季节也能自流排出。

(4) 污水管的衔接方法有________________、________________两种方法。

2. 简答题

(1) 污水处理厂设计在选择厂址时，应遵循哪些原则？

(2) 进行污水处理厂设计平面与高程设计时，应考虑哪些要求？

(3) 选择污水处理工艺流程需考虑的因素都有哪些？

(4) 已知某工厂最大班职工人数为 1000 人，其中热车间职工占 25%，有 70% 职工使用淋浴；一般车间职工占 75%，有 10% 使用淋浴。此工厂居住区人口 4000 人，平均污水量为 80L/(人·d)，试计算此工厂所排出的生活污水总流量。

(5) 污水处理厂的管道设计中，为什么要规定污水在管道里流动的最小设计流速、污水管的最小管径及污水管的安装最小坡度？

(6) 说明污水处理厂的验收程序及内容。

(7) 简述污水处理厂试运行的内容及意义。

(8) 污水处理厂的运行管理包括哪些方面？简要说明它们的内容及作用。

(9) 现阶段污水处理厂对自动控制技术的应用主要体现在哪些方面？试举例说明它们的特点。

附　　录

附表 1　第一类污染物最高允许排放浓度

序号	污染物	最高允许排放浓度/(mg/L)	序号	污染物	最高允许排放浓度/(mg/L)
1	总汞	0.05	8	总镍	1.0
2	烷基汞	不得检出	9	苯并[a]芘	0.00003
3	总镉	0.1	10	总铍	0.005
4	总铬	1.5	11	总银	0.5
5	六价铬	0.5	12	总α放射性	1Bq/L
6	总砷	0.5	13	总β放射性	10Bq/L
7	总铅	1.0			

附表 2　第二类污染物最高允许排放浓度

序号	污染物	适用范围	一级标准		二级标准		三级标准	
			1997年12月31日之前	1998年1月1日之后	1997年12月31日之前	1998年1月1日之后	1997年12月31日之前	1998年1月1日之后
1	pH值	一切排污单位	6～9	6～9	6～9	6～9	6～9	6～9
2	色度	染料工业	50	50	180	80	—	—
		其他排污单位	50		80		—	—
3	悬浮物(SS)/(mg/L)	采矿、选矿、选煤工业	100	70	300	300	—	—
		脉金选矿	100	70	500	400	—	—
		边远地区砂金选矿	100	70	800	300	—	—
		城镇二级水处理厂	20	20	30	30	—	—
		其他排污单位	70	70	200	150	—	400
4	BOD_5/(mg/L)	甘蔗制糖、苎麻脱胶、湿法纤维板工业	30	20	100	60	600	600
		短菜制糖、酒精、味精、皮革、化纤浆粕工业	30	20	150	100	600	600
		城镇二级污水处理厂	20	20	30	30	—	—
		其他排污单位	30	20	60	30	300	300
5	COD_{Cr}/(mg/L)	甜菜制糖、焦化、合成脂肪酸、湿法纤维板、染料、洗毛、有机磷、农药工业	100	100	200	200	1000	1000
		酒精、味精、医药原料药、生物制药、苎麻脱胶、皮革、化纤浆粕工业	100	100	300	300	1000	1000

续表

序号	污染物	适用范围	一级标准		二级标准		三级标准	
			1997年12月31日之前	1998年1月1日之后	1997年12月31日之前	1998年1月1日之后	1997年12月31日之前	1998年1月1日之后
5	COD_{Cr}/(mg/L)	石油化工工业(包括石油炼制)	100	60	150	120	500	500
		城镇二级污水处理厂	60	60	120	120	—	—
		其他排污单位	100	100	150	150	500	500
6	石油类/(mg/L)	一切排污单位	10	5	10	10	30	20
7	动植物油/(mg/L)	一切排污单位	20	10	20	15	100	100
8	挥发酚/(mg/L)	一切排污单位	0.5	0.5	0.5	0.5	2.0	2.0
9	总氰化物/(mg/L)	电影洗片(铁氰化合物)	0.5	0.5	5.0	0.5	5.0	1.0
		其他排污单位	0.5		0.5		1.0	
10	硫化物/(mg/L)	一切排污单位	1.0	1.0	1.0	1.0	2.0	1.0
11	氨氮/(mg/L)	医药原料药、染料、石油化工工业	15	15	50	50	—	—
		其他排污单位	15	15	25	25	—	—
12	氟化物/(mg/L)	黄磷工业	10	10	20	15	20	20
		低氟地区(水体含氟量小于0.5mg/L)	10	10	20	20	30	30
		其他排污单位	10	10	10	10	20	20
13	磷酸盐(以P计)/(mg/L)	一切排污单位	0.5	0.5	1.0	1.0	—	—
14	甲醛/(mg/L)	一切排污单位	1.0	1.0	2.0	2.0	5.0	5.0
15	苯胺类/(mg/L)	一切排污单位	1.0	1.0	2.0	2.0	5.0	5.0
16	硝基苯类/(mg/L)	一切排污单位	2.0	2.0	3.0	3.0	5.0	5.0
17	阴离子表面活性剂LAS/(mg/L)	合成洗涤剂工业	5.0	5.0	15	10	20	20
		其他排污单位	5.0		10		20	
18	总铜/(mg/L)	一切排污单位	0.5	0.5	1.0	1.0	2.0	2.0
19	总锌/(mg/L)	一切排污单位	2.0	2.0	5.0	5.0	5.0	5.0
20	总锰/(mg/L)	合成脂肪酸工业	2.0	2.0	5.0	5.0	5.0	5.0
		其他排污单位	2.0	2.0	2.0	2.0	5.0	5.0

附表 3 部分行业最高允许排水量

序号	行业类别		最高允许排水量或最低允许水循环利用率	
			1997年12月31日之前建设	1998年1月1日之后建设
1	有色金属系统选矿		水重复利用率75%	水重复利用率75%
	其他矿山工业采矿、选矿、选煤等		水重复利用率90%(选煤)	水重复利用率90%(选煤)
	脉金选矿	重选	16.0m^3/t矿石	16.0m^3/t矿石
		浮选	9.0m^3/t矿石	9.0m^3/t矿石
		氰化	8.0m^3/t矿石	8.0m^3/t矿石
		炭浆	8.0m^3/t矿石	8.0m^3/t矿石
2	焦化企业(煤气厂)		1.2m^3/t矿石	1.2m^3/t焦炭
3	有色金属冶炼及金属加工		水重复利用率80%	水重复利用率80%

参 考 文 献

[1] 北京水环境技术与设备研究中心等三家单位合编. 三废处理工程技术手册（废水卷）. 北京：化学工业出版社，2000.
[2] 唐受印，戴友芝等编. 水处理工程师手册. 北京：化学工业出版社，2000.
[3] 祁鲁梁，李永存，李本高主编. 水处理工艺与运行管理实用手册. 北京：中国石化出版社，2002.
[4] 薛叙明主编. 环境工程技术. 北京：化学工业出版社，2002.
[5] 黄铭荣，胡纪萃编著. 水污染治理工程. 北京：高等教育出版社，1995.
[6] 唐受印，汪大翚等编. 废水处理工程. 北京：化学工业出版社，1998.
[7] 高庭耀，顾国维主编. 水污染控制工程（下）. 第2版. 北京：高等教育出版社，1999.
[8] 王燕飞主编. 水污染控制技术. 北京：化学工业出版社，2001.
[9] 中国化工防治污染技术协会组织编写. 化工废水处理技术. 北京：化学工业出版社，2000.
[10] 佟玉衡编. 实用废水处理技术. 北京：化学工业出版社，1998.
[11] 上海市环保局编. 废水物化处理. 上海：同济大学出版社，1999.
[12] 蒋展鹏主编. 环境工程学. 北京：高等教育出版社，1992.
[13] 胡侃主编. 水污染控制. 武汉：武汉工业大学出版社，1998.
[14] 胡万里编著. 混凝·混凝剂·混凝设备. 北京：化学工业出版社. 2001.
[15] 刘国信，刘录声编著. 膜法分离技术及其应用. 北京：中国环境科学出版社，1991.
[16] 许振良编著. 膜法水处理技术. 北京：化学工业出版社，2001.
[17] 山东大学编. 物理化学与胶体化学实验. 北京：人民教育出版社，1981.
[18] 黄汉平等编. 物理化学实验. 北京：高等教育出版社，1995.
[19] 王凯军，贾立敏. 城市污水生物处理新技术开发与应用. 北京：化学工业出版社，2001.
[20] 孔繁翔，严大强，严国安. 环境生物学. 北京：高等教育出版社，2000.
[21] 伦世仪，陈坚，曲音波. 环境生物工程学. 北京：化学工业出版社，2002.
[22] 丁亚兰. 国内外废水处理工程设计实例. 北京：化学工业出版社，2000.
[23] 张统，侯瑞琴，王守中，王坤. 间歇式活性污泥法污水处理技术及工程实例. 北京：化学工业出版社，2002.
[24] 郑俊，吴浩汀，程寒飞. 曝气生物滤池污水处理新技术及工程实例. 北京：化学工业出版社，2002.
[25] 国家环境保护局. 生物接触氧化处理废水技术. 北京：中国环境科学出版社，1990.
[26] 姚重华. 废水处理单元过程. 北京：化学工业出版社，2001.
[27] 高廷耀，顾国维. 水污染控制工程. 北京：高等教育出版社，1999.
[28] 吴浩汀. 制革工业废水处理技术及工程实例. 北京：化学工业出版社，2002.
[29] 买文宁. 生物化工废水处理技术及工程实例. 北京：化学工业出版社，2002.
[30] 李海，孙瑞征，陈振选. 城市污水处理技术及工程实例. 北京：化学工业出版社，2002.
[31] 丁忠浩. 有机废水处理技术及应用. 北京：化学工业出版社，2002.
[32] 周群英，高廷耀. 环境工程微生物学. 北京：高等教育出版社，2000.
[33] 张自杰. 排水工程（下册）. 北京：中国建筑工业出版社，2000.
[34] 谢志强编著. 企业污染控制与绿色经营实务全书. 北京：中国环境科学出版社，2000.
[35] 贺延龄编著. 废水的厌氧生物处理. 北京：中国轻工业出版社，1998.
[36] 王宝贞主编. 水污染控制工程. 北京：高等教育出版社，1990.
[37] 王凯军，秦人伟编著. 发酵工业废水处理. 北京：化学工业出版社，2000.
[38] 王洪臣主编. 城市污水处理厂运行控制与维护管理. 北京：科学出版社，2002.
[39] 吕炳南，陈志强主编. 污水生物处理新技术. 哈尔滨：哈尔滨工业大学出版社，2005.
[40] 唐玉斌主编. 水污染控制工程. 哈尔滨：哈尔滨工业大学出版社，2006.
[41] 柏景方主编. 水污染控制工程. 哈尔滨：哈尔滨工业大学出版社，2006.
[42] 王郁主编. 水污染控制工程. 北京：化学工业出版社，2008.